北大 送给 青少年的礼物

张卉妍◎编著

北京联合出版公司
Beijing United Publishing Co.,Ltd.

图书在版编目（CIP）数据

北大送给青少年的礼物 / 张卉妍编著. —北京：北京联合出版公司，2016.1
（2018.10 重印）

ISBN 978-7-5502-6514-1

Ⅰ. ①北… Ⅱ. ①张… Ⅲ. ①成功心理—青少年读物 Ⅳ. ①B848.4-49

中国版本图书馆 CIP 数据核字（2015）第 252336 号

北大送给青少年的礼物

编　　著：张卉妍
责任编辑：管　文
封面设计：韩立强
责任校对：孟英武
图文制作：北京东方视点数据技术有限公司

北京联合出版公司出版
（北京市西城区德外大街 83 号楼 9 层　100088）
北京德富泰印务有限公司印刷　新华书店经销
字数 692 千字　720 毫米×1020 毫米　1/16　34 印张
2018 年 10 月第 2 版　2018 年 10 月第 4 次印刷
ISBN 978-7-5502-6514-1
定价：68.00 元

前言

对于很多青少年来说，北大就是一座精神圣殿和心灵家园。他们即便没有去过北大，但只要听到有人提"北京大学"或"北大"，就会热血上涌，精神顿时为之一振，心中就会油然而生一种向往和景仰之情。

了解北大的人都知道，北大具备她独一无二的魅力。正如一首诗所描述的：

未名湖是个海洋，

诗人都藏在水底，

灵魂们若是一条鱼，

也会从水面跃起。

北大有着独一无二的、吸引人的灵魂。北大之魂在于她的"老""杂""美""人""神""各"。

北大的"老"。北大是一座历史悠久的名校。北大究竟有多"老"呢？一般来说，北大的校史是从1898年京师大学堂的创立算起的。京师大学堂，是中国近代第一所国立大学，被公认为中国的最高学府，也是亚洲和世界最重要的大学之一。但细细究其历史渊源，北大则可以上溯到古代的太学、国子监，是中国古代最高学府在现代的延续，自建校以来一直享有崇高的名声和地位，可谓"上承太学正统，下立大学祖庭"。

北大的"杂"。北大的经历非常复杂，她诞生于民族危亡、改革图存之际，爱国、胸怀天下，务实、奉献祖国——翻开北大历史书，我们看到的是北大学子谱写的一曲曲时代之歌。在中国近现代史上，北大始终与国家民族的命运紧密相连，深刻地影响了中国近一百多年的历史进程。辛亥革命（1912年）后，京师大学堂更名为"北京大学"。北大建立之初，不仅是当时中国的最高学府，而且是中国的最高教育行政机关。北大在历史进程中起到了先锋的作用，形成了光荣的革命传统和优良的学术传统：她是新文化运动的中心和五四运动的策源地，她是在中国传播马克思主义和民主与科学思想的最初基地，她是中国共产党最早的活动基地，她是中国推进现代化建设事业的重要教育中心和科学研究中心。她还是"团结起来，振兴中华"的呐喊者和行动者，又是"承五四青年报国志，做科教兴国栋梁材"的倡导者……

北大的"美"。北大校园分为燕园校区、医学部校区、昌平校区、大兴校区、无锡校区和深圳研究生院校区6个部分，其中燕园校区是北京大学本部，本部又称燕园，包括淑春园、勺园、朗润园等，在明清两代是著名的皇家园林，数百年来，其基本格局与神韵依然存在。只要你踏入北大校园，北大的历史就会化为一种实实在在、别有洞天的"美"，她的每一棵树、每一块碑、每一条路，都饱含着历史的沧桑，凝结着文化的久远，显露着独特的韵味。

北大的"人"。北大百余年来铸就了中国几代最优秀的学者。丰博的学识、闪光的才智、庄严无畏的独立思想，这一切又与"先天下"的严峻思想、刚正不阿的人格操守以及勇锐的抗争精神相结合，构成了一种特殊的精神魅力。北大的毕业生和教师为中国的自然科学、人文社会科学、医学、工程技术及国防事业、文化事业的发展做了奠基性和开拓性的贡献。

北大的"神"。自蔡元培校长开风气之先，首先把各种学术流派引进了北大讲堂，各种流派的观点与学说就源源不断地涌进了这所百年校园，它们共生共存，相得益彰。"思想自由、兼容并包"的传统在北大薪火相传，构成一种恒远而不具形的存在。"科学与民主"早已成为这圣地不朽的灵魂。在北大学会的不仅仅是单纯的知识，感受更多的却是北大对一个人人格的熏陶，从这里走出的代代骄子无不具备北大特有的精神气质。

北大的"各"。所谓"各"，即指特别、与众不同之处。北大是崇尚个性的。"海纳百川，有容乃大。"如果要用这句话来形容一个学校，北大是当之无愧的。在人们的印象中，北大是一个言论自由、崇尚个性的地方，北大人的"各"也远近闻名。在动荡的年代他们敢于拍案而起，"击鼓骂曹"；在和平时期，他们率性而行，狂放不羁。"各"字成了北大人人格最独特、最鲜明的存在。然而如果你用心品味，你就会发现，北大人的"各"里有着一份知识分子独有的人格坚守，一份对世俗强权的蔑视，一份彰显个性的傲骨与豪情。

对青少年来说，北大的意义早已经远远超过了她作为学校的角色本身。她的历史、她的精神、她的个性已经成为一种象征，时刻对青少年起着砥砺和教化的作用。

为了使广大的青少年顺利汲取北大的魅力，我们精心创作了本书。在这本书中，我们围绕北大精神，从立志、求知、心态等方面着手，撷取了许多北大贤能之才的精彩言论、真实的人生经历，并结合大量生动深刻的故事，详尽地阐述了北大人的智慧，希望由此带给青少年朋友精神的激励和人生方向的指引。

目录

礼物三

独立，驾驭人生的起点

礼物四

心态，打开禁锢思维的门窗

礼物五

宽容，多一分爱就多一分收获

礼物六

自信，世界将为你让路

礼物七

热情，对人生永远狂热痴迷

礼物八

气质，不是与生俱来的

礼物九

优秀，紧握手中的成功种子

礼物十

专注，化繁为简的沉静力量

礼物十一

勤奋，让自己每天进步一点点

礼物十二

坚持， 每个绝境都有一个完美的出口

礼物十三

责任， 成长的机遇在背后

礼物十四

创新， 一个民族进步的灵魂

礼物十五

诚信， 诚者天下之道

礼物十六

细节，做人不贪大，做事不计小

礼物十七

苦难，人生修炼的最高学府

礼物十八

积累，读书万卷也行路万里

礼物十九

学会经营，先斟满自己的杯子

礼物二十

会交际，命运之神将眷顾你

礼物二十一

创业，取得成功绝不是偶然

礼物二十二

爱情， 是潘多拉的盒子还是被偷吃的果子

礼物二十三

感恩， 让生命之舟轻扬

立志，做自己命运的规划师

张爱玲有句名言"出名要趁早"，很多学子也以"立志要趁早"为目标。有目标才有动力，有梦想才有希望。每个人都希望过自己理想中的生活，成为自己理想中的人，但是因为种种约束和自身的不足，很多人一生都在空想中碌碌无为。作为无数人都望尘莫及的北大学子，他们之所以能够出类拔萃，在全国莘莘学子中脱颖而出，也是因为他们志存高远，敢于掌握和规划自己的命运。

一、俞敏洪：穿越地平线的渴望

要在绝望中寻找希望。

——俞敏洪（毕业于北京大学，新东方学校创始人，现任新东方教育科技集团董事长兼总裁）

琼·菲特说："信心和理想乃是我们追求幸福和进步的最强大推动力。"理想是如此重要，无数人因为理想的力量而冲破了各种困境和限制。作为青少年，更应该趁早立志，将远大的目标和眼前的实际相结合，走出真正属于自己的人生。俞敏洪不止一次说过"要在绝望中寻找希望"，正是这种敢于"穿越地平线的渴望"让俞敏洪从一个落榜的高考生一跃成为北大的学子，再从普普通通的大学生成长为独当一面的企业家。

人无志不立，儒家就以"修身齐家治国平天下"作为读书人的立志标准。然而，何谓"志"？志就是人们思想的发展趋势，而志向就是未来思想的发展方向，以及决心。简言之，立志就是确定未来的人生理想。

在我们一生之中，每个阶段对人生都有不一样的认识和体验，自然也会有不一样的志向，但是很难有人能够坚持最初的志向，并终生不渝。作为青年时期这一人生最重要的阶段，读书求学和立志是我们这段生命中不可或缺的主旋律，尤其是在大学阶段，一个人能否立志就决定着他毕业以后能否有一份不错的工作，或者更大的价值和贡献。这一点，值得我们每一个人都为之深思。

作为新东方总裁的俞敏洪，虽然已经被无数成功的光环所环绕，也拥有了同辈们羡慕的财富和地位，但是他却从来没有忘记自己是北大的一员，没有忘记北大是改变他一生的地方，更没有忘记自己年幼时立下的志向。

1980年，这个江苏省江阴市某农村的小青年考入北大，在此之前，他已经两次高考失利。土里土气，智商平平，是大家对他当时的印象。如此一个普通的学生进入北大这样精英群集的集体中，其面临的冲击和困难可以想象得到。正如他在演讲中提到："北大的精英人才太多，你的前后左右都是智商极高的同学，在北大追赶同学是一件很痛苦的事情。"即便已经深刻体会到这一点，俞敏洪却仍继续坚持，"我知道我在成绩上比不过我的同学，但是我有一种能力，就是持续不断地努力。"

有一个寓言故事，说的是世界上只有两种动物能够登上金字塔塔尖，一种是健硕的雄鹰，一种是脆弱的蜗牛，前者能够靠自己与生俱来的本领和先天优势直达目标，冲上金字塔的顶端，而蜗牛虽然不像雄鹰一样一帆风顺，但是它会不断地爬上去又掉下来，掉下来又爬上去，雄鹰可能只需要一会儿的工夫，而蜗牛则要花上几天几夜，但是只要它坚持爬上去，它眼中的世界将会和雄鹰的一样。俞敏洪认为自己就是那只蜗牛，虽然慢，可是一直都在爬，从来没有停歇。凭着这样的精神，进入大学之前连《红楼梦》都没读过的俞敏洪拼命地看了超过 800 本书；凭着这样的渴望，他放弃安稳的教职工作，坚持创业，最终实现了自己的理想。

在向无数青年学生分享自己的成功经验的时候，俞敏洪提到了很多，其中最重要的一点就是——理想。在俞敏洪很小的时候，脑海里就不断涌现一个念头，希望自己能够穿越地平线走向很远的远方，他把这种感觉叫作"穿越地平线的渴望"。后来，等他知道了徐霞客的故事后，同是江苏人的俞敏洪被徐霞客的精神所感动，并将其作为自己精神上的榜样。他暗自下定决心："徐霞客走遍了全中国，我就要走遍全世界！"现如今，他已经开始去探寻世界的每一个角落，当年的理想被他一点一点地实践着。

俞敏洪的成功不可复制，但是他的经验却可以为我们所借鉴，他走向成功道路上的每一步正是许多成功人士都必须经历的。只要心存希望，抓住理想，任何人都能走向自己所期望的彼岸，这其中，必然要忍受各种挫折和失败的打击，饱尝孤独和寂寞以及旁人的不解，甚至冷嘲热讽，但是，只要你足够坚忍，懂得包容，不断地扩大自己的胸襟，勇敢地冲破这一切束缚，最终你一定会实现自己的目标。

二、认识你自己，为无知而求知

自知，是最大的精神财富。

——季羡林（曾任北京大学副校长，著名文学家、国学家、教育家和社会活动家）

在古希腊圣城德尔菲神殿上铭刻着一句话："你，认识自己吗？"那么，我们真正了解自己吗？我们也许经常会这样扪心自问，然而对很多人尤其是青少年来说，结果却只能是迎来一个更大的问号。因为，人类的内心世界是最复杂、最玄秘的，犹如浩瀚的海洋一般深不可测，令人难以琢磨，了解自己并非一件容易的事情。

认识自己，是我们心灵探索的起点，没有这一个起点，也就无法谈及心灵的成长。对此，曾担任过北京大学副校长的季羡林说过这么一句话："自知，是最大的精神财富。"季老先生认为，自知是一种可贵的品质，自知的人才有继续进步的希望。那些自视过高，觉得自己无所不能的人不仅可笑，而且可怜。正所谓学海无涯，知识是无穷尽的，若认为自己学遍了天下知识而无所不知，只能成为人人不屑的笑话人物。季老先生尤为喜欢有自知之明的人，他认为，只有这样的人才是有远见的人。

在《季羡林说自己》一书中，季老先生曾经说过这么一段话："古希腊哲人发出狮子吼：'要认识你自己！'……我是认识自己的，换句话说，是有点自知之明的。我经常像鲁迅先生说的那样剖析自己。"在生活中，他不仅这样说，更是这样做的。

20世纪80年代，季老先生曾几次受邀担任中国社会科学院副院长一职，但都被他婉言谢绝了。他说："我就是个教书匠，只会教书，不会做官。"后来，又有人极力推荐他担任中国作家协会主席一职，他同样予以婉言谢绝："叫我教授，我脸不会红；叫我作家，我脸会红，因为我只能算是作家票友，哪有资格当作协主席。"而后，他看到有人赋予自己"国学大师""学术泰斗""国宝"等字眼，心里颇为不安，觉得这三顶桂冠对自己来说，都属名不副实，赶紧主动请辞："三顶桂冠一摘，还了我一个自由自在身。身上的泡沫洗掉了，露出了真面目，皆大欢喜。"

很多人可能会说，是季老先生为人处世低调吧，所以不喜欢担任要职。其实不然，对于他认为自己能够担当的职位，季老先生可是欣然就职的。一次，外文局请他出任中国翻译协会名誉会长，他内心非常高兴，认为自己从事过翻译工作，有一定的翻译经验，并且关心翻译事业的发展，于是欣然应允了这项差事。任职中国翻译协会名誉会长后，他对协会的日常工作提了很多意见和建议，为我国翻译事业的发展做了很多实事。他对高职位的这种有取有舍的态度，正是基于认识自己、了解自己的审慎选择。

季老先生不仅对社会职位依据自己的能力有所取舍，在学术研究上，也处处显示出自知之明的低调。他经常说这样的话："我并不认为文章是自己的好。我真正满意的学术论文并不多。"

一次，在回答网友的提问时，季老先生回答说："他们把我说得太好了，只相信百分之六十就行了。我自己确实感到，盛名之下，其实难副。"由此可见，无论别人对他怎么恭维，而季老先生始终把自己看作是普通人，因为他真正了解自己的实力，并时刻秉持这种自知之明的心态。季老先生曾经这样评价自己："我尽管有不少的私心杂念，但我考虑别人的利益还是多于自己。我说过不少谎话，因为非此则不能生存。但是我还是敢于讲真话的，我的真话总是大大超过谎话。因此我是一个好人。"这段话可谓最能表明季老先生心怀自知之明的一个有效例证。

中国古代思想家老子曾经说过："知人者智，自知者明。"一个能够清醒认识自己的人是最难能可贵的。所以，青少年朋友，无论我们做什么，都要先考虑自己的能力，量力而行、尽力而为。因为一个人不管如何强大，他都有一条能力"底线"。

真正聪明的人不会主动逾越这条"底线"。因为他知道，逾越了这条"底线"，自己不可能得到，反而更容易失去。

认识自己、有自知之明的人往往知道自己的短板在哪里，从而懂得扬长避短；而那些没有自知之明的自负者不乐于面对或承认自己的不足，所以往往会迷失方向。

一位哲人曾经说过："诚实地向他人展示自己，是一面勇敢的旗帜；诚实地向自己展开自己，是人生最优美的风景线。"只有懂得自知之明的人，才能将最真实、最优秀的自己展示出来，才能更加博得别人的喜爱。现实生活中，很多青少年朋友都希望获得良好的人际关系，拥有一个快乐的学习生活，拥有一个美好的发展前程。这个时候，我们首先应该做的就是认识自己，做好自我剖析，为自己的无知而求知。剖析，不单单是找出优点、肯定成绩，更关键的是要把自我剖析的手术刀滑向心灵的深处，对心灵进行忏悔式的追问：我的缺点到底在哪里？明天我将如何努力……只有在这个基础上，才能进一步完善自我，走好未来的人生路。

三、北大保安哥：起点低并不代表终点低

起点低并不代表终点低，起点不能决定好坏，一场考试也不能决定一个人的命运，最终是你的梦想和长期不懈的努力来获得成功……五年的北大经历告诉我，不管身处什么职务，起点如何，只要有梦，就有实现梦想的方法。

——甘相伟（曾任北京大学保安，毕业于北大中文系）

人人是生而平等的，没有高低贵贱之分，没有人理所当然的平庸。所以，青少年朋友们，我们不能因为后天的际遇不好而自怨自艾，而应该在认识自己的基础上，树立起自己的志向，志向树立得越高、越实际，就能取得越大的成就。即便起点很低，也不应该妄自菲薄，因为人生路的终点往往与起点无关。来自穷乡僻壤的小保安甘相伟就用自己的经历向我们印证了这个道理。

甘相伟，湖北随州市广水人，是一名80后，出生于一个贫苦的农民之家。2005年专科毕业后，来到北大当保安。2008年，他进入北京大学平民学校学习，同年参加成人高考考入北京大学中文系并修完本科课程，还凭借着5年的保安经历出版了励志书《站着上北大》，校长周其凤亲自为他作序。目前，他脱掉保安服，在北京一所私立学校担任图书馆阅读老师，实现了自己的教师梦。

一个再普通不过的农村小伙，从一名小保安一跃成为一名光荣的教师，实现了自己的梦想。起点如此低的他，到底凭借什么跳进"龙门"了呢？

出生于普通农民之家的甘相伟，在很小的时候就表现出了对古诗词的强烈兴趣。为此，他发动亲戚朋友到处为自己搜罗图书，将能够借到的书都读遍了，这份经历为他的文学之梦奠定了基础。

在读高中时的某一天，甘相伟无意中从同学那里看到一本叫作《北大才女》的书。于是将这本书借了过来，细细品读。他被书中主人公坚强、勇敢的精神感动了。从此，"北大"对他来说成了一个挥之不去的情结。他说："这本书里面描述了未名湖的美丽风光和北大的学术大师的人格魅力、学术风范，特别吸引我，促使我心中埋下了北大的梦。"

高中毕业后，甘相伟考上了一所专科院校。毕业后，他到广州从事与法律相关的工作。可是，不知道为什么，他总是沉不下心去工作，"我心中还是有这个情结，它一直在提醒我，有的时候觉都睡不着，有的时候翻江倒海。最终，我还是来到了北京，来到了北大。"他说。

2008年夏季的一天，甘相伟来到北京，因为自己一直有北大情结，所以他经常来北大闲逛。一天，在未名湖畔，他看到一名保安手捧书籍认真在看。"保安不去看门，却在这里读书？"甘相伟带着疑问打破砂锅问到底，这才得知北大鼓励保安读书，爱学习一直是北大保安的风气，甚至有些保安考上了名牌大学。听了这名保安的话后，甘相伟的心怦怦直跳，他默默地对自己说："我找到家了。"

于是，甘相伟萌生了应聘北大保安的想法。经过一番面试，他如愿成为北大的一名保安。

在谈及来北大当保安的理由时，甘相伟曾说过这样的话："第一，是先求生存再求发展。第二，来学习知识、增长见识。"

甘相伟出生于贫苦农村，来到北大他最开始从事的是保安工作，起点可谓很低，但他不服输，正如他所说的"起点低并不代表终点低"，他凭着自己的努力和永不服输的信念，从一名小保安成长为一名北大学子，实现了自己的梦想。他的故事告诉我们：只要你肯努力，只要你有梦想，你就会成功。

正所谓："梦想有多大，舞台就有多大。"生命是上天赋予我们的最宝贵的财富，我们必须以热忱的心来呵护这份财富。而梦想就是生命旅途中永远的路标，无论遇到什么事情，都不要关闭梦想之门。只要有梦想，我们的生命之路才会走得更长远、更灿烂。的确，在人生的征程中，布满了各种荆棘。你或许没有出生于一个富裕的家庭，能供你安逸地读书学习；你或许没别人所具备的那种聪颖天资，可以不辛苦就会有所得；你或许没有别人那么一帆风顺，在成功的路上没有遭遇什么困境……然而，即便你的起点很低，然而只要你树立了目标，并为这个目标付出一点一滴的努力，相信你也同样能够达到理想的终点。只要你拥有梦想，并勇敢地坚持下去，你的人生终点也会同样辉煌、灿烂。

四、为民族命运改变志愿

救国救民需先救思想。

      ——鲁迅（曾在北京大学任教，著名文学家、思想家、革命家、中国现代文学的奠基人之一）

鲁迅，是我国家喻户晓的现代伟大文学家、思想家和革命家，现代文学的奠基人，为我国文学事业的发展做出了巨大贡献。

其实，谈及鲁迅先生，其为后人所赞颂的除了卓越的文学成就，更有他朴实、坚定的爱国精神。当年受蔡元培之邀，鲁迅先生曾经在北大做过讲师，其间，他的"民族魂"激励着很多北大学子，成为他们效仿的榜样。

仔细回顾鲁迅先生的人生关键点，你会发现，鲁迅先生是一位一生都在抗争的勇士，他从青年时便立志要让中国摆脱列强的欺凌，从那时起，他的命运便与中华民族的兴衰荣辱紧紧地连在一起了。

鲁迅与周作人、郭沫若、郁达夫等著名作家都为留学日本派。1902年2月，21岁的鲁迅考取了留日官费生，远赴日本东京的弘文学院学习日语。两年后，进入仙台医学专门学校（1912年改制东北大学医学部）学习现代医学。很多人可能都非常好奇，在文学事业上取得卓越成就的大文豪当初为何学医呢？

原来，这与他父亲的病故有关。鲁迅之所以毅然选择学习现代医学，是因为父亲的病故使他对中医产生了严重的怀疑，他父亲是因庸医所误而过早地离开了人世。另一方面，在鲁迅的心中始终有这样的想法：中国之所以遭受外国列强的欺凌，其中的一个重要原因就是中国人的体格太弱。鲁迅想，如果将医学学好，自己不但在平时可以解除人民的病痛，为大众的健康服务，在战争时期还可以上前线做军医，为保卫祖国贡献出自己的力量。基于这些想法，鲁迅选择了研究医学。

然而，就在他进入仙台医学专门学校学医的第二年，他的志向改变了，开始了弃医从文的生涯。他为何又改变志愿了呢？

针对这件事，鲁迅曾在《藤野先生》一文中有所提及，他说，自己是受到了一部日俄战争的纪录片的影响。在这部影片里，他看到一个中国人被日本军队捉住杀头，而围观的一群中国人不但没有阻拦，反而若无其事地站在旁边看热闹。这个"中国人围观日军杀害中国人"的电影情节使鲁迅受到极大的刺激，这种残酷的事实令他意识到这样一个血淋淋的事实：对国人来说，精神上的麻木要比身体上的虚弱更加可怕。

那个被砍头的同胞，身体不是也很强壮吗？两个帝国主义国家在我们的领土上你争我夺，他们都是侵略者，都是我们的敌人，而他却去做一方的奸细，为虎作伥，亲痛仇快。活得糊涂，死得也糊涂。而那些围观者，把屠杀同胞当热闹看，他们的精神状态麻木到了何等可怕的地步！

经过一番痛苦的思考后，鲁迅在心中念道："救国救民需先救思想。"如果想要改变中华民族的凄惨命运，最紧迫的不是改变国人的健康状况，而是改变他们的精神状态和思想，提高大众觉悟才是当务之急。学医不能救国，学医只能医治人的身体，却不能解救人的精神。即使人们的身体健壮了，但不知道爱国，不知道反抗压迫，又有什么用呢？要唤醒民众，最好的方法就是用文艺作品来感染他们、教育他们。

有了这种意识后，鲁迅果断地弃医从文，希望用文学改造国人的"国民劣根性"。于是，他很快离开仙台医学专门学校，回到东京，翻译外国文学作品，筹办文学杂志，发表文章，从事文学活动……在当时，他与朋友们讨论最多的话题是中国的国民性问题：中国的国民性中最缺乏的品质是什么？其病根究竟在哪里？什么样的人性才是理想的人性……在思考这些问题的过程中，鲁迅将个人人生体验同整个中华民族的命运联系起来，积极投身于文学创作中，通过文章中蕴含的深刻思想来警醒世人，这些举动奠定了他后来作为一个文学家、思想家的基本思想基础。

为了国家的前进和民族的命运而弃医从文，这就是我国著名的文学家鲁迅。他的个人发展始终与国家命运休戚相关；他的存在专为他人的幸福而存在——这样伟大的人物，将永远活在大众的心中。

青少年在如今这样的时代背景下，如何发扬民族精神呢？最主要的途径就是好好学习，争取用所学的知识为国家的发展做出贡献，通过我们的双手和智慧使祖国变得更加强大。

五、对于盲目的船来说，所有风向都是逆风

青年呵！你们临开始活动之前，应该定定方向。譬如航海远行的人，必先定一个目的地，中途的指针，只是指着这个方向走，才能有到达目的地的一天。若是方向不定，随风飘转，恐永无到达的日子。

——李大钊（曾任北京大学教授，伟大的马克思主义者、杰出的无产阶级革命家）

目标是一个人行动的指南针，指引我们的人生航向。严格来说，一个人无论现在有多大年龄，他真正的人生之旅，是从设定目标的那一天开始的，以前的日子，只不过是在绕圈子而已。为了获得良好的发展，获得人生的辉煌，我们势必要在一片杂乱中建立

起秩序，找出一个正常的步调，确定一个人生目标。如果没有目标，我们就只能在人生的旅途上徘徊、绕圈，永远也到不了目的地。犹如空气之于生命一般，目标对于成功也非常重要。

奇幻儿童小说《爱丽丝漫游仙境》想必很多青少年朋友都曾经读过。在这本书中，有这样的一个片段：

主人公爱丽丝向小猫咪问道："亲爱的小猫咪，请你告诉我，我应该走哪条路呢？"

小猫咪这样回答："这在很大程度上看你要去什么地方啊！"

听了小猫咪的话，爱丽丝感到很迷惘，说道："去哪里我都觉得无所谓。"

小猫咪回答道："那么你走哪条路都可以。"

"这个……其实我只要能到达某个地方就可以了。"爱丽丝赶紧补充道。

小猫咪对爱丽丝说："亲爱的爱丽丝，你要相信自己，只要你一直走下去，肯定会到达那里的。"

现实生活中，有很多像爱丽丝这样迷惘、不知前行方向的青少年，他们虽然明白学习对自己来说很重要，也能够为获得理想的成绩而拼尽全力，然而，他们的努力并没有取得成效，主要原因在于他们从未树立一个明确的目标。没有明确的目标，即便再忙碌，也了无趣味。而且，更加令人担忧的是，由于缺乏目标，他们把大量的时间和精力浪费在一些无用的事情上去了。

对于每个人来说，目标的树立都非常重要，它是我们走向成功的基石。为自己的人生设立一个明确的目标，犹如在迷途中发现了北斗星，可以指引我们走上正确的道路。

拥有明确的目标，我们更容易心想事成。拥有明确目标的人，不会因无所事事而无聊，因为目标能够激励他不断进取，能引导他不断激发自己的潜能。所以，每一位青少年朋友都应该树立一个明确的人生目标，在这个目标的指引下，为未来而努力。

某知名院校曾经专门做过一项调查，被调查者是一群智力、学历、生活环境等相似的青少年，最终收回了 600 份调查回馈单。从这 600 份调查回馈单中发现：27% 的人没有目标；60% 的人目标模糊；10% 的人有清晰但比较短期的目标；3% 的人有清晰且长期的目标。这些人在未来的 20 年后，各自拥有什么样的人生成就呢？

研究人员对这 600 名青少年进行了长达 20 年的跟踪研究，最终得出这样的结论：那些 3% 有清晰且长期目标的人，在这些年中始终如一地朝着同一方向努力，20 年后几乎都成为各自领域的顶尖人物；那些 10% 有清晰短期目标的人，20 年后几乎都处于社会的中上层，他们几乎都有这样的特点：短期目标不断被达成，状态稳步上升，成为各行各业的不可或缺的专业人士，如医生、律师、工程师、高级主管等。而那些 60% 有模糊目标的人，20 年后几乎都处于社会的中下层，虽然拥有稳定的工作，但几乎没有取得什么理想的成绩；至于那些 27% 没有目标的人，20 年后他们几乎都处于社会的最底层，时刻被失业、救济、抱怨包裹着，家庭不和谐，人生不幸福。

以上的调查结果告诉我们这样一个道理：一个人，如果没有树立明确的目标，并且坚定地朝着这个目标前进，那么，他就无法拥有快乐、成功的人生。正如赫伯脱所言："对于盲目的船来说，所有风向都是逆风。"

有一些青少年朋友不愿树立目标，而宁愿选择过一种随波逐流的生活，所以他们一直迷茫地走在没有目的地的道路上。由于迷茫，他们会感觉空虚，为了填补空虚感，他们开始追求享乐、参加无益于成长的活动。这使他们虚度了最美好的年华，最终一无所成。

俄国大文豪托尔斯泰的一句名言或许能够给我们一些警醒："人要有生活的目标：一辈子的目标，一个阶段的目标，一年的目标，一个月的目标，一个星期的目标，一天的目标，一小时的目标，一分钟的目标，还得为大目标牺牲小目标。"心中有了具体的目标，我们的每一分每一秒也就有了前进的方向。

每个人都渴望达到最佳的目标，都希望成功，每个人都想要找到打开成功这扇门的那一把钥匙。

青少年朋友，从此刻开始，也为自己树立一个明确的目标吧！然后为实现这个目标而好好规划，努力、进取、坚持，相信不久后，你会从中体悟到一种充实感、成就感，渐渐地，你的人生路也会越走越顺、越来越好。

六、明确的目标，让你在 10 年后无可替代

经过这么多年，我始终发现"做鞋"是最让我开心的，所以最后我定下来了我就要好好地把鞋做好。但是很多企业都是在这样一个投资机会非常多的情况下削减了自己的主业，没有明确自己的目标到底是什么。

——钱金波（毕业于北京大学，红蜻蜓集团董事长）

研读一些成功者的传记，我们会从中发现这么一个事实，即他们中的绝大部分人都会在行动前为自己树立一个明确的目标，然后，再沿着这个目标所指的方向，学习，完善，努力。在他们走向成功的道路上，目标的树立发挥了非常大的作用。由此可见，目标之于一个人成功的重要性。

目标，是我们做一切事情的前提。只有在行动前树立明确的目标，我们才能较好地分配自己有限的时间和精力，较准确地寻觅突破口，找到聚光的"焦点"，然后专心致志地向既定方向前进，最终达成所愿。从某种程度上来说，明确的目标能够吸引我们为

实现它而不断努力：当你因劳累而懈怠时，目标就像凌晨时刻的闹钟，将你从睡梦中惊醒；当你面临困难时，目标就像沙漠中的绿洲，让你看到前行的希望；当你遭遇挫折时，目标就像破晓的朝日，帮你驱散满天的阴霾。一个拥有远见和明确目标的人，能够在目标的驱策下，不断地激励自我、完善自我，焕发出超强的斗志。

在许多年前，曾经有一个研究机构做过这样的一个研究：他们对 100 名学生进行了一次抽样调查："10 年后，你希望自己处于什么位置，从事什么方面的工作？"针对这个问题，同学们几乎都做出了这样的回答："我渴望去经营大公司，做个大老板，或者从事能影响和主宰我们所生存的世界的重要工作，名利双收。"在这 100 名学生当中，有 10 个人不仅拥有做出大事业的决心，而且还将这个目标清晰地写了下来，并详细阐明了他们在何时将取得什么成绩，以及为何要取得这些成绩……而其他的 90 个人则只是笼统地说出了自己的愿望，而没有像这 10 个人一样写出各自的目标和理由。

10 年后，该研究机构对这 100 名学生进行了回访，调查结果显示，树立明确目标并将其详细阐述出来的 10 个人，所拥有的财产竟占这 100 个人总财产的 96％。这意味着什么呢？意味着这 10 个人的成功率超过他们的同学整整 10 倍。

从上述调查研究的结果可以看出，明确目标的设立对一个人的成功有很大的促进作用。正如美国著名的保险大亨格莱恩·布兰德所说："目标和计划是通向快乐与成功的魔法钥匙！有了明确的学习目标和计划，并把它们写下来付诸行动的人，他们将来的成就，是有目标和计划但仅停留在脑子里或纸上的人的 10～50 倍。"没有目标的人生是可悲的，是荒芜而没有任何意义的，只是虚度光阴而已。心中有了目标，就可以从一个成功走向另一个成功，把上一个成功作为下一个成功的跳板，让下一次弹跳能够更高、更远。让我们接着来看看李文琦的故事，他就是因树立明确目标而达成心愿的一个很好的范例。

从北大毕业后，李文琦没有选择从事自己所学专业方面的工作，而是成了一名推销员，并且业绩一直不错。然而，他并不甘心，他一直都渴望能跻身于单位的高业绩的行列中。

李文琦虽然有这个愿望，但他在最开始的时候并没有真正争取过，日子也就这么一如既往地过着。两年后的一天，他从一本书上读到一句话："如果让愿望更加明确，就会有实现的一天。"

这句话触动了他，他当晚就开始行动起来，明确设定了自己希望的总业绩。一番努力下来，他竟然很快实现了自己的目标。后来，他逐渐增加业绩目标，很快，他的业绩就增加了 20％，超出了他的预期，终于在下一年的年终，他的业绩创造了空前的纪录。这个结果让李文琦激情高涨，从此以后，他不论做什么事情，都先树立一个明确的目标，然后努力朝着这个目标前进。这大大提高了他做事的效率和成果。对此，李文琦经常说："我认为，将目标定得越明确，越能让人感到自己对达到目标有股强烈的自信与决心。"

李文琦的故事告诉我们：一个人若想走上成功之路，首先必须有明确的目标。明确的目标能够长时间调动我们的创造激情和心力，成为我们前进的精神支柱，一想到它，就会促使我们为之奋力拼搏，忘我地投入行动，尽快地达成所愿。

七、你仔细想过你现在的价值了吗

我这一辈子只做一件事：教书。我这一辈子只做好了一件事，也是教书。如果有下辈子，下辈子还教书。

——陈岱孙（曾任北京大学教授，著名经济学家、教育家）

唐朝诗人王维的《辛夷坞》中有这样的诗句："木末芙蓉花，山中发红萼，涧户寂无人，纷纷开且落。"这首诗的意思是说，生长在深山中的芙蓉花并没有因长在深山而黯然失色，春来秋去，它依然淡定地将自己的生命之美绽放出来，灿烂地活在世上。芙蓉花如此，我们人类更应该如此，无论处于什么样的境地，都应该活出灿烂，活出自己的价值。正如一位哲人所说："把握自己心中的方向，每个人都能寻找到自己的独特之处，实现自己的真正价值。"

曾任职于北京大学的著名教育家陈岱孙教授说："我这一辈子只做一件事：教书。我这一辈子只做好了一件事，也是教书。如果有下辈子，下辈子还教书。"陈先生的话虽然朴实，但却告诉了我们一个道理，即人生最重要的是选择自己的方向，找准自己的价值，如此才能踏实地做对事情，走好漫漫人生路。

然而，现实生活中，很多人都没有找到自己的价值所在，以致终日生活于一种混混沌沌的状态中。他们很多人生活在极度的无安全感甚至焦虑之中，于是总有这样的疑问："活着，是为了什么？我的人生价值在哪里？"对此，我国著名学者、北京大学教授季羡林先生曾在一篇文章里这样写道：

"根据我个人的观察，对世界上绝大多数人来说，人生一无意义，二无价值。他们也从来不考虑这样的哲学问题。走运时，手里攥满了钞票，白天两顿美食城，晚上一趟卡拉OK，玩一点小权术，耍一点小聪明，甚至恣睢骄横，飞扬跋扈，昏昏沉沉，浑浑噩噩，等到钻入了骨灰盒，也不明白自己为什么活过一生。其中不走运的则穷困潦倒，终日为衣食奔波，愁眉苦脸，长吁短叹。即使日子还能过得去的，不愁衣食，能够温饱，然而也终日忙忙碌碌，被困于名缰，被缚于利锁。同样是昏昏沉沉，不知道为什么活过一生。"

那么，在季老先生看来，人生的价值又体现在哪里呢？在这篇文章的结尾，他是这样总结的："如果人生真有意义与价值的话，其意义与价值就在于对人类发展的承上启下、承前启后的责任感。"

季老先生的回答是从一个宏观的角度来阐释的，那么，从微观上来说，我们人生的价值何在？有人说："人活着要做许多有意义的事儿。"别人问他人生有意义的事是什么，他说有意义的事就是好好活。那句话看似简单，却包含着一个深刻的道理，即生活于世上，我们每个人的价值都是不一样的，需要我们自己去寻找。

每个人都希望自己能成就一番事业，有一番大作为，实现自己的人生价值，然而，通往成功的路并非总是一帆风顺的，人生价值并非依靠想象来实现的，而是需要我们付出很多艰辛和努力。下文中的主人公王志红正是通过努力而找到生命价值的典范。

每每回忆起自己的奋斗经历，通过自学考上北大的打工妹王志红都会发出这样的感慨："当我由一名辍学三年的特区打工妹重返校园圆梦时，我坚信命运将出现奇迹。北大正是上苍赐给我的一份厚礼。"凭着自己的努力，王志红攀登到了新的人生起点，为人生价值的实现打开了崭新的舞台。这其中的艰辛，只有她自己知道。

由于家庭贫困，酷爱学习的王志红无奈辍了学。辍学后的她进入了一家日商独资企业打工，成了一名最普通不过的流水线工人。在这家企业工作的日子，对王志红来说犹如一场噩梦：工厂里的闭路电视时时刻刻监视着工人们的一举一动、上班的时候禁止讲话，甚至上厕所的时间都有严格的限制……这些苛刻的规定让王志红感到窒息，但她只能默默地忍受。虽然处于如此恶劣的环境，但上进的她并没有停歇下追求梦想的脚步。难得闲暇时刻，她利用各种渠道读书、学习，还将自己的经历写了下来。不久，在一次企业组织的征文赛中，她获了奖，被破格提升为厂报主编。然而，这个新岗位并没有让王志红找到她应有的自信，她的劳动并不被领导看好，辛辛苦苦写的稿子也被恣意地涂改——这一切都让王志红非常失望。她决定改变自己的这种状况，于是在 1996 年 10 月，她辞职了，回到家乡，准备复习高考。在经过 1 年零 7 个月废寝忘食的学习后，终于在 1998 年夏天，她以县文科第一名的成绩被北京大学中文系录取。

王志红，一名普通的打工者，通过自己的努力，最终成为一流学府的高才生，改变了自己的人生命运，实现了自己的人生价值。她的故事告诉我们，我们没有理由为后天的际遇而自怨自艾。我们每个人都需要对自我进行审视，在审视过后，你将自己放得多高，你的人生高度便会有多高。

只要你肯努力，只要你有梦想，你就会顺利找到自己的价值所在。

青少年朋友，你找到自己人生的价值所在了吗？如果你还没有找到，也不要太着急，你的人生路还很长，只要你认真地过好每一天，珍惜上天赐予你的每一分每一秒，相信你一定能找得到自己人生的价值，这个价值也许不见得多大、多高，但只要你认定它，它一定值得你去付出、去追求。

八、年轻人，千万不要"中庸"，而要"中用"

值班站岗，讲台演讲，我是一名保安，也是一个北大学子，不同的身份成就了我的梦想人生，也让我对自身有了更为确切的奋斗目标。

——甘相伟（曾任北京大学保安，毕业于北大中文系）

古语说："木秀于林，风必摧之。行高于人，众必非之。"古往今来，这句话不知伤害了多少人的求成之心，不知毁掉了多少人的前程。其实，值得称道的应该是"中用"，而非"中庸"。

舍弃"中庸"，求取"中用"，应该成为每位青少年的人生目标和追求。其实，青少年朋友不用和他人比较，因为你跟谁都没有可比性，你就是你，凭借自己的努力同样可以取得优异成绩。最好的状态是，你不跟别人比，而是跟自己比，跟去年的自己比，跟昨天的自己比，跟上午的自己比，只要是处于进步中，你的人生就充满了成功的希望。

"天生我材必有用"，没有一个人是理所当然的平庸。法国伟大的启蒙思想家孟德斯鸠曾说："人生而平等，根本没有高低贵贱之分。"青少年朋友没有理由为后天的际遇而自怨自艾。

生活在这个世界上，我们每个人的生命都是平凡的，但是，却绝不卑微。所以，真正的聪明者不会让自己沉溺于无休止的自怨自艾中，亦不会甘于身心的平庸，而是力求做个"中用"的人。

有很多人，他们拥有一些诸如"写得一手好字"这样的小优点，但由于自卑等心理常常将之忽略了，更不要说是一点点地放大它。久而久之，便与成功越来越远。而成功者呢？他们都善于发现自己的优势，并努力将其放大，放大成超越自己和他人的明显优势。在这种优势的助攻下，他们与成功越走越近。

每位青少年朋友都是无价之宝，都应该肯定自己的生命价值，相信自己是一名"中用"的人。

每个生命都不卑微，都不仅仅是"中庸"的存在，而是大千世界中不可或缺的一分子，在某个或大或小的位置上发挥出自己的作用，用生命书写"中用"这两个字。只要不甘于平庸，生命就可以在闪光中见出灿烂，在平凡中见出真实。

即便是一块普通的石头，在不同的场合下，也自有它存在的价值。关键在于我们认可自己的价值。实际上，每个人来到这个世界上，都有自己的角色和任务。一个人只有认可自己的价值，珍惜自己的付出，他的生命才会有意义。学会肯定自己，认可自己，有利于我们做得更好。

也许很多青少年朋友曾经看到过这样的画面：有一棵松树，它卓然屹立于一座悬崖峭壁上，深深地扎根于岩缝之中，努力舒展着自己的躯干，任凭阳光暴晒，风吹雨打，在残酷的环境中始终保持着昂扬的斗志和积极的姿态。在很多人看来，这棵松树很平凡，它只不过是一棵树而已，然而它并不平庸，因为它凭借自己生命的傲然姿态向世人做出了宣告：我发挥出了自己最大的价值。

青少年朋友，或许如今的你只是一朵残缺的花，只是一片熬过旱季的叶子；或许如今的你只是一张简单的纸、一块无奇的石头；或许如今的你只是时间长河中一个匆匆而逝的过客，不会吸引人们的目光和惊叹……然而，你要明白，如果你拥有一个积极的人生目标，在平凡的生命中不甘于平庸，并将自己的长处发挥到极致，你同样可以拥有一个"中用"的人生。

九、只要你知道自己去哪儿，全世界都会为你让路

人活着是为了什么？并不是为了穿衣吃饭。穿衣吃饭是为了生活，而生活本身还有崇高的目的。

——王力（曾任北京大学教授，著名语言学家、教育家、翻译家）

在遭遇困境时，我们经常会想到这样一句话："天无绝人之路。"这句话不无道理。我们每个人来到这个世界都不会孤单无依，都会拥有一个可以生存、发展的空间，在这个空间里，你的依靠或许是一双灵巧的手，或许是一个聪明的头脑，或许是一个坚实的拥抱……但是，无论依靠的是什么，我们都有可以让自己立足于这个世界的能力。只要我们能够充分挖掘和发挥自己的能力，便能得到很好的发展。

古语说："自助者天助之。"为什么说"自助者天助之"？这并非一句简单的励志口号，而是蕴含着深厚的人生哲理。自助者为何会得到上天的帮助呢？主要是因为自助者拥有一种改变自我命运、实现成功人生的野心，在这种野心的驱使下，他们拥有强大的行动力，会为了自己的目标不懈奋斗。而这样的人，自然会获得更多人的青睐和支援，获得更多成功的资源。正如一句话所说的："如果你知道去哪儿，全世界都会为你让路！"

德国文学家歌德说过："生活在理想的世界，就是要把不可能的东西当作仿佛可行的

东西来对待。"这句话非常有道理。对茫茫宇宙来说，人的生命非常渺小、脆弱，犹如广袤大海中的一叶孤舟。然而，人的生命之潜能却是无穷的。青少年朋友要想在这个世界上取得成功，就必须努力挖掘自己生命的潜能，确定好人生目标，努力奋斗达成目标。

人类的潜能是没有止境的。然而，在实际生活中，很多青少年在遭遇了几次挫折后，就自我否定，丧失了奋发向上的激情，封杀了自己的信心和勇气——在这种挫败心理的驱使下，停步不前。

善于自助者往往拥有一种大无畏的精神，他们愈为环境所困，反而愈加奋勇，不战栗，不逡巡，胸膛直挺，意志坚定，敢于对付任何困难，轻视任何厄运，嘲笑任何阻碍。困境不但没有带给他们损耗，反而增强了他们的战斗力，磨炼了他们的品格，使他们有机会成为人上人——这才是世间最可敬佩、最可羡慕的一种人。这种人能够打开自己，挖掘生命中宝贵的潜能，抓住成功的机会。

在北大的经济学课上，一位教授曾给学生举了这样的一个例子：

在一次招聘中，一家跨国企业出了这样的一道题："就你目前的水平，你认为十年后，自己的月薪应该是多少？你理想的月薪应该是多少？"

结果，那些回答数目奇高的应聘者全部被录用。后来，这次招聘活动的主考官对此这样解释说："一个人认为自己十年后的工薪竟然和现在差不多或者高不了多少，这首先说明他对自己的学习、前进的步伐抱有怀疑，他害怕自己走不出现在的圈子，甚至干得还不如现在好。这种人在工作中往往没什么激情，容易自我设限，做一天和尚撞一天钟。他对自己的未来都没有信心，我们又怎能对他有信心呢？"

实际生活中，一些人不敢去追求自己想要的东西，不是因为他们没有能力，而更多的是因为他们在心中默认了一个"心理高度"，这个高度常常暗示他们的潜意识：我是不可能做到的，这个是没有办法做到的——在这种"自我诋毁"中，成功的机会一次次地从他们身边溜走。

在青少年群体中，很多人在谈及自己的未来时，出现频率最多的一个词是"迷茫"：高考后不知道自己报考什么专业，大学毕业后不知道自己喜欢从事什么工作——而现实呢？不会因为"迷茫"而停滞不前，它会逼着我们一步步向前走，我们总要学点什么、干点什么，于是在这种心态下，一些人稀里糊涂地就上路了，结果走来走去，却始终弄不清楚自己应该走向哪里，而时间也在这种迷茫中一点点消逝。

《塔木德》中有这样的一句话："人要学会救赎自己。"这种救赎不能靠别人，必须由自己来完成。至于如何来完成呢？其中最重要的一点就是为自己找到一个前行的目标。将目标确定好后，再为达到这个目标而付出努力。青少年朋友，你是否从中领悟到些许道理呢？

求知，对人生应尽的礼仪

诗人郭小川曾经说过："在青春的世界里，沙粒会幻化成珍珠，石头会化成黄金。"没有人能够阻挡青春的魅力，没有人可以抗拒青春的力量，无数北大学子在兼容并包的学术氛围中尽情挥洒自己的青春热情。在漫漫的岁月中，学习是北大学子生活中的唯一主旋律，他们好学勤学，求知若渴，不以学习为义务，而是以最大的力量将学习作为自己人生应尽的礼仪。

一、马寅初投黄泽江，为求学而"跳河"

不读书，毋宁死！

——马寅初（曾任北京大学校长，著名经济学家、教育家、人口学家）

聪明的人都知道，人的生命的过程，就是一个求知的过程。在漫漫人生中，我们需要不断地学习，通过点滴的积累来充实自己、完善自己，这样我们才能进步，才能离梦想更近一点。

关于学习的重要性，古人早已阐述得相当透彻。唐代书法家颜真卿说："三更灯火五更鸡，正是男儿读书时。黑发不知勤学早，白首方悔读书迟。"北宋卓越的史学家欧阳修说："立身以立学为先，立学以读书为本。"两位才子的名言充分表达了学习的重要性，告诉我们，学习是一件很重要的事情，只有用功读书学习，才能掌握知识，使自己有用武之地。所以，青少年朋友，如果你想取得优异的成绩，成就理想的人生，一刻都不能放松学习，要把学习放在首要的位置。

我国著名的经济学家、教育家、人口学家，当了9年北大校长的马寅初先生就是一个重视学习、渴望通过读书改变命运的典范。他最有名的故事莫过于他为求学而纵身投河的故事。

马寅初，字元善，1882年6月24日出生于浙江省嵊县（现嵊州市）浦口镇一个酿酒小作坊主家庭。在这个美丽、淳朴的小集镇上，马寅初度过了美好的童年时代。

随着年龄的增长，马寅初的心渐渐有了新的想法，他时常满腹心事。这一切均是因为他受维新思潮的影响渴望外出读书，看看外面的世界，而父亲却要他留下读私塾、继承家业。于是，他和父亲展开了对抗。

一天，父亲语重心长地对马寅初说："元善，你已经长大了，再不是个小孩儿了，我和你母亲年纪都一大把了，所以父亲希望你能继承家业！"

马寅初听了父亲的话，非常着急，一口回绝了："不，我不这样！我不愿意当小老板，我想出去读书，我想出去读书！"

父亲听了马寅初的话，气得火冒三丈，一边大喝："你竟然敢和我犟嘴，还不给我跪下！"一边生气地拿起竹篾朝马寅初劈头盖脸地抽打起来，"看我不打死你这个孽子……"

"爹，您就是将我打死，我也不会去做生意的，就是死我也要出去读书！"马寅初忍着疼痛，大声地表达着自己对于读书的渴望……

马寅初的母亲王氏听见父子俩的争吵声，赶紧跑出来劝解。当王氏伸手去夺丈夫手中高高举起的竹篾时，马寅初趁机从地上站起来，像惊兔一样跑出了家门。他一口气跑到了浦口镇外。在黄泽江和剡江的汇合处，湍急飞速的江流闪着白光，站在江岸上的马寅初暗暗地发下了这样的誓言："不读书，毋宁死！"然后，他默默地回过头，朝家的方向凝望了一会儿，在心里对母亲说："亲爱的母亲，我是多么渴望读书啊！既然无法读书，那我活着也没有什么意思了，请您多保重，孩儿和您永别了！"说完这一段话，他慢慢地回转身，一咬牙，竟跳进了茫茫的江流之中……

幸运的是，马寅初投江后马上就被人发现了，他很快被人救了上来。看着儿子那份对读书的渴望，马寅初的父亲心软了，只好托在上海经商的好友张江声——上海瑞纶丝厂老板将马寅初带走。1898年夏秋之交，马寅初进入教会学校"英华书馆"，开始了中学生活。这是马寅初在人生旅程中迈出新生的具有决定意义的一步。从此，他就像一只破笼而出的鸟儿，开始了凌空展翅的生活。后来，他通过自身的努力，最终成长为我国杰出的经济学家、教育家和人口学家。

英国哲学家培根说："天生的才干如同天生的植物一样，需要靠学习来修剪。"如今虽然是个多元化时代，行行可以出状元。然而，通过在学校读书学习仍然是广大青少年成才的最有效的途径。所以，青少年朋友一定要做一个乐于学习、善于追求的人。当知识转化为智慧之船，那么我们的人生里程的航行也就有了方向。

二、北大过来人：做时间的强者

燕子去了，有再来的时候；杨柳枯了，有再青的时候；桃花谢了，有再开的时候。但是，聪明的，你告诉我，我们的日子为什么一去不复返呢？——是有人偷了他们罢：那是谁？又藏在何处呢？是他们自己逃走了罢：现在又到了哪里呢？

——朱自清（毕业于北京大学，著名散文家、诗人、学者）

青少年朋友可能都有这样的体会，在童年时代，对于光阴的流逝很少会发感慨，然而随着时间的流逝、年岁的增长，会越来越感觉时间的可贵，时间对我们的价值也越来越高，尤其是在逢年过节时，我们总会发出时不待我、韶华易逝的感慨。

中国有句谚语说明了时间的重要性："一寸光阴一寸金，寸金难买寸光阴。"对于任何人而言，光阴都不是无穷尽的，而是转瞬即逝的。任何人都无法完全追上时代的脚步，唯有珍爱时间，穷尽一生努力学习，或许才能站到时代的前端，不致被历史的海浪吞没。青少年朋友在求学阶段，切勿荒废学业，而应珍惜时间，勤奋读书，不可偷懒，做时间的强者。与北大有着很深渊源的鲁迅先生，每一天几乎都是在挤时间中度过的。他曾说过："时间，就像海绵里的水，只要你挤，总是有的。"

鲁迅12岁时，在家乡的一个私塾读书。当时他的父亲正身患重病，两个弟弟还年幼。鲁迅不仅经常去当铺、跑药店，还得帮助母亲做家务。为了不影响学习，他必须合理安排好时间。为此，他经常挤时间来读书。

鲁迅有着非常广泛的读书兴趣，他既喜欢写作，又非常爱好民间艺术，尤其是绘画。正是由于他涉猎广泛，所以时间对他来说是非常重要而紧迫的。鲁迅一生多病，工作条件和生活环境都不好，但他每天都要工作到深夜才肯罢休。

在晚年，鲁迅更加重视时间的利用。尽管当时的政治形势非常紧张，他身体又不好，但他仍然如饥似渴地学习，夜以继日地忘我工作。生病时，他就想着病好了要做什么事；病情稍有好转时，他就抓紧工作。他在去世前不久，在体温很高、体重减轻到不足八十斤的情况下，依然笔耕不辍。他在去世前三天，还给别人翻译的苏联小说集写了一篇序言；他在去世的前一天，还记了日记。鲁迅先生一直战斗到离开人世的那一天，从没有浪费一分一秒。

在鲁迅先生的眼中，时间就如同生命一样珍贵。"美国人说，时间就是金钱。但我想：时间就是性命。倘若无端地空耗别人的时间，其实是无异于谋财害命的。"因此，鲁迅先生最讨厌那些东家跑、西家坐的人，在他忙于工作的时候，如果有人来找他聊天或闲扯，即使是很要好的朋友，他也会毫不客气地对人家说："唉，你又来了，就没有别的事好做吗？"

对于一个珍惜时间、视时间如生命的人来说，浪费时间就等于谋害其生命。前北大副校长季羡林先生曾经写过这样的一段话："一过中年，人生之坡好像是从高坡上滑下，时光流逝得像电光一般，它不饶人，不了解人的心情，愣是狂奔不已。一瞬间，'两岸猿声啼不住，轻舟已过万重山。'滑过了花甲，滑过了古稀，少数者或者什么者，滑到了耄耋之年。人到了这个境界，对时光的流逝更加敏感。年轻的时候考虑问题是以年计，以月计。到了此时，是以日计，以小时计了。"所以，青少年朋友，我们不应该将自己的时间浪费在无谓的事情中，面对时光的流逝，应该学会珍惜。

毕业于北大的小说家阎真在回顾自己的成才之路时说："我懂得自己最擅长的技能是什么，并坚持下去。我这辈子打了十年工，当过临时工、铣工、砖瓦匠、厨师，但一直没有放弃对文学的爱好，后来才当了作家。"阎真的一生经历，可谓坎坷、多难。后来，在自己的努力下，成功考入北大，毕业后从事文学创作，凭借小说《沧浪之水》获得了《当代》2001 年度文学大奖，被评选为"进步最大的作家"。

1973 年，高中毕业后，阎真感到非常迷茫和失落，当时的他既没有大学可考，也没有获得被推荐上大学的机会，迫于无奈只好留在城里打了 3 年小零工。其间，他曾经替人盖房子，挑砖、倒水泥，什么活累干什么，只为了能赚得生活费。有时灰尘和汗水将他的眼镜片弄得一片模糊，使他走路跟跟跄跄被人笑话，他也不说什么。每晚躺在床上，他想得最多的是去国营单位当个正式工人，再不用飘来荡去的。然而，这个想法对他来说又极为不切实际。这一切都让他深感绝望。

阎真唯一深感欣慰的是，他有书可读。阎真非常喜欢读书，无论活儿多累，他都坚持读书。每天清晨 6 点多他就起身，到偏僻的地方去诵读。韩愈的《师说》、柳宗元的《捕蛇者说》都是在那时背下的。即便 30 多年的时间过去了，其中的文字他仍旧记得清清楚楚。

此外，阎真学习英文也是非常认真的。由于时间紧张，他没有专门的时间学习，都是利用休息的零散时间学。有时候要上工了，他就在手上抄 10 个英语单词，把挑土的担子一放下，就把手背扬起来记一个。

1976 年，阎真离开工地，到某技工学校求学，其间他学了两年铣工。毕业后，他被分配到了株洲拖拉机厂，主要工作是给拖拉机驱动轴的一个零件铣槽。当时的机器是自动运转的，把零件放上去，过 3 分钟再取下来，一天要做几百根。在整整两年的时间里，阎真每一个 3 分钟都没有白白浪费，其间，他对着书本不是背公式就是记古诗，也不管别人骂他是书呆子。

上班时间争分夺秒，下班时间阎真也不敢有丝毫松懈，他顾不上换下油迹斑斑的工作服，就直奔图书馆，一坐就坐到关馆门。

就是在这种勤学苦读下，1980 年，阎真考入了北京大学。

大学毕业后，阎真争取到了一个出国留学的机会。在留学期间，阎真的时间更是没有一丝一毫的浪费，他边打工边读书。那时，他最大的消遣就是到公共图书馆借书来读。《红楼梦》他读了四次，常常读得热泪盈眶。正是这部书教会了他写小说。

谈及替人打工的这十年，阎真感慨万千。他说，在这十年中，他觉得自己并没有将时间浪费掉，反而觉得正是这宝贵的十年培养了他的平民化思想，使他懂得体恤底层人民的悲欢，加深了对社会的了解："可以说，人生的每一段经历都是有意义的，就看你自己的理解。"

阎真的故事告诉青少年朋友：伟大的著作往往是汗水和时间凝结的精华。争分夺秒下学到的东西往往是那么可贵！

时间，对于懂得它意义的人来说，是多么重要！珍惜时间的人永远不明白，为什么有人总是在浑浑噩噩地浪费生命。珍惜时间的人往往懂得见缝插针，将零碎的时间利用好，从不浪费一分一秒，这样的人最终必会有一份丰厚的回报。

青少年朋友，在以后的生活中，也要学会珍惜时间，好好地利用好宝贵的光阴。试想一下，如果你能每天抽 10 分钟来阅读新知识，细算下来，一个月就是 5 个小时，一年就是 60 个小时。一年下来，你能获得多少新知识啊！很多时候看似细小的琐碎，实际上可以积少成多。而正是这些宝贵的琐碎时间，成就了很多成功者。

三、培养兴趣，快乐学习

论读书之乐云：古圣先贤，成群的名世的作家，一年四季的排起队来立在书架上面等候你来点唤，呼之即来挥之即去。行吟泽畔的屈大夫，一邀就到；饭颗山头的李白、杜甫也会联袂而来；想看外国戏，环球剧院的拿手好戏都随时承接堂会；亚里士多德可以把他逍遥廊下的讲词对你重述一遍。这真是读书乐。

——梁实秋（曾任北京大学教授，著名散文家、学者、文学批评家、翻译家）

我国古代的蒙学经典《弟子规》倡导勤于学习、善于学习的风尚，"玉不琢不成器，人不学不知义"的警句千古流传，意在让学生在年幼时就对读书的意义和作用有清楚的认识，形成勤学、善学的好习惯，通过学习懂得礼仪、道德和知识以立身于世。

学习是人终其一生都不能有丝毫懈怠的永恒的大课题，是我们辨别是非、选择正确人生路途的根本所在，是一切能力的源泉，是对自己未来的一种"投资"。因此，我们读书学习的目的，不仅要停留在"学会"上，更要注重"会学"。

有句话说："物之非常者，兴趣使然也。"意思是：一个人之所以某方面异于常人，是因为他对某方面有特别的兴趣。其实学习又何尝不是这样，因此重要的是培养兴趣。

然而，在课业负担加重的今天，很多青少年一提起学习就有一种逃避的心理，避之唯恐不及，更不要说把学习当成一种乐趣了。

作为国内首屈一指的百年学府，北京大学对学习的重视毋庸讳言；同时，北京大学看重的并非现有的知识，而是学习的方法，无论是历任校长、诸位教授，还是历届学子，都以自己的言行来提倡与践行勤学、善学的良好学风。

王淑敏被保送到北京大学法学院，她说是因为"快乐学习"才让自己离梦想中的北大越来越近。

有人说，高三的学习生活是最枯燥的，充满着压力。可对于王淑敏来说，这一年过得并不紧张，学得并不枯燥，而是很轻松、快乐。王淑敏多才多艺，不仅学习成绩好，还擅长多种乐器，尤其弹得一手好钢琴，游泳、滑冰、打篮球，样样精通。即便是在迎接高考的日子里，她也没放弃这些爱好。

这么多的爱好，这么好的成绩，王淑敏是如何分配自己的精力，做到学习、生活两不误的呢？

在谈到自己的学习体会时，王淑敏说，这得益于她富有效率的生活、学习方式。平时上课的时候，她特别注意听讲，因为老师讲的知识都是精华，对学习具有指导性的作用。同时，她特别讲究学习质量和方法。比如，她平时并不搞题海战术，但是每做一道题，都会认认真真地去考虑这道题中的每一个知识点，并且再三进行比较，这样知识就掌握得很牢固。此外，她觉得养成良好的学习习惯是非常重要的。

高三的时候，每天晚上她都要抽出一定时间锻炼身体；每天学习累了的时候，她也会通过弹钢琴来舒缓一下紧张的学习情绪。有时候她还会抽空看上几部英文原版电影，对她来说，这既是一种休息、娱乐，又是在学习英语。讲求学习方法，注意劳逸结合，使她学习起来事半功倍。

就这样，王淑敏一路学着一路快乐着，一路顺利地走进了理想中的北京大学。

对于 21 世纪的青少年来说，最重要的不是你已经学会了多少知识，而在于是否掌握了适合自己的高效能的学习方法。只有掌握了高效能的学习方法，才会使学习成绩和学习效率得到迅速的提升。

从王淑敏的亲身经历中我们可以看出，快乐学习是源自以下几个部分：

1. 把学习当作享受，而非煎熬

你的感觉和喜好，来源于你对事物的看法。比如，你认为学习是一种享受，你就会感觉很好，很想学，很喜欢学，如果你认为它是一种责任，一种负担，一种痛苦，事情就会正好相反。

2. 自信是快乐的基础

如果你相信自己能做好，仅仅是相信就能产生一种动力和积极性，这是克服困难不可或缺的。而且，相信自己使人们不容易在遭遇挫折时让心情低落到低谷，而是始终维持在一个水平线上，少许的波动对身心的冲击也是较小的。

3. 独立的学习能力

这一点每个人都有感受，尤其是当自己学得一门新知识的时候，那种兴奋是发自内心的。而且，独立解决问题能给人带来更大的成就感和满足感。

乐趣一旦产生，效率就会自动提高，而且压力会被排除出去，这样学习成绩想不提高都难。

四、求知若饥，求学若愚

如果我有优点的话，我只讲勤奋。一个人干什么事都要有一点坚忍不拔，锲而不舍，没有这个劲，我看是一事无成。

——季羡林（曾任北京大学副校长，著名文学家、国学家、教育家和社会活动家）

苹果联合创始人史蒂夫·乔布斯在 2005 年美国斯坦福大学的毕业典礼上，送给毕业生的劝告是："求知若饥，求学若愚。"而乔布斯自己也正是凭借这句话走向了事业的成功。

乔布斯在几十年的人生生涯中，时时刻刻秉持这句话的深刻内涵，真正做到了"求知若饥，求学若愚"。

所谓"求知若饥，求学若愚"，意思是说吸收知识就像是饥饿时想吃东西一样，形容对知识很渴望；向他人请教时要像什么都不懂，形容非常谦虚好学。其实这句话最初并非出自乔布斯之口，而是美国著名的科技预言家和科技作家凯文·凯利。针对乔布斯的这句人生座右铭，凯文·凯利给予了最简单、最通俗易懂的解释，他是这么说的："我们必须了解自己的渺小，如果我们不学习，科技的发展速度会让我们所有的一切在 5 年后被清空。所以，我们必须用初学者谦虚的自觉，饥饿者渴望的求知态度来拥抱未来的知识。"

我国著名作家冰心曾经写过这样的一首诗："成功的花儿，人们只惊羡她现时的明艳！然而当初她的芽儿，浸透了奋斗的泪泉，洒遍了牺牲的血雨。"这首诗的意旨就是成功的获得需要付出努力和汗水。

古往今来，人们怀抱着各种各样的目标，在通往成功的道路上跋涉。但成就不是靠偶然的运气获得的，尽管也有天上掉馅饼的时候，但踏踏实实努力、勤勤恳恳学习才是通向成功的正途。回望历史，一些大家之所以能够在自己的领域取得成功，无不得益于他们"求知若饥，求学若愚"的精神。科学家牛顿写作《编年史》，先后修改了 15 次才算满意；文学家爱德逊阅读了大量的原始资料，写了 3 个手稿，才最终完成《观众》的创作；苏格兰哲学家休谟写作《英国历史》时，每天伏案 13 个小时；法学家孟德斯鸠谈到自己的创作时说："你在几个小时内就能读完的这本书，你知道它花费了我多少时间吗？我连头发都熬白了！"……历史上无数在事业上取得成功的人，几乎都有自己的一部血泪奋斗史。他们通过自己强大的求知欲、谦虚心态，攀登一座又一座华美的事业高峰。

我国著名哲学家、北大哲学系教授冯友兰就是一个典型的例子。冯友兰是一个对知识充满无限渴望，并始终秉持谦虚精神面对学术的人。面对广博的中国哲学与世界哲学，他从未为自己所了解的东西而满足，反而是一种永不知足的心，让他不断地走向更为广阔的哲学世界。于是，他成了解中国哲学不可跨越的人物，他成为世界范围内不容忽视的哲学家。

冯友兰终其一生都在为哲学而努力，西方因他的著作而知晓中国哲学，就连中国人自己研究中国哲学，冯友兰都是可超而不可越的人物，他所著的"三史六书"是所有了解中国哲学的人都不可能绕过的。正如他自己所说："人在名利途上要知足，在学问途上要知不足。在学问途上，聪明有余的人认为一切得来容易，易于满足于现状。靠学力的人则能知不足，不停留于现状。学力越高，越能知不足。知不足就要读书。"这便是他学术成功的动力。

做学问至此，冯友兰无疑是成功的，甚至可以称得上是中国哲学界的天才，但冯友兰付出的努力也远非常人所能想象。从一个中国哲学的门外汉到无法跨越的大师，其中的艰辛与汗水都是为成功而付出的代价。冯友兰正是秉持着这份刻苦、谦卑，才收获了如此之高的学术成就。

世界上并没有真正的天才，有的只是一种天分，而勤奋能够将天分变为天才。只有勤奋，才能让人永远追求进步，永不停息。

李玲瑶，美籍华人，国际金融学博士，现任北大、清华的客座教授及数家公司的董事长。

从学生时代起，李玲瑶就凭着自己那股好学上进、勇敢干练的拼劲，加上端正大方的容貌、快乐开朗的性格，受到了老师和同学们的欣赏，并被推举为台湾大学学生会主席和美国加州台大校友会主席。大学毕业后，李玲瑶前往美国马里兰大学留学，选择攻读了当时的前沿学科——计算机专业。在获得计算机学位后，李玲瑶在硅谷做了8年的资深电脑分析员。同时，她的丈夫胡公明完成了核物理方面的深造，获得博士学位，并供职于著名的通用电气公司。

1980年，李玲瑶和丈夫决定开创自己的事业，在硅谷创办公司，不到两年，他们实现了自己的第一步目标，成为百万富翁，同时，公司也从高科技领域扩展到房地产和进出口贸易领域，并在北京、香港等地建立了办事处。此时的李玲瑶从一个纯粹的文化人发展成为一个蓬勃发展的企业家。

虽然在事业上取得了巨大的成功，但这一切并没有让李玲瑶止步。在开展工作的同时，她意识到自己在经济理论方面存在某些不足。于是，好学的她便在48岁时重新选择进入学校学习。每次上课她都坐在第一排的正中间，从不落一次课，认认真真做每一份习题论文。同时，李玲瑶还自学了经济学本科方面的所有课程，硕士加博士的5年，她读完了经济学9年的课程。之后，她又上北大，并戴上了北大博士帽，而她的事业也越来越辉煌。

中国古代教育学专著《学记》中有这么一段话："玉不琢，不成器；人不学，不知道。故学然后知不足。"只有学而知不足，才能让一切皆有可能。

前北大副校长季羡林老先生经常对青年人说："人生没有捷径，一步一步地走，才走得最快。"在事业上，只有那些脚踏实地、求知若饥的人，才有可能触及知识的巅峰。正所谓"天道酬勤"，天意总是厚待那些勤劳、勤奋的人。只要你肯努力，不投机取巧，踏踏实实、认认真真地做人做事，就一定能成功。

五、生而为学，永无止境

做人要老实，学外语也要老实。学外语没有什么万能的窍门。俗语说："书山有路勤为径，学海无涯苦作舟。"这就是窍门。

——季羡林（曾任北京大学副校长，著名文学家、国学家、教育家和社会活动家）

我国古代著名文学家韩愈有这样一句治学名言："书山有路勤为径，学海无涯苦作舟。"意在告诉人们，在读书、学习的道路上，没有捷径可走，没有顺风船可驶，想要在广博的书山、学海中汲取更多的知识，"勤奋"和"潜心"是两个必不可少的，也是最佳的条件。其实，对每个人来说，学习是没有时间上的限制的。学海无涯，学无止境，这是一个再恰当不过的说法。

北大某教授曾讲过"江郎才尽"的故事来强调学习的重要性，并警示他的学生要有不停学习的精神。

南北朝时，有一位名叫江淹的人，他是当时有名的文学家。江淹年轻的时候很有才气，会写文章也能作画，在当时负有盛誉。

可是，当他年纪渐渐大了以后，他的文章不但没有以前写得好了，而且退步不少。有时提笔吟握好久，依旧写不出一个字来；偶尔灵感来了，诗写出来了，但文句枯涩，内容平淡。于是就有人传说，在他中年为官以后，有一天晚上，他梦见一个自称郭璞的人，对他说："我的五彩笔在你处多年，请你还给我吧！"江淹听了这话以后，到自己怀中去摸，摸到五彩笔便还给了郭璞。从此以后，江淹写诗作文便再也没有优美的句子了。因此，人们都说江郎的才华已经用尽了。

据史学家考证，江淹确有其人，他的诗文到后来退步也是真有其事，但他一落千丈的根本原因不是上面说的那个还五彩笔的传说。他早年家境贫寒，所以学习刻苦，"留情于文章"，而且非常注意向有成就的前辈学习。"于诗颇加刻画，虽天分不优，而人工偏至"，也就是说他虽缺乏做学问的条件，却以加倍的努力去钻研。他的成就，不是天意神授，而是来自于勤和思，勤奋不息，好学不倦，这就是他前半辈子誉满朝野的根本原因。到了后半辈子，官做大了，名声也大了，认为平生所求皆已具备，功名既立，可及时行乐了，于是由嬉而随，耽于安乐，自我放纵，再不求刻苦砥砺了。他自己说他性有三短，其中的"体本疲缓，卧不肯起""性甚畏动，事绝不行"等就属于"随"的劣性。"随"导致他事业心消失，他只"望在五亩之宅，半顷之田"，什么治国平天下的雄心壮志都烟消云散了。后来学疏才浅，诗文褪色，"绝无美句"，也是必然的结局。

学习如逆水行舟，不进则退。学习贵在勤勉和持之以恒，若在一点成就面前沾沾自喜或满足现状，再聪明的天才也会有江郎才尽的那一天。因此孔子才说："温故而知新。"通俗地讲，就是要不断复习学过的内容，才能知道新的内容。你一旦懒散，不但学不会新的，恐怕要像江郎一样，连旧的也忘却了。

我国古代伟大的思想家孔子说："吾十有五而志于学，三十而立，四十而不惑，五十而知天命，六十而耳顺，七十而从心所欲，不逾矩。"纵观孔子的一生就是学习的一生，他从十五岁立志学习，一直到去世都还在苦苦求索。北大副校长季羡林也是一个学习到老的人。

季羡林先生1911年8月6日出生于官庄，6岁时赴济南求学，1930年考入清华大学，1946年从德国学成回国后受聘于北京大学，创办了东语系。作为世界上极少数精通梵巴语、吐火罗语的学者之一，在世界上享有盛誉。

谈及对学问的追求，用四个字形容季羡林先生非常贴切，这四个字就是"马不停蹄"。季老从不肯让自己有半刻停歇下来。对季老来说，学习没有时间、地点和年龄的限制。从幼年时代初进学堂，及至耄耋之岁，季老从没有停止过对学问的追求。学习是他每天都要做的一件事，犹如吃饭、睡觉一样平常，不可或缺。

季老极为推崇终生学习制，就像他在一篇文章中说的那样，他想做的是一个"永恒的大学生"。"我的大学生活是比较漫长的：在中国念了四年，在德国哥廷根大学又念了五年才获得学位。在哥廷根大学，我简直如鱼得水，到现在已经坚持学习了将近六十年。如果马克思不急于召唤我的话，我还要继续学下去。"

季老在追求学问上态度非常谦虚。他不会因为自己不在学校，没有老师在身边，或者因为自己已是一位八九十岁的老者，就觉得自己已经才高八斗，学识渊博，不用再学习。相反，随着年龄的增长，他自觉需要学习的东西越多，感叹"老马不识途"，迫切地希望自己获得更多知识，学习的积极性不降反增。

在十年浩劫期间，季老也没有放松学习的脚步。他冒着生命危险，翻译出了印度史诗《罗摩衍那》。该翻译也成为世界翻译史上的一件盛事。

对季老而言，他学术思想的迸发时间是在他70岁之后。多年来的积累、学贯中西的文化素养让他厚积薄发，才思泉涌。

后来，笔耕不辍的季老先后主编了《传世藏书》、《四库全书存目丛书》，出版了二十四卷本的《季羡林文集》等。对此，季老经常说的话是，他做学问就像是农民耕作，一分耕耘换来一分收获。

总结季老求学的一生，他连续写出 700 多万字的著作，可谓创造出了学术界的奇迹。

季老先生的学习态度启示我们青少年：在学习中不断更新自己的知识，在生命的延展中不断焕发希望和蓬勃之气，会让人越活越年轻！而这也正是季老虽已年老，依然精神百倍的原因之一。在人生的各个不同阶段，知识能给人以不同的启发，虽至耄耋，学亦不止。老年之时继续学习，也会有新的开悟，催发出新的生命活力。对于年老的季老来说，学习已经不仅仅是一种行为，更是他顽强生命力的一种体现。

我国伟大的诗人屈原说过："路漫漫其修远兮，吾将上下而求索。"从古到今，从古人到现代人，没有哪个人能将所有的知识学完。因为人的生命是有限的，但知识是永远也学不完的。

青少年朋友，你要知道，学习不应该有满足之心，因为人的一生，要学的东西很多，应该有的放矢，缺什么，学什么，这样才能不落后于社会。知识的海洋无边无际，在这一浩瀚的海洋里，如果你拥有强烈的求知心态，你的人生将更加充盈。

六、工欲善其事，必先利其器

成功并非易事，它通常要求人们付出一定的努力和等待，甚至更多。

——鲁迅（曾在北京大学任教，著名文学家、思想家、革命家，中国现代文学的奠基人之一）

青少年朋友都明白这样的道理：想要收割，就得先准备好镰刀；想要过河，就得先准备好船只；想要捕鱼，就得先结好网；想要战斗，就得先磨亮刀枪；想要摘下冠军的桂冠，就得经历数年甚至数十年的锻炼、流汗。同样的道理，如果想要获得理想的成绩和事业的成功，就得准备好自己的德才、学识、能力和一切必要的素质。正所谓"工欲善其事，必先利其器"。

"工欲善其事，必先利其器。"源于孔子的《论语·卫灵公》。整句话的意思是：工匠要把活儿做好，首先要使工具精良。引申开来，即：要想把事情努力做到更好，就得先做好各项准备工作。一语道出了准备工作的重要性。现实生活中，很多人都认为能否获得机会，取决于运气的好坏。固然，运气的基本要素是偶然性，但它是一视同仁的。也就是说，所有的人"交好运"的可能性一样多，在机会面前人人平等。关键在于有的人把握住了，有的人没有把握住。如果说好运和机会有什么偏爱的话，那就是爱因斯坦所说的，它只"偏爱有准备的头脑"。如果你为获得机会做了准备，一旦条件成熟，好运也就自然会来，犹如水到渠成，瓜熟蒂落。

在"工欲善其事，必先利其器"这句格言上，一个成功案例是我国著名经济学家林毅夫教授、原北京大学中国经济研究中心主任、教授。

20世纪80年代早期，诺贝尔经济学奖得主、美国芝加哥大学的舒尔茨教授赴北京大学讲学。林毅夫当时在北京大学经济学院攻读硕士，由于他的英语水平很高，因而担任舒尔茨教授的翻译，并陪同舒尔茨访问。在与舒尔茨教授的交往合作过程中，他给这位诺贝尔奖获得者留下了深刻的印象。在舒尔茨教授离开北京前，他告诉林毅夫，如果想去美国攻读学位，他愿意担任林毅夫的导师。这使得林毅夫有机会进入经济学的神圣殿堂——美国芝加哥大学。

如果在舒尔茨教授访问北京时，林毅夫在经济学和英语方面没有足够的准备，恐怕机会之神就无法叩开他的成功之门了。

机遇青睐有准备的头脑。从某种意义上来说，人是机遇的产物。成功的秘诀就在于当机遇来临时，你已经做好了迎接它的准备。只有像林毅夫先生那样对成功孜孜以求、时刻做好准备的人才能够抓住身边的每一个机遇，获得成功。

正所谓"早起的人行得远"，提早准备会比别人拥有更广阔的空间。只有准备工作就绪了，才有可能准确出击，命中目标。

在北大读涉外经营管理专业的王树伟，在刚升入大三时就开始为自己的前途而奔走了。王树伟觉得自己的专业还算热门，在社会上找一份工作不算难事。然而近年来，很多高校都增设了这个专业，人数一下子猛增，竞争也是相当激烈的。虽然自己的学习成绩不错，但择业这种事是瞬息之间千变万化的，所以要尽早行动。

机会总是垂青那些早早做准备的人。在大三的上半学期，一家实力雄厚的高科技公司因为向学校提供了赞助，从而获得了提前招大三学生的"准许证"。这家公司的招聘启事一张贴，王树伟便立刻报了名。当然，和许多只想看看热闹试一试的同学不同，王树伟是有备而来、绝对不放过这次机会的人。为了提高自己的胜算，他事先就多方收集信息，然后针对这家公司的经营特点着实准备了一番，而后，雄赳赳气昂昂地上了考场。

当时这家公司只招收20个人，而前来报名的人却有150人之多，由此可见竞争之激烈。王树伟是个头脑聪慧、口齿伶俐的人，再加上他做了充分的准备，一路上过关斩将，把自己大学三年中的所学和这家公司的营销特点结合起来，说得头头是道，侃得有板有眼，让负责面试的人刮目相看，连连点头。随之而来的便是面试通过，最终王树伟成功应聘。

在公司实习期间，王树伟也不敢有丝毫的放松。被分在营销部的他与各种各样的客户打交道的机会特别多。王树伟便充分利用自己善于和人打交道的优势，与客户打得十分火热。客户将这些信息反馈给公司，王树伟自然受到了公司领导的青睐。另外，营销部是这个公司的窗口，不管是大道消息还是小道消息，都从这个窗口传进传出，王树伟对这一切看在眼里，记在心里，不断地加强对这家公司的了解，经过两个月的实习，心里也有了个底：这家公司的发展前景良好。所以实习一结束，当公司领导问他是否有留下来继续工作的意向时，王树伟满口答应，并且把合约给签了。

在绝大多数同学还未开始热身时，王树伟就速战速决，一锤定音，让许多还没进入状态的同学羡慕，纷纷后悔没有像王树伟一样早做准备。不过，也有人替他惋惜：王树伟各方面条件都不错，这么早就把自己给"卖"了，有点为时过早，万一将来有更好的机会……

"只要找准了自己合适的位置，就不能犹豫，该出手时就出手！"王树伟说话的时候，一脸的灿烂！

没有充分的准备就不会有取胜的把握。演艺界有句俗语："台上一分钟，台下十年功。"一个演员如果没有千分的努力、百般的刻苦，就不会有十成的把握，自然也不会有一次登台演出的机遇。同样的道理，青少年朋友如果想获得事业的成功，也应该做好充分的准备，努力学习、勤恳上进，脚踏实地、默默无闻地打好基础，以便在机遇到来时，给它一个安稳的落脚点。

七、与真理为友

一个学者争取学术的自由独立和尊严，同时也就是他自己人格的自由独立和尊严。

——贺麟（曾任北京大学教授，著名哲学家、教育家、翻译家）

古希腊哲学家亚里士多德曾说："吾爱吾师，吾更爱真理。"北大的学术氛围之所以比较浑厚，主要是因为总有一批专心致志钻研学问、几近痴狂的学者，他们视真理为信仰，时刻坚持与真理为友。

在北大坚持己见的大有人在，有这样一个典型的例子。

某课上，某教授和某学生对一学术问题意见相反，且互不相让，直到学期终了还没有争出结果来。

期末考试的日子到了，不知是教授故意为难还是纯粹出于无意，反正这个问题成了考题之一。该学生按照自己的观点做了回答。教授阅卷时，将该学生的这道题批为错误，导致他此门功课不及格。按照北大的规定，不及格的科目在下学期开学要补考，补考成绩按 9 折计算，所以补考试卷上照例盖一长条章，上写："注意，67 分及格。"

补考的时候，或许是为了表示自己的"不让步"心理，该教授仍然出了这道题。该学生也坚持己见，仍旧按照自己的观点予以回答。结果教授评其分为 60，打 9 折，仍不及格。再补考，双方仍是原题原答案，评分仍是 60。但这次算及格了，问为什么，说是规定只说补考打 9 折，没有说补考的补考还要打 9 折，所以不打折扣了——这就是典型的北大解决学术问题的方法。

老师与学生各执己见争论不下，正是北大人"执拗"和"狂放"的典型写照，而最后的"典型方法"解决，即 60 分过关，也体现了一种出发点的统一，就是对真理的崇尚和对独立见解的尊重，在学术界中这一点是极为难得的。

最后的 60 分，老师虽没有改判，但也毕竟作出了让步，是否是对学生的坚持和"狂傲"有些许欣赏的成分，也不得而知。但是有一点值得提起，就是北大有个性的师生很多，北大的性格多半是他们赋予的。在真理面前需要灵活，把知识学活，不仅仅是学习的需要，也是做人的需要。

在北大，老师和学生之间的关系是平等的，这一方面是基于对知识的尊重、对独立人格的锻造，更是基于对真理的崇尚和追求。面对知识与真理，无所谓个人的体面和尊严，这是北大比较推崇的一种师道精神。然而，这并不意味着教不严，相反，老师要求学生掌握的不仅仅是知识本身，更要他们懂得知识的分量，懂得做人的原则，所求的应是真才实学，而不应是其他如虚幻的光环之类。

真理面前人人平等。无论在什么时候，真理都是唯一的出发点和评判标准。正是北大追求自由、平等的治学精神形成了北大深厚、求真的学风和校风。

北大的考古文博学院教授邹衡曾对夏文化提出过独到的见解，他对于前人的学术论断大胆质疑，使我国的考古研究有了重大进展。

邹衡虽然佩服权威，但不迷信权威，即使面对古代的权威。20 世纪 80 年代，根据对山西南部曲沃县晋国遗址的深入发掘与周密论证，邹衡做出了一个大胆的论断，即晋国不在太原而在天马——曲村。当时这一论断在学术界炸开了锅。

晋都位于太原之说，早在东汉的班固郑玄时期就已经确定，以后诸朝都沿用此说，故后来有晋祠的建立。邹衡竟敢对班固的论断提出异议？他真的有这么大的胆量吗？是的，邹衡有这样的胆量。15 年来，以邹衡为首的考古学者，以文献记载为线索，应用现代考古学的方法，经过周密调查和大规模发掘，证实了邹衡的论断，终于使这个埋没近两千年的晋国古都重见天日，堪称中国学术界一大盛事。

除了这一盛事，邹衡考古生涯中的另一大盛事是关于夏文化的论争。夏文化是关系到中华民族文明起源的大题目，在国际学术界，几乎是众口一词否定夏文化；而在国内，对于夏文化的具体地域和时期也存在着重大分歧。1977年，邹衡首次诊断偃师二里头文化一期、二期、三期、四期全部是夏文化，顿时在学术界掀起一场轩然大波。很多国内外的学者、专家对此提出了非议。然而，在经历了国内外学术界十几年的"围剿"之后，邹衡的诊断仍"我自岿然不动"，经受住了历史的考验。"天塌下来我也不怕，我希望别人都反对我。"邹衡是如此自信，如此坚定，因为他抓住了真理，他独创了辉煌的历史。

不因循守旧，不拜倒在权威脚下，大胆否定前人旧说，这只是邹衡先生学术精神的一方面；另一方面，作为一个正直、诚实的学者，他也不惮怀疑自己、否定自己，抛弃自己学说中的错误。超越别人诚然不易，对于超越自己，他则说："搞学术没有不犯错误的，要勇于修正错误，抱残守缺只会故步自封。"

现实生活中，我们必须通过真理的许多表现而猜测到它的存在。真理往往细弱如丝，混杂在一堆假象里，我们的眼睛、我们的心智，甚至我们道德上的缺失都会阻碍我们去敲响真理的门，对不了解的事，对尚未为人所知的领域做出错误的判断。所以，不要太相信你的眼睛，要用你的心去看透事情的真相。

邹衡的可贵之处在于其看透真相，敢于挑战权威、捍卫真理，无疑是我们青少年朋友学习的好榜样。在前行的道路上，青少年朋友也应该找准自己的方向，信服真理，而非迷信权威。

下一次，如果你的老师错了，你也可以用合适的方式给他（或她）提出来。

八、学历重要，学习力更重要

人在学问途上要知不足。学力越高，越能知不足。知不足时就要读书。

——冯友兰（毕业于北京大学，著名思想家、哲学家）

在中国拥有"打工皇帝"之称的职业经理人唐骏，曾经是很多年轻人奋斗的典范。然而，2010年，唐骏因深陷"学历造假门"而被推向舆论争议的风口浪尖，一言一行饱受质疑。

在经过短暂的沉默后，唐骏向媒体做出了回应，他披露了自己求学的完整故事，感悟"那是一个曾经错误的决定""我就是一个普通人"。在唐骏看来，"学历不重要，就是一个证明，学问很重要，是一种沉淀，而学习更重要，是一种态度。"

唐骏虽然没有拥有那么高的学历，但他依然凭借自己的努力，成为名副其实的"打工皇帝"，取得了事业的成功。正如唐骏所说的：学习比学历更重要！

可令人遗憾的是，当今社会对学历的追逐似乎刮起了一阵旋风，各种用人单位在自己的招聘启事中对于学历的要求越来越高，而人们也热衷于参加各种各样的学历考试，考研热、考会计热等，各种资格证书变得热门起来。学历真有那么重要吗？

事实上并非如此。我们不否认的是，学历能在一定程度上证明一个人的实力，是一个人努力学习的证明，但过分迷信学历，以为拿到一些学历在以后的工作生活中就高枕无忧了，那就大错特错了。其实，比学历更重要的是学习力，学习力不仅代表着一个人的知识水平和学习能力，还代表着他接受知识、理解知识、运用知识的能力。一个人即使学历不高，如果他拥有强大的学习力，能够在不断发展变化的形势中跟上时代的需求，依然能够获得事业的成功。

在一次美国《生活》周刊发起的对过去 1000 年中 100 位最有影响力的人物评选活动中，获得第一名的是著名科学家爱迪生。

爱迪生出身卑微，他的"学历"是一生只上过 3 个月的小学，老师因为总被他的古怪的问题问得张口结舌，竟然当着他母亲的面说他是个傻瓜，将来不会有什么出息。母亲一气之下让他退学，自己担任他的家庭教师。由于母亲的良好的教育方法，使爱迪生对读书发生了浓厚的兴趣。这时，爱迪生的天资才得以充分地展露。"他不仅博览群书，而且一目十行，过目成诵"。在母亲的支持下，爱迪生在家中自己建了一个小实验室。为筹借实验室的必要开支，他只得外出打工，当报童卖报纸。最后，爱迪生用积攒的钱在火车的行李车厢建了个小实验室，继续做化学实验。有一天，化学药品起火，几乎把整个车厢烧掉。暴怒的行李员把爱迪生的实验设备都扔下车，还打了他几记耳光，爱迪生因此终生致聋。

爱迪生虽然出身寒微，学历不高，没有受到正规的学校教育，但他的求知欲和学习力非常强，最终凭借自己的努力，取得了举世瞩目的科研成就，成为国际知名的发明家和企业家，被誉为"发明大王"。

从爱迪生的故事中，我们发现，一个人即使没有高学历，如果他认真、刻苦，矢志不渝地朝着自己的目标前行，终究也会取得理想的成绩。

现实生活中，很多人认为，从学校毕业后拿到了学历，人生便不再受学习的困扰。其实，在我们走入社会的同时，我们也进入了一个新的知识环境和学习场所，只不过在这种场所中，衡量人的不再是考试分数和证书，而是工作能力、业务水平。这个时候，如果没有了学习力，停止了学习，就很容易被后来人超越。

王文博从北大硕士毕业后，应聘到了一家公司，成了公司里学历最高的人。高学历让王文博在同事面前非常有优越感。王文博应聘的岗位是总经理助理，老总要求她写工作报告、处理文书等，王文博在北大读研时学的是历史，所以文史功底非常深厚，她深信自己对于工作上的事情能够得心应手，所以平时也不怎么上心，就这样过了三个月。

三个月后，公司新聘用了一位行政副总孙总，孙总的工作风格和老总的完全不同，非常喜欢制造各种挑战。不到一个月，王文博的工作内容就从最初的写报告、处理文书发展到网站建设、公司组织建设、公关媒介、内刊采编等。这些工作之前王文博从来没有接触过，而且工作量非常大，这让王文博感到吃不消，意见颇多："这么多活儿是不可能完成的！"几次孙总交代任务，王文博都直接说："我实在做不了。"

孙总这个人非常有耐心，他告诉王文博，无论多好的专业、多高的学历，都是与职业规划挂钩的，在工作实践中获得的提升，远远大于书本上的理论。所以，在工作中，一定时刻不能放松学习。经过几次沟通后，王文博意识到了自己的缺点，她不仅独自承担了这些她曾看来"不可能完成的任务"，更不断开始积极学习：如网站的建设、活动组织步骤、传媒公关……王文博终于感觉到，这些"再学习"是她的高学历所没有给过她的。渐渐地，王文博在工作中如鱼得水，深得孙总的满意。

青少年朋友，在这里我们并非全盘否定学历的重要性，学历非常重要，因为它证明了你所接受的教育水平和你所掌握的知识水平。学历是应聘、晋升的重要砝码，是评职称的重要依据。然而，我们需要注意的是，仅仅拥有学历是不够的，在以后的工作中，更应该注意加强学习力的修炼。因为，学历只代表过去，不能为你的将来负责；只有学习力才有将来，才能保证你在竞争异常激烈的职场中游刃有余而不被淘汰。

九、陈平原：求学不为致富

一个有成就的科学家，他最初的动力，绝不是想要拿个什么奖，或者得到什么样的名和利。他之所以狂热地去追求，是因为热爱和一心想对未知领域进行探索的缘故。

——王选（曾任北京大学教授，著名科学家）

新闻上曾有这样一篇报道：

正当同班同学为迎接大学生活而兴奋时，王芸却在和父亲进行着一次次艰难的谈判。虽然自己拿到了某大学的录取通知书，但王芸的父亲却始终固执地认为"读书无用"，他宁愿出钱资助王芸做点小生意，也不愿"扔几万学费进去打水漂"。

在这篇新闻报道中，作为女儿的王芸想通过求学充实自己，而她的父亲却以不值得投资为由拒绝支付学费。这让很多人不禁产生这样的疑问："求学只为赚钱吗？"在如今，读大学竟然成为一种失败的生意，这种现象不得不引起人们的深思。自古以来，国人都是非常崇尚读书的，认为"万般皆下品，唯有读书高"，体现了大家对读书的重视。然而，也有一个句子同样有名，即"书中自有黄金屋、书中自有颜如玉"，这句话体现了国人读书具有很强的功利性，读书是为了做官发财，是为了娶得美人归。所以，也就难怪新闻报道中的那位父亲不愿意支付女儿学费了，因为他觉得现在投资上大学是一笔注定失败的生意。

对国人来说，求学是很多人，甚至很多家庭改变命运的一个重要途径，事实上，很多人和家庭真的通过求学改变了命运。

然而，让学子们不得不面对的一个状况是就业形势的日益严峻。这种严峻的就业形势使得许多贫困家庭想象中"只要孩子大学毕业，日子就能好起来"的愿望破灭。前不久关于大学生羡慕农民工工资的报道，更是引发了众多网友的激烈讨论。很多人认为"这么多年的大学白读了"。在这些人的心中，求学就是为了致富，如果毕业后拿不到理想的薪酬，便开始否定自己的求学之路。这不仅让我们产生疑问：求学是为了致富吗？

针对这个问题，北大中文系教授陈平原是这样回答的："将求学与致富挂钩是对大学的误解。""不该将孩子的明天赌在那些虚无缥缈的'毕业生薪水排行榜'上，而应更多考虑孩子的志趣与才华。"求学，一部分是为了毕业后找到好工作，挣得理想的薪酬，但并非为了致富。高薪可以让自己的物质生活得到改善，但仅仅为高薪而求学，是无法走出平庸的生活模式的，也不会有真正的成就感。一个人如果只是为了致富而求学，没有更加高尚的目标，那么最终受害的只能是自己，无法体验成功的幸福和满足。

前北大副校长季羡林曾经说过："只要有'淡泊以明志，宁静以致远'的心态，我们就能从容应对一切的挫折与困难。"因此，一个人要想使自己的头脑清明起来，必须先放下一切，使自己真正空起来，才能拥有无限的可能。在面对物质的诱惑时也是如此。如果你求学纯粹是为了致富，那还不如从一开始就去经商、做生意。

很多学子之所以读高中、考大学、搞研究，不是为了能够发家致富，而是为了了解生命的意义，实现自己的人生价值。

现如今，绝大多数人所需要的，是赋予生命意义。

人活着到底是为了什么？人生的价值何在？这些都是关于人生意义的思考。人活着，不只是为了吃饭和睡觉，而是要发掘出生命的意义。其实求学也是如此，我们上大学不是为了赚钱，不是为了生存，而是为了生活，是为了传承中华民族的文化，为了更好地实现我们的人生价值，而我们的人生价值不只是金钱。

提起北大国际关系学院的许振洲教授，很多人都不感到陌生。他经常向人提及自己的一大愿望，惹来众人的不解。这个愿望是什么呢？做颐和园管理处的主任！

这事儿还真不是谣传。

在学生们的眼中，许教授是一本实实在在的百科全书，他不仅熟稔中国传统文化，还十分精通外国政治思想史。然而，就是这样一位资深教授、博士生导师，其最大的愿望却是做颐和园管理处的主任？

有的学生非常好奇，便向他求证，他总是呵呵一笑，谈到他对法源寺丁香的喜爱，谈到他在北大读书时每天在圆明园晨跑的经历，谈到他对北京大大小小的四合院一天天消失的愤慨，说如果他来管理颐和园的话，自信可以把那园子保护得更好。

许老师的这一愿望与他喜欢天马行空、四海神游的性情有着很大关系。年轻时的他曾经在一家电厂当工人，还曾经远去法兰西求学十余载。对中国传统文化的喜好，加之法兰西塞纳河畔的经历，使许老师的血液中饱含魏晋名士风度和法兰西贵族精神。接触过他的学生无不称其为"煦煦春阳的师教"。

在学生中广为流传许老师的一个奇妙的教学经历。当年，京城知名的万圣书园尚在北大小东门落脚的时候，许老师就曾带着他的研究生，在万圣书园的茶室上了一个学期的课。煦煦春日，缕缕茗香，许老师和弟子们侃侃而谈，这不得不让人联想到《论语》中"子路曾皙冉有公西华侍坐"的经典场景。

许老师的课非常精彩，被形容为"形散而神聚"。他的课内容十分丰富。既触及到了文化塔利班现象，也有对沙尘暴的政治学思考；从对万历朝共和雏形的微观分析，到打破学生脑中对"科学、民主"的迷信，无不从细微处阐述政治智慧，以至于选修了他的"外国政治思想史"课的学生们直呼"过瘾"。性情充满诗意的许老师最喜欢的两句诗是白乐天的"晚来天欲雪，能饮一杯无"。他十分欣赏白乐天的豁达、惬意。而许老师的弟子们也十分喜欢这两句诗，因为他们每次接触到这两句诗时都会回忆起跟随许夫子神游的青春岁月。

许振洲老师这种随意、不以物喜的精神，颇得武侠遗风，其人好天马行空、神游四海，有此闲情逸致，且能超然物外，实在是高人一个。他这种追求本真、淡泊名利、不为世俗所扰的治学和人生态度为我们青少年树立了一个很好的榜样。

北大教授想当公园管理员，有的人从中读到了"作秀"二字，有的人从中读到了许老师的"没出息"。但是，许老师思想的光辉、生活的精彩却是无论如何都无法掩盖的。

每个人都需要为自己的人生寻找一个广阔的出口，确立一个实实在在的意义，因为生活若缺少了意义，就缺少了乐趣，一个人就会变得昏昏度日，感到空虚和麻木。一般来说，这意义若要无悔，必定与金钱无关，而那些只专注于财富积累，只为了致富而求学的人，必将体会不到生命的丰裕和价值。

十、培养良好的自学能力

我要读世界上最好的书，以古人为友，领会最好的思想。

——贺麟（曾任北京大学教授，著名哲学家、教育家、翻译家）

张亚勤，1966 年出生于山西太原，12 岁考入中国科学技术大学少年班，23 岁获得美国乔治·华盛顿大学电气工程博士学位。他是数字影像和视频技术、多媒体通讯方面的世界级专家，现任微软公司全球资深副总裁、微软亚太研发集团主席。

关于张亚勤，有一本书对他进行了详细的介绍，这本书叫《张亚勤：让智慧起舞》。书中对他有这样一段描述性文字：在企业家里，他是科学家——他拥有 60 多项专利，并发表了 500 多篇学术论文和专著，被美国前总统比尔·克林顿称作"一个灵感的启示"；在科学家里，他是企业家——他将一个不到 10 个人的微软中国研究院，发展成为拥有 3000 个聪明头脑的微软亚太研发集团，被比尔·盖茨视为"微软的宝贝"。

然而，面对这些耀眼的成就，张亚勤却表现得异常谦虚，他说："我的经历不过是在大的背景下，正好踩在了点上，没有恢复高考，没有改革开放，没有出国求学，也就没有后来的我。"

张亚勤对学习、充电非常重视，他将自己事业的成功归功于之前的系统性学习。他认为，一个人要有足够的积累才能够胜任更多的工作。每个人都应该而且能够有一技之长，然后凭这项一技之长活在当下。如果青年人能够利用不断地充电来完善自己，那么就会增加自己职业砝码的重量，能够胜任更多、更复杂的工作。

关于学习时光，张亚勤有过这样的描述：

在张亚勤的心中，有一幅画面他一生都不会忘记：在昏黄的煤油灯下，外婆一边做着针线活儿，一边给当时正年幼的他讲各种故事……

在那个年代，外婆是少见的识字的女性。在外婆的指导下，张亚勤 3 岁就开始认字。没过多久，他就基本认识了小人书上的字。也是在外婆的启蒙下，张亚勤读到了《三国演义》、《西游记》这些经典书籍。这种自主式学习方法让张亚勤在此后受益无穷，在他留学美国时，进入到高度自主化的美国教育体系中，他几乎没有任何不适就迅速脱颖而出。

让张亚勤深深感念不已的另一位启蒙老师，是一位杰出的知识女性——他的母亲。张亚勤在一篇题为《放飞的爱》的文章中回忆了和母亲的点滴往事。

他说："从小我就喜欢读书，把学习当成一件快乐的事，这同母亲的引导是分不开的。她常说：'学习并不是一件苦差事，要用愉快的心态去对待，要学会去享受学习中的快乐。'所以母亲常用讲故事、说儿歌等一些有趣的方式来提高我的学习兴趣。"

母亲是一位人民教师，每天晚上都会在家认真备课。母亲备课的时候，张亚勤就在旁边看书或写作业，遇到问题就等母亲备好课再问。母亲从来不会向他施压，只有一个要求，就是要他养成良好的学习习惯，即学习之前要做好充分准备，一旦进入学习状态就必须集中精力，提高学习效率，绝对不能一边学一边玩。母亲把培养自学能力比喻为唱歌，"教一首歌学生只会唱一首歌，但如果学会了识谱，学生就会唱很多歌。"

母亲的教育方法让张亚勤感念一生。在回首往事时，张亚勤发出了这样的感慨："虽然这些道理谁都懂，但是培养良好的学习习惯及自学能力需要一个漫长的学习过程和坚持过程。不是谁都能像母亲那样认认真真地去坚持做，最终取得了实实在在的效果。我之所以能用6年的时间完成小学及中学的课程，12岁考入中国科技大学，就是这样一路学过来的，而且还让我在此后的学习、科研和诸多工作中受益匪浅。"

"如果学会了识谱，就会唱更多的歌"——张亚勤的故事告诉我们，一定要提升自学能力，主动、积极地去学习，这样才能自如地应对不断发展变化的新形势。

我国著名社会科学家胡乔木说得好："社会越发展，科学技术越发展，自学的意义就越大。学习，是人一辈子的事业，在人生求知的漫长道路上，在学校学习的时间毕竟是短暂的，即便顺利地从大学毕业，取得本科、硕士甚至博士文凭，但那也仅仅标志着你完成了一个阶段的学习任务，绝不意味着学习活动的结束。尤其是在当今这个更新换代快的社会，现阶段你所学的一些专业知识，在若干年后将可能有很大一部分用不上或者落伍，这就需要你不断地学习一些新知识、新技术。如果你具备了良好的自学能力，就等于具备了获取新知识的能力，那么，就有了对付知识更新快的本领，就能主动适应新的技术革命的需要。"

十一、北大旁听猫

在北大听课，作为一个旁听生，我从来没有遇到什么干扰和麻烦，北大好像就是我的母校。课堂是如此的开放，食堂是那样的美味，女生们是那么的漂亮（或者我应该说，漂亮的女生们是那么的漂亮），最重要的，老师们是那么的精彩！我的北大旁听经历完美无缺，是我大学期间收获最大的奋斗行动之一，更是我后来毕业主动要求去北大工作的动因之一。

——徐小平（北大旁听生，曾先后任北京大学艺术教研室教师、北京大学团委文化部长、北大艺术团艺术指导）

在北大校园里，有只猫从2004年开始，经常与学生一起听课，深受师生喜爱。身为流浪猫，原本有些身世飘零的凄惨味道，但这只猫却因酷爱"旁听"而被人们冠以

"哲学猫""旁听猫""学术猫"等高雅头衔，并引得北大学生和众多社会人士的关注。它也因此成为一只不愁吃喝、广受人们喜爱、渐渐具有加菲猫特征的宠物猫了。而北大师生对于时常来串门、旁听的流浪猫所持的宽容、友善的态度，也赢得社会人士的一致赞扬。

其实，这只北大"旁听猫"得益于北大的旁听传统。据报道，在过去的 20 年里，北大保安队先后有 500 多名保安考学深造，有的考取大专或本科学历，有的甚至考上重点大学的研究生，有的毕业后当上了大学老师。这些保安之所以能够顺利深造，除了他们自身的努力这一因素外，还得益于北大给予了他们便利的旁听环境。

北大保安通过旁听考上大学的事情固然让人为之惊叹，殊不知，北大旁听传统由来已久，自从蔡元培校长主校北大以来，北大允许旁听逐渐成为北大约定俗成的传统。在 20 世纪初，北大最耀眼的一点是，正式生不如旁听生多，旁听生不如偷听生（因为旁听生需要注册）多，历史上出过一大批曾在北大旁听或临时工作而成就的名人，如沈从文、丁玲、冯雪峰、柔石、瞿秋白、孙伏园、成舍我、杨沫、胡也频、金克木等。

沈从文。沈从文是北大庞大的"旁听大军"中的佼佼者，也是在北大旁听后成为文学大师的。1922 年夏，20 岁的沈从文脱下军装，风尘仆仆从湘西跑到了北大做了旁听生。这位文学天才原来没念过中学，念小学时也是天天逃课，要不是这时候在北大"补课"，真难以想象他后来能成为中国现代文学史上的小说大家。在北大旁听时，两块钱的报考费也是从他人那借来的，因他基础太差而名落孙山。主考官同情他，破例把两块钱报考费退还给了他。当时北大的旁听生的实际数量甚至超过正式生，所以并不妨碍沈从文继续在北大求学，后来成为北大的教授中的一员。沈从文一生中在大学里待的时间大约有 16 年，其中在北大（包括西联大时期）的时间便有 12 年，与北大的关系可谓极深。

丁玲。丁玲是中国现代文学的重要左翼作家，其代表作有小说《莎菲女士的日记》、《太阳照在桑干河上》。1924 年，20 岁的丁玲来到北京，在北大旁听，并结识了同样是"北漂一族"的沈从文和胡也频，后者成为她风雨人生的第一个伴侣。

冯雪峰。原名福春，笔名雪峰、画室、洛阳等。现代著名诗人、文艺理论家。1925 年，22 岁的冯雪峰到北大旁听，并自修日语，还因此和丁玲摩擦出了爱的火花，闹出了现代文学史上一段纯真浪漫又让人扼腕叹息的三角恋。

柔石。原名赵平复，化名少雄，浙江宁海人。1928 年到上海从事革命文学运动，曾任《语丝》编辑，并与鲁迅同办"朝花社"。鲁迅《为了忘却的记念》一文对他有很详细的记述。1925 年到 1926 年，柔石曾在北大旁听。

瞿秋白。政治家、散文作家、文学评论家，生于江苏常州，祖籍宜兴。中国共产党早期主要领导人之一，马克思主义者，无产阶级革命家、理论家和宣传家，中国革命文学事业的重要奠基者之一。1917 年，瞿秋白曾在北大旁听。

孙伏园。原名福源，字养泉，笔名伏庐、柏生、桐柏、松年等，绍兴人。现代散文作家、著名副刊编辑，在新闻学上有民国"副刊大王"之称。先后主编过《晨报副刊》和《京报副刊》。是鲁迅的同乡和学生，一度和鲁迅交往甚密。1919 年，他和弟弟孙福熙曾一起到北大旁听。

成舍我。1924 年起，先后创办《世界晚报》（北京）、《民主报》（南京）、《立报》（上海）、《香港立报》等，被誉为中国报界巨子。1918 年曾经到北大旁听。

不仅如此，其实，就连北大学界泰斗季羡林等，也有过北大旁听的经历。

北大老校友萧劳就曾在《我在北大的几点回忆》中谈及蔡元培校长帮他亲自批准他的老乡杜姓同学到北大旁听的往事："1917 年我考入北京大学中国文学门（即文学系），正值蔡元培先生任校长，当时我的名字是萧禀原。""那年北大招收一批旁听生，我原来就读的河南省立二中有位姓杜的同学要求旁听，我去北大教务处代为申请。教务处一位先生却说：'座位满了，不能再收。'我说：'座位没满，请你去教室看看。'教务处的先生不去。我气呼呼地去见蔡校长。校长室在红楼二楼上，也没有秘书阻挡，学生可以随便去找。我一进门，蔡先生看我怒气冲冲，便和蔼地说：'你先坐下，休息 5 分钟，5 分钟后你再讲话。'我坐了一会儿，便和蔡先生说了为杜姓同学申请旁听的事。我说：'多收一个学生总比少收一个好。教室有座位，可是教务处的先生却说座位满了。请校长去教室看看是否有座位？'蔡先生听后，马上亲自打电话把教务处的那位先生请来。我当着蔡校长的面对教务处的先生说：'教室确实还有座位，不信你去看。'教务处的先生没有说话。蔡校长当即拿笔写了一个条子'准予杜××到中国文学门旁听'，交给教务处的先生。于是这位杜姓同学终于入学旁听了。"

谈及北大的旁听传统，曾著有《老北大的故事》的北大中文系陈平原教授说："理想中的大学，应该是没有围墙的。任何一个公民，只要有时间、有精力，听得懂相关课程，大学就应该向他们开放。"

北大的旁听传统，一方面体现了北大的宽容、开放、博爱，另一方面也展现出了一种极为难得的蓬勃向上的学习状态，这些旁听生用自己的实际行动展现出了自己对知识的渴望，这一点，值得我们每一位青少年朋友学习、效仿。

独立，驾驭人生的起点

胡适于 1946 年在北大毕业典礼中发表了自己关于"独立精神"的演讲："独立是你们自己的事，给你自由而不独立这是奴隶，独立要不盲从，不受欺骗，不依傍门户，不依赖别人，不用别人耳朵为耳朵，不以别人的脑子为脑子，不用别人的眼睛为眼睛，这就是独立的精神。"这段话被后来人无数次地引用和借鉴，从此而奠定了北大特有的传统精神。作为中国最高学府的学生，一代又一代的北大人始终坚持遵循并践行着独立自主的传统精神。

一、胡适：给你自由，你不争独立仍然是奴隶

你们不要总在争自由，自由是外界给你们的，你们先要争独立，给你自由，你不争独立仍是奴隶。

——胡适（曾任北京大学校长，著名学者、诗人、历史学家、文学家）

1946年，原北大校长、现代著名学者胡适先生某次在北大演讲中曾说过这样一句话："你们不要总在争自由，自由是外界给你们的，你们先要争独立，给你自由，你不争独立仍是奴隶。"在很多时候，独立比自由更重要。独立的研究、独立的思想、独立的人格，是一个成功者必须具备的基本素质。

一个人的奋斗过程，也就是追求独立的过程，包括生存独立、经济独立、思想独立、感情独立、人格独立、意志独立等。独立可以成就一个人的一生。养成了独立的品性，我们就可以主宰自己的命运，成为自己人生的主人。

著名作家刘墉为了培养儿子独立的性格、锻炼儿子的独立生存能力，在儿子上高中时，他把儿子送到一所离家很远的学校。由此可见，刘墉先生对儿子独立品格培养的重视。其实，不仅是刘墉先生，美国前总统肯尼迪的父亲也非常注重对儿子独立性格和精神状态的培养。

一次，肯尼迪的父亲赶着马车带儿子出去游玩。走到一个拐弯处的时候，由于马车速度非常快，猛地把小肯尼迪给甩出了马车。当马车停住时，儿子以为父亲会下来把他扶起来，然而父亲却没有这么做，而是继续坐在马车上，还悠闲地吸着烟。

儿子朝父亲叫道："爸爸，你快来扶我呀。"

"你摔得疼不疼啊？"

"疼！我觉得自己站不起来了。"儿子带着哭腔说。

"那也要坚持站起来，重新爬上马车。"

儿子挣扎着站了起来，摇摇晃晃地走近马车，艰难地爬了上去。

父亲摇动着鞭子问："儿子，你知道爸爸为什么让你这么做吗？"

儿子摇了摇头。

父亲说："人生就是这样，跌倒、爬起来、奔跑，再跌倒、再爬起来、再奔跑。在

任何时候都要靠自己，没人会去扶你的。"

的确如此，你的一切成功、一切成就，完全决定于你自己。

"在我的生活中，我就是主角。"这是台湾作家三毛的自信之言。其实，我们青少年也应该立志成为自己生命的主角。清代画家郑板桥说过："淌自己的汗，吃自己的饭，自己的事情自己干，靠天靠地靠祖宗，不算是好汉。"这是对独立的最好解释。如果不靠自己的努力，那谁也保证不了你的成功。一个人一生中不可能一帆风顺，总有面对挫折、困难的时候。我们是否是一个性格独立的人，是能否成功的关键。一个人只有彻底摒弃依附别人的个性，养成独立的性格，才不会把自己的命运寄托在所依附的人身上，也只有这样，才会拥有成功的人生。

日本著名企业家松下幸之助曾经说过这样一段话："狮子故意把自己的小狮子推到深谷，让它从危险中挣扎求生，这个气魄太大了。虽然这种作风太严格，然而，在这种严格的考验之下，小狮子在以后的生命过程中才不会泄气。在一次又一次的跌落山涧之后，它拼命地、认真地、一步步地爬起来。它自己从深谷爬起来的时候，才会体会到'不依靠别人，凭自己的力量前进'的可贵。狮子的雄壮，便是这样养成的。"

青少年朋友，你们一定要明白一个道理，即生命当自主，一个人若总依靠别人，则容易受制于人，被人或物"奴役"，享受不到创造之果带来的快乐。

依靠别人、追随别人，凡事喜欢让别人去思考、去计划、去执行，固然会省去自己的很多心力，但长久下去，独立性会越来越低。聪明的人可能会一时地依赖他人，但是待时机成熟，他会毅然决然地抛弃身边的每一根拐杖，进行独立思考、独立规划、独立执行，他们认为："一个身强体壮、背阔腰圆，重达近150磅的年轻人竟然两手插在口袋里等着帮助，无疑是世上最令人恶心的一幕。"

青少年朋友，生活在这个世界上并不容易，活就要活出一个精彩的人生，千万不要将自己当成他人的配角看待，而要力争做自己命运的主角，这样，当你行至人生末尾时，才不会留下遗憾。

二、周海婴：靠自己的力量赢得社会承认

第一个青春是上帝给的；第二个的青春是靠自己努力的。

——海子（毕业于北京大学，著名诗人）

周海婴，是我国著名作家、原北大讲师鲁迅和许广平的独子，毕业于北京大学物理系，是我国老一辈无线电专家。他靠自己一步步的努力才有了今天的成就。他平生最不

愿做的事，就是在父亲的光环下生活。而他也正是这么做的，最终凭借自己的力量赢得了社会的认可。

鲁迅先生曾经在自己的遗嘱中留言"希望后代万不可做空头文学家"。父亲的这一教诲始终贯穿于周海婴的一生。

周海婴在回忆父亲时曾说："父母对我的启蒙教育是顺其自然，从不强迫，不硬逼。"周海婴出生于 1929 年 9 月。在他即将出生的时候，许广平一度出现难产的迹象。当医生为此征求鲁迅先生是留大人还是留孩子时，鲁迅先生不假思索地说："留大人。"令人惊喜的是母子平安。

也许鲁迅先生认为这孩子是意外的收获，为了孩子的坚强，他对这个新生命倾注了浓浓的父爱。海婴这个名字，鲁迅先生取自"上海出生的婴儿"这一意思。他对海婴的教育完全按照他于 1919 年写的《我们现在怎样做父亲》的思想来实行，尽量创造机会让海婴自由地成长，希望海婴成为一个"敢说、敢笑、敢骂、敢打"的人。

从很小的时候，周海婴就对组装零件非常感兴趣。当时有一种叫积铁成像的玩具，也叫小小设计师，就是一个盒子装着各种可以随意组装的金属零件。周海婴迷上了这种玩具，他用这些零件学会了组装小火车、起重机，装好了再拆，拆了又装。鲁迅先生看到了，非但没有阻止他，还总是在一旁鼓励他。

父亲去世后，周海婴用自己储蓄多年的压岁钱交纳了学费，报考南洋无线电夜校，1952 年考进北大物理系后开始走上科研道路，最终成为一名无线电专家。后来，他担任过中国电子学会理事，一直从事广播电视规划工作。

直到晚年，周海婴谈起无线电依然兴致勃勃，滔滔不绝。晚年，他依然过着默默无闻、淡泊名利的生活。

长久以来，人们习惯于将周海婴的一切与鲁迅相联系。然而周海婴屡次表示，自己不愿在父亲的光环下生活，也从不向外人炫耀自己是谁的后代。他反对靠父母的余荫生活，虚度人生。他经常说的一句话是："我们要以自己的工作成绩去赢得社会的承认。"

周海婴作为鲁迅之子，能做到如此平和，的确不容易。靠自己的力量赢得社会承认，这不仅仅是能力的问题，更重要的是尊严的问题。自立的人才最有尊严。

2007 年春晚有一句话让很多人落泪，那就是民工子女的那句台词："别人和我比父母，我和别人比明天。"家庭情况各不相同，依靠父母在名人的光环下生存，多少有点"依傍"的味道。

想要获得别人的认可，还是要靠自己的声音和自己的力量。通过下面的案例，我们来看看犹太人是如何救赎自己的。

犹太人朗司·布拉文是美国一位成功的商人。同大多犹太人从小就接触商业不一样，布拉文是在 37 岁的时候才开始经商的。

在布拉文读大学的时候，他的父亲就已经在洛杉矶拥有了一所有着 100 名员工的会计师事务所。布拉文在大学学的是会计学，毕业以后他马上进了父亲的会计师事务所工作。

当时，布拉文周围的人都认为他会顺其自然地成为事务所的第二代继承人。然而，布拉文的心里却不这么想，一方面他觉得事务所的工作不适合自己，另一方面他觉得踩着"家族企业"的肩膀取得的成就让他不太光彩。家族的期待和财产、周围人的想法反而成了他的噩梦，让他深感忧虑。

一天，布拉文终于下定了决心："既然自己不适合眼下的路，就只能离开。"于是，他辞了职，开始尝试经商。

在商界经历了十几年的摸爬滚打后，布拉文终于取得了成功。他创立的公司年交易额高达 35 亿日元。他主要向日本出口与体育有关的用品、服装及辅助设备等。经销地点除了公司本部的拉斯维加斯和日本外，还有瑞士。他有一个梦想，就是建立世界规模的公司。

生活只能靠自己去选择和创造，所以布拉文选择了放弃会计师事务所，而去追求自己擅长的领域。如果他继续待在父亲的公司，很可能成为一个背着"继承"名声的失败者。

周海婴和布拉文的故事告诉青少年一个道理：追求成功，得靠自己的实力；追求财富，得靠自己的拼搏。只要拥有遇事求己的坚强和自信，我们每个人都能够成为自己命运的救世主。

靠自己的力量书写的成功人生，才更加辉煌、璀璨。所以青少年朋友，要相信，改变人生只能依靠我们自己，凡事不要依靠别人的施舍，也不要希望财富与成功自天而降。只有将命运之舟紧紧地掌握在自己的手中，才能使它准确地驶向成功的彼岸。

三、自立自强，没有人能代替你成长

有勇气做真正的自己，单独屹立，不要想做别人。

——林语堂（曾在北京大学任教，著名学者、文学家、语言学家）

"自立者，天助也"，这是一条屡试不爽的格言，它早已被漫长的人类历史进程中无数人的经验所证实。自立自强的精神是个人真正的发展与进步的动力和根源，它体现在众多的生活领域，成为个人获得成功、国家兴旺强大的真正源泉。

《周易》从效法自然的立场出发，提出"天行健，君子以自强不息"；《诗经》上也说"自求多福";孔子赞赏"刚毅"的性格,他自己就是一个"发愤忘食,乐以忘忧"的人;孟子则从反面强调:"自弃者,不可与有为也。"因此,我们说,无论是国家,还是个人,唯有自立自强,才能立足于世。

自立自强的精神深深熔铸在中华民族的生命力、创造力和凝聚力之中,并成为中华文明得以绵延千载、生生不息的精神动力,也是人生应有的昂扬向上的精神状态。对我们每个人尤其是青少年来说,自立自强的精神都是不可缺少的。生活中的一切,工作中的一切,都只能靠你自己,因为你就是自己的生存环境之一,你才是自己真正的主人。

聪明的青少年明白,优秀的人要勇于自立自强,不仰仗父母的保护;要自信本人的能力,依靠自己探出一条成才之路来。

北大很多人对美国第16任总统亚伯拉罕·林肯非常崇敬,津津乐道于其为人处世之道。在林肯成为总统之前,其继母莎莉·布什·林肯住在伊利诺伊州附近的一个农场。林肯有一位名叫詹斯顿的同父异母的兄弟,两人经常一起劳动。詹斯顿最大的特点是好吃懒做、刚愎自用。一天,詹斯顿来信向林肯借钱,林肯写了一封信作了如下答复。

亲爱的詹斯顿:

我想现在不能答应你要80美元的要求。每次我给你一点帮助,你就对我说:"我们现在可以相处得很好了。"但过不多久我发现你又没钱用了。你之所以这样,是因为你的行为上有缺点。这个缺点是什么,我想你是知道的。你不懒,但你毕竟是一个游手好闲的人。我怀疑自从上次见到你后,你是不是好好地劳动过一整天。你并不完全讨厌劳动,但你不肯多做。这仅仅是因为你觉得从劳动中得不到什么东西。

这种无所事事浪费时间的习惯正是整个困难之所在。这对你是有害的,对你的孩子们也是不利的。你必须改掉这个习惯。孩子们还有很长的生活道路,养成良好的习惯对他们更重要。他们从一开始就保持勤劳,这要比他们从懒惰习惯中改正过来容易。

现在你需要一些现钱用,我的建议是,你应该去劳动,全力以赴地劳动而赚取报酬。

让父亲和孩子们照管你家里的事——备种、耕作。你去做事,尽可能地多挣些钱,或者还清你欠的债。为了保证你的劳动有一个合理的优厚报酬,我答应从今天起到明年5月1日,你用自己的劳动每挣一美元或抵消一美元的债务,我愿另外给你一美元。

这样,如果你每月做工挣10美元,就可以从我这儿再得到10美元,那么你做工一月就净挣20美元了。你明白,我并不是要你到圣·路易斯或是去加利福尼亚的铅矿、金矿去,我是要你就在家乡卡斯镇附近做你能找到的有优厚待遇的工作。

如果你愿意这样做,不久你就会还清债务,而且你会养成一个不再负债的好习惯,这岂不更好?反之,如果我现在帮你还清了债,你明年又会照旧背上一大笔债。你说你几乎可以为七八十美元放弃你在天堂里的位置，那么你把你天堂里位置的价值看得太不值钱了，因为我相信如果你接受我的建议，工作四五个星期就能得到七八十美元。你说如果我把钱借给你，你就把地抵押给我，如果你还不了钱，就把土地的所有权交给我——简直是胡说！如果你现在有土地还活不下去，你没有土地又怎么过活呢？你一直对我很好，我也并不想对你刻薄；相反，如果你接受我的忠告，你会发现它对你比 10个 80 美元还有价值。

你的哥哥　A. 林肯

1848 年 12 月 24 日

聪明的人往往都懂得运用自己的力量，他们自立自强，不轻易依靠别人的帮助。因为他们懂得，依靠别人的帮助仅仅能够满足一时之需，而要在这个竞争激烈的社会中生存，最终依靠的还应该是自己。只有自立自强的人才能在竞争激烈的社会获得良好的发展。人生之路漫长且枯燥，没有人能够永远陪伴在自己的身边，只有自立自强，才不会轻易被困难压倒。

世事难料，人生多变故。唐人李咸用的《送人》诗说得好："眼前多少难甘事，自古男儿当自强。"青少年朋友，只要你拥有自立自强的精神，就能开拓出一片属于自己的天地。

著名画家徐悲鸿先生就是一个自立自强的典型代表。19 世纪 20 年代，徐先生当时在北大画法研究会任导师，其正直爱国、不卑不亢的品格深深影响了几代北大人，为北大人留下了极宝贵的精神财富。下面是徐悲鸿先生年轻时的一段求学经历。

1919 年至 1927 年，徐悲鸿先生去欧洲留学。当时的中国，经济上贫穷落后，政治上军阀混战，在国际上的社会地位非常低。在国外的中国留学生也因此常遭受外国人的歧视。

一次，很多留学生聚餐，徐悲鸿也参加了。其间有一个浑身酒味的外国学生站起来，恶毒地说："中国人又蠢又笨，只配当亡国奴，就是把他们送到天堂里去深造，也成不了才！"

徐悲鸿听了这位留学生的话，非常愤怒。他走到这个洋学生面前，大声说："先生，你不是说中国人不行吗？那么，我代表我的祖国，你代表你的国家，我们比一比，等学习结束时，看看到底谁是人才，谁是蠢材！"

从此以后，徐悲鸿学习更加刻苦了，因为他知道自己此刻代表的不仅是他自己，还代表着祖国。他经常到巴黎各大博物馆去临摹世界名画。去的时候，他经常是带上一块面包一壶水，一去就是一整天，直到闭馆了才出来。有一位法国画家达仰，他非常喜欢徐悲鸿，他从这个中国青年身上，看到了中国人民的坚强毅力。他主动邀请徐悲鸿到家里做客，在他的画室里画画，并亲自为徐悲鸿做指导。

有志者事竟成，徐悲鸿进入巴黎国立高等美术学校后，在几次竞赛和考试中获得了第一名。1924年，他的油画在巴黎展出时，轰动了巴黎美术界。这时，那个在大家面前大骂中国人无能的洋学生，不得不承认自己不是中国人的对手。

"人不可有傲气，但不可无傲骨。"这是徐悲鸿的人生格言。徐悲鸿认为，有了傲气的人，往往会自命不凡，认为自己能干，比别人高出一等，从而目中无人。这就是他今后失败的先兆。但是做到了没有"傲气"，还应当有"傲骨"。何谓傲骨？傲骨指的就是有志气、有自信、自立自强、不轻易依靠他人。

我们每个人的人生道路都不是一帆风顺的，总会经历或多或少的坎坷、困境，对待这些坎坷和困境，我们不要把原因归于"自己天赋不足"，而应当挺起自己的铮铮傲骨，不自卑、不气馁、不懊丧，做一个自立自强的人，用行动证明自己的价值，捍卫自己的尊严。

作为青少年，我们首先应该明白的是，在我们漫长的人生道路上，没有人可以代替我们成长，凡事都应该依靠自己。一个喜欢依赖他人的人，永远不明白自立背后的充实，永远不明白坚强背后闪耀着胜利的曙光。

人活一生，要么独立自主，要么埋葬自己的雄心壮志，一辈子躲在他人的呵护下，碌碌无为。青少年朋友，你想成为哪一种人呢？

四、靠自己的双手，你就是命运的魔术师

上帝制造人类的时候就把我们制造成不完美的人，我们一辈子努力的过程就是使自己变得更加完美的过程，我们的一切美德都来自于克服自身缺点的奋斗。

——俞敏洪（毕业于北京大学，新东方学校创始人，现任新东方教育科技集团董事长兼总裁）

一天，佛印禅师和苏轼同游灵隐寺，来到观音菩萨的像前，佛印禅师合掌礼拜。

这时候，苏轼问了一个问题："人人皆念观世音菩萨，为何菩萨的手上也和我们一样，挂着一串念珠？观世音菩萨念谁？"

佛印禅师说："念观世音菩萨。"

苏轼感到非常疑惑，又问道："为何亦念观世音菩萨？"

佛印禅师回答说："菩萨比我们更清楚，求人不如求己。"

生活在这个世界上，每个人都想追求成功。但是，这个愿望的实现非要借助自己的信念不可。因而，一个人养成独立自主的坚强意志就显得尤为重要。

人活着就应该自立自强。然而在实际生活中，很多青少年朋友却并没有意识到自立自强的重要性。他们中有人认为可以依靠父母，有人认为可以依靠自己的朋友，却唯独不想依赖自己。他们不知道，没有哪一种依赖是能安全长久的，只有自己才能陪伴自己走完一生。

青少年朋友应该明白，依靠别人的力量是最不可靠的，因为别人能给你的也就能随时拿走。这就是这个世界的游戏规则。"在这个世界上最坚强的人是孤独的、只靠自己站着的人。"这是挪威著名戏剧家易卜生对于人生所做出的一个断言。这句话虽然冷酷，但却是现实。

从前，一头驴不小心掉进了一口枯井里，它哀怜地叫喊呼救，期待主人把它救出去。主人赶紧找来了几个邻居前来营救驴。然而大家谁都想不出救它的好办法来。

主人感到非常为难，后来想到："反正驴已经老了，实施'人道毁灭'也不过分，况且这口枯井迟早都得被填上。"于是请众邻居填井。大家拿起铲子便开始填井。当第一铲泥土落到枯井中时，驴叫得更恐怖了，它显然明白了主人的意图。又一铲泥土落到枯井中，驴出乎意料地安静了。大家发现，此后每一铲泥土打在它背上的时候，驴都在做一件令人惊奇的事情：它努力抖落背上的泥土，踩在脚下，把自己垫高一点。

大家不断把泥土往枯井里铲，驴也就不停地抖落那些打在背上的泥土，使自己再升高一点。就这样，驴慢慢地升到了枯井口，在大家惊奇的目光中，从容地走出了枯井。

假如你现在就身处枯井中，求救的哀鸣也许换来的只是埋葬你的泥土。而故事中的驴教会我们走出绝境的秘诀，便是拼命抖落背上的泥土，变埋葬自己的泥土为拯救自己的泥土，即将不利因素转化为有利因素。

法国浪漫主义作家雨果曾经写道："我宁愿靠自己的力量打开我的前途，而不愿求有力者的垂青。"只要一个人是活着的，他的前途就永远取决于自己，成功与失败，都只系于自己身上。而依赖作为对生命的一种束缚，是一种寄生状态。英国历史学家弗劳德也说："一棵树如果要结出果实，必须先在土壤里扎下根。同样，一个人首先需要学会依靠自己、尊重自己，不接受他人的施舍，不等待命运的馈赠。只有在这样的基础上，才可能做出成就。"将希望寄托于他人的帮助，便会形成惰性，失去独立思考和行动的能力，将希望寄托于某种强大的外力上，意志力就会被无情地吞噬掉。

真实人生的风风雨雨，只有靠自己去体会、感受，任何人都不能为你提供永远的庇荫。

美国石油大亨老洛克菲勒教育孩子的理念非常值得学习。

老洛克菲勒是这样教育孩子的：一天，他把孩子抱上一张桌子，鼓励他跳下来，孩子以为有爸爸的保护，就放心地往下跳。谁知往下跳的时候，爸爸却走开了，小洛克菲勒摔得很重，在地上大哭起来。这时，老洛克菲勒语重心长地对儿子说："孩子，不要哭了，以后要记住，凡事要靠自己，不要指望别人，有时连爸爸也是靠不住的！从现在就开始学会独立地生活吧！"

洛克菲勒家族虽然非常富有，但他们家的孩子从小就不准乱花钱，每个孩子可支配的少量零花钱也要记账。进入学校后，孩子们被要求一律在学校住宿。大学毕业后，他们也都是靠自己的力量出去找工作。直到他们在社会中锻炼到能经得起风浪以后，上一辈人才把家产逐步交给他们管理。

正是这种良好的教育理念，出自洛克菲勒家族的孩子几乎都拥有极强的独立生活的能力，养成了独立、自强的习惯。所以洛克菲勒家族里从来没有出过"败家子"。正因为这个原因，洛克菲勒家族打破了"富不过三代"的咒念，历经几个世纪而依然繁盛如初，没有像美国其他的跨国财团、富裕家族仅仅经历几十年或一二百年就衰落了。

人常说"富不过三代"，可是洛克菲勒家族改写了这条定理。他们用生动的事实告诉我们，人要靠自己活着，而且必须靠自己活着。

在人生的不同阶段，尽力达到理应达到的自立水平，拥有与之相适应的独立精神。这是当代人立足社会的根本基础，也是形成自身"生存支援系统"的基石。一个没有自理能力，连自己都照顾不好的人，凭借什么去获得成功？即使其家庭环境、社会地位等因素可以将人生起点抬高一些，但是最终还必须依靠自己。所以，青少年朋友，开始掌握自己的命运吧！遭遇疑惑时，你应该独立思考，有自己的想法，懂得自己解决问题；做人生规划时，你应该独立掌握方向，把握住目标，让目标似灯塔般在高远处闪光。你最不应相信有什么救世主，不该信奉什么神仙或皇帝。你应该相信的是，唯有自己才是可依靠的。唯有自己，才是我们人生命运的魔术师。

五、你的人生中没有"妥协"二字

企业每一次的变革和创新倒是会给我带来一些压力，但那是自己可以承受的，我觉得没有什么更大的挫折使我挺不过来。

——钱金波（毕业于北京大学，红蜻蜓集团董事长）

古人云："不知生，焉知死？"不知苦痛，怎能体会到快乐？不经历风雨，怎么能见到彩虹？痛苦就像一枚青青的橄榄，品尝后才知其甘甜，但这品尝需要勇气！其实，要让自己快乐非常简单，那就是少一分欲望，多一分自信；少一分妥协，多一分勇敢。

毕业于北京大学化学系的白春礼是我国著名的纳米科技研究专家，说起他的科研之路，可一点儿也不平坦。

1985 年，白春礼在取得中国科学院博士学位后，选择了继续深造。当年的 9 月份，他来到美国加州理工学院从事博士后研究工作。

美国的科研工作与美国民族崇尚自主的传统如出一辙。在那里，老板将该做的工作交给员工后，就不再插手，给予员工完全的具体执行的自由，所有的程序都由员工独立完成。所以对员工来说，别想指望任何人会对自己的困难有更多的帮助。

当时，白春礼跟随自己的导师进行一个科研项目的研究。导师交给他的一个任务是将实验室的一台仪器搬到其他学院去重新组装调试。在国内的时候，白春礼只使用过这样的仪器进行数据分析，对仪器本身却了解得特别少。面对已经拆得七零八落而且没有任何说明书的仪器，该如何组装呢？这让他一下子不知如何下手。然而，面对困难，白春礼并没有轻易地妥协。他觉得，自己作为一名中国人，在那里代表的就是中国。国人的自尊促使他咬牙接受了这项艰巨的任务。工作开始了，他一遍遍地尝试各种方法，从计算机控制仪器的软件的源程序中，他重新寻找和测试仪器运行的最佳参数；从如麻的电线中，他重新将仪器的连线接通……功夫不负有心人，经过一番艰难的探索，仪器组装调试好了。这让白春礼重拾了信心。

可是没过多久，白春礼又遇到了新的难题——就在即将取得实验结果的关键时刻，控制器的计算机又坏了。新换的一台计算机的操作系统与原先的那台不一样，必须重新编写全部仪器控制和数据采集、分析系统的软件，才能继续工作。自动控制的软件大部分是用机器语言编写的，而他又从未接触过汇编语言，这对他来说真是一个巨大的难题。

然而，好强的白春礼依然没有向别人求助，而是借来几部关于汇编语言的英文专著，默默地边学边干。在短短的时间内，他就掌握了汇编语言，计算机终于调试好了。后来，他又用这段时间掌握的汇编语言编写了其他大部分仪器控制、数据采集和图像处理的软件。由于仪器的调试成功，他赢得了实验室人员的信任。

白春礼的经历告诉我们青少年：人的成长是一个不断迎接挑战、战胜困难的过程。面对困难和挑战，你的心中不能有"妥协"二字，要在不屈不挠、克服困难的行动中寻找生命的价值、实现人生的理想。

不妥协是一项难能可贵的品质，在身处逆境之时显得尤为重要。在身处绝境时，懂得苦中求乐、永不妥协，才是人生的真谛。现实生活中，当遭遇困境时，你是不断为自己打气，做到不妥协，还是被动地选择悲观的宿命呢？一些悲观论调的持有者，对困境所持的态度永远是"这就是命"，"命里要我这么不顺利我也无法强求"。乍听起来以为他们是豁达、看得开，其实是一种对自己生命极不尊重的想法，因为他们已放弃了对美好生活的追求，只是认命。真正的豁达与从容者不会如此，他们会把这些不幸化作前进的力量，既不抱怨命运不济，也不妄自菲薄，他们只会用真正的行动来改变自己的人生轨迹。

六、若失去了勇气，就等于把一切都丢掉了

我是对中国前途充满了希望，绝对乐观的一个人。我胸中所有的是勇气，是自信，是兴趣，是热情。这种自信，并不是盲目的、随便而有的；这里面有我的眼光，有我的分析和判断。

——梁漱溟（曾在北京大学任教，著名思想家、哲学家、教育家）

西班牙作家塞万提斯曾经说过这样一句话："失去财富者并不重要，然失去勇气者则一无所有。"勇气是我们人生中的必备食粮，是人类天赋成功的主要因素之一。任何一个人缺乏勇气、缺乏克服障碍的能力、缺乏执着于理想的毅力，是不可能到达理想的目的地的。

在七彩阳光中，紫色代表着胆识与勇气。勇气是产生于人的意识深处的对自我力量的确信，是对自我能力能压倒一切的信念，是相信自己可以面对一切紧急状况、处理一切障碍，并能控制任何局面的信心，是穿越重重险阻，历经磨难走向成功的意志。勇气，是一种阳光般的力量，源自于自我潜意识深处的积极暗示。

北大97级宗教学系学生王晓飞（化名）最喜欢的人生格言是"勇气＋行动＝想要的"。要想有所成，勇气不可或缺。一个永不丧失勇气的人是永远不会被打败的，因为他坚信乌云过后就是阳光。

生活中，很多事情我们都需要勇气做支撑。放弃需要勇气，拒绝需要勇气，尝试需要勇气，冒险需要勇气……甚至连说话都需要勇气。一个人如果缺乏勇气，就失去了承担责任的基础，就只能生存于他人的庇护之下，无法面对人生的任何压力和挑战。

有一位父亲一直非常苦恼，原因是他觉得儿子已经十六岁了，却一点儿男子气概都没有。

为此，他专程去拜访一位禅师，请求禅师帮他训练自己的儿子。禅师得知他的来意后，说："你将你的孩子留在我这里三个月，不过有一个条件，就是在这三个月里不允许你来看他。三个月后，我一定可以把你的孩子训练成一个真正的男人。"

三个月过去了，这位父亲来接儿子回去。

禅师为了向这位父亲展示这三个月来他的训练成果，专门安排了一场武术比赛。被安排与孩子对打的是教练。教练一出手，这孩子便应声倒地。然而孩子刚倒地，便立刻

又站起来接受挑战。倒下去又站起来……如此来来回回总共十几次。

禅师问这位父亲："通过这次比赛，你觉得自己的孩子够不够男子气概？"

谁知这位父亲说："我真是羞愧死了，想不到我送他来这里受训三个月，他一点儿长进也没有，我所看到的结果是他这么不经打，被人一打就倒。"

禅师听了这位父亲的话，摇了摇头，说："我很遗憾你只看到表面的胜负，你没有看到你的儿子那种倒下去立刻站起来的勇气及毅力，那才是真正的男子气概！"

什么是勇气？勇气是一种敢于面对现实、不怕困难、勇于进取、积极争取胜利的优秀品质，是一种战胜恐惧的有力武器，是克服害怕失败、害怕丢脸等恐惧心理最有力的武器。勇气还可以教人在遇到挫折时，不要畏惧，不要回避，勇敢去面对它，去接受一切挑战，战胜困难。上述案例中的孩子向我们展示的正是他不怕困难、积极面对的勇气。

正如心理学家斯科特·派克所说的："在这个世界上，只要你真实地付出，就会发现许多门都是虚掩的！微小的勇气，能够完成无限的成就。"生活中，很多青少年常常因为自己的出身、境遇而深感自卑，认为机会不可能垂青于自己，始终没有勇气与命运抗争。然而，勇气使人强大，充满勇气的人，敢于坚持自己的人生梦想，自信自强，意志坚定，最终能叩响成功之门。

青少年朋友，在漫长的人生道路上，我们会遭遇很多困难，彼时，切不要寻找借口和理由来逃避，而要鼓起勇气，即便你的勇气只有一点点，那么世界或许就会变得不一样。

关于勇气，哈佛心理学教授乔治·桑比那曾如是说："勇敢的精神，是一个人最不缺失的元素。因为人类哪怕每一个微小的进步，都需要勇气作为先导。"勇气，是我们行走于世的重要支撑，同时也是我们实现梦想的重要基石。

七、不下水的人，永远不可能学会游泳

中国处在一个变革的时代，有很多事情，人们连梦都不敢做。很多年轻人身上都有梦，但是有时候不见得那么自信地表现出来，所以我们讲"一切皆有可能"，就是说——你去努力，你去尝试，你的梦想会成真。

——李宁（毕业于北京大学，奥运冠军，李宁体育用品集团公司董事长兼总经理）

国际知名科学家杨振宁先生在一次北大演讲中曾经说过这样一段话："科学研究不仅要敢于质疑，还需要猛闯精神。尤其是年轻人要天不怕地不怕，要相信自己的直觉，选好自己的方向，坚持不懈地做下去。"青少年要有勇于闯天下的精神，因为不闯就没有机会，就像学游泳一样，不下水，永远都学不会。

在这个世界上，没有成功是一蹴而就的。没有人能够轻而易举地摘取成功的果实，成功，无不成就于辛苦的闯荡之中。只有敢闯、敢做，才会有出路，才更容易获得成功果实的青睐。

生活中，很多青少年朋友或许有这样的体验：很多事情"看着黑"，但是走下去却"未必如此"，往往是走到黑暗"近"处的时候才会发现，原来并不太黑，甚至根本就是"亮"的。这不仅是自然界的一种现象，人生中的事业、家庭、爱情、金钱和人际关系等方面也有如此特征。坐在那里看，我们会越看越黑暗；坐在那里想，我们会越想越可怕。然而若你能勇敢地站起来，尝试着向前走，不畏艰难和黑暗去闯，或许会发现，黑暗并没有想象得可怕。

敢想、敢做才天地宽。青少年朋友要争取做个有干劲、有闯劲的人，千万别让自己闲着，更不能让自己虚度年华。做就是做了，做错了也比不做强。当然，在开始闯的时候，我们并不知道结果如何，这时就需要尝试、尝试、再尝试，试验、试验、再试验，挑战、挑战、再挑战——这样，成功的概率便会增加很多。

说起大头菜，四川宜宾人都再熟悉不过了，大头菜是他们餐桌上不可或缺的一道腌菜。谈及大头菜的腌制方法，宜宾人也都能娓娓道来，家家都有一本"腌制经"。也因此它很难有统一的腌制标准，不易品牌化。然而却有一个人，将大头菜做成了一个产业，并且为了将大头菜产业做大做强，不惜放弃之前成功的合伙品牌，敢闯敢干，进行二次创业，并在公司成立短短一年时间实现了销售收入突破 600 万元。如今，她正一步步将自家的品牌推向全国。这个人就是四川宜宾蜀戎坊食品有限责任公司董事长施正琴。

蜀戎坊食品有限责任公司的大部分员工都是农民工，和他们一样，董事长施正琴原来也是一位农民工。年过四十的她，之前做过建筑工人，在广州厂房做过纺织工。

施正琴出生在四川省宜宾市的一个农民家庭，小时候因为家境贫寒，为了能读书，她 6 岁开始就帮父母干农活。到了卖柑橘的季节，她常常深夜两三点钟就得起床，走十多里的山路，帮母亲把柑橘背到街上，然后再赶到学校上学。然而，施正琴的努力并没有改变自家的困境状况，小学毕业后，她就被迫辍学了，因为家里无钱供她继续读书。这成了她母亲心头永远的痛。她母亲曾经说："老师很喜欢她，我们的娃读书又用功，只是我们的条件太差了，把她拖得都没有考高中，就没有文化了。反正我的这个娃儿几乎都是饿大的，不是喂大的，我们完全没有能力给饭给他们吃，是饿大的，命惨。"

为了改变自己的命运，施正琴付出了很多。她摆过地摊，卖过小火锅，承包荒山种苦竹，养鸡、养猪……尝试着做了几十个项目，但都没有成功。连她自己都数不清失败过多少次了。然而，她始终鼓励自己，"一定不能倒下，一定要站起来。"凭借着这种自我激励，她坚持了下来。

"1998 年第一次出去打工，几年的打工生活虽然攒了一些钱，但也体会到出门在外的辛酸。"施正琴说。几年的打工生活虽然辛苦，却让她收获良多，增强了自信心。

在一次偶然的机会中，施正琴看到了一些广东当地人的创业经历，便萌发了自己回老家创业的想法。

2006 年的一天，一个偶然的机会，施正琴吃到了一种口感特别的蔬菜，从那一刻开始，她的人生有了重大转机。

那一天，施正琴所品尝到的是家乡四川宜宾极为常见的一种蔬菜，叫大头菜，是芥菜的一种。她想，如果能把它开发成产品，一定会有很多人像自己一样也喜欢吃。说干就干，没多久，施正琴就和朋友大胆地合作开起了一家大头菜加工厂。"当时我的启动资金是两万元，加上合伙人的两万元，总共 4 万元办起了这家公司。到 2011 年，我们公司年销售额达到 2000 万元。"施正琴说。

可是，就在公司处于良性发展的阶段，由于各种原因，在 2011 年的下半年被迫关闭。施正琴因此血本无归。合伙人为此心疼不已，施正琴更是难受得睡不着觉。然而，她心疼过后也明白，自己已经无路可退了。虽然没有足够的资本，但她有足够的外债。"我没有放弃，去年（2011 年）12 月我又重新注册了一个新公司，仍然经营大头菜，虽然现在只有 40 多人，但现在公司发展势头很好，从开业到现在，公司的销售额已超过 120 万元。"施正琴说，要感谢政府对她的帮助。"每年，政府给我们技改补贴资金达到 15 万元，技术不断更新，我们的产品就更有竞争力。"每个季度，施正琴的公司都要收购 356 吨大头菜，对应的生产基地涵盖了 1000 多家农户，"公司＋农户"的形式，让当地农民实现了增收。

很多人都用"执着"来形容施正琴，而她却说："其实没什么，只要敢闯敢干，就有明天。"

什么是成功？施正琴用实际行动告诉我们，成功就是"敢闯敢干，就有明天"。即便你一时遭遇了失败，也不要气馁，因为失败是每个人都会经历的事情，对成功者来说，是必经之路。最可怕的行为是"不闯"，不闯则连失败的滋味都品尝不到，更无须谈品尝成功的果实了。

有人曾经说过："没有一点闯的精神，没有一点'冒'的精神，没有一股子气呀、劲呀，就走不出一条好路，走不出一条新路，就干不出新的事业。"这里所说的"一股子气"，指的就是一种敢于冒险、勇于闯荡的浩然之气。青少年朋友正处于血气方刚、想要干一番事业的人生阶段，凭借一股子闯劲，再加上勤奋、坚持的品格，定能闯出自己的一片天！

八、拿出十倍的勇气与失败作战

人的聪明和自己的才智以及对道路的选择，往往在失败以后。

——台静农（曾在北京大学国文系旁听，著名作家、文学评论家）

世事常变化，人生多艰辛。在漫长的人生之旅中，尽管人们期盼能一帆风顺，但在现实生活中，却往往令人不期然地遭遇失败。

我们谁都不愿意失败，因为失败意味着以前的努力将付诸东流，意味着一次机会的丧失。不过，一生平顺，没遇到失败的人，恐怕是少之又少。所有人都存在谈"败"色变的心理，然而，若从不同的角度来看，失败其实是一种必要的过程，而且也是一种必要的投资。数学家习惯称失败为"或然率"，科学家则称之为"实验"。如果没有前面一次又一次的"失败"，哪有后面所谓的"成功"呢？

孙明晓（化名）是北大法律系的一名高才生，他进入北大的步伐可谓非常"艰辛"，曾经一年三次角逐北大均以失败告终。但他毫不气馁，最终凭借698分的好成绩顺利进入北大法律系。

2011年，孙明晓在一次全国数学奥赛中以优异的成绩获得了全国一等奖，因而获得了保送资格。为了能上北大，孙明晓报名参加了北大的保送生考试。然而一场考试下来，自我感觉不错的孙明晓失败了。

接下来的日子，孙明晓全身心地投入到北京大学自主招生考试的复习中，"争取考过自主招生考试，还有获得20分加分的机会。"然而这次，幸运之神依然没有眷顾他。

由于孙明晓花了太多的时间和精力用在北大自主招生考试上，而忽略了正常备考，在当年的全国统一高考中，孙明晓发挥不好，只考了640分。看到这个与自己预期相差甚远的分数，孙明晓非常伤心，他坚决不填报任何高考志愿，一心想复读，争取明年进北大。

孙明晓的这个决定并没有得到父母的支持，父亲对他说："我们认为，高考只是人生的一小步，不必在意这一站的得失。另外，我们也担心，你下次考试如果再发挥不好，那就太浪费宝贵的时间了。"于是，孙明晓的父母瞒着儿子在志愿表上填了北京一所普通的本科院校。录取通知书如期而至，但孙明晓仍然坚持复读，还跟父母发生了激烈的争吵。

最终，孙明晓的一句话打动了父母，父母同意他复读了。回忆曾经，孙明晓的父亲说，儿子的那句话后来一直印在他的心头："高三这一步，我没有踩稳，希望你们能让我有机会回踩一次，这次踩稳了，以后的人生每一步会踩得更踏实。"

在经历一年的复习后，孙明晓再次参加了高考。这一次，他凭借698分的好成绩成功考入北大。

孙明晓说："并非我有多大的天赋，而是我不想被失败打倒，我想凭借自己的再次努力，挥别失败，让我的青春之路有个好开头。"

失败并不可怕，可怕的是面对失败，一蹶不振，不敢拼搏。要学会摆脱失败的阴影，在失败面前昂首挺胸。

古往今来，凡立大志、成大功者，往往都饱经磨难，备尝艰辛。失败成就了"天将降大任者"。如果我们不想在失败中沉沦，那么我们便应直面失败，奋起抗争，只要我们能以坚忍不拔的意志奋力拼搏，拿出十倍的勇气与失败作战，就一定能冲出失败。

通常情况下，企业的领导者都喜欢招聘那些优秀的成功者，然而，国际知名快递公司 DIL 创办人之一的李奇先生却并非如此。他偏偏喜欢那些有过失败经历的员工。在每次面试中，李奇问应聘者的第一个问题往往是对方过去有没有失败的经历。如果对方回答"不曾失败过"，李奇直觉认为对方不是在说谎，就是不愿意冒险尝试挑战。对此，李奇说："失败是人之常情，而且我深信它是成功的一部分，有很多的成功都是由于失败的累积而产生的。"李奇深信，人不犯点错，就永远不会有机会，从错误中学到的东西，远比在成功中学到的多得多。

只有经历过大起大落的人，才能拥有坚强的意志；只有经历过大风大浪的人，才能拥有卓越的能力；只有经历过大悲大喜的人，才能拥有更加充盈的心灵。生活在这个大千世界，我们每个人的一生都不可能一帆风顺，每个成功者的人生故事中都写满了酸甜苦辣。他们的故事告诉我们，敢于正视失败，能以正确的态度面对失败，不退缩、不消沉、不迷惑、不脆弱，才能有成功的希望。

一位成功人士说："失败，是走上更高地位的开始。"很多成功者之所以能够取得成功，无不得益于他们拥有屡败屡战的恒心和战斗力。那些没有遇到过大失败的人，反而不知道什么是大胜利。青少年朋友，如果你能将失败当成人生必修的功课，不久你便会发现，绝大部分的失败都会给你带来一些意想不到的好处。

世界著名的发明家爱迪生曾经说："失败为成功之母。"这句话不无道理。一个人，如果他拥有积极向上的决心和毅力，必定能在失败中寻获成功的钥匙。

提及足球，很多人都会想到巴西。足球是巴西人文化生活的主流。对巴西人来说，足球是运动，但更是文化。每当联赛或重大国内国际比赛进行时，巴西人常常举家前往观战，整个城市万人空巷，而赛场人山人海。由此可见，足球之于巴西的重要性。

很多巴西球迷可能了解到这样一种盛况：当年，巴西足球队首次赢得世界杯冠军回国时，载着运动员的专机一进入国境，便有16架喷气式战斗机立即为之护航，当飞机降落在道加勒机场时，有3万多人聚集在机场上举行欢迎仪式。从机场到首都广场不到

20公里的道路上，自动聚集起来的人群超过了100万。这是多么盛大的欢迎场面！然而，前一届的欢迎仪式却与之有着天壤之别。

那是在1954年，当时几乎所有的巴西人都认为巴西队能获得当年的世界杯赛冠军。然而，天有不测风云，在半决赛中巴西队却意外地败给法国队，丧失了获得冠军的机会。面对这一结果，球员们痛心疾首。他们痛心的同时，更有深深的担忧，足球可是巴西的国魂，回国时等待他们的恐怕是球迷们的辱骂、嘲笑和汽水瓶吧！

当载着球员的飞机驶进巴西上空时，他们个个坐立不安，因为他们每个人的心里都清楚地知道，这次回国凶多吉少。然而，当飞机降落在首都机场的时候，迎接他们的却是另外一番场景。巴西总统和两万名球迷默默地站在机场，共举着一条大横幅，上书：失败了也要昂首挺胸。

看到这个场景，球员们纷纷泪如雨下。总统和球迷们都没有讲话，他们默默地目送着球员们离开机场。

仅仅过了4年，球员们终于捧回了世界杯冠军的奖杯。

人之一生，总要面临一些困境，正是在困境的打磨中，我们才会一步步向成功靠近。因为失败的经验越丰富，成功的概率越大。尤其是青少年朋友，更应该珍惜青春岁月，不怕难，不怕失败，以饱满的姿态迎接困境的洗礼，走向辉煌的明天。

九、适当时机，与父母"分道扬镳"

钱多了，对孩子没有什么好处，反而会成为他们的包袱。从我自己的亲身经历来看，靠父母是不行的，要学会自己走路。

——钱三强（毕业于北京大学，核物理学家、中国科学院院士）

"妈，把我的书拿来！"

"爸，给我倒杯牛奶！"

…………

很多青少年经常会这样使唤自己的父母，而父母们呢？也会乖乖地听从孩子的命令。孩子对父母有一种贴身的依赖，这样的孩子我们称为小公主和小皇帝。日常生活中，请父母帮自己做一些事情，并非不可以，然而，这也从侧面反映出了孩子独立性培养的缺失。长期在这种"衣来伸手、饭来张口"环境下长大的孩子，不容易在社会上立足。

一个人应当学会在社会中自立，不能太依赖别人，尤其是自己的父母，适当的时候，要学会和父母"分道扬镳"。只会蜷伏在母亲翅膀下的雏鹰，充其量不过是只柔弱的"鸡"，而绝不会成为搏击万里云天、俯视苍茫大地的雄鹰。依靠父母的帮助只能满足你的一时之需，但真正要在社会中生存下去，还是要靠自己的力量。

青少年朋友要学会自强自立，不依靠父母亲朋的保护；要相信自己的力量，相信自己能凭借自己的能力探索出一条独特的成功之路。过多的依附、仰赖，只能造就平庸孱弱、无所作为的凡夫俗子；过分的温存、溺爱，只能消磨意志，磨平锐气，养育娇嫩的花朵。

中国历史上也不乏鼓励子女自强自立的有识之士。清代画家郑板桥老年得子，却并不溺爱孩子，而是力促他自立，要求他：

> 淌自己的汗，
>
> 吃自己的饭，
>
> 自己的事自己干。
>
> 靠天靠人靠祖宗，
>
> 不算是好汉。

在传统的意识中，人们崇尚出身门第，欣羡继承权，而自我创业的意识淡薄。在当今的社会里，应提供给后代以"工具箱"，而不是万贯家产。对于有志者来说，确立不依赖父母长辈，一切靠自己独立创业的自立意识，则是明智的；若是一切都仰仗父母，则是最没出息的。

国际知名企业家比尔·盖茨说："依赖的习惯，是阻止人走向成功的一个个绊脚石，要想成大事，你必须把它们一个个踢开。只有靠自己取得的成功，才是真正的成功。"香港巨富李嘉诚也持有同样的想法。

李嘉诚的两个儿子李泽钜和李泽楷在美国斯坦福大学毕业后，想在父亲的公司里谋得职位，成就一番事业。然而，李嘉诚果断回绝了两个儿子，他说："我的公司不需要你们！你们还是自己去打江山，让实践证明你们是否适合到我公司来任职。"

两兄弟听了父亲的话后，觉得有道理，便动身去了加拿大，一个做地产开发，一个投资银行。几年后，他们克服了外人难以想象的困难，把公司和银行办得有声有色，成了商界出类拔萃的人物。

李嘉诚的"冷酷无情"把孩子逼上自立、自强之路，铸造了他们勇敢坚毅、不屈不挠的人格和品性。

在成长的道路上，艰辛、酸楚、泪水，是不可避免的，这些都是铺垫成我们成长道路的石头。如果我们在成长道路上，遇到什么事都要依赖父母，让他们为我们摆平，那我们就无法体会到人世间的酸甜苦辣。在困难和挫折的磨砺中，我们才会更加懂事。

原北大教授、著名物理学家、中国科学院学部委员钱三强就非常注重对儿子独立性的培养。

钱三强对自己和子女的要求都非常严格，尤其是在学习上。他经常用"活到老，学到老，改造到老"的名言教育子女，说"这个思想，无论对客观的知识，还是对主观的个人，都是极其深刻的"。在他的带动下，全家上下好学成风。

1968年，钱三强的小儿子、北京大学物理学院教授钱思进到农村插队，在生活上遇到了很多困难，于是写信向父母诉苦。钱三强回信教育儿子："你大了，不能总依靠父母，要独立生活，学会自己走路。"

接到父亲的回信后，钱思进发愤学习，在农村不管每天劳动多累，都坚持在小油灯下自学到深夜。1972年，他终于被推荐到清华大学化工系学习。

然而，钱思进并不想到化工系学习，于是请求父亲钱三强出面替他说话，帮他转学物理。钱三强直接回绝了儿子的请求，他不同意用他的"牌子"来满足儿子的要求。钱思进听从父亲的教诲，抓紧业余时间自学物理，1978年，终于通过考试，被录取为中国科学院理论物理研究所研究生。

钱思进上大学后，仍然穿一身洗得发白了的蓝布衣服，脚穿布鞋，背一个旧帆布书包。有人劝钱三强不要对孩子太"抠"了，钱三强却说："钱多了，对孩子没有什么好处，反而会成为他们的包袱。从我自己的亲身经历来看，靠父母是不行的，要学会自己走路。"

青少年朋友，人生的风风雨雨，只有靠自己去体会、去感受，才更加精彩。父母不能为你提供永远的荫庇，你应该自己去掌握前进的方向，把握住自己的人生目标。

驱除对父母的依赖心理，独立面对真实人生的风风雨雨，你才有机会奏响生命雄壮的乐章。

十、独立思考，方能与成功对接

真正好的生活，思索是一种乐趣。

——刘震云（毕业于北京大学中文系，著名作家）

老师、家长们都希望自己的孩子独立自主，所以日常生活或者学习中会刻意地让他们"自己的事情自己做"，自己洗衣服，自己做饭……殊不知，独立自主并不仅仅意味着行动上的自立，还意味着思想上的自立，即凡事能独立思考。成大事者大多善于思考，而且是独立思考。青少年朋友若想实现自己的理想，达成目标，还需要养成独立思考的个性，这样才能在风风雨雨的事业之路上闯出一片天。

最早完成原子核裂变实验的英国著名物理学家卢瑟福，有一天晚上走进实验室，当时时间已经很晚了，见他的一个学生仍俯在工作台上，便问道："这么晚了，你还在干什么呢？"

"我在工作呢，教授。"学生回答道。

"你现在还在工作，那你白天都在做些什么呢？"

"白天我也工作，教授。"

"那么你早上也在工作吗？"

"是的，教授，早上我也工作。"

于是，卢瑟福提出了一个问题："那么，这样一来，你用什么时间思考呢？"

这个问题问得真好啊！

拉开历史的帷幕就会发现，古今中外凡是有重大成就的人，在其攀登科学高峰的征途中，都是善于思考而且是独立思考的。

据说爱因斯坦狭义相对论的建立，经过了"10年的沉思"。他说："学习知识要善于思考、思考、再思考，我就是靠这个学习方法成为科学家的。"

达尔文说："我耐心地回想或思考任何悬而未决的问题，甚至连费数年亦在所不惜。"

牛顿说："思索，继续不断地思索，以待天曙，渐渐地见得光明，如果说我对世界有些微贡献的话，那不是由于别的，却只是由于我的辛勤耐久的思索所致。"他甚至这样评价思考："我的成功就当归功于精心的思索。"

著名昆虫学家柳比歇夫说："没有时间思索的科学家（如果不是短时间，而是一年、两年、三年），那是一个毫无指望的科学家；他如果不能改变自己的日常生活制度，挤出足够的时间去思考，那他最好放弃科学。"

从这些名言中我们不难得出这样一个道理：独立思考是一个人成功的最重要、最基本的心理品质。所以，养成独立思考的品质是要成大事的青少年必备的条件。

北大强调学术独立，老师在教学的过程中也十分鼓励学生独立思考、独立实践，十分注重学生独立思想的培养。北大一位教授经常对他的学生说："要提高你的创造能力，一定要培养自己的独立思考、刻苦钻研的良好品质，千万不要人云亦云，读死书，死读书。"思想独立是人格独立的基础，北大注重学术独立的传统不仅培养了一大批优秀的学术人才，同时也造就了一批自尊、自信、自立、自强的民族栋梁。

《北京青年报》总编辑张雅宾，1982年2月毕业于北京大学中文系新闻专业，同年进入北京日报社工作。在北京日报社工作的18年间，历任政法部记者、编辑、总编室副主任、海外版编辑部主任，多次获得全国和北京市好新闻奖。1999年1月调任北京晨报社总编辑，主持全面工作，带领报社三年迈了三大步。2002年5月调任北京青年报社任总编辑至今，主持进行了北京青年报的改版改制工作，完成了报纸结构日报化改造的同时，建立起了以编辑业务为主导，以采编分离为特征的新型编辑部组织模式。2003年又提出了"追求新闻品质"的计划，进一步丰富了北京青年报现代都市大报的内涵。

从记者到总编辑，从新闻把关人到媒体管理者，20多年的从业经验，使张雅宾成为北京报界举足轻重的媒体人。在谈及北大对自己的影响时，他是这么说的：

"我觉得在北大上学的这几年，确实是我人生很重大的一个转折……这个学校的四年读书时光，给了我很好的思维方式。首先北大教给人独立思考的能力，网络上也有段子，不同的学校，北大的学生还有清华等其他学校学生不同的地方，上来就说北大学生容易质疑，一个事没做先看对不对，对北大学生是一种'讽刺'。不管怎么说，独立思考还是给了我们很重要的思想方式、思想框架，做新闻工作更加重要。"

独立思考，是使愚者成为智者的钥匙；遇事缺乏思考，是智者变愚的根源。养成独立思考的良好习惯，是使人们发现新的知识，通向成功之路不可缺少的桥梁。青少年只有在学习和生活中善于独立思考，才能开出智慧的奇葩。

但是，青少年也应该了解，独立思考并非胡思乱想，它需要一定的知识做基础。假如脑袋里空空如也，一无所有，那么任凭你如何独立思考，也是不会思考出什么"出类拔萃"的东西来的。因此，对于我们青少年来说，最重要的就是学习一切有用的知识，在此基础上培养自己的独立思考的好习惯。

实践中，青少年如何培养自己独立思考的好习惯呢？以下是几点建议：

1. 培养独立生活的能力，学会自己的事情自己做。

2. 培养自己的创造精神，多了解科普知识，开拓孩子的知识面。

3. 挖掘和保护自己的好奇心，培养更为广泛的兴趣爱好。

4. 学习和生活中遇到难题时坚持自己想办法解决，不要动不动就依赖父母和其他人，遇到问题要学会独辟蹊径或逆向思维，养成多角度思考的习惯，用来训练自己的求异思维和发散思维。

十一、挺直做人的脊梁，捍卫做人的尊严

人不可有傲气，但不可无傲骨。

——徐悲鸿（曾任教于北京大学，著名画家、美术教育家）

尊严是指人和具有人性特征的事物，拥有应有的权利，并且这些权利被其他人和具有人性特征的事物所尊重。简而言之，尊严就是权利和人格被尊重。一个人如果爱自己的肉体和灵魂，要肯定自己，要将自立放在重要位置，而不是依靠他人，接受他人的施舍。有尊严的人会非常尊重自己，自己监视自己。正是因为自己尊重自己，根据同样的法则，用于尊重他人，也因此会博得他人的尊重。

世界著名的佛教思想家、哲学家、教育家池田大作曾经说过："只有坚持人的尊严，才能有力地抑制人的兽性。"可见，尊严是人的一种情感需要，是做人的根本，是促使人不断向上发展的一种原动力。没有尊严就等于人没有了脊梁骨，没有尊严就好比树木没有了根，没有尊严就相当于水没有了源头。如果一个人失去尊严，便是失去了健康、独立的人格，变成一个自私自利的小人，一个人不爱自己，自然也不可能爱他人和相信他人。这样自私冷酷的人，幸福也会被雪藏。

一天早上，一个只有一只手的乞丐来到一座寺院向彻悟方丈乞讨，方丈毫不客气地指着门前的一堆砖对乞丐说："你帮我把这些砖头搬到后院去，我就给你银子！"

乞丐听了方丈的话，非常生气，说："你也看到了，我只有一只手，怎么能帮你搬砖头呢？你如果不愿意给我就直接说，没必要这么捉弄人吧！"说完，他怒气冲冲地向寺外走去。

方丈没有说话，只是用一只手搬起一块砖头，说道："你看，这样的事一只手也能做得到，你为什么就不愿意去做呢？"

乞丐听了方丈的话，也不好再说什么，就用他的一只手依方丈的话搬起砖头来。他整整搬了一个上午，才将所有的砖搬完。

方丈便给了乞丐一些银两，乞丐接过钱，很感激地说："谢谢您啊方丈！"

方丈说："你不用谢我，这是你应得的，是你靠自己的劳动赚到的钱。"

乞丐说："方丈，我永远不会忘记您对我的帮助。"说完，他向方丈深深地鞠了一躬，就上路了。

乞丐走后没多久，这座寺院又来了一个乞丐。方丈把他带到后院，也毫不客气地指着那堆砖头对他说："你帮我把这些砖头搬到屋前去，我就给你银子！"

然而，这个双手健全的乞丐却鄙夷地朝方丈瞪了一眼，头也不回地走开了。

弟子对方丈的行为非常不解，问道："师傅，您上次让那个乞丐把砖头从屋前搬到后院，这次你又让这个乞丐把砖头从后院搬到屋前，您到底想将砖头放在后院还是屋前呢？"

方丈听了弟子的话，哈哈一笑，说道："对咱们寺院来说，砖头放在屋前和放在后院都一样，可搬与不搬对乞丐来说就不一样了。"

几年过去了，一个衣着体面的人来到这座寺院拜望方丈。他气度不凡，但美中不足的是，这个人只有一只左手。原来他就是用一只手搬砖头的那个乞丐。

自从方丈让他搬砖以后，他明白了方丈的用意，找到了自己的价值，然后靠自己的手劳动，靠自己的头脑思考，奋力拼搏，终于有所成就。而那个双手健全的乞丐如今还依然在村落中行乞。

第一个乞丐，在一开始并没有意识到他的价值所在，他认为自己是个残疾人，已经失去了一个正常人的生活能力，甚至放弃了可以依靠自己有尊严地生活的可能，但是方丈的言行触动了他，让他认识到了：虽然少了一只手，可并不妨碍他以劳动给自己创造生存下去的机会，而且可贵的是他勇敢地去做了，所以他找回了差点丢失的尊严。

与之相反的是，另一个双手健全的乞丐，他丝毫也不理会方丈的一番良苦用心，很直接地放弃了自己的尊严。

原北大讲师、我国著名作家鲁迅先生揭示的中国人的国民性中，有一种就是奴性，那些见了主子就哈腰，做了主子就张狂的人，充其量只是一些没有尊严的可怜的爬行动物罢了。

自尊自爱是一个独立自主的人所必备的品格。智利作家尼岗美德斯·古斯曼说过："尊严是人类灵魂中不可糟蹋的东西。"俄国作家陀思妥耶夫斯基也说过："如果你想受人尊敬，那么首要的一点就是你得尊敬你自己。只有这样，只有自我尊敬，你才能赢得别人的尊敬。"

人的尊严是无法用价值衡量的。作为一个人，如果失去了尊严，何谈做人的价值和乐趣呢！尊严是我们每个人做人、做事的根本所在，无论何时何地，青少年朋友们都应当挺直做人的脊梁，用实际行动勇敢地捍卫自己的尊严。

中国有句俗话：男儿膝下有黄金。我们没必要看到别人有地位、有金钱就不自觉地软了自己的膝盖。

丧失尊严的人是极其可悲的，他们要么性格扭曲，想法独特，不由自主地做出违心之举；要么动辄迷失自己，任人任意驱使，在权势面前，唯唯诺诺，小心翼翼，徒增苦恼。更糟糕的是，即便他们再努力，但那种丧失尊严、自卑自贱的行为，不会为他们的人生添彩，只能涂黑，获得的是周围人的鄙视和瞧不起。

尊严犹如人的脊梁，是我们生活在这个世界上的最根本的支撑。如果一个人连尊严都丢失了，便也就失去"主心骨"，只能倒下来，成为一个爬行的"人"，在地上匍匐前行。这无疑是一种莫大的悲哀！所以，青少年朋友，你们一定要意识到，生而存在，我们每个人都应当竭力去维护自己做人的尊严。

心态，打开禁锢思维的门窗

心 态决定状态，状态决定命运。心态的好坏直接影响到一个人的生活状态和精神状态。一旦心情开始浮躁，就会让我们失去理性，心慌意乱，更容易使我们的心灵感到孤独，对人生失去希望。天才和伟人之间，之所以有着不同的差别，并非由智商、自身所致，而是在于心态。所以永远保持平和稳定的心态，对于我们的生存和发展就显得尤其重要。好的心态不仅是一种心理状态，更是一种心灵的力量。不断修炼自己的心态，你就能成为内心强大之人。

一、摔倒了快爬起来，不要欣赏砸的那个坑

摔倒了赶快爬起来，不要欣赏你砸的那个坑。

——沈从文（曾在北京大学任教，作家、历史文物研究家、京派小说代表人物）

在漫长的人生旅途中，我们有顺境，亦会有逆境，有时候人生道路充满了鲜花和掌声，但更多的时候，充满了泥泞。在泥泞中，你有可能会摔倒、受伤。这个时候，你要记得北大教授沈从文先生曾说过的一条人生忠告："摔倒了赶快爬起来，不要欣赏你砸的那个坑。"

沈从文为什么这样说呢？第一，已经摔倒了，只要能记住这次摔跤的教训就行了，再继续欣赏这个坑，顾影自怜，自怨自艾，于事无补，还把心情搞坏了；第二，这种欣赏会耽误以后的路程，而且由于心情不好，注意力不集中，再摔跟头的概率反而会更大——所以，不要总去"欣赏"那些坑，不要总把遗憾挂在嘴上，要赶紧爬起来，努力地走下去。

青少年朋友，我们每个人的人生都不会一帆风顺，会有数不清的遗憾，这也是人生的一种魅力，十全十美的人生也许才是最乏味的人生！遗憾令人受伤、令人流泪，也令人心灵更加温暖，世上没有一样东西会像遗憾一样让你如此快乐而忧伤。只要你还有一双眼睛，这双眼睛里充满了如洗的碧空，人生就有希望，让已逝去的无数个遗憾点缀平淡的日子，涟漪过后，会留下点点余韵，让人回味无穷。

有位哲人曾经讲过这样一则故事：

一个旅人在路旁看到许多盛开的鲜花，他一边走一边采。沿途的花一朵比一朵大，一朵比一朵美。临近黄昏时分，就在他马上走到旅程的终点时，突然看到一朵硕大奇异的花，在暮色中散发着沁人心脾的芬芳。这让他高兴至极，于是他扔掉手中所有的花奔跑过去。然而，那朵花已经凋谢枯萎了，手一碰，花瓣一片一片地掉了下来。这让他十分沮丧，不断埋怨自己不该贪恋那些小花而耽搁了采撷这朵大花的时间，以至于心存遗憾，空手而归。

这则故事里的旅人，就算他果真得到了那朵令他心驰神往的大花，在他回眸旅程的那一刻，也会因错过了欣赏那么多吐露着清香的路旁鲜花而遗憾。在人生的旅程中，在

色彩斑斓的生活画卷面前，遗憾总是不可避免的。你得到了，你就有失去，这是无法逃避的。

如果你想成功，就要去拼搏；如果你想成功，就要去奋斗；如果你想成功，跌倒了，就马上爬起来，而不是沉溺于过去的不顺中。因为这是挫折，是上帝送给你的"礼物"。其实，人生路上能够遇见挫折并不一定是什么坏事，因为挫折也许是对你的考验。

当然，如果你想取得成功，就要通过上帝的这项考验。在你遭遇挫折时，若一跌不起，失去信心，决定放弃，那么成功就会与你失之交臂。反之，如果你能一笑而过，重新树立信心，以良好的心态继续拼搏，跌倒了，爬起来！再跌倒，再爬起来！这样，成功才会走向你。

在一份报纸上，曾经有这样一篇感人的报道：

有一个年轻人，他的生活非常困苦，身上所有的钱加起来都不够买一件像样的西服。然而，在贫困面前，他没有自怜，也没有退缩，仍保持着心中的梦想——成为一名好演员。

当时，好莱坞共有500家电影公司。他根据自己仔细划定的路线与排列好的名单顺序，带着为自己量身定做的剧本一一去拜访。但第一遍拜访下来，这500家电影公司没有一家愿意聘用他。

这些无情的拒绝没有让他灰心。刚跨出最后一家被拒绝的电影公司的门不久，他就又从第一家开始了他的第二轮拜访与自荐。

不幸的是，他的第二轮拜访也都以失败而告终。后来，第三轮的拜访结果也是如此。

然而，这么多次的拒绝没有让这位年轻人放弃，没多久他咬咬牙又开始了自己的第四轮拜访。当拜访第350家电影公司时，也就是在他第1849次被拒绝后，那家公司的老板破天荒地答应让他留下剧本先看一看。这让他欣喜若狂。

几天后，他得到通知，请他前去详细商谈。就在这次商谈中，这家公司决定投资开拍这部电影，并请他担任自己所写剧本中的男主角。不久这部电影问世了，名叫《洛奇》。这位年轻人凭借这部影片，赢得了1976年奥斯卡最佳影片奖，并获得同年奥斯卡最佳男主角提名奖，成为好莱坞的著名影星。

这位年轻人的名字就叫史泰龙。后来，他成了红遍全世界的巨星。

跌倒了，就赶紧爬起来！不畏惧失败，会给人留下一种强者的印象。在史泰龙成名过程中，有汗水，有泪水，有艰辛，有失落，但是他凭借顽强的意志坚持了下来。

回望历史，站在人生的轨道上，我们也可以看到不少这样的场景：很多人在挫折面前一蹶不振，永远地倒了下去，而且永远不能再爬起来。对此，我们只能说，一个人没有毅力，那他在任何行业中都不会得到成就，在任何一个地方都可能倒下。

人的一生漫长又曲折，犹如船行驶在波涛汹涌的海面上。而扬起的每一朵浪花都可能是陷阱，是漩涡，是迂回的迷谷。青少年朋友，在这样的环境下，你是否会成功地驶向彼岸呢？如果你想成功到达彼岸，就要付出努力，用奋斗做帆，用拼搏做桨，搏击风雨，勇敢前行。除此之外，还有一点你一定要牢记：跌倒了，不要自怨自艾，赶紧爬起来，继续往前走！

二、一切都是浮云，心态决定姿态

如果事情没有像预想中的那样发展，最怕的就是怨天尤人，而不懂得改变心态，争取扭转不好的局面。

——李大钊（曾任北京大学教授，伟大的马克思主义者、杰出的无产阶级革命家）

在这个世界上，生活着各种各样的人，有的生活拮据、灰头土脸；有的腰缠万贯、富裕安康；有的人尽管身体羸弱，却充实快乐；有的人尽管身体康健，却忧郁无比……人与人之间为何有这么大的差距呢？为什么有的人能够通过自己的努力、拼搏，开创出美好的人生之局，能像心理医生一样主动调整自己，即便面对失败也坦然、谈笑风生，而有的人，则一遇到生活难题就只会唉声叹气、停滞不前、自怨自艾，结果一个成功的机会都抓不到……

难道成功者都是天生的吗？难道高智商就等于前途无量吗？难道精湛的技能就代表金牌和奖状吗？其实，造成如此人生差距的一个重要因素，就是这些人持有不同的心态。

四十年前，在一个偏远的山村生活着两个兄弟，他们出身于贫寒之家，生活十分拮据，有时都吃不饱、穿不暖。为了改变这种穷苦现状，两人决定离家外出谋生。

最开始，哥哥似乎比弟弟幸运一些，来到了富裕的美国旧金山，弟弟却到了更加穷困的菲律宾。

多年过去了，经过辛苦地拼搏、奋斗，两个人都在各自的领域取得了成就。哥哥成为旧金山的侨领，事业小成，在当地开了两家餐馆、两家洗衣店和一家杂货铺，子孙满堂，其中有的继承了他的产业，有的成为优秀的专业技术人才。而弟弟呢？他居然成为一位享誉全球的顶级银行家，拥有东南亚相当分量的山林、橡胶园和银行。

某一天，分别四十年的两兄弟再次见面，两人百感交集，分别向对方倾诉分别以后各自的闯荡经历。

哥哥说："我们中国人到白人的社会，没有什么特别的才干，唯有用一双手煮饭给白人吃，为他们洗衣服。总之，白人不肯做的工作，我们华人统统顶上了，生活是没有问题的，但事业却不敢奢望了。例如我的子孙，书虽然读得不少，但不敢妄想有什么成就，唯有安安分分地去担当一些中层的技术性工作来谋生。"

看到弟弟取得了如此大的成绩，哥哥非常羡慕，觉得弟弟比自己幸运，而弟弟却说："我的成功不是运气。我初到菲律宾的时候，做了一些低贱的工作，但我发现当地的人有些是比较愚蠢和懒惰的，于是便顶下他们放弃的事业，慢慢地不断收购和扩张，生意便逐渐做大了。"

两兄弟的起点一样，为何四十年后，所取得的成就却有如此大的差别呢？其实，决定两人差距的一个关键因素是心态。

所谓心态，是一个人内心的一种持续的精神状态和情绪环境。不同的人有不同的心态，也就造就了不同的结果，拥有不一样的人生姿态。相比之下，哥哥的起点更高一些，他所到的旧金山，条件相对菲律宾好很多。但是，他却将自己定位在为别人服务的阶层，最终只开了几家小店；而弟弟呢，虽然生活环境恶劣，但他却懂得抬高自己，争取通过自己的努力往更高的阶层发展，在不断进取、不懈努力下，最终成为享誉全球的银行家。兄弟二人都是成功的，但他们心态的不同，促使他们取得了不一样高度的成就。他们的故事告诉青少年朋友：一个人心态的高度，决定了他最终会取得何种成就。

心态在我们为人处世、事业发展的过程中占据着很大的分量。面对困难，有的人坚强、积极，最终战胜困难，成为生活的强者；有的人则懦弱、消极，不敢挑战困难，最终被生活奴役；有的人心态平和、豁达，遇事乐观豪爽，成为生活的智者；有的人心态急躁、浮华，遇事斤斤计较，永远被得失困扰；有的人志向高远，凭借努力成就卓越事业；有的人目光短浅，最终只能在自己的一方小天地中游荡……这些告诉我们，拥有一个积极、平和、豁达、坚强的好心态是多么重要，它们可以帮助我们塑造成功的人生；而消极、浮躁、软弱的心态，则只会令我们的一生暗淡无光。

人的心态决定姿态，从而决定你的生活状态，心态好一切自然会好起来的。

在一次演讲中，马云这样说："我们永远要积极、乐观地看待未来。在我 20 岁、30 岁的时候，我也跟大家一样抱怨过，譬如我父亲为什么没有地位？为什么不是局长？我舅舅为什么不是银行里的？我为什么应聘 30 多份工作没有一份录取我？我去应聘肯德基擦盘子的工作也被拒绝过，我抱怨过，但是抱怨有什么用？"马云说得对！一味地抱怨起不了什么作用，给我们带不来高地位、好工作，最后我们还是得硬着头皮往前走。所以，青少年朋友，在遇到困难的时候，不要抱怨，不如换个心态，以积极、乐观的心态来面对。

我们的心态就是我们真正的主人。正如一位伟人所说的："要么你去驾驭生命，要么是生命驾驭你。你的心态决定谁是坐骑，谁是骑师。"是的，无数的事实向我们证明了好心态的重要性。回望那些在各自领域取得成功的人，他们的成功无不与自己的好心态有关：中国古代著名的史学家司马迁忍辱负重，终于完成了"史家之绝唱"——《史记》；世界知名的发明家爱迪生坚持不懈，在试验了1000多种材料以后，终于发明了电灯；微软创始人比尔·盖茨勇敢地走自己的路，果敢地从哈佛退学，最终建造了自己的微软帝国……这些成功人士之所以能够在自己的领域取得大成就，主要在于他们拥有一个好心态，无论遭遇何种困境，都能用积极、乐观的心态来面对。好心态也帮助他们开创了胜利的人生局面。

人生是一座丰富的宝藏，而好心态则是打开这座宝藏的金钥匙。青少年朋友，如果你也想取得优异的成绩，顺利达成自己的目标，就先拥有好心态吧！

三、如果你只有一个柠檬，就做一杯柠檬汁

要相信机会总是会有的，不要和自己较劲，要顺势，像太极推手一样，顺势而为。

——王志东（毕业于北京大学，新浪网创始人）

苏轼的《水调歌头》中有这样的一段文字非常有名，即"人有悲欢离合，月有阴晴圆缺，此事古难全"。这段话告诉我们，古代人也有古代人的悲哀、遗憾，然而古代人很开明，他们将世间的悲欢离合比作月的阴晴圆缺，一切全出于自然，其中有永恒不变的真理，犹如一只无形的手在那里翻云覆雨，演绎着多姿多彩的世界。

人活一辈子，犹如航行在海上，要经历各种各样的潮起潮落，既会经历春风得意带来的快乐，也会经历万念俱灰带来的痛苦。面对这种人类无法改变的境况，我们唯一能做的就是改变心态，想方设法让自己快乐起来。正所谓"人生得意须尽欢，莫使金樽空对月"。当你处于人生的快乐阶段时，不妨心无旁骛地享受这种快乐，珍惜所拥有的一切。而当你处于人生的痛苦阶段时，不要唉声叹气，要学会面对，积极将困境突破。哪怕只剩下一个柠檬，也要争取做一杯柠檬汁。

吃过柠檬的人都知道，柠檬的味道特别酸苦，让人难以下咽。但是，你如果试着将它榨成汁，兑上水，放点糖和蜂蜜，然后品尝一下，就会有一股甘甜。柠檬的这个特点告诉我们，如果生活给我们带来酸苦，我们就要想方设法自己制造出甘甜。只有懒惰、无知者，才会一味地站在原地，期望上天赐给自己现成的柠檬汁喝。

在实际生活中，有的青少年朋友发现生命给他的只是一个"柠檬"，便会痛苦不堪、自暴自弃，说："我完了！失败就是我的命运。上天从来没有给过我成功的机会！"然后就开始诅咒世界、抱怨他人。然而，聪明的人却持有相反的心态，面对手中的"柠檬"，他们的第一想法是："从这件不幸的事情中，我可以学到什么呢？我怎样才能改善我的

情况，如何才能把这个柠檬做成一杯柠檬汁呢?"

当面临人生的难题时，别泄气，要善于运用一切可以利用的条件和命运作斗争，不屈服、不退缩，最终你会得到一杯甘甜的柠檬汁。

智者都知道，生命就像一位处处刁难我们的老师，他给你一个似乎无可奈何的难题，等你自己想办法，把它剖开、切片、榨干，细细地加工处理，然后静静坐下来，好好享受历经千辛万苦才得到的宝贵成果。下面的这个故事，便印证了这个道理。

在一次战争期间，汤普逊女士的丈夫所在的军队驻守在加州沙漠陆军基地。为了能增加和丈夫见面的机会，汤普逊女士跟随丈夫的部队搬到了加州沙漠的陆军基地附近住。加州沙漠陆军基地的生活环境非常差。天气酷热，仙人掌树荫下的温度高达125华氏度。对汤普逊女士来说最可怕的是，当丈夫外出演习时，她只能一个人待在那间小屋子里，找不到一个可以说话的人。而且，吃的、呼吸的都充满了沙子——这让汤普逊女士觉得难以忍受，几乎想放弃而回家了。她一分钟也不能再忍受了。于是，她写信给父亲说自己想回家。父亲回信了，然而内容只有三行字，就是父亲所写的这三行字改变了她的人生：

有两个人从铁窗望出去，

一个人看到的是满地泥泞，

另一个人看到的是满天繁星。

读了这三行字，汤普逊女士改变了心态，她决定寻找属于自己的那片星空。她开始与当地的居民交谈、聊天，他们的反应令她动心。她对当地人的纺织与陶艺极有兴趣，并开始研究各种仙人掌及当地的植物，观看沙漠黄昏，找寻300万年前的贝壳化石……渐渐地，那里的生活令她感到既刺激又兴奋，她渐渐喜欢上了那里。后来，她为此写了一部名为《光明的城垒》的小说……逃出了自筑的牢笼。

汤普逊女士不仅找到了星星，而且找到了古希腊人传授的一项真理："最好的都是最难得到的。"20世纪，哈瑞·艾默生·福斯狄克对这句话进行了阐释："快乐更重要的并不是享受，而是胜利。"的确如此，这种胜利来自于一种成就感，一种得意，也来自于我们能把柠檬做成柠檬汁。

"我之所以高兴，是因为我心中的明灯没有熄灭。道路虽然艰难，但我却不停地去求索我生命中细小的快乐。如果门太矮、我会弯下腰；如果我可以挪开前进路上的绊脚石，我就会动手挪开；如果石头太重，我可以换条路走。我在每天的生活中都可以找到高兴事儿。信仰使我能够以一种快乐的心态面对事物。"歌德夫人如是说。

在这个世界上，有许多事情是我们难以预料的。然而，只要我们心存希望，总能找到解决问题的曙光。所以，青少年朋友，当被生活压得喘不过气来的时候，想想柠檬汁吧！每一次挤压，都能流出一滴清凉爽口的柠檬汁。

四、改变可以改变的，接受自己不能改变的

记住该记住的，忘记该忘记的。改变能改变的，接受不能改变的。

——海子（毕业于北京大学，著名诗人）

有一位哲人说过："我希望拥有三种智慧：第一，努力做好自己能够改变的事情；第二，接受自己不能改变的事情，不要为了自己不能改变的事情烦恼；第三，拥有辨别这两种事情的智慧。"这句话告诉青少年朋友：改变可以改变的，接受自己不能改变的。

现实生活中，有的青少年喜欢抱怨自己与这个世界格格不入；有的青少年试图改变整个世界；有的青少年整日纠结于到底是世界错了还是自己不对的问题……其实，一切的成败都由我们对待事物的态度来决定。与其抱怨周围的世界，不如学会改变和接受，改变那些自己能够改变的，接受那些自己不能改变的，这样我们的生活才会充实、快乐，我们的幸福感才会增加。

生活在这个纷繁复杂的世界，我们每个人都会经历这样或那样的不顺，如果整日地因为那些自己不可能改变的事情而怨天尤人，就没有办法也没有时间感受那些原本属于自己的快乐，更不用谈追寻自己的理想和兴趣了。这样就是得不偿失了。

有时候，很多青少年都喜欢这样设想：如果自己长得更好看一点多好；如果自己的家庭更富裕一些多好；如果自己的身材更好一些多好；如果自己当初报考了另一所大学多好；如果他（她）不出现在错误的时间多好……是的，如果这些设想都能够成立，那么这个世界一定会变得非常完美，至少是我们认为的圆满。可是，世上并不存在"完美"这个东西，有些东西我们无论多么努力都无法改变，只能面对并接受。这就是生活的真相。

一天，在北大一堂心理学课上，一位老师给学生拿出一个十分精美的咖啡杯。当学生们正在赞美这个杯子的独特造型时，老师故意丢掉了咖啡杯，咖啡杯掉在水泥地上成了碎片，这时学生们不断发出惋惜声。

老师指着咖啡杯的碎片说："你们一定对这个杯子感到惋惜，可是这种惋惜也无法使咖啡杯再恢复原形。今后，在你们生活中发生了无可挽回的事时，就请想起这个破碎的咖啡杯。"

这是一堂素质教育课，这堂课使同学们懂得，如同摔碎的咖啡杯无法修复一样，我们的人生中也会经历各种各样的挫折，甚至厄运，那个时候我们无法改变，只能学会接受它，适应它。

不要抱怨上天的不公，也不要抱怨命运的坎坷，很多有所成就的人，比如肌肉萎缩的霍金，比如天生失明的海伦·凯勒，比如身高先天不足的邓亚萍，他们之所以能取得卓越的成绩，并不是因为上天多么青睐他们，而是因为他们乐于改变自己能够改变的，并勇于接受自己无法改变的。

身临困境时，很多青少年朋友不去寻找突破困境的方法，而是沉溺于幻想之中，通过想象来慰藉自己。这本无可厚非，但如果整日沉溺于其中，这些幻想就会成为我们心灵的枷锁，让我们逃避，不敢面对真相。而面对困境的正确态度是，首先要接受事实，不和过去的任何事情较劲，竭尽全力地去克服困难，努力"改造"那些自己力所能及的事。如果困境实在无法突破的话，那就坦然接受吧！

原北大讲师鲁迅先生曾经说过："真的猛士，敢于直面惨淡的人生，敢于正视淋漓的鲜血。"希望青少年朋友也能够力争做个真正的猛士和勇者，直面不如意的状况，努力打拼未来！

张继涛是天津市 2002 年高考理科状元。2002 年 7 月 24 日对张继涛来说非常重要，因为在这天，他得知了自己的高考成绩——711 分。虽然这个好结果对成绩一向优异的张继涛来说，没有让他觉得多么惊喜，然而这个好结果却对他的父母来说异常珍贵。张继涛清楚地记得这样一个场景：当得知高考成绩时，父亲在他身上重重地捣了一拳，只说了一句话："考得不错，出门看点车。"

虽然父母没有过多的言语，然而从他们绽满笑容的脸上，张继涛读到了兴奋和满足。后来，张继涛才从母亲那里得知，父亲曾对她兴奋地说："我高兴得真想咬儿子一口。"

然而，令张继涛没有想到的是，那句"考得不错"竟然成了父亲对他的诀别之语。7 月 25 日下午 2 点，张继涛的父亲在自己单位门口被一辆货车刮倒，货车从其身上碾过，导致其当场死亡。

人生的喜与悲在这一瞬间是如此接近……

父亲在自己得知高考成绩的第二天即惨遭车祸，这对张继涛来说是何等巨大的打击。事情已经过去一个月了，母亲还是没有从悲痛中解脱出来，情绪很不稳定。然而，面对人生的这种境遇，张继涛表现出了与自身年龄不相符的平和与从容。

他说："在忍住自己悲痛的同时不断地安慰母亲，告诉母亲这就是生活，我们需要'向前看'，我们所能做的就是享受下一个生活节拍，而不是上一个。"

有些事情我们无法改变，就只有接受它。尽管这会让我们倍感痛苦。在接受的基础上，努力、拼搏。

进入北大学习后，张继涛时刻不忘充实自己，通过减少娱乐方面的开支来攒钱买书。"通过看书、学习，我想我可以掌握更多的知识。我最远大的目标是获得诺贝尔奖，虽然难以实现，但我还是会为之努力。我代表着父母的期望，他们没有完成的梦想应该由我来完成。"

上面的故事中，张继涛面对厄运的态度证明他是一个具有坚忍毅力的孩子，正是这种坚强的性格，使他能够迅速摆脱挫折的阴影，积极地投入到新的生活中去。我们每个青少年都应当学习他这种乐观、坚强的精神。

我们每个人的一生中无不充满了变数，谁也不敢保证自己的一生是平坦无忧的。如果生活赐予我们快乐，当然是很好的，我们也很容易接受。但真相往往并非如此，有时候，它赐予我们的是可怕的灾难。面对困境，我们又该如何去应对呢？聪明的做法是接受已经发生的、不可改变的现实，并从这个现实出发，再作考虑。正如美国著名的教育学家威廉·詹姆斯所说的："心甘情愿地接受吧！接受事实是克服任何不幸的第一步。"错误的做法是，一味地停在原处，只想着怎样才能改变这种现实，或者是心有不甘而想着要如何才能回到过去——这么做，既不能达成所愿真的回到过去，又会浪费宝贵的光阴。与其得不偿失，不如坦然面对现实，然后积攒力量，重新起航。

现实生活中，我们青少年朋友也会遭遇或大或小的挫折与苦难，有的甚至会遭遇厄运，这些都是任何人都无法逃避的。那时，如果能够学会接受已经存在的事实并进行自我调整，生活才会更加圆满。

五、远离焦虑，让你的学习充满乐趣

生活中并没有那么多烦恼之事，很多时候，都是人们在自寻烦恼。

——朱光潜（曾任北京大学教授，著名美学家、文艺理论家、教育家、翻译家）

不良的情绪影响青少年的心智，他们在焦虑、愤怒、沮丧的情况下根本无法学习。事实上，任何人在这种情况下都很难有效接收或处理资讯。

"我这一生只有一次因恐惧而瘫痪的经验。我中学一年级参加数学考试时，不知为什么毫无准备就去应试。我还记得那是个春天的早晨，我走进教室时心中充满不祥的感觉。我到那间教室上过很多次课，但那天我完全没有注意到窗外是什么景象，眼中甚至没有教室存在。我走到靠门的一个位置坐下，眼光凝缩在眼前的一小块地面。我打开考卷，耳边充塞着忡忡的心跳声，胃部因焦虑而痉挛。

"我很快瞥了一遍试题，完全没有希望。整整一小时我盯着试卷，脑中不断想着可怕的后果。同样的思绪一再重复，恐惧与颤抖交织循环。我坐在那里无法动弹，就像中了毒箭的动物。回想起来，最让我惊异的是我的脑子竟然萎缩到那种程度。那一个小时我并未尝试拼凑可能的答案，也没有做白日梦。只是坐在那里凝视我的恐惧，坐待这可怕的折磨早点结束。"

上面这段话是一个北大学生对自己中学时期某次考试的回忆，详细地讲述了他因为焦虑而无法答题的情况。

心理学研究表明，导致焦虑的原因有很多，既有心理因素，又有生理因素，同时，人的认知能力和社会环境也在其中起着某种作用。另外，研究也表明，焦虑者及其亲属通常都具有焦虑性格，具有易焦虑、易激怒、胆小怕事、谨小慎微、情绪不稳定、不安全感强烈、缺乏自信心等状况。在这种焦虑性格的影响下，他们即便遇到烦琐小事也会感到不舒服，即便面对小挫折甚至身体不适，也会显得过度紧张。长此以往，焦虑情绪日益加重，会影响日常的生活、工作、学习。

某项研究表明，焦虑的情绪会影响人的智能。一些人曾经做过一项研究，他们以1790位受训的空中交通管制员为研究对象。结果发现，易焦虑者即便他们拥有很高的智商，表现也不理想。越容易有焦虑情绪的人，表现越差。无论衡量的标准是他们的考试成绩、平时成绩，还是成就测验，结果都一样。

另外，一个人考试时的焦虑程度，可以帮助我们预估他的考试成绩。而且精确率很高。这是为什么呢？因为心力用在忧虑这种认知活动时，用以处理其他资讯的心力就会减少。也就是说，如果在考试时不断担忧会不及格，用在思索考题的注意力必然就会减少。所以，日常生活中，我们会发现有这样的现象：容易焦虑的人往往会一语成谶，容易"实现"自己所预言的"灾难"。

青少年朋友一旦被焦虑情绪所困扰，应该如何克服呢？心理学家、社会学家为我们提供了一些战胜焦虑、自我疗治的对策：

1. 认清焦虑状况

克服焦虑的第一步是要先认识焦虑症状，以及焦虑会带来什么影响。你可以采取如下步骤：第一步是评估，问自己怕什么？为什么害怕？第二步是理解，问自己即便最坏的结果发生了，是否真的那么可怕？别人是否也经历过同样的遭遇？第三步是想对策，问自己现在真正的问题是什么？事情的起因是什么？解决的办法有哪些？自己决定采用哪些办法？

2. 认识自己，接受自己

自我认识的肤浅是心理异常形成的主要因素之一。人作为自然界的一个生物体，有着不可抗拒的自然规律，每个人都要经历童年、青年、中年、老年几个时期，有些人却不能接受自我衰老的现象，并由此导致情绪低沉，进而束缚自己，贬低自己，结果产生了焦虑情绪。自信自强者对自己有适当的估计，总是充满信心，对他人也深怀尊重，他们认为在认识自己的前提下，没有什么是不可以战胜的，其结果是他们充分地认识了自己，发挥了最大潜力，欣然接受自己，于是避免了心理冲突和焦虑。

3. 及时转移注意力

在日常生活中，遇到困难是一件非常平常的事情，偶尔产生焦虑的情绪也在所难免，青少年一旦发现自己的情绪处于焦虑中时，不要放任其蔓延，可以采取诸如找家人或朋友聊天的方法来控制焦虑，并虚心向他们求教解决的途径。除此之外，还有一种缓解焦虑情绪的方法，即参加一些需要集中注意力的活动，如下棋、打牌、听欢快的音乐、跳一些快节奏的舞蹈等，有助于摆脱我们对焦虑事物的注意。当一个人专心玩的时候，焦虑情绪便没有存在的空间了。

4. 找个时间进行自我放松

现实生活中，很多青少年总是把自己的时间安排得满满的，神经也绷得十分紧，好像连给自己留一点发呆的时间都是一件奢侈的事情。这样给人的感觉就像一个拮据惯了的人因为一个偶然的机会中了百万大奖，放胆冲进豪华的大商场放纵了一把，回来后，心里充满了危机意识和强烈的犯罪感。其实，你真的不需要这样为难自己，在节假日，逛逛街，和同学、朋友聚个餐，谈谈天，或者干脆将手头的事情放下，进行一次短途旅行，都会让心情放松。

5. 进行适度的体育锻炼

有人这样比喻人生：健康是1，其他的一切，事业、财富、爱情、名誉都是跟在1后面的0，0的数目越多，数字也就越大，幸福的可能性也就随之增大。但是，如果没有前面的那个1，后面即使跟着再多的0也还是等于0。所以，对一个人来说，身体的健康至关重要。经常锻炼身体有助于释放压力。平时抽空做做瑜伽、跳跳街舞、打打球、游游泳，都是很好的锻炼方式。

生活中不如意之事很多，只要青少年朋友善于把握自我，控制好自己的情绪，远离焦虑情绪，自然可以迎接阳光灿烂的每一天。

六、善待别人的批评，你才能从中受益

自命不凡是我们的一座恐慌的陷阱，并且，这个陷阱是我们自己亲手发掘的。

——老舍（曾任北京大学教授，著名小说家、文学家、戏剧家）

日常生活中，我们每个人都会有做错事或者想不全面的时候，这时，或许会听到别人的批评。对于批评，不同的人会采取不同的态度：聪明的人会把这种批评当作自己前进的标尺。正如陈毅将军诗云："一喜有错误，痛改便光明。一喜得帮助，周围是友情。难得是净友，当面敢批评。"在聪明者的眼中，批评是良药，虽苦口却有用。然而，在另外一些人眼中，批评是削他们的面子，挑他们的事儿，对别人的批评一味地采取敌对、仇视的态度，殊不知，这样既得罪了人，又于己无益。

李宗伟（化名）是北大音乐系的一名高才生。他的同学刘嘉嘉非常佩服他对音乐全然投入的精神，坚信他日后一定会在音乐界取得优异成绩。大学毕业后，李宗伟顺利申请到了某国外大学的奖学金，继续学习音乐。对此，刘嘉嘉一点儿也不意外，她相信李宗伟成为钢琴家的梦想最终能够实现。

一年之后，刘嘉嘉又见到了李宗伟。令她感到无比意外的是，李宗伟像换了一个人似的，全然没了以前的精、气、神。原来，李宗伟申请到最好的音乐学院的奖学金后，只读了8个月就中途辍学。他为何会做这样的决定呢？原因是：他常常在不同的听众面前演奏，受到各种批评，有的极中肯，有的却是恶意攻击，他难以承受这些批评，从此自信心丧失殆尽。

当他再次见到刘嘉嘉的时候，他已有整整一个月没碰他心爱的钢琴了！他的这种状况令他的父母也十分担忧。不管刘嘉嘉如何劝导，都没法让李宗伟释怀。那些无谓的批评像利剑一般刺入他的心中。他在心理上无法面对恶意的批评，因而丧失了追求梦想的勇气。

生活中，我们永远无法回避来自别人的批评，有时候是你犯了错别人批评你，有时候你没有犯错但与别人立场不同，也可能会受到他们的批评。我们应该如何对待批评才不会让自己受伤呢？答案就是认真总结教训，积极面对批评。

正所谓"良药苦口"，批评虽然让我们心里非常不舒服，但只要你能冷静下来思考，从中发现自己的不足之处，对我们来说，批评就会成为一种前进的动力。

当今世界是个网络世界，我们中的很多人都被包裹在无线网络之中，无论身在何处，无论是为了学习还是工作，都无法和网络撇清关系。

某知名艺人非常喜欢上网，甚至到了每天不上网不自在的地步。但是他上网并不是去"聊天""打游戏"。用他自己的话说："他们将全球有关我的信息集合起来给我看，让我知道世界各地的人对我的看法，他们感觉我是一个怎样的人，这是我很想知道的事。加上地球上有时差的关系，所以我每天不止上一次网去看这些有关我的信息。"所以，他上网是为了了解大众对他的看法，是为了接受来自大众的批评，让自己更加了解自己。

据报道，当年他刚出道的时候，香港有家知名电台的老板听了他的歌后，当即说出了这样的话："这个人不懂唱歌，也没有歌唱的天分。"从此，便不再听他唱歌，并在很多场合坦言他是歌坛"四大天王"里最差的一个。

然而，虚心接受批评的他并没有因别人的否定而气馁，从此之后，他每逢演唱会必定要给这个人送票，邀请他去听歌。

十几年过去了，那个老板终于肯去听他的演唱会，并且被他的歌声打动，不由自主地夸赞道："原来是我错了，他真的很会唱歌。"

他能够在别人的批评和讽刺之下，不气馁，用自信做支撑，用实力去说话，逐渐走出了一条属于自己的星光大道。

上面的故事告诉我们青少年：面对别人恶意的批评，我们要保持冷静，坦然地去面对，并且要从中找到有价值、可参考的成分，进而学习、改造，这样我们才能从中获益。

青少年朋友，我们一定要明白这样一个道理，即有勇气接受别人的批评，才能够不断取得进步。面对别人的批评，如果不仔细思考就暴跳如雷、反唇相讥，这样的人不但缺乏涵养、心胸狭窄，还容易使每个想帮助他的人都敬而远之，最终使自己受伤害。

善待别人的批评，无论是正面的还是负面的，都能够让你成为一个心胸宽广、受别人欢迎的人。

七、善待自己的缺点，不要苛求自己完美

世界既完美，我们如何能尝创造成功的快慰？这个世界之所以美满，就在有缺陷，就在有希望的机会，有想象的田地。换句话说，世界有缺陷，可能性才大。

——朱光潜（曾任北京大学教授，著名美学家、文艺理论家、教育家、翻译家）

克劳兹是美国某企业总裁，他奋斗了 8 年让企业的资产由 200 万美元增加到 5000 万美元。2005 年，他去华盛顿领取了本年度国家蓝色企业奖章。这是美国商会为奖励那些战胜逆境的中小企业而颁发的，那年只颁发了 6 枚奖章。

在外人看来，克劳兹可以算是一位成功的企业家了，然而他心中却始终有一个难言之隐，这个难言之隐已经深埋他心中很多年了。白天的时候，克劳兹忙于应付对外的事务，抽不出时间来处理那些邮件和文件。其中的很多文件在白天时由公司管理人员处理了，但晚上仍会遗留一些文件。这些遗留下的文件怎么办呢？

由他的妻子莱丝来帮助他处理。其实，克劳兹本人无法阅读。这件事他的下属一无所知。

克劳兹为什么不会阅读呢？根源在于他的童年时代。当时他在内华达的一个小矿区里上小学。"老师叫我笨蛋，因为我阅读困难。"他说。他是整个学校里最安静的小孩，总是默默地坐在教室的最后一排。他天生有阅读障碍，老师又责骂他，他在学校的学习

变得更艰难了。1963 年，他从高中勉强毕业，当时他的成绩主要是 C、D 和 F（A 是最高等级）。

高中毕业后，克劳兹搬到了雷诺市，用 200 美元的本金开了一家小机械商店。经过不懈的努力，到 1997 年他已经成功开了 5 个分店，资产已远远超过 200 美元。如今，他的企业已经成为所在行业的佼佼者，公司每年至少有 1500 万美元的利润。

克劳兹视不会阅读为自己毕生最大的缺陷，并刻意地予以隐瞒，因为他害怕受到那些大多是大学毕业的首席执行官们的嘲笑和轻视。

后来，在一次偶然的机会中，克劳兹将自己不会阅读的事情向大家坦诚了。令他想不到的是，大家听说后，不但没有挖苦他，反而给予了他更多的支持和鼓励。"这使我更加佩服他获得的成功，这加深了我对他的敬意。"一位首席执行官说。另外，当克劳兹告诉他的下属他不会阅读的时候，也赢得了下属们的尊重。克劳兹说："自从我下决心让每个人都知道这件事以来，我心里轻松了许多。"

从此以后，克劳兹专门聘请了一名家庭教师为他做阅读辅导。克劳兹很喜欢阅读管理方面的书。他在所有他不认识的单词下面画线，然后去查字典，读得很慢。他希望有一天他能像妻子那样迅速地读完办公桌上所有的文件和信函。更重要的是，他希望他的故事能鼓励其他正在学习阅读的人。

克劳兹的故事告诉我们青少年：世界上没有完美的人，即使你发现了自己的缺点，也没有必要刻意地予以隐瞒，因为说不定这个缺点会使你更加让人尊重、重视。克服缺点并战胜它的过程也是一个优点凸现的过程。

现实生活中，很多青少年朋友都喜欢追求完美，喜欢在一种唯美的思绪里畅想自己的未来。然而，生活中又有多少事物能像无瑕的美玉那么完美？那么经得住人们想象的寄托呢？

其实，回避自己的缺点，刻意地苛求完美是一种心理洁癖。世界上本就没有"完美"，正是由于缺憾的存在，我们的生活才更加丰富多彩，我们才有了前行的动力。智者告诉我们，凡事切勿过于苛求，如果采取一种务实的态度，你会活得更快乐！

美国有位洁身自好的政治家，平生从无任何污点，几乎可以称得上是个完美的人，他在民众中享有良好的声誉，同时也引起了新闻界的兴趣。

曾有一位记者去拜访他，目的是想获得有关他的一些丑闻资料。然而，还来不及寒暄，这位政治家就对想质问他的记者直接说："时间还长得很，我们可以慢慢谈。"记者对政治家这种从容不迫的态度大感意外。

不一会儿，用人将咖啡端上桌来，这位政治家端起咖啡喝了一口，立即大嚷道："哦！好烫！"咖啡杯随之滚落在地。等用人收拾好后，政治家又把香烟倒着插入嘴中，从过滤嘴处点火。这时记者赶忙提醒："先生，你将香烟拿倒了。"政治家听到这话之后，慌忙将香烟拿正，不料却将烟灰缸碰翻在地。

平时风度翩翩、高高在上的政治家出了一连串洋相，使记者大感意外，不知不觉中，原来的那种挑战情绪消失了，甚至对对方怀有了一种亲近感。

这整个的过程，其实都是政治家一手安排的。这名政治家明白一个道理，即当人们发现杰出的权威人物也有许多弱点时，过去对他抱有的怀疑和抵触情绪就会消失，而且由于受同情心的驱使，还会对对方产生某种程度的亲密感。

上面这个案例告诉我们：为人处世，适时地在他人面前暴露某些无关痛痒的缺点，出点小洋相，并不是一件坏事。它表明自己并不是一个高高在上、十全十美的"完人"，这样就能使人在与你交往时放松警惕，形成亲近感，不与你为敌。

现实生活中，很多人一生忙忙碌碌，最终却一件事都没有做成，主要原因在于他们凡事追求完美，非要等到所有条件都具备时，才肯动手去做，然而所有的事情没有一件是绝对完美的。所以，他们也只有在等待完美中耗尽自己永远无法完美的一生。

其实，完美是非常可怕的一种事物，如果你每做一件事要求务必完美无缺，便会因心理负担的增加而不快乐。而当一个人要求别人完美时，自身的缺点便也显露无遗。

有一句话说得好，完美是一座心中的宝塔，你可以在内心中向往它、塑造它、赞美它，但你切不可把它当作一种现实存在，因为这样只会使你陷入无法自拔的矛盾之中。

的确，人无完人，天底下没有一个人是真正完美的，我们都会有这样或那样的缺点。聪明的青少年懂得检视、面对自己的缺点，不苛求完美，与自己的缺点进行斗争，这样的人，才更容易取得成绩。

八、写下你的优点，珍视自己的价值

有时候心理因素可能比外界的因素有更大的影响，所以一个人的心态非常重要。很多人总是很不满足，说我为什么不如那个人好，我为什么挣的钱不如那个人多，这样的心态可能会导致自己越来越浮躁，也不会让自己觉得幸福。

——李彦宏（毕业于北京大学，百度公司创始人、董事长兼首席执行官）

我国的教育非常注重含蓄、谦虚、谨慎和礼让。我们无法否认的是，这些美德对孩子来说非常重要。然而在激烈竞争的今天，光谦虚谨慎是不够的，还需要教育孩子善于发现自己、适时表现自己、重视自己的优点、珍视自己的价值。

令人遗憾的是，现实生活中，很多青少年对自己的评价往往是这样的：我不行，我没有某某的才干，我没有某某貌美，我没有某某有人缘，我是这几个人中最差的一个……一个个消极的评价，对自己这样的评价表面看起来没什么，实际上会对一个人的发展产生巨大的影响。所以，青少年朋友应该适时地"晒晒"自己的优点。

生活中，很多人善于认识别人，却不善于认识自己，下文故事中的小雯就是一个这样的人。

大学毕业的前夕，小雯去省城找姑姑，想请姑姑帮忙介绍一份工作。姑姑听了小雯的来意后，笑着说："你真是个傻孩子呀，小雯！放着自己那么多的优势不发挥，却反过来求人。这是为什么呀？"

小雯听了姑姑的话，有点不好意思，笑着问："姑姑，瞧您说的，我哪有什么优势啊？论成绩，在班里只是中等偏上；论后台，完全没有；论财力，更是两手空空；论长相，也很一般，身高才1.58米。前几天为了去面试，有的同学花两三千元买衣服，有的光买法国唇膏就花了800多元。我没有这么多钱，就是有我也不舍得花，弟弟读高中的学费还没有着落呢。"

姑姑看着小雯那憨厚又幼稚的样子，觉得又可气又可笑。

其实，姑姑明白小雯这四年的大学并没有白上，除了完成学业，她还做了两份工作，这就是她的优势呀！第一个优势，入学的第二天，她便向导师如实说了自己家的贫困情况，请求导师帮忙介绍个兼职。导师便帮她找了份钟点工的工作，每个月有400元的收入，解决了她的生活费问题。

第二个优势，从大三开始，她辞掉了导师为她介绍的钟点工工作，开始到学校附近的一位宋先生家里教其女儿学习数学，每月能挣800元。这样她不但生活费有着落了，还能每月往家里邮寄300元。姑姑将这两个优势一一向小雯讲了，并说："4年前你刚上大学的时候，我赞助你3000元做学费，你收了，但不肯白要，坚持打了借条，说以后一定要还。孩子，所有这些，都是你最值得自豪的亮点啊。你为什么发现不了自己的优点并将它们亮出来呢？"

小雯听了姑姑的话，半信半疑，说自己学余打工是无奈之举，几乎是偷偷做的，不好对外人说。

姑姑对小雯说："傻孩子，能在无奈之下想出办法，并坚持读到毕业，说明你有能耐呀。孩子，你找工作时，如实地把这四年来边读书边打工的过程跟用人单位说说，我保证有单位要你。现在讲求公平竞争，人家看重的是实力，是吃苦耐劳的精神，不是后台，也不是高档服饰。"

在姑姑的点拨和鼓励下，小雯勇气渐增，终于改变了要找后台、要花钱包装自己的念头。

小雯离开姑姑家没几天，就兴高采烈地打电话给姑姑说，已经有两家单位愿意录用她，有一家单位还让她下个星期就去上班。她得意地说："不过我要仔细考虑一下，挑选一下去哪个单位。"

小雯的故事告诉我们：每个平淡无奇的生命中，都蕴藏着一座丰富的金矿，只要肯挖掘，哪怕仅仅是微乎其微的一丝优点的暗示，沿着它也会挖出令自己都惊讶不已的宝藏……

科学研究表明，人的优点或潜能非常大，而人一生中潜能的发挥尚不足4％。所以，青少年朋友一定要学会放大自己的优点，学会欣赏自己。因为无论是在学习还是在生活中，个人的影响力需要强化优势，只有清楚地知道能提升自己影响力的优势，并努力把这种优势发挥到极致，才能够提升自己的影响力。

李扬是中国著名的配音演员，被戏称为"天生爱叫的唐老鸭"。

李扬在初中毕业后参了军，在部队当了一名工程兵，他的工作是挖土，扫坑道，运灰浆，建房屋。可是李扬明白，自己身上潜在的宝藏还没有开发出来：那就是自己一直钟爱的影视艺术和文学艺术。

在一般人看来，这两种工作简直是风马牛不相及。但李扬却坚信自己在这方面有潜力，应该努力把它们发掘出来。于是，他抓紧时间工作，认真读书看报，博览众多的名著、剧本，并且尝试着自己搞些创作。

退伍后，李扬成了一名普通工人，但是他仍然坚持不渝地追求自己的目标。没过多久，大学恢复招生考试，李扬考上了北京工业大学机械系，成了一名大学生。从此，他用来发掘自己身上宝藏的机会和工具一下子多了起来。

经几个朋友的介绍，李扬在短短的5年中参加了数部外国影片的译制录音工作，他这个业余爱好者凭借着生动的、富有想象力的声音风格，参加了《西游记》中的美猴王的配音工作。1986年年初，他迎来了自己事业中的辉煌时刻，风靡世界的动画片《米老鼠和唐老鸭》招聘汉语配音演员，风格独特的李扬一下子被迪士尼公司相中，为可爱滑稽的唐老鸭配音，从此一举成名。

如果说成名前的李扬是一只平凡的丑小鸭，那么这只丑小鸭是在自己的努力之下变成了漂亮的天鹅。既然生活是可以凭借自己的努力改变的，我们还有什么理由将一个人一眼看到底呢？在学会发现别人的长处、欣赏别人的同时，也不要忽视了自己的优点，用心写下你的优点、珍视自己的价值，你会发现自己的生活会更加美好。

来到这个世界上，我们每一个人的人生都是不一样的。上天赐予我们不同的肤色、不同的语言、不同的性格、不同的生活环境，是为了让我们的生活多姿多彩。然而，这却成了某些人进行比较的关键词：谁的家庭环境好、谁长得漂亮、谁的性格好、谁的工资高、谁的女朋友漂亮……其实，生活中的每一个细节都有它自己的闪光点，只要我们肯发现，肯将欣赏的目光投向自己，那么在我们自己的身上，你也可以发现别人无法替代的优点和价值。

九、不要在世俗的攀比中遗失了自我

生活不必比较，并没有统一的标准。

——朱光潜（曾任北京大学教授，著名美学家、文艺理论家、教育家、翻译家）

担任过北京大学教授、著名的物理化学家和化学教育家的傅鹰先生说过这样一句话："无论什么东西也不能建筑在虚伪和牛皮的基础上。"然而，在这个光怪陆离的社会中，很多人都学会了虚伪和虚荣，为了自己的面子，盲目地进行攀比，逐渐遗失了真实的自我，真是可悲！

如今，随着物质生活水平的提高，攀比充斥着我们的生活。在生活中，我们常常会听到这样的话语："赶紧看书去，你看人家小明成绩多好，而你整天就知道玩！""单位小李又升职了，这么多年，你还那样儿，没指望！""唉！住豪宅、开名车的人越来越多，可我们还蹬着自行车，住出租房，这日子可怎么过。"……千万可别小看这些随口说出的话，若是把握不当，里面可是潜伏着危机。

俗话说："人比人，气死人。"这话说得一点儿都不假。在盲目的攀比中，人往往会产生不正常的心理，为日后埋下隐患和祸根。

《法制日报》曾刊登过一篇文章《娇惯儿子酿苦果，爱慕虚荣杀父母》：

日前，辽宁省朝阳市中级人民法院对杀死生身父母的白贺宇以故意杀人罪依法判处死刑。

白贺宇，21岁，家住北票市小塔子乡头道营村。他是独生子，父母从小就宠着他，要什么就买什么，什么都不让他做。当白贺宇有了交往对象后，看到邻居的子女结婚时有摩托车、彩电、VCD等，而自己连一台摩托车都没有，就认为父母无能。于是白贺宇想用自家唯一的一匹耕种用的马去换一台摩托车。父母知道后不同意。白贺宇见父母不同意，便心存恨意。

1999年11月1日，白贺宇看到母亲已起床做饭，便操起板凳砸向正欲起床的父亲，其父当即死亡，其母听到声音后，便往屋里急奔，哪知儿子用木棒向其打来。之后，白贺宇将父母的尸体拖到房后园子，用秸柴将其盖上，若无其事地开始了一个人的生活。邻居们感到事情有些蹊跷，于是报了案。在证据面前，白贺宇供出了全部作案过程。

这篇文章中的白贺宇因为爱慕虚荣、与人攀比，杀害了亲生父母，其行径令人发指。

古语说："以铜为镜，可以正衣冠；以人为镜，可以明得失。"意思是说，每个人都是一面镜子，我们可以从别人身上发现自己，认识自己。然而，如果一个人总是拿别人当"目标"，那么，那个真实的自我就会逐渐迷失，难以发现自己的独特之处。

综合起来，攀比者的表现不外乎以下几种：做事情三心二意、朝三暮四、浅尝辄止；或是东一榔头西一棒槌，既要鱼也要熊掌；或是这山望着那山高，静不下心来，耐不住寂寞，稍不如意就轻易放弃，从来不肯为一件事倾尽全力。

青少年一旦形成攀比心理，会带来很多不良的心态、习惯和行为，会让他们只看到眼前的微小好处，而离真实的自我越来越远。生活中，攀比带来的危害有很多，例如，一些青少年十分注重衣服首饰以及吃喝玩乐，而家里又不给钱任其挥霍，于是便开始了小偷小摸，偷父母的、偷同学的、偷老师的，有的甚至走上抢劫的违法之路。

花季少女琳琳不但成绩好，长得也十分漂亮。可是她有一点非常不好，就是容不得别人比她更优秀、更漂亮。班上要是哪个女生的成绩比她好，总会冷不丁地遭遇一些小麻烦，不是刚买来的复习资料不翼而飞了，就是课桌里藏着个毛毛虫，或是莫名其妙地遭人冷眼。

曾经，班里转来一名叫王芬的女同学。王芬不但长相出众、成绩好，性格也非常温和，并且弹得一手好琴，深受老师和同学的喜欢。琳琳对此非常恼火，总想着找机会除掉这个"眼中钉"。

机会来了。一天，学校里组织文艺演出，王芬报名参加了钢琴演奏表演。那天，晚会的第一个节目就是王芬，可当她从容地坐上琴凳，却发现钢琴被人弄坏了，发不出声响。众目睽睽下，她窘得差点哭出声来。大家正惋惜时，只听座位中发出嘎巴嘎巴的声响，满脸笑容的琳琳身子突然矮下去好多，可她并未觉察，还得意得很。

后来，学校领导收到一份揭发王芬作风问题的匿名信，同学们更惊奇地发现琳琳已变成"最小的侏儒"。

故事中的琳琳之所以从一个优秀、漂亮的女孩儿变为众人鄙视的对象，就是攀比心理害了她。攀比会让人产生嫉妒的心理。两个有差距的人在一起，不服输的一个总喜欢在暗地里较劲儿，总喜欢从自己身上找些超过对方的事安慰自己，偏偏此时找不到，所以就产生了嫉妒，最终害人害己。就像故事中的琳琳，本来自己的成绩也很优秀，也是个漂亮的姑娘，一味同别人攀比，导致作出各种不道德的行为，最后，自食其果。我们青少年应该学会通过适当的比较来鼓励自己，而不是让攀比纵容嫉妒之心愈演愈烈，自毁前程。

十、积极进取，奔跑着前方就会有猎物

每一个人都应该立定一个志向，要做一个大人物。

——冯友兰（毕业于北京大学，著名思想家、哲学家）

青少年朋友，拥有积极的心态对我们来说是非常重要的事情。积极的心态，就是心灵的健康和营养。这样的心灵，能吸引财富、成功、快乐和身体的健康。

现实生活中，有很多这样的智者和强者，在苦难和不公的命运面前，他们不消沉、不抱怨，而是拿出全部的身心去体验、去感受，从而升华自己，最终在积极进取中，获取了人生中理想的"猎物"。

写作一般都是由坐拥书城的作家花费大量时间和精力去完成的，而 1993 年秋，宁夏人民出版社却出版了一位农民写的书——《青山洞》。

这本书的作者名叫张效友，是一个普通的农民，他 1949 年出生于陕西省定边县右洞乡的一个贫困的农民家庭，小学三年级就辍学了。

1972 年，23 岁的张效友参加了"四清"工作队。到 1978 年，6 年的时间里，他深深体验到了农村生活的复杂性和在那个年代的变异性。对自己的生活经历，张效友有着自己独特的看法，然而，却又无法向同伴们诉说，这使他深感压抑，于是决定写小说。

在写之前，张效友专门咨询了一个朋友的看法，没想到却遭遇了对方的一盆冷水。朋友认为张效友文化层次太低，写小说简直是天方夜谭。

然而张效友却没有泄气，他认为，苏联的奥斯特洛夫斯基没有文化却写成了《钢铁是怎样炼成的》，中国的高玉宝没有文化却写成了《高玉宝》，为什么他就不可以呢？

不行！一定要努力试试！

从此以后，张效友开始过起了白天黑夜两头忙的生活。他白天干农活，晚上就在厨房里写作。他定下了一个思路，不太满意，又推翻重来。一点一点地想，一点一点地安排，每一部分写什么事，如何连贯，都反复推敲，以后又反复修改。就这样，竟折腾了两年，终于把全书的框架基本确定了下来。

然而，没过多久，麻烦事却来了。一天，他白天干农活的时候由于脑子里满是写作的事儿，心不在焉，竟然不小心连续烧坏了五台浇灌用的电动机，损失 1000 多元。更令他意想不到的是，就在全家砸锅卖铁补上那 1000 多的"缺"后没多久，他竟然自己做主将家里的责任田以自己三别人七的比例承包给了别人。这让他的妻子忍无可忍，一气之下，在 1984 年 9 月 9 日将他的书稿全部烧毁了。张效友对此悲痛欲绝，想要自杀，被儿子拦住了。

此后的几个星期，他都始终被绝望的情绪环绕着。后来，他想，自古英雄多磨难，稿是人写的，重写！

为了避免重蹈覆辙，他偷偷地将冬天贮藏土豆的菜窖清理出来，躲在地窖里夜以继日地忘我工作。

后来，妻子病了，他很内疚，决定先放下写作去挣钱。他到西安打工，走进劳务市场，突然觉得灵感勃发，思如泉涌。掏出纸就写。过了一段时间找不到工作，带的钱花光了，不仅没有饭吃，也没有钱买纸笔。他只好去卖血。最终还是没找到工作，只能"打道回府"了。

回到家里，妻子一气之下抢下他的书包，掏出手稿，扔进了火炉里，几个月的心血又白费了！张效友说："你烧吧，只要你不把我人烧了，你烧多少我还能写多少。"看到张效友这么坚毅的决心，妻子终于被感动了……

几年过去了，张效友40万字的长篇小说《青山洞》，终于在1993年秋天由宁夏人民出版社出版发行了。两年后，他的作品荣获榆林地区1991～1995年度"五个一工程"特别奖。1995年6月20日，中央电视台播出了他的事迹。

张效友的故事告诉我们青少年朋友：困难和挫折虽然让人深感无奈，但也是一种生活，更是自己的人生。而我们，只要全心体验、积极面对，就一定能够得到特别的收获。

生活中，我们青少年朋友也会经历一些挫折甚至不幸，小到考试失利、小病小痛，大到亲人故去、家庭破裂等，在这些不幸中，有一些可以避免，有一些难以避免。无论能否避免，在面对它们时，都要坚强面对、积极应对，不要垂头丧气、怨天尤人。面对可以避免的挫折，应该尽力从中吸取教训，进行反思，避免同样的事情再次发生；而面对那些不可避免的挫折，要以坚强的心态去接受，可以伤心、难过，但是绝不能消极退避，甚至自暴自弃。

人一生的时间是有限的，我们要珍惜时间。积极进取的心态会促使我们本能地与时间赛跑，争取时间来完成我们的任务。

1944年4月7日，施罗德出生在下萨克森州的一个贫民家庭。他出生后第三天，父亲就战死在罗马尼亚。母亲当清洁工，带着他们姐弟二人，一家三口相依为命。

由于生活困难，母子三人欠下了很多债务。一天，债主逼上门来讨要欠款，母子三个无力还钱，于是抱头痛哭。这时候，尚幼小的施罗德拍着母亲的肩膀安慰她说："别伤心，妈妈，总有一天我会开着奔驰车来接你的……"

1950年，施罗德上学了。初中的时候，家里因无力承担他的学费，而让他辍了学。施罗德从此开始到一家零售店当学徒。贫穷带来的被轻视和瞧不起，使他立志要改变自己的人生："我一定要从这里走出去。"

施罗德非常喜欢学习，他也一直在寻找着学习的机会。1962年，他辞去了学徒的职位，开始到一家夜校学习。他一边学习，一边到建筑工地当清洁工，不仅收入有所增加，而且圆了他的上学梦。

四年夜校结业后，1966年，他进入了哥廷根大学夜校学习法律，圆了上大学的梦。毕业之后，他当了律师。32岁时，他成了汉诺威霍尔律师事务所的合伙人。

通过对法律的研究，施罗德对政治产生了兴趣。他积极参加政党的集会，最终加入了社会民主党。此后，他逐渐崭露头角，步步提升。1969年，他担任哥廷根地区的主席，1971年得到政界的肯定，1980年当选议员。1990年他当选为下萨克森州总理，并于1994年、1998年两次连任。政坛得志，没有使他放弃做联邦政治家的雄心。1998年10月，他走进联邦德国总理府。

40年后，施罗德的母亲等到了儿子承诺的"那一天"。施罗德担任了下萨克森州总理，开着奔驰车把母亲接到一家大饭店，为老人家庆祝80岁生日。

回顾自己的经历，施罗德说，每个人都要通过自己的积极、勤奋、进取，而不是通过父母的金钱来使自己接受教育。这对个人的成长至关重要。

正是积极的进取心——这种永不停息的自我推动力，激励着施罗德朝着自己的目标前进。

当然，自我推动力并非纯粹的人为力量能够创造出来的。为了获得这种力量，需要我们放弃舒适的生活乃至牺牲自我。励志成就大事的青少年朋友，你能够做到吗？

十一、甩掉"约拿情结"

有些人一生没有辉煌，并不是因为他们不能辉煌，而是因为他们的头脑中没有闪过辉煌的念头，或者不知道应该如何辉煌。

——俞敏洪（毕业于北京大学，新东方学校创始人，现任新东方教育科技集团董事长兼总裁）

《圣经》中有一个人物叫约拿。一天，上帝命令约拿到尼尼微城去传话，能得到这个任务非常难得，是一项很高的荣誉。约拿获得这个任务后，非常高兴，因为这也是他平素的理想。然而一旦理想成为现实，他又感到害怕了，觉得自己能力不足，想回避这即将到来的机会，将这突然降临的荣誉给推掉——这种成功面前的畏惧心理，被心理学家们称为"约拿情结"。

现实生活中，"约拿情结"看起来是一种很矛盾的现象：一方面十分渴望成功，希望获得成功的机会，但是一旦成功的机会来临，却开始畏惧起来，害怕成功到来的瞬间所带来的心理冲击，害怕取得成功所要付出的极其艰苦的劳动，也害怕成功所带来的种种社会压力……人害怕自己最低的可能性，这可以理解，因为人人都不愿意正视自己低能的一面。但是，人们还会害怕自己最高的可能性，这很难让人理解。

"约拿情结"是一种成长的恐惧心理，来源于心理动力学理论上的一个假设："人不仅害怕失败，也害怕成功。"它反映了一种"对自身伟大之处的恐惧"，是一种情绪状态，并导致我们不敢去做自己能做得很好的事，甚至逃避发掘自己的潜力。在生活中，"约拿情结"最主要的表现是缺乏上进心。

人类普遍存在这样的心理：不是努力地去追求卓越，追求高级需求，追求崇高的自我实现，而是一味地逃避高级需求，逃避卓越、崇高的人类品行。甚至将天真纯情视为幼稚可笑，将诚实视为轻信，将坦率视为无知，将慷慨视为缺乏判断力，将工作中的热情视为懦弱，将同情心视为廉价和盲目。而在历史中曾显示出人类美好的、和谐的、崇高的、情感的东西竟成了当代人们不自觉的情感禁忌，无怪乎有人称人类的当代为精神病、神经症大发作的时代。

"约拿情结"的问题还在于，自己怕出名，如果别人出了名，他又会嫉妒，心里巴不得别人倒霉。这种"约拿情结"，主要有个性障碍、情感障碍、意识障碍和意志障碍等。

1. 个性障碍

个性障碍是指人们在社会交往中常常出现的气质障碍和性格障碍，具体表现是，或者孤僻乖戾、不善交际，或者优柔寡断、没有魄力，或者武断、鲁莽、缺乏毅力。

2. 情感障碍

情感障碍是指人们在能力的自我开发中，对客观事物所持态度方面的不正确的内心体验。主要是由于长期遇到各种困难，受到各种打击，自己又不能正确地对待并加以克服，以致其对客观事物的内心体验阈限增高，形成一种内向封闭性的心理定势。它使人们丧失对外界交往的生活热情和对理想及事业的追求。

3. 意识障碍

意识障碍是指由于人脑歪曲或错误地反映了外部现实世界，从而减弱人脑自身的辨认能力和反映能力，阻碍人们对客观事物的正确认识，影响人们社会交往的成功。主要表现出厌倦心理、自卑心理、闭锁心理、志向模糊等。

4. 意志障碍

意志障碍是指人们在自我能力的开发中，确定方向、执行决定、实现目标的过程中起阻碍作用的各种非专注性、非持恒性、非自制性等不正常的意志心理状态。主要表现有"怯懦型"心理障碍、"意志暗示型"心理障碍、"意志脆弱型"心理障碍等。

这些心理障碍对我们的社会交往乃至事业成功有着巨大的影响，特别是当这些心理障碍互相影响时，会形成一种强大的负效应，导致一个人人生的失败。

在我们很多人中，都存在"约拿情结"。原因是什么呢？据心理学家分析，主要是因为在我们小时候，由于自身条件的限制和不成熟，心中容易产生"我不行"、"我做不成"等消极念头，如果周围环境没有提供足够的安全感和机会供自己成长的话，这些念头会一直伴随着我们。尤其是当成功的机会降临时，这种心理表现得尤为明显。因为要想抓住成功的机会，意味着需要付出很多努力，面对很多难以预料的变故，并需要承担一些风险。在这种心理的驱使下，"约拿情结"成了阻碍我们走向成功的绊脚石。

"约拿情结"是我们平衡自己内心心理压力的一种表现。生活中，我们每个人都会拥有或大或小的成功机会，然而当机会来临时，只有极少数人敢于打破平衡，认识并摆脱自己的"约拿情结"，勇于承担责任和压力，最终抓住并获得成功的机会——而这也正是"只有少数人成功，而大多数人却平庸一世"的社会现象的原因之一。

青少年朋友若想拥有一个健康的心理环境，想要开创人生的美好局面，就必须努力甩掉"约拿情结"。勇敢的思想和坚定的信念是治疗恐惧的天然药物，勇敢和信心能够中和恐惧，如同化学家通过在酸溶液里加一点碱，就可以破坏酸的腐蚀力一样。所以，青少年朋友要具备勇敢的思想和坚定的信念，打破畏惧心理，甩掉"约拿情结"，从而开创人生的新局面。

十二、原谅自己的偶尔失败

当失败降临的时候，也是我们最应该感到庆幸的时候，因为我们结束了一条不可能走到尽头的路，从而回到了正确的轨道上来。

——沈兼士（曾在北京大学任教，语言文字学家、文献档案学家、教育学家）

在我们的一生中，没有谁不曾遭遇过失败。失败犹如一个不受欢迎的客人，总是频频出现于我们的生活中。面对它，有的人放弃了，绝望了，在悲伤抑郁中度过一生，最终落得个凄惨的命运。而另外一些人，面对失败挫折的打击，却挫而不折，愈挫愈勇，他们是有较高情商的人，正是这种能力使他们能从失败中奋起，继续自己的事业，最终成为命运的赢家。

北大讲师、我国著名作家鲁迅先生曾在文章《最先与最后》中指出，中国一向少有失败的英雄，优胜者固然可敬，但那虽然落后仍然坚持跑到终点的竞技者，以及见了这种竞技者而肃然不笑的看客，乃是中国将来的脊梁。失败并不可怕，重要的是我们如何对待失败，以及在失败后能不能重新振作起来。

曾经在某地举行了一场长跑比赛，参赛选手约有几十名，他们都是从各路高手中选拔出来的。然而最后得奖的名额只有三个人，所以竞争格外激烈。

比赛结束后，其中的一位选手以一步之差落在了后面，成为第四名。他受到的责备远比那些成绩更差的选手多："真是功亏一篑，跑成这个样子，跟倒数第一有什么区别？"

众人纷纷指责他。

然而面对众人的指责，这名选手却若无其事地说："我虽然没有得奖，但是在所有没有得名次的选手中，我名列第一！"

他不是不知道自己不可能得奖，但是他仍然没有放弃，在所有的失败者中，他是最让人肃然起敬的那个，他是这次比赛的失败者，却是人生的胜利者。

现实生活中，像上述案例中的第四名选手一样拥有开阔心胸的青少年，到底有多少呢？很多青少年往往因为落后而不由自主地放弃前进的脚步，因为他们害怕失败，他们更恐惧的是失败后那些看客的冷嘲热讽，而这些是造成一个人心理失败的根源。

失败纵然不招人喜欢，然而更不招人喜欢的是因为惧怕失败而不去尝试，这样他们就最大化地避免了被人嘲弄的难堪，可是这样，成功也从他们的畏惧中悄悄溜走了。因为人生求胜的秘诀，只有那些失败过的人才懂得。

罗曼·罗兰的这句话或许对青少年有所启示："累累的创伤，就是生命给你的最好的东西，因为在每个创伤上都标示着前进的一步。"英国小说家、剧作家柯鲁德·史密斯也曾说过："对于我们来说，最大的荣幸就是每个人都失败过。而且每当我们跌倒时都能爬起来。"

青少年朋友，你想走得更远、爬得更高吗？你想知道自己到底有多少潜力来达到梦想的高度吗？正所谓"知耻而后勇"，失败会激发我们的斗志，会让我们认识到现实和梦想的距离，从而让我们在反思中走得更远、站得更高。

成功者之所以成功，只不过是他不被失败左右而已。人世间真正聪明的人，面对种种失败，并不太介意，能够做到"不以物喜，不以己悲"。因为他们知道，原谅自己的偶尔失败，就等于为自己的成功之路铺砖添瓦。

青少年朋友，面对人生中的偶尔失败，你也是这么想的吗？

宽容，多一分爱就多一分收获

海纳百川，有容乃大。北大正是以这样一种胸怀和气魄来办学和教学的，他们提倡"兼容并包"的精神就是希望将宽容的人生态度和思想贯彻到全校师生的身心里，很多学生毕业之后能够明显地表现出与众不同的雍容气度和达观心态，与此不无关系。纪伯伦说过："一个伟大的人有两颗心，一颗心流血，一颗心宽容。"当你学会宽容他人，原谅自己，学会以更包容的心态面对人生，那么你就拥有了一个完整的心灵。

一、宽容是美德，也是明智的处世原则

大智慧者必谦和，大善者必宽容，大骄傲者往往谦逊平和。有巨大成就感的人，必定也有包容万物，宽待众生的胸怀。

——周国平（毕业于北京大学哲学系，著名学者、散文家、哲学家、作家）

对我们每个人来说，宽容都是一种美德，更是一种明智的处世原则，怀有这种心态的人将会避免很多不必要的精神困扰，始终怀有愉悦的心情去生活，将会看到广阔多彩的前景，会感觉到世界上所有的人都在冲你微笑。所以，青少年朋友，无论你面对谁，都应该怀有一份宽容心态，拥有了这份宽容，你会对生命充满敬畏，对情谊倍加看重，对非难感到坦然，你的人际关系会更加和谐，你的生命之旅会更加多姿多彩。

人生在世，每个人都有自身的弱点与缺陷，都可能犯下这样或那样的错误。这个时候，一个聪明的人，不仅要竭尽全力避免伤害他人，更要以博大的心胸去包容对方。

有这样的一个故事：

从前有一个富翁，他有三个儿子。在他年老体衰的时候，他决定将自己的全部财产留给三个儿子中的一个。可是，令他困扰的是，要留给哪一个儿子呢？于是，他想出了一个计策。

他对三个儿子说："我给你们每个人一年的时间，在这一年里，你们去游历世界，回来之后看谁做到了最高尚的事情，谁就是财产的继承者。"三个儿子听了父亲的话，都出发了。

一年很快就过去了。三个儿子陆陆续续地回到了家中。富翁让他们三个人都讲讲自己的游历收获。大儿子第一个讲，他得意地说："我在游历的途中遇到了一个陌生人，这个陌生人对我非常信任，将一袋金币交给我保管。可是，不久他就意外去世了。我呢？就将那袋金币原封不动地归还给了他的家人。"

二儿子也不甘示弱，他非常自信地说："我在游历的过程中，路过一个非常贫穷的村子，看到一个可怜的小乞丐不幸掉到湖里了，于是立刻从马上跳下来，跳进河里将这个小乞丐救了上来，并送给了他一笔钱。"

三儿子听了两位哥哥的话，觉得自己的事情没什么稀奇的，犹犹豫豫地："我……

我没遇到两位哥哥那样稀奇的事儿，在游历的过程中，我遇到了一个人，他一心想要我的钱袋，一路上想方设法陷害我，差点将我害死，不过都被我躲过了。一天，我经过一个悬崖边，刚好看到那个人正在悬崖边的一棵树下睡觉。当时我只要抬一抬脚就可以轻松地将他踢到悬崖下。可是，我想了想，觉得这样做不对。正要走的时候，又担心他的处境太危险，一翻身就有可能掉下悬崖，于是将他叫醒，才继续赶路。与两位哥哥的经历相比，这实在不算什么有意义的经历。"

听了三个儿子的话，富翁点了点头，说道："诚实守信、见义勇为是我们每个人都应当具备的品质，然而我觉得都称不上高尚。有机会报仇却不但放弃，还帮助仇人脱离危险的宽容之心才是最高尚的。所以，我认为老三的心灵是最高尚的心灵，所以我的全部财产都留给老三了。"

在这个富翁的心中，宽容之心是最高尚的。其实，他说的又何尝不对呢！在为人处世中，拥有宽容心态的人，最值得人喜欢、敬重，也最容易收获人心、赢得成功。

所以，在遭遇别人的误解、责难甚至伤害时，不要一味地憎恨别人，不妨来做一次换位思考，假如你自己处于这种境况，你会如何应付？假如你的亲友不小心伤害了你，就多想想他曾经在学习、生活中对你的帮助和关怀，以及他对你的一切好处，这样，你心中的怨气或许会减少很多，你们之间的矛盾才有可能轻松化解，恢复和谐的关系。如此看来，包容的是别人，受益的却是自己。

如果想要生活得幸福、充实，则需要我们成为一个睿智的人。如果你不够睿智，那至少可以以宽容的心态对待一切。秉持一颗宽容的心，你会发现很多事物都有它美好的一面；而如果你以狭隘的心去看问题，你会觉得世界一片灰暗。

二、成熟的人需要用气量来承担

容忍是一切自由的根本：没有容忍，就没有自由。

——胡适（曾任北京大学校长，著名学者、诗人、历史学家、文学家）

法国大作家雨果说："世界上最广阔的是海洋，比海洋更广阔的是天空，比天空更广阔的是人的胸怀。"气量的大小决定一个人是否成熟，也决定一个人生存的高度。

对于每个人来说，气量都是处世立身的根本，它被放得越宽泛，生命的丈量尺度就越难以计算。气量，是一种保持身心健康、具有永久疗效的"维生素"；是一种不需投资便能得到的精神高级滋补品；是一种宠辱不惊，笑看庭前花开花落的清醒剂；是一种使人做到骤然临之而不惊，无故加之而不怒的智慧和定力。气量，最瞧不起的是斤斤计较、小肚鸡肠、鼠目寸光的行为，最拥护的是磊落坦荡、无私无畏、志存高远的品格。拥有大气量，我们会得到更多的友情、快乐和幸福，失去什么呢？失去的是不平、烦恼、怨恨、狭隘、偏激、小气，以及没有任何意义的尔虞我诈。

在一个庙宇，有一位白隐禅师，他的修行非常高。无论别人怎么评价他，他都只是淡淡地回应道："就是这样的吗？"

一天，住在庙宇附近的一户人家出了丑闻。什么丑闻呢？原来这家的未婚女儿怀孕了！在父母的威逼利诱下，这个女孩子吞吞吐吐地说出了"白隐"这个名字。

女孩父母听了后，怒不可遏地去找白隐理论。然而，白隐听了他们的来意后，竟不置可否，只是如常答道："就是这样的吗？"

孩子出生后，女孩父母将孩子送给白隐养。于是，白隐开始了每天细心照顾孩子的生活。白隐向邻居乞求婴儿所需的奶水和其他用品时，遭到了很多人的白眼，有的人甚至当面嘲讽他，但他依然不动声色、处之泰然，仿佛他是受托抚养别人的孩子一样。

就这样过去了一年，那位未婚女子最终不忍心看到白隐被周围人误解责难，向父母说了实情：孩子的亲生父亲其实是同村的一位青年。

女孩的父母得知真相后，赶紧拉着女孩去庙宇向白隐道歉，并领回了孩子。白隐仍然是淡然以对，他只是在交回孩子的时候，轻声说道："就是这样的吗？"仿佛不曾发生过什么事，即使有，也只像微风吹过耳畔，霎时即逝。

为了给那位未婚女孩一个活下来的机会，白隐不惜牺牲为自己洗刷清白的机会，甘愿承受别人的冷嘲热讽。面对他人的误解，始终秉持平和心态，处之泰然，"就是这样的吗"，这平平淡淡的一句话，就是对"气量"最好的诠释。

人活百年，不如意的事情十有八九。当身处困境时，能否保持一颗平常的心态，拥有一份豁达的胸怀，需要博大的胸襟与非凡的气度。正如一位先哲所说的"风物长宜放眼量"，要想获得幸福的人生，切不要计较一时的成败得失。

气量的大小彰显了一个人的成熟程度，能够让人更加敬佩，拥有更加良好的人际关系，正如古语所说的："大度集群朋。"

一个人是否有气量，有多种表现，既表现为对人、对友能求同存异，以事业上的志同道合为交友基础，又表现为能听得进各种不同意见，尤其能认真听取相反的意见；表现为能够虚心接受批评，发现自己的过失便立即改正，与人发生矛盾时，能够主动检查自己，而不文过饰非，推诿责任。总的来说，有气量的人，会主动关心人、帮助人、体贴人，严于律己，宽以待人。这样的人，才能活出至高境界。

有的人对气量有误解，认为一个人之所以气量大，是因为他看破了红尘，对人对事不在意、心灰意冷，所以与世无争。其实这是一种错误的看法。气量是一种高贵的修养、高尚的境界，正所谓"心底无私天地宽"。

青少年朋友，你们要明白，只有那些从个人私利的小圈子中解放出来，拥有大气量，心里经常装着更远、更大目标的人，才能具备宽广的胸怀，领略到海阔天空的精神境界，也才能成就一番伟业，成就自己的梦想。

三、宽容的实质不是宽容别人，而是宽恕自己

人要有三平心态：平和、平稳、平衡。对自己要从容，对朋友要宽容，对很多事情要包容，这样才能活得比较开心。

——海子（毕业于北京大学，著名诗人）

报复会把一个好端端的人驱向疯狂的边缘，使人的心灵不能得到片刻安静。不信的话，请看下面的这个故事：

一位画家在集市上卖画，不远处，前呼后拥地走来一个大臣的孩子，这个大臣在年轻时曾经把画家的父亲欺诈得心碎而死。这个孩子在画家的作品前流连忘返，并且选中了一幅。然而画家却匆匆用一块布将它遮盖住，并声称这幅画绝不外卖。

这个大臣的孩子回家后，竟因此生了心病，变得非常憔悴。为了治好孩子的心病，大臣便亲自出面，表示愿意出高价买这幅画。可是，画家宁愿将这幅画随便挂在自家画室的墙上，也不愿意卖。他面色阴沉，凝重地自言自语："想当年你是如何害死我的父亲啊！我要为父亲报仇，而这种方式就是我的报复。"

画家有一个生活习惯，就是每天早起后都要画一幅他信奉的神像——这是他表示信仰的唯一方式。

可是现在，他觉得这些神像与他以前画的神像日渐相异。这令他非常苦恼、困惑，于是急切地寻找原因。忽然有一天，他惊恐地丢下手中的画，跳了起来：他刚画好的神像的眼睛，竟然是那个大臣的眼睛，而嘴唇也是那么酷似。

他把画撕碎了，并且大喊："我的报复已经回报到我的头上来了！"

从上面的这个故事可以看出：心胸狭隘者，最终害的是自己。而宽容的实质并非宽容别人，而是宽恕自己。只有宽容的心态，才能抚慰我们急躁的心绪，弥补不幸带来的伤害，让我们不再纠缠于心灵毒蛇的咬噬中，从而获得真正的自由。"当紫罗兰被脚踩扁的时候，却把芳香留给了它。"这是美国作家马克·吐温给宽容下的一个最为形象的注解。其实，宽容别人的同时，也是释放自己的过程。

然而，生活中，很多人却常常在自己的脑子里预设一些规定，以为别人应该有什么样的行为，若对方没能按照自己的想法行事，就会招致自己的怨愤。其实，因别人不按

照自己的想法行事而怨恨对方，是一件十分可笑的事。很多人认为，只要我们不原谅对方，就可以让对方得到一些教训，也就是说，只要我不原谅你，你就没有好日子过。实际上呢？你不原谅别人，表面上是那个人不好，其实真正倒霉的人却是我们自己，因为由不肯宽容心理引发的愤恨和沮丧情绪会一直缠绕着我们，直接影响我们的身心健康。

当你对别人宽容时，也是对你自己的宽容。宽容别人的同时，我们自己心中的怨恨或嫉妒心理也会慢慢排掉，才会怀着平和与喜悦的心情看待任何人、任何事，才能生活得更轻松。所以，拥有宽容心态的人，心里的苦和恨相对来说会少一些。

他欺骗了你，错怪了你，伤害了你，你照样对他没有恨意。看到这里你或许会问：难道对坏人也要宽容吗？正确的回答是：对！不以牙还牙。这就是宽容。

宽容能让我们更加快乐。然而，真正做到宽容并非易事。

现实生活中，我们青少年朋友如何做到宽容待人呢？

要做到宽容，起码要做到两条：

首先是认识你自己，意识到自己并非完人，也有很多缺点，也有一些亏欠别人的地方；那些你原本不喜欢的人，也有一些你没有的优点。也就是学会发现自己的缺点，发现别人的优点，考虑问题时试着从对方的角度出发，舍小异取大同。这样，你在善待别人的同时也会使自己受益。

另外，你还需要承认，自己也得到过别人的宽容，自己也需要别人的宽容。这样一想，我们还有什么不能宽容他人的呢？

逐步做到宽容，是一个人的成长和进步的过程。长久下来，你会发现，宽容带给了你很多收获。因为宽容，你理解了父母对你爱的厚重；因为宽容，你和朋友、同学的友谊更加深厚；因为宽容，你的生活更加幸福、美满、充实。

四、爱心是滋养一生的资本

我最怕没有人爱，没有人爱我就没有了前进的动力。这个"爱"是广义的。其实一个品牌和消费者，一个社会，一个商品与文化，里面都存在着对生活的理解，对爱的理解。所以有个名人曾经说过这样的话，只有懂得爱而有爱的人，才算是活着。

——钱金波（毕业于北京大学，红蜻蜓集团董事长）

青少年朋友们，你们一定要明白这个道理：因为有爱的滋润，我们的生命才如此色彩斑斓；因为有爱的催发，我们的生命才如此旺盛坚强。爱是世间至高无上的法则，是我们每个人生命的支撑。

对每个人来说，他的心底都应该有一颗爱的种子，只有充分认识了这个寄居在所有生命中的伟大的情感，我们才能用最真挚善良的心对待每个生命，才能抛弃固执灰暗的悲观，摒除一切令人厌恶的偏见，与别人分享自己的快乐，并感受他人的幸福带给自己的愉悦。从某种程度上来说，爱心是滋养我们一生的最佳资本。

而如果想要别人爱你，你当先爱别人。

在1944年的冬季，苏军终于将德国纳粹赶出了苏联国土，俘虏了数以百万计的德国兵。在莫斯科的大街上，几乎每天都有一队队饥肠辘辘的德国战俘面容憔悴地走过。这时，所有的马路都挤满了人。苏军士兵和警察站在战俘和围观者之间。围观者大部分是妇女，她们当中的每一个人都是战争的受害者，或者是她们的父亲，或者是她们的兄弟，又或者是她们的儿子，死在了战争中。她们中的每一个人身上，都背负着对德国人的血海深仇。因此，就在德国俘虏出现时，她们的双手都攥成了拳头，眼神中满溢着仇恨，冲上前去捶打德国俘虏。士兵和警察们竭力地阻挡着她们，场面变成一团糟。就在围观的妇女们奋力捶打德国战俘的时候，令人意想不到的事情发生了：

一个满脸皱纹的妇女，穿着一双战争年代破旧的长筒靴。她走到一个警察的身边，希望警察能让她接近俘虏。警察同意了这个老妇人的请求。

她到了俘虏身边，从怀里掏出一个用印花方巾包裹的东西，里面是一块黑面包。她不好意思地把这块黑面包塞到了一个疲惫不堪的、眼神中透着绝望的俘虏的衣袋里。然后，她转向身后那些充满仇恨的同胞们，平和而慈祥地说："当这些人手持武器出现在战场上时，他们是敌人。可当被解除了武装出现在街道上时，他们就是和我们一样，具有共同外形和共同人性的人。"

老妇人说完这些，就静静地离开了。空气在那一瞬间似乎凝固了，不一会儿，很多妇女便拥向俘虏，把面包、香烟等各种东西塞给他们……所有的俘虏都泪流满面，他们不敢相信这一刻是真的……

当面对来自这些战争的受害者的宽容时，也许在那些俘虏的心中，也会为了曾经的残忍而悔恨吧。这些受害者是明智的，因为如果他们以同样的仇恨去对待自己的敌人，那么即使到了最后，可能也无法将对方感化，消除彼此之间的仇恨。

爱的力量是可以传递的，恨的力量也是可以感染对方的，所以我们若想要在自己的生活里营造一种友善、祥和的氛围，就应该以友爱的精神去对待身边的一切事物，向别人传递出你的爱，这样你才能感受到来自对方的同样的温暖。

爱自己的同时，也要敞开心扉去爱别人，唯有如此我们的生命才能发挥出最大的价值。所以，青少年朋友们，无论世界上发生了什么，你们都要学会敞开心扉，真诚地去爱他人，安抚受伤的人，鼓励沮丧的人，安慰失意的人，帮助落魄的人，当你的仁爱之心像玫瑰一样散发出芬芳，当你用爱的温暖治愈了思想上的顽疾，当你用善良的微笑为心灵的创伤止痛，你便已经洞悉了世界上最伟大的秘密。这种世界上最伟大的情感总能给你的生活带来一些改变。

一位北大教授在授课时，曾向学生们讲述过这样的一个故事：

一天，一个妇女跨出院门，发现院门口坐着三个老人。妇女不认识他们，但她很热情，就对三个老人说："我虽然不认识你们，但是我想你们饿了，就进家来吃点东西吧！"

可是，听了妇女的话，三个老人都摇了摇头，说道："我们是不能同时进入一个屋子里的。"

妇女疑惑地问："为什么？"

其中一个老人指着其他两个老人向妇女介绍道："他叫财富，他是成功，我是爱。我们不能一起跟你回家，所以请你回去和你的丈夫商量一下，想请谁到你们家。"

妇女听了老人的话，就将刚才的情景向丈夫转述了一番。丈夫听了非常兴奋，赶紧说："原来是这样啊！那我们把财富请进来吧！"

可是，丈夫的话遭到了妇女的反对，她说："我们为什么不把成功请进来呢？"

在屋子的另一边，儿子听了他们的对话之后提出自己的意见："把爱请进来不是更好吗？"

丈夫对妇女说："听儿子的！快请爱进来吧。"

妇女来到院门口询问三个老人："你们谁是爱啊？我们想请爱进家里。"

爱站起来走向屋子，其他两个老人跟在他身后。

妇女看了非常吃惊，就对财富和成功说："我只是请爱进来，你们为什么一起进来呢？"

谁知这两个老人异口同声地回答道："假如你请的是财富或者成功，其他两个都不会跟着去的，当你把爱请进家门，不管爱到了什么地方，我们都将跟随。"

很多人热衷于财富的追求，也有很多人迷恋于功名的获取，似乎生命注定就是名与利的纠缠。但是，读了这个故事，你会发现这样一个道理：名与利并不是一切，有时候，爱却意味着全部。所以世界上那些最伟大的人，从不吝于将自己的赞美加诸于爱之上——英国的勃朗宁曾将无爱的地球形容为可怕的坟墓；法国的拿破仑启发我们进行思考："你可曾想到，失去了爱，你的生活就离开了轨道。"德国的席勒也告诉我们："爱使伟大的灵魂更加伟大。"

一个人人生的成功总是与他对世人的爱相关联的，因为爱别人也能够给自己带来好运。在人生的路上，假如我们拥有了一切，却唯独缺少爱，那这一切就等于零，会变得毫无意义。但即使我们失去了一切，如果还拥有爱，那么一切便都有重新获得的希望。所以，很多人说，爱是滋养我们一生的资本。

五、放开胸怀得到的是整个世界

不要纠结一些小事，比如今天食堂的菜少了一块肉，明天食堂的菜多了一条虫，要把眼光放长远一点。每天来北大蹭课的就有一两千人，我们很欢迎，北大的资源被利用得越充分，北大就越富有。

——周其凤（曾任北京大学校长，著名化学家、教育家）

我们经常会听到这么一句话，即心就像我们的翅膀，它有多大，我们的世界就有多大。可是，一个人如果不能将心的四壁打破，他的翅膀就无法自由舒展，即便拥有一片广阔的天空，也无法找到自由的感觉。

从前，大海里生活着一条鱼。这条鱼在很小的时候被捕上了岸，但渔夫看它太小，而且长得也非常漂亮，就把它当作礼物送给了女儿。

小女孩很喜欢这条鱼，将它养在了鱼缸里。每天，这条鱼游来游去时总会碰到鱼缸的内壁，这让它心情很不爽。渐渐地，鱼儿长大了，以致在鱼缸里转身都困难了。女孩便给它换了个大一些的鱼缸，这样它又可以自如、舒畅地游来游去了。可是，每次碰到鱼缸的内壁，它舒畅的心情就会不爽起来。它非常讨厌这种原地转圈的生活，后来索性静静地悬浮在水中，不游也不动，甚至连食物也不怎么吃了。女孩看它很可怜，便将它放回了大海。

回到大海的鱼儿，游弋的空间如此之大，按理说应该非常高兴才对。可是，鱼儿却一直快乐不起来。

一天，鱼儿游着游着碰到了另一条鱼，那条鱼问它："你看起来怎么不太高兴啊！"它叹了口气说："唉，以前的鱼缸太小我不喜欢，可如今这个鱼缸又太大了，我怎么也游不到它的边！"

看了这个故事，你会不会觉得自己就像那条不知满足的鱼儿呢？在鱼缸中待得时间长了，心也变得像鱼缸一样小，再不敢有任何的突破。即便在某天，有幸到了一个更为广阔的空间，已然变小的心灵因不适应而无所适从了。

要想活得舒心、快乐，需要打开心胸，懂得包容，懂得适应，懂得随环境的改变而改变。

放开胸怀，是一种气度，是一种修养，是一种境界；放开了胸怀，有助于我们正确地对待自己、他人、社会和周围的一切。放开了胸怀，你会发现，你对周围的世界怀有强烈的兴趣，喜欢钻研和探索；放开了胸怀，你会发现，此后的你开始热爱创新，乐于与人分享，并能主动去抚慰别人的痛苦与哀伤；你会发现，你变得谦虚且谨慎，敢于直面自己的缺点，并能乐观地接受他人的意见，而且非常喜欢和别人交流；你会发现，自己的责任感增强，敢于承担责任、接受挑战，适应性增强，不畏惧失败。

一个人如果不打开自己的心胸，就没有学习新知识的机会，也就没有成长和进步的机会了。只有胸怀开放了，我们才能学习。胸怀的开放是学习的前提，是沟通的基础，是提升自我的起点。从实际生活中我们会发现，在一个团队里，那些最成功的往往是心胸开放的人，他们进步最快，人缘最好，比别人更容易获得成功机会的青睐。

具有开阔胸怀的人，会主动听取别人的意见，改进自己的工作。美国微软公司董事长比尔·盖茨经常对公司员工说："客户的批评比赚钱更重要。从客户的批评中，我们可以更好地汲取失败的教训，将它转化为成功的动力。"盖茨自己就是一个心胸开阔者，他经常鼓励公司员工畅所欲言，当他人与自己的意见不一致时，他会很虚心地去听对方的意见。在每一次公开演讲后，他都会主动问同事自己这次演讲的好处和坏处，并研究改进的方法——这就是世界首富的作风，也是他之所以能成为成功人士的潜质。

放开胸怀，我们的心灵会自由自在，飞得更高更远；而封闭胸怀，我们的心会犹如一潭死水，永远没有进步的机会。青少年朋友，如果你的心过于封闭，不能接纳别人的建议，不能容忍别人的过失，就等于将你的心锁上了一道门，禁锢了起来，切断了许多机会及沟通的管道。

自然界的植物因为有土壤和养分才会茁壮成长；我们人类的心灵也必须不断接受新知识的洗礼和浇灌，否则智慧就会因为缺乏营养而枯萎死亡。

在我们的生活中，每天都有很多琐事发生。如果我们心胸狭隘，对每一件小事都在意，那么很可能我们的生活就被这些小事给拖垮了。适当地放开胸怀，宽容地对待他人，学会释怀，学会淡化，你会发现，你的压力减少了很多，生活幸福了很多。

六、要"软"到"大肚能容天下难容之事"

伟大的心胸，应该表现出这样的气概——用笑脸来迎接悲惨的厄运，用百倍的勇气来应付一切的不幸。

——鲁迅（曾在北京大学任教，著名文学家、思想家、革命家，中国现代文学的奠基人之一）

在武汉归元寺弥勒佛堂有这样一副非常有名的对联：大肚能容，容天下难容之事；慈颜常笑，笑世上可笑之人。

从这副联语中我们可以悟出一个道理，即宽容是一种生存智慧，是看透了社会人生以后所获得的一份从容、自信和超然的状态。在这个世界上，每个人都是独一无二的，人与人之间存在着很多差异，如果想与人和睦相处，就需要对别人的不同之处乃至难容之处做出宽厚容忍的应对。

清朝中期，当朝宰相是张廷玉。张廷玉和一位姓叶的侍郎是邻居，两人是老乡。一天，张、叶两家都要打地基盖房子，为了争地界，发生了激烈的争执。张老夫人一气之下，给远在北京的张廷玉写了一封信，要他出面干预。

张廷玉这个人气量很大，看完母亲的来信，立即作诗劝导老母亲："千里家书只为墙，再让三尺又何妨？万里长城今犹在，不见当年秦始皇。"

张老夫人收到儿子的信后，便立刻改变了主意，马上将墙主动退后三尺。叶家看到这种情形，感到非常惭愧，也将墙退后了三尺。

这样，张叶两家的院墙之间，就形成了一个六尺宽的巷道，即著名的"六尺巷"。

古人有云："小不忍则乱大谋。"人生在世，令自己心觉不平的事情很多，如果我们斤斤计较、事事不让，只会使我们的双眼迷失，使我们的生活不舒适，使我们的心灵倍感疲倦。所以，在为人处世的过程中，我们一定要拥有博大的心胸，做到"以责人之心责己，以怒己之心怒人"，这样，人才能活得充实而有意义。

"将军额上能跑马，宰相肚里能撑船"，面对来自他人的为难与挑衅，应冷静分析、保持风度。

刘子默（化名）从北大毕业后，经过几年的职场拼搏，最终成长为一名国内知名啤酒公司的销售总监。

一家公司的采购员王先生欠刘子默公司两万元的啤酒款长期未付，催款的事由刘子默负责。

一次，这位王先生来到啤酒公司的销售部找刘子默，对他大发了一顿脾气，抱怨他们出售的啤酒质量越来越差，并说社会上骂声一片，人们不会再买他们的啤酒。最后竟说出自己欠的那两万元也不付了，原因是他出售的啤酒质量一直不过关，并表示他所在的公司及他本人不再购买公司生产的啤酒等。

刘子默听了王先生的牢骚，压住心中的火气，请王先生冷静下来，仔细询问了他一些相关情况。最后，刘子默竟出人意料地向王先生赔起不是来，声称自己所在的公司的确有些地方做得不够好，最后说："关于你刚才提出的意见，我会如实向厂部反映的。至于你欠的那两万元啤酒钱，你如果觉得不应该付，也就算了，谁让我们的啤酒质量没有让你满意呢！你说今后你们公司和你本人不再买我们的啤酒，这是你们的自由，我无权干涉。既然你认为我们公司的啤酒质量有问题，那我现在就为你介绍另外两家有名的啤酒公司……"

刘子默这一番诚恳的话，打动了王先生，他开始觉得不好意思起来。欠账还钱，这本是商界一个不成文的规则。王先生本来是想要赖，不想付那两万元欠款，就以啤酒质量不过关为由试图堵刘子默的嘴。谁知，刘子默没有单刀直入地正面反驳王先生，而是巧妙地运用了迂回战术，假装虚心承认并接受了王先生的意见，待王先生发泄完后，即刻展开攻势，用诚挚的话语，向对方说明啤酒厂的现状及未来的发展前景等，就这样平息了王先生的"怒火"。王先生最后被刘子默的坦诚打动了，从此不但继续到该啤酒公司为其所在公司购买啤酒，而且还动员了另外几家兄弟公司及几个单位，常年从该啤酒公司购买啤酒。

刘子默面对王先生的无理取闹，不但没有动怒，以牙还牙，而是采取宽容的态度，诚恳地回应他的抱怨，这不仅顺利地解决了王先生不还钱的难事，还成功地拓展了销售市场，这无不是刘子默宽容心态带来的好结果。

大气量不仅是一种高尚的人格修养，也是一种成大事的大将风度。它的主要内涵是宽容，是用博大的心胸对待他人，这样不仅能使自己和周围的世界和平共处，还使得自己的生活多了一份温暖和阳光。

生活中，很多人由于人际关系紧张，而感到心理负担很重，经常慨叹人生的压力太大。那么，这个时候你有没有想到让自己的心胸开阔一点，主动行动起来，去化解与他人之间的冲突，改善与周围人的关系。如果你增加了气量，容下了难容之事，平和地对待来自他人的刁难、困扰，妥善地、理性地予以处理，或许你会发现，你轻松了很多，你的生活靓丽了很多。

七、像父母谅解我们一样谅解父母

常怀感激之心，常存惭愧之意。

——袁行霈（北京大学中文系教授，著名古典文学专家）

法国作家罗曼·罗兰曾经这样说过："人们对于不十分看重的人，要宽容得多。"这个说法乍听起来十分不通情理，然而在现实生活中却非常多见。你或许会觉得非常奇怪，然而，生活中这样的例子却有很多：在大街上走路，迎面一个素不相识的人对你恶言相向，你通常不会难过很久，可是如果有一天当你满怀欣喜地向父母讲述学校里的快乐情景时，他们由于工作或生活上的一些琐事十分烦心，对你的态度有些冷淡，这样你可能会伤心很多天，如果他们无缘无故地对你发了脾气，你甚至可能因此而怀疑他们对你的爱——这样的情形不就是上面那句名言的真实写照吗？

其实，这种现象并非难以理解。对于那些与我们无关或者在我们心中分量不重的人，我们不会为了他们的某些行为而深深地伤心，因为我们对他们没有太高的期待。然而，对于亲近之人尤其是父母就不同了，我们对他们怀有深深地期待，心里觉着他们必须爱我们，所以一旦出现一些小伤害、小漠视，我们就难以承受。

这是我们作为孩子的理解。可是，你有没有想过从另一个角度即父母的角度来理解一下呢？父母由于生活的原因，每天经历着比我们多几倍的问题和烦恼，他们也会犯错，也会在不经意间伤害孩子，但他们绝对不是故意的。试想，世间哪会有父母愿意伤害自己的孩子呢，他们往往在孩子受到伤害时承担"保护者"的角色。所以，面对父母的无心之失，我们是否也应该怀有一颗宽容之心，像他们谅解我们一样谅解一下他们呢？

请先读一则小故事。

北大毕业生王宇凤（化名）是一个性格倔强的女孩，在她读初中的时候，父母就离婚了，后来，母亲带着她改嫁到继父家。初到继父家时，她并没有特别痛苦，因为她觉得自己至少还有母爱，在她的心目中，母爱大于天。

可是就在高一那年，她的这种心情被打破了。在这一年，母亲为她生了一个可爱的弟弟。从此以后，母亲就不再专属于她一个人，这让王宇凤有种莫名的伤心。渐渐地，她与母亲之间产生了隔阂，交流逐渐变少。她觉得母亲的爱都给了弟弟，这个家也开始渐渐地与她无关了。

在一次与母亲因琐事大吵之后，她离家出走了。然而，离家后的她却无处可去，只好暂住在同学家。

后来，同学的父母给她的家里打电话，心急如焚的继父才放下心来，并告诉了她一个不好的消息：母亲在她离家出走后到处找她，那天下着大雨，母亲淋得很湿，然后就生了一场大病，现在正躺在医院里。当她听到这里，眼泪便不停地向下流，她仿佛看到了在大雨倾盆的街道上，母亲焦急地在找她。她痛恨自己的无知、自己的任性、自己的自私，如果自己能早一点站在母亲的位置去想问题，母亲也不至于生病。她被继父带到了医院，母亲非但没有怪她，反而紧紧地搂住她，这一刻，她体会到了母亲的心。

父母也有他们的生活和不得已，当他们无意间伤害到你的时候，原谅他们吧，因为他们不愿意看到你因为不原谅他们而独自伤心难过，他们更在意的不是自己是否被原谅，而是自己的孩子是否快乐，心灵是否健康。

为人子女，在行孝道的时候，不仅应给予父母物质上的关怀，还应该从心里关爱父母，对父母有一颗包容之心，这样才能让父母感受到真正的关爱。国学大师钱穆先生说："与家人相处时，应当兼顾情义，尤其是作为子女的，应该以不伤害父母为前提。如果对父母无情，则必陷于大不义的境地。"懂得了这些，在面对父母的过错时也就没有什么怨言了。

吃过晚饭后，刚上三年级的女儿发现妈妈好像永远有忙不完的家务，便不耐烦地向妈妈大声嚷道："妈妈，我问您一个问题，您的心愿是什么？"听了女儿的问话，妈妈愣了一下，然后不耐烦地答道："我的心愿有很多呢，对你说了有什么用啊！"

女儿非常执拗，非得妈妈回答自己："您就说说吧，这对我来说很重要。"

看见女儿那坚持的小模样，妈妈回答道："那好，我就给你说说吧！我第一个愿望是希望你能努力学习，保持好成绩；第二个愿望是希望你听话，不让我和你爸为你操心；第三个愿望是希望你将来能高考成绩优异，考上好大学；第四个愿望是……"妈妈的话还没有说完，女儿就情不自禁地插话道："哎呀妈妈，您别总说对我的期望，就说说您自己的心愿吧！"

听了女儿的话，妈妈的话匣子又打开了，她有滋有味地历数着，沉浸在对美好未来的种种设想之中："我的心愿嘛，第一是希望身体棒棒的，永远年轻；二是希望工作顺利，事业一帆风顺；三是希望家庭和睦，幸福美满；四是……"妈妈的话还没有说完，女儿又打断了："妈妈，您说的这些又大又空，说点实际的吧，比如您想要……"这时候，妈妈好像猛然想起了什么似的，有些恼火地打断女儿的话："我就知道你在和我耍心眼儿，准是老师留了关于心愿的作文题目，你不知道写啥就从我这里挖材料对不对？实话跟你说，我还有很多心愿呢！我想吃美味佳肴，住高楼别墅，开豪华轿车，穿时髦时装……你看，我的包坏了，还想要一个好包呢！你觉得这些心愿实际不实际？我说了这些你都能满足我吗？跟你说了又有什么用？好了好了，我的心愿也说完了，你赶紧去写你的作业吧！"

看女儿回了自己的房间，妈妈感觉自己心里的气还没有撒完，于是又站起身推开女儿的房门。女儿正在写作业，串串泪珠滚落，不停地用手背擦着。看到此情景，妈妈心头又升起一股无名火，声音比刚才的分贝大了很多，几近吼道："你是不是觉得自己很委屈？我看你就是想故意气我！"

女儿解释道："妈妈，我不是……"

"你还敢跟我顶嘴！我跟你说啊，9点钟之前如果你还写不完这篇作文，看我怎么收拾你！"妈妈说完，转身关门出去了。

第二天晚饭过后，像往常一样，女儿去自己的房间做作业，妈妈做着好像永远也做不完的家务。突然，妈妈发现茶几上多出一束鲜花，鲜花旁放了一个包装袋，包装袋上放了一张小纸条，纸条上写着："妈妈：今天是您的生日，我用平时攒的零花钱和这两年的压岁钱给您买了一个真皮手袋。让您高兴，这是我最大的心愿。——想给您一份惊喜却不小心惹您生气的孩子。"看到这一切，妈妈的手禁不住颤抖起来，她呆坐在沙发上，半天没有说一句话……

人们常说：天下无不是之父母。其实这句话是不对的，圣贤都会犯错，何况身为普通人的父母呢？所以，在日常生活中，如果父母因心情不好、状态不佳而向你发飙时，你一定要试着去包容、理解、谅解他们，因为他们只是想发泄，绝对不是在怨你。

我国伟大的思想家孔子曾经探讨过为人子女者如何对待父母的缺点的问题。对此他提到，面对父母的过失，子女首先应该承受，然后委婉地劝说，但劝说时的态度一定要温和。如果发现父母的过失不进行规劝，则不能称为孝子。

为人父母者，生活得都十分不易。作为人之子女，一定要学会体谅、学会包容，向父母谅解我们一样谅解他们——从某种意义上说，这是一种大孝。

八、学会包容，远离嫉妒

对生活持一颗宽容之心，才能得到生活的宽容和理解。

——海子（毕业于北京大学，著名诗人）

嫉妒心理很可怕，是面对他人的优越地位而心中产生的不愉快的情感。嫉妒是痛苦的制造者，在各种心理问题中是对人伤害最严重的，可以称得上是心灵上的恶性肿瘤。一个人，如果不具备良性的竞争心理，只关心他人取得什么成绩，并心生怨恨之心、嫉妒他人，时间长了，心里的压力会越积越大，继而形成问题心理，从而危及自身健康。更甚者，会引发悲剧。

实际生活中，嫉妒心理的存在，造成了很多无法挽回的惨剧。

有这样一个真实的故事：

2003年1月21日的那个凌晨，对很多人来说很平常，然而对信阳山3581高级中学三年级1班409寝室的女生而言，无疑是一场噩梦。

大约是夜里两点，当时8名女生已经睡熟。突然，一声撕心裂肺的惨叫声传来，瞬间将大家惊醒。惨叫声是从门边下铺的张静那里发出的。大家将房间的灯打开，看到张静正不住地喊痛，她原本漂亮的脸变成一片黑色，而且正在起泡，越来越恐怖。看到这个场景，大家都吓得说不出话来，很明显，是有人故意向张静泼硫酸毁容！

该事件的发生，使女生宿舍的同学们感到阵阵惶恐。经调查，遭硫酸袭击的床位其实本该是晶晶的床位。晶晶的同班同学马娟嫉妒晶晶成绩优异，人又漂亮，接下来马上又有一轮考试，为了耽搁一下晶晶的时间，影响她的学习，于是她选择了泼硫酸的方式，但没想到却泼错了人，将硫酸泼向了张静。

经法院审理，马娟在嫉妒心的驱使下，采用泼硫酸的方法，致一人重伤且造成严重残疾，一人轻微伤。犯罪手段极其残忍，后果特别严重，其行为已构成故意伤害罪。根据法律，马娟被法院判处死刑，剥夺政治权利终身。

可见，由嫉妒心产生的后果不堪设想。

几乎每个人都有嫉妒心理，这是人类的特征，只是有的人嫉妒心重，有的人嫉妒心轻。虽然嫉妒是人普遍存在的也可以说是天生的缺点，但我们绝不可因此而忽视它的危害性，特别是当嫉妒已经发展到很严重的地步时，我们内心产生的怨恨会越积越多，时间久了不但会影响我们的生活，还可能引发更大范围的伤害。

关于嫉妒心理的危害，我国传统医学早有论述，《黄帝内经·素问》中明确指出："妒火中烧，可令人神不守舍，精力耗损，神气涣失，肾气闭塞，瘀滞凝结，外邪入侵，精血不足，肾衰阳失，疾病滋生。"从中我们可以看出，嫉妒心理是一种不健康的情绪状态，在这种心理的作用下，我们的身心健康容易受到侵害。尤其是那些年纪大、心理承受能力差的老年人和小孩子，一旦内心被嫉妒心理所左右，会带来很严重的后果，轻者内心充满失望、懊恼、悲愤的情绪，重则内心痛苦不堪、心情抑郁，有的甚至陷入绝望之中，难以自拔。所以，青少年朋友，意识到嫉妒心理的危害，我们一定要学会包容他人，主动消除嫉妒心理。

曾多次在北大授课、向北大学生传递正能量思想的当代学者、作家余秋雨在《关于嫉妒》中写道：

很多年前读雨果夫人关于法国大革命前后巴黎社会心理的回忆，感触很深，那也是一个破旧立新、两未靠岸的奇异时期，什么怪事都会发生。仅仅为了雨果那部并不太重要的戏剧作品《欧也妮》，法国文坛一切不愿意看到民众向雨果欢呼、更不愿意自己在新兴文学前失去身份的人们全都联合起来了，好几家报刊每期都在嘲讽雨果欠缺学问、违反常识、背离古典、刻意媚俗，在嘲讽的同时又散布大量谣言，编造种种事端。有的评论家预测了作品的惨败，有的权威则发誓绝不去观看演出。待到首演那天，这些人抵挡不住心痒还是去了，坐在观众席里假装只想看报纸不想看舞台，但又不时地发出笑声、嘘声来捣乱，也算是与雨果打擂台。

对嫉妒来说，人们对它的无视，比人们对它的争辩更加致命。尽管当时也有一些人为了对雨果进行评价发生了决斗，但对嫉妒者最残酷的景象是：广大民众似乎完全没有把他们的诽谤放在眼里，《欧也妮》长久火爆，直到因女主角累病而停演。

更有趣的是，八年后，《欧也妮》复演，全场已是一片神圣的安静。散场后雨果夫人在人群中听到一段对话，首先开口的那一位显然是八年前的嫉妒者，他说："这不奇怪，雨果先生把他的剧本全改了。"

他身边的一位先生告诉他："不，剧本一字未改。被雨果先生改了的，不是剧本，是观众。"

这就是说，当年激烈的嫉妒者在不知不觉中被雨果同化了。

莎士比亚在《奥赛罗》中说："嫉妒是绿眼妖魔，谁做了它的俘虏，谁就要受到它的愚弄。"日常生活中，一些人之所以产生嫉妒心理，很重要的一个原因就是自己不思进取，但又害怕别人超过自己，似乎别人成功了就意味着自己的失败，最好大家都成矮子才显出自己高大。于是就有了"事修而谤兴，德高而毁来""怠者不能修，而忌者畏人修""我不学好，你也别学好，我当穷光蛋，你也得喝凉水"的心态——这种心态危害极大，好像一种十分有害的腐蚀剂，既害人又害己。

我们要学会适时降伏嫉妒魔，保持一颗宽容心。别人有所成就，应该平静地看待别人所取得的成功，这是拥有幸福人生的秘诀。否则，只会让自己在别人成功的喜悦中沮丧、气愤，甚至加害于别人，而最终丢失掉自己宝贵的东西。

九、真正的宽容，是能忍受别人的一切缺点

你要包容那些意见跟你不同的人，这样子日子比较好过。你要是一直想改变他，那样子你会很痛苦。要学学怎样忍受他才是。你要学学怎样包容他才是。

——海子（毕业于北京大学，著名诗人）

日常生活中，我们会发现存在这样一些人，他们和别人之间即便发生一些芝麻大的小事也会计较个不停，轻则与人吵架斗嘴，重则打得头破血流，这些人坚持的原则是"人不犯我，我不犯人；人若犯我，我必犯人"。报复的方式是"以牙还牙，以血还血"。他们容不得别人对自己的一丁点侵犯，他们是孤独、不合群的人，他们曾经发出强烈的呼声："唉！我真希望，我能吸引一些朋友；我真希望，我能成为一个受人欢迎、为人所乐于接受的人啊！"但是他们不知道造成他们这种苦恼的原因很可能是他们对于自己的朋友和身边的人过于吹毛求疵、缺乏包容之心。而这样的人由于长期生活在挑剔和抱怨的怪圈里，也无法获得真正的快乐。

生活中，我们要善于发现别人身上的优点而不是缺点，努力学习别人的优点，这才是正确的行为。也只有以这种"放大镜看人的优点，显微镜看人的缺点"的心态，才能有宽广的胸襟，才能赢得别人的敬重，才会取得成功。

原北大校长蔡元培就是一个胸襟宽广、宽容待人的人。在他担任北大校长期间，曾经有这么两个"另类"的教授。

其中一位教授是"持复辟论者"和"主张一夫多妻制"的辜鸿铭。民国初期的辜鸿铭绝对是北京街头和北大校园的一大奇观。为什么说他是一大奇观呢？主要在于他

始终保持一副前清遗老的滑稽形象：扎着灰白的小辫，戴着一个瓜皮小帽，穿着的长袍马褂油光可鉴，看到这样的人，大家都忍不住回头望一眼。与他奇怪的打扮相比，他的言论更加奇怪。他对西方文明进行了鞭辟入里的批判，引得那些自以为是的洋人们都视其为高见。然而，蔡元培先生却没有把他当作怪物，反而看中了他身上的才华，邀请他来北大讲授英国文学。辜鸿铭这个人虽然看起来很奇怪，但他的学问的确做得好！不仅宽广而且驳杂。他每次上课的时候，都会带着一位童仆，这位童仆在课堂上为他装烟、倒茶，他自己则是"一会儿吸烟，一会儿喝茶"。学生们焦急地等着他上课，对此他也不管。当时的北大，"摆架子，玩臭格"几乎成为辜鸿铭的代名词。没多久，这种情况就被传到了蔡元培的耳中。可是，蔡元培并没有生气，他反而安慰同学们说："辜鸿铭是通晓中西学问和多种外国语言的难得人才，他上课时展现的陋习固然不好，但这并不会给他的教授工作带来实质性的损害，所以他生活中的这些习惯我们应该宽容不较。"没多久，再也没人来向蔡元培告辜鸿铭的状了。辜鸿铭的课堂上挤满了来自各系的北大学子。很多学生为他渊博的知识、学贯中西的见解而深深折服。

另一位教授是刘师培。1917年，蔡元培任职北大校长。为了招揽人才，蔡元培付出了很多努力。当时，蔡元培非常欣赏刘师培的才华，破除种种压力，将他聘为文科教授。刘师培是江苏仪征人，1902年中举，1917年被蔡元培聘为北大教授后，讲授中古文学、"三礼"、《尚书》和训诂学，兼职北京大学附设国史编纂处。根据冯友兰、周作人等人的回忆，刘师培给学生上课时，"既不带书，也不带卡片，随便谈起来"，且他的"字写得实在可怕，几乎像小孩描红相似，而且不讲笔顺"，"所以简直不成字样"，这种情况很快也被一些学生、老师反映到蔡元培那儿。对此，蔡元培依然宽容地笑了笑，只轻声地说："刘师培讲课带不带书都一样啊，书都在他脑袋里装着，至于写字不好也没什么大碍啊。"后来，同学们还真发现刘师培讲课是"头头是道，援引资料，都是随口背诵"，而且文章没有做不好的。无不深为叹服！

从上面的故事中可以看出，蔡元培对待人才，时刻秉持一种宽容之心，不由得令人感叹，其量用人才的胸怀是何等求实、豁达而又准确。他将对师生个性的尊重与宽容发挥到了一种极高明的地步。为了实现改革北大的办学理想，迅速壮大北大实力，他极善于抓住主要矛盾和解决问题的关键，把尊重人才个性选择与用人所长理智地结合起来。他曾精辟地解释道："对于教员，以学诣为主。在校讲授，以无悖于第一种之主张（循思想自由原则，取兼容并包主义）为界限。其在校外之言动，悉听自由，本校从不过问，亦不能代负责任。夫人才至为难得，若求全责备，则学校殆难成立。"正是这种博大的胸襟，才使蔡元培能够发现真正的人才，也才使当时的北京大学有了长足的发展。

十、用宽容填平冲突之壑

同我一起工作的同事一多半是十年浩劫中的对立面，批斗过我，诬蔑过我，审讯过我，踢打过我。他们中的许多人好像有点愧悔之意。我认为，这些人都是好同志，同我一样，一时糊涂油蒙了心，干出了一些不太合乎理性的勾当。世界上没有不犯错误的人，这是大家都承认的一个真理。

——季羡林（曾任北京大学副校长，著名文学家、国学家、教育家和社会活动家）

西方有位名人詹姆斯·格兰曾说："宽容是人性的，而忘却是神性的。"在这里，他讲到了宽容的最高境界，那就是忘却，最崇高的宽容不仅是原谅，是不报复，更是忘却，在内心里将伤害与被伤害的历史一笔勾销，让往事随风而去。

宽容就是记着别人对自己的恩典，忘掉别人对自己的伤害。用爱和感激来代替仇恨，化解积怨。宽容就是不计较，事情过去了就算了。每个人都犯过错，如果执着于其过去的错误，就会形成思想包袱，不信任、耿耿于怀、放不开，这样既让自己不快乐，对别人也是一种阻碍。

如果你能够理解这一点，你就一定能明白特蕾莎修女获得诺贝尔和平奖的原因了。世界银行总裁罗伯特·麦克纳马拉曾说："特蕾莎修女应该获得诺贝尔和平奖，因为她肯定了人类尊严的不可侵犯，以最为根本的方式促进了和平。"其实，特蕾莎修女身上所具备的以及她大力倡导的许多优秀品质都能够成为促进世界和平的最根本方式，宽容就是如此。如果世界各国的政治家、军人、财阀、社会人士等都能够对他人对于自己的伤害持一种宽容的态度，以温和的姿态和平等协商的方式解决问题，那么就不会有那么多痛苦的杀戮和战争了。

特蕾莎修女生前获得了诺贝尔奖，被尊称为"贫民窟的圣人"。她离开后，依然成为一种在人们心中绵延不绝的力量，依旧是温暖、坚定、和平的代表。

所以，用宽容填满冲突的沟壑，是一种促进世界和平和人内心和平的方法，其实宽容并不难做到，只要我们从生活中的点点滴滴做起，我们就会很容易成为一个宽容的人。

秦舒雅是北大一名大三的学生，为了有一个自由自在的学习、生活环境，她租住了学校附近一个小区的一居室。由于平时学习非常忙，这天是周日，难得的假期，她非常开心。

一大早，她就来到阳台上，发现阳光温暖而明媚，阳台上她之前种的各种花都盛开了。正在她沉醉于清晨的美景时，只听"砰！砰！砰"，楼上传来了一阵拍打被子的声音。接着，棉絮和灰尘从天而降。这些东西与这和谐的美景真不相称。秦舒雅非常生气，她大声地向楼上喝道："拍什么拍！一大清早就污染空气！"上面的拍打不但没有停止反而更猛烈了。

眼见没有用，秦舒雅只好采取被动的方法。她等到拍打声停止，就赶紧拿出水壶给她那些可怜的花儿洗澡，晶莹的水珠在绿叶上滚动着，有几滴还流到了楼下，结果不小心落在了楼下晒的被子上，秦舒雅窘了，这可怎么办呢？

就在她不知所措的时候，住在楼下的一位阿姨伸出了头，向上张望着。秦舒雅看到阿姨更加害怕了，怕阿姨骂她。然而让秦舒雅吃惊的是，阿姨非但没有骂她，反而对她和蔼地笑了笑，友善地说："今天天气这么好，是该浇浇花呀，看你家的花开得多好呀！"说完，她把被子往旁边挪了挪，便回屋了。

秦舒雅愣住了，一时间回不过神来。阿姨的举动给了她很大的启发，那一瞬间，她明白了一些事情。她不由自由地把头伸了出去，向楼上望去，结果正和上面拍被子的大姐打了个照面，秦舒雅笑着对她说："大姐，天气这么好，是要晒晒被子？"那位大姐尴尬地点了点头，只轻轻地拍了两下就回去了。

生活中的一件小事，让秦舒雅的心境发生了很大的变化，她发自内心地感受到了宽容的益处，此时，她的心灵比清晨的阳光还要灿烂明媚。她发现，忍让和宽容并非懦弱之举，而是关怀和体谅，以己度人，推己及人，能够让我们与别人和睦相处，甚至化敌为友。用和平的方式处理生活中的冲突与愤怒，是迎战那些终日想要给你使绊儿的人所能采用的上策。

青少年朋友，在现实生活里，我们也应该学会以一种大胸襟来对待与别人的争执和过节。因为，学会宽容，用宽容填平冲突之壑，而非睚眦必报，会让你活得更加自在、舒畅、充实。

自信，世界将为你让路

人生道路起伏不平，总会遇到各种困难和崎岖，也会听到很多质疑和否定，但是我们一定不能丧失对自己的信心。只要你满怀自信地期待着，并按照自己的方式去做，你所想的事情就一定能实现。每个人都是一道独特的风景线，正确地对待自己，积极地面对生活，坚信自己能够成功，那么成功就会在不远处等着你。

一、王选：做好自己的选题

自信而不自负，执着而不僵化。自信是什么？是相信自己。回想近 30 年的艰苦历程，我们是始终在与困难作斗争中发展的，用一句话说就是九死一生。但，方正电脑还是在 1995 年建立起了自己的品牌，建立起了自己先进的管理系统，再经过多年的奋斗，终于成了 PC 厂商的老二。为什么？因为我们自信。

——王选（曾任北京大学教授，著名科学家）

王选，中国科学院院士、中国工程院院士、第三世界科学院院士、北京大学教授。关于王选，有一句话是这么评价的，足见他的贡献之伟大："只要我们还读书看报，就不应该忘记王选。"

王选是汉字激光照排系统的创始人和技术负责人，他主持研制的汉字激光照排系统，为新闻、出版全过程的计算机化奠定了基础，使汉字印刷术"告别铅与火，迎来光与电"，实现了中国印刷技术的第二次革命，他也因此被称为"当代毕昇"。

王选非常喜欢看时事报道，高中毕业后，他从报纸上注意到，1956 年我国制定的《十二年科技发展远景规划》，把计算技术列为"未来重点发展学科"，当时也强调，计算技术是我国迫切需要的重点技术。这个报道让王选有豁然开朗的感觉。接下来，他赶紧查找相关的资料，又了解到未来计算机技术的应用将对国防和航空工业产生的巨大影响。经过一番深思熟虑，王选决定攻读当时冷门的计算数学专业。这个选择对王选来说至关重要，它影响了他的一生。也正是这个抉择，体现出他与众不同的远见和洞察力，为日后的科研工作奠定了第一块基石。可以说，王选的辉煌人生路始于这个选择。

从北大毕业后，王选参加到计算机应用研究工作中，他对这份工作充满热情。

1974 年 8 月，我国开始了一项被命名为"748 工程"的科研项目。这个科研项目分为三个子项目，分别是：汉字通信、汉字情报检索和汉字精密照排。王选的思维非常敏锐，多年的研究经验告诉他，国家汉字信息处理系统工程中"汉字精密照排系统"的研究成功将引起中国报业和出版印刷业的深刻革命。于是，他满怀激情地投入到了"汉字精密照排系统"的研究中。

王选的研发之路并不顺畅。当时，他的照排系统被许多人看不起。那时候的计算机界有它自己时髦的课题——操作系统结构和数据库管理系统。很多人认为，计算机这么高级的东西怎么能用来搞"黑不溜秋的印刷"呢？他们错误地以为照排只是一种自动控制，用不着研发什么照排系统。

但是王选自有他自己的想法，他认为："当时传到中国的时髦东西在国外已经过时，你觉得时髦的东西，人家已经不时髦了。"另一方面，王选认为，像操作系统、数据库管理系统这类领域，中国人研发成功的可能性不大，因为无法得到最前沿的"需求刺激"，而"出版系统里面涉及很多前沿的技术"。当时印刷界、出版界一些很有名的人有"照排再好，但中国的铅字更便宜"的想法，但王选依然坚持自己的想法。在当时的条件和环境下，他已经预见到了照排给出版界带来的巨大变化和市场前景。而后来事情的进展也为王选的远见做出了最好的证明。

回望自己的成功经历，王选不无感触地说："选题的好坏和人的一生的成就关系很大。"

在异议面前，王选选择了相信自己、坚持自我。他认为自己的发展方向是对的，自己做的是一件正确的事，于是果断地投入其中，最终取得巨大的成果。王选教授的故事告诉我们青少年朋友：无论在什么时候，我们都要保持清醒的头脑，对事物有一个独立的判断，不人云亦云，不被幻象迷惑，要相信自己、坚持自我。

自信是心灵的发电机。青少年朋友，无论你们身处何境，都不要让自卑的冰雪侵占心灵，而应燃烧自信的火炬，始终相信自己、坚持自我，这样才能调动生命的潜能，去创造无限美好的生活。

二、自信是成功的第一秘诀

没有什么人有这样大的权利，能够教你们永远被奴役。没有什么命运会这样注定，要你们一辈子做穷人。你们不要小看自己……

——鲁迅（曾在北京大学任教，著名文学家、思想家、革命家、中国现代文学的奠基人之一）

自信是成功最重要的力量之一。自信是对自己百分百的肯定，自信是相信自己有能力做好某一件事。一个人的自信决定了他的能量、热情以及自我激励的程度。一个拥有自信心的人，定会比常人拥有更加强大的力量，他做事情的成功率也比常人高。因为，一个人对自己越自信，就会越喜欢自己、接受自己、尊敬自己，从而迸发巨大的前进动力。而一个缺乏自信心的人，就如同一根受了潮的火柴，是不可能擦亮希望的火光的。

谈起自信心的重要性，一位北大教授总喜欢给他的学生们讲述这样的一个故事：

从前，有一位哲学家，当他自觉年老之际，便想找一位优秀的关门弟子。他觉得自己的助手不错，但不确定助手是否有足够的勇气和自信。于是，他把助手叫到床前说："我的蜡所剩不多了，得找另一根蜡接着点下去，你明白我的意思吗？"

助手赶紧回答道："师傅，我明白！您的思想光辉是应该得到很好的传承。"

哲学家接着说道："可是，如果要传承的话，就得有一位最优秀的传承者，这个传承者不但要有智慧，还必须有充分的信心和非凡的勇气……你能帮我找到这样一位传承者吗？"

助手非常温顺地说道："好的，师傅，您放心吧！我一定竭尽全力替您去找。"

助手非常勤奋，他不辞辛劳地领来一位又一位人选，但都被哲学家谢绝了。

半年过去了，哲学家眼看要告别人世，但那个最优秀的传承者却还没有找到。助手对此感到很惭愧，他泪流满面地坐在床边对师傅说："师傅，我真对不起您，让您失望了！"

没想到哲学家哀怨地说："唉！失望的人是我，对不起的却是你自己。"看了看助手疑惑的眼神，哲学家这才又说道："其实，我要寻找的那个最优秀的人就是你。"

美国思想家、文学家爱默生曾说："自信是成功的秘诀。"生活中，人们经常将自信比作发挥主观能动性的闸门、启动聪明才智的马达，这不无道理。我国诗人李白在一千年前就借酒放歌："天生我材必有用。"这些话都告诉我们青少年，人生要学会自己为自己加油、自己为自己喝彩，这样，我们的生命之花才会开得灿烂。

美国纽约州第53任州长叫罗杰·罗尔斯，他是纽约历史上第一位黑人州长。罗尔斯出生于纽约声名狼藉的大沙漠贫民窟。这个贫民窟不仅生活环境脏乱差，而且充满了暴力，是偷渡者和流浪汉的聚集地。在这种环境下长大的孩子，长大后很难找到一份体面的工作，大多靠偷窃为生。然而，罗尔斯却是个例外，他不仅考入了大学，还拥有了他的同伴连想都不敢想的工作——成为纽约州州长。在就任州长一职的记者招待会上，有一位记者问罗尔斯："您是怎么成为州长的？"面对300多名记者，罗尔斯对自己的奋斗史只字未提，只说了一个非常陌生的名字——皮尔·保罗。

后来，人们才知道，皮尔·保罗是他小学时的一位校长。1961年，皮尔·保罗被聘为罗尔斯所在的诺必塔小学的董事兼校长。1961年的美国正值嬉皮士流行的年代，保罗一走进诺必塔小学就发现，在这里上学的孩子都无所事事，他们不与老师进行良好的沟通，旷课、斗殴是他们的家常便饭，有时候，他们甚至会将教师的黑板砸烂。为了帮孩子克服这些坏习惯，保罗想了很多办法，但都没有用。后来他发现，这些孩子都非常迷信，他决定从这方面入手。再次上课时，他的课堂上多了一项内容——给学生看手相，他想用这个方法来激励学生。

轮到罗尔斯上台让保罗看手相了，只见他从窗台上跳了下来，伸着小手走近了讲台。保罗拉着罗尔斯的手，很惊讶地说："我一看你修长的小拇指就知道，将来你是纽约州的州长。"

罗尔斯听了感到很震惊，因为长这么大，只有奶奶曾经鼓励过他一次，说他可以成为5吨重的小船的船长。这一次，校长竟然说他能成为纽约州的州长，这让他非常吃惊。从此，他默默地记住了校长的话，并且坚信这就是事实。

从那一天开始，在年幼的罗尔斯心中，"纽约州州长"就像一面旗帜，他的衣服不再沾满泥土，说话时也不再夹杂污言秽语，他开始挺直腰杆走路，展现出从未有过的自信。

此后的40多年里，罗尔斯每一天都按照州长的身份来对自己提要求。

在他51岁那一年，他真的成了纽约州州长。

在成长的过程中，青少年容易迷失自我。这样，他们就可能会在自卑的边缘无助地徘徊。这时候，有必要让青少年认识到自己存在的意义和自己生命的价值。当他们真正理解自我本色的内涵时，一定会充满自信的力量。

法国有句谚语："自以为是鼠辈的人定被他人轻视、欺侮。"从这句谚语中我们可以得到这样的启示：一个人的心理暗示会给他带来关键性的影响。青少年朋友如果能经常给自己一些积极、正面的心理暗示，自信心就会增强。而一旦沐浴在自信的光晕之中，将产生无比巨大的推动力，一步步向更高的人生台阶迈进。

三、勇于挑战权威

佛家说，每人各有其自己的世界。实际上，各人的世界，是各人的世界。

——冯友兰（毕业于北京大学，著名思想家、哲学家）

在生活中，很多老师、家长经常告诉我们青少年："不要迷信权威，要勇于挑战它！"什么是权威呢？所谓"权威"是指在某种范围内有威信、有地位或者具有使人信服力量的人。权威的存在，有一定的正面作用，它可以成为探索实践的一种促进力量，因为"权威认定"毕竟有它的可信价值；但也有时候，权威的存在，会成为我们探求之路上的一种阻碍，因为他的话毕竟不是真理，并不绝对正确。也就是说，社会应该允许权威的存在，但是，我们也要认清一个事实，即权威所说的话并非句句都是真理，他也会说错话、做错事。另一方面，我们应该明白，世界上没有永远的权威，即便权威再大，其学说有一天也会陈旧，其力量在某一天也会消退。面对权威，正确的态度是：理性思考，既不迷信，也不被牵着鼻子走。否则，我们不会取得大进步。

现实生活中，人们对权威的尊崇、膜拜，常常会演变为迷信和神化，同时，人类大脑中的"自我思考、冲破权威、勇于创新"将日渐匮乏。

北大论坛曾经有一个帖子，讲的是这么一个故事：

从前，有一位农夫牵着自家的马去集市上卖。

可一连卖了几天，连一个前来问价的人都没有。

一天，伯乐来到了农夫卖马的这个集市。他朝农夫的马看了几眼，在马颈上拍了两下，赞叹道："好马，真是好马！"没想到，周围的人纷纷来抢购，马的价格一下子被抬高了十几倍。

从这个故事中我们可以看出：人们盲目迷信权威，连好马孬马都没区分，就被权威牵着鼻子走了。

青少年朋友，当我们面对新事物、新问题，需要开拓创新时，权威定式就会变成"思维枷锁"，阻碍新观念、新理论的产生，不但会影响我们进步，甚至会将我们引入歧途。对于这一点，青少年一定要有防范心理。要明白，只有思维活跃、富有胆识，不迷信权威，不崇拜偶像，不为过时的老观念、老思想所束缚，敢想、敢说、敢改革，不断探索新世界的奥秘，我们才有可能走出新路子，开创出新局面，拥有一个如意人生。

18世纪末期，一些科技专家认为人类具备了"上天"的可能，开始着手研制飞机。然而，这个想法遭到了当时很多世界科技名流的反对，其中，最具代表性的反对者是法国著名天文学家勒让德。

勒让德是最早用三角方法测量地球与月亮之间距离的科学大师，他认为，这种试图制造一种比空气重的东西到空中飞行是永远不可能实现的。勒让德的说法得到了很多人的支持，其中就有德国大发明家西门子、能量守恒定律的发明者之一德国物理学家赫尔姆霍茨和美国天文学家纽康。西门子认为，飞机永远都不可能上天；赫尔姆霍茨认为要将沉重的机械送上天纯属空谈；纽康经过对各种科学数据的反复计算，也得出结论：飞机根本无法离开地面……由于众多科学大师与学术权威的坚决反对，金融界、工业界对飞机的研制也持不合作态度，这给飞机的研制带来了很大的困难。

然而，后来，铁一般的事实证明了权威的错误。1903年，没有上过大学的美国人莱特兄弟首次将飞机送上了天。莱特兄弟的学历很低，飞机研发的相关知识都是通过自学学来的。他们最难能可贵的是，不在乎权威的反对。他们细心观察鸟类的体态结构及翅膀的动作，从中受到启发，再运用科学原理反复试制、修改，终于取得突破性的成功，研发出了飞机，将人类送上了天。

从这个故事中，我们青少年可以领悟到这样一个道理：不要随随便便就否定自己，要有勇气坚持自己的意见，尤其是在权威的面前。

著名物理学家杨振宁谈到科学家的胆魄时曾说："当你老了，你会变得越来越胆小……因为一旦有了新想法，马上会想到一大堆永无休止的争论。而当你年轻力壮的时候，却可以到处寻找新的观念，大胆地面对挑战。"现实世界中，为何有很多大人物在他们成名得利之后却很难有新的突破，再获昔日的辉煌？恐怕原因就在这里。反对研制飞机的那些科学家就是这样的大人物。青少年朋友们要学习莱特兄弟那种敢于挑战权威的品质。

生活中的很多实例证明，敢于合理质疑、敢于率先提出问题的人，能最先开辟一条全新的创造之路。因为，敢于质疑，能使大脑处于一种探索求知的主动进取状态，使大脑的思维处于朝气蓬勃的创新状态。疑处有奇迹，疑处出真知，疑处有突破。

四、遇到挑战就像发现宝藏

怀疑并不是缺点。总是疑，而并不下断语，这才是缺点。

——鲁迅（曾在北京大学任教，著名文学家、思想家、革命家，中国现代文学的奠基人之一）

在这个世界上，只有强者才能将自己的命运掌握于手中，并能在芸芸众生中脱颖而出。因为强者热爱各种挑战，具备挑战高难度的勇气，正是在这种挑战中最大限度地发挥出了隐藏在身上的潜能，从而让自己不断进步。

在挑战的洗礼下，我们才会不断地成长。对花花草草来说，风吹雨打就是一种挑战，只有勇敢、坚定地站立在风雨中，才能再次拥抱阳光，而风雨的洗礼能够使它们更加茁壮地成长。同理，对我们青少年来说，艰难困苦就是我们成长的机会。所以，在面对困难时，别退缩，而要勇敢挑战。挑战犹如一场战役，只有勇敢地打下去，取得最后的胜利，才能骄傲地挂上成功的勋章。

王刚是北大光华管理学院的一名学生，在一次课堂讨论中，他和老师以及其他同学分享了他第一次难忘的从业经历。

王刚曾经在一个报业公司任职总经理。他刚进这家公司时，工作岗位是广告业务员。他的直属上司广告部经理十分能干，处于这样的领导者的管理下，既有好处也有弊端，好处就是能向他学到很多东西，弊端就是你必须把他安排的每件事都做得十分完美，否则就会受到严厉的批评。王刚本就是一个聪明、爱学的人，而且他很勤快，所以业绩非常出色。不久后，王刚的直属上司，也就是那位广告部经理要升迁了，新的广告部经理的人选要重新选择。在这种情况下，广告部的所有员工都表现得非常积极，大家都希望上司走了以后，自己能够升任为部门经理，而业绩肯定是上级考察的一个重要标准。王刚和大家的想法一样，而且他非常自信，认为自己从实力上看是部门经理的不二之选。一天，广告部经理找到王刚，他没有直接和王刚谈自己要升迁的事，而是说："王刚，你是个非常出色的员工，我相信你能够变得更加优秀。经过和公司管理层商议，我们一致决定调整你的薪水结构，以后你的底薪没有了，只按广告费抽取佣金，当然抽取的比例要比以前更大。"王刚听了经理的话，感到压力很大，但他非常坦然地向经理表示，自己非常愿意接受这个挑战。

新一轮的工作开始了，王刚表现得非常积极。他列出一份名单，准备去拜访一些不好对付但十分重要的客户，他还给自己定下了两个月的期限。部门的其他同事觉得王刚有点疯狂，他们认为要想争取到这些客户无异于天方夜谭，而王刚却充满了信心，他自信满满地一一去拜访了这些客户。第一天，他以自己的努力和智慧与20个"不可能的"客户中的3个谈成了交易；在第一个月的其他几天里，他又成交了两笔交易；到了月底，20个客户中只有一个还不买他的广告。事情进展到这里，部门同事都很佩服王刚，认为他做到这份上已经非常难了，至于剩下的那个"难缠的老头儿"（一家商店的主人），已经没必要再在他身上浪费时间了，但王刚并没有放弃。第二个月，王刚一边发掘新客户，一边锲而不舍地说服那个商店的主人。每天清晨，那位老人一开商店的大门，王刚就进去和他谈广告的事情，而那位老人总是回答："不！"

第二个月又要过去了，这一天王刚又来到了这家商店，这位老人的口气缓和了许多："你已经在我身上浪费了两个月的时间，我现在想知道的是，你为什么要这样做？"

"我并没有浪费时间，和你打交道本身就是一种收获，即使你不买我们公司的广告，我也从你身上锻炼了自己克服困难的意志。"

那位老人笑了，说道："年轻人，你很聪明，也十分踏实肯干，我相信拥有你这样的员工的公司一定是一家优秀的公司，我决定买一个广告版面。"

王刚最终顺利拿下了这个客户。王刚的努力和勤奋不但赢得了众客户的赞赏，部门经理也被他打动了，临走之际，荣升他为新的广告部经理。

直到现在，王刚都还非常感谢经理当初给他施加的压力，而今他一直也这样对待自己的下属，直到他成了报业公司的总经理以后还是如此。

在回顾自己的从业经历时，王刚深有感触地说，压力对于一个勇于挑战的人来说，是挑战，更是机遇。一个人遇到挑战就应当像发现了宝藏一样，要善于在压力和挑战中发现机遇，汲取成长的动力。

热爱挑战的人一生喜欢冒险，他们喜欢品尝那种征服困难与超越自我后所带来的一次又一次的惊喜。这些人即便最终没有一份成功的事业，也自有一份成功的人生。

只要是机遇，就会伴随着一定的风险，要选择挑战确实需要我们付出很大的勇气。然而，我们应该坚信，战胜恐惧后必定会迎来更大的收获。青少年朋友，如果你处于困境中，你是会采取屈服的姿态、拒绝的态度，还是把困难的任务作为对自己的考验，把它当成自己发展的机会，以积极的态度去应对呢？不同的态度，会带领你走向不同的道路，二者最后的处境会大相径庭。在学习中是这样，在生活中亦是如此。青少年朋友们，积极地去面对困难，挑战它们吧！付出努力后，你会发现，挑战背后往往蕴藏着丰富的宝藏。

五、从现在起，不再对自己进行否定

连自己都不相信的人怎能使人信服？

——林语堂（曾在北京大学任教，著名学者、文学家、语言学家）

现实生活中，在青少年中经常会有这样的声音："我不能""我不行"，有的青少年甚至将其当成口头禅，遇到事情不想着去解决，只一味地否定自己。

其实，经常把"我不能""我不行"挂在嘴边是一种十分愚蠢的做法。因为心理暗示有着非常强大的作用，一个人一旦认为自己"不行"，就等于给了自己一个消极的心理暗示，意识就会接受这个指令，从而渗透到思维中。时间长了，"我不能""我不行"也就成了他的固定思维。

所以，青少年朋友，不要轻易地否定自己，永远不要说"我不行""干不好""我会失败"等话。记住：如果你想美好的事情，美好的心态就会跟着来；如果你想邪恶的事情，邪恶的心态就会跟着来。"与其呼天唤地，不如以积极的态度来面对。"

一天，北大心理学老师刘教授接到了一个电话，电话是自己的一位学生打来的。学生在电话里跟刘教授谈了自己的学业、人际关系，也谈了自己和父母的关系。总之，她的谈话中心内容只有一个："我真的什么都不行！"她为此很失落、很抑郁，在上了刘教授的课后，希望能得到教授的指导。

"你真的觉得自己很差吗？"刘教授问。

"是的。我的成绩在班里属于中等，得不到同学的认同，而且我和同学的关系也不好，大家都忽视我。父母将全部的希望寄托在我身上，我却无法令他们满意。初恋男友也离我而去，这让我感觉我的生活一片灰暗……"

"那你为什么要打这个电话？"刘教授追问。

"不知道，也许是想找个人说说话吧！"学生继续说着对自己的负面评价：不会和人打交道；不会聊天；不想上学；幼稚乏味；什么都不懂……刘教授很纳闷：一个女孩为什么要把自己说得如此不堪呢？

经过长时间的交流，刘教授了解到学生的父母都是老师，对她的要求非常高，给她定了很多标准，这些标准她根本无法实现。在家时，父母经常指责她。渐渐地，她觉得自己什么都不行。

这一番交流后，刘教授意识到了该学生的问题所在——缺乏鼓励！一个人如果长期得不到鼓励和肯定，生活在被否定的环境中，结果就会是——自我否定，认为自己真的什么都不行！

在电话里，刘教授试着鼓励那位学生，说她有上进心、是个懂事的孩子、说话声音很好听、很有礼貌、语言表达能力强、做事认真、能够和人沟通……"你看看，我们才聊了一会儿，我就发现你有这么多的优点，你怎么能说自己什么都不行呢？"刘教授说。

"您说的这些能算优点吗？从来没有人对我如此肯定过！"学生感到受宠若惊。

"从今天开始，请把你的优点写下来，至少要写十条。然后，每天大声念几遍，你的自信心会慢慢回来。要是发现有了新的优点，别忘了一定要加上去呀！"

学生听了，欣喜地答应着，轻松地放下了电话。

在第二天的课上，刘教授语重心长地对学生们说："你们能升入北大，证明你们每个人都很优秀，不要遇到了一些打击，就觉得自己什么都不行。要学会肯定自己、认可自己、欣赏自己，无论什么时候，在做任何事情之前，都不要急于否定自己。"

"行"和"不行"这两种截然相反的心态会带给人们截然相反的结果。如果遇到事情一味地消极对待，这种态度就决定了你不能出色地完成任务；只有以积极的态度来对待，你才能出色地、超乎寻常地完成这件事。有这样一则寓言故事，你或许能够从中受益：

从前，有两个兄弟想结伴去远方寻找幸福和快乐。

他们一路上风餐露宿、艰难跋涉，在即将到达目的地时，遇到了一条大河，而河的彼岸就是幸福和快乐的天堂。这条大河风急浪高，如何才能顺利通过呢？两人各自提出了自己的想法，大哥建议采伐附近的树木造成一条木船渡过河去，而小弟则认为无论哪种办法都不可能渡得了这条河，与其自寻烦恼和死路，不如等这条河流干了，再轻轻松松地走过去。

见说服不了小弟，大哥便开始独自实践起自己的想法来。他每天砍伐树木，辛苦而积极地制造船只，同时学会了游泳；而小弟呢？不但不帮大哥的忙，还每天躺着休息，然后到河边观察河水流干了没有。直到有一天，已经造好船的哥哥准备扬帆的时候，弟弟还在讥笑他的愚蠢。

不过，哥哥并不生气，临走前只对弟弟说了一句话："你没有去做这件事，怎么知道它不会成功呢？"

"等到河水流干了再过河"——这确实是个"伟大"的创意，可惜这是个注定永远失败的创意。最终，这条大河在小弟的苦等下并没有流干，而造船的哥哥经过一番风浪最终到达了彼岸，两人后来在这条河的两岸定居了下来，也都有了自己的子孙后代。河的一边叫幸福和快乐的沃土，生活着一群我们称之为积极思考的人；河的另一边叫失败和失落的荒地，生活着一群我们称之为消极空虚的人。

如果你"认为"自己会失败，你已失败了；如果你"认为"自己不敢，你更不会行动了；如果你"想"赢，却"认为"赢不了，几乎可以断定你与胜利无缘……请你牢牢地记住这几句话，无论什么时候，做任何事情前，都不要急于否定自己。只有你自己看重自己，从不轻率否定自己，你的生命才会更有意义，别人也就不敢小看你了。

六、告诉自己：只要去做，没什么不可能

我不在乎外界的评论，我一路都是在非议中走过来的。虱子多了不怕咬，我被人说惯了，无所谓了。这些年自己生生从一个老实听话的农村孩子变得逆反了，别人都说好的事儿我还不乐意干呢，别人都说这事儿不成，你别去，我还偏去了！

——张中行（曾在北京大学任教，著名学者、哲学家、散文家）

生活中，很多青少年都喜欢将"不可能"挂在嘴边，他们不仅不想方设法去解决问题，反而第一时间就否定自己，否定一件事情成功的可能性。在他们的世界中，只有死气沉沉，而没有革新和创造。

爱默生说："相信自己，便会攻无不克，不能每日超越一个恐惧，便从未学得生命的第一课。"生活在这个世界上，我们每个人都要和无数的"不可能"相遇。在面对这些不可能时，如果总是胆怯、退缩，就永远无法战胜"不可能"。

拥有自卑心理的人，内心经常会产生一些消极的自我暗示，他们的口头禅最多的是"不可能"。

青少年朋友，你一定要记得，永远不要让"不可能"将自己的手脚束缚住，有的时候，只要我们再往前迈一小步，再坚持一下，或许"不可能"就会转变为"可能"。现实生活中，很多人之所以能够达成自己的目标，成为所谓的成功人士，就是因为他们对"不可能"的事多了一股不肯低头的韧劲。他们常告诉自己：只要去做，没什么不可能。

有很多这方面的例子：海伦·凯勒听不见声音，看不见东西，但她创造了文学史上的奇迹；约翰·库缇斯曾被医生断言活不过一周，但他活到了 34 岁，成为轮椅橄榄球运动员、室内板球健将、国际著名的演讲大师，并有了妻儿……这些鲜活的例子告诉我们青少年：世上没有不可能！我们每个人都应该对自己有信心。

攻读市场营销专业的孙家庆从北大毕业后，应聘进了一家广告公司，成为一名广告业务员。刚开始工作的时候，部门经理就向他下达了一项任务，让他在一个月内完成20

个版面的销售。

一个月内完成20个版面？这个任务对一名资深业务员来说都是不小的压力，对初入职场的孙家庆来说更为繁重。

然而，孙家庆是一个不服输的人，他虽然心里觉着这项任务过于繁重，但他不相信有什么是"不可能"的。他列出一份名单，准备去拜访别人以前招揽不成功的客户。去拜访这些客户前，孙家庆把自己关在办公室里，将名单上的客户名字念了十遍，然后对自己说："在这个月底前，你们肯定会向我购买广告版面。"

第一周过去了，他没有争取到一个客户。但他没有气馁，第二周，他和这些"不可能的"客户中的5个达成了交易；第三周他又达成了10笔交易；月底，他成功地完成了25个版面的销售。

孙家庆的成功让部门经理和同事刮目相看。在年底的表彰会上，经理让孙家庆分享自己的工作经验。孙家庆只说了一句："不要恐惧被拒绝，尤其是不要恐惧被第一次、第十次、第一百次甚至上千次的拒绝。只有这样，才能将不可能变成可能。"话音未落，他的话就赢来了同事们最热烈的掌声。

生活中，青少年也许会经常遇到这样的情况：当你因为英语基础不好而努力背单词时，有人走过来对你说："别白费力气了！再背你也不可能拿高分！"听到这句话，你内心失落了、犹疑了。其实，"不可能完成"只是别人替你下的结论，能不能够完成要看你自己是否愿意去尝试、去努力。而尝试和努力都需要你克服自己的恐惧、失败心理。面对任何困难，如果你时刻以"必须完成"或者"一定能做到"的心态去做，相信一定会取得理想的成绩。

说起将"不可能"变成"可能"的事情，汤姆·邓普西是值得我们青少年学习的榜样。

汤姆·邓普西非常不幸，他一出生，就只有半只脚和一只右手，而且这只右手还是畸形的。

可怜天下父母心。面对肢体不健全的孩子，汤姆父母给了他莫大的鼓励，从来不让他因为自己的残疾而感到不安。结果是任何男孩能做的事他也能做，如果童子军团行军5千米，汤姆也同样能走完5千米。

后来，汤姆发现，他能把橄榄球踢得比在一起玩的任何男孩都远。他让人为他专门设计了一只鞋子，参加了踢球测验，并且得到了冲锋队的一份合约。然而，汤姆的努力并没有打动教练，教练婉转地告诉他，说他"不具有做职业橄榄球球员的条件"，建议他去试试其他项目。汤姆太热爱这项运动了，他申请加入新奥尔良圣徒球队，并且请求教练给他一次机会。教练最终被他的热情打动了。虽然心存怀疑，还是收下了他。两周后，汤姆凭借自己的努力，获得了教练的认可：他在一次友谊赛中将球踢出55码远得分。这种情形使他获得了专为圣徒队踢球的工作，而且在那一季中为他所在的队踢得了99分。

在一次比赛中，到了最伟大的时刻，球场上坐满了6万名球迷。球是在28码线上，比赛只剩下了几秒钟，球队把球推进到45码线上，但是可以说没有时间了。当汤姆进场的时候，他知道他的队距离得分线有55码远，是由巴第摩尔雄马队毕特·瑞奇踢出来的。但是，汤姆心里认为他能踢出那么远，而且是完全有可能的，他这么想着，加上教练在场外为他加油，使他充满了信心。正好，球传接得很好，汤姆一脚全力踢在球身上，球笔直地前进。6万名球迷屏住呼吸观看，接着终端得分线上的裁判举起了双手，表示得了3分，球在球门横杆之上几英寸的地方越过，汤姆一队以19:17获胜。球迷狂呼乱叫——为踢得最远的一球而兴奋，这是只有半只脚和一只畸形的手的球员踢出来的！

"真是难以相信。"有人大声叫道，但是汤姆只是微笑。他想起自己的父母，他们一直告诉他的是他能做什么，而不是他不能做什么。他之所以创造出如此了不起的成绩，正如他自己所说："他们从来没有告诉我，我有什么不能做的。"

人最怕的就是自我设置障碍，这不仅会让人失去理智，还可能会误入歧途。因为，如果你常常在心中对自己说：这样做可能不对，万一失败了怎么办。结果还没去做，就失去信心了，而结局肯定会比你想象得还要糟。

青少年朋友，如果你想获得理想的成绩、达成自己的梦想，就要把"不可能"从你的字典里去掉。不再为"不可能"寻找任何借口，而用光辉灿烂的"可能"来替代它，你会发现，做成事情的方法会有很多。

七、自我暗示，你可以做得更好

一个人心理的要素，转变人的力量很大，每个人都可以让自己变得更好。

——梁漱溟（曾在北京大学任教，著名思想家、哲学家、教育家）

暗示是一种奇妙的心理现象，指人或环境以非常自然的方式向个体发出信息，个体无意中接受了这种信息，从而做出相应的反应的一种心理现象。巴甫洛夫认为：暗示是人类最简化、最典型的条件反射。

暗示现象在我们的日常生活中非常普遍，每天都在不同程度上影响着人们的生活。比如你可能有过这样的经历：你去餐馆吃饭，上来一道新菜，你尝了一下觉得没什么特别的，等主人过来向你详细介绍之后，你才会渐渐体会到这道新菜的独特之处来。再比如，某天，朋友突然看着你说："今天看着你的脸色不太好，是不是哪里不舒服啊?"朋友这句不经意的话也许你起初还不太注意，但是，渐渐地，你可能真的会觉得自己头重脚轻、浑身作痛，好像真的生病了。最后由于太担心，便到医院做检查，当医生对你说"你没生病"后，你顿时会觉得一身轻松、充满活力，之前的"病态"也会一扫而光——这些现象你平时可能没在意，但是仔细想一想便会发现，这是多么不可思议！其实，这一切都是心理暗示在起作用。

暗示主要有两种形式，一种是他人暗示，另一种是自我暗示。所谓他人暗示，从某种意义上来说，可以称其为预言，虽然它对我们的生活也会起一定的作用，但却不及自我暗示的力量大。所谓自我暗示，就是指自己对自己的暗示。所有为自我提供的刺激，一旦进入了人的内心世界，都可称之为自我暗示。自我暗示是我们的思想意识和外部行动二者之间相互沟通、交流的媒介，同时，它还是一种启示、提醒和指令，它会告诉我们应该注意什么、追求什么、致力于什么和怎样行动，由此，它会支配我们的行为。

通常来说，自我暗示对我们的心理影响非常大，有时候甚至会创造出奇迹来。有这样一个例子：前苏联有一位演员，名叫 N.H.华甫佐夫，他平时口吃现象特别严重。但奇怪的是，当他每次上台演出的时候，这个缺陷就能够克服。到底他是怎么做到的呢？他所用的方法就是利用积极的自我暗示。每当在舞台上表演时，他都这样告诉自己，在舞台上讲话和做动作的这个人不是他，而是另一个人——剧中的角色，这个人是不口吃的。在这种心理影响下，他的口吃行为便被控制住了。

积极的自我暗示能够给我们的生活带来有利的影响。它能够不经意地影响我们的心理和行为，增强我们的自信心，使事情向我们所暗示的方向发展。所以，青少年朋友，在日常生活中，当你要参加某项活动或面临竞争时，不妨用积极的自我暗示来使自己产生勇气、产生自信。

报纸上曾经报道过这样一件事情：

在很多年前，一个世界探险队准备攀登马特峰的北峰，在此之前从没有人到达过那里。当时很多人都对这支探险队的行为非常好奇，记者为此进行了采访。

"马特峰的北峰这么凶险，你们认为自己成功的概率有多大？"记者问这些探险队员。

其中一名探险者回答说："我将尽力而为。"

另一名探险者的回答是："我会全力以赴。"

第三位探险者直视记者说："在我还没有到达这里的时候，我就想象自己能够登上马特峰的北峰。所以，我相信自己能够做到！"

后来，这支探险队中只有一人成功登上了北峰，这个人就是那个说自己能登上北峰的第三位探险者。他想象自己能登上北峰，结果他真的做到了。

其实，第三位探险者之所以能登峰成功，自我暗示也在发挥着作用。他相信自己能，然后朝着这个方向努力，即使面对困难也竭力克服，因为在他的心中，这些困难只不过是一个又一个阶梯，而他总会越过这些阶梯，到达峰顶。

上面的故事告诉我们：你自信能够成功，成功的可能性就会大大增加。每当你相信"我能做到"时，自然就会想出"如何去做"的方法，并为之努力。

青少年朋友，我们也应该学习这种精神，恰如其分地对自己做积极的自我暗示，这样我们一定会做得更好。

那么，实践中我们如何进行积极的自我暗示呢？有没有什么技巧呢？以下是培养积极的自我暗示的几种方法：

1. 想着"我将要成功"而不是"会失败"。当你建立成功的信念后，你的才智会积极帮你寻找成功的方法。

2. 与自己亲近的人或好朋友谈谈心，请他们帮助你告别过去，让他们在你犯下老毛病时提醒你注意。

3. 每天故意用充满希望的语调谈每一件事，谈你的学习、你的健康、你的梦想。并对每件事采取乐观的说法。

4. 乐于接受各种创意。要丢弃"不可行""办不到""没有用""那很愚蠢"等思想。

5. 不要说"我一直是这样"，而应说"我一定要做出改变"。

6. 不要说"我天生就是这样"，而应说"我曾认为自己生性如此"。

7. 不要说"我就是这样"，而应说"我以前曾经是这样"。

8. 不要说"我也没办法"，而应说"只要努力一下，我就可以改变自己"。

八、自卑和自信往往就在一念之间

走路一定要昂起头来。

——林庚（曾任北京大学教授，现代诗人、古代文学学者、文学史家）

现实生活中，很多青少年在面对问题的时候会这样问自己："假如……我可以吗？""他那么厉害能办成，我应该不可以吧！"拥有这种想法，其实是一种不自信甚至可以称之为自卑的表现。

所谓自卑，就是自己瞧不上自己，觉得自己不行的一种心理表现。拥有自卑心理的人，并不一定是他本身有某些缺陷或短处，而是自己不能悦纳自己，做任何事情、面对任何人，总是一副自惭形秽的样子，常将自己放置于低人一等的位置，自己不喜欢自己，喜欢自我否定，渐渐地，便陷入不能自拔的痛苦境地，心灵永远被一丝阴郁笼罩着。

在这个世界上，很多人之所以陷入生活的困境，大多是因为对自己信心不足或拥有自卑心理。他们就像一棵脆弱的小草，毫无信心去经历风雨，结果不但爬不出困境，反而会越陷越深。

国家陷入了战争，一位父亲和他的儿子共同出战。不久后，父亲做了将军，儿子却还只是马前卒。

又要打仗了。临行前，父亲庄严地托起一个箭囊，其中插着一支箭。他郑重地对儿子说："这是家传宝箭，带在身边，你将力量无穷，但千万不可将箭抽出来。"那个箭囊非常精美，厚牛皮材质，镶着幽幽泛光的铜边儿，箭尾的材料也非同一般，是用上等的孔雀羽毛制作的。儿子看见这个箭囊一眼就喜欢上了，贪婪地推想箭杆、箭头的模样，想象着箭嗖嗖地掠过，敌方的主帅应声落马而毙。

果不其然，儿子将宝箭带在身上后，马上英勇非凡、所向披靡。然而，当鸣金收兵的号角吹响时，儿子再也禁不住得胜的豪气，将父亲的叮嘱忘到了九霄云外，强烈的欲望驱赶着他一下拔出了宝箭，试图看个究竟。可是，眼前的画面让他惊呆了——精美的箭囊里装着的是一支断箭。

看到这一切，儿子瞬间吓出了一身冷汗："原来我一直带着一支断箭打仗呢！"顷刻间他觉得天旋地转，自己的支柱轰然倒塌。

后来，儿子惨死于乱军之中。

在儿子的墓碑前，悲伤的父亲沉重地对着儿子的墓碑啐一口道："不相信自己能力的人，永远也做不成将军。"

试想一下，如果"儿子"充满自信，那么事情可能就是另一种局面。可是人生没有假如。当大好的人生机遇出现在眼前时，自卑者怀疑自己是否能够做好它，不敢伸手一抓，不敢奋力一搏。未战心先怯，只会白白贻误良机。

由此可以看出，在面对一件事情的时候，自卑者很容易让机会从身边悄悄溜走，等到事情过后，又会陷入不断的自责之中，于是更加自卑。令人痛惜的是，自卑心理会给我们的心理带来坏影响，他会造成我们人格和心理的卑怯，不敢面对挑战，不敢袒露内心的热情，总是沉浸于自怨自艾的心结中。时间长了，积"卑"成"病"，我们也就永远不再有雄心和志气了。

其实，自卑和自信离得并不远，有的时候就在一念之间。如果我们少一些自卑心理，那么自信就会从心底应运而生。

征服自卑心理，不能夸夸其谈，止于幻想，而必须付诸实践，见于行动。建立自信最快、最有效的方法，就是去做自己害怕的事，直到获得成功。

1. 与乐观的人交往

与乐观的人交往，他们看问题的角度和方式，会在不知不觉中感染你。

2. 尝试一点改变

先做一点小的尝试。比如，换个发型，买件以前不敢尝试的比较时髦的衣服……看着镜子中的自己，你会觉得心情大不一样，原来自己还有这样的一面。

3. 寻求他人的帮助

寻求他人的帮助并不是无能的表现，有时候当局者迷，当我们在悲观的泥潭中拔不出来的时候，可以让别人帮忙分析一下，换一种思考方式，有时看到的东西就会大不一样。

4. 认清自己的想法

有时候，问题的关键是我们的想法，而不是我们想什么事情。人的自卑心理来源于心理上的一种消极的自我暗示，即"我不行"。正如哲学家斯宾诺莎所说："由于痛苦而将自己看得太低就是自卑。"这也就是我们平常说的自己看不起自己。悲观者往往会有抑郁的表现，他们的思维方式也是一样的。所以先要改变戴着墨镜看问题的习惯，这样才能看到事情乐观的一面。

5. 正确认识自己

对过去的成绩要进行分析。自我评价不宜过高，要认识自己的缺点和弱点，充分认识自己的能力、素质和心理特点。要有实事求是的态度，不夸大自己的缺点，也不抹杀自己的长处，这样才能确立恰当的追求目标。特别要注意对缺陷的弥补和优点的发扬，将自卑的压力变为发挥优势的动力，从自卑中超越。

6. 客观全面地看待事物

有自卑心理的人，总是过多地看重自己不利、消极的一面，而看不到有利、积极的一面，缺乏客观全面地分析事物的能力和信心。这就要求我们努力提高自己透过现象抓本质的能力，客观地分析对自己有利和不利的因素，尤其要看到自己的长处和潜力，而不是嗟叹不已、妄自菲薄。

7. 放松心情

努力放松心情，不要想不愉快的事情。或许你会发现事情并没有原来想的那么严重，会有一种豁然开朗的感觉。

8. 在积极进取中弥补自身的不足

有自卑心理的人大多比较敏感，容易接受外界的消极暗示，从而越发陷入自卑中不能自拔。如果你能正确对待自身的缺点，把压力变为动力，奋发向上，就会取得一定的成绩，从而增强自信，摆脱自卑。

9. 幽默

学会用幽默的眼光看问题，轻松一笑，你会觉得其实很多事情都很有趣。

10. 要增强信心

只有自己相信自己，乐观向上，对前途充满信心，并积极进取，才是消除自卑、促进成功的最有效的补偿方法。悲观者缺乏的往往不是能力，而是自信。他们往往低估了自己的实力，认为自己做不来。记住一句话：你说行就行。

11. 积极与人交往

不要总认为别人看不起你而离群索居。你自己瞧得起自己，别人也不会轻易小看你。能不能从良好的人际关系中得到激励，关键还在自己。要有意识地在与周围人的交往中学习别人的长处，发挥自己的优点，多在群体活动中培养自己的能力，这样可预防因孤陋寡闻而产生的畏缩躲闪的自卑感。

我们一定要根据自身的条件，横扫身上的一切自卑情结。当自己怀疑自己能力的时候，不断地暗示自己可以出色地完成任务；当觉得自己不如别人的时候，告诉自己他们只是比自己早成功了一步而已，自己通过奋斗可以比他们更成功。相信自己的力量，自己是最优秀的人，让"假如"变成"一定"！

九、你欠缺的只是自我挖掘的精神

拥抱挑战，追求卓越。我想这是每一个公司都渴望看到的，在这一点上对百度来说尤其地重要。因为我们一直在世界的舞台上，在跟世界上最有实力的、技术最先进的公司进行竞争，如果我们自己对自己要求不高，我们就没有办法在市场当中获得我们应有的地位。

——李彦宏（毕业于北京大学，百度公司创始人、董事长兼首席执行官）

我们每个人都有一定的潜能，而且这种潜能是永远都挖掘不尽的，就像一座永远也挖不尽的金矿，你可以从这座金矿取得所需的一切东西，如果能唤醒这种潜在的巨大力量，往往会出现奇迹。

然而，令人遗憾的是，现实生活中，我们很多青少年身上都缺乏这种自我挖掘的精神。

李根生（化名）是北大音乐系的一名大三学生。一天，他像往常一样走进了练习室，在钢琴上，摆着一份全新的乐谱。

"超高难度……"他翻着乐谱，喃喃自语，感觉自己对弹奏钢琴的信心似乎跌到了谷底。已经3个月了！自从跟了这位新的指导教授之后，李根生不知道教授为什么要以这种方式整人。他勉强打起精神，开始用自己的十指奋战、奋战、奋战……琴音盖住了教室外面教授走来的脚步声。

指导教授是个大师级人物，在国内音乐界非常著名。授课的第一天，他递给李根生一份乐谱，说："你试着练习练习吧！"

这本乐谱的难度非常高，李根生弹得生涩僵滞、错误百出。"还不成熟，回去好好练习！"教授在下课时，如此叮嘱李根生。

李根生练习了整整一周，第二周上课时正准备让教授验收，没想到教授却给了他一份难度更高的乐谱。"你再接着练习练习这个吧！"上星期的课教授也没提。李根生再次挣扎于更高难度的技巧挑战。第三周，教授又给了他一本更难的乐谱。

这样的情形持续着，李根生每次在课堂上都会被一份新的乐谱所困扰，然后把它带回去练习，接着再回到课堂上，重新面临两倍难度的乐谱，却怎么都赶不上进度，一点儿也没有因为上周的练习而有驾轻就熟的感觉，这让李根生感到越来越不安、沮丧和气馁。

一天，教授像往常一样来到了练习室。李根生再也按捺不住了，他向教授提出了这三个月以来何以不断折磨自己的质疑。教授听了李根生的话，没有说话，只是抽出最早的那份乐谱，交给了李根生："那你现在来弹弹这份乐谱吧！"

不可思议的事情发生了，连李根生自己都惊讶万分，他居然可以将这首曲子弹奏得如此美妙、如此精湛！教授又让李根生试了第二堂课的乐谱，李根生依然有超高水准的表现……

演奏结束后，李根生怔怔地望着教授，说不出话来。

"如果我不这样训练你，可能你如今还在练习最早的那份乐谱，也就不会有现在这样的程度……"教授缓缓地说。

其实，故事中的这个教授只是想告诉他的学生：你的内心拥有一座充满潜能的宝藏，老师要做的就是帮你挖掘出来。

其实，我们每个人都蕴藏着巨大的潜在力量，等待着我们去发现、去认识、去开发。这种力量一旦引爆出来，将带给我们无穷的信心能量。

美国学者詹姆斯根据她的研究成果说："普通人只开发了他蕴藏能力的1/10。与应当取得的成就相比较，我们不过是在沉睡。我们只利用了我们身心资源的很小的一部分，甚至可以说一直在荒废。"没有人知道自己到底具有多大的潜能，因而没有人知道自己会有多么伟大，所以我们应该找寻内心真实的自我，激发自己无穷的潜能。

青少年朋友，你要知道，在我们每个人的身体里，都蕴藏着无限的能量，如果你能够发现并善于运用这种力量，你的理想的实现概率就会增大很多。通常来说，运用潜意识来开发我们无限的潜能，犹如用一把万能金钥匙来打开未来之门，你会发现，它给你带来了无尽的挑战和惊喜。

十、你或许不是"最优秀的"，但一定不是"最差的"

命运，不过是失败者无聊的自慰，不过是懦怯者的解嘲。人们的前途只能靠自己的意志、自己的努力来决定。

——茅盾（毕业于北京大学，现代作家、社会活动家）

就读于北大的王梅梅（化名）一直没有太多的自信，她总觉得自己处处比人差：在学习方面，她成绩平平，每次发放成绩单都让她难堪不已；在体育方面，她技不如人，不是动作不对，就是体力不支；在音乐方面，她觉得自己嗓子也不如别人的好，总不肯唱一句。甚至在取得了成绩受到表扬时，她也认为不是自己表现好，而是因为自己太幸运。

我们从上文中可以看出王梅梅缺乏足够的自信心，拥有这种不自信心理的青少年非常多，他们总觉得自己不如别人，有低人一等的感觉。

缺乏自信心的人对自己的能力品质等因素评价过低，总哀叹事事不如意，老拿自己的弱点比别人的强处，结果越比越气馁，甚至比到使自己无立足之地：有的人在别人面前就脸红耳赤，说不出话；有的人遇上重要的会面就口吃结巴；有的人认为大家都欺负自己因而厌恶他人……若对这种不自信的心理处置不妥，将会使人消沉，严重的甚至会造成人的心理变态，进而影响一个人的能力发展和未来成就，摧老人的身心，盗走人的骨气，拥有这种心理真是有百害而无一利。正如中国卓越的新闻记者、政论家、出版家邹韬奋在《自觉与自贱》一文中所说的："若自觉有所短而存在着自贱的心理，便是自甘居卑劣的地位，所得的结果只能是颓废。"

青少年朋友，如果想拥有一个见长的成长氛围，就要消除这种不自信甚至自贱的心理，要试着对自己现存的力量感到满足，要客观地评价自己，相信自己的力量，发挥自己的长处。俗话说"尺有所短，寸有所长""金无足赤，人无完人"，我们不仅要如实地看到自己的短处，也要恰如其分地看到自己的长处，既比上，又比下；既比优点，也比缺点。跟下比，看到自身的价值；跟上比，鞭策自己求进步。

2008 年，对中国 37 岁的老将谭宗亮来说已经是第 4 次参加奥运会了。"我练了 23 年的射击，参加了 4 次奥运会，只拿到一块铜牌（后又确认为银牌），有点愧对祖国。"前 3 次，他甚至没有拿到奖牌。

老骥伏枥，必有千里之志；少了一些激情和冲劲，却多了一些从容和稳重。在男子 10 米气手枪发挥失常未进决赛之后，谭宗亮立即开始备战 50 米气手枪的比赛。结果，他果然发挥出色，以预赛第一的身份进入决赛。可惜的是，决赛第一枪，他仅仅打出7.9环的成绩。后来，他发挥得比较稳健，最终获得了这个项目的银牌……

参加了4次奥运会，却没能为祖国拿到一枚金牌，这一点始终让谭宗亮深感遗憾和愧疚。然而，仅从自身角度来讲，能够拿到一枚奖牌，让他已经非常满足了。这是他第一次在奥运会上拿到奖牌，他觉得很满意，因为他参与了，并取得了自己参赛史上最好的成绩。也许，就大赛的实际成绩来说，他并不算"最优秀的"，但是，对一个场下刻苦训练、场上竭尽全力发挥的运动员来说，谁又会说他不是英雄呢？

赛场上，有人喜欢拿金牌来衡量成功，可是那些以微弱劣势获得银牌、铜牌甚至与奖牌失之交臂的运动员难道就不值得我们尊敬吗？不是的！那些明知自己拿不到奖牌，却依然坚持上场参加比赛的运动员，一样值得我们钦佩和尊重。

当今社会，很多人将名利看得很重，认为"胜者为王，败者为寇"，喜欢以成败论英雄。其实，金牌只有一枚，第一只有一个，不是每个人付出努力就能成功，天时地利、主客观原因都是不可忽略的。

不要以成败论英雄，我们应当用客观的眼光看待成功：诸葛亮是三国时期的名相，他的一生完全交付给了蜀国，为蜀国的发展鞠躬尽瘁、死而后已，从西蜀的建立到强大，他可谓呕心沥血，付出良多，但是遗憾的是，最终却没能实现统一中原的心愿，难道我们能说他不是真英雄吗？当然不能！史玉柱从汉王软件开始创业，赚得第一桶金后，又开始进军保健品市场，但很快企业就倒闭了，负债累累，然而他却没有被压力压倒，接着开始了第二次创业，坚持将负债还清。如果他不是英雄，那么我们应该给予"英雄"二字什么样的释义呢？

"不以成败论英雄"，这不是一句随口说说的安慰之语，而是人生应有的一种态度。要知道，人生在世不可能事事如意，也不可能一帆风顺，假如单凭一时的成败就对自己或他人轻下断言，这于人于己都是不公平的。每个人的遭遇不同，每一阶段所取得的成绩也有所差别，我们不能用一个标准去衡量。只要全力以赴、艰苦奋斗过，成功或失败并不重要，我们仍然是最棒的。

在北京奥运会上，面对美国"梦八队"这个几乎"天下无敌"的对手，中国男篮不屈不挠地拼搏和奋斗，将更快、更高、更强的体育精神做了完美的诠释。虽然男篮未拿到金牌，甚至奖牌，可是他们的精神却感动了无数人，他们所赢得的掌声和荣誉不比任何一支冠军队少。只要全力以赴，只要有所进步，就是最好的成绩。

青少年朋友们，在生活和学习中，你不能过于高估自己但更不能轻视自己，你或许不是"最优秀的"那个，但一定不是"最差的"那个。虽然拿不了金牌，做不了第一，但是一定要拥有豁达淡然的良好心态。得失胜负不过是过眼云烟，我们应该好好享受付出努力的过程，看淡成绩和结果。唯有如此，我们才能拥有乐观自信的态度，才能做最好的自己。

十一、不要效仿他人，活出真实的自我

人生可以有很多选择，北大毕业生出来卖猪肉卖得好，我也为他骄傲，并不是每个人都要当教授当科学家。

——周其凤（曾任北京大学校长，著名化学家、教育家）

有一个"东施效颦"的故事：

从前，有一位叫西施的女子，长得非常美丽。一天，她由于心口疼痛便皱着眉头在街上行走。有一位非常丑陋的名叫东施的女子，看到西施的这个模样，认为皱着眉头很美，便也学着西施的样子，捂着胸口皱着眉头走路。看到她的这个模样，村里的有钱人看见了，紧闭家门而不出；穷人看见了，便带着妻子儿女远远地躲开。

东施只知道西施皱着眉头好看，却不知道人家皱着眉头好看的原因。西施皱着眉头好看，是因为人家本身就美丽啊！

这个故事告诉我们青少年：为人处世，不要刻意地效仿别人，要懂得坚持自我，按自己的方式生活。如果你一味地遵循别人的价值观，想要取悦别人，最后你会失去自我，跌入痛苦的深渊。

每个人身上都蕴藏着巨大的潜能，每个人的命运都蕴藏在自己的胸膛里。只有善于发现自己的人，才能走出命运的迷宫，找到真正的宝藏。

我们每个人都有自己的独特态度和方式，都有自己的评判标准，我们可以参考他人的方式、方法、态度来做决定，但是切忌总拿别人当镜子。总拿别人当镜子，一味地效仿，傻子也许会以为自己是天才，天才也许会把自己照成傻瓜。有这样的一个故事：

胡皮·戈德堡是美国著名的黑人女演员，她的成长环境非常复杂。她是在纽约市切尔西劳工区长大的。当时正值"嬉皮士"时代，她经常模仿当时流行人物的穿着，穿大喇叭裤，头顶阿福柔犬蓬蓬头，脸上涂满五颜六色的彩妆。邻居看到她的这个样子，纷纷批评她。

一天，胡皮·戈德堡和朋友约好一起去看一场电影。那天晚上，她依然穿得非常"乱"，裤子是故意扯烂的吊带裤，上衣是一件绑染衬衫，头发是一头阿福柔犬蓬蓬头。朋友看到她的样子，第一句话就是："我觉得你不应该穿这一套衣服，赶紧去换了吧！"

"为什么要换呀？"胡皮·戈德堡对朋友的提议感到很疑惑。

谁知朋友回答道："如果你执意要打扮成这个鬼样子，那我才不和你一起出门呢！"

朋友的话让她怔住了，她生气地说道："要换你换，我绝对不会换！"

朋友听了她的话，转身就走了。

　　胡皮·戈德堡的母亲目睹了女儿和朋友的这一番对话，决定劝劝女儿。她对胡皮·戈德堡说："你可以去换一套衣服，然后变得跟其他人一样。但你如果不想这么做，而且坚强到可以承受外界的嘲笑，那就坚持你的想法。不过，你必须知道，你会因此引来批评，你的情况会很糟糕，因为与大众不同本来就不容易让人理解。"

　　听了母亲的话，胡皮·戈德堡的内心受到很大的触动。她忽然明白了，如果自己执意探索一条"另类"的存在方式，没有人会给予鼓励和支持，哪怕给予理解。当朋友对她说"你得去换一套衣服"时，的确让她陷入了两难的抉择：如果今日我为了朋友而换衣服，那么以后不知还要为多少人换多少次衣服呢！我为何要按照别人的标准和要求着装呢？不随大众、活出自己的方式难道不对吗……不，不是！我不能为了别人的眼光和标准而改变自己。我要活出我自己来！

　　从女儿的表情变化上，母亲似乎也看出了她的决心，看出了她在向这类强大的同化压力说"不"，看出了她不愿为别人而改变自己。母亲的心也软了。

　　胡皮·戈德堡的一生都没有摆脱"与众一致"的议题。由她主演的电影《修女也疯狂》是一部经典影片，她在其中扮演的修女角色就是一个很另类的形象。当她出名后，也经常听到别人说："她在这些场合为什么不穿高跟鞋，反而要穿红黄相间的快跑运动鞋？她为什么不穿洋装？她为什么跟我们不一样？"虽然对她有非议，但到后来，大家还是认可了她的装扮，有的在她的影响下，试着和她一样绑黑人细辫子头，因为她是那么与众不同、那么光芒四射。

　　胡皮·戈德堡说得对！如果今天为某个人换衣服，以后的日子里，也就不知要为多少人换衣服了。换来换去，哪还有自己？做人做事也如同打扮一样，不能改来改去，没有原则。否则，就不是自己了。

　　其实，一个人活着的意义就是他存在的价值。所以，青少年朋友，请你时刻记住，你就是你，别强迫自己去模仿他人。要学会自我欣赏，发挥自己的特长，展现自己独特的价值。欣赏自己，多一分自信，就会有多一分快乐。

十二、发现你的优势，做最好的自己

我将永远困惑，也永远寻找。困惑是我的诚实，寻找是我的勇敢。

——周国平（毕业于北京大学哲学系，著名学者、散文家、哲学家、作家）

　　从小学开始，学校就习惯于将孩子简单地划分为"好学生"和"差学生"两类。在他们看来，"好学生"自立、懂事，不用老师和家长操心；"差学生"不仅惹是生非，其可怜的成绩还不得不让老师和家长为其前途担忧不已。如此两分法，就像孩子们是从两个不同的模子里倒出来的一样。可是，美国教育界的思维方式却正好与之相反。

一次，某中国家长问美国某大学的校长："贵校中，有多少位好学生，多少位差学生呢？"校长听了感到很诧异，便诚恳地说："我们这里的学生没有好坏之分，只存在具备不同个性特点的学生。"

世界上没有两片完全相同的树叶，每个人的天赋也是不同的。和别人比，你或许在某些方面有些欠缺，但在其他方面你却表现得更为突出。成功的关键不是克服缺点、弥补缺点，而是施展天赋、发挥优势。要想获得成就，就要善于经营自己的强项。

在美国盖洛普公司曾经出过的一本畅销书《现在，发掘你的优势》中，盖洛普的研究人员发现：大部分人在成长过程中都试着"改变自己的缺点，希望把缺点变为优点"，但他们碰到了更多的困难和痛苦；而少数最快乐、最成功的人的秘诀是"加强自己的优点，并管理自己的缺点"。"管理自己的缺点"就是在不足的地方做得足够好，"加强自己的优点"就是把大部分精力花在自己感兴趣的事情上，凭此取得成绩。

所谓的优势，并非把每件事情都做得很好、样样精通，而是在某一方面特别出色。优势可以是一种技能、一种手艺、一门学问、一种特殊的能力或者只是直觉。你可以是鞋匠、修理工、厨师、木匠、裁缝，也可以是律师、广告设计人员、建筑师、作家、机械工程师、软件工程师、服装设计师、商务谈判高手、企业家或领导者，等等。

人生的诀窍就在于发现自己的优势并经营它。若舍本逐末，用自己的弱项和别人的强项拼，失败的只能是自己。从这个角度来说，青少年朋友千万别轻视了自己的一技之长，尽管它可能并不高雅，却可能是你终生依赖的财富。

每个人都不是弱者，每个人都有实现自己梦想的可能，只要我们找准自己的最佳位置，发现自己的优势，努力经营自己的强项，并将这个优势发挥到极致，我们一定能成为某一领域的"王者"！

十三、想唱就唱，就算没人为你鼓掌

其实幸福就像你身后的影子，你追不到。但是，只要你往前走，它就会一直跟着你。

——海子（毕业于北京大学，著名诗人）

在我们人类的众多动作中，鼓掌是再简单不过的，但是却蕴含着我们至高的情感表达。在日常生活中，我们每一个人都需要掌声：当我们取得成绩、获得某项荣誉时，他人的掌声会给我们带来激励和前进的动力；当我们面对困难、经历考验时，掌声会给我们带来信心、勇气以及奋进的力量……应该说，掌声就是一种肯定，是一种鼓励，也是一种尊重。当一场生动的演讲给我们带来心灵的震撼时，当我们内心愉悦需要表达自我时，当一场优美的舞姿带给我们欢乐时，我们喜欢用鼓掌来表达心中的情感，表示我们对美的赞赏。然而，你有没有注意到这样一个现象：生活中，我们会毫不犹豫地为他人鼓掌，但却很少有人会为自己鼓掌。

生活中，有很多知名的演员、歌手，他们曾经声名雀跃，赢得无数掌声。后来，随着他们年华渐逝，再加上新人辈出，他们便渐渐地退出舞台。令人惋惜的是，他们中有一些人结束了自己的生命。究其原因，一位作家曾这样解释：在光辉灿烂的舞台上，他们时刻需要粉丝的掌声来肯定自己。但是由于他们从来不曾听到过来自自己的掌声，所以一旦退出舞台，便会倍感凄凉，觉得粉丝把自己给抛弃了，渐渐地觉得活着没有意义，从而走向了不归路。

其实，我们的人生就像舞台，每个人都在其中扮演着属于自己的角色，无论是主角还是配角，无论会让人生恨还是让人感动，都真真切切地活着。在这个舞台上，每一个人都渴望演绎出辉煌的成就、独特的自我，希望自己的一举一动、风度学识或是动人歌喉、翩翩身影能够得到别人的认可和掌声。可是，并非人人都能获得别人的掌声、生活于镁光灯下。绝大多数人都是平凡的观众，没有太多人关注、在意，没有太多人给予簇拥的鲜花和热烈的掌声。面对这种情况，很多人会不住地叹息自己的渺小和平庸，感怀别人的优秀与伟大。其实，根本没有必要这么做。鲜花固然美丽，掌声固然醉人，但他们只能肯定某些人的成就，却无法否定多数人的价值。只要你真真实实地生活，活出一个真真正正的自我，那么即使所有的人把目光投向别处，你还拥有一个最后的观众，那就是你自己，你可以自己为自己鼓掌。

有一个小男孩，他从小就很喜欢棒球运动。在他七岁生日的时候，父母送给他一副新的球棒当作生日礼物。他激动万分地冲出屋子，大声喊道："我是世界上最好的棒球手！"他把球高高地扔向天空，举棒击球，结果没中。他毫不犹豫地第二次拿起了球又喊道："我是世界上最好的棒球手！"这次他打得更带劲。但又没击中，反而跌了一跤，擦破了皮。男孩第三次站了起来，再次击球。这次准头更差，连球棒也丢了。

他望了望球棒道："嘿，你知道吗，我是世界上最伟大的击球手！"

后来，这个男孩果然成了棒球史上罕见的神击手。是自己的赞美给了他力量，是赞美成就了小男孩的梦想。

台湾作家三毛曾说："在我的生活中，我就是主角。"是的，你就是你命运的主人，你就是你灵魂的舵手，不要让自己成为一个生活、观众和世界的看客，而要成为自己的欣赏者，懂得适时为自己鼓掌。或许，你就是一块矗立在悬崖边、终日饱受风吹雨打的石头，长相丑陋而又没什么天分，沧海桑田的变迁中，被人千百年的遗忘在那里，可你同样应为自己自豪，长久的屹立不倒，便是你永恒的骄傲；或许，你只是一个煅烧失败、一经完成便遭遗弃的瓷器，既没有精美的花纹，也没有靓丽的釉色，可你同样应为自己自豪，当你摒弃了杂质，由一个泥坯变成一件瓷器时，你的生命就已经在烈火中变得灼人而又亮丽，你就应该为此而欣慰。

只要你拥有一双手，你就能为自己鼓掌。

为自己鼓掌，会使我们拥有继续前行的力量。当我们碰壁时，我们低下原本昂得高高的头；当我们遭遇困境时，我们沮丧万千、垂头丧气；当我们为了所谓的现实而不得不低头时，我们失去了自尊……漫长的人生道路中充满了各种挫折、坎坷和无奈，即便再平静的海面也会有波涛汹涌的一天。所以，当我们遭遇困难时候，要试着相信自己，用一颗勇敢的心去面对。因为，一次失败并不代表永远的失败，一次困境并不代表永远的不顺，跌倒了，勇敢地爬起来，微笑、前行，或许在下一站，成功已经在那里等你。

为自己鼓掌，会使我们的生活变得多姿多彩。大多数时候，我们都是在为别人的成功而鼓掌，而没有体会过自己为自己鼓掌的感受。试着为自己鼓掌一次，你会发现自己有了一种与众不同的感受，这种感受就像窗外吹来的凉风夹着桂花带来的芳香，带给人清爽、轻松的感觉。

为自己鼓掌，不让自己错过人生的每一次感动。在人生的漫长行程中，我们会遭遇无数的"花开花落"、聚散匆匆，这个时候，亲友给我们关切的眼光，给我们无微不至的关怀，甚至一个眼神、一句问候都让我们潸然泪下，让我们增添无穷的活力。试着为自己鼓掌，也是给那些关心我们的人一份抚慰。

青少年朋友，好好地把握你们的人生吧！在寻找人生真谛的道路上，开创一片蔚蓝与清丽的崭新的天空，开创新的世界的绝美风景。让你们的足迹踏着时代的节拍走向青春舞台，青春是你们的一幅卷轴，是你们的一面旗帜，请张开你们的双手，一起鼓掌吧：为别人鼓掌，更为自己鼓掌。

热情，对人生永远狂热痴迷

北大的人经常被标上狂放的标签，同时又带着些许的痴。这份痴狂是对学业和事业的满腔热情所致。卡耐基曾经说："岁月能够使你的皮肤起皱，但失去了热忱，岁月就会夺走你的灵魂。"对于人生，我们要永远怀着热情积极的态度，"以出世的精神，做入世的事业"，脱离惯性思维的束缚和捆绑，不断发挥自己的潜能，挑战人生的极限。

一、钱理群：没有别的秘诀，最大限度地挥洒热情

你脑中若有积极的思想，可以用同样的方法，将注意力集中在那些使你快乐和希望的事情上，你就会快乐起来。

——林语堂（曾在北京大学任教，著名学者、文学家、语言学家）

一个对周围事物充满冷漠情绪的人，是一个乏味的人，而热情是让人生更加生动的催化剂。热情之所以具有非凡的力量，在于它能给人激励、给人鼓舞。一个在生活中投入热情的人，常常不会感到疲倦、劳累，而且会常常觉得自己有使不完的力气，能够完成平时根本不可能完成的事情。

在生活中，无论我们从事何种职业，无论伟人还是凡人，都会遇到各式的挫折与坎坷。面对生活的不如意，有的人被打倒，有的人却把挫折当成垫脚石，当作是对自己的考验，保持积极的态度，不断前进，扎扎实实做好本职工作，在平凡的工作中燃烧激情，最终在自己的人生道路上留下光辉的一页。

北大教授钱理群就是热爱生活、热爱教育事业的人。钱理群，1939 年出生，北京大学资深教授，20 世纪 80 年代以来中国最具影响力的人文学者之一。他以对 20 世纪中国思想、文学和社会的精深研究，特别是对 20 世纪中国知识分子历史与精神的审察，得到海内外的重视与尊重。钱理群近年来关注教育问题，多有撰述并为此奔走。他被认为是当代中国批判知识分子的标志性人物。

在北大，曾经有一句话在学生们中非常流行：一个读书人没有见识过钱理群讲课的魅力，不能不说是个遗憾。

为什么这么说呢？一位学生的生动描述或许多少能够补偿一点这种缺憾。

"钱理群的选修课在北大很受欢迎。限定中文系的课，外系的学生也会来旁听；限定研究生的课，本科生也会来抢位子；因为人多，原定在小教室上的课不得不转移到大教室。有时一学期要换几次教室。上过钱教授课的人，都会对他独一无二的讲课风格留下极深的印象。钱教授在北大开过不止一轮的鲁迅、周作人、曹禺专题课。在北大，中文系老师讲课的风格各异，但极少见像钱教授那么感情投入的人。由于激动，眼镜一会儿摘下，一会儿戴上，一会儿又拿在手里挥舞，一副眼镜无意间变成了他的道具。他写

板书时，粉笔好像赶不上他的思路，在黑板上显得踉踉跄跄，免不了会一段一段地折断；他擦黑板时，似乎不愿耽搁太多的时间，黑板擦和衣服一起用；讲到兴头上，汗水在脑门上亮晶晶的，就像他急匆匆地赶路或者吃了辣椒后的满头大汗。来不及找手帕，就用手抹，白色的粉笔灰沾在脸上，变成了花脸。即使在冬天，他也能讲得一头大汗，脱了外套还热，就再脱毛衣。下了课，一边和意犹未尽的学生聊天，一边一件一件地把毛衣和外套穿回去。如果是讲他所热爱的鲁迅，有时你能看到他眼中闪亮的泪光，就像他头上闪亮的汗珠。每当这种时刻，上百人的教室里，除了钱教授的讲课声之外，静寂得只能听到呼吸声。"

是的，正如这位同学的描述一样，钱理群教授的课生动、充满激情、广受欢迎。在他的课堂上，从十几岁到二十岁、三十岁、四十岁、五十岁再到六十岁，什么年龄阶段的人都有；从本科生、硕士生、博士生到访问学者，到外来游学的青年再到退休教师，什么身份的人都有……钱理群教授是靠什么将这么多不同年龄、不同身份的人吸引到他的课堂上来了呢？钱理群教授具有一种非凡的控制力，这种控制力不仅仅是靠他的丰富学识、他的演讲技巧，更是靠他的热情和真诚，他是用心在讲课。

大学之大者，非大楼之谓，乃大师之谓也。北大之所以在中国众学府中脱颖而出，就是因为有钱理群这样的大师。他们将自己的心放在了讲台，放在了学校，放在了学生们身上。他们的热情态度，将北大的课堂演变成艺术的殿堂，而他们也正是以艺术创作的态度在授课。"以出世之精神，做入世之事业"，我们的生活之所以不够精彩，也许正是缺少这样一种激情与狂热。

我们每个人都逃脱不了生活的罗网，不管是扮演什么样的社会角色，你都要努力去生活，用热情感染你的生命。

有这样一位老太太，她身体残疾，一条腿被锯掉了，但仍然不要别人服侍，而是独自一人生活。

那她是怎么生活的呢？据她自己描述，她每天都是坐在轮椅上做家务的，包括使用吸尘器、准备三餐、铺床。她最常对人说的话是："只要你知道窍门，就不会有困难，而且我真的知道这里的诀窍，我并不觉得困难。虽然我身旁没有人，也得不到任何帮助。就算找到合适的用人，我也付不起费用。但是请你不用忧虑，我并不抱怨，我喜欢这种生活。"

她曾经和一位小伙子有过这么一段对话：

小伙子问她："你失去那条腿有多久了？"

她对此很平静，淡淡地说："大约五年了，我对此已经非常习惯了。"

"你能从轮椅上下来吗？"

"当然能啦！难道你以为我整天闷在这间屋子里不出去吗？"

就在这时候，她那位二十几岁的孙子插话说："奶奶还经常为我鼓劲呢！我通常是每隔两天来看望奶奶一次，每次来都能从奶奶身上得到一股力量。这股力量一直鼓舞着我，使我重新充满活力。"

"看你每天都这么有激情，难道你就没有沮丧叹气的时候吗？因为和其他人相比，你毕竟少了一条腿。"

"沮丧叹气？当然，我有时候也会有这种感觉。"

"那当你沮丧的时候，你都怎么做啊？"

"我就是强迫自己将这种感觉克服掉，不然能怎么办呢！"

"你听我说，孩子。"她用手指着和她谈话的小伙子说，"是这样的，我经常阅读《圣经》，并且相信里面所说的话，而且我不断对自己重复这段话：'我深信，我是拥有生命的，我将拥有更丰富的生命。'你知道吗？《圣经》并不认为这项诺言不适用于坐在轮椅上、少了一条腿、又是90岁的人。它只允诺丰富的生活，因此，我不断对自己重复这个诺言，并且过着丰富的生活。我很幸福，我拥有勇气。"

年过花甲且身体残疾的老人尚保持一颗年轻而热情的心，更何况我们身体强健、充满活力的青少年呢？拥有热情，能带给我们真正的自信。当你专注于自己的兴趣而非外在时，你就有了自信心。从此，你不再紧紧围绕自己，以自我为中心，不再担心自己的外在表现，只急着充分地展现自己的激情。而激情会为我们的生活注入活力，是我们宝贵的财富，促使我们去努力改变现状，充实自己。

青少年朋友，拥有一颗热情的心，并非难事。热情的源泉来自我们对生活的热爱和信赖，它可以通过各种方式表现出来。只要我们用积极和宽容的态度对待生活，由衷地欣赏、热爱并赞美我们所见到的每一个人和每一件事，我们周围的人就能体会到我们的热情。

二、王利芬：追求奔涌的时代河流

人生的努力，总向光明的方面走，这是人类向上的自然动机。

——李大钊（曾任北京大学教授，伟大的马克思主义者、杰出的无产阶级革命家）

王利芬，北京优视米网络科技有限公司的创始人，当代中国最具号召力的媒体人和创业者之一。1994年从北京大学中文系毕业后，任职于中央电视台。曾在中央电视台《东方时空》、《焦点访谈》、《新闻调查》等栏目任记者、编导、制片人，创办了迄今为止中国最具影响力的创业节目《赢在中国》。

王利芬从小就是一个对生活充满热情、对梦想充满激情的人。

小时候的王利芬生活环境相对优越一些，她出生于一个知识分子家庭，童年时代，父亲经常给她读徐迟的报告文学。她的家里有一台小黑白电视机，正是从这台电视机上，她接触到了很多新鲜事物，例如喜多郎的音乐。在此影响下，她喜欢上了文学和音乐。

在十六七岁的花季年龄，王利芬就给自己树立了一个目标：去北大中文系读书！在一次采访中，王利芬说："记得还在十六七岁的时候，我就曾经问过，北京大学在中国是一个什么样的位置？回答是中国最好的大学。当时我就说，我一定要读北大，一定要读到博士……对我的人生轨迹来说，在北大读书是非常重要的一步。"凭借着刻苦的努力，王利芬终于达成了自己的目标，来到了梦寐以求的北大读书。

来到北大的王利芬，人生才刚刚开始。

1994年，王利芬从北大毕业。身为北大博士的她当时面临着两个选择：要么去研究所，要么去电视台。

王利芬更青睐去电视台工作。她把简历投给了中央电视台，在2000多份简历中，她成为被选中的26人之一，她也成了中央电视台第一个女博士。

在中央电视台工作的十几年里，王利芬取得了傲人的成绩。她曾在《东方时空》、《焦点访谈》、《新闻调查》栏目中任记者和编导，2000年任《对话》制片人兼主持人，2003年创办《经济信息联播》、《全球资讯榜》、《第一时间》，并担任上述栏目及《经济半小时》总制片人；2004年9月赴美国耶鲁大学和布鲁金丝学会研究美国电视媒体；2005年秋回国后先后创办了《赢在中国》、《我们》，任总制片人兼主持人……王利芬，央视著名栏目的资深记者、策划人与制片人、央视仅有的制片人与主持人兼于一身的几人之一——拥有这些头衔的王利芬是一个成功者，她原本可以继续享用央视的巨大资源优势，开创出更广阔的事业舞台，享受尊敬与艳美。然而，她不！

王利芬不满足于现状，她想突破。凭借着一股对创业的热情，2009年年底，她毅然辞去了央视公职，开始创业，创办了北京优视米网络科技有限公司（简称优米网）。2010年3月，她所创办的优米网正式上线。上线第一天的关注度让她感到无比惊喜。3月18日10点钟，暴涨的浏览量致使优米网宽带不够、视频无法播放。后来，数据显示，优米网第一天的PV值60多万，居然一举冲到全世界排名600多位。这份成绩对王利芬来说，是多么难得，很辉煌，很灿烂。可是，大家不知道的是，优米网高调亮相的背后却是6个月的潜伏期和一次惨痛的失败。

对坚强、果敢的王利芬来说，失败不可怕，可怕的是缺乏东山再起的激情。幸运的是，王利芬并不缺乏这种激情。

王利芬和淘宝网创始人马云的关系非常好。从央视离开后，王利芬开始跟着学习做C2C。她说："淘宝是有形的产品，现在人们脑袋里的经验，你是很难得到的，我想提供的是经验。"

这个想法让王利芬无比兴奋和激动，也让她手下的几十名员工兴奋不已、饱受鼓舞。2009年11月底，在从央视正式辞职两个月后，以电子商务网站为基本框架的优米网就上线了。

可是，事情进展得并不顺利。没多久，嗅觉敏锐的王利芬就发现没人愿意为她看似高明的创意买单。"讲完了之后，他觉得你不值一千块，因为提供经验的产品很难定价，讲的人觉得我付出时间了，接受的人说我没有学到什么东西，你来糊弄我？"受挫的王利芬专门跑去Ebay取经，她花了一个星期的时间向各个环节的负责人请教，基本摸清了电子商务的模式。而后，她毅然将上线仅有两个星期的优米网关闭，重新调整思路。

经过一番调研和深思熟虑后，王利芬这样分析：第一，互联网就是免费，第二，到底什么人的经验值钱。最后得出结论，要让名人来说自己的经验，网站收费暂时搁置——就这样，调整思路后的王利芬带领团队重新开始。优米网获得重生。

2011年，优米网被史坦国际专业评选机构凭为"2011中国最具投资潜力媒体"。

2013年4月，在网络电视行业网站综合影响力排名，优米网名列第六。

截止到2013年5月，优米网拥有100万注册用户，15万付费用户，优米网和王利芬的社交网站关注度超800万人。优米网精准锁定高知、商务消费群，用户覆盖中国经济发达、创业活跃的地区。

永远追求奔涌的时代潮流——这是媒体人给予王利芬的评价。王利芬从来不会坐在昔日的功劳簿边享乐，她是一个对生活、对工作充满热情的人，昔日的成功阻挡不了她再往前走的热情。基于此，她勇敢地从央视的辉煌平台上走下来，创办了属于自己的事业。

青少年朋友，如果你处于王利芬的境地，能有她那种舍弃辉煌的勇气、创造新生活的热情吗？

三、黄昆：彻夜不眠的"顶牛"

每个人都有情感，别人骂你肯定不高兴，但我尽量不去想这些东西，因为对我来说把一件事情做成功是最重要的，做成功了你才会有成就感，你才会获得认可。

——李彦宏（毕业于北京大学，百度公司创始人、董事长兼首席执行官）

北大无疑是一片学术研究的圣地，这里鼓励独立思考、鼓励争辩，学术讨论风气盛行。北京大学物理系副主任黄昆院士正是从不断的讨论和争辩中获得真知、大开眼界的。

黄昆，世界著名物理学家、中国固体和半导体物理学奠基人之一、中国科学院院士、第三世界科学院院士、北京大学教授。黄昆自幼勤奋学习，热爱自然科学。1941年毕业于燕京大学物理系，获理学学士学位。1944年，获西南联合大学北大研究院理学硕士学位。1945年赴英国学习。1947年，获布里斯托尔大学博士学位。此后至1951年，先后在爱丁堡大学和利物浦大学进行访问学者与博士后研究。1954年，黄昆与诺贝尔物理学奖获得者马克斯·玻恩合著的《晶格动力学》出版。1956年，在北大任教，主持中国半导体物理专业的创建工作，著有《固体物理学》，为中国信息产业培养了第一批人才。1977年，任科学院半导体所所长，为中国半导体科学技术的复苏发挥了重要作用。2001年，获国家最高科学技术奖。

1937年，黄昆通过潞河中学向燕京大学的保送考试，进入燕京大学，根据自己的优势和兴趣，选定物理为专业。当时正值抗日战争时期，在这段艰难的日子里，燕京大学是沦陷区内少有的一块"自由"学习园地。能够在那湖光塔影的宁静环境里学习，是让人一生难忘的经历。在燕京大学求学的日子，给黄昆印象最深的一些老师，正是这些老师的引导和点拨，为他今后的学习、工作、研究打下了坚实的基础。

从燕大毕业后，黄昆紧接着考取了西南联合大学物理系研究生，跟随著名物理学家吴大猷学习。黄昆在攻读研究生期间，不但听了许多物理系高年级的课程，还选学了数学系的多门课程，感觉收获良多、眼界大开。西南联合大学有一个好风气，就是学术讨论风气盛行，这让从小便酷爱争论的黄昆非常喜欢。从此，无论是喝茶还是聊天，黄昆都与人争论不止。正是通过这些学术讨论与课外的无数次辩论，黄昆同杨振宁、张守廉等人真正地了解了彼此，从此结下了长达半个多世纪的深厚友谊。

如今在中国科学界久负盛名的黄昆，最难以忘怀的还是在西南联大的那些美好时光，他经常说："一生于我影响最大的人是杨振宁，尽管那时相处的时间比较短，但对我影响很大。我跟杨振宁在西南联大的时候，是我生活最愉快、最高兴的日子，是生活最丰富的时期。"黄昆将杨振宁视为一个难得的好友。黄昆认为，杨振宁在学术方面很有天赋，聪明过人，课堂上一些非常艰深的理论，他很快就能轻松地掌握。那时两人都二十多岁，同住一间宿舍，都喜欢谈论天下时事，互相顶牛。而黄昆总喜欢将话题引向极端，从而引发两人无休止的辩论。

有这样一个情节：一次，为了弄明白量子力学中"测量"的含义，两人的争论从茶馆喝茶的时候开始，一直到晚上回宿舍还在进行，熄灯后上了床，争论仍没结束。两人过了好久都又从床上爬起来，点亮蜡烛，翻开资料来明确争论结果。时隔数十年后，杨振宁对黄昆的认真仍念念不忘。在一篇为祝贺黄昆70寿辰而撰写的题为《现代物理和热情的友谊》的文章中，杨振宁这样回忆道："从那些辩论当中，我记得黄昆是一位公平的辩论者。他没有坑陷他的对手的习惯。我还记得他有一个趋向，那就是往往把他的见解推向极端。很多年后，回想起那时的情景，我发现他的这种趋向在他的物理研究中似乎完全不存在。"

在另一篇回忆文章中，杨振宁这样写道：

"想起在中国的大学生活，对西南联大的良好学习风气的回忆总使我感动不已。联大的生活为我提供了学习和成长的机会。我在物理学里的爱憎主要是在该大学度过的6年时间（1938～1944）里培养起来的。诚然，后来我在芝加哥接触了前沿的研究课题，并特别受到费米（E.Fermi）教授风格的影响。但我对物理学中某些方面的偏爱则是在昆明的岁月里形成的。"

在日常交往中，那些知识成了黄昆和杨振宁随时讨论的话题，并且双方都受到了感染。学生时代对学术的执着常常会成为一个人事业精神的基石。苦心钻研学术的精神奠定了黄昆和杨振宁日后的敬业精神，使他们走出校门之后能够在各自的领域取得丰硕的成果。因此，对于青少年而言，应当珍惜自己的学生时代，用认真求学的态度为自己未来的职业生涯奠定良好的基础。

四、提不起精神，你将永远没有出路

方我少年时，读书气嶙峋。常怀四海志，放眼横八垠。

——张百熙（曾担任北京大学校长，北京大学的缔造者之一，著名教育家）

杰克·沃特曼是美国一位著名的棒球运动员，他凭借着对工作和生活的热情，创造了一个又一个奇迹。看看他是怎么叙述自己的故事的：

从部队离开后，我退伍了。为了寻找一份稳定的工作，我申请加入了职业球队，然而没多久我就遭受了有生以来最大的一次打击，由于我的动作无力，球队经理坚持让我离开球队——我被开除了。我走之前，他对我说："你这样没有精神，是不可能成为一名优秀的职业球员的。杰克，离开这里后，无论你到哪里做事，若提不起精神来，你将永远不会有出路。"

球队经理的话虽然严厉，但打动了我。从这家球队离开后，我加入了亚特兰大职业球队。原本我的月薪是175美元，而来到亚特兰大职业球队后，我的月薪减为25美元。面对如此少的薪水，我做事更没有激情了。然而，我决心努力试一试，争取将自己的最佳水平发挥出来。

在亚特兰大球队工作了十几天后，我被一位名叫丁尼·密亭的老队员介绍到了罗杰斯曼顿镇去。在罗杰斯曼顿的第一天，我的一生有了一个重大的转变。我想成为得克萨斯最具有激情的球员，并且做到了。

我一上球场，犹如全身都充满了电一样。我强力地击出高球，使接球手的双手都麻木了，我以强烈的气势冲入三垒，那位三垒手吓呆了，球漏接了，我就盗垒成功了，当时气温高达 100 华氏度，我在球场上奔来跑去，极有可能中暑而倒下去。

这次成功、这种激情让我尝到了前所未有的甜头，我的球技原来如此好！同时，由于我的激情，其他的队员也都兴奋起来，另外我没有中暑，在比赛中和比赛后，我感到自己从来没有如此健康过。

球赛结束的第二天一早，朋友告诉我，我的故事上报纸了。《得克萨斯报》报道说："那位新加入的球员，无异是一个霹雳球手，全队的其他人受到他的影响，都充满了活力，他们不但赢了，而且是本赛季最精彩的一场比赛。"报上说的就是我。

正如西点军校将军戴维·格立森所说的："要想获得这个世界上的最大的奖赏，你必须拥有最伟大开拓者所拥有的将梦想转化为全部有价值的献身热情，以此来发展和展示自己的才能。"凭借对工作的热情和执着的精神，杰克·沃特曼的月薪由 25 美元提高到 185 美元，多了 7 倍。在之后的两年里，他一直担任球队的三垒手，薪水也水涨船高，成了最初数目的 30 倍之多。能取得如此的成绩，杰克·沃特曼赖以依靠的除了他的努力，还有就是热情。

充满热情，是我们完成任何任务、达成任何目标的必要条件。热情，可以使枯燥乏味的生活变得生动有趣，使我们充满活力，增加我们对生活的热爱度、满意度，并可以感染周围的亲友，让他们理解、支持我们，使我们拥有良好的人际关系。更为重要的是，拥有热情可以使我们充分发挥自己的特长，得到提升自己、发展自己的机会。甚至有的时候，它可以将我们从失败、抑郁的深渊中拯救出来。

一位北大毕业的心理学家最喜欢向他的客户讲这样的一个故事：

1939 年的一天，对卡亚来说，本是一个快乐的日子，因为在这天，他和相恋多年的女友迪娜举行婚礼了。

然而，就在婚礼进行到一半的时候，德国军队占领了波兰首都华沙。卡亚和其他犹太人一样，在光天化日之下被纳粹推上卡车运走了，关进了集中营。在集中营的日子里，卡亚的内心充满了恐惧和忧伤，情绪非常不稳定，经常遭受着痛苦的煎熬。

看着卡亚痛苦的样子，一同被关押的一位犹太老人非常不忍，便对他说："孩子，你如果想和你的新婚妻子团聚，只有一个方法，那就是活下去。记住，要活下去。"卡亚听了老人的话，渐渐冷静了下来。他下定决心，无论以后的日子多么艰难，他都要保持积极向上的态度。

所有被关在集中营的犹太人，他们每天的食物只有一块面包和一碗汤。许多人在饥饿和严酷刑罚的双重折磨下精神失常，有的甚至被折磨致死。然而，卡亚努力控制和调整着自己的情绪，虽然他的身体骨瘦如柴，但精神状态却很好。

5 年后，集中营里的人数由原来的 4000 人减少到不足 400 人。纳粹将剩余的犹太人用脚镣铁链连成一长串，在冰天雪地的隆冬季节，将他们赶往另一个集中营。许多人忍受不了长期的苦役和饥饿，最后死于茫茫雪原之上。在这犹如人间炼狱的环境下，卡亚凭借积极向上的精神奇迹般地活了下来。他不断地鼓舞自己，靠着坚忍的意志力，维持着衰弱的生命。

1945 年，盟军攻克了集中营，解救了这些饱经苦难、劫后余生的犹太人。卡亚最终活着离开了集中营，而那位给他忠告的老人，却没有熬到这可贵的一天。许多年后，卡亚将自己在集中营的经历写成了一本书。在书的前言中，他这样写道："如果没有那位老者的忠告，如果放任恐惧、悲伤、绝望的情绪在我的心间弥漫，很难想象，我还能活着出来。"

故事中的主人公卡亚自己拯救了自己，凭借的正是一种积极乐观的精神。这个故事告诉我们青少年，若总是背着"情绪包袱"生活，一旦遭遇不顺，除了倒下便别无选择。卡亚之所以能活下来，就在于他放下包袱，给自己积极的心理暗示，凭借着对生活的热情和勇敢活下去的精神，坚持到了被解放的那一天。

热情是一种难能可贵的品质，历史上许多巨变和奇迹，不论是社会、经济、哲学或是艺术，都因为参与者百分百的热情才得以进行。例如，拿破仑发动一场战役只需要两周的准备时间，如果换成别人，准备时间则需要一年。为何会有如此大的差别，主要原因在于，与常人相比，拿破仑拥有巨大的热情。

青少年朋友，从现在开始，对你的生活和学习倾注全部热情吧，拿出百分百的激情来做事，不去计较它是多么"微不足道"，不去计较它是多么难以完成，你最终会发现，原来生活是如此美好！

五、失去热忱，岁月会夺走你的灵魂

健康源于心，积极心态像太阳，照到哪里哪里亮；消极心态像病毒，传到哪里哪儿遭殃。

——海子（毕业于北京大学，著名诗人）

美国著名军事家、五星上将军衔道格拉斯·麦克阿瑟曾经说过这么一句话，道出了"热忱"之于人的重要意义："岁月刻蚀的不过是你的皮肤，但如果失去了热忱，你的灵魂就不再年轻。"人，如果内心充满热忱的情绪，心灵就会永远年轻；反之，便会未老先衰。

热忱是我们由内而外发出来的一种积极情绪，通常可以通过我们的眼睛和外在行为表现出来。通常情况下，如果一个人对事物保持热忱，那么他做人做事的品质总会比别人好，行动力也会强于他人。一个时刻保持热忱的人，更容易博得他人的喜欢。正所谓，你对别人感兴趣，别人才会更容易对你感兴趣。所以，青少年朋友，不论你做任何事情，都要时刻保持一份热忱。

拿破仑·希尔博士曾经这样说："一个人成功的因素很多，而居于这些因素之首的就是热忱和冲劲。没有热忱和冲劲，不论你有什么能力，都发挥不出来。"充满压倒一切的热忱、冲劲，能够使我们将事情办好，这是过去很多成功者的一个共同特点。一位从北大毕业的企业家曾经讲过这样的一个故事，或许青少年朋友们能够从中受益：

有一个人，他出生于贫苦之家，在他很小的时候，父亲因买不起药而命赴黄泉。这件事深深地刺痛了他，他发誓一定要开一家乐善好施的药铺。

从此之后，他拼命地读书，读完了当地图书馆内几乎所有的医学书籍。凭借着一颗行医的热忱之心，他最终开了一家药铺，专给没钱看医生的人开方子。一些药界行家见此大摇其头：一副败家子做派，不赔本才怪！然而他的生意却日渐红火，超过了所有比他更会降低成本、更精明能干的人。

一个满怀热忱的人，无论做什么事情，从事何种工作，都会认为自己的工作是一项神圣的天职并对其怀有浓厚的兴趣。所以，如果想获得成功的奖赏，我们必须拥有将梦想转化为现实的热忱和冲劲。只有这样，才可以使自己的才能获得巨大的发展，进而把事情做好。

近年来，台湾考入北大的学生越来越多，其中有很多来自台湾知名高中。

2009 年，北大数学系录取了一位来自台北一女中的毕业生。这名女学生名叫王亚君（化名），她同时考取了台大机工系，最后选择到北大就读。另外，台北建中也有几位学生考上了北大经济系，私立台中晓明女中、私立台北卫理女中，也分别有毕业生考上北大。

这些台湾优秀毕业生为何舍弃台湾知名高校而选择了北大？据王亚君的父亲讲，北大有很著名的数学家，北大的学习风气比台湾的校园好。身为台北一家知名出版社社长的他，多年来与大陆学术界和学生交流频繁，大陆学生对学习的迫切感和热忱令他震撼，也使他感触颇深，所以他十分鼓励和支持女儿来北大就读。

王亚君就读北大前，先后参加了台大和北大两校的迎新活动。她发现，台大的学长与新生谈的话题是"哪一个教授比较会教学生，哪一家 KTV 好玩"，而北大的学长则是告诉新生"哪些教授学问深且教学严格"，并叮咛"大一时一定要学好高等数学等三门课"。北大学子对学子的热忱之心深深地吸引了她。

北大凭借她良好的学风以及对待学习的热忱吸引了台湾的众多毕业生，也必将吸引来自四面八方更多的人。

如同磁铁吸引四周的铁粉一样，热忱也能吸引周围的人，改变周围的情况。爱默生说过："有史以来，没有任何一件伟大的事业不是因为热忱而成功的。"这不是一段单纯而美丽的话语，而是迈向成功之路的指标。

热忱，可以使我们保养灵魂。培养并发挥热忱的特性，使我们在所做的每件事情上都加上了火花和趣味。而如果我们失去了热忱，那么将永远也不可能从不利的环境中走出来，永远也不会拥有成功的事业与充实的人生。所以，青少年朋友，从现在开始，对你的人生倾注全部的热忱吧！

六、热情是人生的能量补给站

热情既使人疯狂糊涂，也使人明澈深思。

　　　　——沈从文（曾在北京大学任教，作家、历史文物研究家、京派小说代表人物）

内心热情者的心中总是充满阳光，看不到任何黑暗的色彩。这种阳光使他们的性格乐观开朗，命运之路无比通顺，即便不幸遭遇危难，大多也会转危为安。因为不仅命运之神青睐他们，大家也愿意把友谊奉送给他们。热情像是真善美的使者，像是一只吉祥的鸟儿，传递给人间幸运的福音。所以，很多人都说，热情是我们人生的正能量补给站。

日本著名跨国公司"松下电器"的创始人、被称为"经营之神"的松下幸之助就是一个对生活、对工作充满热情的人。

作为日本国际名牌松下电器公司的董事长，松下幸之助在白手起家的情况下，奇迹般地创建了一个享誉世界的跨国集团公司，被称为"经营之神"。松下幸之助确实具有出色的才能，然而他并非天生就具有这种才能的。

松下幸之助的学历并不高，只读过4年小学，后来，由于父亲做生意失败，他便离开家到大阪去当学徒，而后又开始做自行车的生意。由于某种原因，他终止了自行车经营，进入了大阪电灯公司工作，这期间又到关西商工校进修了1年。在关西商工校就读的他，并不是一个特别优秀的学生，在360位同学中，他的毕业成绩并非名列前茅，而是排第135名——从这段经历可以看出，青年时期的他是一个平凡的人，并非天生具有某种才能。

直到松下幸之助24岁的时候，才对制造电灯插头产生了浓厚的兴趣，并立志在这个行业做出一点成绩来。后来，他将自己全部的精力和时间都放在了这方面，埋头苦干，终于一步步走上了成功之路。

可以说，豪迈的热情与顽强的意志开启了他超人的才能，缔造了他伟业的基础。

无论是谁，心中都会有一丝热忱。只有那些强烈渴望成功的人，心中的热忱会像火焰一样熊熊燃烧，会给他们的人生之路带来无穷的正能量。所以，青少年朋友，无论生活将你放置于怎样的境地，你都要努力地开创自己想要的生活，用一份热忱感染自己的生命，赋予它强大的正能量。

2013年春，六枝特区大用镇凉水井村来了一名80后驻村干部，他就是毕业于北大中文系的胡涛。

胡涛的到来，让凉水井村这个普通的农村很是热闹了一番，村民都认为他不是来真格的，而是"闹着玩"的，一个年轻小伙子又是北大的高才生怎么会愿意待在农村呢！然而，凭借着一股热情，胡涛硬是用自己的点滴行动改变了村民们对他的看法。

2007年，胡涛以670分的高分考上了北京大学中文系汉语言文学专业。大学毕业后，他的同学都纷纷和各大银行、证券公司、出版社等知名单位签约，有的还找到了年薪几十万的工作。可是，胡涛却自愿放弃留在一线城市的机会，执意来到了六盘水市教育局。

刚到单位没多久，恰逢全市同步小康驻村工作正式启动，胡涛便积极向单位领导申请，请求单位让自己到基层驻村。

得知胡涛这个北大高才要来自己村里，很多村民都不怎么认可他。觉得他是"一时兴起"。然而胡涛却说："这不是我一时兴起。早在大学时期，我就确定了自己的目标，那就是'一定要到最基层锻炼'。或许我的收入永远都达不到我的同学的标准，但我永不后悔这种选择。因为，我最大的梦想不是同金钱打交道，而是跟人。如果通过自己的努力，能把这里村民的生活改变好一点，我就非常满足了。"

不到半年，踏实、肯吃苦的胡涛就让村民们刮目相看。"低调做人，高调做事"是村民们对胡涛的认识。

胡涛虽然学历高，然而一点儿都不高傲，从不摆知识分子的架子，而是为人谦和，喜欢与人沟通，并经常虚心地向每一位"老同志"请教、学习。

在平时的工作中，胡涛非常讲究工作方法和效率。一次，村主任交给他一个任务，让他拟一个村民小组规范管理方案。很快，他就拟好了方案。不过他没有马上交给村主任，而是积极征求每位村民小组组长的意见，还专门上门做调研，完善方案，使方案的可行性大为提高。

在业余时间，胡涛还喜欢到各处走访。在走访中，他发现凉水井村小学、大用镇中学的师资力量跟城里的相比，有很大差距。为了提高这些学校老师的教学水平，他还专门请六盘水师院、六盘水市教育局的相关权威专家，亲自来到大用镇，对该镇中学、凉水井小学等学校的78名老师，进行课题研究方面指导、"坐诊"。另外，他还充分发挥自己的专业优势，到凉水井小学开展知识讲座，教他们科学的学习方法。

胡涛不仅关心农村的教育，还着力解决村民的实际困难。为了解决村民的饮水困难，他主动向附近的水源队的相关负责人提出参与打井的事宜。在得到该水源队负责人的同意后，他每天早上8点就准时来到施工地点，和大家一起打井。在大家的共同努力下，村民的饮水难题终于得到了完美解决，而胡涛也获得了村民的交口称赞。

"两年的驻村生活，我将会尽到我最大的努力，积极帮助凉水井的老百姓，希望在有限的时间内发挥最大作用……"胡涛说。

胡涛的故事告诉我们青少年：做什么事情，都需要充满热情。拥有满腔的热情，我们的目标就会更容易达成。因为，热情之于生活，犹如阳光之于万物。如果没有热情，我们的生活就犹如一潭死水。

热情可以让你变得执着，热情可以让你变得乐观，一个拥有热情的人，便有了原动力。他就能跨越任何困难和折磨，攀上辉煌的高峰。青少年朋友，在通往理想的路上，你也一定要拥有热情。

七、学习本身就是满足

知识是引导人生到光明与真实境界的灯烛。

——李大钊（曾任北京大学教授，伟大的马克思主义者、杰出的无产阶级革命家）

我国著名思想家、教育家朱熹曾说："无一事而不学，无一时而不学，无一处而不学，成功之路也。"法国著名文学家罗曼·罗兰曾说："成年人慢慢被时代淘汰了，最大原因不是年龄的增长，而是学习热忱的减退。"

古今中外，凡是那些能够成就大业的人，虽然他们各自的特点和条件不同，但却有一点是一致的，那就是他们都非常喜欢学习。他们的经历告诉我们青少年朋友：学习是人们建功立业、实现抱负的有效途径，也是我们获取成功的重要秘诀。

常言说，"腹有诗书气自华"。一个人拥有了渊博的知识，自然会气宇轩昂，始终对人生充满信心，在这种信心的促使下，可以铸就丰功伟业。

在现实生活中，很多青少年认识到了学习的重要性，然而，却始终提不起对学习的兴趣。主要是因为，他们对学习缺乏一股热情。只有对学习充满热情的人，才会真正投入其中，取得成绩。对这些人来说，学习本身就是满足。

北大中文系教授朱德熙先生曾在其文中讲到两位北大学者忘我工作的故事。其中一位就是我国著名物理学家、教育家王竹溪先生。

王竹溪先生曾经在清华大学和北京大学物理系教学 40 多年，他的学生可谓遍天下，我国很多著名的物理学家都曾经听过他的课，其中最有名气的是杨振宁和李政道。

王先生不仅是一位伟大的物理学家，也是一位视学习如生命的学者。他的一生兴趣广泛，不仅在物理和数学领域造诣深厚，而且有着很好的中国语言文字和历史文化根底。

还在联大的时候，王先生就打算编一部用他自己发明的检字法检字的字典。为了验证他的检字法是否能对付所有的汉字，他把《康熙字典》的字从头到尾数了一遍，逐字登记下来，再用他的检字法来检验。过去没有人知道《康熙字典》一共有多少个字，王先生统计的结果是 47043 个字。1943 年日本飞机轰炸昆明，王先生的家被毁，接着他的大儿子又病死了。王先生这部字典的大量工作就是在他遭到如此不幸的时候做的。这部字典已于 1988 年 1 月由上海翻译出版公司和电子工业出版社联合出版，初名为《新部首大字典》，共收录了 51100 个汉字，多于《康熙字典》，是对汉文字学的重要贡献。

王竹溪以一人之力独立完成了此巨著，表现出他不仅具有深厚的学术造诣，而且具有超乎常人的勇气和毅力，这种精神堪为后辈楷模。

另一位就是令朱德熙先生至今难忘的胡某某。

1968 年秋天，朱德熙被关在北大“牛棚”里。与他关在一起的是无线电系的教师胡某某。胡某某潜心于研究学问，他曾在两次半夜里偷偷爬起来点着洋蜡写论文。为了写论文他吃了不少苦头。当时有很多人都说他傻，因为即便他写了好论文，也难以发表；即便发表了，也无法署名，更拿不到稿费，真不知道他图个什么。其实胡某某他不图什么，他一心只想研究学问，写好论文。把论文写好就是他最大的满足。

真正潜心研究学问的人，是不会吝啬生命的。北大之所以能形成如此浓厚的学术氛围，是因为总有一批专心致志钻研学问、几近痴狂的学者，他们视真理为信仰，视学识为生命。这种对学术锲而不舍的精神越是在艰难的逆境中越显得可贵。青少年朋友要是有文中两位先生一半的认真劲儿，那取得好成绩就真的不是问题，名牌大学也会为你敞开大门。

时刻对学习充满热情，会让我们拥有更大的前行动力。保持学习的热情，是最具生命力的一种生存方式，会给我们带来高品位、高质量的生活。对学习充满热情，要求我们将学习视为一种乐趣和享受，将学习融入生活中去，将生活的基本含义从“吃、喝、拉、撒、睡”丰富为“吃、喝、拉、撒、睡、学”。如此，我们的物质生活和精神生活便得到了有机结合，不仅满足了生命的基本需求，还能够满足我们的精神文化层次的需求，使我们的人生进入一个新境界！

当今时代，学习对我们来说，不再是获得某项职业的一次性“敲门砖”，也不再是仕途升迁指定性的“动力源”，而是一种终身化的成长进步行为，是我们健康生活、愉快工作的客观需要。青少年朋友，拥有学习的热情，不仅可以帮助我们顺利考入好大学、找到好工作，还能引领我们走向更加丰富、圆满的生活。

在实践中，青少年朋友如何提升学习的热情呢？这里有一个窍门，就是用行动激发你的热情。

美国著名教育学家威廉·詹姆士曾经说过这样一句话："行动似乎跟着感觉走，其实行动与感觉是并存的，大多都以意志控制行动，也就能间接控制感觉。"如果你缺乏学习的热情，不妨装着很有热情的样子去学习。

有这样一个例子：

有一位业余足球运动员，一天，他踢到半场，在比分落后的情形下，情绪非常低落，渐渐地就丧失了"斗志"。这时候，他常识性地大喊了一声，并装作很有激情的样子，猛地冲上前去，积极跑位。不一会儿，他就发现自己又重拾了热情，变得很有斗志了——是行动让他重燃了胜利的希望。

青少年朋友不妨试试这种方法，用更强烈的行动来激发自己的热情，比如在上课的时候，挺直胸膛，看着老师，心里想："这门课程非常重要，我要充满热情地去学习，好好听课，争取不漏掉任何一点新东西。"这些行动可以带动你的热情，不知不觉间，你就已经认真地听完了这节课，你对这门科目的兴趣也将与日俱增。

试一试吧！立刻行动起来。

八、尽职尽责才能尽善尽美

凡事都要踏踏实实去做，不驰于空想，不骛于虚声，而惟以求真的态度作踏实的工夫。以此态度求学，则真理可明，以此态度做事，则功业可就。

——李大钊（曾任北京大学教授，伟大的马克思主义者、杰出的无产阶级革命家）

2008年，英国一份报纸曾经刊登了这样一则招聘教师的广告："工作很轻松，但要全心全意，尽职尽责。"这则招聘广告显示的招聘条件要求看起来非常简单，但是实则很严。实际上，做任何事情都需要我们全心全意、尽职尽责。

古往今来，成功者和失败者有一个重要的区别就是：成功者无论做什么，都会尽职尽责、尽善尽美，没有懈怠之心；失败者则反之。日本著名企业家松下幸之助说："责任心是一个人成功的关键。独自承担自己行为的责任，独自承担这些行为的哪怕是最沉重的后果，正是这种素质构成了伟大人格的关键。"如果一个人培养出了尽职尽责的习惯，便会发现，无论做何事，都能够从中发现乐趣。在这种尽责心理的驱使下，其做事能力和效果也会得到大幅度的提高。

令人遗憾的是，现实生活中，很多青少年都没有养成尽职尽责的好习惯，最终影响了自己的发展之路。

从北大毕业后没多久，王峰云的父亲就身患重病，于是他没有找工作，而是接手了父亲的贸易公司，成为这家公司的总经理。作为一家公司的总经理，王峰云每天需要处理的事情非常多，而这种生活习惯显然与他追求的轻松生活截然相反。于是，他把公司事务都交给下属去应付，自己则敷衍了事地签署一些程式化的文件。

没多久，公司的效益就出现了滑坡，遭遇了严重的财务难题。王峰云不但没有着力解决这些难题，反而任由事情的发展。不到一年，公司便宣布破产。王峰云不得不卖掉父亲辛辛苦苦创下的事业，另谋职业。

后来，王峰云看见出租车司机四处开着车，看起来非常悠闲，他想当司机是多么轻松、理想的生活啊，于是成了一名出租车司机。可是，真当他成为出租车司机后才发现，每天开车接送客人实在不太轻松，而且有些客人还很难缠，有时候客人落在车上的物品也需要自己负责……于是他又辞职了，准备另谋职业……一晃五年过去了，王峰云还是一无所成。

可见，不懂得尽职尽责，缺乏责任感，一个人将很难有所成就。

现实生活中，无论在什么地方，一位全力以赴、尽职尽责的人，总是受人欢迎的。所以，青少年朋友，你也应该拥有一颗尽责之心，尽自己的最大努力将事情处理得尽善尽美。

刘诚然大学毕业后，应聘到一家钢铁公司。工作还不到一个月，细心的他就发现公司里有很多炼铁的矿石并没有得到充分的冶炼，一些矿石中还残留着没有被冶炼充分的铁。

对工作一向认真负责的刘诚然赶紧找相关的负责人反映了这个情况。然而这个负责人在听了他的话后，反而说："如果技术有了问题，工程师一定会跟我说，现在还没有哪位工程师向我说这个问题，说明现在没有问题。"

刘诚然见这位负责人根本不想解决问题，又赶紧找到负责技术的工程师，对其说明了情况。谁知这位工程师非常自信地说："我们的技术是世界一流的，怎么可能会有这样的问题呢？"工程师不但没有重视他反映的问题，还暗自认为，一个刚刚毕业的大学生，能明白多少，不会是因为想博得别人的好感而表现自己吧。

然而，刘诚然没有放弃。他拿着没有冶炼充分的矿石找到了公司负责技术的总工程师，说："总工，我认为这是一块没有冶炼充分的矿石，您认为呢？"

总工程师看了一眼，说："是的，年轻人，你说的没错，不过你这是从哪里找来的呢？"

"就是我们公司的。"刘诚然说。

"怎么会？我们公司的技术是一流的，不可能存在这样的问题！"总工程师觉得很诧异。

"情况确实如此。"刘诚然坚持道。

"看来是出问题了，怎么会没有人向我反映？"总工程师有些发火了。

很快，总工程师便将负责技术的工程师叫到车间，果然发现了一些冶炼并不充分的矿石。经过检查发现，原来是监测机器的某个零件出现了问题。经过一番维修后，检测机器恢复了正常运转。

公司的老总得知事情的来龙去脉后，很为刘诚然的这种尽职尽责的精神感动，他不但奖励了刘诚然，还晋升了他。在例会上，老总非常感慨地说："我们公司并不缺少工程师，但缺少的是负责任的工程师，这么多工程师就没有一个人发现问题，并且有人提出了问题，他们还不以为然。对于一个企业来讲，人才是重要的，但是更重要的是真正有责任感和忠诚于公司的人才。"

身为一名企业员工，如果能够对工作有一种强烈的责任感，那么你的事业会更加顺利。因为正是由于你的责任感和不断的努力，公司才得以稳定的发展，而企业的管理者，最先奖赏的自然就是你。

"人生须知负责任的苦处，才能知道尽责任的乐趣。"这是被称为中国的"百科全书式巨人"梁启超说过的一句话。青少年朋友，我们在生活、工作中，也要做一个有责任心的人。因为，责任不是负担，而是你对自己能力的一次次考验，你可以从中发现自己的潜力，从而更好地提升自己。

九、欲望就是力量，给野心留一席位置

我选人的标准是：首先这个人应该有梦想，如果他没有梦，他做事就没有激情，就很难持续地去把它变得更好。

——李宁（毕业于北京大学，奥运冠军，李宁体育用品集团公司董事长兼总经理）

生活中，如果你问一个人："你有'野心'吗？"对方可能会不高兴。这是因为，在大部分人的心中，"野心"这个词是贬义词。然而实际却并非如此。事实上，有不止一个心理专家的研究结果表明，"野心"是成功的关键心理因素。

拿破仑曾说："不想当将军的士兵，不是好士兵。"当然不可能每个士兵都成为将军，但野心不可少。试看天下英雄、人间奇才，哪个不是野心家？当今世界，迫切需要野心，因为有野心才有动力，才有办法；有野心才有行动，才能成功。

成功的路有很多条，虽然"条条大路通罗马"，但要知道，有了野心，才有行动的可能。青少年正处于朝气蓬勃的年龄阶段，正是扬帆起航，向理想的彼岸前进的时候，野心有助于你乘风破浪、驶向成功。而实践中，成功者之所以成功，伟人之所以伟大，就是因为他们从小具有要做伟大事情的"野心"。

美国加利福尼亚大学的心理学家迪安·斯曼特研究发现："野心"是推动企业发展的强大动力，一个企业只有拥有更大的"野心"，才可以创造更大的价值，攫取更多的资源。同样，一个人，他的野心越大，他所追求的目标也就越高，其自身的潜能才会发挥得越充分。看来，野心是一个人走向成功的重要动力源泉。获得成功的大人物无不拥有强悍的野心，他们中的很多人还是小孩子的时候就拥有着远大的抱负，心中都有一个目标，都有一个理想的偶像。他们就这样通过自己的不懈努力一步步成了大人物。

美国著名心理学家威廉·詹姆斯说："与真正清醒的自我相比，生活中的我们只能算半梦半醒。我们的火焰熄灭了，我们的蓝图暗淡了，我们的智力和体力只开发了很小很小的一部分。"正所谓"成也萧何，败也萧何"，能够左右我们人生的只有我们自己。青少年朋友，你想成为一个满足于现状、始终处于"半梦半醒"状态的平庸者？还是想成为一个拥有强烈的野心、发誓要做一番大事业、"真正清醒"的卓越者？这个选择的权利掌握在你自己手中。

"渔村残疾女孩张静芬考上北京大学喽！"一大早，一声清脆的叫喊声打破了广东汕头市南澳岛的平静。残疾女孩张静芬考上北大的消息瞬间震动了渔村的父老乡亲，大家纷纷竖起大拇指："张静芬真是个努力的好闺女，没想到咱渔村也有飞出金凤凰的一天啊！"

张静芬是南澳岛云澳镇西畔村人。2003 年，就读于该镇云澳中学的张静芬以优异的成绩被汕头市金山中学录取。据接触过张静芬的老师和同学介绍，张静芬性格开朗活泼，既乐观又自信，而且悟性极好，从小学至初中，每逢考试，她的名字几乎都是第一名的代名词。

然而，张静芬的命运却很坎坷。在她来到人世间的时候，就患上了先天性的小儿麻痹症，致使其行走时有点瘸。然而其天生开朗、乐观的个性，加之其有针对性进行体育锻炼，使她在同龄人中十分活跃。

在金山中学就读的张静芬表现得十分优秀，她善于发现学习中的问题。高一、高二的时候，张静芬总觉得自己的作文写得非常不顺。于是她在高三寒假的时候，强迫自己每天写一篇作文，想通过勤练笔、多思考的方式提高自己的写作能力。为此，在半个月的时间里，她天天走出家门，深入渔村一线，与渔民交朋友，通过自己的观察和对生活的感悟，写出了十五篇文采横溢的文章，并于开学后请老师批改。洋溢着浓浓生活气息的文章有深度、有层次，令语文老师发出了"分别半月当刮目相看"的感叹。

高考填报志愿的时候，张静芬对第一志愿填报北大感觉有点害怕。但那段时间她的心态很好，每次模拟考试的成绩都稳中有升；另外，老师和同学们也都一个劲儿地鼓励她，希望她坚信自己的实力。所有的一切令她对考取北大信心倍增。在考试中，张静芬心无杂念，沉着应对，发挥稳定，终以836分的好成绩被北大录取，成为当年汕头市仅有的数名被北大录取的学生。她说，金中校园学习氛围浓烈，教师尽责乐教，学生勤奋好学，既给了她学习的平台，也给了她生活的梦想。

在一次座谈会上，张静芬被邀将自己多年积累的学习经验与海岛的学子分享。她说："要想学业有成，除了要有良好的生活习惯和过硬的心理素质外，也要有'野心'，'野心'就是梦想。"

张静芬认为，对孩子尤其是农村孩子而言，知识是改变命运的重要途径。拥有良好的成绩，获得一个更高的发展平台，使自己的奋斗起点不落后于别人，应是有志者的梦想。而"野心"就是驱动自己不断向前的动力。

辉煌的成就永远属于那些对成功富有野心的人，因为成功有强烈的方向和目的，它们驱动着那些"野心家们"不断前进。所以，青少年朋友，不管身处何种境地，都要怀有一份勃勃野心，让自己不甘平庸境地。

十、坚持下去，并对生活充满热情

没有人因水的平淡而厌倦饮水，也没有人因生活的平淡而摒弃生活。

——海子（毕业于北京大学，著名诗人）

信念是什么？所谓信念，是指不去相信那些看得见的东西，而是相信那些看不见的东西，并且通过自己的努力将其变为现实。一个人心中若拥有了信念，并始终坚持这种信念，相信这个信念一定会在现实中结出丰硕的果实。

信念坚定者往往对生活充满无限的激情。主要是因为在信念的驱使下，他对未来有一个很好的图景，在日常生活中会不知不觉地将这个图景转化为满腔热情，生活丰盈且充实。

有这样的一个故事：

一个夏天的午后，有甲、乙两只青蛙在池塘边寻找食物时，一不小心掉进了路边的一个牛奶罐里。那个牛奶罐里还剩一点儿牛奶。

青蛙甲一看到自己身陷险境便深感绝望，心想："这下子要完了，我要死了，这个牛奶罐这么高，我是永远都出不去了。"它一边这样想一边"呱—呱—呱"地叫了几声，声音无比绝望，叫过几声后，便再也没有发出任何声音。

青蛙乙呢？它听到了同伴绝望的叫声，还眼睁睁地看着它没了声息。看到此情景，青蛙乙有些害怕，但它并没有绝望，而是不断地告诫自己："活着是多么可贵的事情啊！上帝既然给了我坚强的意志和发达的肌肉，我就一定能够活着出去！我要跳出去！"于是，它鼓起勇气，鼓足力量，一次又一次奋起跳跃。坚定的信念和求生的意志给予了它巨大的力量。不知过了多久，它突然发现，脚下黏稠的牛奶变得坚实起来。原来，在它的一次次践踏下，液状的牛奶已然变成了一块坚硬的奶酪。

不懈的奋斗和挣扎终于换来了重获新生的那一刻，青蛙乙最终从牛奶罐里轻盈地跳了出来，重新获得了自由。而青蛙甲呢？却永远地留在了牛奶罐中，它做梦都不会想到，自己其实是有机会逃出险境的。

这个小故事告诉我们青少年：信念和热情是超越困难和开创道路的最佳武器。当你一面对难关就认为绝对无法克服时，那么你就已经失败了。而坚持下去，或许你会获得成功。

毕业于北京大学的北京中坤投资集团董事长黄怒波这样说过："有的朋友会问我一个问题，'一个人最应该沉淀的特性是什么？'我给他的答案很简单，就两个字——坚持！"

世上最容易的事是坚持，最难的事也是坚持。青少年时期容易产生急躁的情绪，许多事情就会浅尝辄止，只一个小小的放弃的念头，就会与成功失之交臂。

每一个成功都来之不易，每一项成就都要付出艰辛。对于那些立志成就大事的人，无论环境如何凶险，苦难多么难以克服，他都不会产生放弃的念头，因为他相信：胜利往往产生于再坚持一下的努力之中。

一天，古希腊伟大的哲学家苏格拉底对他的学生们说："今天咱们的任务是学习一件最简单也是最容易做的事儿。你们每个人都将自己的胳膊尽力向前甩，然后再尽力向后甩。"他一边说一边给学生们示范："从今天开始，你们每天都要坚持做三百下。大家都能做到吗？"

听了老师的话，学生们都笑了。这么简单的事情，有什么做不到的？

一个月的时间过去了。课堂上，苏格拉底问学生们甩胳膊的情况，结果是：其中大约有90％的同学都骄傲地举起了手。

又一个月的时间过去了。课堂上，苏格拉底又问学生们甩胳膊的情况。这次，举手的同学只剩下了80％。

一年的时间过去了。课堂上，苏格拉底再一次问学生们甩胳膊的情况："请你们告诉我，最简单的甩胳膊运动，还有哪几位同学坚持了？"这时，整个教室里，只有一个人举起了手。这个举手的同学就是后来成为古希腊另一位大哲学家的柏拉图。

坚持，说起来容易，要做到却很难。就像参加马拉松赛跑，刚开始参加的人可以说是成百上千。但是一段路程后，参加者的人数便渐渐少起来。原因是坚持不下去的人逐渐自我淘汰了，而且越到后面人越少，全程都跑完能够冲刺的人更少，冠军实际上就是在这些坚持到最后的人当中产生的。这种比赛与其说是赛速度，不如说是比耐力，就是看谁能够坚持到最后。坚持到最后的才有可能成为成功者。

青少年朋友，我们做任何事情都和进行马拉松赛跑一样，是否成功，决定权在于能否坚持到最后那一瞬间。中途就退出赛场的人永远也不会有成功的可能。

青少年朋友一定要记得这句话：再长的路，一步一步总能走完；再短的路，不去迈开双脚将永远无法到达。再多一点努力，再多一点坚持，你会惊奇地发现：空气里到处都穿行着绚烂的成功之花。

气质，不是与生俱来的

每一种氛围都能孕育出人们千差万别的气质，有的粗俗轻浮，有的儒雅高贵。北大的氛围则孕育出北大学子超凡脱俗的气质，这种气质当然不是北大人与生俱来的，也不是完全由环境所决定，而是由自己所修炼得来的。北大人热爱读书，喜好艺术，善于辩论，讨论社会热点，而这些都是北大气质的来源。

一、气质，时间打不败的美丽

风度表现着一个人的文化教养，是一个人审美观念和精神世界凝成的晶体。

——金马（毕业于北京大学）

有一句话特别有名：女人可以不美丽，但是绝不能没有气质。美丽的外貌可以让人美一时，但高贵的气质却可以让人美一生。气质，是时间都打不败的美丽。一个人的气质之美，很大程度上决定了一个人，尤其是一个女子的一生幸福。从某种意义上来说，气质是我们获得幸福、取得成功的一个重要资本。

生活中，很多人都会有这样的体验，欣赏某个人，往往并非欣赏他（她）漂亮的外表，而是被他（她）的气质所吸引。因为：一个人的真正魅力主要在于特有的气质。

一个人有没有气质，是能够通过外在看出来的。说一个人气质美，就是看他（她）的言行举止，以及说话的表情、待人接物的分寸等。生活中，朋友初交，互相打量，立刻产生好印象，这个"好印象"除了言谈之外，便是气质在其中发挥了作用。对方的气质吸引了你。

在很多人的心中，"以貌取人"都是一种不礼貌的行为。然而，它在某种情况下，并非浅薄者的愚见，而是智慧者的洞察。因为，一个人的外在所体现出来的气质和形象，往往是这个人内涵的窗口，细心的人从这扇窗里看进去，能够发现他（她）的整个身心。

希尔是美国一位著名的商人。他在刚开始创业的时候，就意识到了外在服饰在一个人的人际交往中的重要作用。他清楚地认识到，商业社会中，一般人是根据一个人的衣着来判断对方的实力的，因此，他先去拜访了一家裁缝铺。

凭借着往日的良好信用，希尔在这家定做了三套昂贵的西服，共花了 275 美元，而当时他的口袋里仅有不到 1 美元的零钱。然后他又买了一整套最好的衬衫、衣领、领带、吊带等，而这时他的债务已经达到了 675 美元。

收到定做的服饰后，在每天的早晨，希尔都会身穿一套全新的衣服，在同一个时间里、同一个街道同某位富裕的出版商"邂逅"。他每天都和他打招呼，并偶尔聊上一两分钟。这种情况持续了大约一周之后，这位出版商开始主动和希尔说话，并说："你看起来混得非常好啊！"

接下来，这位出版商便想知道希尔所从事的行业。因为希尔身上所透露出来的那种极有成就的气质，再加上每天一套不同的新衣服，已经引起了这位出版商极大的好奇心。而这正是希尔所希望发生的。

面对出版商的疑问，希尔轻松地说："最近我正在筹备一份新杂志，并且打算在近期内就出版，杂志的名称为《希尔的黄金定律》。"

出版商说："哦，太巧了，我就是从事杂志印刷及发行的。或许我可以帮上你的忙。"

这正是希尔最渴望的回答。而当他购买这些新衣服时，他心中已想到了这一刻。

后来，这位出版商邀请希尔到他的俱乐部去，和他共进午餐，在咖啡和香烟尚未送上桌前，已"说服"了希尔答应和他签合约，由他负责印刷及发行希尔的杂志。希尔甚至"答应"允许他提供资金并不收取任何利息……发行《希尔的黄金定律》这本杂志所需要的资金至少在 3 万美元以上，而其中的每一分钱都是从成功者的形象所创造的"幌子"上筹集来的。

西方有句谚语："你就是你所穿的！"其实，这个世界的每个人都在进行着"以貌取人"的事情。在观察人的时候，我们都戴着印有自己标准的眼镜，可以从对方的外在气质上得出关于他（她）的一切遐想：学历、职业、社会地位、家庭背景……好气质，能在第一时间就感染人心，让人喜欢。

毕业于北大的一名事业成功的优雅女士在她的回忆录中这样写道：

我小的时候在困窘的环境中成长，但是，母亲从来都把我们的生活安排得井井有条。日子被母亲过得每天都那么有滋有味。她给我们做的白衬衫、白边鞋、粗布衣服是最整洁的。而且，家里的桌子上永远铺着一块十分洁净的格子图案的桌布，上面的老式琉璃雕花瓶总是擦得晶莹别透，里面插着的花都是后山上刚开的花，花几乎天天换，从没有过丝毫枯萎的迹象。她让我们在艰辛中明白什么是整洁与有序，让我们知道粗劣的土地上一样可以长出美丽的花。她经常说的话是：生活可以简陋，但却不可以粗糙。

一个注重幸福感的人，必定注重培养自己的气质，必定拥有一颗精致的心，他（她）懂得用心去品味、咀嚼、经营日常生活中的点点滴滴。这样的人，走到哪里都让人难以忘怀，并心生羡慕。

气质，是一个人内在涵养的呈现，也从中可以看出他（她）的自信程度。一个在气质上就看起来像个成功者的人，通常做事时遇到的阻碍也会少。

气质并非生而有之的。一个人气质的形成，就如同我们吃中药，是慢慢调理出来的。细心观察你就会发现，古今中外那些有着高尚人格和非凡气质的人，都是十分注意这一"塑造"和"调理"功夫的。青少年朋友，如果你也想成为一个让人喜欢的人，不妨努力去培养自己的气质吧！

二、关注容貌不如培养气质

美是一朵鲜艳的花，风度是一棵常青的树；时间是美的敌人，却是风度的朋友。

——汪国真（北京大学客座教授，著名诗人）

"爱美之心，人皆有之。"在青少年中尤其如此。很多青少年认为，对一个人来说，容貌是第一位的，如果一个人没有姣好的容貌，即便他（她）再努力、学习成绩再优秀，也无法吸引别人的注意力。其实，这是一种狭隘的想法。

关注容貌没有错，错的是不能只关注容貌。因为，爱美，更要讲究气质。在一般人的观念里，总认为只有通过保养、装扮等才可以提升一个人的魅力，甚至认为这些才是魅力之本。其实，这些只是塑造魅力的技术性手段和方法。事实上，任何魅力人士必定是内秀的。一个人即使容貌再美丽，但如果不读书，不提升气质，将失掉七分内涵。容颜易老，但气质不会老去，因为气质时时有充足的营养补给，不但自己美，也能影响和温暖她的周围人。如果胸无点墨，任凭有华丽的衣服装饰，也只会给人以肤浅的感觉。人的气质美，才是真正美的全部表现。

北大英语系 80 级校友、新东方教育科技集团董事长兼总裁俞敏洪在一次和大学生的座谈会上说过这么一段话，诠释了气质的重要性。他说："气质比修饰外表更重要。你整容其实无可厚非，穿件好衣服也无可厚非，毕竟让人看了舒服，然而对大学生来说，内在气质比容貌更重要。如果你对事业的热爱和追求都没有，长得再漂亮也没用，一定要把外表的修饰和内在的气质结合起来，才可以发展得更远。你过了 30 岁以后，基本上大家看到的就是你的气质了，经常说美女容易成功，但是你现在看看有几个成功的女人是很漂亮的？所以，锻炼内在的气质比修饰外表更重要，在现代社会中必不可少。"

在词典中，"气质"是指我们通常所说的脾气、性情相近，是人的比较稳定的个性特征。大家看了这个解释可能还是不太理解，让我们来看看著名的文学家、北大教授林语堂先生对于"气质"的领悟，他在《论读书》中谈道："像《浮生六记》中的芸，虽非西施面目，并且前齿微露，我却觉得是中国第一美人。"在林语堂的心目中，"芸"这个女子虽然没有西施般的美貌，但她浑身上下所散发的淡泊、宁静的气质，却让人感觉异常的美。林语堂对男子的气质也有独到见解："章太炎脸孔虽不漂亮，王国维虽有一根辫子，但是他们是有风韵的……"章、王二人没有潘安之貌，可是在文学大师林语堂的心目中地位颇高，唯有"气质"两个字才能解释。从中可见气质之于一个人的重要性。

在我们的生活中，也有这样一些女子：她们并无沉鱼落雁之容，也无闭月羞花之貌，但是，她们举手投足所流露出来的那种优雅的气质，令人深深感动。那种经过岁月的洗礼、沉淀，丝丝缕缕散发出来的高贵典雅，犹如微风中摇曳的兰花，又如同幽谷里静静绽放的百合，令人感动之余，不由得心生敬意。

约瑟芬皇后长得并不漂亮，又是有两个孩子的寡妇，并且比拿破仑还大 6 岁。拿破仑为什么会钟情于约瑟芬呢？一方面拿破仑被约瑟芬大胆、坦率的行为所感动，另一方面是被她优美动人的姿态所倾倒，尤其是被她高贵的气质和具有远见卓识的谈吐所折服。约瑟芬的气质竟然能使这位军事上的伟大人物相信，这位寡妇的学识才智在他之上。

英国作家毛姆曾经说过："世界上没有丑女人，只有一些不懂得如何使自己看来美丽的女人。"

美丽或许是天生的，但是气质却是需要经过后天培养方能形成的。有些人，他们虽然不美丽，但是由于气质独特，总能在纷纷攘攘的人群中卓然挺立，被人一眼发现。

如果你细心观察，就会发现这样的现象：凡是品位出众、举止修养有水准的人，其举手投足均卓尔不凡，会给人耳目一新的感觉。这便是气质在他们身上发挥着作用。品味、欣赏甚至模仿这些气质佳者，不失为培养气质的好方法。

青少年朋友，与其把所有的时间都浪费在对衣服的讲究和对化妆品的选择上，不如提升自己的修为，塑造自己独特的气质更有意义。

三、气质是读书的积累

自由的读书，可以开茅塞，除鄙见，得新知，增学问，广识见，养性灵。一人的落伍、迂腐、冬烘，就是不肯时时读书所致。所以读书的意义，是使人较虚心，较通达，不孤陋，不偏执。

——林语堂（曾在北京大学任教，著名学者、文学家、语言学家）

一个人的气质是指一个人的内在涵养或修养的外在体现。气质是内在的不自觉的外露，而不仅是表面功夫。气质与生俱来，难以改变。

晚清第一名臣曾国藩曾对儿子曾纪泽说："人之气质，由于天生，本难改变，惟读书则可变化气质，古之精相法者，并言读书可以变换骨相。"由此可见，读书不仅可以让我们增长知识，还可以提升我们的精神境界，提升我们的气质修为。常读书，会使人脱离低级趣味，养成高雅、脱俗的气质。实际生活中，那些读书与不读书、读书多与读书少的人，所表现出的内在气质往往有很大的差别。正所谓"腹有诗书气自华"，一个人的气质修养与长期、大量的读书活动是分不开的。如果我们能够坚持读书、读好书，气质自然会得到改善。

在五凤古镇，有一首题诗特别著名，它就是国家一级书画家张幼矩老先生赞誉哲学家贺麟（1902~1992）先生的"五凤溪边引兴长，春花秋实沁心香。青山绿水偏多意，此地有人添国光"。

贺麟是我国著名的哲学家、哲学史家、黑格尔研究专家、教育家、翻译家，他出生于五凤古镇，曾经在北京大学教学。据贺麟陈列馆负责人、贺麟堂弟贺光乐介绍，贺麟是贺氏第75代子孙。贺氏第66代子龙公于康熙末年"湖广填四川"来到金堂五凤杨溪沟（现金箱村）落户。贺麟出身于书香门第，他的曾祖父为清道光贡生，祖父为咸丰朝监生，父亲贺明真为当地学董，这为他的一生奠定了坚实的基础，"我要读世界上最好的书，以古人为友，领会最好的思想"是他一生的追求。

读书是一种健康的活动，它是一种精神的跋涉，能造就出一种文气。所谓"腹有诗书气自华"，是指饱读诗书，满腹经纶，"气"可以理解为"气质"或"精神风貌"。全句的重心在"自"上面，它强调了饱读诗书有助于培养华美的气质。一个人，如果经常读书，心灵常得到知识的浸润，其气质自然会华美很多。

当然，通过读书改变气质并非一件容易的事，更不是说买几本书做做样子，或随便读上几本流行小说便能产生立竿见影的效果。而是需要日积月累，需要耐得住寂寞，需要坚持，是一个长期修炼的过程。真正喜欢读书的人，会将读书当成自己生活的一个重要组成部分，当成和吃饭、睡觉一样重要的事情，经年累月，不断地汲取书中的营养。这样的人，其视野才会不断开阔，其心灵才会愈加澄澈，其思想自会不断升华，美好的气质才会自然而然地形成。

说到读书，很多青少年会有这样的疑问：书如何读才好呢？是的，书籍浩如烟海，生命有限的个人根本不可能读完所有的书，甚至一个专家也不可能把某一专业领域的书都读完。另一方面，书籍良莠不齐、鱼龙混杂，也没有必要都去读。

那么，我们青少年要怎么读才对呢？

清代名臣曾国藩向我们指出了三种读书方法：

第一，要读经典。经典经历了历史长河的考验，经历了无数人的赞扬和批判。而时间和历史是最伟大、最客观、最公正的选家，它们为我们所选择的书就是经典著作，读书就要读它们所选择的书。可以说，读书就是读历史，读历史上的经典著作，读经典著作所写成的历史。曾国藩自己就是儒家标准的知识分子，所以他教儿子曾纪泽读书，从小就很有规划，主要是以《十三经》和《二十三史》为根本。曾国藩在教导儿子读书时，告诫他们，经典一定要精读，因为从学习的效率上来说，精读要比泛读还要重要。泛读虽然也能学到不少东西，但学得多，忘得也多。但精读就不一样，能吃得深、吃得透。

第二，"一书不尽，不读新书"。曾国藩主张，在一本书还没读完的情况下，不要急着读另一本书。现实生活中，很多青少年有这样的缺点，一下子买来好几本书，这本翻翻，那本翻翻，美其名曰读了好多书，其实一本都没读完，一本都没读通、读透。而曾国藩极力反对这种读书方法，主张一本没读完，就不要忙着去读其他的书，这实际上就是沉浸的读书法。正如国学大师王国维所说："学习的境界要先入乎其内，再能出乎其外。"读书更是这样，一本书，你要先能沉浸进去，才能最终从中获得有价值的东西。

第三，要培养个人的读书兴趣与方向。曾国藩非常重视对两个儿子读书兴趣的培养。他的大儿子曾纪泽不喜欢科举考试，不喜欢八股文，而非常喜欢西方的语言学和社会学，曾国藩就鼓励他按自己的兴趣方向去读书。曾国藩为了和大儿子更好地沟通，甚至自己也读了很多西学著作。在曾国藩的培养和鼓励下，大儿子阅读了不少西学著作，后来写成了《西学述略序说》和《〈几何原本〉序》两本经典作品。对于二儿子曾纪鸿，曾国藩的方法就比较特别了。他不仅鼓励二儿子培养出数学研究的兴趣，难能可贵的是，他还经常鼓励并教导爱读书的儿媳妇郭筠学习。在曾国藩的引导下，郭筠通读了《十三经注疏》和《资治通鉴》，也成了一个有名的才女。

现实生活中，很多青少年朋友常常抱怨自己没时间读书或者抱怨学习的环境太差，其实这都是在给自己的懒惰找借口。读书本来是很简单的事情。只要你有兴趣，什么时候都可以读，而没有必要非得要求一个好的环境。一个不爱读书的人，给他任何好的条件也没用；而喜欢读书的人，在什么地方都可以随手翻开书来阅读。

当今是一个知识经济时代，掌握了知识就掌握了改变世界、创造财富的力量。所以，很多成功人士的书架上都会摆满各种各样的书籍，虽然其中不乏些许摆样、走形式的"作秀者"，但是也确有人从中吸取知识，为己所用，而这些人在说话办事时，从内到外都透露出一股儒雅的气质和吸引人的魅力。

四、自养，让青春多一份厚重

人生不过如此，且行且珍惜。自己永远是自己的主角，不要总在别人的戏剧里充当着配角。

——林语堂（曾在北京大学任教，著名学者、文学家、语言学家）

现实生活中，很多人缺乏独立性，喜欢依附人，有的依附于家人，有的依附于朋友，有的依附于老师……总之，他们依附的都是"别人"，而唯独不敢依附自己。这样的人，往往缺乏"自养"能力。

对每个人来说，自养首先是一种心态，其次是一种能力。所谓自养，就意味着放弃依附，靠自己的力量来生存。这需要极大的勇气和意志。

缺乏自养能力的人，往往会有这样的表现：有的迷信权威，有的有强烈的自卑感，有的见风使舵、左右摇摆……这样的依附看起来似乎是为了生存，实际上，他们在这种依附中已经失去了自我，活不出自己生命的独特价值，非常可悲。

2010年夏季的一天，对宋平美（化名）来说是一个值得纪念的日子，因为在这一天，她得知自己在当年的高考中获得了优异的成绩。凭借高分，宋平美收到了北京大学的录取通知书，成为北大学子中的一员。

北大是每一个学子向往的学府，对于从小品学兼优的宋平美来说更是如此，然而在喜悦之余，这个女孩心里却有着许多同龄人无法体会的担忧。

宋平美的家里很穷，父亲下岗后在工地上打工，母亲因为腰病无法从事体力活，培养一名大学生对于这个家来说，并不是一件容易的事。宋平美的房间，既没有高档的家具，也没有高科技的数码产品，只有高高摞起的一堆堆书籍……她怕日后同学们会瞧不起自己。

不久，宋平美的北大生活就开始了。然而，北大的象牙塔没有让宋平美高兴起来，她的忧虑反而更深了。为什么呢？面对周围的同学，她深深地感到自卑。她说："因为家里条件差，没钱，跟别人不在一个档次。"她产生了强烈的心理落差。

"我不是不爱我的父母，可是看到别人父母得体的衣着打扮，再想到我的爸爸，心里就不舒服。去年爸爸来学校看我，站在教室门口只会叼着烟一个劲地抽……"

在这种自卑心理的缠绕下，宋平美的大学生活一直处于一种压抑中，这也严重影响了她的学习和社交。

宋平美就是一个缺乏自养能力的人。在别人优越的家庭环境面前，她没有摆正自己的位置，怯懦了，自卑了，觉得自己低人一等，结果不但影响了自己的学习，还影响了她的人际交往，渐渐地丢失了自我。

可能和一般的依附不同，宋平美依附的是一个"富裕、体面的家庭"。而一旦现实满足不了她，她就失落、倦怠。她渴望拥有良好的物质生活，但她不但没有为实现这个梦想而努力，反而"迁怒"于自己的父母；不但没有靠自己去创造，反而一味地纠结，结果情况越来越糟。

我们每个人都应该靠自己活着，正所谓自己的路要自己走。对于青少年来说，终将都要步入社会，参与竞争，届时会遭遇到比学习生活要复杂得多的生存环境，随时都可能出现我们无法预料的难题与处境。我们要自立，努力克服困难，坚持前进。

现实生活中，有很多青少年躲在父母的羽翼下，让父母为他遮风挡雨，这种人通常不会有很大的出息。飞出"金丝笼"变成独立的"雄鹰"，这是所有成功者的做法。其实，当一个人感到所有外部的帮助都已被切断之后，他就会尽最大的努力，以顽强的毅力去奋斗。结果，他会发现：自己可以主宰自己命运的沉浮！

一个人，开始自强自立，不再凡事依靠别人的帮助，他就踏上了成功之路。这个时候的他，自然会迸发出一股前所未有的力量，因为离开别人的帮助，他就没了后路，只能靠自己。如果我们决定依靠自己，独立自主，就会变得日益坚强，这样距离成功也就越来越近了。

有这样一个小男孩，他非常喜欢冒险，经常爬到父亲养鸡场附近的一座山上去。一天，他在这座山上发现了一个鹰巢。鹰巢里有一颗鹰蛋。他将这颗鹰蛋带回了养鸡场，把它和鸡蛋混放在一起，让一只母鸡来孵。

一段时间后，孵出来的小鸡群里便有了一只小鹰，这只小鹰和小鸡一起长大。起初它很满足，过着和鸡一样的生活。

但是，渐渐地，这只小鹰对鸡的生活不满足了，它渴望一种全新的独立生活。它经常在想："我一定不是一只鸡！"只是它一直没有采取什么行动。直到有一天，一只老鹰翱翔在养鸡场的上空，朝着小鹰四周盘旋。这让小鹰感到自己的双翼有一股奇特的新力量，心也猛烈地跳动起来。它抬头看向老鹰，心想："我一定要和这只老鹰一样，养鸡场不是我待的地方。我要飞上青天，栖息在山岩之上。"

它从来没有飞过，但是这种飞翔的力量埋藏于它的内心深处。它展开了双翅，飞升到一座矮山的顶上。极为兴奋之下，它再飞到更高的山顶上，最后冲上了青天，到了高山的顶峰，它发现了伟大的自己。原来，自己是这么优秀！

青少年朋友，如果换做是你，你是否有这份勇气，让自己脱离"鸡群"的生活，像故事中的幼鹰那样，独立"飞翔"？其实，只要拥有遇事求己的那份坚强和自信，人人都能摆脱束缚，成为独立的雄鹰。

一个善于掌控自我命运的人，他的幸福感会比常人高很多。青少年在生活中，必须善于独立自主地做出抉择，不要总是让别人推着走，不要总是任由他人的摆布，而要勇于驾驭自己的命运，以自己的节拍，迈开走向独立的步伐。自强自立久了，你便会发现，这一路的自己是如此美丽！

凡事依赖他人，最后食恶果的是自己。如果一味地把希望寄托在别人身上，而不积极地创造条件改变自己的命运，那么，自己的人生只会是暗淡无光的。因此，青少年朋友，如果你想成为生命的强者，就要摆脱依赖心理，培养自养能力，一切靠自己，用独立与坚强的翅膀为自己创一条路，让你的青春多一份厚重感。

五、让气质洋溢一种知性的光辉

做一个杰出的人，光有一个合乎逻辑的头脑是不够的，还要有一种强烈的气质。

——金马（毕业于北京大学）

所谓知性，也被称为"理智"或"悟性"。知性一词，原本是德国古典哲学常用的术语。康德认为，知性是介于感性和理性之间的一种认知能力。从含义上讲，知性是指内在的文化涵养自然发出的外在气质。

知性，是一种包容、成熟、理智、温和、智慧、优雅的集合，如形容某位女子知性，指的是她充满知性的柔和魅力，感情丰富，清楚自己需要什么；工作上中性，但感情上又极具女人味。她们不同于小女孩似的单纯，也不同于小女人式的狭隘。

如今，很多女孩子都擅长化妆，也非常会打扮自己，个个看起来都非常美丽。但若你仔细品味，还是可以发现其中的不同。那种知性的气质通过化妆和打扮是体现不出来的。知性的气质，主要体现于我们的仪态、表情和眼神。

我国著名学府北大也曾培养过很多非常知性的人。

2006 年，博客网举办了首届美女博客大赛。最终，来自北大的伊澜摘得了桂冠。伊澜在接受采访时告诉记者，她觉得自己并不美，也不喜欢别人叫自己"美女"。她说："我喜欢知性一点的美女，骨子里应该透出高贵的气质，而不是花瓶式的。"

伊澜确实是一位"知性美女"。她是北京一家合资企业的人力资源总监，参加美女博客大赛的时候正在读北京大学光华学院 EMBA（高级管理人员工商管理硕士）。除了喜欢学习外，伊澜的爱好也非常广泛，她喜欢写作、书法、水墨画，还有过平面模特的从业经验。"拿这个奖我很高兴，但我想我的生活不会因此有所改变。"

不仅是伊澜，很多北大的学子都展现出了知性的一面，他们不仅学识渊博，还爱好广泛、性情浪漫、心怀天下……这与北大独特的文化是息息相关的。

一位作家在讲述北大的文化时，提出了一个非常有意思的现象，说北大"校园里有白发苍苍的先生，长发飘飘的女生，这是未名湖畔的亮丽景观。"我国著名作家、北京大学诗歌研究院院长谢冕教授也曾这样说："燕园的美丽是大家都这么说的，湖光塔影和青春的憧憬联系在一起，益发充满了诗意的情趣。每个北大学生都会有和这个校园相联系的梦和记忆，尽管它因人而异，而且也并非一味地幸福欢愉，会有辛酸烦苦，也会有无可补偿的遗憾和愧疚……燕园其实不大，未名不过一勺水，水边一塔，并不可登，水中一岛，绕岛仅可百余步；另有楼台百十座，仅此而已。

但这小小校园却让所有在这里住过的人终生梦绕魂牵。"北大的美、内涵吸引了一批又一批的有识之士。

从北大学子们身上，我们可以从中领略到那种知性美的精华：学识渊博、爱好广泛、拥有良好的性格、内心世界丰富、心态健康等。

实践中，我们青少年如何培养知性的气质呢？

1. 成为一个优雅的人

一个人的气质是内部修养、外在的行为谈吐、待人接物的方式态度等的总和。优雅大方、自然的气质会给人一种舒适、亲切、随和的感觉。

2. 多学习，少玩乐

气质不是学来的，而是培养出来的。多看书，多思考，气质不是一两个月就可以改变的，是需要一年、两年甚至更长的时间。

3. 品位决定气质，培养高尚的品位

气质分很多种类，比如张扬、灵性、清秀，还有一种就是更难达到的高雅。我们首先应了解自己是哪种类型，然后再为自己创造后天的完美气质。

4. 仪态端庄，充满自信

一个步姿洒脱、意气风发、充满自信的人，最能吸引别人。

5. 保持幽默感

一个懂得在适当的场合和适当的时间展露笑容或开怀大笑的人，定能受到别人的欢迎。

6. 重视外在

在社交场合，必须注意仪表的端庄整洁。在社交活动时，适当地修饰与打扮是应该的。切忌疲疲沓沓，不修边幅。

7. 不斤斤计较

要心胸开朗，豁然大度，千万别小心眼、小家子气。不要为一点点小事就大动肝火，斤斤计较。

8. 不自视清高

不要总是低估别人，高看自己，因为高抬的目光会让你看不见正确的前进方向的。

9. 不卖弄聪明

每个人都有自尊心，都有引以为傲的地方。卖弄是缺少教养的表现。

做好以上各点之后，再加上这四点：读最灵秀的诗、听最美好的音乐、选最精美的杂志、看最优秀的著作。相信有一天，日积月累的修炼会让你成为一个知性、优雅的人。

六、好的气质来自对真善美的追求

美丽的风景是孤独的，孤独的风景是美丽的。如果有一双慧眼，那么就去找那些美丽的风景吧。哪怕是一瞬间，亦足以打动人的心灵。

——卞之琳（毕业于北京大学，著名诗人、文学评论家、翻译家）

法国著名文学家罗曼·罗兰曾经说过："气质是很抽象的东西，但是，它给人的印象却非常明显。"现实生活中，很多人都有这样的体验：通常我们会发现，同其他的女孩相比，某个女孩非常有韵味；或者同其他男孩相比，某个男孩非常潇洒——这里的韵味与潇洒之美就是来自所谓的"气质"。

人的形象有外在形象与内在形象之分，而气质就是这种内在形象的最主要的组成部分。

好的气质往往来自对真善美的不懈追求。或许有人会说："当今的社会充满了尔虞我诈，哪有什么善意可言啊？"其实，并不是没有善意，而是你缺乏一双善于发现的眼睛。

在一个下着瓢泼大雨的午后，行人们纷纷跑到就近的店铺躲雨。这时，一位浑身湿淋淋的老妇也在步履蹒跚地往费城百货商店走。看着她那狼狈的样子和简朴的衣裙，费城百货商店的售货员很不屑，对她非常冷淡。

就在这时候，一位年轻人走到老妇的面前，诚挚地对她说："您好，夫人，有什么需要我为您做的吗？"老妇笑了笑，摆了摆手说："不用了年轻人，我只想在这儿躲会儿雨，一会儿就走。"

过了一会儿，老妇心里有些过意不去。不买人家的东西，却借用人家的屋檐躲雨，太不近情理了。于是，她开始在百货商店里转悠，哪怕买个头上的小饰物，也能给自己躲雨找个光明正大的理由。

正当她不知为买什么而烦恼时，刚才与她搭话的那位年轻人又走了过来，对她说："夫人，您没有必要非得买东西，这样吧，我给您搬一把椅子放在门口，您坐着休息就是了。"

两个小时后，雨过天晴，老妇向那个年轻人道了谢，就颤巍巍地走了出去。临走的时候，老妇向这位年轻人要了张名片，名片上印着的名字是"菲利"。

几个月后，费城百货公司的总经理詹姆斯收到了一封陌生人的来信，写信人要求将该公司内一位名叫"菲利"的年轻人派往苏格兰收取装潢一整座城堡的订单，并让他负责几个大公司下一季度办公用品的采购任务。詹姆斯读了这封信后，感到无比震惊，他当即计算了一下，得知仅仅这一封信所带来的利益就相当于他们公司两年的利润总和。

詹姆斯赶紧和写信人取得了联系，这才得知，写信的人竟然就是之前来商店躲雨的那位老妇，而她正是美国亿万富翁"钢铁大王"卡内基的母亲。

詹姆斯当即将那位叫菲利的年轻人推荐到公司董事会。毫无疑问，当菲利收拾好行李准备去苏格兰时，他已升格为这家百货公司的合伙人了。那年，菲利22岁。

之后的岁月里，菲利凭借他一贯的踏实和诚恳，成为"钢铁大王"卡内基的忠诚助手，事业发展得蒸蒸日上，成为美国钢铁行业仅次于卡内基的富可敌国的灵魂人物。当他29岁的时候，已经为全美国近百家图书馆捐赠了800万美元的图书。菲利说，他希望用知识和爱心帮助更多的年轻人走向成功之路。

成功并非我们想象得那么难，很多成功人士的成功法则都包含在最日常的言行之间。或许，一句亲切的话语、一个友善的致意或一项小小的援助计划身上就蕴含着成功的契机。所以，青少年朋友，在日常生活中，如果你处处真诚待人，或许就在不经意间，成功之神就向你伸出了手。

善良是生命中的宝物，善良即是伟大。虽然善良的人并不具有丰功伟绩，但是他却可以把人从痛苦的深渊中拯救出来，一个善意的举动足以改变一切。

有这样一个年轻男子，他的性格十分内向。在别人眼里，他十分不幸，因为在短短两个月的时间里，他的父母相继离世。接下来的日子里，他的女友也离开了他。不幸到此并没有离开他，接着，他所经营的公司也由于遭到小人的破坏而破了产——这一系列的不幸，让他对生活失去了希望。

他想到了结束自己的生命。

一天，他到一家商店准备买一把水果刀，先将毁坏自己事业的小人杀掉，然后自杀。在商店里，他一连挑选了几把刀，反复试着刀锋，最后终于选定了一把。交完钱后，就在他准备离开的时候，售货员小姐忽然叫住了他，把刀要了回去。他冷冷地站在那里，困惑地看着她往刀锋上缠着纸巾，缠了一层又一层，缠好之后，她手握刀锋，将刀柄一方朝着他，把刀递到他的手里。

他十分不解，问："你这么做是什么意思呢？"

"您不要误解，我这么做没别的意思，就是觉得这样就不容易碰伤人了。"售货员小姐微笑着答道。

"其实，你作为售货员用不着管这么多，只需要卖刀就行了。"他对售货员小姐的行为并不领情。

"这里卖出的刀无论是用于削水果还是去沾鲜血，的确和我没有一点儿关系。"售货员小姐依然笑道，"可是我希望所有的人都能生活得好一些。"

他没有再说话，拿起刀便走出了商店，但心里却忽然间感到非常温暖。原来，在这个世界上，还有一些让人感觉温情的人和事，原来还有人不为任何利益地关心着他。虽然不多，但一点点也就足够珍贵了。

从商店离开后，他去水果店买了很多水果，然后，利用一下午的时间，细细地用那把刀享受着果汁的芬芳与甘甜。他一边吃一边流眼泪，同时仔细回想着售货员小姐的善意规劝。他想：如果不是那个善良的陌生女孩，恐怕他的人生命运就要改写了。

从此以后，这把水果刀就成了他警戒自己的法宝。他重新振作起来，最终成就了一番事业，并成立了一个幸福的家庭。

故事中的这位女孩非常善良，她用一颗真善美的心挽救了一个企图自杀的年轻人的生命。虽然只是付出了平凡的几句安慰，却取得了莫大的效果。她凭借自己的真善美气质赢得了年轻人的尊重和感谢。

拥有真善美的人，他们通常有着善良的心地、宽大的襟怀和光明平和的处世态度，他们待人谦虚且有自信，他们积极向上但不嫉妒他人，他们懂得欣赏他人的美但不自卑，他们知晓自己的优势但从不宣扬，他们尽职尽责绝不嚣张跋扈——在这种品质的渲染下，他们无不拥有雍容典雅的气质。这种气质使他们举止从容、态度大方，拥有一种高贵的美。

青少年朋友一定要明白这个道理：拥有恶劣的信念，你的世界就是地狱；拥有善良的信念，你的世界就是天堂。现实生活中，如果一个人始终保持一颗追求真善美的心，那么有什么困难不能克服呢？因为这种由内而外滋生的形象毫无疑问地将吸引别人帮助他。

七、优雅是女人持续修炼的功德

只要你具备了精神气质的美，只要你有这样的自信，你就会拥有风度的自然之美。

——金马（毕业于北京大学）

某年的阳春三月，和风煦煦，暖阳高照。风景优美、安静怡人的北大校园里，一群来自全国各地的优雅睿智的女性精英们齐聚课堂。课堂上充满了久违的笑声和读书声……秉承百年北大思想自由、兼收并蓄的精神，发挥北大雄厚的资源优势和文化底蕴，汇聚百年名校风采，聘请国内外研究女性魅力的专家学者，身经百战的女性精英，北京大学隆重推出了"东方优雅女性高级研修班"，目的就在于培养这些女性精英们别样的优雅魅力。

优雅，是一种美丽的表现，它将美丽提升到了新境界；优雅，是一个人展现出来的由内而外的整体美，是一个人品格、涵养、气质、心态等内在魅力与言谈、举止、形象、风度等外在魅力的完美结合。美国教育学家戴尔·卡耐基曾这样评价一位女士：

"你的粗俗将会毁了你的幸福。我要告诉你的是，只有举止优雅的女人，才会赢得男人的尊重和爱。"优雅，展现了一个人所具备的修养和内涵。优雅人士，一举手、一投足，都会让人觉得心旷神怡。

优雅，对每个人来说，尤其是对女人来说，是一种使命。它是我们应该毕生追求的至高境界。任谁都无法抗拒岁月带来的印痕，青春和美貌不会永驻，唯有优雅会成为一种无与伦比的恒久魅力。

在众人的心目中，埃及艳后一定是一位美丽绝伦的美女。但是，据考古专家考证，埃及艳后的外在并不美丽，甚至可以说她的容貌非常普通。但是她仍然先后让罗马的两个英雄——恺撒和安东尼为之倾倒。不但如此，在她还是一个小姑娘的时候，恺撒和庞培的儿子就已先后拜倒在她的石榴裙下。那么，她吸引人的因素在哪里呢？答案是她与众不同的优雅之态。

现实生活中，对那些举止粗鲁、不讲究文明礼仪的女人，大家会嗤之以鼻，即便她们坐拥万贯财富，也不会博得大家的好感。但是，对于优雅的女人，大家的态度确实会截然相反。即便她们一贫如洗、没有什么名声地位，仅凭优雅之态，也能博得大家的尊重和喜欢。

所以说，一个人是需要优雅的，尤其是女人。

优雅是一种恒久的时尚，当优雅成为一种自然的气质时，这个女人一定会显得成熟、温柔。那么，什么样的女人才是具备优雅气质的女人呢？

1. 健康、开朗、乐观

身体是生活的本钱，只有健康才能让自己活力四射，趋于完美。优雅的女人开朗乐观，遇到挫折时敢于认真面对、积极克服。

2. 装扮得体、举止大方

不可能每个女人都拥有外在美。如果你的长相并不十分出众，那你就要懂得怎么改变自己、弥补自己的先天不足，除了装扮得体，还应在日常的言谈举止中表现得落落大方、高雅得体。

3. 有理想和自信

优雅的女人对未来有着崇高的理想，追求事业上的成功，用充满自信的目光看待每一件事，每一个人。这样的人容易获得他人的喜欢。

4. 富有同情心

优雅的女人都有一份同情心，对弱者或是受到委屈的人们总会表示出由衷的同情，并理解他们，给他们以适当的安慰和帮助。

5. 心地善良、宽容待人

善良是女人的天性。如果你有一颗善良的心，并且待人宽厚，从不苛求他人，而且经常帮助一些老人、小孩，那么，即使你的长相平平，你不俗的优雅气质依然会让人心动。

6. 兴趣广泛

优雅的女人有着广泛的兴趣爱好，并能持之以恒。一个人的美丽在于心灵之美。试问有哪个女人不想成为优雅的人？那就从现在做起，塑造你的气质，做个优雅的女人吧！

其实，优雅并非高高在上，它体现在我们日常生活的每一个细节中。优雅可能是繁忙的电脑边上的一杯玫瑰花茶，可能是旅途中略带倦意的一次回望，可能是疾走中掠过唇边的一缕发丝，可能是运动场上挥拍跃起的一次猛力抽杀……并且，真正的优雅不一定需要有很多的金钱或者时间作为后盾，只要你留心，优雅无处不在。一个眼神、一句话、一个动作、一抹微笑，无不让你优雅万分。

青少年朋友，如果你能在日常生活中注意以下几个方面，优雅于你而言就不会是那么遥远的事情了。

1. 个性张扬、自主性强，这是现代女人成功所必备的心理素质，同时也为现代女人增添了另一番风韵，是一个优雅的女人所应追求和塑造的形象。

2. 在学习和生活中，应始终保持一种开阔的胸怀，这不仅是生存的需要，更是人生快乐的源泉。

3. 拥有一颗宽容和接纳的心，让自己的内在魅力去同应该竞争的对象打拼，而不是与人打嘴战。

4. 对女孩子来说，不仅要让"女人是弱者"的说法改变，而且还要将女性的优雅充分地展现出来，在生活中处处闪现出迷人的气质。

八、风度是男人的真醇品质

一个人的心胸，决定了他拥有的涵养和风度。

——袁行霈（北京大学中文系教授，著名古典文学专家）

所谓风度，从狭义上来说，是指一个人具备美好的言谈、举止、姿态；从广义上来说，是指一个人知识、气质和涵养等内在素质的外在体现。具体来说，风度体现在现实生活中，就是指语言恰如其分、着装整洁合体、举止温文尔雅、态度自然诚恳、做事兢兢业业、为人诚实守信、生活俭朴健康、见解独到深刻、情趣高雅脱俗等。风度对男人来说尤为重要，是一个男人应该具备的真醇品质。

对男人来说，风度可以提升他的影响力。生活中，每一个男人都希望自己能够拥有开朗的性格、迷人的风采。因为，无论一个男人贫富如何、长相如何，如果他具备迷人的风度，就会博得大家的青睐。与最优秀的教育或最伟大的成就相比，迷人的风度给人留下的印象会更深刻、更美好。对男人来说，即便他没有突出的能力，没有万贯的家财，如果他风度迷人，也同样可以成为一个魅力男人。

风度是男人的真醇品质。北大校长周其凤教授身上便有着这种高贵的品质。

北大保安甘相伟通过自学考入北大中文系后，根据自己的人生经历写了一本《站着上北大》。他携带自己的新书请周其凤校长为其作序。周其凤没有推辞，反而欣然接受了这一邀约。他在该书《站着上北大》中调侃道："我是学化学的，文笔不好。还因为写了一首《化学是你，化学是我》让全世界都知道了我文笔不好……"北大校长周其凤在作序时是如此谦虚，事先就将自己"文笔不好"的"缺点"摆了出来，引来社会人士一片赞许。毕竟，贵为北大校长的他能为自己即将成为本校的学生出版的书籍作序，已是难能可贵，竟还如此谦虚。在一些人眼里，周其凤校长能为保安学生作序，这种在传统秩序中几乎是不可能的，然而在现实的轮回中却获得了实现，这便足以说明周校长的风度。

高校什么最重要？清华大学的"终身校长"梅贻琦先生说过，"非大楼之谓也，乃大师之谓也。而大师什么最重要，乃其精神也"。北大之所以能够成为莘莘学子梦想的求学舞台，一个很重要的因素就在于其传承了蔡元培校长那种"思想自由，兼容并包"的精神。在这种精神的感召下，北大师生之间的关系没有更多的利益纠葛，多的是学术情谊的分享。

周其凤校长承认自己"文笔不好"的风度真正弥足珍贵。每个人都不是全能者，按照术业有专攻的观点，自然会有所知有所不知。专业主攻化学的北大校长周其凤，文笔好不好且不说，但其主动承认"文笔不好"就是一种有自知之明的态度，这种态度折射出的风度值得众人学习。

自然，这种风度还可以延续和传承在北大的校风中，促进追求科学、实事求是的风度。考入北大中文系的保安甘相伟也说了，自己一直都是"站着"进入北大的，是北大的校风深深影响了他。而周其凤校长不仅放下身段为其作序，还主动承认自己"文笔不好"，这种师生情谊本身就是一段佳话，就是载入北大的历史也毫不为过。

现实生活中，有的人认为一个人有风度就是指外形好、穿衣有品位、能说会道等。其实，这是对风度的误解。良好的风度并非靠先天的遗传，也并非靠东施效颦式的模仿，而是靠后天长期的培养而形成的，它通过一个人的言行举止、表情神态、仪表服饰等自然而然地流露出来。与外表美相比，风度更能体现一个人的精气神。

风度常常不体现在大事上，而是反映在那些我们从来都不曾在意的小节上。你以为没人在意，但这只是自己在掩耳盗铃。

我们在评价一个人时，一定要全面。看一个人是否具备成功者的条件，不仅仅看他智力如何，更要看他的风度，看他的说服力、吸引力、亲和力及取信力。其表情、举止、情趣、人格，以及交友能力和维护朋友的能力等因素对他能否取得成功起着至关重要的作用。那些毫无风度可言的表情、举止、性情，往往会掩盖他的能力，让人对他心生厌恶，更谈不上喜欢了。

读到这里，很多青少年可能会有疑问，到底什么样的人才是有风度的人呢？

首先，一个有风度的人，必定是一个有教养的人。为什么要将"教养"放在首位呢？主要是因为，在日常生活中，大家在谈及对一个人的印象的好坏时，经常会用"这个人有教养"来表示好感，用"这个人教养不够或没教养"来表示厌恶感。由此可见，教养是一个有风度者所必须具备的品质。

其次，一个有风度的人，必定是一个有主见的人。有风度的男人，对任何事情都有自己的想法，不喜欢人云亦云，对人对事都有自己独到的见解。他总能将每件事情分析得透彻清晰，归纳得有条有理，给人提供最合理的建议。对于不能苟同的观点，他不附和；对于自己认定的观点，他则极力拥护，坚定自己的信念。

再次，一个有风度的人，必定是一个大度量的人。度量是衡量一个人精神境界的重要标准。一个人，他的度量大，则说明其见识高、涵养高，取得成功的机会更大一些。大度量者，往往为人处世光明磊落、胸怀宽广。度量大的人，更容易博得他人的喜欢。

最后，一个有风度的人，必定是一个有智慧的人。在快节奏的当代社会里，每个人都必须随时充实自己，否则难以生存下去，更别提有风度了。因此，有风度的人，应该是一个有真才实学的人。智慧可以从学问中得到，只要努力学习，处处留心，每个人都可以做到。

一个人是否有风度，对自己以后的人生发展有着至关重要的作用。而提高个人风度是一种长期行为，是一个人终其一生都要面对的问题。

青少年朋友若想成为一个有风度的人，可以从以下两个方面来提升自己：

1. 多读书

"书是人类最好的朋友。"读书是一项有利于身心健康发展的活动，它可以使人明心、清脑、益智、养气。所谓明心，是指读书可以开阔人的心胸，涤荡人的灵魂；所谓清脑，是指读书可以拓宽人的思路，开阔人的视野；所谓益智，是指读书可以增长人的智力和才干；所谓养气，是指读书可以陶冶人的情操，提高人的自身修养和气质。

2. 多实践

青少年朋友要多参加实践活动，多接触社会，多向他人学习。所谓"三人行必有我师"，青少年要懂得从人群中汲取经验和教训，积累智慧。除此之外，青少年朋友还要多思考问题。因为思考有利于我们发现自己的缺点、短处，克服因取得一定成绩而滋生的满足感，保持自己的进取心和影响力。

优秀，紧握手中的成功种子

北大的学子几乎都是以全国各省市的状元身份进入北大的，就某些方面来说，算得上是非常优秀的。但是在北大的环境中，每一个人都应不断进取，没有人能够就此止步。人生是一个不断发展的过程，我们也要跟上时代的步伐，走在时代的前沿。从平凡到优秀也许不难，从优秀到卓越就需要你发挥更大的主观能动性。

一、周国平：生当优秀

要引人敬意，就要研究一个非常专业的领域，在那个领域中，你是最顶尖的，至少是中国前十名，这样无论任何时候你都有话说，有事情可做。我原来想成为中国研究英语的前 100 名，但后来发现根本不可能。所以我就背单词，用一年的时间背诵了一本英文词典，成为中国单词专家，现在我出版的红宝书系列，从初中到 GRE 词汇有十几本，年销量 100 万册，稿费比我正式工作都高得多。

——俞敏洪（毕业于北京大学，新东方学校创始人，现任新东方教育科技集团董事长兼总裁）

提起著名作家，北大哲学系毕业的周国平先生很多人都非常熟悉，并对他的文学作品欣赏有加。在周国平的众多作品中，有一本书非常有名，书名叫作《生当优秀》。周国平的这本书集纳了他的经典人生语录。在他看来，生活在这个世界上，我们每个人都应当追求一种优秀的品质，所谓优秀，即要把人之为人的禀赋发展得尽可能地好，要使人性的品质在自己身上得到充分的体现。

周国平先生说得对。在这个世界上，我们每个人都应该树立一个目标，并为这个目标的实现而努力，争取成为一名优秀者。现实生活中，很多人之所以过着平庸的生活，甚至不断遭遇失败，主要原因在于他们从来都不肯种下一颗"优秀"的种子，不肯努力成为优秀者。

全世界最早的现代成功学大师和励志书籍作家拿破仑·希尔曾经说过，一个人唯一的限制，就是自己头脑中的那个限制。唯有自己才能挣脱自我设限。

西方有句谚语："上帝只拯救能够自救的人。"也就是说，没有人可以限制你成为一名优秀者，除非你自己。如果你不想为成为优秀者而努力，挣脱固有想法对你的限制，那么没有任何人可以帮助你。

曾有人做过这样的一个实验：

实验者找来一只跳蚤，将其放在办公桌上。只要他一拍桌子，跳蚤便马上跳起来，所跳的高度均在其身高的百倍以上。接着，实验者在跳蚤的头上罩上了一个玻璃罩，再让它接着跳。这一次，跳蚤跳起的时候碰到了玻璃罩。接连多次的跳跃，跳蚤都碰到了玻璃罩。后来，跳蚤改变了起跳高度以适应这种情况，它每次的跳跃高度均保持在罩顶以下。接下来，实验者逐渐改变玻璃罩的高度。面对玻璃罩高度的改变，跳蚤都在碰壁后主动改变自己的高度。当玻璃罩接近桌面时，跳蚤已经忘记该怎么跳了。最后，实验者将玻璃罩打开，使劲拍桌子，跳蚤仍然不会跳，变成"爬蚤"了。

在上述实验中，跳蚤之所以成为"爬蚤"，并不是它已丧失了跳跃的能力，而是由于一次次受挫，它学乖了，习惯了，麻木了。最让人觉得惋惜的是，后来在玻璃罩被拿掉的情况下，它却连"再试一次"的念头都没有了，玻璃罩已经罩在了它的潜意识里，行动的欲望和潜能已被它自己扼杀了。

我们每个人的心中都会有一堵墙，走出自设的樊篱，大胆地期许成功和优秀，才能把自己的潜力释放出来，才能得到最优质的成功，成为一名名副其实的优秀者。

如果我们在生活中，凡事都努力做到最好，那么，所有遥不可及的幸福，都会纷纷汇集到你的身边。

故事发生在 60 多年前的一天，地点是美国的三藩市。这天，一位演员的妻子临产了，为他生下了一个可爱的男孩。

由于父亲是演员，这个男孩从很小的时候开始，就在剧组跑龙套。渐渐地，他滋生了当一名演员的念头。后来，这个念头成了他的梦想。可是，这个男孩从小身体就很虚弱。父亲便让他拜师习武来强身。

1961 年，男孩顺利考入华盛顿州立大学，主修哲学。大学毕业后，和大多数普通的男孩一样，他也结婚生子，过起了平常人的生活。可是在他的心底，那个当演员的梦想从来没有消失过。

一天，男孩和朋友谈到了梦想这个话题。他便随手在一张便笺上写下了这样一段话：

"我，将会成为全美国最高薪酬的超级巨星。作为回报，我将奉献出最激动人心、最具震撼力的演出。从 1970 年开始，我将会赢得世界性声誉；到 1980 年，我将会拥有 1000 万美元的财富，那时候我及家人将会过上愉快、和谐、幸福的生活。"

当时的他，可谓穷困潦倒。朋友看到他的便笺，觉得他在说笑话。其他人看了后，给予他的除了白眼就是嘲笑。然而，他却牢记着便笺上的每一个字，克服了无数次常人难以想象的困难。一次，他曾因脊背神经受伤，在床上躺了 4 个月，但后来他却奇迹般地站了起来。最终，他的梦想都得到了实现。

在生活的溪流中，如果我们能够像故事中的主人公一样，敢于挣脱平庸命运的摆弄，大胆追梦，也同样会成为人生的赢家。正如周国平先生所说的，我们"生当优秀"。所以，青少年朋友，无论处在什么样的环境中，你都应该相信自己，相信自己是最优秀的那一个。

在遭遇苦难时，即使落泪了，也要及时擦干，全力以赴去努力，相信在你的汗水的洗礼下，梦想会一步步向你走来。

世上的每个人，都有这样或那样的缺憾；我们每个人的人生，都有很多不完美的地方。正因为如此，人类永远不满足自己的思维、自己的生存环境、自己的生活水准。青少年朋友，如果想成为一名优秀者，就要勇于突破人生缺陷的限制，通过努力创造出成功人生。

二、让优秀成为一种习惯

运气不可能持续一辈子，能帮助你持续一辈子的东西只有你个人的能力。

——俞敏洪（毕业于北京大学，新东方学校创始人，现任新东方教育科技集团董事长兼总裁）

现实生活中，很多事情的结果都会告诉我们这样一个事实：即便成功的道路有千万条，成功的方法不计其数，成功的要素无限多，但成功的关键可简单地归结于一点，那就是习惯的力量。对此，美国畅销书作家杰克·霍吉在《习惯的力量》一书中说，所有的成功都能归结于一种习惯。是的，勤奋是一种习惯，坚持是一种习惯，成功是一种习惯，优秀也是一种习惯。

早在公元前350年，古希腊哲学家亚里士多德就宣称："我们每一个人都是由自己一再重复的行为所铸造的。因而优秀不是一种行为，而是一种习惯。"亚里士多德的话告诉我们青少年，除了性格是天生的而有所不同外，我们身上的其他东西基本都是于后天形成的，是家庭影响和教育的结果，是自己后天发展的结果。由此可见，我们的一言一行都是日积月累养成的习惯使然。只不过，在日常生活环境中，有人养成了好习惯，有人养成了坏习惯。

如果说优秀是一种习惯，那么平庸也是一种习惯。所以，青少年朋友如果想成为一个优秀的人，就要从现在开始，把优秀变成一种习惯。每个人都平等地生活在这个世界上，我们的命运掌握在自己手中，是做一个平庸的人，还是做一个优秀的人是由自己来决定的。

漫长的人生中，我们会遇到来自各方面的竞争，只有那些永争第一、积极坐在前排的人才更容易出类拔萃，成为优秀者。

面对自己的人生，我们每个人的人生定位都会不同，由此产生了不同的生活态度。正所谓："取法乎上，仅得其中；取法乎中，仅得其下。"你将自己置于何种层次、何种境界，你便会获得何种层次、何样境界的人生。一个志存高远的人，必定将追求优秀作为自己的人生目标，作为一种近乎本能的习惯。著名作家、北大讲师鲁迅立志揭出劣根性，以疗救国人，所以"横眉冷对千夫指，俯首甘为孺子牛"，把别人用来喝咖啡的时间用于读书写作。除了鲁迅先生，北大还集中了全国最优秀的学生，他们的教育宗旨正是"追求卓越"。

青少年朋友，无论现在的你所处的境况如何，都一定要怀着一颗勇往直前的心，让自己强大起来，向优秀进发！

优秀的人在社会上发展的机会会更多，自己的人生价值会得到更好的彰显。而一个人要想优秀，就必须与众不同。要么你有过人的长处，要么你就得有思想或者说能力。如果你具有过人的长处，那么会得到很多人的重视，成为焦点人物。

青少年朋友如果想成为优秀者，就需要在日常生活中培养自己独立思考的能力。因为，独立思考不仅仅是一种能力，更是一种人格魅力。它可以使你迅速成为"优秀"的人，至少是掌握成为优秀者的方法和捷径。有了独立思考的能力，你就可以站在一定高度观望，找到适合自己的切入点，根据自己的实际情况来量身定做发展路径。这样，你就能成为真正优秀的人，实现自己的人生价值，达成自己的人生目标。

成为优秀者并非一件容易的事情，它需要我们一步步地去努力，需要我们一点一滴地去积累，使自己变得有深度、有气质、有独特的见解、有满腹的才华，如此，我们才能成为真正的优秀者。

我们每一个人，从懂事起，无不想成为一个优秀的人，并且为了使自己变得优秀，也确实付出了很多努力。可是，最后的结果是只有极少数人成为优秀者，多数人仍然在平庸的泥淖中挣扎。

无数的事实告诉我们，优秀从来不是与生俱来的，它需要我们后天的锻造。优秀更不是靠运气得来的。靠运气或许能让我们赢一时，却无法让我们赢一世。现实生活中，有些人经常感叹自己时运不济，将别人的成绩都归因于机遇。正所谓失败是成功之母。别人所取得的成绩，也是经历了无数的失败后才得来的。即便真的存在机遇问题，它也是与风险同行的。

青少年朋友，努力成为一个优秀者吧！而要想成为一个优秀的人，你必须注意以下这几个方面：

1. 要有自知之明

古语有云："人要有自知之明。"这个说法并不过时，它是我们每个人都应该明白的道理。所谓自知，就是正确地认识自己，了解自我的优、劣势所在，例如，勤奋或懒惰、乐观或悲观、外向或内向、做事认真或敷衍了事、容易激动还是遇事冷静……如果你能够清楚地看到自身的优点和缺点，才算得上有自知之明。自知之明的深层意思是，要对自己的能力做更加深入的分析，例如，你的优势所在，你有什么特长，你具备什么独特能力，你擅长从事什么工作等。

2. 要懂得扬己之长避己之短

有了自知之明后，对自身的优、劣势会有一定程度的了解。这个时候，你就要懂得扬长避短，要积极地、有意识地发挥自己的优势和长处，抑制自己的缺陷和不足，力争使自己的优点更加突出。当然，即便你的劣势无关大局，也要尽力去克服，因为免不了有些时候，有人会放大你的缺点，缩小你的优点。生活中，发挥自己的优势不是一件难事，但克服自身的缺点却很难。但是，正是克服缺点和劣势有困难，才需要我们去挑战自我。一位成功人士曾经这样说："成功，从某种程度上来讲，就是克服自我缺点，将自身的劣势变为优势。"这句话不无道理。

3. 要记得与勤勉为友

优秀和勤勉是两个亲密的朋友，好似一对孪生兄弟。优秀者不一定勤勉，但勤勉者即便不是最优秀的，起码也是比较优秀的。从某种意义上可以说，勤勉本身就是优秀的代名词。正所谓台上一分钟，台下十年功，成功都不是轻而易举得到的，也不要轻易相信什么天才的神话。优秀者从来不将自己当特例，他们只知道下笨功夫。

一次优秀的行为算不上优秀，习惯性的优秀才称得上优秀。优秀者之所以优秀，最主要的因素在于他们拥有一种优秀的习惯，这种习惯在潜移默化中，衍生了他们优秀的个性、优秀的作风、优秀的人格。渐渐地，会让你发现，当优秀成为一种习惯的时候，发生在你身上的一切都会与众不同。

对于处在成长中的青少年朋友，更需要不断地提示自己，让优秀的因子深植于内心，让优秀的行为变成一种习惯，让自己的生命从此在优秀中悄然绽放。

三、这个世界不相信眼泪，只相信实力

当你是地平线上一棵草的时候，不要指望别人会在远处看到你，即使他们从你身边走过甚至从你身上踩过，也没有办法，因为你只是一棵草；而如果你变成了一棵树，即使在很远的地方，别人也会看到你，并且欣赏你，因为你是一棵树！

——俞敏洪（毕业于北京大学，新东方学校创始人，现任新东方教育科技集团董事长兼总裁）

现代社会，竞争非常残酷，如果你没有实力或者不优秀的话，未来的你就注定了会被社会淘汰。人的发展最终可依靠的就是能力，一个人最终能不能有出息，关键在于是否有实力。这个世界不相信眼泪，只相信实力。

判断一个人有没有实力，不是看他的文化水平，也不是看他的文凭，更不是看他懂得多少大道理。一个有实力的人，关键是要看他是不是善于感悟，是不是善于交际，是不是善于将每一个毫不起眼的小机会放大从而成就自己。如果这些关键性的部分没有做好，那么他学历再高，懂得的道理再多，也只是一个"粗人"。

一个人有没有能力，不但要看他知道什么，能做什么，更要看他的悟性。如果他经常悟，善于悟，悟到了，能力就形成了。

从前，有两座彼此相对的山，山上各建有一座寺院。这两座寺院虽然距离不远，但所持有的见解和主张却有着天壤之别，因此，二者之间经常发生矛盾，相处得非常不和谐。

这两座寺院都有一个惯例，就是每天都会派一个小和尚去山下的市场买东西。巧的是，这两座寺院派下山买东西的两个小和尚都是血气方刚的年轻人，只要两人相遇，必然横眉冷对，相互较劲。

一天早晨，两个小和尚相遇了。

北寺的小和尚问："你这是到哪里去啊？"

"当然是脚到哪里我就到哪里喽！"南寺的小和尚傲慢地回答。

北寺的小和尚一听，心里虽然为对方的傲慢生气，但也无言以对。回到寺庙后，他便向师父请教。

师父说："等你下次遇见他的时候，你就用同样的话问他，如果他的回答还是那样，你就说：'如果你没有脚，你到哪里去？'如此你便可以击败他。"

北寺的小和尚听了师父的话后，非常高兴。

第二天早晨，在去往山下市场的路上，两个小和尚又相遇了。

北寺的小和尚问道："你这是到哪里去啊？"

"风到哪里我便去哪里。"南寺的小和尚依然非常傲慢。

听了对方的回答，北寺的小和尚又无言以对了，对方的回答完全出乎自己的意料呀！

回到寺院后，北寺小和尚的师父看到徒弟垂头丧气的样子，问道："难道我的方法不灵验吗？"

北寺小和尚赶紧将早晨的事情一一告诉了师父，师父听了哭笑不得，对小和尚说："那你可以反问他：'如果没有风，你到哪里去？'"

北寺小和尚听了师傅的话，眼前一亮，暗想："明天一定能取胜！"

第三天早晨，两个小和尚又相遇了。

北寺的小和尚又问："你这是到哪里去啊？"

"我到市场去。"南寺的小和尚答道。

北寺的小和尚顿时又无话可说了，因为他总不能说："如果没有市场，你到哪里去？"

北寺的小和尚回寺院后，又将早晨发生的事情告诉了师父。师父听完他的描述后，长长地叹了一口气："观晚霞悟其无常，观白云悟其卷舒，观山岳悟其灵奇，观河海悟其浩瀚……学贵用心悟，非悟无以入妙。别人的东西永远是别人的，只有悟出的东西才是自己的。"

每一个人的成功都是个性的成功，每一个人的成功都是悟性的成功。如果你毫无悟性，不懂世事的变化，那么你终究无法走上人生的正轨，就像那个小和尚，虽然他的师傅具备极高的悟性，但是小和尚不争气，无法领悟世事变化之妙，最终未能修成正果。

所以，我们要做一个有实力的人。若有悟性，世事洞明便是真学问，人情练达即是好文章。要想获得成功，必须在自己身上下功夫，找到问题的关键，找对方向，做有用功。

从北大教育系毕业后，李老师就职于省内一所高级中学。在这所学校，她一干就是二十几年，其间获得了很多赞誉和奖励。可以说，作为一名教师所有的荣耀，她早已经有了，对名誉没有什么渴求了。

然而，最近一段时间，年近50的她却又拜正在上大学的儿子为师学起电脑来了。这是怎么回事呢？

对此，李老师的老同事曲老师就非常不解，还经常劝她："老李呀，你这都几十岁的人了，眼睛也不好使了，手打字也不像年轻人那样利落，干吗还给自己找罪受去学电脑呢？"听了这话，李老师只是微微一笑，反过来劝曲老师说："老曲，我看你也应该学学，这东西很管用呢。前几天，我儿子教我做了一个flash课件，比起我们以前的板书方便多了。"

曲老师笑着说："嘿！我可不想受这份罪！多累人呀！"

没多久，学校响应信息化教学改革，举办了一场别开生面的"flash课件大比拼"，出乎所有老师的意外，李老师竟然夺得了第一名。

此后的日子里，很多在电子时代成长起来的年轻老师，遇到制作电子课件的问题，也要来虚心请教李老师。李老师经常跟她那些老同事说："学电脑什么时候都不晚，即使不用它来做电子课件，也可以跟年轻人网上聊聊天嘛！"可不是，很多学生都觉得李老师根本不像快50岁的人，无论从思想到心态，还是外表打扮，她的身上处处都洋溢着亮丽的色彩，因此大家也都喜欢和她交流。

青少年朋友，你要经常这样问自己：在这个竞争日趋激烈的社会，我要拿什么来立足于这个日新月异的时代呢？是容貌，是家世，还是交际手腕？这些都是实力的一种表现，但可惜的是，它们的保鲜期太短。我们可以赖以依靠一生的资本还是那个叫"实力"的东西。

具体到日常实践中，我们如何来培养自己的实力呢？

实力的培养是一个循序渐进的过程，在这个过程中，需要把握好"两心原则"，即信心、恒心。

1. 信心

面对种种选择，尤其面对种种突如其来的困难，也许你会选择逃避、退缩，或许你还会在心里默默说"我不行"。记住，无论什么时候，都不要说自己不行。没有去做，谁都不知道自己到底行不行。所以，一定要相信自己，暗暗地给自己鼓劲、加油。即便失败了，也是一种收获。

2. 恒心

有的人一辈子都在想着一件事情。可是，事情的关键不是你想了多少，想了多长时间，做了多少准备，关键在于你要去做，要去实施，要把想法转化为现实。这时，就需要有很大的恒心。很多人都是在开始阶段满腔热忱、热血沸腾，而随着时间的流逝变得慢慢懈怠。这时，就容易与成功擦肩而过。所以，请保持一颗火热激情的心，立长志，而不是常立志。

四、改变自己，从平凡到优秀

改造自己，总比禁止别人来的难。

> ——鲁迅（曾在北京大学任教，著名文学家、思想家、革命家，中国现代文学的奠基人之一）

观察周围的人，你或许会发现这样一个现象：有的人做事刻板僵化，不能适应变化，妄图以不变应万变，结果在竞争中惨遭淘汰；而有的人则锐意进取，不断改变自己，最终在竞争中成为佼佼者。这个现象告诉我们一个道理：随着社会的进步和发展，如果我们想成为一个优秀者，就要主动地改变自己，这样你在社会上才会有更广阔的发展平台，获得更多的发展机会。一位伟人说过："命运不是靠等待，而是要靠争取的。"真正明白这个道理的人，其人生之旅往往载誉而归。

在威斯敏斯特教堂的地下室里，英国圣公会主教的墓碑上刻着这样的一段话：

"当我年轻的时候，我的想象力没有受到任何限制，我梦想改变这个世界。

"当我渐渐成熟的时候，我发现自己不可能改变这个世界。于是我将眼光放得近了一些，那就改变我的国家吧！但是，我的国家似乎也是我无法改变的。

"当我到了迟暮之年，抱着最后一丝努力的希望，我决定只改变我的家庭、我亲近的人——但是，唉！他们根本不会轻易接受改变。

"在我临终之际，我才突然意识到：如果起初我先改变自己。也许我就可以依次改变我的家人；然后，在他们的激发和鼓励下，我也许就能改变我的国家；再接下来，谁又知道呢，也许我连整个世界都能够改变。"

这段话令人深思，它告诉我们青少年朋友：如果我们想让世界因自己而改变，结果都是徒劳。世界上的很多事物是我们无法改变的，但是当我们无法改变外界的事物时，我们可以通过改变自己来调整我们与外界事物之间的关系。

有句话说："自己的命运掌握在自己手中。"当我们无法改变他人时，就应该以一种积极向上的态度去适应他们，在付出爱心和宽容后，便会发现朋友都悄悄聚集在了我们身边。如果有一天，身边的朋友在你的影响下也开始作出改变，你就可以自豪地对自己说："我掌握了自己的命运，这都是我适时调整自己的结果。"

有这样的一个故事：

一天，乌鸦准备飞往南方。在途中，它遇到了一只鸽子，便一起停在树上休息。

鸽子问乌鸦："你飞得这么辛苦，是要往哪里飞呀？为何要离开这么美丽的地方呢？"

乌鸦听了，气愤地说："唉！其实我也不想离开呀，但是那里的人谁都不喜欢听见我的叫声。所以我只得飞到别的地方去。"

鸽子很直白地说道："我看你还是别白费力气了。如果你不改变自己的声音，飞到哪里都不会招人喜欢的。"

是的，就像鸽子所说的，如果你像乌鸦一样，不从自身开始改变，只是被动地逃离自己原来所处的人际环境，那么无论走到哪里，碰上的人都是大同小异的。嘲笑和责备你的人不会少，挑别和苛责你的人不会少，为难和羞辱你的人也不会少，他们不过是换个名字，换个身份而已。所以，不要希望我们遇到的都是圣人，不要幻想用一颗狭隘顽固的心就能与我们不喜欢或者不喜欢我们的人和睦相处。

心理学家马斯洛曾说："心若改变，你的态度就跟着改变；态度改变，你的习惯就跟着改变；习惯改变，你的性格就跟着改变；性格改变，你的人生就跟着改变。"

古希腊著名演说家德摩斯梯尼就是一个通过改变自己而成为优秀者的典型人物。

在德摩斯梯尼年轻的时候，他的演说能力非常平庸，但他不甘于此，一心想成为一名优秀的演说大师。

为了提高自己的演说能力，德摩斯梯尼常常躲在一个地下室练习口才。由于耐不住寂寞，他时不时地想出去溜达溜达，心总也静不下来，练习的效果非常差。

这可如何是好呢？我怎么样才能提高练习效率呢？德摩斯梯尼为此很烦恼。

后来，德摩斯梯尼终于下了决心，他想，自己一定要和外界的烦扰隔绝，沉下心练习。无奈之下，他一狠心就拿剪刀将自己的头发剪去了一半，剪成了一个怪模怪样的发型。这样，他因为头发难看羞于见人，只得彻底打消了出去溜达的念头，开始全心全意地练习口才，结果演讲水平得到了质的飞跃。凭借着这种专注的精神，德摩斯梯尼最终成为世界闻名的大演说家和雄辩家。

德摩斯梯尼正是凭借着"改变自己"，而成了一个优秀的演说家。很多时候，当我们想改变现状，想做好一件事时，也应该先从改变自己开始。改变影响自己前行的因素，为达到自己的目标做充足的准备。这样，我们才能改变过去的自己，成就一个全新的自己，也会迎来一个新的人生。

人生不是一帆风顺的，各种各样的挫折都会不期而遇。这个时候，如果我们想有所作为，也需要从改变自己开始。当困难与创伤来临时，不是听天由命，一味地悲观与无助，也不是轻易地把自己宝贵的生命交到别人的手中。我们要学会从容面对它们，学会改变自己的内心，战胜原来的那个自己，与困难和创伤结伴而行。那么，我们不管遇到什么，都不会绝望和沉沦，而是以一颗积极向上的心，首先去改变自我。这样，未来的命运就会掌握在自己的手中，我们的人生也会更加精彩，我们才可能会成为一个理想中的优秀者。

具体的生活实践中，我们青少年朋友应该如何改变自己呢？练达人情，磨砺心志，历练品质，是改变；克服逆境，顶住压力，知难而进，是改变；优化习惯，驾驭性情，净化心态，革新观念，是改变；乐观自信，勇于进取，创新合作，是改变；不断学习，努力工作，自强不息，也是改变。说到底，凡是能使你上一个新台阶的所有进步，都叫作"改变自己"。

然而，青少年朋友需要知道的是，改变与适应并不矛盾。适应，是为了改变，是为了实现人生理想；改变，是为了优化自己，进而成就绚烂的人生。二者良性互动，平凡的你将走向不平凡，优秀的你将变得更加优秀。

五、跨越自己给自己设定的藩篱

人只有在不断追求中才能得到满足。像爱情一样，诗、哲学、科学的真正精神恰恰就是不断地追求，永远站在起跑线上。

——赵鑫珊（毕业于北京大学德国文学语言系，哲学家、作家）

很多时刻，阻止我们成为优秀人士的因素，并非别人拴在我们身上的锁链，而是我们自己为自己设置的那个障碍。这个障碍的高度并非无法超越，只是我们无法超越自己思想的限制。无人束缚我们，只是我们自己束缚了自己，才让自己裹足不前。

1968年的墨西哥奥运会上，参加百米田径比赛的美国选手海恩斯在撞线后，兴奋地看向了会场上的计时牌。当他看到计时牌上显示出9.9秒的字样时，他摊开双手，自言自语地说了一句话。

海恩斯的这个细节，当时没有引起他人的注意。直至后来，一位名叫戴维的记者在看当年比赛状况的回放时，意外地发现了这个细节。海恩斯撞线的镜头，是人类历史上第一次在百米赛道上突破10秒大关。看到自己破纪录的那一瞬，海恩斯一定说了一句不同凡响的话，但这一新闻点，竟被现场的400多名记者疏忽了。

喜欢探究真相的戴维为了将事实弄明白，决定采访海恩斯，问问他当时到底说了一句什么话。

戴维找到海恩斯后，向他讲起当年的情景，他竟然表示自己一点儿印象都没有，甚至还坚决否认当时自己说过什么话。

戴维说："你确实说了，录像带可以证明。"于是，他将录像带放给海恩斯看。

看完戴维带去的录像带后，海恩斯羞涩地笑了。他说："你难道没有听见吗？我说的是：'上帝啊，那扇门原来是虚掩的。'"

戴维表示不解，于是对海恩斯进行了进一步的访问。

在田径比赛项目上，运动健将欧文斯创造了10.3秒的成绩。随后，曾有一位医学家断言，人类的肌肉纤维所承载的运动极限，不会超过每秒10米。

海恩斯说："30年来，这一说法在田径赛场上非常流行，我也以为这是真理。但是，我想，自己至少应该跑出10.1秒的成绩。每天，我以最快的速度跑5千米，我知道百米冠军不是在百米赛道上练出来的。当我在墨西哥奥运会上看到自己9.9秒的纪录后，我惊呆了。原来，10秒这个门不是紧锁的，而是虚掩的，就像终点那根横着的绳子一样。"

对海恩斯的采访结束后，戴维对此专门撰写了一篇报道，填补了墨西哥奥运会留下的这一空白。

对一些人来说，命运之门总是虚掩的。但是，它总会留下一道开启的缝隙。你能否突破命运的限制，在于你能否打开那道缝隙。如果你相信那是一堵不可穿越的墙，从一开始就向所谓的命运低头，认命、怨天尤人，那么，成功的手永远都不会伸向你。

所谓的不可突破，其实都是我们自己在跟自己较劲罢了。你认为自己能力有限，你认为命运不可抗拒，你认为努力没有作用，那么，它们就会真的不可抗拒、没有作用。

面对摆在你面前的障碍，你可以做出一种不同的选择。那就是当机立断，运用内在的能力，解开消极习惯的捆绑，改变自己所处的环境，投入另一个崭新的积极领域中，使自己的潜能得以发挥。

六、养成良好的习惯

好习惯养成了，一辈子受用；坏习惯养成了，一辈子吃亏，想改也不容易了。

————叶圣陶（曾为北京大学"新潮社"成员，作家、教育家、社会活动家）

关于习惯，美国心理学巨匠威廉·詹姆斯有这样的经典诠释："种下一个行动，收获一种行为；种下一种行为，收获一种习惯；种下一种习惯，收获一种性格；种下一种性格，收获一种命运。"习惯渗透于我们日常生活的方方面面，影响了我们的行为，影响了我们的性格，甚至影响了我们的命运。习惯的作用竟然如此之大！

据某项调查表明，人类日常活动的90%都源自习惯。你试着想一下，我们在一天之内会进行多少个习惯性活动：几点起床，怎么洗澡、刷牙、穿衣、读报、吃早餐等。习惯的影响不仅涉及我们的日常生活，还涉及其他方面。如果不对自己的习惯进行调整掌控，那么它们或许会改变我们的生活，甚至影响我们的性格。

习惯的作用是如此之大，但是，想改变它却并非一件易事。

生活中，如果你养成了良好的习惯，那么恭喜你，这就无异于为你将来的成功之路铺下了稳固的基石，一旦机会出现，成功便会在前面向你招手。但是如果你养成了坏习惯，这些坏习惯往往很容易就使你走向与理想背道而驰的道路。

北大一位心理学教授曾给他的学生讲过这样的一个故事：

一天，某学校的某位老师和学生饭后一起散步。

途中，老师突然停下了脚步，仔细看着身边的4株植物：第一株植物是一棵刚刚冒出土的幼苗；第二株植物已经算得上挺拔的小树苗了，它的根牢牢地盘踞到了肥沃的土壤中；第三株植物已然枝叶茂盛，差不多与年轻学生一样高大了；第四株植物是一棵巨大的橡树，学生几乎看不到它的树冠。

老师指着第一株植物对学生说："你将它拔起来。"

学生按照老师的指示，很轻松地便将幼苗拔了出来。

老师又说："你现在将第二株植物拔起来吧！"

学生按照老师的指示，稍微增加了一点力量，便将小树苗连根拔起了。

后来，按照老师的指示，学生又将枝繁叶茂的第三株植物给拔出了。

"现在，"老师接着对学生说道，"接下来你试着去拔那棵橡树吧！"

学生抬头看了看巨大的橡树，想到自己刚才拔那棵小得多的树木时已然筋疲力尽，所以他拒绝了老师的提议，连尝试都没有去尝试。

"孩子呀!"老师对着学生叹了一口气说道,"你的举动恰恰告诉你,习惯对生活的影响是多么巨大啊!"

我们养成的习惯,就像故事中的植物一样,根基越雄厚,就越难以根除。橡树是如此巨大,就像根深蒂固的习惯那样令人生畏,让人甚至惮于去尝试改变它。青少年朋友如果养成了什么坏习惯,趁年轻,要赶紧将其改掉,以免它长成"参天大树",那个时候要想清除就困难了。

习惯的改变并非易事,需要我们日积月累地关注。对青少年来说,养成良好的习惯非常重要。然而,习惯是从播种行为开始的,不良行为会导致恶习的养成,良好的习惯需要从一点一滴做起。

七、优秀在于注重细节

细节决定成败。

——汪中求(北京大学职业经理人训练班的特聘培训师、著名经济管理咨询师)

老子说:"天下难事,必做于易;天下大事,必做于细。"天下的难事都是从易处做起的,天下的大事都是从小事开始的。想成就一番事业,必须从简单的事情做起,从细微之处入手。

青少年朋友要想实现自己的人生目标,也要懂得关注细节,善于在细节中找到成功的机遇。从某种意义上来说,对细节的态度就是对一件事情的整体变通态度,就是对成功的态度。

细节体现艺术,也只有细节的表现力最强。

在求职的过程中,注重一些别人忽略的细节往往会为你带来意外的收获。

从北大光华管理学院毕业后,如今的刘欣然任职于一家国际知名公司。谈及自己的成功之处时,他提及最多的是,自己其实并没有更多的优势,只是在应聘求职的过程中,因一个小小的细节而胜出。

刘欣然面试的第一家是一家大型的外资企业。面试当天,他第一个到达公司。一会儿,其他的应聘者也都如数到达,他们每个人的学历基本都在硕士以上。由此可见,这次竞争异常激烈。

面试官是一名年轻女士,她交代应聘者将自己的简历和照片交给公司以便公司安排面试。刘欣然第一个将简历递到了面试官手里,却发现其他的应聘者都没有交。原来大家的照片和简历都是分开放的,交上去放在一起很容易弄混。刘欣然见状,二话没说便拿出随身带的胶棒给大家使用。

刘欣然的这个小举动被公司的一位负责人看到了，该负责人当即要了他的简历，交给面试官开始面试。刘欣然从中深受鼓舞，他轻松上阵，表现出了自己的真实水平。不一会儿，面试就在一种轻松愉悦的氛围中结束了。

最终，刘欣然应聘成功。

进入公司后，在和当时那位负责人闲谈时，他才得知，在那些应聘者中，自己并不是最优秀的，但自己当初为大家提供胶棒的小举动，却为他加了很多分，最终使他成功应聘。

做力所能及的事，并把它做好，说易也不易。一个细节可以决定你的成败，学会爱，学会关心同学，学会与人相处，而这些只是体现在一个微笑、一句关怀、一声真诚的道歉上……

优秀人士的共同特点，就是能做小事情，能够抓住生活中的一些细节。不经意的细节，往往能够反映出一个人深层次的修养。

现实生活中，很多青少年朋友面对的只是一些具体的小事。这些小事或许非常单调、平淡，但这就是生活，是成就大事不可缺少的根基。如果你认为事小可以忽略，细节不影响大局，那么你就错了，因为不知会在哪一天，这种想法会给你带来难以挽回的影响。

某报纸曾经有过这样的一篇报道，主要内容是某大学应届毕业生孙某因为一份简历而使他在应聘时栽了跟头。

事情的经过是这样的：

由于学校离招聘会现场比较远，为了能准时到达招聘会现场，孙某起得非常早，一时着急，一不小心将水杯打倒了，洒出来的水将放在桌上的简历浸湿了。为了尽快赶到会场，孙某没有重新打印简历，只是将简历简单地晾了一下，便和其他东西放在一起，就匆匆地塞进了背包。

经过一番衡量，孙某在招聘会现场看中了一家深圳房地产公司的广告策划主管的岗位。按照这家企业的要求，招聘人员将先与应聘者简单交谈，再收简历，被收简历的人将会得到面试的机会。

轮到和孙某交谈时，招聘人员问了他三个问题后，便向他要简历。孙某赶紧将简历掏出来，这时候他才发现，简历上不光有一大片水渍，而且放在包里一揉，再加上钥匙等东西的划痕，已经不成样子了。孙某努力将它弄平整，递给了招聘人员。看着这份"伤痕累累"的简历，招聘人员不禁紧皱眉头，但还是收下了。孙某的那份折皱的简历夹在一沓整洁的简历里，显得十分刺眼。

几天后，孙某参加了该公司的面试。在面试中，他表现得非常突出，无论是现场操作 PHOTOSHOP，还是为虚拟的产品做口头推介，他都完成得很出色。在学校曾经担任过学校戏剧社骨干社员的他还即兴表演了一段小品，赢得面试官的啧啧称赞。当他结束面试走出办公室时，一位工作人员悄悄对他说："你是今天面试者中最出色的一个。"

孙某觉得自己胜券在握。然而，面试过去一周后，他依然没有得到那家公司的答复。他着急了，忍不住打电话向那位工作人员询问情况。那位工作人员沉默了一会儿，才说："其实招聘负责人对你是很满意的，但你败在了简历上。老总说，一个连简历都保管不好的人，是管理不好一个部门的。"

正是由于对细节的不注意，孙某丧失了一次很好的就业机会。孙某的故事告诉我们青少年朋友：展示完美的自己很难，需要每一个细节都完美；但毁坏自己很容易，只要一个细节没注意到，就会给你带来难以挽回的影响。

正所谓"成也细节，败也细节"。一心渴望伟大，伟大却了无踪影；甘于平淡，认真做好每一个细节，伟大却不期而至。许多青少年不愿做平凡的小事，最后也没有做出什么大事，要知道大事往往是由一个个的细节积累而成的，所以，青少年还是在细节处多下功夫吧！

八、塑造空杯心态，时刻保持归零心

只有竹子那样的虚心，牛皮筋那样的坚韧，烈火那样的热情，才能产生出真正不朽的艺术。

—— 茅盾（毕业于北京大学，著名作家、社会活动家）

心理学中有种心态叫"空杯心态"。何谓"空杯心态"？先看看下面的这个故事：

在古代，有一个人非常喜欢研究佛学，他的佛学造诣非常深厚。

一天，这个人听说某个寺庙里有位德高望重的老禅师，便去拜访他，想去和他探讨探讨。

当他到达寺庙时，接待他的人却是老禅师的徒弟。他非常不高兴，心想：我是佛学造诣很深的人，你算老几？于是对这位徒弟爱答不理的，表现得很傲慢。

老禅师的徒弟将情况如实地禀告给了师父。老禅师便亲自出来接待他。

席上，老禅师非常恭敬地为他沏茶。可是，就在倒水的时候，杯子里已经满了，老禅师还不停地往里倒。他非常疑惑，便问："大师，这个杯子里的水已经满了，您为何还要接着倒呢？"

老禅师回答道："是啊，既然杯子已经满了，您说我为何还要往里倒呢？"

其实，这位老禅师的真正意思是：既然你已经非常有学问了，干吗还要到我这里来求教呢！

这个故事就是"空杯心态"的来源。其象征意义是：一个人，要懂得谦虚，如果想学到更多学问，先要把自己想象成"一个空着的杯子"，而不是仗着自己的一点成就就骄傲自满、目中无人。

空杯心态不是让我们完全否定过去，而是要我们以谦卑的心态，将自己的过去放空，认真地融入新的环境，对待新的工作、新的事物。通俗一点说，就是要我们把自己"当人看"，因为人无完人，任何人都有自己的缺陷和不足。或许，你在这个领域非常成功，但是，换了另外一个领域，或许你就没什么优势了。这个时候就需要持着一种空杯心态，重新整理自己的智慧和能力，吸收先进的、正确的、更优秀的东西。如果你不去领悟、不去感受、不去学习，仍然高枕无忧地躺在过去的成功经验上，那么，失败或许就会悄悄拜访你。

也许在某一领域中，你的优势非常明显。但是换了一个环境后，你的优势或许就不那么明显了，甚至成了劣势。所以，我们只有时刻保持一种空杯心态，定期给自己复位归零，清除心灵的污染，才能更好地享受工作与生活。

生活或者工作中，总会有产生厌烦情绪或者遭遇某种瓶颈的时刻，这个时候你可以采取"归零"的方式，暂时将一切放下，关上身后的那扇门，尝试着看看其他的世界，或许从中你会再次迸发出生活的激情和乐趣。

生活在这个世界上，就像修行，总会有倦怠、激情丧失的时候。每过一段时间，每到一定阶段，当感到一种难以摆脱的压抑和烦躁时，你可以适当地将现状归零，换种方式前行，或许是种不错的选择。

保持一颗归零心，可以让我们随时对自己所拥有的知识和能力进行清理，清空垃圾，为新知识、新能力留出空间，与时俱进，永不自满，始终保持身心的活力，从而使我们的人生渐入佳境。归零心如此重要，那么，我们该如何塑造呢？

1. 要随时求进步

随时求进步是归零心的一个重要体现，是一个人卓越超群的标志，更是一个人成功的征兆。随时随地求进步的道理很简单。就像一杯水，如果放着不用，不久就会变臭。一个人在到达某一阶段后，便开始自满而不再追求进步时，便是他的人生之路由盛转衰的开始。

2. 要及时给自己充电

当今社会，千变万化，节奏极快，这种形势要求我们随时将心态归零，心怀"活到老，学到老"的信念，及时为自己充电。

3. 要敢于向经验说"不"

时代在不停地发生着变化，要求我们具有"站在月球上看地球"的视角，不断地重新审视自我，敢于向经验说"不"，从而才会创造与众不同的人生。

4. 要永不自满

古语云："满招损，谦受益。"自满是成功的大敌。在前行的人生路上，当你实现一个近期目标时，不要骄傲自大，要随时以谦卑的姿态迎接新的挑战，挖掘自己新的潜力，争取攀登人生新的高峰。

青少年朋友，如果你想拥有一个永远光辉、灿烂的明天，就要时刻保持一种归零心，活到老，学到老。

九、没有任何借口自暴自弃

人生总有路可走。

——季羡林（曾任北京大学副校长，著名文学家、国学家、教育家和社会活动家）

"反正我的成绩就这样了，再怎么努力也是白搭，干脆我也不学了。"

"他们都觉得我不听话，不是好学生、好孩子，那我干脆做个坏学生得了，反正也没有人相信我。"

…… ……

你身边的很多同学是不是都有这种自暴自弃的心态？别人放弃自己，自己也放弃自己。

特蕾莎修女警告世人："人生天地间，哀莫大于心死，心灵的苦痛才是最大的苦痛；即使这个世界抛弃你们……而你们自己，更不能抛弃自己。"

青少年在成长过程中难免会遇到挫折和困难，在困难面前跌倒是很正常的，关键是你能够从挫折中重新站起来，而不是被困难击垮，自暴自弃。

某家报纸曾经报道过这样的一个故事：

有一位名叫道恩·罗根斯的美国女孩，现年18岁，是美国北卡罗来纳州罗恩达尔市伯恩高中的一名高中毕业生。

罗根斯出生于贫寒之家，从很小的时候，她就和哥哥肖恩与染有毒瘾的继父和生母过着四处流浪的生活。

罗根斯一家的生活非常拮据，所租赁的房子一年四季都没有水电，她只能靠蜡烛读书。每天，她都要和哥哥一起走20分钟的路到公厕取水；连续两三个月才洗一次澡；

一个月内都穿同一套衣服上学……罗根斯说，当时的自己都没有意识到自己的世界和其他人相比差很多，只记得同学取笑她是"脏孩子"。及至读初中时，还有个别同学经常嘲笑她。有时，她会被这些淘气的同学气得哭回家。

后来，更加不幸的事情降临了。兄妹二人遭到父母的遗弃，从此无家可归。令人钦佩的是，身处逆境的罗根斯并没有因此自暴自弃，而是下定决心要继续完成学业。

庆幸的是，罗根斯所在的学校得知她和哥哥的不幸遭遇后，果断地决定向兄妹俩伸出援手，让他们采取半工半读的求学方式，一边打工赚取学费，一边继续上学。学校安排罗根斯在学校做看门人和清洁工。她的主要工作是看守学校大门并打扫校内卫生。就这样，罗根斯靠在学校边打工边学习完成了学业。后来，她凭借优异的成绩考入了哈佛大学。罗根斯的哥哥也非常出色，他考入了肯塔基州伯利亚学院，并得到了奖学金资助。

一位老师说："学校里的所有老师和同学都为罗根斯能被哈佛大学录取而感到由衷的高兴。是的，罗根斯出生于一个不幸的家庭，有太多的事情是她所无法掌控的，但罗根斯知道，有一件事是她能够控制的，那就是好好读书。"

罗根斯的故事被报道后，很多人为她的坚强深深感动。对于自己艰难的人生路，罗根斯是这样说的："虽然父母将我遗弃，但我并不怨恨父母，因为这些经历让我学到了宝贵的一课——没有任何借口能让你自暴自弃，一切全都取决于你，而不是别人。只要你肯尝试，就能完成你的梦想。"

是的，无论遭遇什么样的阻碍，都不应自暴自弃。在困难面前，我们要有自信心。一个人如果自己都对自己没有信心，那别人对你还有信心吗？况且，没有尝试过，又怎能知道自己不行呢！另一方面，即便自己最终没有成功，只要努力过了，便也没什么遗憾了。所以，青少年朋友，面对困境，你不要再犹豫不前了，前方的路没有什么可怕的，你只需迈开步伐，大胆前行。

有这样的一个故事：

有一批登山爱好者，组成了一个小分队，他们中有些人是专业的登山运动员，具有丰富的经验。他们准备攀登一座海拔约6千米的高山。他们提前在海拔两千米处的山脚扎营，等待合适的天气出发。

终于等来了合适的好天气，那天天气晴朗，微风徐徐，小分队出发了。

往日高不可攀的高山，如今在这些队员的脚下却显得异常的宁静，只见峰顶的冰川在阳光下闪着迷人的光辉。队员们利用手提电台与山下的基地保持联系。他们每一位队员都非常开心，沉浸在攀登的乐趣中。有人不时地用手提电台与遥远的家人通话，向家人讲述他们在高山上所见的美景。

谁也没有想到，当他们慢慢接近主峰的时候，灾难却悄悄地走向他们。霎时间，天空发生了剧烈的变化，之前还晴朗、微风，突然就乌云翻滚，狂风肆虐，气温骤降。那些经验丰富的专业登山运动员看到这种情况，马上意识到情况不妙，要求大家全力返回。可是，由于在路上逗留时间过长，天空已经暗了下来，夜已慢慢逼近。根据经验，这种情形下，他们无法下山，只能等待营救人员的到来。

不一会儿，狂风就怒吼而来，队员们的衣物瞬间被风撕破，有的人的手套也被风吹跑了……更加令人揪心的是，有位队员的腿部被飞石击中，出了大量的血，痛得发出阵阵呻吟。

风刮得越来越大了，天气也更加寒冷。那位受伤的队员极其痛苦地喊："我冷，我冷……"只见他腿上的鲜血流出后很快就结成了冰。这时，一个队员站出来说："现在天还没有全黑，让我来背他下山吧！这样或许他还能得救，不然会有生命危险。"

"你这是去找死啊，放心吧，营救人员马上就会来的。"大家都劝阻他。可是，他还是毅然决然地背起伤员努力往山下走去。

夜深了。山上下起了暴风雪，营救人员根本无法上山……

第二天，待营救人员到达众队员所在地后，发现这些在原处等待救援的人紧紧地挤在一起，身体都已经僵硬了。

令人惊讶的是，营救人员在海拔4千米的地方发现了伤员和背着他的人，他们竟然都还活着。

对此，营救人员解释说，他们两个人在如此糟糕的天气下能够活下来，实在是一种奇迹。至于原因，他们认为，两人之所以能活着，是因为他们一个晚上都没有停止过高强度的运动。

其实，营救人员的解释只说对了一半。两人能够活下来还有一个重要的原因，那就是他们强烈的求生意志。假如两人自暴自弃，认为自己没有活下去的希望，那么即使他们做再多的高强度运动，仍然逃不出死神之手。

我们的一生就像在进行一次长途旅行，途中会经历阳光普照的日子，也会经历电闪雷鸣、狂风暴雨的日子，其实这些都不重要，重要的是我们要拥有一颗坚强面对的心，在困境面前做个坚强的勇者，不被自己打倒。任何时刻，都不要说"放弃"这两个字。

专注，化繁为简的沉静力量

晋代竹林七贤之一的刘伶有句"静不闻雷霆之声，熟视不睹泰山之形"，十分形象地描述了一个人在专注时的状态。专注是一种磨炼，也是一种力量。世界之大，我们不可能每一件事情都去尝试，都去拥有，在我们尽可能多地去经历的情况下，选择一两件自己喜欢和擅长的事情，专注地去做，必定能够做出一番成绩来。

一、只有偏执狂才能生存

在人生选择道路上，每个人都时时刻刻面临着一些选择，我是一个非常专注的人，一旦认定方向就不会改变，直到把它做好。

——李彦宏（毕业于北京大学，百度公司创始人、董事长兼首席执行官）

"只有偏执狂才能生存。"这是安迪·格鲁夫名言。

安迪·格鲁夫，1936年出生，小时候经历过纳粹的残暴统治。1956年，他移居美国，后来参加了英特尔公司的创建，并在1979年成为该公司的总裁。1987年兼任公司的CEO。同时，他还在美国斯坦福大学商学院的研究生院任教。曾任英特尔公司董事会主席。英特尔公司在格鲁夫的带领下，成为世界上最大的电脑芯片公司，并在美国《财富》杂志500家最赚钱的公司中排名第7位。

安迪·格鲁夫说："只要涉及企业管理，我就相信偏执万岁。企业繁荣之中孕育着毁灭自身的种子，你越是成功，垂涎三尺的人就越多……我认为，作为一名管理者，最重要的职责就是常常提防他人的袭击，并把这种防范意识传播给手下的工作人员。我不惜冒偏执之名而整天疑虑的事情很多。我担心产品会出岔，也担心在时机未成熟时就介绍产品；我怕工厂运转不灵，也怕工厂数目太多；我担心用人的正确与否，也担心员工的士气低落。当然，我还担心竞争对手。我担心有人正在算计如何比我们做得多快好省，从而把我们的客户抢走。"在安迪·格鲁夫身上，偏执不是一个贬义词，它表现为对信念异乎寻常的执着。

安迪·格鲁夫在研究各类企业的成败得失的基础上，总结出了自己从事经营管理的经验教训。他认为，经营者尤其是非常成功的经营者，绝不能满足于已有的成绩，而要时刻保持危机感，充满专注和执着，随时准备对企业外部环境的剧变即刻做出反应。唯有如此，企业发展之路才会越来越远。其实，我们做人做事也是如此，也要有一种专注和执着。

韩国前总统金大中就非常同意安迪·格鲁夫的提法，他认为，执着是一个人取得成功的重要条件。金大中曾多次到北大演讲，他执着进取的精神给北大学子留下了深刻的印象。

在北大，金大中讲过这样的一个故事：

那是在 30 年前，当时某公路旁开了一个修车摊，摊主是位年轻人。在工作的间隙，他做了一个统计，结果显示：公路边经过的汽车有 8 辆，拖拉机有 11 辆，自行车有 23 辆。

在公路旁开这样的修车摊，对一个年轻人来说，无疑是招人不屑的。然而他这个铺子却一摆就是十年。十年过去了，这个无名地段因为这个修车摊而有了自己的名字——修车岭。在省城长途汽车站内，只要你说一声"修车岭"，售票员全知道，他们还知道这修车岭下有一个修车摊，一个修车的年轻人常年待在那里。当然，这一切都是站里的司机们告诉他们的。

几乎所有的司机都认为这个修车摊摊主是个傻子，他们心想，每天有那么少的车经过，修车铺怎么会有生意，守着这么个铺子能够维持生活吗？

凑巧的是，修车年轻人的绰号就叫"傻子"，村子里的人都这样称呼他。据说某年他突然之间迷上修车，花了 10 元钱买了工具之后，就再也不肯停下来了。

又一个十年过去了，修车的年轻人又做了一个统计，这次的结果显示：公路边经过的汽车有 80 辆，拖拉机有 50 辆，自行车有 200 辆。这时候的他成了一个大忙人，每天找他修车的人不计其数。

渐渐地，他成了村里的首富，盖起了三层小洋楼，买了当时最流行的摩托车，还将原来的摊位改建成了修车铺。

又是五年过去了，随着该路段的扩建，每天路过的车更多了，至于具体的数目，他已经无法统计了。为了按时完成修车工作，他专门雇用了三位帮工帮他打理生意。这时候的他几乎日进斗金。据村里人说，当时的他已经有数百万元的资产了。这时候，有企业家主动找他合办企业，但他毫不犹豫地拒绝了；乡镇机关也开出多项优惠条件请他投资经济作物种植，他也拒绝了——这些可都是在家坐着就可以赚大钱的事，比修车不知要好上几倍。村里人包括家人都骂他傻，但他却把修车铺再次扩大了。

几乎所有人都在背后笑话他，说他肯定是疯了，仅仅一条公路哪有那么多车供他修呀！然而不久后，大家都沉默不语了，他们发现他将修车铺扩建成了工厂，厂房建好那天，门前竖起一块挂着红绸带的牌子，上面写着"机动车特殊器件加工厂"。这时候大家才明白，他的加工厂生产的是机动车上一些易损耗的器件。

又一个五年过去了，城郊的开发区进驻了一家汽配生产公司，产值有 3 亿元，产品远销到了海外。这家汽配公司的老板就是那位修车人，如今的他已经成为省城某大学的名誉教授，在给大学生讲营销课的时候，他可以不用讲稿滔滔不绝地讲上一个多小时。其中，他说得最多的一句话是：所谓的营销、所谓的经营就是坚持。

企业界非常流行一句话，那就是：成功往往属于偏执狂。意志坚强的人更容易取得成功。上面故事中的主人公，在众人的非议、嘲笑声中顶住压力，开展一项事业已经是一件不易的事情，能够坚守阵地一干就是 30 年则更加难得。他的成功不是靠投机、运气得来的，而是完全靠持之以恒的热忱和全身心的投入、专注。这个故事向我们展示了专注和执着之于一位成功人士的重要意义。

世界上最简单的事情是你愿意去做，而最难的事情是你能够坚持去做。学习也是一样，持之以恒就会有所收获。

二、潘爱华：硬着头皮也要上

伟人之所以伟大，是因为他与别人共处逆境时，别人失去了信心，他却下决心实现自己的目标。

——海子（毕业于北京大学，著名诗人）

潘爱华，是我国目前最大的生物工程企业之一——深圳科兴生物制品有限公司总经理，是一名北大教授，是生物化学、政治经济学博士，也是北大未名集团、深圳科兴生物科技公司总裁，参与创立了未名集团。仅仅几年的时间，该集团就从一个只有 40 万流动资金和数名兼职人员的小企业发展成为资本达数亿元的大集团，市场占有率高达 60％。凭借独特的做人做事的风格，潘爱华被评为美国名人协会 1997 年全世界 500 位最有影响力的领导者之一。

业界很多人将潘爱华与侯云德、陈章良两人并称为中国基因工程的"三剑客"。北大一位负责人更是直称他为"北大的资产"，并曾经这样说过："盯住潘爱华，他是北大的资产。"——潘爱华不是人才，而是"资产"。那么，他到底是靠什么将科兴公司引向成功的呢？

其实，潘爱华依靠的是他的那股"硬着头皮也要上"的坚定信念。

潘爱华的深圳科兴生物制品有限公司是中国第一家成功的生物企业，其销售额和利润非常惊人，增长速度也是惊人的。在这种势态下，按理说应该有很多同类企业跟随，然而，事实却并非如此。主要原因是，科兴的苦难历程将很多要自己开发产品的生物企业给吓退了。

1995 年 5 月，从北大生物系读完生化博士研究生后，潘爱华来到科兴，当时和他一起来的是陈章良教授。陈章良任总经理，他任常务副总。

当时的科兴挣扎于生死的边缘：负债 4000 多万，亏损 1300 万，银行账户被严密监控，职工开不出工资，生产线停止运转，产品处在 III 期临床阶段，销售额基本为 0，企业逾期数月不参加年检，工商局准备吊销其营业执照……

初来乍到的潘爱华，不懂企业，不懂市场，完全以一个学者的眼光看问题。然而他最大的特点就是不懂反而胆大。当时的他并不知道这些问题和困难到底有多么艰难，没有一个尺度，唯一的办法就是："硬着头皮做。"

回望科兴的复兴过程，从中可以看到潘爱华与众不同的经营管理思路：由于是医生出身，他做事套路完全按照医生职业的思维定式走，考虑起问题来就如医生面对着病患。在他的眼中，企业就是一个得了急症、命在旦夕的病患。在科兴命在旦夕的情形下，首先应该做的就是稳定其生命体征。

在这种医生思维的影响下，潘爱华先诊断科兴，开出了以"效益为中心"代替"以生产为中心"的"药方"，又亲自深入车间和客户中，解决了生产和销售环节中的诸多问题。在潘爱华的努力下，仅仅两个月的时间，科兴就扭亏为盈——在当时，这无疑是一大奇迹。

潘爱华正是凭借"硬着头皮做"的工作法则，再加上运用得当的措施，才让科兴经历了起死回生的大转折。

"硬着头皮上"看似是一种鲁莽的行为，但是，潘爱华这里的"硬着头皮上"却体现了一名学者的执着与钻劲，同时体现了一个强者不畏艰险、迎难而上的强悍气魄。

我们每个人都应该拥有硬着头皮上的勇气，否则，你永远也无法在拼搏过程中收获胜利，也永远无法品尝到战胜困难所带来的喜悦。

三、集中精力专注于一件事情

人生的奋斗目标不要太大，认准了一件事情，投入兴趣与热情坚持去做，你就会成功。

——俞敏洪（毕业于北京大学，新东方学校创始人，现任新东方教育科技集团董事长兼总裁）

德国著名文学家歌德曾说："无论从事什么样的工作，只要你具备了一颗专注的心，一定会有所成就。"人不必为天生的才智如何而过多烦恼，能否成功在于自身的努力和拼搏，当然，这其中少不了专注。不是焦点的聚光，是不能起到燃烧作用的。新东方的俞敏洪这样描述过自己的奋斗历程："任何一项事业都是由琐碎的事构成的。一个没有理想的人，每天只忙于琐碎的事，那么他成就的只能是一堆琐碎的事；而一个拥有伟大理想的人，虽然每天也是忙于琐碎的事，可他堆积起来的事业是伟大的。"

谈及林毅夫先生，青少年朋友们可能不知道这个人。他是一位拥有伟大事业的人：他是世界银行有史以来第一位来自发展中国家的副行长兼首席经济学家；在中国众多学者中，他是离诺贝尔经济学奖最近的一位；他曾不顾来自各方面的压力，放弃自己在中国台湾舒适的生活，离开妻儿，只身到北京大学求学；在公派留学后，他不受国外优越的学术研究和物质条件的诱惑，毅然决然地回到北京大学任教；教授学业的同时，他更加注重的是对学生做人做事方面的指导；他的同事、学生、朋友无不称赞他是一位正直、真诚的人……林毅夫先生之所以能够取得种种成就，无不源于他对祖国的热爱，源于他对振兴祖国经济这一理想的坚守，源于他具备高尚的个人品质。

林毅夫先生用他的实际行动告诉我们青少年朋友这样做事和做人：坚守你的心，专注于脚下的路。

现实生活中，在很多时刻，由于环境变好，很多人受到的诱惑多了，专注心就会降低，不能专心地做好一件事，成功的概率也自然降低了。而在艰苦的环境下，由于外在诱惑少，人可以一心一意、摒除干扰地做事情，成功的可能性便会提高很多。

熊十力，中国知名哲学家，开创了新儒家。他曾经任教于北京大学。目前北大还流传着他的很多逸事，其中最有名的就是他"闭门谢客做学问"的故事。

熊十力治学非常严谨、认真，首要的条件是住所要非常安静。所以，他经常是自己住一个院子。

20世纪30年代初期，他的住所是沙滩银闸路西的一个小院子。当时，这个小院子的门总是关着，门上还贴着一张大白纸，上写："近来常常有人来此找某某人，某某人以前确是在此院住，现在确是不在此院住。我确是不知道某某人在何处住，请不要再敲此门。"看到这张大白纸的人无不哑然失笑。

20世纪50年代初期，他的住所位于银锭桥。当时他的夫人在上海，想到北京来住一段时间，顺便逛逛北京城。可是他怎么都不答应夫人来。他的学生知道此事后，便婉转地劝他说，师母来也好，这里可以有人照应。可是，他竟然毫不思索地说："别说了，我说不成就是不成。"他的夫人最终还是没有来。

再后来，他移居上海，仍然是孤身住在外边。

熊十力先生是多么专注的一个人啊！正是他的这种专注精神，才使他的事业取得了巨大成功。

我们每个人的精力和时间都是有限的，不可能成为无所不知、无所不能的超人。如果将精力专注于一件事情上，成功的概率就会大大提升。这其中的道理是这样的：当我们将心灵专注于某件事情上后，就会不由自主地朝此目标前进，然后以比较宽容的想法去看待其他事情，会看淡一些不相干的事情，在不必要的事情上减少注意力。

爱默生在晚年时反思自己一生的成就时说："让我步入失败深渊的人不是别人，是我自己。我一生中最大的敌人不是别人，是我自己。我是给自己制造不幸的建筑师，我一生希望自己成就的事业太多了，以至于一事无成。"以爱默生的成就，他还这样反省自己，认为自己一事无成，足见他是多么谦虚！青少年朋友可以从他说的话中得到一个启示：做事情应该将主要精力放到一件事情上，三心二意，最终只会一事无成。正如俗话所说的："你要想把天下的麻雀捉尽，结果会一只也捉不到。"

法国著名昆虫学家法布尔就是一个做事极为专注的人。他为了更好地观察昆虫的习性，经常废寝忘食。

一天，法布尔清晨起来后就出去观察昆虫。只见他趴在一块石头旁，久久不动弹。几位邻居清晨去农田干活时看到了法布尔的这一场景，待到黄昏收工回家的时候，看到他还趴在那里，觉得十分不可思议，他们弄不明白："他花一天工夫，怎么就只看着一块石头，简直中了邪！"其实，法布尔经常这样，有时候为了观察一只昆虫的习性，不知度过了多少个这样的日日夜夜。

一次，有位青年内心非常苦恼，他向法布尔倾诉说："我每天不知劳累地将自己所有的精力和时间都花费在我所深爱的事业上，却收效不大。这到底是怎么回事呢？我十分不解。"

法布尔听了他的话，首先表达了赞许之情："由此看来，你是一位献身科学的有志青年。"

这位青年听了，轻轻地叹了口气，说："是啊！我爱科学，可我也爱文学，对音乐和美术我也感兴趣。我把时间全都用上了。"

法布尔听了他的话，明白了他的症结所在，于是从自己的口袋里掏出来一块放大镜对青年说："此后，你试着将精力和时间集中到一个焦点上试试，就像这块凸透镜一样。或许会取得理想的效果。"

能获得成功的人无不专注于一件最喜欢做的工作，他们懂得珍惜时间，将精力和时间放到这项工作的关键点上，攻其难点和重点，力求取得质的进步，成功达成目标。自古以来，我们人类都做不到在同一时间内，既抬头望天又俯首看地。所以说，不专心是做大事的大敌。

万科集团的王石作为业余的登山爱好者曾成功登顶珠峰，被传为佳话。后来有人问他成功的秘诀，他的回答只有两个字："专注。"是的，他在登顶过程中没有留恋沿途奇幻的景观，宿营时也没和同伴去闲聊，他要节约每一丝力气，以最充沛的体力去走好脚下的每一步。原来成功的秘诀是如此简单！

中国古代的铸剑师为了铸成一把好剑，必须在深山中潜心打造十几年。有道是"十年磨一剑"，为了专心做好一件事，必须远离那些使你分散注意力的事情，集中精力选准主攻目标，专心致志地去做好你要做的事，这样才能取得成功。

四、成功属于不懈追求的人

你将来想做什么，可能很多人能够说出来，我想做什么，成就什么样的事业，是能够说出来的，但是从现在的状态到最后实现理想，这个过程当中，可能会发生各种各样的变化，市场会变，想法有可能会变，就是说可能现在的状态跟你想要达到的状态，差距很大，是不是有信心，当你遇到大的困难的时候，当你有很强大阻力或者强大敌人、竞争对手的时候，是否还会坚持，当你有很多诱惑的时候，是否会改变自己的想法，这些因素在人生成长过程中，每个人都会遇到。

——李彦宏（毕业于北京大学，百度公司创始人、董事长兼首席执行官）

我们每个人都想有所成就，都会为自己树立一个目标，只是这个目标有大有小，有高有低。也许，有些东西我们无法改变，比如平凡的相貌、曲折的道路、痛苦的遭遇。但有些东西却是可以选择的，比如目标和追求。而成功往往属于那些不懈追求的人。人有追求，生命才会多姿多彩，才能开创成功人生。而在追求的过程中，若想成功，也少不了"坚持"这一品质。

现实生活中，许多人的成功，都是在饱尝了多次失败之后得到的，正所谓"失败乃成功之母"，成功诚然是对失败的奖赏，但却也是对坚持者的奖赏。古往今来，无数取得成功的大人物都是依靠坚持取得了丰功伟绩。其中一个典型人物是《史记》的作者司马迁。

司马迁，是我国享誉千古的文学大师，他的代表作《史记》被文学巨匠鲁迅誉为"史家之绝唱，无韵之离骚"。这位文学大师是在什么样的环境下取得如此大的成就的呢？

据史料记载，汉武帝由于一时冲动，对司马迁施行了宫刑。这是多么大的耻辱啊！可以说给他的身心都带来了巨大的伤害。

遭受宫刑后的司马迁生活非常落魄。他只能在四处不通风的小屋里生活，不能见风，不能再无畏地欣赏太阳、花草。如果换作他人，这种生活的落差，可能是无法承受的。

司马迁却坚强地挺了过来。其间，他也曾想过死，对于当时的他来说，死是最容易的解脱方法了。可是他心中始终有一个梦想，那就是撰写一部历史的典籍，把历史事件记录下来，传诸后世。为了实现自己的这个梦想，他忍受着身心的痛苦，忍受来自他人的歧视，在严酷的政治迫害下活着，继续坚持撰写《史记》。最终，他完成了这部伟大著作。

司马迁凭借什么品质取得了成功？只有两个字：坚持。试想一下，如果他在遭受宫刑之后，丧失一切斗志，那么我们现在恐怕就没有机会看到这部伟大的著作了，也就无法从中汲取知识精华了。

我们青少年要记住，人要想成功，都有一个积累充实的过程。在这个过程中，默默无闻埋头苦干要比咋咋呼呼张扬滋事更容易成功。美国著名作家杰克·伦敦就是一个靠坚持取得成功的典型例子。

杰克·伦敦为了完成创作，他积极利用自己的一切时间。每一天，他都坚持将好的字句或者抄在纸片上，或者插在镜子缝里，或者别在晒衣绳上，或者放在衣袋里，以便自己随时记诵。凭着这种坚持，杰克·伦敦获得了巨大成功，其作品被翻译成多国文字。成功是他坚持的结果。

要想取得成功，就要努力坚持。在通往成功的路上，总会遭遇或大或小的困难，如果你能克服困难，坚持住自己的目标，那么，成功就会走向你。

有一个石头和水的互动故事非常有道理，相信青少年朋友能够从中得到启示：石头是很硬的，水是很柔软的，然而柔软的水却穿透了坚硬的石头，这其中的原因无他，唯坚持而已。人们在黑暗中摸索，有时需要很长时间才能找到通往光明的道路。以勇敢者的气魄，坚定而自信地对自己说，我不能放弃，一定要坚持。也只有坚持，才能让我冲破禁锢的茧，最终化成美丽的蝴蝶。

青少年朋友一定要记住这句话：再长的路，一步一步总能走完；再短的路，不迈开双脚永远也无法到达。在前行的道路上，如果你能再多一点拼搏和坚持，不久后，你便会惊奇地发现：空气里到处都穿行着绚烂的成功之花。

五、瞅准自己的池塘，一步一步前进

人生没有捷径，一步一步地走，才走得最快。

——季羡林（曾任北京大学副校长，著名文学家、国学家、教育家和社会活动家）

有句俗语："再冷的石头，坐上三年也会焐暖。"这句话勉励我们要坚定自己的目标，全力以赴。

现实生活中，很多青少年朋友虽然心怀梦想，树立了一个个目标，也勤奋努力，但稍微遇到挫折就打消了前行的念头。这是多么令人遗憾的事情！世界著名科学家爱迪生说过："全世界的失败，有75％只要继续下去都可成功；成功最大的阻碍，就在放弃。"这句话告诉我们，当你选定好一个目标后，最应该做的事情是努力坚持，切忌操之过急。愈挫愈奋，咬住不放，才能一步一步走向成功。

北大一位教授在讲课的时候，与学生谈起了出国留学的话题。他讲了耶鲁大学教授克拉克先生求学的一段经历，鼓励学生在求学的道路上要矢志不移，坚定自己的目标。

克拉克在很小的时候就有一个梦想：改变世界，服务全人类。

克拉克并不是盲目的，他知道，要实现自己的梦想，需要接受最好的教育，而只有在美国他才能接受这样的教育。

然而，令他深感无奈的是，当时的他经济非常拮据，根本没办法支付路费，而他所在的地方离美国很遥远！重要的是，他根本不知道自己要读什么学校、什么专业，也不知道自己能不能被学校接纳。

尽管没有做好充分的准备，克拉克还是出发了，他必须踏上征途。为了省钱，他徒步尼亚萨兰的村庄向北穿过东非荒原到达开罗，在那儿他可以乘船到美国。他一心只想着一定要踏上那片可以帮助他把握自己命运的土地，其他的一切都不重要。

在崎岖的非洲大地上艰难跋涉了整整5天后，克拉克才前行了40多千米。当时他所带的食物吃光了，水也快喝完了，并且还身无分文。若要继续完成后面的路程对他来说几乎无法实现。然而，他告诉自己：出弓没有回头箭，他必须到达美国。因为回去就意味着放弃，就意味着重新回到贫穷和无知，意味着他永远无法实现梦想。

不！他对自己发誓：不到达美国绝不罢休，除非自己死了。于是，他继续前行。

接下来的路程，有时候他和陌生人同行，但更多的时候是自己孤独步行。大多数夜晚他都是过着大地为床、星空为被的生活，依靠野果和可吃的植物维持生命——这种艰辛的跋涉生活使他的身体每况愈下。

在这种疲惫下，克拉克几乎要放弃了，他很多次想："回家也许会比继续这似乎愚蠢的旅途和冒险更好一些。"然而，他很快就又说服了自己，继续前行。

去美国，克拉克还有一个难题，就是他必须具有护照和签证。而要得到护照他必须向美国政府提供确切的出生日期证明，更糟糕的是，要拿到签证，他还需要证明他拥有支付他往返美国的费用。在万般无奈之下，他只好厚着脸皮拿起纸笔向童年时曾教过他的传教士写了封求助信。在传教士的帮助下，他很快拿到了护照。然而，他还是缺少领取签证所必须支付的航空费用。

在这种情况下，克拉克没有灰心，而是继续向开罗前进，他相信自己一定能通过某种途径得到自己需要的这笔钱。

几个月过去了，在非洲大陆和美国华盛顿佛农山区，他的故事广为流传。斯卡吉特峡谷学院的学生在当地市民的帮助下，寄给克拉克640美元，用以支付他往返的费用。当克拉克得知这些人的慷慨帮助后，他疲惫地跪在地上，满怀喜悦和感激。

经过两年多的辛苦跋涉，1960年12月，克拉克终于来到了斯卡吉特峡谷学院，他骄傲地跨进了学院高耸的大门，开始了新的人生征程。

很多成功人士在创立基业的过程中都会给自己订立明确的目标，将其视为自己前行的大方向。他们中的有些人虽然一开始确定不了自己的方向，但在一番探索和体验之后，最终必须确定一个自己发展的目标。我们青少年朋友在自己的人生道路上，也要及时树立明确的目标。对于自己的目标，应当像故事中的克拉克那样，矢志不移地为实现它而奋斗。

某知名大学的毕业生龙某常说："我常常把人生目标比作一个池塘，首先要瞅准自己的池塘，然后在里面养鱼、养其他生物，不需要羡慕别人的池塘比自己的大，或者养的东西比自己的多，只要明确自己的池塘是哪个，里面最好养什么、养多少就足够了，然后一门心思地经营好自己的池塘就等着来年收获了。或许自己的池塘不是最大的，不是最好的，养的东西也不是最多的，但是，这就是自己的池塘，如果经营不好，或者放弃了，那就什么都没有了。如果缺乏这样的目标，那就没有方向，所有的努力也就白费了！"在前行的人生道路上，我们青少年朋友也要懂得坚持，一步一个脚印地走好每一段路。

不管你有什么缺点和不足，不管成功的路上有多少困难，只要你有坚定的信念都可以成功。所以，青少年朋友，别想那么多，只管瞅准自己的池塘，一步一步前进吧！

六、脚踏实地才能成就事业

有些人天资颇高而成就则平凡，他们好比有大本钱而没有做出大生意，也有些人天资并不特异而成就则斐然可观，他们好比拿小本钱而做大生意。这中间的差别就在努力与不努力了。

——朱光潜（曾任北京大学教授，著名美学家、文艺理论家、教育家、翻译家）

成功需要务实的品格作为支撑，好高骛远以及脱离实际地空想、妄想、幻想、瞎想，得到的都不过是"竹篮打水一场空"。著名作家、曾任北大讲师的鲁迅先生就曾这样说："志愿愈大，希望愈高，可以致力之处就愈少，可以自解之处就愈多。"这句话告诉我们青少年一个道理，即志愿和希望的实现要靠干和做。而所谓的干和做，首要的要求就是务实，就是脚踏实地，就是要找到实现志愿和希望的用力之处。否则，就会像鲁迅先生说的，"开首太自以为有非常的神力，有如意的成功，幻想飞得太高，坠在现实上的时候，伤就格外沉重了。"

每个人的成功，都离不开脚踏实地的努力和付出，我们可以遐想、展望，但还要将所想的付诸行动。如果一味地遐想、展望而不付诸行动，那所谓的想无异于"瞎想"。我国古代大文豪孔子就讲过："终日不食，终夜不寝，以思，无益，不如学。"老子也曾说过："合抱之木，生于毫末；九层之台，起于累土。"任何一棵参天大树，都是从细小的萌芽开始生长的；任何遥远的征途，都是一步一步走完的。而青少年朋友若想达成自己的目标，实现自己的梦想，需要一步一个脚印地前行。从最开始的一小撮泥土筑起，才能筑起我们人生的大厦。

在讲究梦想的美国，发生过很多感动人心、催人奋进的故事。这些故事中的很多主人公，虽然出身于贫寒之家，但无不胸怀大志，更重要的是，他们能够以顽强的意志、勤奋的精神努力奋斗，锲而不舍，最终达成目标。其中一个典型代表就是美国前总统林肯。

林肯小时候家境贫寒，生活条件非常艰苦。他和家人的住所是一间非常简陋的茅草屋。这个茅草屋简陋到什么程度呢？它既没有窗户也没有地板。

而林肯并没有被现实的条件所限制。他对未来充满了希望，并制订了明确的人生目标。为了实现自己的目标，他流再多的汗水也没有后悔。当时，他的家离学校非常远，一些生活必需品都相当缺乏，更谈不上可供阅读的报纸和书籍了。然而，就是在这种情况下，他每天还持之以恒地走一二十千米的路去上学。晚上，他只能靠着木柴燃烧发出的微弱火光来阅读……

林肯虽然受过的教育时间不长，但他面对困境，努力奋斗、自强不息的精神，促使他最终成为美国历史上最伟大的总统之一。

林肯的故事告诉我们青少年朋友，任何人都要经过不懈努力才可能有所收获。唯有脚踏实地、努力奋斗才能收获成功的果实。

现实生活中，没有一个人不渴望成功，不渴望实现自己的梦想。但是，成功需要艰辛的付出，梦想的实现也不会轻而易举。我们只有通过脚踏实地的努力，才有希望摘取成功的桂冠和梦想的花环。正如一句话所说的：既要仰望星空，也要脚踏实地。

脚踏实地需要我们不止步于原地，遇到困难不停滞不前，需要我们有韧性，时刻前进，哪怕每一次只是前进了很短的、不为人所瞩目的距离。很多别人认为"突然"的成功，大都来自于这些前进量微小而又不间断的"脚踏实地"。

青少年朋友，我们中的大部分人都是平凡人士，只要我们抱着一颗平常心，脚踏实地地前行，抱有水滴石穿的耐力，那么，我们获得成功的机会就会大很多。

北大有一位老教授这样说过：

"在我多年来的教学实践中，发现有许多在校时资质平凡的学生，他们的成绩大多在中等或中等偏下，没有特殊的天分，有的只是安分守己的诚实性格。这些孩子走上社会参加工作，不爱出风头，默默地奉献。他们平凡无奇，毕业后，老师、同学都不太记得他们的名字和长相。但毕业几年、十几年后，他们却带着成功的事业回来看老师，而那些原本看起来会有美好前程的孩子，却一事无成。这是怎么回事？

"我常与同事一起琢磨，认为成功与在校成绩并没有什么必然的联系，但与踏实的性格密切相关。平凡的人比较务实，比较能自律，所以有许多机会落在这种人身上。平凡的人如果加上勤能补拙的特质，成功之门必定会向他大方地敞开。"

如果我们具备了脚踏实地的品质，具备了不断学习的主动性，并努力成长为具备一技之长的人，那么，我们离成功便会越来越近。一个脚踏实地的人，他们必定是一个肯不断提高自己能力的人，必定拥有一颗热忱的心，他们必定甘于做小事，肯干肯学，即便身处平凡的岗位，也能做出好成绩，在平凡中孕育和成就梦想。

七、成功就是简单的事情重复做、重复做

你付出所有的代价，哪怕就是血的代价，你只要坚持下去，就一定会有回报，而人往往就是什么？往往太聪明，其实这个世界上很多人也好，好多公司也好，做不成不是因为他不够聪明，是因为他不够笨，他坚持不下去。

——叶茂中（北京大学总裁班营销专家、叶茂中营销机构董事长）

在这个光怪陆离的世界上，几乎每个人都渴望获得成功，令人遗憾的是，真正成功的人非常少；几乎每个人都渴望做出一番大事，令人遗憾的是，绝大部分人每天做着的都是小事。其实，即便做不成大事，我们也不要悲观，因为简单其实做好了就是不简单，平凡累积下来就是不平凡。

很多人以为成功是一件很难的事情，需要付出太多，基于此，就不太敢去追求。其实，成功并非我们想象得那么难，有时候，它需要的就是我们将简单的事情重复做、重复做。

有一位推销大师，他在业界非常著名。由于身体不适，他即将告别自己的推销生涯。在行业协会和社会各界的几番邀请下，他将在城中某大体育馆做告别演讲。

大师演讲的那天，整个体育馆座无虚席。大家都在热切地、焦急地等待着推销大师做精彩的演讲。

大幕慢慢地拉开了，只见讲台的正中央吊着一个巨大的铁球。为了这个铁球，台上搭起了高大的铁架。在一片热烈的掌声中，一位老者走了出来，站在铁架的一边。只见他穿着一套红色运动装，脚穿一双白色的胶鞋。

看到这一幕，大家都很惊奇，不知道老者的用意。这时两位工作人员出现了，只见

他们抬着一个大铁锤，放在了老者的面前。

这时候主持人也出现了，他向台下的观众中邀请了两位身体强壮的人，请他们走到台上来。这时候许多年轻人都站了起来，转眼间已有两名动作快的跑到了台上。

老者说明了游戏的规则，请两位年轻人用那个大铁锤去敲打那个吊着的铁球，直到把它荡起来。一个年轻人抢着拿起铁锤，拉开架势，抡起大锤，全力向吊着的铁球砸去，一声震耳的响声后，吊球动也没动。他接着用大铁锤接二连三地砸向吊球，很快他就气喘吁吁。另一位年轻人也不甘示弱，接过大铁锤把吊球打得叮当响，可是铁球仍旧一动不动。

刚开始，台下的观众还为他们呐喊，可渐渐地呐喊声消失了。观众好像已经认定两位年轻人的方法都不对，就等着老者给出合理的解释。

观众席上很快安静下来，老者从上衣口袋里掏出了一个小铁锤，然后认真地面对着那个巨大的铁球敲打起来。他用小锤对着铁球"咚"地敲了一下，然后停顿一下，再一次用小锤"咚"地敲了一下。对此，观众们觉得很奇怪。老者没有多做什么，只是继续那样"咚"地敲一下，然后停顿一下，"咚"地敲一下，然后停顿一下……

10分钟过去了，20分钟过去了……台下的观众不耐烦起来。有的人干脆叫骂起来。大家用各种声音和动作来发泄着他们的不满。但是老者始终不为所动，他仍然敲一下小锤停一下地工作着，好像根本没有听见观众们的吵闹声。

渐渐地，观众们开始愤然离去。观众席上很快出现了大片大片的空缺。留下来的观众好像也喊累了。观众席上渐渐安静了下来。

就在老者敲打了将近40分钟的时候，坐在前面的一位女士突然大喊了一声："快看，球动了!"刹那间观众席上鸦雀无声，大家聚精会神地看着那个铁球。只见铁球以很小的幅度动了起来，不仔细看很难察觉。而老者呢？他仍然继续一小锤一小锤地敲着。吊球在他一锤一锤的敲打中越荡越高，拉动着那个铁架子"哐哐"作响，其巨大的威力强烈地震撼着在场的每一个人。终于，观众席上爆发出一阵热烈的掌声，在掌声中老者转过身来，慢慢地将那把小锤揣进兜里。

老者开口了。他只说了一句话："在成功的道路上，你没有耐心去等待成功的到来，那么，你只好用一生的耐心去面对失败。"

生活中，很多人之所以没有获得成功，并不是他们没有能力，而是他们在头脑中将成功描绘得过于复杂，他们害怕失败，而不敢向前。

正确的态度是，我们要用简单思维来看待成功、看待我们遇到的所有事情。其实，成功并非一件看起来那么难的事情。可以说，它就是一系列"简单"的叠加。成功需要我们持有简单的思维和视角，用简单的方法将简单的事情重复做。复杂只会造成浪费，而效能则来自于单纯。找到关键的部分，去掉多余的活动，坚持不懈地做下去，成功距离你就不会很遥远了。

八、效率，有方法就能事半功倍

提升效率是互联网的最大优点。

——李彦宏（毕业于北京大学，百度公司创始人、董事长兼首席执行官）

在如今这个快节奏时代，效率就是王道。没有效率的学习或者工作，带给我们的必将是有朝一日的被淘汰。青少年朋友若想在这个快节奏的时代站稳脚跟，达成自己的目标，就要重视效率。

令人遗憾的是，很多人看起来非常繁忙，似乎有许多事情要做。然而实际操作中，却往往顾此失彼，缺乏成效。这主要是因为他们忽视了效率的作用。

如何提高做事的效率呢？这就需要我们在做事的时候讲究方法。

有这样的一个故事：

一天，北风与南风相互比较自己的本领大小，比赛标准是看谁先把路人的外衣吹下来。首先是北风展示本领，只见它吹出了一股寒风。寒风中，路人将衣服越裹越紧；南风非常聪明，它巧施小计，吹出了一股暖风，路人便自动将外衣脱了下来。

这个故事告诉我们一个道理：方法得当，事半功倍。

生活中，绝大部分人的资质是大致相当的。一些人之所以做事效率高，就在于他们做事善于运用正确的方法。他们善于思考、善于琢磨，在找到高效的方法之后，才会采取正确的行动。下面这个故事或许会给青少年一些启示：

在北方的一个村庄，环境非常恶劣，村里除了雨水没有任何水源。为了解决村民的吃水、用水问题，村里人决定对外签订一份送水合同，以便每天都能有人把水送到村子里。经过一番协商，两位年轻人和村里签订了送水合同。

两人中的其中一位名叫王飞的人，签订完合同后就马上行动起来。他每天奔波于一里外的湖泊和村庄之间，用他的两只桶从湖中打水并运回村子，并把打来的水倒在由村民们修建的一个结实的大蓄水池中。每天早晨，他都是村里第一个起床的人，以便当村民需要用水时，蓄水池中已有足够的水供他们使用。由于工作认真、起早贪黑，他很快便开始挣钱了。尽管这份工作很辛苦，但王飞干得非常开心，因为他能不断地从中赚钱，并且他对能够拥有两份专营合同中的一份而感到满意。

两人中的另一位名叫孙苗。他的行为非常令人不解，自从签订合同后，就不见了他的身影。几个月来，村民都没有见过他。这一点令王飞高兴不已，由于无人竞争，他挣到了所有的水钱。

那么，孙苗干什么去了呢？签订合同后的当晚，他就着手做了一份详细的商业计划书，并凭借这份计划书找到了4位投资者，一起开了一家公司。

6个月后，村民们忽然看见孙苗带着一个施工队和一笔投资款回到了村庄。花了整整一年的时间，孙苗的施工队便修建了一条从村庄通往湖泊的大容量的不锈钢管道。

"这个村庄需要水，其他有类似环境的村庄一定也需要水。"在这种想法下，孙苗很快又重新制订了商业计划书，开始向全省的用水困难村庄推销他的快速、大容量、低成本且卫生的送水系统，每送出一桶水他只赚1元钱，但是每天他能送几百桶水。无论他是否工作，几百个村庄的人都要消费这几百桶的水，而所有的这些钱便都流入了他的钱包中。显然，孙苗不但开发了使水流向村庄的管道，而且还开发了一个使钱流向自己钱包的管道。

从此以后，孙苗过上了富裕的新生活。而王飞呢？在他的余生里仍拼命地工作，最终还是陷入了"永久"的财务问题中。

在任何事情面前，我们都不能蛮干，而要善于动脑筋、想办法，用最少的时间，达成最大的效果。如此才能事半功倍，提升效率。

生活中，一些人虽然勤勉一生，取得的成就却不大。而一些人虽然边玩边干，却取得了大成功。主要区别便在于后者善于寻找最佳的方法，在有限的条件中发挥聪明才智，以高效的方法，将事情做到完美。

所以，青少年朋友，遇到事情时，请多动动脑筋吧！努力成为一名高效的人。

九、珍视时间的价值

时间对于我来说是很宝贵的，用经济学的眼光看是一种财富。

——鲁迅（曾在北京大学任教，著名文学家、思想家、革命家，中国现代文学的奠基人之一）

古人说："一寸光阴一寸金，寸金难买寸光阴。"对青少年来说，时间不仅是生命，还是青春，是一切，如果想拥有一个精彩的回忆，就要重视时间的价值。

生活中，对于时间，每个人的态度不同：有人将它当作河，坐在岸旁，束手无策地看它流逝；有人将它当作自己忏悔的温床，躺在对过去的追忆与哀悼中，苦苦呼唤着已逝的时光；还有人将它看作未来的宠儿，总是在晚霞中想象着旭日初升的欢愉……无论我们如何看待，时间都会按照自己固有的步伐从容不迫地向我们走来。

时间由分秒积累而成，只有争分夺秒、珍视每一寸光阴的人，他的时间才算没有虚度。每年、每月、每天和每小时都有它的特殊任务，集腋成裘，聚沙成塔，几秒钟虽然不长，但是伟大的功绩就蕴含在这零星的时光中。

从前，富兰克林开了一家书店。

一次，一位男子来到了富兰克林的书店，徘徊了很久，最终挑选了一本书，问售货员："请问这本书要价多少？"

"1美元。"售货员答道。

"1美元？"那个徘徊良久的男子惊呼道，"这实在是太贵了，你能不能便宜一点？"

"我没有办法便宜，这本书写得非常好，就得1美元。"售货员微笑着回答。

男子又盯着那本书看了一会儿，问道："请问你们书店老板富兰克林先生现在在店内吗？"

"在，他正在印刷间里忙活呢！"售货员说。

"哦，很好，请您转告他，我想见见他。"男子说。

售货员将老板富兰克林叫了出来。

男子扬了扬手中的书，问富兰克林："先生，请问这本书您最低卖多少？"

"1.2美元。"富兰克林斩钉截铁地回答。

"1.2美元！不可能啊！刚才您的售货员只要1美元。您怎么突然不降反而升了呢？"

"没错，"富兰克林说，"原本它卖价是1美元，但是由于你耽误了我宝贵的工作时间，该损失可比1美元高得多了。"

男子听了非常惊讶，但是为了尽快结束这场由他自己引起的小风波，他再次问道："是吗？那请您再次告诉我这本书的最低价好吗？"

"1.5美元，"富兰克林重复道，"1.5美元！"

"这还真稀奇啊，刚才您自己不是说了只要1.2美元吗？"

"是的，"富兰克林回答，"可是到现在，我因此所耽误的工作和损失的价值要远远大于1.2美元了！"

男子听了，沉默了片刻，然后默不作声地将1.5美元放在书店的柜台上，拿起书离开了书店。他从富兰克林身上得到了一个有益的教训：从某种程度上来说，时间就是财富，时间生产价值。

富兰克林曾说："如果想成功，就必须重视时间的价值。"对我们每个人来说，时间就是宝贵的生命，不珍惜时间就是不珍惜自己的生命。可是现实生活中，有些人不仅不重视自己的时间，还浪费别人的时间，这是一种很残忍的事情，同时也是不道德和不尊重对方的表现。

对青少年来说，时间尤为重要且珍贵。它是我们实现梦想的关键因素。如果我们不珍惜时间，一味地想着明天还有时间，等到明天再做吧，殊不知"明日复明日，明日何其多"。如此一天天过下去，时间所赋予你的只有"后悔"二字。

现实生活中，很多人都非常懊悔，懊悔自己没有珍视时间。待年老之后，蓦然回首后才发现，时间已经悄然流逝，流年似水，想回头已晚。这就警诫我们青少年朋友，要从此刻做起，抓紧学习，否则，当两鬓斑白时，只能暗自掉泪，感慨"白首方悔读书迟"。那时候即便百般懊悔，也为时已晚了。

因此，为了不使自己将来后悔，请从现在开始珍视时间的价值，努力学习，发愤图强，用自己的奋斗，托起明天的太阳，共享美好的未来。

十、双管齐下，终结拖延症

一切罪恶过错皆由懈怠中来。

——梁漱溟（曾在北京大学任教，著名思想家、哲学家、教育家）

懒惰者有一个特征特别明显，那就是拖延。他们的主要特点是，明明是今天应该做成的事情，非得拖到明天去做——这是一种很坏的习惯。

拖延是对时间的亵渎。在我们的日常生活中，拖延的现象随处可见，但如果你将一天时间记录下来，就会惊讶地发现，拖延正在不知不觉地消耗着我们的生命。

在一个原始森林里，生活着一群可爱的鸟儿。在天气晴好的日子里，鸟儿们都飞出窝，欢快地歌唱，辛勤地劳动。在这群鸟儿中有一只叫寒号鸟的小鸟，它长得非常漂亮，并且嗓音特别好，便四处游荡，好卖弄自己的羽毛和嗓子。看到别的鸟儿在辛勤地劳动，反而嘲笑人家。

有的鸟儿非常善良，便提醒它说："寒号鸟，你赶紧垒个窝吧！不然冬天来了你怎么撑过去呢？"

寒号鸟听了不以为然，并轻蔑地说："现在离冬天还远着呢，着什么急呢！趁着如今的好时光，好好玩玩才对呀！"

寒号鸟就这样日复一日地玩着。很快冬天便来临了。其他的鸟儿们晚上都在自己暖和的窝里舒服地休息，只有寒号鸟在夜间的寒风里，冻得瑟瑟发抖，用美丽的歌喉悔恨过去，哀叫未来："哆罗罗，哆罗罗，寒风冻死我，明天就垒窝。"

第二天，阳光明媚，天气暖和起来。阳光照耀下的寒号鸟好不得意，完全忘记了昨天晚上寒冷带给自己的痛苦，又玩起来，把垒窝的事情忘到了九霄云外。

有好心的鸟儿劝它："寒号鸟，你赶紧垒窝吧！不然晚上又要被冻着了。"

寒号鸟听了，又嘲笑地说："你真是个不会享受的家伙。"

夜晚又来临了，同昨晚一样，寒号鸟冻得瑟瑟发抖，于是它一遍遍哀叫："哆罗罗，哆罗罗，寒风冻死我，明天就垒窝。"

然而到了第三天，寒号鸟又忘记了晚上的寒冷，依旧只顾得玩。就这样几个晚上过去了。

一天夜里，天空突然飘起了鹅毛大雪，鸟儿们奇怪寒号鸟怎么不发出叫声了呢？太阳一出来，大家起来一看，才发现寒号鸟早已经被冻死了。

寒号鸟的故事，由来已久，它告诉我们青少年一个道理：立即行动，不拖延是多么重要。因为今天才是我们最有权力发挥的日子，寄希望于明天的人，很可能因拖延而一事无成。

《明日歌》唱到："明日复明日，明日何其多！我生待明日，万事成蹉跎。"这告诉我们青少年，拖延的负面作用有多大！它将严重影响我们的生活。拖延久了，事事拖延，就养成了一种习惯，这种习惯势必会让我们产生病态的拖延心理。而拖延心理带给我们的危害特别大，它会让人一事无成，甚至毁掉我们的前程，所以，现实生活中，青少年一定要竭力克制自己拖延的毛病。

你是"爱拖延"的人吗？不妨考虑下面的问题，看看你拖延的程度如何？

1. 当你对身边的人或者事情心存不满，想要解决时，你总是依赖朋友帮自己解决吗？

2. 对于富有挑战性的事情，你是否总是采取拒绝的态度？

3. 日常生活中，你总是拖延着不去做自己觉得不耐烦的事情吗？如打扫卫生、洗衣服等。

4. 你是否经常向朋友许诺去参加一些有意义的活动，比如出去游玩或者逛街，但却从未履行过这些诺言？

5. 当交给你一项艰巨的任务，或是让你当众展示自己的技能时，你是否经常感到"怯场"？

认真审视这些问题，你会发现使你产生惰性的根源——拖延。下面是克服拖延症结的两种方法。两种方法一起使用，你会收到立竿见影的效果。

1. 学会做计划

克服拖延，最有效的方法是做计划，将一时难以实现的目标分成可实现的几个部分，把大目标分成小目标。把小目标再划分成若干可以实现的部分。

2. 现在就开始行动

不要逃避今天的责任而等到明天去做，因为，明天是永远不会来临的。现在就采取行动吧，即使你的行动不会使你马上成功，但是总比坐以待毙要好：关上你正在看的电视，立即着手去写这学期的论文；放下正在阅读的娱乐刊物，马上就拨你早就想打的电话；放下接近嘴边的那块蛋糕，现在就开始实施你的减肥计划……不要再犹豫了，对于那些拖延成性的人，必须下功夫养成"从现在做起"的习惯。即使成功可能不是行动所摘下来的那个果子，但是，没有行动，任何果子都会在枝上烂掉的。

现在就采取行动。

现在要采取行动。

现在必须采取行动。

你要一遍又一遍，每一小时、每一天，重复这句话，一直等到这句话像你的呼吸一样融入你的生命；而跟在它后面的行动，要像你眨眼睛的本能一样迅速。任何时刻，当你感到推托的恶习正悄悄地向你靠近，或者此恶习已迅速缠上你，使你动弹不得之际，你都需要用这句话提醒自己。

勤奋，让自己每天进步一点点

唐代著名文学家韩愈有句名言："业精于勤而荒于嬉，行成于思而毁于随。"无论做什么事情，只要抱着勤奋的态度，一定会有所成就，哪怕每天都像蜗牛一样进步一点点，日积月累就会看到成就。在学业事业上，尤其如此，需要足够的努力和耐性。

一、勤于思考才能收获快乐而幸福的人生

就个人而言，我希望人生之中重复性的工作最好不多于 10%，找到这样的工作不容易，技术是一类，投资是一类。在这两种工作中，人每天能够接触新的概念、新的想法，而这些新的想法会促使你不停地思考，并最终将思考转化为成果，从而让人感受到思考的成就感。在思想上进行碰撞和交流，进而得到成果，这才是最令人兴奋和受益的地方。

——丁健（毕业于北京大学，亚信科技董事长）

思考对于一个人来说，是前进的力量和保证，更是对自身未来的积极规划。奥地利一位女作家说过："只有思考的人才算真正经历了生活，对于那些从不思考的人，生活只是与他们擦身而过。"

关于生活中的思考，既有眼前的，也有长远的，既有大事情，也有小事情。对我们的学习进行规划是一种思考，对自己的人生进行设计也是一种思考；对待一件事情的态度是一种思考，对人生目标的选择或修正也是一种思考……生活中，处处都有思考的影子。

有人曾经这样说：对于一棵树，我们可以用来乘凉，也可以在它的上面建座房子，有时候从它的上面会流出有用的树脂，同时它也可以激发诗人创作的灵感和激情，可以成为画家们笔下的作品，如果它是果树的话，还可以收获丰硕的食材……树不过还是那棵树，但是有了人，有了思考，似乎一切都可以点石成金，具备了独特的光彩。正如古希腊哲学家、数学家阿基米德所说的："给我一个支点，我就可以撬动整个地球。"他的这句话讲的就是思考之于一个人的力量。

2012 年，一个"学生发明家"拿到北大"入场券"的新闻吸引了众人的眼球。这个"学生发明家"就是来自山东某大学的潘述铃。他凭借自己的多项发明免试进入北大硕博连读。从一月工资 240 元的酒店服务员，到手握七项专利的"发明狂人"，再到免试进入北大硕博连读，23 岁的潘述铃花了 8 年时间，完成了一个华丽的人生转折。

在潘述铃原来的山东某大学里，提起他的名字，全校几乎没有不知道的，无论是学生工作、学习成绩还是专利比赛，他一项都没落下。除去连续三年的傲人成绩，潘述铃捣鼓专利上瘾的行为，甚至一度成为学校里的"段子"。6 个实用新型专利、1 个发明专利，还有一摞比赛作品，这些都是潘述铃做"夜猫子"熬出来的。他说："晚上十点半

上完自习，回到宿舍后，就到了我的专利时间。"

　　从晚上十点半到深夜一两点，在别的同学都已经进入梦乡的时候，小小的灯光下，潘述铃把宿舍的书桌变成了实验室，伸缩式茶杯、公交车升降式拉杆、升降式圆盘支架……在这个奇怪的"狂人"手下，这些稀奇古怪的专利，一件件诞生出来。

　　对此，潘述铃回忆说："我跟专利结缘还是在高三时，当时听说搞专利可以赚钱，高考前那么紧张的时间，自己都拿来搞发明。"他至今还记得自己第一次申请专利时，需要缴纳一笔费用。为了不让家人有负担，潘述铃偷偷从大学的第一笔生活费里省出了300元钱，宁愿不吃饭也要搞发明，正是有了这样的决心，他才在紧张的学习之余，完成了一项又一项的专利。而正是凭借着这些专利和他爱思考、勤学习的精神，他顺利地拿到了北大的录取通知书，成为北大的一员。

　　如今，潘述铃上自习的习惯依然雷打不动，他说，自己要利用剩下的时光"查漏补缺"，这样才能在进入北大后，不会落后于那些天之骄子们。

　　潘述铃正是凭借着自己爱学习、勤思考的精神，才取得了一项项的发明专利，并顺利地进入理想中的北京大学。由此可见，思考不是政治家和科学家的专利，对于平凡人的生活而言，思考同样显得十分重要。

　　日常生活中，我们都有这样的经验，当遇到一件事，往往开始时不知所措，一筹莫展。而沉下心来经过反复思考过后，竟会发现有很多是我们最初所不曾想到的。这就是思考带给我们的好处。

　　关于思考，还有一个有名的小故事。

　　世界著名的发明家爱迪生小的时候，他的母亲养了几只鸡。爱迪生可喜欢它们了，经常蹲在鸡窝边皱着眉头观察那只趴在窝里的正在孵蛋的母鸡，显出一副可爱深沉的模样。

　　母亲非常了解自己的儿子，她知道，儿子一定又在思考什么问题了。果不其然，某天，爱迪生动手把鸡窝里的那只母鸡硬抱了出来，结果被发怒的母鸡啄伤了手指。对于母鸡的行为，爱迪生觉得非常奇怪，便问母亲："其他的母鸡下了蛋以后，都跑到外面来，咯咯哒、咯咯哒地告诉人们，可这只母鸡为什么不出来玩，还那么霸道地看住几只鸡蛋不放？我想让它到外面跑跑，它还啄我的手，瞧，它把我的手指都啄破了！"

　　母亲听了爱迪生的话，情不自禁地笑起来。她一边替爱迪生包扎伤口一边告诉他："儿子，这只母鸡正在预备做妈妈呢。它不是在下蛋，而是把这些鸡蛋放在身子底下，用身体温暖它们。这样过一段时间，鸡蛋里面就会有一只小鸡雏，等它长成形以后，就会伸出尖尖的小嘴把硬硬的蛋壳啄开，然后从里面出来。到那时，鸡妈妈就完成了孵小鸡的过程。现在，你把母鸡从鸡窝里抱出来，它肯定以为你要把它的小宝宝抢走呢，能不跟你拼命吗？"

　　听了母亲的话，爱迪生没有作声，而是沉思起来：真奇怪，母鸡趴在鸡蛋上就能孵出小鸡来，那人趴在鸡蛋上面一动不动，不也照样可以孵出毛茸茸的小鸡来吗？

爱迪生歪着大脑袋想着，已经忘记了手破的疼痛……生活中任何一件小事情都能激起爱迪生强烈的求知欲，他总是在不断地寻求答案。

这是爱迪生小时候的故事。看着看着，你会发现这个爱迪生真是可爱。其实，青少年朋友应该向他学习，学习他认真、爱思考、爱学习的精神。

爱迪生的伟大发明不仅仅靠他的坚持的品质，还靠他从小爱思考的习惯。他的每个问题都要去问明白、弄清楚的好习惯为他后来的发明创造奠定了深厚的基础。爱迪生的故事告诉我们青少年一个道理：一个人要想获得成功，就要从小养成爱学习、爱思考的习惯。

对于我们来说，思考的力量无比巨大。你的人生到底是以喜剧收场还是以悲剧告终，是充满成功辉煌还是黯然神伤，一切均在于你能将体内的思想燃烧到何种程度，你的思考步伐能走多远。一个人，如果不懂得思考，就如一条缺乏马达的渡轮，注定逃脱不了在汪洋中沉没的结局。

我国著名思想家梁漱溟曾经这样说过："在心中给自己一些关于事实的暗示，从事实那里就会有暗示反馈过来。"我们虽然不能左右自己所处的客观环境，但却能从中找到好的方面，将自己往好的地方指引。当我们抬起头时，我们虽然不能决定看到的是什么样的风景，但是我们可以调整我们看风景的视角和心情。很多时候往往都是这样，我们拥有什么样的状态和心情，就会有什么样的风景进入我们的视线。

不管外在的世界如何，只要我们学会思考，就能理性生活，就会让内心的世界无风无浪，自然会有韩愈所说"与其有乐于身，孰若无忧于心"的知足与自在，自然会收获一个快乐而幸福的人生。

二、金克木："偷学"变成才

我平生有很多良师益友，但使我最感受益的不是人而是从前的图书馆。

——金克木（曾任北京大学教授，著名文学家、翻译家、学者）

已故的北大梵巴语言文学教授金克木，字止默，笔名辛竹，安徽寿县人，1912 年 8 月 14 日生于江西，中学一年级就失学。1930 年，他到北平求学。1935 年，他到北京大学图书馆做图书管理员，利用一切机会博览群书，靠自学掌握了多门外语，并开始了翻译和写作，历任武汉大学哲学系教授、北京大学东语系教授，是我国著名的文学家、翻译家、学者，和季羡林、张中行、邓广铭一起被称为"未名四老"。

金克木先生虽然出生于贫寒之家，但是他却具有远大的志向，非常热爱学习，年纪轻轻就只身闯荡到北平，成了一名"北漂"。学习环境虽然艰苦，但他依然发奋学习，终成一代大师级学者。很多青少年可能不知道的是，他的很多学问，竟然是"偷"来的。

1930 年，年仅十八岁的金克木来到了北京大学。他在北大图书馆谋到了一份图书管理员的工作。喜欢学习的他，一边工作，一边利用北大图书馆丰富的资料自学。由于没有北大学生那样有老师亲自指导的环境，导致他对应该读哪些书、应该学哪些知识一片茫然。这让他无从下手。后来，聪明的他想到了一个好办法，那就是跟着别人看。每天，他都细心观察大学生们喜欢借读哪些书。然后他就将这些书名记下来，利用业余时间阅读。

金先生就是凭借这个方法完成了大部分的自学工作。他在《咫尺天涯应对难》一书中谈到了自己自学成才的过程："这里大多是文科、法科的书，来借书的也是文科和法科的居多。他们借的书我大致都还能看看。这样借书条成为索引，借书人和书库中人成为导师，我便白天在借书台和书库之间生活，晚上再仔细读读借回去的书。""借书的老主顾多是些四年级写毕业论文的。他们借书有方向性。还有低年级的，他们借的往往是教师指定或介绍的参考书，其他临时客户看来纷乱，也有条理可循。渐渐地，他们指引我门路。"

关于金先生的读书生活，还有这样一些趣事。一天，一位读者来图书馆借关于绘制地图的德文书。金先生对这一领域很感兴趣，赶紧向来者请教，才知道了画地图的种种投影法和经纬度弧线的具体画法。还有一次，一位数学系的学生在等着拿书时见金克木好像对自己所借的书很感兴趣，便向他列出了几本不需要很深的数学知识也能看懂内容的中文和外文书名……就是凭借着这种博采众长的方法，金先生一点点地将知识"倒"进了自己的脑海中。

金克木先生对这样一个人印象非常深刻。他是一位从几十里外步行赶到北大图书馆来的鼎鼎大名的教授。关于这位教授，金先生是这样描述的："他夹着布包，手拿一张纸往借书台上一放，一言不发。我接过一看，是些古书名，后面写着为校注某书需要，请某馆准予借出。借的全是善本、珍本。"该教授所借的书按照图书馆规定，金先生没有权限决定是否出借，需要领导的批示。于是金先生恭敬地请这位教授去找负责主事的主任批示一下。谁知这位教授一听这么麻烦，便什么话也没说，将自己的书单团作一团扔进垃圾桶便离开了。待这位教授走后，金先生赶紧将这份破烂的书单从垃圾桶里捡出来，珍藏起来。此后一有空隙，他便照单到善本书库中一一查看。他很想知道，这些书中有什么奥妙值得这位教授远道来借，这些互不相干的书之间有什么关系，对他正在校注的那部古书有什么用处。经过亲见原书，又得到书库中人的指点，金克木积累了很多对古书和版本的知识。"我真感谢这位教授。他不远几十里从城外来给我用一张书单上了一次无言之课。当然他对我这个土头土脑的毛孩子不屑一顾，而且不会想到有人偷他的学问。"

就是凭着这种"偷"学问的精神，金克木这位当年北大图书馆的小职员终于成了一代大学问家。

虽然金先生戏称成才是靠"偷"别人的学问，但这学问似乎也不是任谁都"偷"得来的。没有孜孜以求的钻劲和用心良苦的推敲，谁能从纷乱的借书单中找出条理？再加上夜夜苦读和虚心求教，才成就了一代大师。

金克木先生的故事告诉我们青少年朋友：天道酬勤。勤奋是一笔价值远远超过金子的财富，金子虽然珍贵，但金子是不会失而复得的。纵然你有黄金万两，但坐吃山空，总会有穷困的一天，唯有勤奋才是永不枯竭的财源。拥有勤奋，你会从每一个看似平常的角落"挖"出学问。

三、没成功，是因为你没有全力以赴

哪怕是最没有希望的事情，只要有一个勇敢者去坚持做，到最后就会拥有希望。

——俞敏洪（毕业于北京大学，新东方学校创始人，现任新东方教育科技集团董事长兼总裁）

生活中，很多青少年朋友总是有这样的抱怨：

"其他同学成绩好，是因为他们聪明，你看我也很勤奋，但成绩就是提高不上去……还是我太笨！"

"别人怎么那么容易成功？我努力了，为什么还是失败？"

…… ……

其实，很多时候，他们之所以没有成功，不是因为他们不够聪明，而是因为他们没有做到全力以赴。

有这样的一个小故事：

在一个森林里，一位猎人带着一只非常强健的猎狗在森林里打猎。

只听"砰"的一声枪响后，一只野兔拖着受伤的后腿奋力逃跑，猎狗这个时候及时地追了过去。

十几分钟过去了，猎狗"两手空空"回来了，它没有追上受伤的野兔。猎人非常生气，他大声地呵斥猎狗："你身体这么强壮，为什么连一只受伤的野兔都追不上！"猎狗看着主人，委屈地说："主人啊，我是忠于你的，我已经努力了，确实没办法了。"

野兔回到岩穴，它的母亲得知此情形后很吃惊，问它："你一只受伤的小兔子，怎么跑得过一只强健的猎狗呢？"

野兔回答道："我们两个的情形不一样啊！猎狗是在为生活奔跑，它只是'努力'了而已；而我是在为性命奔跑，我是'全力以赴'啊！"

青少年朋友，这个故事对你是否有所启发呢？很多青少年朋友都盼望自己的学习成绩能有大幅度提高，请问，你付出过全力没有呢？你是"尽心努力"，还是在"全力以赴"？

美国成功学的奠基人、最伟大的成功励志导师奥里森·马登说："全力以赴，是一种精神，一种积极主动、永远奋力向前的精神；是一种态度，一种不计报酬、不畏艰险、不找任何借口、倾其全力去完成任务的态度。"很多时候，我们之所以努力了却没有收获，是因为我们没有做到全力以赴。

如果你还在抱怨自己的命运，还在羡慕他人的成功，就需要好好反省了。因为，很多情况下，你只是输在了自己对待学习、对待事业的态度上。你只是有所努力，而没有全力以赴。

一位作家说："付出是痛苦的解药。"他的言外之意就是说，勤奋是我们走向成功的药方。有时候，学习和工作需要我们全身心地投入，毫无保留，所以勤奋也可以说是一种以痛苦对抗痛苦的方法。它的结果是，一旦全力以赴突破瓶颈，两种痛苦将同时消失，让你感到双倍的轻松与愉悦。

对很多青少年朋友来说，学习也是一个十分痛苦的过程，总是有做不完的作业，总是有看不完的书，一旦遇到难解的题目，就会感到头疼。不过，青少年朋友，你体验过全力以赴解决一个问题的快乐吗？其实只要你全力以赴，再努力一点，前方就是胜利的彼岸，到达彼岸后，你会发现，天很蓝，地很阔，心情很快乐。

四、懒惰容易引致失败，勤奋才能取得成功

青年！你们背上的担子是一天重似一天，你们的生命之火应向改造社会那条路上燃烧，决不可向虚幻的享乐道上燃烧。

——茅盾（毕业于北京大学，现代作家、社会活动家）

现实生活中，有很多懒惰的人，他们也因为懒惰而丧失了很多获得成就的机会。

关于懒惰，主要指的是一种心理上的厌倦情绪。《辞海》对"懒惰"一词是这样定义的："不爱劳动和工作，不勤快。"懒惰是一种危害性极大的情绪。懒惰虽然有多种多样的表现形式，但是在人的身上却会产生相同的一个结果，即失败。

青少年要想在学习、生活上达成所愿，就要勤快一点，一要忌"懒"，二要忌"惰"。其实，懒惰是人的本性，稍不留神就会展现出来，所以青少年要时刻提醒自己："成事在勤，谋事忌惰。"在人生之路上，拥有懒惰的情绪犹如慢性自杀。正如著名作家富兰克林所说的："懒惰像生锈一样，比操劳更能消耗身体。"

从某种意义上来说，懒惰的情绪就是一种堕落，它犹如精神腐蚀剂，慢慢地侵蚀着我们的力量。一个人，他一旦背上了懒惰的包袱，那么生活的色彩便只剩下黑暗了。马歇尔霍尔博士如是说："没有什么比无所事事、懒惰、空虚无聊更加有害的了。"对于懒惰者来说，成功远之又远。历史中无数事实证明：懒惰容易引致失败：《红楼梦》中三天打鱼，两天晒网的薛蟠，对学习没有恒心，不能长久坚持而学无所成；守株待兔的宋国人因为懒惰而导致田地荒芜，而他自己也受到后人耻笑……

懒惰者不喜欢从深层次上去考虑问题，他们没有看到那些成功者在实现理想的道路上所遭受的挫折和考验，他们不明白"没有付出便没有收获"的道理。他们不相信勤奋，只相信运气和天命，看到别人的成功，他们也只会说："那是他运气好！""那是他的特长，得奖了有什么值得宣扬的。""那也太容易了吧！要是我做的话，肯定比他还做得好。"他们从来不知道：成功来自勤奋的工作。

懒惰是人类的一种劣根性。青少年如果想成绩优异、榜上有名、事业有成、实现梦想，则必须摒弃懒惰的习惯，养成勤劳的习惯。勤奋使人专注，而人在专注的时候，意念与行为协调归一，恶劣的情绪便也没有机会潜入进来。一个进入勤劳状态的人，心中就不会有长久驻足的懒惰。所以，克服懒惰最直接、最有效的方法就是使自己忙碌起来，勤奋做事。

王丽雅曾经是北大的一名高才生。大学毕业后，她继承家业，成为一家家族企业的老板，在事业上，她完全依赖自己的丈夫。渐渐地，她变得懒散起来，不读书、不看报、不学习，离商业圈越来越远。后来，王丽雅的丈夫在一次车祸中意外丧生，由于她很久没有接触公司的业务，丈夫死后不久，她的公司也跟着倒闭了，家庭的全部负担都落在她一个人身上，并且她还要抚养两个孩子。

面对这种境况，王丽雅不得不重新振作起来。她每天把孩子们送去上学后，便去替别人料理家务，晚上，孩子们做功课时，她还要做一些杂务。

有一天，王丽雅发现很多白领丽人都因外出工作无暇整理家务。于是她灵机一动，花了50元买来清洁用品，为有需要的家庭整理琐碎家务。为了这一份工作，王丽雅付出了很大的勤奋与辛苦。渐渐地，她把料理家务的工作变为了一种技能，并成立了专门的公司。后来，甚至大名鼎鼎的麦当劳快餐店也找她代劳。如今的王丽雅拥有了自己的保洁公司，每天的订单滚滚而来，但是她并没有因此而松懈，仍然夜以继日地工作着。

有人曾经这样说过："勤奋是做任何事情的基础，无论你所做事情的大小，都必须勤勤恳恳地一步一个脚印地走过来。"勤奋不一定成功，但成功绝对离不开勤奋。青少年要明白，那些成功者之所以功成名就，勤奋是必要的因素之一。所以青少年朋友们，在被懒惰禁锢之前，要学会打倒懒惰。从此刻开始，摆脱懒惰的纠缠，成为勤奋者吧！

五、无论何时，勤奋都是通往成功的捷径

哪里有天才，我是把别人喝咖啡的工夫都用在了工作上了。

——鲁迅（曾在北京大学任教，著名文学家、思想家、革命家，中国现代文学的奠基人之一）

古罗马皇帝在去世之前曾经留下了一句流传千古的话："勤奋是通往成功的必经之路！"这句话并非妄语。在遥远的古代罗马，建有两座圣殿，一座宫殿是勤奋的圣殿，另一座宫殿是荣誉的殿堂。古罗马人在安排座位时有一个顺序，就是，如果想要到达后者，必须路过前者的座位。主要是想告诉世人：勤奋是通往荣誉圣殿的必经之路。

是的，人生路亦是如此。如果青少年朋友想要到达成功的圣殿，唯一的道路就是勤奋。

勤奋是我们走向成功的重要助力和捷径。青少年朋友如果不能用"勤"字来努力，又怎么能出人头地呢？只有流勤劳的汗，长出的树才会茁壮；只有吃勤劳的饭，吃起来才更香甜。关于勤奋，贾逵就是一个典型者。

贾逵，字景伯，出生于公元 30 年，东汉人，是著名的经学家、天文学家。他从小聪慧过人，为了能够读书，他可以不顾一切。

贾逵幼时丧父，母亲又体弱多病，时常需要人照料，生活因此非常艰辛。贾逵的姐姐一个人挑起了家庭的重担，她既精心照料母亲，又十分关爱弟弟，家中的日子虽然过得清贫，但却非常温馨。

贾逵从小就是个勤奋的孩子，他喜欢思考，爱刨根问底，遇到问题不问出个所以然来誓不罢休。

那时候，在贾逵家的附近有一个学堂，学堂里传出的琅琅读书声深深吸引着贾逵，他看见其他孩子都去上学，非常羡慕，便央求母亲也让他去学堂读书。卧病在床的母亲心里不好受，对贾逵说："孩子啊，咱家太穷了，没有钱给你交学费，家里的钱都为我治病了，实在是没有办法啊！"说完，便伤心地流下了眼泪。

贾逵的姐姐看到这个情景，便走过来，安慰了母亲一番，然后拉着贾逵走了出来，对他说："弟弟，母亲身体不好，别让她再操心了，我带你去学堂看一看吧。"

姐姐领着贾逵来到学堂外，学堂里又传来了琅琅的读书声。贾逵一听到读书声，便忘却了刚才的烦恼，忙跑了过去。

可是，贾逵只能隔着学堂外面的篱笆往里张望，他踮起脚，伸长脖子，可还是无法

看到学堂内的情景。

姐姐见状，赶忙跑过来，抱起了贾逵。这下，他看见了老师在讲课，学生们正摇头晃脑地跟着老师读书。贾逵高兴极了，他也跟着读起来。老师让学生写字，贾逵便用小手在空中比画着。

此后，贾逵天天到学堂外听老师讲课。他个子太小，看不见学堂里的情景，便搬来一块大石头，放在篱笆边上，他就站在大石头上，透过学堂的窗户听课。

夏天，烈日炎炎，他顶着酷暑听讲，热得汗水直流；冬天，大雪纷飞，他冒着严寒学习，冻得手脚麻木。姐姐心疼他，几次要拉他回家休息一下，他却说什么也不肯，坚持把课听完才肯罢休。

几年下来，贾逵风雨无阻，从来没有中断过。

他一回到家中，便把听到的内容都记录下来。一有时间，就拿着木棍在地上练习写字。

有一次为了弄清楚"窈窕"的意思竟然想了一夜，母亲给他煮的粥都没喝。贾逵就在如此艰苦的条件下，勤奋刻苦地学习着。

后来，贾逵终于成为当时著名的大学者，他的学说被世人称为"贾学"。

贾逵的勤奋好学，不仅使他功成名就，而且也令无数后人为之动容。贾逵刻苦、勤奋的美德是值得我们青少年朋友认真学习的。

在中国古代，"头悬梁""锥刺股"的故事非常著名，它鼓舞着一代代人为理想而奋斗不止。虽然如今对这种残酷的学习方法已经不再提倡，但这种勤奋好学的精神却是无论如何都不能丢掉的。贾逵在如此恶劣的条件下都能刻苦学习，毫无松懈之心，我们青少年朋友坐在宽敞明亮的教室里时，更应认真学习，不要贪图玩乐。

青春岁月何其珍贵！青少年朋友们应该从此刻开始抓住宝贵的光阴，勤奋做事，努力去达成自己的目标，如此，人生价值才能得到更好、更快地体现。

六、每天比别人多做一点点

伟大的成绩和辛勤劳动是成正比例的，有一分劳动就有一分收获，日积月累，从少到多，奇迹就可以创造出来。

——鲁迅（曾在北京大学任教，著名文学家、思想家、革命家、中国现代文学的奠基人之一）

相信很多青少年朋友都想知道取得成功的方法，因为知道了取得成功的方法，有利于我们在通往成功的路上少走一些弯路。

那么，获得成功的最佳方法是什么呢？那就是每天比别人多做一点点。

付出的多，得到的也会更多。这是一个众所周知的因果法则。或许，你一时的投入无法很快得到相应的回报，但是不要气馁，应该一如既往地多付出一点。这样回报就可能于不经意间，以出其不意的方式到达你的面前。

一个人的成功，环境、机遇、天赋、学识等这些外在因素虽然重要，但是，更重要的一个因素是不可缺少的，那就是自身的勤奋与努力。一个人如果不勤奋，即便天资卓越，也不会取得成功。

故事一：

在熟悉他的人的眼里，汉夫雷·戴维这个人非常不幸。他出生于一个贫困家庭，没有钱上学，所掌握的知识非常有限。然而，戴维却是一个勤奋、认真的人，爱科学如命。

在药店上班时，他甚至把旧的平底锅、烧水壶和各种各样的瓶子都用来做实验，锲而不舍地追求科学和真理。后来，他以电化学创始人的身份出任英国皇家学会会长。

故事二：

年轻时的约翰·沃纳梅克非常能吃苦，他每天都要徒步 4 英里到费城的一家书店打工，每周的报酬是 1.25 美元。后来，他又转到一家制衣店工作，每周多加了 25 美分的工资……从这样的一个个小起点开始，凭借着勤奋刻苦的精神，他不断向上攀登，最终成为美国的大商人之一。1889 年，他被哈里森总统任命为邮政总局局长。

要想在这个时代脱颖而出，你就必须付出更多的勤奋和努力，每天都比别人多做一点点，否则你只能由平凡转为平庸，最后变成一个毫无价值和没有出息的人。

每天多做一点点是对勤奋的最好注解。青少年朋友要想取得理想的成绩，就必须像那些石匠一样，一次次地挥动铁锤，试图把石头劈开。也许 100 次的努力和辛勤地捶打都不会有什么明显的结果，但 101 次的一击，石头终会裂开。成功的那一刻，就能享受你之前勤奋的结果。

在保险行销界，提起原一平可谓无人不识，这位身高不足 1.60 米、相貌普通的人，被称为行销之神。

回望原一平的行销之路，可谓异常艰辛。由于外在形象不太好，刚开始的时候，原一平很难获得客户的信赖，所以他最初的推销业绩很不理想。

在这种情况下，原一平心想：既然和别人比，我存在一些劣势，那就让我用勤奋来弥补它们吧！

为了成为业界精英，原一平对工作全力以赴。每天早晨，当其他人还在睡梦中的时候，他就已经起床，开始了一天的活动：6 点半往客户家中打电话，最后确定访问时间；

7点钟吃早饭，与妻子商谈工作；8点钟到公司去上班；9点钟出去行销；下午6点钟下班回家；晚上8点钟开始读书、反省，安排新方案；11点钟准时就寝——这就是他每一天的行程安排。每一天，他都是从早工作到晚，一刻也不放松自己。凭借着这种勤奋，原一平很快在保险行销界闯出了一片天。

在一次演讲活动中，很多人慕名前去欣赏，都想知道原一平的成功秘诀。

演讲开始后，只见原一平走向讲台，坐在椅子上一句话也不说。

半个小时后，有人等不住了，断断续续离开会场。

1个小时后，原一平仍然一句话也不说，这时，会场上大部分人都走了，只留下十几个人。

直到这时候，原一平才开口说话了，他说："你们是一群忍耐力最好的人，我要和你们分享我成功的秘诀，但我的秘诀并不在这里，需要大家去我所住的宾馆看。"

那十几个人都满怀期待地跟着原一平去了他所住的宾馆。到了原一平所住的房间后，只见他脱掉外套，脱掉鞋子，坐在床上，把袜子脱了，然后他把脚板亮给那十几个人看。

只见原一平的双脚布满了老茧，三层老茧。在一片惊愕中，原一平说："这就是我成功的秘诀，我的成功是我用勤奋跑出来的。"

一个人若想有所得，首要前提就是他要有所付出。付出的越多，得到的也就越多。这是一项公平的游戏规则。在人生的竞技场中，只有那些勤奋努力、做事敏捷、反应迅速的人，才能顺利、高效地获得成功。

日本著名企业家松下幸之助曾说："当年创业的时候，我对自己说：要好好努力，多比别人付出一些。只是埋怨辛苦是不会出人头地的，现在拼命努力和忍耐，将来一定有出息。因此，在冬季结冰的天气下做抹布清洁工作，虽然很辛苦，转念一想，这就是忍耐，努力干吧，将辛苦化为希望。"正是凭借着这种比别人多做一点点的精神，松下幸之助成就了一番事业。而在以后的管理生涯中，松下幸之助也经常教导他的员工要具备吃苦耐劳、勇于付出、多做一点点的职业精神。

美国著名作家、商界领袖弗雷德·史密斯根据自己多年管理组织经验得出的结论是："大多数人都渴望体现自身的价值。"拿破仑·希尔有一句话则是对弗雷德·史密斯结论的最好补充："提供超出你所得酬劳的服务，很快，酬劳就将反超你所提供的服务。"所以，青少年朋友一定要明白这样一个事实，即我们人生最有价值的技能是：为一切事情增加价值，最大限度地发挥自己的积极主动性，并以勤奋努力实现目标。每天多做一点点，你收获的不只是"一点点"，它会大得出乎你的意料。

七、克服懒惰的毛病，一步步向勤奋靠拢

从此我不再仰脸看青天，不再低头看白水，只谨慎着我双双的脚步，我要一步一步踏在泥土上，打上深深的脚印！

——朱自清（毕业于北京大学，著名散文家、诗人、学者）

生活中，很多青少年朋友会有这样的疑惑："我也很想成绩优秀、事业发达，但是我就是很懒，怎么办？"

如何克服懒惰的毛病呢？对此，北大一位成功学教授讲了这样的一个故事：

在一位哲学家所开设的课堂上，有几位学生上课十分不认真，而且大家对自己将来做什么也不明确。

为了对学生们有所启迪，这位哲学家打算给学生们上一节特殊的课。

一天，这位哲学家带领着学生们来到一片荒芜的田地边，只见田地里杂草丛生。哲学家指着田里的杂草对学生们说："你们认为，若要将田里的杂草除掉，最好采取什么措施？"

学生们都深感惊讶，难道这就是老师要给大家上的特殊一课吗？不过，当他们听到老师的问题并非曾经那些高深莫测的哲学问题后，也放松了不少。于是，纷纷表达了自己的想法。

其中一位学生回答说："老师，我有个简便快捷的方法，用火来烧，这样很节省人力。"哲学家听了，点点头，没说什么。

另一位学生回答说："老师，我们可以用几把镰刀将杂草清除掉。"哲学家也同样微笑地点点头，没有说话。

第三位学生说："这个很简单，去买点除草的药，喷上就可以了。"

接下来，又有几位同学发表了自己的想法。

听完学生们的想法后，哲学家便对他们说道："好吧，你们就按照你们自己的方法去做吧。如果你们不能清除掉杂草，那4个月后，我们再回到这个地方看看！"

学生们开始行动起来，他们将这块田地分成了几块，各自按照自己的方法去除草。

主张用火烧的那位学生，虽然很快就将杂草烧了，可是过了一周，杂草又开始发芽了；主张用镰刀割的那位学生，花了4天的时间，累得腰酸背疼，终于将杂草清除一空，看上去很干净了，可是没过几天，又有新的杂草冒了出来；主张喷洒农药的那位学生，只是除掉了杂草裸露在地面上的部分，根本无法消灭杂草……

4个月过去了，哲学家和学生们又来到了这块田地。到地里一看，学生们惊讶地发现，曾经杂草丛生的田地已经变成了一块长满水稻的庄稼地。

学生们脸上露出了不解的神情。

哲学家这才微笑着告诉他的学生："要除掉杂草，最好的办法就是在杂草地中种上有用的植物。"

听了老师的话，学生们都会心地笑了起来，纷纷感慨：这确实是一次不寻常的人生之课呀！

清除杂草是如此，克服懒惰也是这样。只有用勤奋才能彻底地战胜懒惰，这是最根本的应对之道。当然，在实际操作过程中，要完成从懒惰到勤奋的过渡，并非一件易事。要战胜懒惰的诱惑，开始勤奋地工作，需要经历一个艰难的过程。刚刚养成的好习惯往往就像一个新生的婴儿一样柔弱无力。但是，它一旦养成，就会像一个力大无比的巨人，让自己的生命焕发出激情的光彩。所以，青少年朋友，从此刻开始行动吧，一点点向勤奋靠拢，和懒惰说"拜拜"。

这里所说的勤奋做事，并非是让你机械行事，而是在学习和生活中，学会不断地摸索、总结经验，想方设法提高自己的做事效率。如此，我们才能高效地利用好时间，完成更多的事情。所以，当我们开始做一件事情时，要从以下几个方面下手，来掌握勤奋做事的方法，节省自己的时间，提高自己的做事效率。

首先，做事要"用心"。在日常工作和生活中，很多人习惯于用手工作。因为这些工作他们已经很熟悉了，闭着眼睛都能做好。然而只用手工作，会使人们把10年当作1天来过，10年过后，他们只掌握了一种工作方法。也就是说，10年来他们在自己的工作上没有任何进步。这对于竞争日益激烈的现代社会来说，无疑是一个十分糟糕的消息。勤奋工作，就是用自己的心去工作，这样才能睁大眼睛去发现问题，用自己的耳朵去倾听建议，用自己的大脑去思考、学习。那么，在这10年之中，自己所掌握的工作技巧便会帮助自己实现成功的愿望。

其次，勤学好问，遇事留心。只有在工作中勤学好问，才能够不断地提高自己的知识储备，帮助自己不断地拓展视野。这样，才能够利用今天这个资讯时代中的各种信息，帮助自己提高工作效率。而遇事留心才能够在工作中发现问题，弥补失误，把工作做得更完美。

再次，要学会不断地奖励自己，激励自己。勤奋总与"苦"和"累"联系在一起，如果长期处于苦和累的环境中，你可能会厌倦，甚至放弃。所以，适时地奖励自己，激励自己一番，才能够剔除自己心中的厌倦情绪。当自己掌握了一种好的工作方法，或提高了自己的工作效率时，不妨去看一场向往已久的演出，或者只是为自己准备一顿丰盛的晚餐。这样的方式，往往会刺激自己更加努力地工作。

最后，在成功之后，我们还应该继续努力。勤奋通向成功，而成功很可能会成为勤奋的坟墓。很多人凭借着勤奋努力终于被上司提拔和重用之后，就觉得应该放松一下，为自己前段时间辛苦的工作补偿一下，结果又回到原来的好逸恶劳、不求上进的生活中去了。

八、机会总青睐那些勤于奋斗的人

桂冠上的飘带，不只是用天才的纤维捻制而成的，而是需要用追求、奋斗的丝缕纺织出来的。

——台静农（曾在北京大学国文系旁听，著名作家、文学评论家）

说起勤奋，一向为古人所赞扬。囊萤、映雪等故事流传了千百年，家喻户晓。韩文公的"焚膏油以继晷，恒兀兀以穷年"，更为读书人所向往。如果不勤奋，则天资再高也毫无用处。机会总青睐那些勤奋、乐于奋斗的人。

曾就读于哈佛大学的世界首富比尔·盖茨说过："亲爱的朋友们，我认为你们应该重视那万分之一的机会，因为它将给你带来意想不到的成功。有人说，这种做法是傻子行径，比买奖券的希望还渺茫。这种观点是有失偏颇的，因为这万分之一的机会，完全是靠你自己的主观努力去完成的。"

现实生活中，几乎每个青少年都渴望拥有成功的机会，因为它对改变人生面貌具有巨大的作用。然而，成功的机会却是稍纵即逝、非常不容易把握的，有时也许只存在万分之一的可能。只有那些锲而不舍、勤奋进取的人，才能把握得住。

魏燕燕是北大的一名学生，她在高中的时候，成绩并不是特别好，当时老师和家长对她的期望是，能考个省重点大学就不错了。然而，令人意外的是，在高考结束后，魏燕燕竟取得了省文科第十二名的好成绩，顺利考入北大。面对这个成绩，魏燕燕的老师和家长都非常惊喜，纷纷夸她是高考的一匹"黑马"，然而她却说"每匹'黑马'背后都付出了很多"。高三期间，魏燕燕每天只休息 4 个小时。曾有一个月的时间，她在下午 5 点放学后，到操场跑两圈，再吃饭、洗澡，5 时 40 分又回到教室复习，紧凑得就像军事演练。高三寒假的 1 个月时间，除了学校布置的作业，她还额外做了 200 多套题……虽然存在个体差异，他人的经验不能完全复制，但是魏燕燕身上所迸发出的这种勤奋精神却是值得我们每个青少年朋友认真学习的。正如魏燕燕经常说的那句话一样："机会总青睐那些勤于奋斗的人。"

在知识的殿堂里，要想成功，要想有所收获，就必须要有大量的付出，所有成果的丰收，背后都有不懈的努力和付出，是他们辛勤的汗水和高度的智力的结晶。我们要知道，这种努力和付出是不可计量的。意识到这一点，我们就应该明白优异的成绩也是勤奋刻苦的结果，从而加倍努力学习。

意大利航海家哥伦布就是一个依靠勤奋获得成功机会的人。

还在很小的时候，哥伦布就对航海有着十分强烈的兴趣。在他20多岁时，就已经是一位拥有丰富经验的水手了。在一次偶然的机会下，他读到了一本《东方见闻录》，从此，便一直想到东方寻找财富。最终，哥伦布付出了行动，他带着87名水手，乘着3艘帆船，向西远航了。

当时，大家对他的行为都感到非常不理解，有些人甚至怀疑，他们能到东方吗？哥伦布真是异想天开！

然而，哥伦布他们顶着狂风巨浪，历经艰难险阻，在茫茫的大西洋海面上度过了70多个白天黑夜，终于在一块陆地上着陆了。哥伦布在人类历史上，首先完成了横渡大西洋的航行，取得了足以载入人类史册的丰功伟绩。

在哥伦布之前，任何人都有发现新大陆的可能，然而他们之所以终究没有发现新大陆，就在于没有去实践。哥伦布这样做了，他成功了。事实证明机遇不是那么容易被抓住，只有付出勤奋，不怕吃苦，才可能触及它的衣角。

一味地在原地等待机遇的来临，是一种愚蠢的行为。机遇是不可捉摸的，它无影无形、无声无息，有时候，它潜伏在你努力的学习中，有时候它徘徊在无人注意的角落里。如果你不扎实苦干，不勤奋刻苦，不努力去寻求、去创造，或许，你永远都不可能遇到它。

北大的校园里流行着这样一句经典的话："勤奋，会使平凡变得伟大，会使庸人变成豪杰。"成功者的人生，无一不是勤奋创造、顽强进取的过程。而机会总青睐那些勤于奋斗的人！

坚持，每个绝境都有一个完美的出口

诗人拜伦说过："无论头顶是怎样的蓝天，我都选择坚持地对待。"很多非常优秀且能干的人，之所以不能成功，总是徘徊在成功的大门之外，就是在于不能够坚持，在面临困境时缩头畏尾，甚至望而却步。但凡能成就一番大事业的人，都能够坚持不放弃自己的理想，哪怕是为了一个信念，都甘愿付出自己生命的全部，再苦再难都能够坚持下来，而成功的喜悦就在那不远的地方。

一、梦想需要坚持不懈地追求

我们无论做什么事，遇到失败，千万不要灰心，仍然要继续做下去。

——冯友兰（毕业于北京大学，著名思想家、哲学家）

提起比尔·盖茨，想必大部分人都不陌生。比尔·盖茨在世人心目中的地位与形象已经根深蒂固，他成了财富与智慧的象征，而且这也是他当之无愧的。他亲手创建的美国微软公司至今仍笑傲群雄，最新的《福布斯》世界首富排名，他仍稳居榜首。

比尔·盖茨为什么能拥有如此辉煌的成就而让人惊羡不已呢？除了他的智慧、眼光、执着外，最重要的原因是他拥有一颗对梦想的不懈追求之心。

2011 年 6 月 11 日，比尔·盖茨去北京大学和北大学子进行面对面的交流。这次来北大，比尔·盖茨的身份是比尔及梅琳达·盖茨基金会联席主席。在这次见面会上，比尔·盖茨做了一个简短的演讲，并回答了北京大学学生的提问。在谈到梦想的时候，比尔·盖茨说："梦想需要坚持不懈的追求。"比尔·盖茨表示每个人首先要知道什么是可能的，他当年最大的梦想是世界上的每个人都有电脑，电脑将会成为一个非常伟大的沟通和学习工具。电脑普及在如今已经成为事实，而在当时看来，这个梦想却似乎是一件不可能完成的事情。然而，比尔·盖茨做到了！他让电脑成为人类进行沟通和学习的最普遍工具。谈及此，比尔·盖茨说："如果你有想法，要化不可能为现实，可以找你的伙伴或者几个朋友互相鼓励完成这个漫漫征途。你要制订出一些可行的步骤，保证你每一天都在朝梦想前进。"

是每一天的坚持帮助比尔·盖茨实现了他的梦想。比尔·盖茨的成功，让很多青少年羡慕，也有很多青少年因此产生了要做第二个比尔·盖茨的想法。青少年拥有这种想法固然不错，但关键的一步是要去为实现这个想法而奋斗。而奋斗中最不可缺少的一个方面便是"坚持"。在奋斗的过程中，可能会遭遇很多困难，唯有坚持，能一步步帮我们实现梦想。这样你成为第二个比尔·盖茨的想法才不会被称为"异想天开"。

梦想是我们人生的灯塔，只有坚持不懈追求它的人才有可能最终实现梦想。当梦想快要实现时，我们一定要学会等待，耐心地等待黎明前的黑暗过去。要知道，破晓之前，黑暗总是漫长而难熬的，但只要我们心怀梦想，坚持不懈，不因现实的冷酷而放弃对梦想的守望，梦想之花终究会美丽盛开的。

坚持不懈地追求梦想的人是出众的：意大利足球运动员巴乔曾因罚失一个点球而令自己的国家失去了世界杯冠军，本以为他会一蹶不振，然而他却刚毅地挺立在世界足球史上；中国企业家史玉柱靠巨人集团起家，却折戟沉沙于巨人大厦，后来又通过缔造"脑白金"翻身，如今又在网游圈中掀起了一场风暴；还有爱迪生、牛顿等伟人，为了梦想，他们始终在拼搏、在付出、在坚持。可以说，离开了坚持，梦想只会成为空中楼阁，可望而不可即。

梦想是人生的舞台，但是很多时候，它被时间锁在环境的空楼里。我们只有做一个坚持者，全力以赴地与时间抗衡，才能最终以胜利的姿态笑傲生活。

在美丽的法国农村，有一位名叫希瓦勒的普通邮递员，他的工作就是每天奔走于各个村庄，为村民们收发邮件。

一天，希瓦勒正在山路上走着，一不小心摔倒了。他往地上一看，发现绊倒自己的是一块石头，这块石头非常奇特，他看着看着，竟有些爱不释手，于是他小心地将石头放进了自己的邮包。

当村民们看到希瓦勒的邮包里还有一块沉重的石头时，都感到非常奇怪。问他为什么要保存这样一块普通的石头。只见他取出那块石头晃了晃，非常得意地说："你们有谁见过这样美丽的石头？"

村民们听了都纷纷摇头，说："这种石头在这里随处可见，你一辈子都捡不完。"然而，希瓦勒并没有因为村民的话而放弃自己的想法，他反而想用这些奇特的石头建一座奇特的城堡。

从此以后，希瓦勒的生活多了一项内容，白天，他一边送信一边捡这些奇形怪状的石头；到了晚上，他就琢磨用这些石头来建城堡的事。

看到希瓦勒的这种行为，所有的村民都觉得他疯了，认为用石头修建城堡根本是一件不可能完成的事情。

然而，希瓦勒坚持了下来。20多年以后，在他住处出现了一座错落有致的城堡。然而，在当地村民的眼里，这并不奇特，都认为他是在干一些如同小孩建筑沙堡一样的游戏。

直至20世纪初，一位记者路过这里发现了希瓦勒的这座城堡。当地的风景和这座城堡的建造格局令这位记者慨叹不已，他为此写了一篇文章。

文章刊出后，邮递员希瓦勒和他的城堡成为世人关注的焦点，甚至艺术大师毕加索也专程去拜访。

如今，希瓦勒建造的这座城堡已成为法国最著名的风景旅游点。据说，那块当年被希瓦勒捡起的石头，被立在入口处，上面刻着一句话："我想知道一块有了愿望的石头能走多远。"

希瓦勒正是凭借着自己对梦想的坚持，不因周围村民的打击而退却，最终实现了自己建造石头城堡的梦想。这种精神值得我们每个青少年学习。

在我们的身边，很多人之所以不能实现自己的梦想，被成功拒之于大门之外，最大的原因就是缺少一份再试一次的勇气和再坚持一下的决心。

古往今来，成大事的人身上几乎都有一个最明显的个性，那就是坚定执着。正所谓："水滴石穿，绳锯木断。"青少年有了梦想还不够，还要拥有坚持不懈地追求梦想的勇气和信心。如果做事情总是三心二意，即使是天才，也会一事无成。而只有仰仗坚持和恒心，在点滴积累下，才能迎来成功之日。

二、刘正琛：北大学子与阳光的故事

使一个人的有限的生命更加有效，也即等于延长了人的生命。

——鲁迅（曾在北京大学任教，著名文学家、思想家、革命家，中国现代文学的奠基人之一）

刘正琛，男，1978 年生，北京大学光华管理学院硕士研究生，白血病患者，虽然医生说这种病如果得不到及时的治疗，最多只能存活 5 年，但他并没有放弃，开始踏上了用爱自己的心爱别人的路上。2002 年 1 月，刘正琛创办了北京大学阳光志愿者协会，建立起了我国第一个民间骨髓库，倡导完成了"阳光 100""阳光 1000"骨髓捐赠活动，启动了"阳光 10000"，发动全社会为白血病患者提供骨髓配型，并为很多患者找到了合适的骨髓配型，挽救了他们的生命。

说起刘正琛的故事，用这样两个关键词描述再贴切不过，即"坚持"和"爱心"。

1995 年，17 岁的刘正琛考上北大数学系，继而又考入光华管理学院硕博连读。在大家的眼中，他的前途不可限量。然而天有不测风云，2001 年 12 月 4 日，刘正琛发现眼睛中心有一个斑点，后来被确诊为慢性粒细胞性白血病，医生估计他只有 5 年的生命。这个晴天霹雳让刘正琛感觉自己"一下子被抛出了生活的轨道"。他觉得自己曾经阳光灿烂的生命顿时充满了黑暗的色彩。也正是从这一天开始，他不得不和一个最不愿意去的地方长期打交道，那就是医院。他也不得不经常提到一个可怕的词：慢性粒细胞性白血病。

只是短短几天的时间，刘正琛的身份就发生了巨大的变化。他从一个人人艳羡的北大高才生，降到了一个看起来只能被人同情和可怜的"绝症患者""弱势群体"这样的身份。身份角色的巨变最开始让他非常难以接受。可是，刘正琛是坚强的，他的适应性非常强，很快接受了这个悲惨的事实，并积极配合医院的治疗，重新燃起了生活的希望。

白血病的最好治疗方案是造血干细胞移植。但是实施这个方案必须找到和病人HLA（人体白细胞抗原）完全匹配的骨髓捐献者。在和唯一的弟弟进行配型测试后，医生告诉刘正琛，弟弟与他的骨髓配型失败。最大的希望破灭了！而当时在中国大陆寻找匹配的骨髓犹如大海捞针一样艰难。

最大的希望虽然破灭了，但坚强的刘正琛并没有选择在病床上等待。当时，这个积极向上的年轻人的心里有一个坚定的信念：我不想就这样什么都不做，只是等待，无论如何，我自己要承担起自己的生命的责任。我不能依赖医生，我必须要寻找自己康复的办法。

之后的日子里，刘正琛一头扎进了书堆里，他查阅了大量的资料。通过查找资料他了解到，如果在同胞兄弟姐妹之间找不到合适的骨髓的话，对于没有血缘关系的人也是有可能完全匹配的。只是由于无血缘关系的人匹配的机会非常小，只有万分之一，所以必须要有一个很大规模的骨髓库。这让刘正琛有了这样的思考：只要能找到HLA相合的造血干细胞或者骨髓，那些白血病患者就能够重新获得生命。

这份思考让刘正琛心情激动万分，他的脑海里产生了这样一个想法——建立中国第一个民间骨髓数据库——在对所有捐献骨髓志愿者进行监测之后，保存数据资料，供所有需要骨髓移植的患者免费查询。刘正琛为这个骨髓库起了一个乐观向上的名字——阳光骨髓库，主要的寓意便是生命和希望长存。

刘正琛的这个想法非常好，也得到了周围人的支持。但是，一个最现实的问题是，这个想法如何来实现呢？建骨髓库最需要的是资金。一个人的检测费用是500元，实现他的"阳光100"计划就需要5万元的检测费。为了帮助儿子，刘正琛的父母拿出了自己的毕生积蓄5万元。这解决了阳光骨髓库的第一笔资金问题。刘正琛用这笔资金检测了前100个捐献者。

在家人和朋友的支持下，2002年1月，"阳光100"骨髓捐赠活动正式启动。仅仅两个月后，所有捐赠者的信息都被放在了网上，以方便患者查询。

2002年6月9日，北京大学阳光志愿者协会成立，启动了"阳光1000"计划。

正所谓万事开头难。阳光志愿者协会的发展之路并不顺利。直到2002年12月4日北京大学的义演结束后，该协会才有了自己的第一间办公室和一部电话。由于是一个非营利性公益机构，该协会没有任何的经济来源。这对协会的发展来说是最大的难题。

由于资金的匮乏，刘正琛险些说放弃。2002年9月，刘正琛开始到学校上课。对他来说，研究生的课程压力非常大，再加上协会工作强度大，他还要筹集一大笔资金，并且还要为捐献者和患者提供服务的开创性的工作，而他自己还是一个需要静养和治疗的绝症患者，一旦因为过度疲劳而导致病情恶化，后果将不堪设想——这种种压力、对身体的担忧、工作的困难，使他很多次都想到了"放弃"这个词。

但是，在每次想放弃的时候，刘正琛的脑海里都会出现病房里那些病友们的充满期望的眼睛。他们都在等待着救命骨髓。这一个个身影让他又重新振作起来。中国有400万血液病患者，每年新增的白血病患者就有三四万人，有很多患者，每个月都要住院几个星期，他们很难获得别人的关注……于是，刘正琛决定：坚持，责无旁贷。"我必须坚持！那么多病友还在病房里等待着救命的骨髓！如果十年前就有人站出来的话，也许今天的患者就会有更大的希望。今天的我，也许就是为了十年后那样一份希望而生。"在这种信念的支持下，刘正琛努力坚持着。

为了获得更多的资金支持，刘正琛找了数十家大小企业。但都没有什么回音。直到2002年12月，才有一家企业愿意给予他资金支持。

除了资金问题外，刘正琛还面临着寻找愿意捐献骨髓的志愿者这一问题。社会上很多人都对骨髓捐献不太了解，认为这会损害身体。有时候，刘正琛会去学校搞骨髓捐献的报名活动。许多学生面对白血病患者一个个感人的故事，看到捐献者的一点点骨髓就可以改变患者命运的宣传后，都会激动地报名。但是在两个星期之后，当阳光志愿者联系他们进行检测的时候，约有一半的人会因为各种原因而放弃检测。

当然也有令人欣慰的时刻。2003年1月18日，刘正琛得到了确切的消息，有一位北京的小朋友和阳光骨髓库里的一位捐献者的骨髓完全匹配，只要能成功地完成骨髓移植，这个小朋友就可以痊愈，他就可以和正常的孩子一样生活了。得知该消息的刘正琛兴奋不已，他的心里充满了感激……在那一瞬间，泪水也充满了他的双眼。他知道自己前方的路还有很长，但是一旦看到自己的努力有了成果，就知道一切都充满了希望。

虽然过程非常辛苦，但刘正琛从来没有放弃。如今的阳光骨髓库已经发展壮大起来。由最初的108例HLA数据扩充到2000余例，初步配型50余对，并最终成功挽救了3名患者的生命。

谈及未来，刘正琛的心中充满了无限的憧憬。他说，相信"有一天，'阳光'会像慈济基金会一样，成为一个国际化的非政府组织"。

青春和阳光，是世间最美好的存在，它们给我们的生命带来了蓬勃、激情。虽然美好的生命有时候会让我们经历挫折，但只要有一颗坚持之心，它总会挺过来的。刘正琛的故事，传递给我们青少年的是一种坚持和爱的理念。也许我们没有他那么伟大，但是在困难面前，如果我们也有一颗坚持之心，相信，困难也会迎刃而解。

三、苦难之中的超然

对于一个有思想的人来说，没有一个地方是偏僻荒凉的，在任何逆境中，他都能充实和丰富自己。

——丁玲（北大旁听生，著名作家）

苏联著名作家高尔基曾经说过："苦难是人生最好的大学。"然而，实际生活中，却有很多青少年不愿正视苦难。遇到苦难的时候，要么是怨天尤人，要么抱怨自己生而不幸。其实，之所以会抱怨苦难，是因为他们还不明白苦难是我们寻找观察世界的方式，痛苦是人的一种本质体验。

聪明者往往会在苦难中保持超然心态，他们不回避，而是坦然地面对人生的风雨。

说起"超然"，很多青少年会问，何谓超然？从文学意义上讲，超然是高超出众，超出尘世之意，是一种人生态度，是一个人对生理需要、情感需求、功名利禄和尘世保持一定距离的态度。具有超然心态的人，能够抹去柴米油盐的重负，远离现实的名利，即使置身于苦难之中，也能够以坦然的心态面对，不会因得失、顺逆、穷达而改变自己的心态，这是一种超然于现实事物之外的高尚的旷达自由的人生态度。拥有超然心态的典型代表人物是我国古代伟大的文学家苏轼。

在《超然台记》中，苏轼曾经这样写道："凡物皆有可观。苟有可观，皆有可乐，非必怪奇伟丽者也。铺糟啜醨，皆可以醉，果蔬草木，皆可以饱。推此类也，吾安往而不乐？"在他看来，任何事物都有其价值，我们无论身处何地、何种环境中都可以快乐。这是苏轼人生观的体现。他有一种超然物外、随缘自适的心态。在这种旷达心态背后，他仍然坚持着对人生、对美好事物的追求。无论世事如何，都已经不再重要，重要的是有血有肉的灵魂和一颗淡雅处世的心灵。

苏轼的这种超然态度，形成于丰富的人生阅历中。是他在经历各种人生磨难，年过半百以后得出的人生哲学结论。

回望苏轼的一生，可谓大起大落，充满了各种艰辛，归结起来属于失意的一生。苏轼的政治生涯非常坎坷，他多次受到不同政敌的排斥打击，仕途屡遭贬逐，一生坎坷不平，很多时候处于人生的逆境之中，特别是贬谪黄州时期，生活极端孤独与寂寞，曾经发出了人生如梦的深深感叹。但是，在困境面前他没有对生活失去希望，而是对生活有着超乎常人的感受，充满了对生活的热爱。面对加诸其身的种种迫害，他既不是逆来顺受，也不是否定人生，而是以一种豁达、超然的乐观态度来接受这接踵而至的种种不幸，诗文中处处体现出其超然物外、热情乐观、从容旷达的人生态度。例如，在人生的低谷中，他写出了"竹杖芒鞋轻胜马，谁怕？一蓑烟雨任平生"的诗句，留给我们的是一个昂扬向上的伟大形象，永远值得人们景仰。

在苦难面前，优秀者从不会被打倒。经历了困难的洗礼后，他们反而会变得更加坚强、乐观。这种超然物外的达观情怀，是多么难能可贵呀！

北京大学历史系研究生梁从诫是国学大师梁启超之孙、建筑学家梁思成之子。回忆起父亲梁思成，梁从诫讲了一件小事。

1937年，抗日战争爆发。日方主办的"东亚共荣协会"向梁思成发来请帖，邀请他出席会议。一心爱国的梁思成坚决不和日本侵略者同流合污。他当即带领全家老小历经长途跋涉奔赴昆明。为了躲避日本侵略者的骚扰，次年，他又将家搬到了四川省南溪县的李庄乡下。这时候，梁家出现了严重的经济问题。梁思成的妻子林徽因患了严重的肺病，长年卧床不起，他自己也得了脊椎软组织硬化症，行动极为不便，全家陷入了贫病交加的境地。

当时，梁思成所居住的村子每隔半个月就有人杀一头老水牛来卖。一听说有水牛肉卖，梁思成一大清早就去排队买。买回来的肉已经老得嚼不动了。他就煮了牛肉汤给妻子喝。由于家里没有电，儿子梁从诫做功课只能用冒着黑烟儿的菜油灯，而煤油灯则只有在梁思成画图、写文章的时候才可以用……生活环境虽然艰苦，但梁思成一家却一直保留着一部留声机。这个留声机颇有来源。在梁家迁往昆明的途中，他们认识了一队国民党空军学员，这批空军学员在抗战结束的前一年，全部牺牲了。留声机是最后一个活着的空军学员留给梁思成的。即便条件再艰苦，梁思成都没有将留声机变卖。

生活条件虽然艰苦，但是梁思成从没有懈怠对知识的追求。在条件最艰苦的两年时间里，梁思成与营造学社同仁先后到过50余座城市，调查了建筑、崖墓、汉阙、石刻等古迹800余处。他们将乡间的民房当作工作室，晚上没有电就靠小油灯照明，可借阅的书不够，就借用历史语言研究所的图书资料做参考，出版的刊物不能用照片，也无钱用铅印，完全靠用毛笔手抄文字，用钢笔画线条图，用石板一张张印刷，依靠连家属在内的全体人员用手工装订成册。尽管工作和学习条件如此艰苦，但是梁思成的学术成就依然取得了丰硕成果，无论是写作报告还是图纸绘制，都保持着较高的水平。

在如此艰难的条件下，梁思成没有懈怠，而是努力取得了卓越的学术成就。这份成就是与他具备超然的心态分不开的。艰苦环境下的梁思成依然心怀快乐之心。一天晚上，梁思成在煤油灯下写书，是关于中国古代建筑的，他一边看中国古代庙宇的照片，一边听贝多芬的音乐。他自言自语道："听音乐，看佛像，真是人生一大享受。"儿子梁从诫听到了父亲的话，终生难以忘怀。过着这样艰苦的生活，他的内心却充满了快乐。

梁从诫所讲的关于父亲的故事不由得会让人想起颜回。颜回是孔子经常向人们夸奖的弟子。孔子说，颜回吃的是一小筐饭，喝的是一小瓢水，住在简陋的小房中，别人都受不了这种贫苦，他却仍然不改变向道的乐趣。梁思成和颜回的这种精神太难得了！物质虽然匮乏，但精神世界却无比丰盈。用从容与乐观的心态对抗苦难，这就是一代大师苦难之中的超然。

反观今日，我们的物质生活不知道比他们要好多少倍，可谁又能保持苏轼、颜回和梁思成那样的超然呢？

无论我们经历过多少苦难，走过多少坎坷，我们都不会一无所有，我们总还会得到一些东西，它们能扩大我们对生活的认识范围和认识的深度，使自己更加成熟，使内心更加坚强，是我们生命里最为宝贵的财产。

苦难面前，拥有一种超然心态，保持积极、乐观的心态，微笑面对生活，这才是青少年最应该做的。

四、没有永久的不幸

就命运是一种神秘的外在力量而言，人不能支配命运，只能支配自己对命运的态度。一个人愈是能够支配自己对于命运的态度，命运对于他的力量就愈小。

——周国平（毕业于北京大学哲学系，著名学者、散文家、哲学家、作家）

在人生的路途中，无论遇到的是福气还是祸事，都要随着世事调整自己的心态，超越时间和空间的角度去观察问题，考虑到事物有可能出现的变化。如此，才有可能使祸事变为福事。

有时候，暂时的失去会给我们带来更大的收获。对此，北大教授徐光宪深有体会。徐光宪，浙江上虞人，著名物理化学家、无机化学家，教育家、中国科学院院士，曾任北京大学化学系教授、博士生导师、中国科学家协会会长。

在北大的一次报告中，九十多岁高龄的徐光宪在开场白中这样说道："每个时代，每个人都有他必须面临的困难，我有当年艰苦的学习条件，你有现在巨大的就业压力。但是每个时代每个人都有他的机遇，我当年就是因祸得福，圆了大学梦并到哥伦比亚大学念研究生。所以要有克服困难的勇气和信心，这是走向成功必须具备的素质之一。"

说起徐光宪教授的早年求学经历，可谓颇具传奇色彩。

小时候的徐光宪就十分勤奋好学。中学时代的他曾获浙江省数理化竞赛优胜奖。可是，就在他十几岁的时候，家庭遭遇了巨大的变故，他的父亲过世了。父亲是家里的顶梁柱，他的去世给徐家带来了灭顶之灾。

父亲去世后，由于家境清贫，徐母希望徐光宪早日谋份工作，赚取家用，所以劝他报考中专。于是，在 1936 年，徐光宪考取了浙江大学代办浙江省立杭州高级工业职业学校（简称杭州高工）土木科。

徐光宪在那里仅仅学习了一年，七七事变就发生了，全国进入抗日状态。浙江大学内迁贵州遵义，为了减轻负担，把杭州高工解散了。不得已之下，徐光宪回到了浙江绍兴老家。在家里的半年多时间里，他丝毫没有放松学习，而是努力地自学代数、解析几何，每日敦促自己做习题。

1938 年 9 月，徐光宪通过考试插班到一所工程学院就读，次年毕业。当时正值抗日战争时期，整个社会都处于动荡不安的状态。国民党想在宜宾与昆明之间造一条名为叙昆路的铁路。昆明铁路局要从毕业的学员里招收八名铁路练习工程员，徐光宪很幸运地成为其中之一。

后来，昆明铁路局派来一个人将徐光宪等八位同学带到上海。谁知到达上海后，那个人却不见了。八位同学在旅馆里等了那人一天一夜，方才醒悟那人带着八人的路费跑掉了。

没了路费怎么办呢？身上没有多少钱的八位同学感到十分无奈。后来，有的同学回到了宁波，有的同学在上海找亲戚立下了脚。当时，徐光宪有一个哥哥在上海当初中教师，他就帮徐光宪联系了一个做家庭教师的工作。由于授课时间是晚上，徐光宪便利用白天的空闲时间自学。当时，他十分渴望进入上海交通大学就读，因为交大是国立大学，学费比复旦大学等私立大学要便宜得多，每学期只要十块钱，但比较难考取。

为了能顺利进入理想的大学就读，徐光宪省吃俭用，积攒学费，挤出时间，最终考入了上海交通大学。考入大学后，他晚上兼任家庭教师，白天上课，学习非常刻苦。毕业后，为了继续深造，徐光宪在 1948 年初远赴美国留学。

1948 年的 1 月至 6 月，徐光宪就读于华盛顿大学化工系。当年夏天，由于他在纽约哥伦比亚大学暑期试读班中成绩名列榜首，被该校录取为研究生并被聘为助教，不仅免交学费，还被正式列入教员名录。在当时看来，一个留学生能够得到这个待遇是非常难得的。徐光宪非常珍惜这个机会，他努力攻读量子化学，一年后即获得哥伦比亚大学理学硕士学位。

1950 年 7 月，由于成绩优秀，徐光宪被选为美国 Phi Lamda Upsilon 荣誉化学会会员，荣获象征能打开科学大门的一把金钥匙及荣誉会员证书。1951 年 3 月完成博士论文《旋光的量子化学理论》，并通过论文答辩，获得博士学位，并被选为美国 Sigma Xi 荣誉科学会会员，再次获得金钥匙一把。从入学到取得博士学位，徐光宪仅仅用了两年零八个月的时间，这在当时美国第一流水平的哥伦比亚大学，是非常不容易的。

1951 年 4 月，徐光宪回到了祖国，开始为国家的振兴而努力奉献。

回望自己这几年的艰辛经历，徐光宪说："带我们去工作的人跑掉了，我反而有了一个上大学的机会，也是比较偶然、比较幸运的。"

徐光宪的故事告诉我们青少年：人生没有绝对的胜负成败，得与失之间总存在着一定的辩证关系。有时一些条件缺失了，成功看似不可能，但正所谓"问题就是机遇"，只要你敢于坚持，逆境会激发你更高的斗志，让你的努力更有效率。只要你足够努力，即便逆境中也能发现好机遇。

曾有人这样说过："没有永久的幸运，也没有永久的不幸。"逆境虽然令人忧愁和不快，甚至给人不断的打击和折磨，但它就像一阵风，不会永远存在。所以，青少年朋友，当你接二连三地遇到倒霉的事情时，不要哀叹，只要你积极地为改变境遇而行动起来，你总会有收获的。

五、校园雕塑背后的故事

这个世界是给我们活动的大舞台，我们既上了台，便应该老着面皮，拼着头皮，大着胆子，干将起来。那些缩进后台去静坐的人都是懦夫，那些袖着双手只会看戏的人，也都是懦夫。这个世界岂是给我们静坐旁观的吗？

——胡适（曾任北京大学校长，著名学者、诗人、历史学家、文学家）

在美丽的北大校园中，有一座铜像非常有名，它给集现代、古典于一身的北大校园增加了一份厚重感。这座铜像就是塞万提斯像。这座铜像矗立在北大勺园荷花池北侧的草地上，校史馆的西南方，像身为铜制塑像，高 2.35 米。铜像中，塞万提斯身着西班牙披风，右手持书，腰挎宝剑，目视前方，风度威武而潇洒，既散发着文学骑士般的无畏气质，又闪耀着理想主义者的智慧之光，吸引了众多学子和游人的驻足观赏。

说起这座铜像，还很有来历呢！它是西班牙马德里市送给北大的礼物。1986 年，西班牙马德里和北京市结为姊妹城市，马德里市政府将矗立在该市西班牙广场的塞万提斯像复制并赠送给北京，北京市政府决定将它安置在北京大学校园内，1986 年 10 月 3 日举行了隆重的安放仪式。

看到这座铜像，让我们不禁心生敬畏。它所展现的那种对理想热忱的精神是这尊铜像给予北大学子甚至中国人民最宝贵的财富。

塞万提斯是文艺复兴时期西班牙小说家、剧作家、诗人，被誉为西班牙文学界最伟大的作家。他的一生经历，是典型的西班牙人的冒险生涯。

塞万提斯出生于一个没落的贵族家庭，父亲是跑江湖的外科医生，所以生活十分拮据。由于经济困难，塞万提斯和他的七个兄弟姊妹跟随父亲到处东奔西跑，直到 1566 年才定居马德里。

塞万提斯的童年生活是在颠沛流离中度过的，这种生活给他带来的一个后果就是他仅受过中学教育。

在 23 岁的时候，塞万提斯去意大利当了红衣主教家臣。在 24 岁的时候，由于不肯安于现状的性格，他加入了西班牙驻意大利的军队，参加了著名的勒班多大海战，在这次战斗中，带病坚守岗位的塞万提斯三处负伤，以致被截去了左手，此后被人称为"勒班多的独臂人"。

在长达 4 年出生入死的军旅生涯后，他带着基督教联军统帅胡安与西西里总督给西班牙国王的推荐信踏上了归国的旅程。

然而，不幸的是，他回国的途中遭遇了土耳其海盗船，被掳到阿尔及利亚。由于这两封推荐信的关系，土耳其人把他当成重要人物，准备勒索巨额赎金。结果勒索未成，土耳其人将其收为奴隶。

在长达 5 年的奴隶生活中，他曾有一年时间都在计划逃跑，但都以失败而告终。他不是被其他人告发，就是被抓回，而无一例外的，每一次失败后他都会遭受难挨的鞭挞之苦。虽然逃跑均以失败告终，但他的勇气与胆识却得到俘虏们的信任与爱戴，就连奴役他们的土耳其人也被他坚强的品格所折服。

后来，塞万提斯被判处到开往君士坦丁堡的船上服苦役。当时，凡是到这只船上的人，没有一个人能活着回来。但塞万提斯是一个例外。他被一位名叫胡安·希尔的修士拯救。这个好心的修士筹集了大量金钱来搭救塞万提斯。这次历险给塞万提斯留下了深刻印象，残酷的、受尽虐待的奴隶生活在他的脑海中留下了深深的烙印，也成就了后来在《堂·吉诃德》中一段关于自由的描写："桑丘，自由是上天给予人类最美丽的赠品……"对于过去跟随奥地利的唐·胡安在阿尔及利亚参战的过程，塞万提斯仍记忆犹新，在此后一生的写作生涯中，他借书中人物之口讲述了自己充满戏剧性的经历。

艰难回到祖国后的塞万提斯，依然过着贫困的生活，整日为生计奔波。由于经济拮据，他一边著书，一边在政府里当小职员。他曾经干过很多工作，如军需官、税吏，也曾接触过农村生活，还曾被派到美洲公干。他不止一次被逮捕入狱，有的是因为他不能缴上该收的税款，也有的是因为遭受了无妄之灾。

然而，人生的道路虽然十分艰辛，但塞万提斯始终没有放弃对文学的爱好。他写过的抒情诗、讽刺诗的数目，连他自己都数不清。但都没有引起什么反响。他也曾应剧院邀请写过几十个剧本，但上映后并没有取得他预想的效果。1585 年，他出版了田园牧歌体小说《伽拉泰亚》（第一部），虽然对这部作品他十分满意，但也没有引起读者的注意。经历了重重挫折的塞万提斯仍然没有丝毫打算放弃，在又一次监狱生活中，已然 50 余岁的他开始创作《堂·吉诃德》。

1605 年，《堂·吉诃德》第一部出版。这本书一经上市便在读者中引起巨大反响，一年内竟再版了 6 次。这本书不仅充满了丰富的人文思想，其对时弊的讽刺与无情嘲笑也深得人心——由此为他带来了至高的声誉。

贫困大半辈子的塞万提斯凭借《堂·吉诃德》，为全世界人贡献了最宝贵的财富。

这本书自诞生以来，几乎被翻译成世界上所有的文字。截至目前，在西方它的发行量仅次于《圣经》。

1616 年 4 月 22 日，塞万提斯逝世，他传奇的一生就此终结。

几乎没有多少人，甚至是那些伟大的天才，也没能像塞万提斯这样被后人无数次的谈论，得到无数人的敬仰和尊重，并对他和他的著作进行研究，也没有谁的著作能够被以如此多的方式诠释。由此可见，塞万提斯留给后人的不仅仅是一部《堂·吉诃德》，更有他丰富的人生经历和勇敢前行的精神。

塞万提斯是一个一生受了无数坎坷、历经磨难之后终成大器的人。他的故事告诉我们，成大事者必有坚忍不拔之志。正如著名的诗人摩根在一篇名为《当大自然征召某人》的诗中所表达的："逆境和挫折是大自然给生命最大的礼物和祝福。"一个人在困难面前跌倒是很正常的，关键在于你能否重新从挫折中站起来，不被困难所击倒。

这种"屡败屡战"的顽强，正是我们青少年朋友所缺少的。我们总是对困难低头，总想着逃避，比如逃掉不喜欢的课，认为自己很笨等，以为躲开它之后，它就不会再来找自己麻烦了，可是却不知道，困难是只老虎，你越躲它，它越来劲，你要迎头把它赶走，它也就不敢再来了。

六、抓住目标不放松

在我们的生活中最让人感动的总是那些专注为了一个目标而努力奋斗的日子，哪怕是为了一个卑微的目标而奋斗也是值得我们骄傲的，因为无数卑微的目标累积起来可能就是一个伟大的成就。金字塔也是由每一块石头累积而成的，每一块石头都是很简单的，而金字塔却是宏伟而永恒的。

——俞敏洪（毕业于北京大学，新东方学校创始人，现任新东方教育科技集团董事长兼总裁）

有这样的一个故事，相信青少年朋友会从中受到些许启发：

在一片广袤的沙漠中，一位父亲和他的三个儿子一同打猎。

这时候，父亲向三个孩子发问。

他首先问老大："此刻你看到了什么？"

"我看到了猎枪、猎物，以及一望无际的沙漠。"老大回答道。

听了老大的回答，父亲摇了摇头。接着问老二同样的问题。

"我看到了爸爸、大哥、弟弟、猎枪、猎物，还有一望无际的沙漠。"老二回答道。

父亲听了老二的回答，又摇了摇头。接着问老三同样的问题。

"父亲，我的眼中只有猎物。"

父亲听了老三的回答，满意地点了点头。

在随后的打猎过程中，老三能够专注于自己的猎物，并死死盯住不放直至将猎物杀死，最后，清点猎物时老三比老大和老二的总和还多。

上述故事中老三的经历告诉我们青少年：做事情前，一定要树立一个明确的目标，在目标确立之后，就必须心无旁骛，集中全部的精力，注视目标。

正如清人郑板桥诗中所云："咬定青山不放松，扎根原在石岩中。千锤万击还坚劲，任尔东西南北风。"天道酬勤，只有咬定青山不放松，才会有所收获。

谈及坚持之于成功的重要性时，北大一位教授在讲课的时候，最喜欢给同学们讲这两个人的故事。一个是巴甫洛夫，另一个是丁肇中。

巴甫洛夫经常在实验室里一待就是十几个小时，忘了吃饭，数年如一日地工作，当他跃上科学生涯的第一阶梯——取得"消化"研究的成果时，又忙着开始转向"反射"实验了。同他一起工作多年的得力助手，受不了这种无休止的紧张工作，离开了他，巴甫洛夫不得不另找新的助手，并对新的助手说："你们要学会做科研。"在实验室里，巴甫洛夫和他的助手长时间废寝忘食地工作着。他身体染上了多种疾病，但从不间断实验工作，直到临死时，巴甫洛夫还用自己身患的蔓延性肺炎，进行心理和生理的实验。

为了探索物质世界的秘密，丁肇中常常废寝忘食地做实验，为了做好一个实验，他一进入物理实验室，就两天两夜甚至三天三夜待在物理实验室里，守在仪器旁，经过长期潜心研究，终于发现了丁粒子，从而获得了诺贝尔奖。

正所谓天道酬勤。只有抓住目标不放松，才会有所收获。

凡事只要坚持到底，就没有征服不了的困难，只要你兢兢业业，勤奋向前，坚持不懈，成功的道路上，便会有你的身影。

在辛苦工作了几十年后，希拉斯·菲尔德先生光荣退休了。幸运的是，临退休前他就攒了一大笔钱。退休后的生活清闲无比，希拉斯·菲尔德心想，我该做点什么有意义的事情呢？

一天，希拉斯·菲尔德终于想到了退休后的工作。是什么工作呢？在大西洋的海底铺设一条连接欧洲和美国的电缆。对很多人来说，这无异于天方夜谭。然而，希拉斯·菲尔德却信心十足。

以后的日子里，他就开始全身心地推动这项事业。前期基础性的工作包括建造一条1000英里长、从纽约到纽芬兰圣约翰的电报线路。纽芬兰400英里长的电报线路要从人迹罕至的森林中穿过，所以，要完成这项工作不仅包括建一条电报线路，还包括建同样长的一条公路。此外，还包括穿越布雷顿角全岛共440英里长的线路，再加上铺设跨越圣劳伦斯海峡的电缆，整个工程十分浩大。希拉斯·菲尔德的退休金根本无法承受庞大的资金需求。怎么办呢？在经过一番努力后，希拉斯·菲尔德好不容易从英国政府那里得到了资助。随后，菲尔德的铺设工作就开始了。电缆一头搁在停泊于塞巴斯托波尔港的英国旗舰"阿伽门农号"上，另一头放在美国海军新造的豪华护卫舰"尼亚加拉号"上，但是，就在电缆铺设到 5 英里的时候，它突然被卷到了机器里面弄断了。这次失败让希拉斯·菲尔德非常失落。然而，他不甘心，很快便进行了第二次试验。在第二次试验中，在铺好 200 英里长的时候，电流突然中断了，船上的人们在甲板上焦急地踱来踱去，就在希拉斯·菲尔德即将命令割断电缆、放弃这次试验时，电流突然又神奇地出现，一如它神奇地消失一样。夜间，船以每小时 4 英里的速度缓缓航行，电缆的铺设也以每小时 4 英里的速度进行。这时，轮船突然发生了一次严重倾斜，制动器紧急制动，不巧又割断了电缆。

接二连三的失败让其他的参与者都心灰意冷，然而，希拉斯·菲尔德却并非一个轻言放弃的人。他又抖擞精神，订购了 700 英里的电缆，而且还聘请了一个专家，请他设计一台更好的机器，以完成这么长的铺设任务。后来，英美两国的发明天才联手才把机器赶制了出来。最终，两艘军舰在大西洋上会合了，电缆也接上了头；随后，两艘船继续航行，一艘驶向爱尔兰，另一艘驶向纽芬兰，结果它们都把电线用完了。两船分开不到 3 英里，电缆又断开了；再次接上后，两船继续航行，到了相隔 8 英里的时候，电流又没有了。电缆第三次接上后，铺了 200 英里，在距离"阿伽门农号"20 英尺处又断开了，两艘船最后不得不返回到爱尔兰海岸。

面对这种"恶劣"的状况，参与此事的很多人都泄了气，公众舆论对此流露出怀疑的态度，投资者也对这一项目没有了信心，不愿再投资。此时，如果不是希拉斯·菲尔德，如果不是他百折不挠的精神、不是他天才的说服力，这一项目很可能就此放弃了。希拉斯·菲尔德继续为此日夜操劳，甚至到了废寝忘食的地步，他不甘心失败。于是又开始了艰难的第三次尝试。好在天道酬勤，这次尝试进展得非常顺利，全部电缆铺设完毕，且没有任何中断，几条消息也通过这条漫长的海底电缆发送了出去，一切就要大功告成了，但突然电流又中断了。此时，除了希拉斯·菲尔德自己和他的一两个知己好友，几乎没有人不感到绝望。打算彻底放弃了！然而，希拉斯·菲尔德却没有说"不"字。他仍然坚持不懈地努力，最终又找到了投资人，开始了新的一次尝试。他们买来了质量更好的电缆，这次执行铺设任务的是"大东方号"，它缓缓驶向大洋，一路把电缆铺设下去。一切都很顺利，但最后在铺设横跨纽芬兰 600 英里电缆线路时，电缆突然又折断了，掉入了海底。他们打捞了几次，但都没有成功。于是，这项工作就耽搁了下来，而且一搁就是一年。

希拉斯·菲尔德真是好样的，如此的困境竟然没有将他击垮，反而让他愈挫愈勇。后来，他又组建了一个新的公司，继续从事这项工作，而且制造出了一种性能远优于普通电缆的新型电缆。

1866 年 7 月 13 日，新试验又开始了，并顺利接通、发出了第一份横跨大西洋的电报！电报内容是："7月27日。我们晚上九点到达目的地，一切顺利。感谢上帝！电缆都铺好了，运行完全正常。希拉斯·菲尔德。"不久以后，之前那条落入海底的电缆又被打捞上来了，重新接上，一直连到纽芬兰。现在，这两条电缆线路仍然在使用，而且再用几十年也不成问题。

希拉斯·菲尔德的奋斗故事向我们证明了这样一个道理：面对任何难以达成的目标，只要持之以恒，永不放弃，绝对会有意想不到的收获。

很多青少年总为自己找借口，有的说自己没天赋，有的认为学习不是自己的事，而是迫于老师的压力、家长的期望……其实这种想法大错特错。虽然我们每个人的天分不一样，但成功需要的更重要的因素是后天因素，是后天的努力和坚持。设定好目标后，如果你能为目标的实现而坚持，那么，成功离你才会越来越近。

七、奇迹在 100 米远的地方

行动之后无悔难。

——梁漱溟（曾在北京大学任教，著名思想家、哲学家、教育家）

有这么一句话："行百里者半九十。"这句话的意思是说行百里路，走了九十里，也只是走了一半；深层含义是说，做事情越接近完成时越艰难、越关键。许多人开始的时候总是雄心壮志，宏图远大，可是随着时间的推移，慢慢地就没有了动力，没有了毅力，没有了决心。到最后草草了事。它教导我们青少年，做事愈接近成功愈困难，愈要认真对待。

生活中，"行百里者半九十"的例子有很多，譬如登山，铆劲攀爬了一天，眼看就要到山顶了，却因无力坚持而不能一览众山小；譬如掘井，辛苦了很长时间眼看就要挖到水了，却因其志不坚而不能饮上甘甜的泉水；譬如学习，一直以来很努力，学习也很好，眼看就要高考了，却因不堪重负而放弃，以至于无缘大学梦。

的确，做事情的时候，最后的那段路往往是最难跨越的一道门槛，因为在那个时候，人的体力和意志都将承受极限的考验。在人的一生中，无论工作还是生活，都有可能出现极限环境，或者可能是极限困境。有时候就是需要再多一点点的毅力，再多一点点的努力坚持，咬牙挺过，成功便伸手可及。

对小蕙来说，1986年的春天是个特别重要的日子，因为在这个季节小蕙报考了兰州大学的考古学专业，投在本专业最权威的导师杨教授的门下。而这个季节正是决定她能否顺利考到杨教授门下的关键时刻。

杨教授的资历非常丰富，他早年毕业于北大的考古学专业，从事考古工作已经30

多年了。就连学校领导提到他，也会不自觉地流露出敬仰之情。这让小蕙感到非常荣幸。然而，她也有她的担忧。听说杨教授有很多的学术选题要做，还经常在外实地考古，根本就没有那么多精力和时间来带学生，而且，对现今学生的学习态度和素质，杨教授也表示很失望。

小蕙想，如果是在对诸多学生的挑选中放弃了她，她至少还有努力的机会；而若是根本没有招研究生的打算，无论如何争取，恐怕也是无济于事。看来，这一切都看命运的造化了。小蕙只能这么安慰自己。

当时那个年代，考古专业有一个野外考古兴趣小分队，自己定选题，然后向学校申请一定的经费，就召集全校有兴趣的学生一起去。临放寒假的时候，小蕙和几个同学在兰州城外发现了战国时期的一个战场遗址，因为地点的偏僻和落后，很多古迹都保存得相对完好一些，于是就申请了这个项目。报到系里后，系里审批通过了。这让同学们感到非常意外，因为临近毕业时的申报项目一般是很难批的，领经费的时候，教务处的老师说：这次考古活动是一次大的活动，学校很重视，系里会派一个指导老师带你们一起去，学校还会另外组织别的考古队去……系里对这项工作竟然如此重视，这让小蕙和其他同学们都感到非常高兴。

经过一段时间的准备工作后，小蕙与指导老师以及班上的另外三个同学一行五人出发了。那时，兰州地区刚下过大雪，出城后，真是一马平川，四野皆白。大家又正青春年少、一腔热血，下定决心一定要做出点成绩来，也算给自己四年的大学做个总结。

到达目的地之后，同学们便投入了紧张的调查工作中。白天，他们分头开始紧张的搜寻和采集工作，晚上，住进临时帐篷，相互交流和学习白天的收获。他们不放过任何可以学习、研究的机会。

来到目的地后的第五天，下了一场大雪，这给考察工作带来了极大的麻烦。大家觉得这样的地表情况根本不可能开展采集工作，讨论决定不出去了。然而小蕙却认为，虽然考察环境增加了难度，但是时间紧迫，一个星期的野外考古活动时间马上就要到了，总待在帐篷里，该项考察工作就会前功尽弃。于是，她冒着风雪自己一个人出去了。

由于对周围的情况不熟悉，走了没多远她就迷路了。要知道大雪天迷路是一件多么可怕的事情。因为没有参照物，手中的地图根本就不起作用。不知不觉天黑了。四年专业课的学习加上数次实习经历，让小蕙早已学会了不紧张、不恐惧。她拿着指南针，背着背包，慢慢往前走。一个小时过去了，两个小时过去了，三个小时、四个小时过去了，手表的指针愈来愈快，而她却感觉背上愈来愈凉——按地图的指示，她早应该到达目标营地了，可四周除了白茫茫的一片，什么也看不到。怎么办呢？勇敢的小蕙此时心里也没底了。她突然感到害怕了，甚至产生了一股绝望的情绪。是走错了方向吗？那现在究竟走到哪儿了？离营地有多远……一个个问题涌向她的脑海，让她越来越紧张，而天色也越来越暗。

就在这时，她的视线中突然出现了一个人的身影。这让她觉得不可能，可是这是真的。她高兴极了，赶紧大声打招呼："您好！我是兰州大学历史系的学生。我们过来……"

"哦，这么大风雪路都认不清，该待哪儿就待哪儿啊！"听声音，是位上了年纪的人。

"您知道怎么走出去吗？"

"知道走出去你还能看得见我？哈哈，看来我这把老骨头今晚要留在这里啦！"

小蕙本来是准备仗着自己年轻、体力好，熬过这一晚，等雪停之后再找回营地的。可是眼前这位老人……他那么大年纪，这么冷的天气，这么潮湿的气候……恐怕支撑不下去啊！于是，她试着对老人说："老先生，要不我们还是走走吧！"

老人同意了。接下来的一个小时，他们一直相互搀扶，在雪地里相互提醒、相互打气。小蕙告诉老人，她是考古学大四的学生，梦想是做一个伟大的考古学专家，她本科马上毕业，想念本系最有名的杨教授的研究生……他们也不知道到底走了多远，两人都已体力不支。

"小姑娘，算了吧，明早天亮了，会有人找到我们的。"

她知道在雪地里停留一夜的后果是什么，即使明天天亮被人发现，他们也会变成两个不会动的雪人。

于是，她决定再进行最后一次努力："这样，我们现在一起走，往前再走 100 米！"此时的她其实并不知道这 100 米走完之后会是什么样的结果，她心里唯一的信念就是：我不能放弃，我还年轻，还有梦想，我还想念考古学的研究生呢！

可是奇迹出现了！大约走了 100 米左右，他们同时看到了亮光！是的，她敢肯定那是她的营地。指导老师和同学在营地外面叫着她的名字。

"小蕙，你终于回来了——杨教授，你怎么和她在一起？"

杨教授？他就是杨教授？

…… ……

考察工作结束了，大家都回到了学校，准备毕业的相关手续。一个月后，学校研究生录取名单公布的时候，小蕙榜上有名，指导老师就是赫赫有名的杨教授。

杨教授给小蕙的评语是："考古学对人最基本的要求就是要有坚忍不拔的毅力和永不放弃的精神，而我知道，小蕙同学具有这种品质。"

在毕业典礼上，同学们都说，小蕙，你运气真好！可是，只有小蕙自己知道，那天，她只是坚持了 100 米而已。而这多坚持的 100 米，让她的人生有了巨大的改变。

多走 100 米，你或许就会到达目的地，成就你的梦想。如果故事中的小蕙放弃了往前走，而是留在雪地中过夜，或许她和杨教授都会支撑不下去。而就是坚持多走的那 100米，让她和杨教授不仅走出了雪地，还让她赢得了杨教授的赞赏，成为杨教授的门徒。

生活中，很多青少年在最开始的时候，往往雄心勃勃，目标远大而令人鼓舞。然而，随着目标的临近，信心却越来越不足，甚至停下了前行的脚步。其实只需要再向前迈进一步，就成功了，然而却因这种停顿，而错失了到达目的地的机会，真是令人遗憾。如果再坚持一下，或许就会有截然不同的结果。

八、笑对人生，享受每一个生活节拍

福祸无常，应谈笑间泰然处之。

——季羡林（曾任北京大学副校长，著名文学家、国学家、教育家和社会活动家）

人在一生中，随时都会碰到困难和险境，如果我们仅仅盯着这些困难，看到的只会是绝望；如果我们能抬起头来，看看天空、白云、小鸟，那我们的心中就会充满希望。痛苦和甜蜜是一对双生儿，它们总是携手同行，或许痛并快乐着才是生活的原貌。人生在世，无论生活的浪涛把我们抛向何方，都会有美丽的风景。只要我们能以乐观积极的态度，想着已经拥有的幸福，就能转"忧"为喜，从"山重水复"转入"柳暗花明"。如果我们能热爱生活，笑对人生，享受每一个生活节拍，就会随时发现生活之美！

2008年5月12日，对很多中国人尤其是汶川人来说，是一个永生难忘的日子。在这一天，汶川发生了8.0级大地震，给很多人带来了灭顶之灾。在地震发生20多个小时后，一位名叫高莹的初中女生被从废墟中救了出来。

高莹一个人在废墟中待了20多个小时，这种情况对一个年仅十几岁的小女孩来说，是一件多么可怕的事情啊！然而，从被救援人员发现到后来的治疗过程，高莹始终露着阳光般灿烂的微笑。高莹被埋在废墟中的照片传到网上以后，在成千上万的网民中引起了极大反响。照片中，输液的管子就悬在高莹的头顶，她身体的绝大部分都被掩埋在废墟下，只露出一个脑袋，而她清秀的脸上露出的竟是甜甜的微笑。这个微笑，被人们誉为"地震中最美的微笑"。高莹的坚强和勇敢令无数人为之动容。很多人纷纷表示向这位坚强、乐观的女孩子学习。

经过紧张的治疗后，高莹的生命得以挽救，而她却永远失去了双腿。这对一个花季的女孩来说，无异于致命的打击。然而，面对所有的救援人员和医务人员，高莹并没有表现出任何失落、绝望的情绪，她反而总是微笑着对大家说："要勇敢，不要哭。"

后来，在回忆地震发生的瞬间时，高莹只是说，自己是个幸运的人，因为在教室垮塌的一瞬，许多同学近在她的身边，却已不能动、不能呼吸。废墟下，高莹的双腿被石块和课桌挤压得严重变形，还好，两块水泥板交错叠加在她的头顶，留下了足够大的缝隙使她能够呼吸。她还能听到舅舅大声的呼唤，这些都让高莹觉得自己是幸运的。在医院里接受治疗时，高莹又认识了许多新伙伴，她安慰父母说，以后安上义肢了，还要去跑步。

高莹对自己的新生活充满了希望。

地震虽然可怕，但高莹却让我们看到了人性的坚强、勇敢。

在困境面前，我们最需要的是微笑！微笑会给我们带来坚强，带来乐观，带来对全新生活的新希望。如果一味地沉溺于困境所带来的悲观情绪中，我们最终可能不仅开创不了新生活，还可能将自己的健康丢掉。

据媒体报道，在美丽的美国艾奥瓦州的一座山丘上，坐落着一间奇怪的房子，这间房子不含任何合成材料，完全用天然物质搭建而成。住在房子里的人需要依靠人工灌注的氧气生存，并只能以传真与外界交流。看到这里，读者不禁要问：这间房子的主人到底是个什么样的人物呢？他的身上隐藏着什么样的故事呢？

这间房子的主人是一个叫辛蒂的女子。十几年前的她，并不是如今的这个样子。

十几年前，辛蒂是个正处于花季的活泼、上进的女孩子，她就读于一所医科大学。然而，不幸的事情悄然降临。有一次，她到山上散步，抓回了一些蚜虫。她拿起杀虫剂为蚜虫清除化学污染时，突然感到一阵眩晕，原以为那只是暂时性的症状，却没有料到自己的后半生从此变为一场噩梦。原来，这可怕的一切都源于她使用的那种杀虫剂。那种杀虫剂内所含的某种化学物质，使辛蒂的免疫系统遭到破坏，使她对香水、洗发水以及其他可能接触到的一切化学物质过敏，连空气都有可能使她的支气管发炎。这种"多重化学物质过敏症"是一种奇怪的慢性病，迄今为止仍无药可医。

在最开始生病的日子里，辛蒂的嘴角一直流口水，尿液呈绿色，有毒的汗水刺激背部，腐蚀出一块块疤痕。她甚至连经过防火处理的床垫也不能睡，否则就会引发心悸和四肢抽搐——可以想象，对于一个年轻的女孩子来说，这种痛苦是多么令人绝望！

为了拥有一个合适的生活环境，1989年，辛蒂的丈夫吉姆用钢和玻璃为她盖了一所无毒房间，一个足以逃避世间一切威胁的"世外桃源"。辛蒂所有吃的、喝的都需要选择与处理，且平时只能喝蒸馏水，食物中不能含有任何化学成分……就这样，辛蒂小心翼翼地和病痛对抗着活了十几年。十几年来，辛蒂见不到一棵花草，听不见一首悠扬的音乐，感觉不到阳光、流水和风的快慰。她封闭在没有任何饰物的小屋里，饱尝孤独之苦。更为煎熬的是，不管怎样难受，她都不能哭泣，因为她的眼泪跟汗液一样也是有毒的。这种生活，对于很多人来说，无异于牢狱，甚至比牢狱还要艰辛几倍。可是，在这种境遇下，坚强的辛蒂并没有自暴自弃，她努力地为自己，同时更为所有化学污染物的受害者争取权益。

在自己生病的第二年，善良的辛蒂就着手创建了"环境接触研究网"，以便为那些致力于这类病症研究的人士提供一个信息窗口。1994年，辛蒂又与另一组织合作，创建了"化学物质伤害资讯网"，目前这一资讯网已有数千名来自几十个国家的会员，不仅发行了刊物，还得到美国上议院、欧盟及联合国的大力支持。如今的辛蒂，生活充满了新的希望，她活得充实而快乐。

如今回想起曾经的一切，辛蒂感触非常深。在最初的日子里，她并非如此达观，每天都深埋在痛苦之中，想哭却不敢哭。随着时间的推移，她渐渐改变了对生活的态度，她说："在这寂静的世界里，我生活得很充实。因为不能流泪，所以我选择了微笑。"

法国小说家巴尔扎克说过："苦难对于天才是块垫脚石，对能干的人是财富，对弱者是一个万丈深渊。"我们要做生活的强者，将挫折作为对自己的激励，每天都保持乐观；总之，笑对人生，你收获的才会更多。

青少年朋友，当挫折和打击来临的时候，哭泣有什么用呢？哭泣只会让自己受伤的心再多一些痛苦罢了。对生活露出微笑，你便能感受到更多灿烂的阳光。

九、永不放弃，赢在转弯处

愿中国青年都摆脱冷气，只是向上走，不必听自暴自弃者的话。

——鲁迅（曾在北京大学任教，著名文学家、思想家、革命家，中国现代文学的奠基人之一）

在每个人的生命过程中，在走向自己所设定的目标时，我们每个人都会遇到或大或小的困难。面对这些困难，不同的人有着不同的观点和态度。对软弱者而言，困难是前行的炼狱，是前途的深渊；对坚强者而言，困难是人生的良师，是前进的阶梯。困境如霜雪，它既可以凋叶摧草，也可使菊香梅艳；困境似激流，它既可以溺人殒命，也能够济舟远航。可以说，困境具有双重性，就看我们怎样正确地去认识和把握它们。在苦难面前，坚强者永不示弱，永不言弃，再坚持、再努力一下，或许就会看到希望的曙光，走向成功；而软弱者则轻言放弃，不敢再往前走哪怕一小步，于他们，成功只能是空中楼阁，可望而不可即。

在困难面前，毕业于北大的孙燕燕（化名）是一个永不言弃的强者。她的经历或许能够给我们青少年一些启发。

1978 年出生的孙燕燕，在她 29 岁之前，一直是个积极、活泼的女孩子。在旁人眼里，她的人生充满了幸运。她 16 岁考入了北京大学英语系，20 岁大学毕业后就成了家乡省会城市一所重点中学的英语老师。然而天有不测风云，正当她的生活处于最幸福的时刻，她却患上了一种叫作"黄斑变性"的眼疾。原本五彩斑斓的世界在她的眼前，由雾蒙蒙到白花花，直到完全黑暗。

生活的巨变给孙燕燕带来很大的打击。她有一段时间变得消极而暴躁。可是，经过一段时间的调整后，她决定改变自己的现状。爱学习的她决定不放弃自己，开始用超乎常人的毅力学习盲文。

学习盲文的日子里，孙燕燕每天都随身携带一个袖珍型的小录音机，例如，记个电话号码，就用录音机录下来。失明之后，她依然能写出漂亮的板书，她贴在黑板上的左手是在悄悄估计字的大小，好配合写字的右手。为了这几行板书，她不知在家里练了多少遍，在房门上、在硬纸板上，让自己慢慢感觉以往所忽略的身体律动，来协调左右手之间的搭配。语音教室里，平面操作台上的各种按钮也被她贴上了一小块一小块的胶布，作为记号……孙燕燕的种种努力，不仅感动了她的亲友，更深深地感动了她的学生。在学校外语部教学品质评量表中，学生们为她打了98分。在毕业班的毕业留言簿上，学生们深情地写道："亲爱的孙老师，我们无法用恰当的言辞来形容您的风采，您的内涵如此丰富，您的授课如此生动，除了获取知识外，我们还获得了不少乐趣和做人的道理……"学生的话语让孙燕燕更加下定决心，充实自我，做个更加优秀的人民教师。她经常对别人说："我从没觉得自己与其他人有什么不同，站到讲台上，我就是个老师，我和其他老师一样，学生要学东西，我把自己所知道的教给他们。"

孙燕燕以坚忍不拔的精神和在工作上的出色成绩，先后被评为市"十佳"和"十大杰出青年"。面对自己的经历，孙燕燕曾经在日记中这样写道："每个人的路都是不一样的，但都应该有一种强烈的生存欲望，不管遇到多大的坎坷都应该坚强地走下去，永不言弃。人生虽然会碰到很多困难，甚至可能陷入绝望的境地，但是，最困惑时往往最能领悟人生的真谛。而当你走出某一段经历后再回头看，也许人生最美好的东西就随之而来了。永不言弃，你或许会在转弯处发现，你是个人生大赢家！"

风华正茂，学业、事业春风得意，却被宣告从此失去斑斓多彩的世界。如果换作常人，这无疑就是灭顶之灾，从此会自怨自艾、绝望沉沦。但孙燕燕没有放弃自己，她乐观坦然，勇敢地面对厄运，并继续挑战自己热爱的教育事业。正是因为她胸怀这样的大格局，所以她才能在讲台上创造奇迹，成为杰出青年，并赢得人们的敬仰。

对年轻的孙燕燕来说，她的命运可谓跌宕起伏。但无论是得意时还是失意时，她都认真把握住了自己的命运。失明没有迫使她离开自己热爱的讲台；相反，她还奇迹般地获得了一次又一次的成功，获得了周围人的赞许和尊重。

日常生活中，有些青少年一遇挫折就灰心丧气、意志消沉，甚至用死来躲避厄运的打击。这是软弱者的体现，生比死更需要勇气，死只需要一时的勇气，生则需要一世的勇气。其实，每个人的一生中都可能有消沉的时候，居里夫人曾两次想过自杀，奥斯特洛夫斯基也曾用手枪对准过自己的脑袋，但他们最终都以顽强的意志面对生活，并获得了巨大的成功。可见，一时的消沉并不可怕，可怕的是在消沉中不能自拔。要是我们能在任何时候都心存希望，生活最终会为我们开启另一扇门。

青少年朋友，只要希望还在，我们的人生便不会贫乏。苦难，或许能够摧毁弱者，但是同样可以铸就强者。无论面临任何困难，如果青少年朋友都能永不放弃，最终一定能够等到转机来临的那一天。

责任，成长的机遇在背后

北大成立于国家处于水深火热之时，各国列强都想在中国分到一杯羹。在这种背景下，当时的北大学子都将"国家兴亡，匹夫有责"作为自己的座右铭。他们去海外留学，学习先进的知识和技术回国来，不断寻求各种强国御辱之方，责任重重地压在他们的肩头，他们与全国人民一起，将侵略者赶出了中国。而如今，时代赋予他们新的责任。他们不忘认清自己，定位自己，在自己力所能及的范围内尽可能多地承担着责任。

一、每个言行的背后都背负着责任

写教材一不要为名，二不是逐利，唯为教学和他人参考之用，切记认真，马虎不得。

——傅鹰（曾在北京大学任教，著名物理化学家和化学教育家、中国胶体科学的主要奠基人）

英国政治家丘吉尔曾经说过："伟大的代价，即是责任。"他的这句名言激励着一代代英国人去担负起时代赋予的重大责任与使命；詹姆斯也曾告诫自己的儿子："作为国家的一员，你要背负为国家的前途而努力奋斗的责任。"在他们看来，具有一颗崇高的责任心，一个人就拥有了生命的脊梁。因为，人们从来不会指望一个游手好闲、没有责任感的人能够成功。作为青少年只有在真正懂得了责任的意义和内涵，并付诸行动时，才预示着开始走向成熟。

很多青少年朋友觉得自己年龄小，可以肆意妄为，出了什么事情自有父母替自己担责。拥有这种想法的人永远也不会真正独立、真正成熟。一个人迈向独立，走向成熟最重要的一步应该是敢于承担责任。这需要我们在平时注意自己的一言一行，因为每一言行的背后都承载着相应的责任。稍有不慎，就可能要付出惨痛的代价。

据某媒体报道："目前在我国，未成年人犯罪的比例呈现逐年上升的趋势，其初始犯罪年龄越来越低。仅以江苏为例，10 至 13 岁年龄段的低龄犯罪占到 70％。"由于这些未成年人都不到法定刑事责任年龄，往往对法律肆无忌惮。《扬子晚报》一则消息说：一少年惯偷，受审时语出惊人："到 16 岁就不再作案了。"由此可见，有些青少年真的是非常无知，视法律为儿戏，没有一点儿责任意识，意识不到自己的一言一行都有可能触及法律的底线。

每个言行的背后都背负着相应的责任。我们青少年要提高自己的责任意识，做一个勇于担责的人。

什么是责任？责任就是分内应该做的事情，也就是承担应当承担的任务，完成应当完成的使命，做好应当做好的工作。

对我们每个人来说，责任是一种天赋的使命。每个人来到这个世上，都需要承担责任，没有责任的人生是空虚的，不敢承担责任的人生是脆弱的。勇于承担责任，才能获得别人的尊敬和信任，获得生命的成就感和自豪感。

"1965 年，我在西雅图景岭学校图书馆担任管理员。一天，有同事推荐一个四年级学生来图书馆帮忙，并说这个孩子聪颖好学。

"不久，一个瘦小的男孩来了，我先给他讲了图书分类法，然后让他把已归还图书馆却放错了地方的图书放回原处。

"小男孩问：'像是当侦探吗？'我回答：'那当然。'接着，男孩不遗余力地在书架的迷宫中穿来插去，小休时，他已找出了三本放错地方的图书。

"第二天他来得更早，而且更卖力。干完一天的活后，他请求我让他正式担任图书管理员。

"过了两个星期，他突然邀请我去他家做客。吃晚餐时，孩子母亲告诉我他们要搬家了，搬到附近一个住宅区。孩子听说转校有点担心：'我走了谁来整理那些站错队的书呢？'

"我一直记挂着他。但没过多久，他又在图书馆门口出现了，并欣喜地告诉我，那边的图书馆不让学生干，妈妈又把他转回我们这边来上学，由他爸爸用车接送上下学。'如果爸爸不带我，我就走路来。'

"其实，我当时心里便应该有数，这小家伙决心如此坚定，又浑身充满责任感，则天下无不可为之事。不过，我可没想到他会成为信息时代的天才、微软电脑公司大亨、美国首富——比尔·盖茨。"

这是卡菲瑞先生回忆起比尔·盖茨小时候写下的文字。从这段文字中我们可以看出，在杰出者的身上，总有某些优于常人之处或早或迟地显示出来。从比尔·盖茨对待图书馆工作这样一件小事中，就已经将他的强烈的责任感显露无遗。难怪他能够在当今信息时代闯出一片天地。

老子曾说："天下难事，必做于易；天下大事，必做于细。"他精辟地指出了想成就一番事业，必须从小事做起，从细微之处入手。相类似的，建筑大师密斯·凡·德罗，在被要求用一句话来描述他成功的原因时，他概括说："魔鬼藏于细节。""一屋不扫，何以扫天下。"一个人有没有责任感，并不仅仅体现在大是大非面前，而是体现于小事当中，体现于自己的一言一行之中。一个连小事都不能负责任的人，又怎能在大事面前担当责任呢？

我们的一言一行背后都承载着相应的责任，正所谓：生活中点滴皆通情。每一件事情都有其自身的教育意义。青少年要谨言慎行，认真做好每一件事，提高自己的责任心，争取在将来为社会做出更多的贡献。尽管能力有大小，水平有高低，但只要我们勇于承担责任，乐于承担责任，从小事做起，即便身处平凡的环境，也同样可以开创出不平凡的景象。

二、责任心有多大，舞台就有多大

人的意志力是由责任感决定的。

——汪中求（北京大学职业经理人训练班的特聘培训师、著名经济管理咨询师）

美国品德教育联合会主席麦克唐纳曾说："能力不足，责任可补；责任不够，能力无法补；能力有限，责任无限。"俄国作家列夫·托尔斯泰也曾说："一个人若没有热情，他将一事无成，而热情的基点正是责任心。"对一个人来说，要拥有爱心、信心、进取心等，但在这诸多"心"中，最重要的还是责任心，因为责任心是一个人能否立足社会、成就事业最基本的人格品质。从某种程度上讲，责任心有多大，我们的人生舞台就有多大。正所谓，你有多大的责任心，就代表着你能够担当起多么重大的事情。

无论在什么年代，无论在什么行业，决定一个人是不是高手的根本因素都不是技术，技术到了一定程度，大家都是一样，能分出高下的是责任心。

黄志全，是大连市公交汽车联运公司702路一名双层巴士司机。1999年3月14日晚7时左右，他在驾驶途中心脏病突发，在生命的最后一分钟内，他强忍身体的剧烈疼痛，做了下面这三件事：

①巴士缓缓地靠向路边，并用最后的力气拉下了手动刹车闸；

②把汽控车门打开，让乘客依次安全地下了车；

③将发动机熄灭了，确保巴士和乘客的安全。

将这三件事做完后，他永远地闭上了自己的眼睛。如果他不这么做，后果则不堪设想……

据当时乘坐该车的一名乘客回忆说："3月14日晚上7点多钟，联营702路4227号双层巴士从八一路车站始发，行驶不到50米，客车突然停靠在路边，车门也打开了。当时车上的20多位乘客不知道发生了什么事情，见司机伏在方向盘上一动不动，问他咋回事儿也不'出声'。乘客们以为客车发生故障，于是纷纷下车走了。"5分钟后，从后面驶来的702路4201号车司机看到这一异常情况，马上停车登上4227号车。"黄师傅当时趴在方向盘上，已经人事不醒了，他的右手却还紧紧地攥着手动刹车闸！"原来黄志全在行车途中突发心脏病，当时已经不能说话，但是他仍然凭借顽强的毅力将发动机熄火，并且拉上手动刹车闸，从而避免了车毁人亡的惨剧的发生。

黄志全就这样离开了世界，离开了他爱的家人。当时，他所做的这三件事或许是每个司机每天不知重复了多少遍的事，本来不足为奇，可是此刻，在一个人处在生命极度危险的情况下，这个平常的公交车司机却做出了令人震撼的举动。他的勇敢举动，引人深思。其实，在这最后的几分钟里，他完全可以让乘客将他送到医院，可他没有这么做，由此可以看出，他把对别人的责任感，看得比自己的生命还重要！

一个宝贵的生命就这样结束了。黄志全看似死得毫无声息，但却让所有大连人都深深地记住了他。他做的事情并非什么惊天动地的大事，但他却凭借高度的责任感，感动了无数的人，为后人留下了好榜样。

黄志全就这样离开了这个世界。他虽然没有董存瑞舍身炸暗堡走得轰轰烈烈，也没有用自己的身躯挡住子弹的黄继光走得壮烈，但是，不可否认的是，他是一个伟大的人，他凭借自己强烈的责任感，实现了人生价值。

有人说过这么一句话："大事难事，看担当；逆境顺境，看襟度；临喜临怒，看涵养；患得患失，看智慧！"这句话的意思是，当面对大事和难事的时候，我们可以看出他担当责任的能力；当处于顺境或逆境的时候，我们可以看出他的胸襟和气度；当碰到喜怒之事的时候，我们可以看出他的涵养；当有所收获或者损失的时候，我们可以看出他的智慧。

生活中，总有这样的人，当他面对需要担当起责任的大事或遇到重大挫折的时候，总习惯采取推卸或逃避的态度。如此没有担当的人，又怎能赢得别人的尊重和认可呢！有责任心的人，总能挺起脊梁勇敢地面对一切。这样的人，拥有坚忍不拔的精神，不管是顺境还是逆境，总会担当起自己的责任，毫无怨言，而他们，总会比那些毫无责任心的人，运气好很多。

央视的《实话实说》栏目曾做过一期我们的精神家园的专题《担当》，节目里讲述了这样两个感人的故事。

故事一：

故事发生在湖南省辰溪县后塘瑶族乡莲花村。有一年，该村因办砖窑厂失误，最终欠信用社贷款及集资款 18 万元。为了不让国家吃亏，不让村民承受因还债带来的经济压力，时任村党支部书记的宋先钦主动承担了还债义务。他带领全家苦干了整整十年时间，还清了贷款和集资款（连本带利）共 30 万元。

故事二：

在大别山深处的麒麟河边，居住着一户尹姓人家，这家共有五个兄弟，他们从小目睹村里人因为没有桥而蹚水过河的艰辛，下决心要修一座桥解决村里人出行的困难。为了实现这个梦想，为村里做件好事，他们五兄弟外出打工挣钱，最后用了整整十年时间，赚了二十万，后来又借了二十多万的外债，终于把这个"圆梦大桥"建成。

也许会有人说他们傻，简直是"愚公移山"，但他们用自己十年的生命为我们上了一堂生动的人生课："要努力承担起自己的责任，做个敢于担当的人！"

责任心是一个人应该具备的基本素养，是健全人格的基础，是家庭和睦、社会安定的保障。从个人角度来讲，责任心就是一个人得以生存的基础。人只有先生存下来才能谈到成长和发展，因此，树立责任心就是为自己的生存打下良好的基础。所以，我们青少年无论做什么事情都要有一个负责的态度。

令人遗憾的是，现实生活中，有很多青少年缺乏责任感，不求上进，好吃懒做，游手好闲。他们经受不住艰苦环境的磨炼，抵制不住繁华都市的诱惑，轻易便会放弃自己的尊严和前途，甚至成了人见人烦的社会混混。他们不知道，青春比黄金还要贵重，肚子里没有什么墨水，却在街头和游乐场所耀武扬威，无异于糟蹋宝贵的生命！

一个拥有责任感的人，通常拥有明确的人生目标，无论对自己、对家庭，还是对社会，都敢于负责、勇于担当。他们能遵守社会规范，有承担责任和履行义务的自觉态度。这样的人才能赢得人们的尊重和信任，才会拥有更多的成功机遇。

生活在这个世界上，我们每个人、每个生命都有自己的责任范围，青少年朋友们，行动于今天，别感叹于明天。既然来到这个世界，我们就应该负担起作为这个世界的人所应该担负的责任。勇敢地做一个对自己、对家庭、对社会有责任感的人，才能无愧于自己的人生。

三、责任感造就成功的"内在"环境

利润就是责任，利润来自责任，一个企业承担责任的能力决定其获得利润的能力。

——张维迎（北京大学光华管理学院院长）

生活中，我们经常会听到这样的抱怨："如果环境更好一些，我的成就可能会更高。"我们不否认一个好环境的确有助于造就一个成功的人生，但是好环境可遇不可求，对于我们大部分人而言，始终是不可控的因素。难道，在所谓的"坏"环境面前，我们真的无能为力了吗？我们真的不能凭借自己的能力来改变环境，使它由"坏"变"好"，从而走向成功吗？

有这样的一个故事：

一位父亲，生活得非常落魄，他几乎沾染上了各种恶习，酗酒、吸毒、盗窃、抢劫，几乎无所不为，穷凶极恶，最后死在狱中。这位父亲有两个儿子。大儿子步父亲的后尘，生活堕落不堪，最终也成为罪犯，将在牢狱中度过余生。二儿子非常争气，努力学习，最终考上大学，毕业后成了一名出色的律师，拥有极佳的口碑和美满的婚姻。兄弟俩出生于同样的家庭环境，结果却拥有了如此截然不同的人生际遇。这种反差引来人们的关注，于是记者分别采访了他们。当问及他们何以走上今天的道路时，兄弟俩的理由竟然完全一致："有这样的父亲，我还能有什么办法呢？"

深处同样的家庭环境中，兄弟俩的人生境遇竟然有如此大的差异，原因是什么呢？是由于外在环境吗？外在环境是影响他们人生走向的一个因素，但绝不是决定性因素。他们的差别受一定的外在环境影响外，更主要是内在环境影响的结果。

通常情况下，对我们的人生走向产生影响作用的因素有两大类，即客观因素和主观因素。所谓客观因素，就是我们身处的外部大环境，例如社会环境、人脉资源、学习条件、个人机遇等，这些构成了我们成功所需要的"外部环境"。与此对应，个人能力、心态、人品、责任感等主观因素，构成了我们成功所需要的"内在环境"，其中责任感是这些内在主观因素的核心。一个人，如果拥有责任感，他必定会脚踏实地地学习、工作。这样的人，即便能力平平，也总会比别人多出一些成功的机会。

很多时候，我们没有办法选择自己生存的环境，但如果我们能够用责任去改变自己的"内在环境"，却是可以马上做到的。先改变自己，才能彻底改变自己的命运。正所谓"责任制造环境，环境孕育成功"。

《彷徨少年时》的作者赫塞说："生命究竟有没有意义并非我的责任，但是怎样安排此生却是我的责任。"对一个人来说，责任伴随生命的始终。无论身处何种环境，能够掌控自己命运的，都是我们自己。面对恶劣的外在环境，我们唯一能改变的就是提升自己，改善自己的"内部环境"。以此来挣脱外在环境对自己的束缚。

中国儒家自古就有修身、齐家、治国平天下的主张，讲的也是要先从改变自己的"内在环境"入手，穷则独善其身，达则兼济天下。青少年朋友，当你尝试着去培养自己的责任心，在学习和生活中主动承担更多的责任时，你或许会发现，你身边的成功机会真的增加了很多。

四、拒绝差不多，大事小事同等对待

大事皆由小事累积而成，没有小事的积累，也难成大事。

——汪中求（北京大学职业经理人训练班的特聘培训师、著名经济管理咨询师）

你知道中国最有名的人是谁？

提起此人，人人皆晓，处处闻名。他姓差，名不多，是各省各县各村人氏。

差不多先生常说："凡事只要差不多，就好了。何必太精明呢？"

他小的时候，他妈叫他去买红糖，他买了白糖回来。他妈骂他，他摇摇头说："红糖白糖不是差不多吗？"

他在学堂的时候，先生问他："直隶省的西边是哪一省？"他说是陕西。先生说，"错了。是山西，不是陕西。"他说："陕西同山西，不是差不多吗？"

后来，他在一个钱铺里做伙计。他也会写，也会算，只是总不会精细。十字常常写成千字，千字常常写成十字。掌柜的生气了，常常骂他。他只是笑嘻嘻地赔小心道："千字比十字只多一小撇，不是差不多吗？"

有一天，他忽然得了急病，赶快叫家人去请东街的汪医生。那家人急急忙忙地跑去，一时寻不着东街的汪大夫，却把兽医王大夫请来了。差不多先生病在床上，知道寻错了人；但病急了，身上痛苦，心里焦急，等不得了，心里想道："好在王大夫同汪大夫也差不多，让他试试看罢。"于是，这位兽医王大夫走近床前，用医牛的法子给差不多先生治病。不上一点钟，差不多先生就一命呜呼了。

这是国学大师胡适先生创作的一篇传记型题材《差不多先生传》中的一段文字，通过这篇文章，我们认识了这位差不多先生，而在看了这么多关于差不多先生的荒唐事迹之后，相信青少年们都不想成为差不多先生这样的人。然而，仔细想一想，你是不是隐隐觉得自己身上还是有着差不多先生的影子呢？你是不是常常也抱着"差不多"的态度对待自己的生活和工作呢？

"差不多先生"虽然只是一个虚构的人物，但在我们的日常工作中，这样的"差不多先生"随处可见。在我们的身边，大而化之、粗枝大叶的人并不少，"差不多先生"比比皆是，好像、几乎、似乎、将近、大约、大体、大致、大概等，成了他们的常用词。就在这些词汇一再使用的同时，各种社会问题出来了：生产线上的次品出来了，矿山上的事故频频发生着，社会上违章犯纪、不讲原则的事情屡禁不止……"差不多先生"可谓害人不浅。所以，我们每一位青少年都应该拒绝做"差不多先生"，无论事情的大与小、重要与否都认真对待。这是责任心的一种体现。

如果被问及电话机的发明者是谁，很多人恐怕都会说出美国发明家贝尔这个名字。但是，当年贝尔这个发明刚准备申请专利的时候，有个叫莱斯的发明家却声称电话是他首先发明的，贝尔剽窃了他的发明，并把贝尔告上了法庭。这到底是怎么一回事呢？

莱斯将贝尔告上法庭后，法庭经过认真鉴定，认为"莱斯电话"和"贝尔电话"相比有着很大的差距："莱斯电话"能用电流传送音乐，可惜的是不能用来传送话音，无法使人们互相交谈；而"贝尔电话"却可以流畅地进行双方通话。面对这个鉴定结果，莱斯非常不服气，他坚持认为是贝尔剽窃了自己的发明。

贝尔却什么话都没有说，他只是在法庭上当着法官和莱斯的面，从怀里掏出一把小起子，把"莱斯电话"上的一颗螺丝钉往里拧了二分之一圈——大约 5 丝米。

就是这 5 丝米！5 个万分之一米！"莱斯电话"神奇地可以进行双方通话了！

接着，贝尔改用连续的直流电取代了间断的交流电，从而解决了传送短促、讲话声音断断续续的问题——不能通话的"莱斯电话"变成了实用的"贝尔电话"！

看了贝尔的操作后，莱斯目瞪口呆，说不出一句话来。他放弃了申诉，并感慨万千地说："我当时以为做得差不多了，谁知道离成功还差 5 丝米，我将终生记住这个教训。"

从表面上看，莱斯的发明和贝尔的发明差不多，然而，正是"5 丝米"这一细微的差别，使莱斯比贝尔的研究成果落后了几千步。真可谓"失之毫厘，谬之千里"。"差不多"成为"差太多"。

"差不多思想"表面上看起来很豁达、不计较、与世无争，但实际上于个人、于集体、于国家，则有很大的危害！"差不多思想"说到底是一种对个人、对社会极不负责的体现，一种慵懒堕落的处世态度。如果一个人信奉"差不多思想"，那么他就会变得马马虎虎、浑浑噩噩，放任自流、缺乏上进心，因为在他眼中，干得好与干得坏差不多，干得多与干得少差不多，干得对与干得错差不多。在这个世界上，我们每个人都有自己的位置，都有自己的做事原则：做医生，其职责是救死扶伤；做军人，其职责是保家卫国；做教师，其职责是培育人才；做工人，其职责是生产合格的产品；做学生，其职责是好好学习……社会上每个人的位置不同，职责也有所差异，但不同的位置对每个人却有一个最起码的要求，那就是摈弃"马马虎虎，凡事差不多"的态度，为自己的工作和生活树立严格的标准和要求，做一个有责任感的人。

五、记住：不要借口

单是说不行，要紧的是做。

  ——鲁迅（曾在北京大学任教，著名文学家、思想家、革命家，中国现代文学的奠基人之一）

在我们的生活中，经常会听到各种各样的借口：对一件事情，你完全有把握将它完成得很出色，但是由于惰性，你不停地说"再等一会儿""等一等"；上班迟到了，你没有一丝愧疚之心，而只是尽力解释说什么"路上堵车""昨天加班太晚""睡过头"……什么事情搞砸了，总能为自己找出一大堆的理由。而成功的机会也就在这种"理由堆"中慢慢溜走了。

　　凡事找借口对我们没有什么好处，如果硬要说有什么好处，恐怕唯一的就是能够暂时地安慰自己。但这种安慰是致命的，它让你对现存状况无动于衷，并且给你一种心理暗示：我克服不了客观条件造成的困难。在这种心理暗示的引导下，你不再去思考克服困难、完成任务的方法，哪怕是只要改变一下角度就可以轻易地达到目的。

　　65岁的时候，海默先生退休了。退休后的他拥有一份丰厚的退休金以及社会保险金，本应该过着快乐无忧的生活，然而他却一点儿也快乐不起来。

　　在公司为海默先生举办的退休欢送宴上，海默先生忧郁地对同事这样说："我在公司里待了这么多年，就像刚才本杰明先生（该公司的董事长）所说的那样，可谓劳苦功高。今天晚上我光荣退休了，本该是一个值得纪念的日子，然而今晚我并不快乐，甚至觉得这是我一生中最悲伤的夜晚。"

　　同事很不解，便问他原因。

　　海默先生慢慢地喝了一口酒，陷入了回忆中："今晚我坐在那里面对我惨痛的一生，感到自己一事无成，彻底失败了。你不知道，本杰明先生和我一起进入公司，但他很上进，节节升迁，我却不然。我以前总认为本杰明先生并不比我聪明多少，他只是不怕吃苦，经得起磨炼，能完全投入工作，而我没有做到这一点。其实公司内外有很多机会，我抓住了都可能获得晋升。比如有一次，公司想派我到西部去掌管分公司，但是我自己因为感到有困难而拒绝了。每当这种绝好的机会到来时，我总是能找到一些借口来推脱掉。现在，我退休了，一切都已经过去了，我什么也没有得到，真是往事不堪回首啊！"

　　海默先生的一生都是漂浮不定的，没有明确的目标在前方指引。他最害怕的便是承担责任、挺身而出，他总是找各种借口来搪塞工作。结果呢？临到工作生涯结束时，都没有丝毫的成就感可言，这是多么悲哀的一件事啊！

　　对于每一个渴望达到成功胜境的人来说，借口都是致命的毒药，是迈向成功的绊脚石，是制约自己进步和发展的最大敌人！所以，青少年朋友，如果你不想自己被绊倒在"理由堆"里而一无所成，就记住这句话并去实践吧：不要借口！

　　1968年的墨西哥奥运会马拉松比赛场上，天色已经黑了，坦桑尼亚选手艾克瓦里这才吃力地跑进了体育场，他是最后一名抵达终点的选手。当时，这场比赛的优胜者早就领了奖杯，庆祝胜利的典礼也早已结束，所以，当艾克瓦里一个人孤零零地抵达体育场时，整个体育场已经空荡荡的。当时，艾克瓦里的双腿沾满了鲜血，只见他绑着绷带，依然努力地绕完体育场一圈，跑到终点。

　　而在比赛现场的某个角落里，享誉国际的纪录片制作人格林斯潘远远地记录下了这一切。

对此，格林斯潘感到十分好奇，他向艾克瓦里走了过去。格林斯潘问艾克瓦里，为什么这么吃力地跑至终点？

这位来自坦桑尼亚的年轻人轻声地回答说："我的国家从两万多公里之外送我来这里，不是仅仅叫我在这场比赛中起跑的，而是派我来完成这场比赛的。"艾克瓦里的话声音虽小，却震撼人心。从此，全世界的人都记住了这个永不放弃、不给自己找借口的艾克瓦里。大家为他高度的责任心所深深折服。

从这个故事中，我们可以看出：没有任何借口，没有任何抱怨，职责就是艾克瓦里一切行动的准则。

做事不找任何借口，看起来十分冷漠，没有人情味，但它却可以激发一个人最大的潜能。无论你是谁，无须找任何借口，因为失败了也罢，做错了也罢，再妙的借口对于事情本身已然没有用处。借口，无异于一面挡箭牌。世人寻找借口的目的，无非就是想将自己的过失和失职行为掩饰住，求得别人的理解和原谅。实际上，这是一种典型的推卸责任的做法。它虽然可以让我们暂时躲开责难，换来的却是虚假的惬意；它虽然让人暂时甩开了包袱和担子，得到的却是表象的轻松。一个人如果习惯凡事给自己找借口，就会疏于努力，不再想方设法争取成功，并会慢慢失去诚实和自信、热情和激情、危机意识和忧患意识。这样的人，成功又怎么会走向他呢？

一个有责任心的人，首要的品质就是不要借口。凡事不找借口，敢于担当，才能想干事、真干事、干成事，才能扎扎实实地将事情做好。大千世界中，每一个人的能力都不同，分工也有区别，肩上所抗的责任也必定不一样，但面对"借口"的态度却是一样的，那就是拒绝！拒绝了借口，你会发现，能力虽然不高，岗位纵然平凡，但是我们一样可以昂首挺胸地做人，赢得世人的尊重。

六、做好自己的分内事

我睡着时梦见生活是美人，我醒来时发现生活是责任。

——胡适（曾任北京大学校长，著名学者、诗人、历史学家、文学家）

在一次北大演讲时，创新工场董事长兼首席执行官李开复向北大学子们讲了这样一件事情。

一天，李开复想剪发。家人推荐他去一家理发店找一名叫Gary的理发师。下班后，李开复就径直到理发店找到了这位名叫Gary的理发师理发。

Gary见到李开复别提多激动了，马上就聊开了，李开复也尽量耐心地回答他的每一个问题。40 分钟后，理发结束了。

回到家里，家人看到李开复的新发型，一个个都惊呆了！都纷纷质疑说："Gary 的手艺不会这么差啊！"

原来，Gary 只顾跟李开复讨论问题，没有专心为李开复剪头发，以致李开复的发型被弄得惨不忍睹。

看着自己那一头糟糕的头发，李开复下定决心永远不再去这家理发店了。在他看来，年轻的理发师忽视了一点：有理想并追寻理想是好的，但只有先把分内的事做好，才有资格期望更多。

李开复还对北大学子们作了更加透彻的提点："如果你是一个理发师，那么只有先把客人的头发理好，才有资格找客人帮忙。——头发理不好，客人不再来了，以后怎么帮你的忙呢？如果你是学生，那么只有先把书读好，才有资格去实现自己的梦想。——基础课没学好，怎么能找到最合适的工作，来实现自己的梦想呢？"

李开复的这个故事告诉我们：作为年轻人，我们可以有自己远大的理想和抱负，也可以有做大事的真知灼见，但是首先必须尽职尽责，把分内的事情做好，并且全力以赴、尽可能地把它做漂亮。在此基础上再谈远大的目标和理想也不晚。

现实生活中，一些人之所以事情做得不认真、不仔细、不到位，不是他们不能做好，也不是他们不具备做好这项工作的技能和方法，而是他们缺少一种"把分内的事情做得漂亮"的态度。

演讲大师罗素·康威尔曾说："不管做什么事，都要全力以赴。成功的秘诀无他，不过是凡事都自我要求达到极致的表现而已。"优秀的人绝对不会以做完为目标，他们不管做什么事情，只会尽职尽责、做到最好。

尽职尽责，把分内的事情做得漂亮，既是一种责任心的体现，也是一种聪明之举，无论你的工资是高还是低，都应该保持这种良好的工作作风。在承担责任的同时，你履行了诺言、创造了价值、丰富了知识、提升了能力，这一切也许在短期内看不出效果，但却为你今后的成功铲除了荆棘、铺平了道路。如果你能够勇于承担责任，并为自己的承诺付出努力且最后达成，那在人们眼中，你已经是一个有担当、值得信赖的人了，何愁在今后的生活中没有人愿意与你合作、没有人愿意给你提供帮助呢？何愁今后缺乏成功的机遇呢？

在以后的生活和工作中，我们每个人都应该经常自问：我真的已经做到尽职尽责、尽善尽美了吗？我真的已经发挥了自己最大的潜能了吗？如同比尔·盖茨告诫每一个微软员工时所说："我不要求你们一天 24 小时工作，我只希望你们尽全力把分内的事情做到最好。"

七、推卸责任是成功的绊脚石

青年之字典，无"困难"之字；青年之口头，无"障碍"之语；惟知跃进，惟知雄飞，惟知本身自由之精神，奇僻之思想，锐敏之直觉，活泼之生命，以创造环境，征服历史。

——李大钊（曾任北京大学教授，伟大的马克思主义者、杰出的无产阶级革命家）

无论在生活中还是在工作中，我们经常可以听到这样的话："这是谁的错？"

回答是各种各样的，但归结起来无外乎两种：承担责任与推卸责任。统计下来，推卸责任的现象似乎比承担责任的现象更常见。

有些人一旦碰到做不好的事，就立即把责任推到别人身上。比如做销售却总是卖不出产品，他们就会说："这是因为工厂生产不出像样的产品。"工作进展缓慢，他们则会说："从前面的人员开始，工作进展就一直很缓慢，所以不是我的责任。"或者说："这是因为我们领导没用。"只是一味地从别人身上找问题，却从来没试着看看自己有没有什么失误之处。

庄子曾说："无迁令，无劝成。"指的是一种做人做事的道理，也是我们人生必须规避的两个错误。所谓"无迁令"，举个例子说，有个人让人帮他拿一本书，这只是区区小事，举手之劳而已，结果对方却吩咐第三者去做：某某人，老师让你帮他拿一本书。推脱责任，推托一切，就叫"迁令"，这是一种不负责任的做法。我们做人做事要做到"不迁令"，就不要推托一切，该自己去做的就去完成，不能让别人代劳。

作家刘心武曾写过一段："有些事我们都觉得该做，觉得可以去做，觉得有人会去做，觉得有人可以做，谁做？我不做！于是终究没有人做！"为什么没有人去做？因为谁都没有担负起应当承担的责任。我们随处可见这样的人，出现问题不是积极、主动地加以解决，而是千方百计地寻找借口，相互推诿，致使工作无效绩。为自己找借口，推卸责任，是追求成功的绊脚石。

在北大光华管理学院的管理学课堂上，教授曾经讲了这么一个意味深长的故事：

有一位农民企业家，挖矿石出身，赚钱后办了个企业，他请到一个学营销的研究生做销售经理。

这个销售经理姓张，口才非常好，谈起营销来可谓头头是道，但就是每年都无法完成营销任务。

老板每次问张经理完不成任务的原因，他就一大套理论，把老板说得一头雾水。老板这个人非常实在，知道张经理回答得不对，却又不知怎么反驳，为此他非常苦恼。于是请人去做咨询，顺便与那销售经理谈谈。一见面，相互寒暄后，咨询师就问张经理："张经理，听说你是学营销的研究生，谈理论我自叹不如，我们谈一点实际问题，为什么你总完不成销售任务呢？"

张经理想都没想，就立刻将责任推到了外部环境上，说："在咱们中国呀，什么事情都不好做，在美国就不一样了。"

"在美国怎么了？"

"你看看人家美国经济多发达，老百姓的素养和文化水平又高，政府也开放，市场也开放，经济又活跃，总之，美国什么都好，要是在美国咱们真的好做啊，这中国真是不好做啊。你再看中国，老百姓的文化素质低、意识差，信誉更是差，所以在中国不好办啊。"

"那好，我给你一个建议，可以马上解决问题。"

"咦，怎么解决？"

"第一个办法是马上把公司搬到美国。"

"你这不是开玩笑吗，这怎么可能呢，公司怎么可能搬到美国？我在中国，怎么可能呢？简直是天方夜谭。"

"张经理，你也知道是天方夜谭啊。还有第二个方案，不搬到美国也行，你今天认识了我，我又会办企业又会搞营销，你让我当世界贸易组织的主席，我给你三个承诺：第一，每年给你拨款几千万美元；第二，我保证让所有世贸组织成员国都用你的产品；第三，只要有人来你这儿做销售，我给他每月5000美元的底薪，好不好？但前提是你先让我当世贸组织的主席哦。"

"这怎么可能？我可没那么大权力！"

"知道不可能，那你还谈这些不可能改变的理由干吗？老板让你当销售经理不是让你改变这些东西的，是让你来做出业绩的。"

故事中的张经理，面对每年都完不成任务的现状，不是急着想解决之道，而是一味地想着推卸责任，怎么能成为一个优秀的销售管理者呢？又如何赢得老板的欣赏和认可呢？

有人曾经说过：没有该不该承担的责任，只有愿不愿承担的责任。这句话的意思是说，承担责任本来应该是自觉自愿的行为。如果将时间分配给讨论责任该由谁来承担这样的烦琐事情，无异于浪费时间，是没有任何意义的。一个人，如果在心底自觉自愿地将责任承担起来，他会发现，责任感能够给我们带来很多成就感和乐趣。在这种承担中，我们会一点点走向成熟，走向成功。

曾经有段时间，各大新闻媒体纷纷报道了一个在工作中实现自我价值的人，他就是马班邮路上的忠实信使王顺友。

王顺友，全国劳动模范。他是四川省凉山彝族自治州木里藏族自治县邮政局的一名普通投递员，自 1985 年参加工作以来，一直从事木里县城至白雕、三角垭、倮波乡的马班邮路投递工作。邮路往返里程 360 千米，每月投递两班，一个班期为 14 天，22 年中，他送邮行程达 26 万多千米，相当于走了 21 个二万五千里长征，相当于围绕地球转了 6 圈！

王顺友担负的马班邮路，山高路险，气候恶劣，一天要经过几个气候带。他经常露宿荒山岩洞、乱石丛林，经历了被野兽袭击、意外受伤乃至肠子被马骡踢破等艰难困苦。他常年奔波在漫漫邮路上，一年中有 330 天左右在大山中度过，无法照顾多病的妻子和年幼的儿女，也没有向单位提出过任何要求。为保护邮件，他曾勇斗歹徒；曾不顾个人安危，跳入冰冷的河水中抢捞邮件。他吃苦不言苦，饿了就吃几口糌粑面，渴了就喝几口山泉水，自编自唱山歌，独自走在寂寞的崎岖邮路上。为了能把信件及时送到人们手中，他宁愿在风雨中多走山路，改道绕行以方便沿途群众。他还热心地为农民群众传递科技信息、致富信息，购买优良的种子，给群众捎去生产、生活用品，受到群众的交口称赞。

王顺友曾经编过一段顺口溜，其中有这么两句："为人民服务不算苦，再苦再累都幸福。"王顺友是这么说的，也是这么做的。一直以来，他都用自己的实际行动践行着一名普通共产党员对党和人民的忠诚之心，表现出了自己对事业的执着和热爱。凭借这种敬业、负责的态度，二十多年来，他没有延误过一个班期，没有丢失过一封邮件，没有丢失过一份报刊，投递准确率达到 100%。这是多么难能可贵的精神！

英国著名作家萨克雷曾经说过："生活是一面镜子，你对它笑，它就对你笑；你对它哭，它也就对你哭。"这句话蕴涵了丰富的人生哲理，如果将其中的意义推广到责任与价值上，我们可以这样理解：如果你能够承担起责任，一步一个脚印地对待自己的任务，那么生活便会给你更加丰厚的回报。相反，如果你做事总喜欢敷衍了事、消极怠工、试图逃避责任，那么，生活给予你的必定是悔恨和失落。

八、那些成功的人总是负责任的傻子

空谈之类，是谈不久，也谈不出什么来的，它始终被事实的镜子照出原形，拖出尾巴而去。

——鲁迅（曾在北京大学任教，著名文学家、思想家、革命家，中国现代文学的奠基人之一）

生活中，我们可能会发现这样一个现象：在相同的岗位上，有的人聪明伶俐，却始终没有晋升的机会；而有的人看着不怎么聪明，甚至还有那么一点傻劲，却往往会得到上司和同事的认可，晋升之路通畅无比。难道真的是"傻人有傻福"吗？

　　其实，你仔细观察一下就会发现，所谓的聪明人其实并非真正的聪明，而所谓的傻子其实并不傻。很多被称为"傻子"的人，在自己的岗位上之所以取得了优异的成绩，正是由于他们不懂得投机取巧，不懂得阿谀逢迎，只懂得傻傻地干，担负起自己应该担负的责任。

　　普通收银员杨佳就是凭借着自己那股扎实苦干、勇于担责的"傻劲儿"赢得了周围人的认可和称赞。

　　杨佳是一位二十岁出头的年轻女孩，就是这样一位年轻女孩，凭借自己的扎实苦干，在职场中取得了耀眼的成绩。杨佳是湖南省长沙市的家润多超市朝阳店的一名收银员。在这个超市，有一个特殊的收银台，它就是22号收银台，这个收银台有一个特殊的名字：杨佳快速收银通道。这是湖南省第一个以收银员的名字命名的收银台。杨佳就是这个收银台的"主人"。

　　认识杨佳的人都说，杨佳最灵巧的是她的那两只手，是全国商业服务业收银员中最快的一双。无论是录入条码、敲击键盘，还是商品装袋、点钞找零，动作都非常麻利。从"您好，欢迎光临"到"谢谢光临，您走好"，在岗的每一分每一秒，杨佳都会微笑地面对一拨又一拨顾客，轻松地一遍又一遍重复着这个烦琐的程序。这彰显了她对工作的认真，对顾客的尊重。

　　杨佳的动作非常麻利。当第一位结账的顾客来到柜台前时，她便报以微笑和问候："您好！"随后她一手麻利地从车里拿出商品，一手持计价扫描仪，眼角一瞄，扫描仪立即准确扫向条形码位置，一气呵成。动作完成得非常漂亮。"98.7元！"扫描一完，她能够马上报出数额。而在顾客掏钱的同时，她又以惊人的速度将物品替客人整装完毕。

　　这还不是杨佳最拿手的。她最拿手的活是收钱。只见她的三个手指尖在抽屉各个小方格中一点，钞票和硬币好像是粘在她的手指上，转瞬之间，要找的钱一下子就递到了顾客眼前。有时候顾客都没有回过神来，手中已经接到了杨佳递过来的找的钱。某天，一位顾客情不自禁地赞叹道："看她收银，简直就是观赏高水平的表演！"

　　2004年，表现优异的杨佳凭借着她精湛的专业技能在"银联杯"全国商业服务收银员银行卡知识、技能竞赛总决赛中，以绝对优势获得个人第一名。在接受记者采访时，她说，促使她努力提升技能的动力是这样的一件事——

　　那还是在杨佳刚刚进入超市工作时，当时，她的技术非常不熟练。一次，有位顾客买了一个冰激凌，站在长长的队伍中等待结账，好不容易轮到他时，手中的冰激凌已经融化了。这件事让杨佳觉得非常不好意思，便主动提出要替这位顾客换一个，却被婉拒了。这件事使杨佳暗暗下定决心：一定要提高自己的专业技能，不让顾客多等一分钟。

　　此后的杨佳，开始了刻苦练习技能的生活。她经常利用休息时间苦练技术，饭后练，看电视时练，甚至睡觉前坐在床上还要练上几把。为此，杨佳的双手长满了老茧，指纹也几乎被磨没了。正所谓一分付出一分收获。在勤学苦练下，杨佳的收银技能得到了飞跃提升！她的点钞速度猛增，还掌握了单张单指、一指多张、五指连张等各种花样点钞法；条码录入，她从两指录入到五指并用，达到 1 分 50 秒能准确录入 50 个 13 位数的编码，刷新了这一行业的纪录……她不仅为自己赢得"全国商业服务业青工技术能手"的称号，还与获得亚军的另一位同事一道，为友阿集团赢得了"中国银联最佳商户奖"。

从一位普普通通的小女孩，成长为享誉全国的收银冠军，杨佳为此付出了很多努力。在嘉奖庆功会上，来自家润多在湖南岳阳、郴州、常德和湖北宜昌等地连锁店的 8 位收银员，当场拜她为师。喜悦、激动和难以预知的新的挑战，使这位年轻的女孩子留下了泪水……

起初，很多人认为杨佳傻，不就是一个收银员嘛！怎么干都是干，还那么拼命，弄得自己又苦又累。但杨佳不为周围人的眼光所动，她凭借自己的那股好强之心，勤学苦练，最终练就了一副好手艺，受到了大家的尊重和认可。

从一个业务不熟的菜鸟收银员，成长为业务精通的骨干，杨佳凭借的正是自己强烈的责任感和使命感。她将能更好地为顾客提供服务视为己任。她的成功说明了一个道理："傻"一点又如何，只要是个负责任的"傻子"，同样能够取得成功。

有责任感的人不论能力怎样，都会受到其他人尤其是上司的重视和信任。而一位让人重视和信任的人，才会有更多的机会展现自我能力。所以，没有责任感的人才是真正的傻子。看似有点"傻气"的对工作负责、实干苦干的人，才是真正的聪明人，才能成大事。

青少年朋友，在以后的生活和工作中，你一定要记住：一个人，就怕他没有责任心，不懂得实干。只有那些拥有强大的责任心，并在实际工作中努力实干的人，才会更容易在自己的领域取得成绩。

九、把问题留给自己

这个社会尊重那些为它尽到责任的人。

　　——梁启超（北京大学前身"京师大学堂"的创始人，著名思想家、政治家、教育家、史学家、文学家）

生活中，很多青少年遇到难解的问题时，不是去积极地想办法解决，而是喜欢将问题留给他人，或者是推给自己的父母，或者是推给自己的兄长，有的甚至是将工作中的问题推给自己的上司。这样的行为，是一种不负责任的表现。因此，青少年如果想成为一名优秀的人，首先要做到的一件事情就是：把问题留给自己。

令人遗憾的是，很少人能真正做到这一点。我们遇到的大多是这样的人：他们身上具备很多优秀的品质，他们也充满了无限的激情和梦想，可是他们总是做得不尽如人意，也得不到上司的赏识，因此总感叹自己"怀才不遇"。相反，一些天赋平庸、站在角落里一点都不起眼的人反而更容易取得成绩，获得认可。这种差别让"怀才不遇者"常常因此而埋怨自己：为什么上天不垂青于我？

实际上，主要是因为他们只关注自己"我做了什么"，而不关注自己"我做到了什么"，他们只懂得统计自己的工作量，而不知道上司和单位真正需要的结果是什么。当然，他们也无法取得令人满意的成绩。

作为一名职场中人，在具体的工作中，会面临很多这样或那样的要求，但最基本的要求就是要及时提供上司需要的结果。上司安排你做一个工作，实际上是想要你提供出这个工作的结果。但是很多人却陷入了一个心理陷阱：因为公司与员工之间，不是采取公司之间那种讨价还价的交换，他们就认为公司与自己之间不是商业交换，而是"一家人"。只要尽力做事就算是有业绩了，至于是不是达到了公司想要的结果，那就不是自己所关心的了。这样不仅害了公司，还害了自己。一个凡事敷衍塞责的人，能力又如何提升呢！

也许，很多人都有这样的想法：在工作中，应该对任务负责，而不是对结果负责。这种想法是错误的。虽然公司与员工并非在每一件事上都采取直接的讨价还价的关系，但作为员工，应当清楚地知道，自己既然拿了公司的工资，就应当提供相应的价值。只有抱着这样的心态去理解自己的工作，才能解决好工作上的问题，完成自己的使命。

在职场中，很多人只看到一份工作的权限和职责要求，而看不到这个岗位背后所承载的意义和作用。对工作使命认识不清导致了这样的结果：他们虽然将任务完成得很"出色"，但仍然是将一大堆的问题留给了上司和公司，这也就是"做什么"与"做到什么"之间的差别。

生活中，只有那些懂得将问题留给自己的人才更容易获得他人的认可。

从北大毕业后，刘丰源（化名）通过几年的职场历练，被一家著名的管理咨询公司聘为业务经理。

在工作中，刘丰源有一个习惯，就是每次在接受客户的委托之前，总要先花点时间去拜访该客户组织的高级主管。在问了一些有关业务委托方面的问题之后，刘丰源总要向这些高级主管提些诸如"你们公司现在聘用的员工数量是根据什么作出的"之类的问题。

据刘丰源统计，大部分主管的回答是"我负责的是财务"或"我主管的是销售"。还有一些人的回答是"我掌管的员工是100名"。只有很少的一部分人才会说："我的责任是向管理者提供决策所需要的正确信息"或者是"比去年的任务量提升30%是我的责任"。

刘丰源认为，正是这两种不同的回答反映了大家对待工作价值认识上的差异。正是这种认识上的差异导致了把问题留给上司还是把业绩留给上司这两种行为上的差异。

最后，他总结道：那些清楚自己工作使命，把业绩留给上司的人比较看重贡献，他们会将自己的注意力投向公司及个人的整体业绩，而不是自己的报酬和升迁。他们的视野广阔，在工作中，他们会认真考虑自己现有的技能水平、专业，乃至自己领导的部门与整个组织或组织目标应该是什么关系，更进一步讲，他们还会从客户或消费者的角度出发考虑问题。这是因为，不管生产什么产品，提供什么服务，其目的都是为了帮助消费者或顾客解决问题——这样的人，在职场领域获得突出成就的机会才越大。

在企业的管理者看来，一名优秀的职场中人，其最关键的素质是解决问题的能力，尤其是在紧要关头。正如一家知名的跨国集团总裁所说的那样："通向最高管理层的最迅捷的途径，是主动承担别人都不愿意接手的工作，并在其中展示你出众的创造力和解决问题的能力。"

在以后的工作中，青少年朋友应该多思考的是：我究竟做到了什么。努力提升自己的责任感，充分发掘自己具备但还没有被充分利用的潜力，把问题留给自己解决。这样的你，在职场中取得优异成绩的可能性才会更大。

十、正直是我们的安身立命之本

磊磊落落，独往独来，大丈夫之志也，大丈夫之行也。

——梁启超（北京大学前身"京师大学堂"的创始人，著名思想家、政治家、教育家、史学家、文学家）

做人，就应该正直。正直的品格是我们做人做事之本，也是中华民族最为崇尚的传统美德之一，为历代人所推崇。古代有个成语"刚直不阿"就是赞扬正直的；民间所说的"人正不怕影斜，脚正不怕鞋歪"，也是赞扬正直的。如果一个人具备了正直的品格，他通常会对自己"高标准、严要求"，不谋私，不贪利，不文过饰非，不隐瞒自己的观点，不偷奸耍滑；对他人不阿谀奉承，不溜须拍马，不阳奉阴违，不包庇坏人坏事；处理事情，敢于主持公道，伸张正义，抨击邪恶，不怕打击报复……这样的人才能因堂堂正正、光明磊落做人而得到周围人的敬重，这样的人，人生之路才会走得既稳当又长远。

我国无产阶级革命家陈毅同志有一首"明志"诗，就是颂扬正直的斗士的：

大雪压青松，

青松挺且直。

要知松高洁，

待到雪化时。

诗中所描写的青松，不屈服于恶劣环境的重压，永远高耸、挺拔，正是正直人品的生动写照。陈毅同志就是正直人士的杰出代表。他的一生襟怀坦荡，坚持正义，公正无私，直至晚年还与祸国殃民的"四人帮"进行斗争，是一位具有高尚正直品德的革命家。我们青少年朋友也要力争成为陈毅同志这样的正直之人。

正直的人，往往具备坚定的信念和原则。正直是一种标准，或者说是标杆、标尺，以这个标准衡量人的行为、品格，差别顿时显现。做一个堂堂正正、受人尊敬的人，人生之路才会更顺。

某天，在我国某个城市的一角，一批接受深造即将成为建筑师的年轻人，在一位满头白发的老教授的带领下参观一座刚刚落成就要拆除的大厦。这座大厦由于建筑师收受贿赂，设计方案中改换了关系工程质量的一连串数据，导致工程需要拆毁。当他们参观的时候，爆破的炸药正填入水泥未干的墙基。看到这个场景，在场的人全被震撼了。老教授颤颤巍巍地走到学生们跟前，想说什么却又哽咽着难以开口，只说了半句："咱们建筑师不能造孽，应该积德……"地球的另一端，在美国马里兰州建筑学院盛大的毕业典礼上，著名建筑师弗兰克·劳埃德·赖特仿佛是接着中国教授的话题大声演说："一座大厦就是一位建筑师的名誉，这名誉不会从天而降，必须来自一块实实在在的砖头，一块地地道道的板材。而这一切全都来自建筑师的品德——实实在在、正直高尚的品德！"

生活中，有些人为了一己私利，宁愿以集体的利益为代价来换取私利，丧失了为人的基本品格。这样的人，终将被社会所唾弃！一个人的品格是其人性中最重要的部分，它是一个人的道德规范在其心智中的内化。无论在任何时刻，无论身处哪个位置，我们都应该保持正直的品格，因为它是我们做人之本。有正直品格的人不仅是社会的良知，而且是社会前进的动力和民族的脊梁。正直的品德是我们安身立命的根本，是我们人生的桂冠和荣耀。对一个人来说，它是巨额财产。

北大毕业生李明宵（化名）大学毕业后进入了一家软件开发公司工作，与他同一时期进入公司的还有他的好朋友王明国。他们两人都被分配到程序编辑组，有机会接触到公司最核心的技术秘密。

当今社会是个充满陷阱和诱惑的社会，加上软件企业的激烈竞争，自从他们进入程序编辑组那天起，就有竞争对手想从他们那里套取技术秘密。在刚开始的时候，他们两人都顶住了诱惑。然而，时间一长，这种事情次数多了，王明国就开始动摇了。

一天，两个人还为此大吵了一架。

"我无论如何都想不明白，对方开出那么高的价钱，顶得上我们两个人一年的工资，你为什么不答应？你就这么清高！"王明国对李明宵大喊道。王明国指的是某竞争企业出资 20 万元购买他们俩参与的一项软件的数据库。

"这不是什么清高不清高的事，这样做会违背我们做人的基本原则。"李明宵据理力争。

"我知道你一向为人正直，但在现在这个利益社会，你的正直值几个钱呢！"王明国说。

"你别说了，这种事情我是无论如何都不会做的！"李明宵终于吼起来了。

王明国看到李明宵生气了，遂也表示放弃了。然而，他心中并没有真的放弃，他决定瞒着李明宵自己偷偷做。

20 万元很快进入了王明国的腰包，公司谁也没有发现。两个月后，竞争对手抢先一步推出相似软件，迅速占领市场，让李明宵所在的公司为此损失了数百万元。此时，公司终于发现有人出卖技术秘密。经过一番调查，得知泄密者是王明国后，公司立即将其开除，并将他告上了法庭。

王明国的结局告诉我们青少年：在充满诱惑的社会，人随时可能为了某种利益而放弃自己的道德准则，而坚守正直的品德又是那么不容易。就这点而言，李明宵令我们肃然起敬，可以相信，他的职业生涯也是绚丽辉煌的。

无论是谁，保持正直的品格都不是一件容易的事，在工作中更是如此。然而这是一项我们做人做事的基本准则，我们每个人都应该无条件地坚守。

如果我们青少年在刚踏入社会的时候，便决心把建立自己的正直品格作为以后事业的资本，做任何事情都无悖于养成正直人格的要求，那么，即使他无法获得盛名与巨大利益，也终不至于失败。

十一、只要肯负责，方法总比问题多

此身应该做而且能够做的事，就得由此身担当起，不推诿给旁人；此时应该做而且能够做的事，就得在此时做，不拖延到未来；此地位应该做而且能够做的事，就得在此地位做，不推诿到想象中的另一地位去做。

——朱光潜（曾任北京大学教授，著名美学家、文艺理论家、教育家、翻译家）

在我们每个人的一生中，都会面临各种各样的问题，工作、生活、情感等一系列问题构成了我们人生的全部内容。面对问题，有人选择了逃避，有人选择了面对，失败与成功也随之有了归属。

其实，任何问题都有解决的方法，关键是我们对待问题的态度，当遇到问题时，没有责任心的人不是主动去找方法解决，而是找借口回避问题，而责任心强的人则是把问题当作机遇，积极地寻找解决问题的方法，将问题变为成功的机会。所以，青少年朋友，当你遇到问题时，也应该坦然面对，勤于思考，积极转换思路，寻求问题的解决方法，最终你会发现：问题再难，总有解决的方法，方法总比问题多。

刘嘉远（化名）毕业于北京大学市场营销专业。毕业后，他进入了一家广告公司从事创意文案工作。

一次，刘嘉远所在的广告公司接到了一笔大单子，一个著名的洗衣粉制造商委托该公司做广告宣传。负责这个广告创意的好几位文案创意人员拿出的东西都不能令制造商满意。没办法，经理让刘嘉远将手中的活儿搁置几天，先专心完成这个创意文案。

一连好几天，刘嘉远都待在办公室里抚弄着一整袋的洗衣粉进行苦思冥想。他想："这个产品在市场上已经非常畅销了，人家以前的许多广告词也非常富有创意。那么，我该怎么下手才能重新找到一个点，做出既与众不同、又令人满意的广告创意呢？"

一天，他在苦思之余，将手中的洗衣粉袋放在办公桌上，又翻来覆去地看了几遍，突然间灵光闪现，他想把这袋洗衣粉打开看一看。于是他找了一张报纸铺在桌面上，然后，撕开洗衣粉袋，倒出了一些洗衣粉，一边用手揉搓着这些粉末，一边轻轻嗅着它的味道，寻找灵感。

就在这时候，在射进办公室的阳光下，他发现了洗衣粉的粉末间遍布着一些特别微小的蓝色晶体。审视了一番后，证实的确不是自己看花了眼，他便立刻起身，亲自跑到制造商那儿问这到底是什么东西。得知这些蓝色晶体是一些"活力去污因子"，因为有了它们，这一次新推出的洗衣粉才具有了超强洁白的效果。

了解了这一情况后，刘嘉远开始从这一点下手，绞尽脑汁，寻找到了最好的文字创意，为客户推出了非常成功的广告。

刘嘉远的例子给我们青少年这样一个启示：解决问题的关键不在于问题本身，而在于我们有没有将之视为自己的责任范围，敞开心扉，用心去"想"。不怕问题困难，就怕不想。就好像一把钥匙开一把锁，每一个问题都会有解决的办法，而这把解决问题的钥匙，就在我们自己身上。

有句话如是说："世上没有解决不了的问题，只有对问题束手无策的人。"一个有责任心的人，可以在纷繁复杂的棘手难题中轻松自如地驾驭人生，凡事都能逢凶化吉，把不可能之事变为可能，从而实现自己的人生目标。这个中"奥妙"便是其恰如其分地运用了方法的力量。只要肯负责，方法总比问题多。

在北大课堂上，某教授曾经讲过这样的一个故事：

故事发生在 2001 年 5 月 20 日。这一天是平常的一天，但对美国人乔治·赫伯特来说，却是意义重大的一天，因为在这一天，他成功地将一把斧子推销给了美国总统小布什。

乔治·赫伯特是一名推销员，他成功将斧子推销给小布什总统的消息被布鲁金斯学会得知后，该学会马上将刻有"最伟大的推销员"的一只金靴子赠予了他——这是自1975年该学会的一名学员成功地把一台微型录音机卖给尼克松以来，又一学员登上了如此高的门槛。

布鲁金斯学会在美国非常出名，它拥有90年的历史了，以培养世界上最杰出的推销员著称。该学会有一个传统，即在每期学员毕业时，设计一道最能体现推销员能力的实习题，让学员去完成。

在克林顿当政期间，他们出了这么一道题：请将一条三角裤推销给现任总统。这8年的时间里，无数学员想方设法完成这道题，都没有成功。待克林顿卸任后，该学会将题目换成了"请把一把斧子推销给小布什总统"。由于有前8年的失败在前，很多学员看到这道题目后，都纷纷退出了。有的学员甚至认为，这道毕业实习题会和克林顿当政期间的那道题一样毫无结果，因为现任的总统什么都不缺，即使缺少什么，也用不着他们亲自购买，再退一步说，即使他们亲自购买，也不一定正赶上你去推销的时候。可是，令他们想不到的是，有人做到了！而且还没怎么费力气！

某记者在采访乔治·赫伯特时，他这样回答道："我认为，把一把斧子推销给小布什总统是完全可能的。因为，布什总统在得克萨斯州有一个农场，那里长着许多树。于是我给他写了一封信，说：'有一次，我有幸参观了您的农场，发现那里长着许多矢菊树，有些已经死掉，木质也已经变得松软。我想，您一定需要一把小斧头，但是从您现在的体质来看，这种小斧头显然太轻，因此您仍然需要一把不甚锋利的老斧头。现在我这儿正好有一把这样的斧头，它是我祖父留给我的，很适合砍伐枯树。假若您有兴趣，请按这封信所留的信箱，给予回复……'最后他就给我汇来了15美元。"

乔治·赫伯特成功将斧子推销给小布什后，布鲁金斯学会在表彰他的时候说："金靴子奖已空置了26年。26年间，布鲁金斯学会培养了数以万计的推销员，造就了数以百计的百万富翁，这只金靴子之所以没有授予他们，是因为我们一直想寻找这么一个人。这个人从不因有人说某一目标不能实现而放弃，从不因某件事情难以办到而不去寻找方法。"

优秀的负责任之人，必是重视找方法之人。在他们的眼中，只要运用好方法，根本不存在克服不了的困难。而事实也一再证明，一件事情，即便看似极其困难，只要你用心去寻找方法，也一定能够克服。乔治·赫伯特的故事就说明了这一点。

这就启发我们青少年，无论面对什么困难，我们都不应该退缩，不应该轻易放弃，而应该以百倍的热情，积极主动地去应对，去想方法。这是一个最为关键的做人、做事的准则。所以，在以后的工作和生活中，我们一定要相信：上帝给你关掉一扇门，必会给你打开一扇窗。没有解决不了的问题，除非你自己不愿去解决。面对问题，不去努力地寻找解决的方法，只是一味抱怨，永远也无法将问题解决。

十二、责任让能力展现最大价值

人生须知负责任的苦处，才能知道尽责任的乐趣。

——梁启超（北京大学前身"京师大学堂"的创始人，著名思想家、政治家、教育家、史学家、文学家）

责任能够促使我们更快地创造成功。对一个人来说，责任感是品格和能力的承载，是走向成功必不可少的素养。一位伟人曾说过："人生所有的履历都必须排在勇于负责的精神之后。"具备了责任感，才会油然而生一种崇高的使命感和归属感，继而迸发前进的动力。

可是，在现实生活中，责任感这个词却经常被忽视，大家总是喜欢强调能力的作用。其实，能力的发挥离不开责任心的培养。责任能够让我们的能力展现出最大价值。两者并非敌人，而是相辅相成的。

在北大，所有的人最深切的感觉就是，无论做什么事情，都应该有高度的责任心。北大人认为，一个人只有具有强烈的责任感，才能以高度负责的态度对待工作，才会创造性地解决各种问题，才会使自己的能力展现得淋漓尽致。

曾任北京外交学院副院长的任小萍女士说："我们这代人，和现在的年轻人不同，我们没有什么择业自主权。所以每一次，不管被派到哪里，我不会想别的，就想着怎么把工作做好，做得最好。"

大学毕业那年，任小萍被分到英国大使馆做接线员。做一个小小接线员，是很多人觉得很没出息的工作，任小萍却把这个普通工作做出了花。

在具体的工作中，细心的任小萍将使馆中几乎所有人的名字、电话、工作范围甚至连他们家属的名字都背得滚瓜烂熟。有时候，一些打电话的人自己都不知道该找谁时，她就会耐心地多问几句，尽量帮他们准确地找到想要联系的人。渐渐地，使馆工作人员有事外出时并不告诉他们的翻译，而是给她打来电话，告诉她几点钟×××会打来电话，请转告什么，等等。

没多久，有很多公事、私事也开始委托她通知——她竟然成了全面负责的留言点、大秘书。可见，使馆工作人员对她是多么信任和认可！

令所有人没有想到的是，某天，使馆大使竟然亲自跑到电话间，笑眯眯地表扬了她。这真是一件破天荒的事。后来没多久，她就因工作出色而被破格调去给英国某大报记者处做翻译工作。她的工作迈上了一个新台阶。

当然也充满了挑战。该报的首席记者是个名气很大的老太太，得过战地勋章，授过勋爵，本事大，脾气大，甚至把前任翻译给赶跑了。刚开始的时候，她不接受任小萍，看不上她的资历，后来在推荐人的极力推荐下，才勉强同意试用一段时间。结果不到一年的时候，老太太逢人就说："我的翻译比你的好上 10 倍。"没多久，由于工作出色，任小萍又被破例调到美国驻华联络处。

在美国驻华联络处，任小萍同样干得十分出彩，不久即获外交部嘉奖……

任小萍的故事告诉我们青少年：在责任心的促使下，将手头的任务耐心做好，机遇也会主动向我们招手。将手头的工作做好，看起来可能很容易，但实际上，如果没有一个坚定的信念，没有一定的能力，没有强大的责任心，这个目标是不太容易实现的。任小萍做到了，她也成功了。

青少年朋友，当你踏入社会走向工作岗位时，无论被安排到哪个位置上，都不要轻视自己的工作，都要担负起工作的责任来。因为，只有对工作富有责任心，你施展能力的平台才会越来越大。一个人的能力只有通过尽职尽责的工作才能完美地展现。能力，永远由责任来承载。而责任本身就是一种能力。

一个令人深觉可惜的社会现象是：很多企业的人力资源考官在招聘新员工时，关注的总是"你有什么能力""你能胜任什么工作""你有什么特长"之类关于能力方面的问题，而很少关注"你能融入我们公司的文化中吗""你认同我们公司的理念吗""你如何理解对公司的热爱"等关于责任的问题。很多管理者在给下属分配任务时，也无意中犯着类似的错误。他们过分强调员工"能够做什么"，而忽视了员工"愿意做什么"。

其实，一个人即便拥有很强的能力，如果他没有责任心，不愿意付出，同样不能创造出预期价值来。相反，如果一个人的责任心强，愿意付出，即使能力稍逊一筹，也能够创造出预期价值来。这就是我们常常说的"用 B 级人才办 A 级事情"，"用 A 级人才却办不成 B 级事情"。一个人是不是人才，有没有能力固然是关键要素，但是相比较而言，更加关键的要素是这个人有没有责任心，是不是敢于担当。

责任本身就承载着能力，它能够让我们的能力发挥出最大的作用。如果你有能力承担更多的责任，而你庆幸自己只承担了一份，那么，你首先是一个不愿意承担责任的人；其次，你拒绝让自己的能力有更大的进步，甚至是对自己有所超越；再次，你先放弃了自己，然后放弃了能够承担更多责任的义务；最后，你辜负了别人也辜负了自己，因为你的能力永远由责任来承载，也因责任而得到展现，你与成功的距离不但不会接近，反而会一天天拉远。

十三、付出一份责任，收获一份成长

智者阅读群书，亦阅历人生。

——林语堂（曾在北京大学任教，著名学者、文学家、语言学家）

一名心理学家曾经说："在一个家庭中，每个人都有一个角色，或者是丈夫、妻子，或者是儿女、父母，是什么支撑他们为自己的家庭操劳，无怨无悔地付出呢？是金钱吗？肯定不是，答案是爱与责任。"在社会的舞台上，每种角色都意味着一种责任。当我们在承担一项责任的时候，要付出一定的代价。

责任具有非常的魔力：只要拥有责任心，黄土也能变黄金。责任是一个人人格的基石，一个人想要在社会上立足，就应当把责任融入自己的生活态度，无论在工作上，还是在生活上，都要提醒自己要做一个负责任的人。

在央视 2005 年度"感动中国"的颁奖典礼中，大学生洪战辉的事迹传遍了中国，感动了世人。人们为什么会把目光投向这样一个平凡的青年，甚至因他而抑制不住自己的眼泪？他凭借着什么精神走上了"感动中国"的颁奖台？

了解洪战辉生活境况的人会发现：洪战辉凭借十一年如一日地与逆境抗争的精神，凭借那份对家庭的强烈责任感感动了中国。

人生的不幸和生活的艰辛，早早降临在年幼的洪战辉身上：母亲离家出走，一个 13 岁孩子既要上学，又要照料患精神病的父亲，还要抚养弟弟以及父亲捡来的妹妹，山一样的重担过早地压在了洪战辉的肩头。

面对如此艰难境遇，洪战辉曾跪在院子里问上苍："为什么要把这么多负担放到我的肩上？"

他真想放弃，但又想，如果他死了，妹妹、爸爸、整个家怎么办，这样一想，心中那么多想法就全都没有了。

他说那时候才真正想到什么叫"责任"，真正明白了什么叫"责任"，就从那个时刻起，他觉得自己一下从精神上改变了：十几年来，他一直带着捡来的妹妹求学，并尽可能地替父亲治病。他战胜了常人难以想象的困难，想尽了一切办法，使生活和学业得以正常延续。

洪战辉最初的行动也许主要是出于亲情和同情。而随着漫长岁月和困难的接踵而来，更起作用的还是一种责任感。

自强不息的洪战辉感动了中国，但他自己却一直觉得自己只是在执着地做一件正确的事，是在认真地履行自己的一种责任。

堅忍前行，而这需要一种巨大的责任感，责任比感动更长久。正所谓，一份责任一份成长，责任让梦想迎风飘扬。

为了支撑起贫困的家庭，来自偏远山区的一位小姑娘来到城里打工。由于她自身没有什么工作技能，便选择了饭店服务员这个职业。

在很多人的眼里，饭店服务员并非一个需要掌握什么特殊技艺的工作，只要招待好客人就可以了。因此，很多饭店服务员不怎么认真对待这个工作。

然而，这位从偏远山区来的小姑娘却不这么认为。她一开始就表现出了极大的责任心，并且彻底将自己投入到工作之中。

一段时间以后，她不但能熟悉常来的客人，而且掌握了他们的口味，只要客人光顾，她总是千方百计地使他们满意而去。不但赢得顾客的交口称赞，也为饭店增加了收益——她总是能够使顾客多点一二道菜，并且在别的服务员只照顾一桌客人的时候，她却能够独自招待几桌的客人。

对于这个认真、负责的小姑娘，饭店的老板非常看重，并准备提拔她做店内主管。然而，小姑娘婉言谢绝了老板的任命。原来，一位投资餐饮业的顾客看中了她的才干，准备投资与她合作，资金完全由对方投入，她负责管理和员工培训，并且郑重承诺：她将获得新店 25% 的股份。

如今，这个小姑娘已经成为一家大型餐饮企业的老板。

一个普通的女孩之所以能够脱颖而出，成长为一家企业的老板，关键在于她认真负责的工作态度。责任是一个人职业精神的闪光，是一个人驱动自我的原动力，它可以让一个平凡的人在一个平凡的岗位上做出不平凡的事情。

我国现代文学家、诗人郭沫若说过："本位主义不可有，本位责任感不可无。"人活在这个世界上，都承担着各种各样的责任。无论走到哪里，我们都逃脱不了责任的束缚。

所以，别再想着逃避责任了，面对责任，你唯一能做的就是勇敢地承担起来。我们的能力有大有小，水平有高有低，哪怕你天资并不过人，哪怕你技艺并不精湛，但是只要具备了高度的事业心、责任感，同样会迸发出超凡脱俗的勇气和力量，从而全方位地挖掘自己的潜能，使自身才智达到极致。有时候甚至会做出令自己都感到惊讶的成绩。

挪威剧作家易卜生曾说："青年时种下什么，老年时就收获什么。"只要付出一份责任，就能获得一份成长。青少年朋友，如果你愿意承担成长的责任，那么你就会获得成长的权利。

十四、你有多强的责任感，就能获得多大的成功

圣人所做的事无非就是寻常人所做的事；但是他对所做的事有高度的理解，这些事对他有一种不同的意义。

——冯友兰（毕业于北京大学，著名思想家、哲学家）

责任是成就我们人生的基石，是我们完善自我、成就自我的翅膀。阿尔伯特·哈伯德曾经说过："所有成功者的标志都是他们对自己所说的和所做的一切负全部责任。"翻阅历史，那些事业有成的人士，无不具有勇于负责的品质。

荣氏家族，是以荣毅仁为代表的中国民族资本家族。他们靠实业兴国、护国、荣国，在中国乃至世界写下了一段辉煌的历史。中国人民大学经济学院教授高德步评价说："从近代开始，荣家三代对中国经济的发展做出了巨大贡献。荣宗敬和荣德生兄弟创办的企业是中国民族企业的前驱；新中国成立后，荣毅仁支持中国政府的三大改造，对我国经济的发展起到非常积极的作用；改革开放以后，荣家第三代荣智健等人对中国市场经济、新兴民族企业的发展做出了重大贡献。"

说起荣氏家族的成功，无不得益于他们在家国面前那种强烈的责任意识。

荣氏企业的创始人荣宗敬和荣德生自小目睹国家的破败，立志将"实业救国"作为兄弟二人的责任。

14岁时，由于家庭经济拮据，荣宗敬不得已离开学校，前往上海南市区一家铁锚厂当学徒。3年后，时年15岁的荣德生也乘坐小木船从闭塞的无锡郊区闯进了喧闹的大上海。

在哥哥荣宗敬的引荐下，荣德生当上了上海通顺钱庄的学徒。当时的荣宗敬则在另一家钱庄做学徒。这为几年后他们和父亲一起在上海鸿升码头开一个名叫广生的钱庄打下了业务基础。

广生钱庄开办后，兄弟二人坚持经营稳妥、从不投机倒把的原则，不到两年的时间，他二人便掘得了人生的第一桶金。

就在钱庄生意如火如荼之际，荣德生离开了上海，南下广东，留下荣宗敬一人打理钱庄。在广东，荣德生待了整整一年。广东人思维活跃、敢于开拓、善于经营的特点给了荣德生很大的启发。他发现，从外国进口的物资中，面粉的量是最大的，尤其在兵荒马乱的年代，销路非常好，而国内面粉厂却只有天津贻来牟、芜湖益新、上海阜丰以及英商在上海经营的增裕四家。从中，荣德生看到了无限商机，他瞄上了面粉行业。他将

自己的想法告诉了哥哥荣宗敬，得到哥哥的强烈赞同。于是在 20 世纪的第一个年头，荣氏家族事业迈出了其决定性的一步。

而后的 8 年间，荣家的面粉产业得到了迅猛的发展，其产量占到当时全国面粉总产量的 29％。这种发展速度不仅在中国绝无仅有，在世界产业史上也非常罕见。截至抗战前，荣家的面粉厂已经建成 14 家，另外还衍生出了 9 家纺织厂。

荣氏家族的企业是中国民族企业的先驱，为中国工商业的发展做出了巨大贡献。荣氏兄弟二人将"实业救国"视为己任，这种崇高的责任感驱使他们在旧中国为中国民族企业的发展赢得了一席之地。在这种创业中，他们不仅获得了自己的人生价值，还得到了国内人士的尊敬和爱戴。

青少年朋友若想成就一番事业，也要像荣氏兄弟那样，树立强烈的责任意识。只有担当充分的责任，才能取得优异的成绩。勇于负责，不仅会让我们的人格变得高尚，赢得周围人的赏识，更能推动我们走向辉煌的未来。现实生活中，很多青少年不想承担责任，主要在于一个人承担的责任越大，所要付出的也就越多，他们不想把时间百分之百地投入到负责中。而有的人是不相信自己的能力，怕承担不了重任而陷入麻烦之中。

我们每个人的身上都蕴藏着巨大的潜能，只是有的人发挥得多，有些人发挥得少。美国学者詹姆斯认为，普通人只发挥了他蕴藏的潜力的 1/4，与应当取得的成就相比，只不过发挥了一小部分能量，只利用了身心资源的很小一部分。这个研究结果告诉我们青少年：一旦你决定承担起责任，并努力去做好工作，一些你担心无法完成的事情，或许会在某天就能够轻轻松松地圆满完成。

今年 33 岁的刘明轩（化名）从北大毕业后，进入了国内一家知名房地产公司。经过 5 年的打拼，刘明轩晋升为该公司的部门主管，多年来从事这一工作，让他在自己的工作岗位上游刃有余，工作起来得心应手。

一天，公司的老总找刘明轩去谈话。原来公司里一位部门经理突然辞职，留下很多需要紧急处理的工作。老总已经和其他两位部门经理谈过此事，要求他们暂时接管那个部门的工作，但是他们都以手头上工作很忙为由委婉推辞了。老板问刘明轩能否暂时接管这一工作。实际上，刘明轩也很为难，因为他当时的工作量也非常大，他拿不准能否同时处理好两份繁重的工作。经过几天的考虑后，他同意接管那个部门的工作，并保证尽最大的努力来完成。

接管后的第一天，刘明轩就忙得不可开交。下班后他冷静下来，认真思考自己在新的情况下怎样在同一时间里完成两份工作。他很快就制订出了方案，第二天就采取了行动。比如，他与秘书约定，把下属汇报工作集中安排在某一个时间；把所有的拜访活动都安排在某一个时间；除非紧急而重要的电话，一般的电话都集中安排在某一个时间回复；将一般会议由 30 分钟缩短为 10 分钟。这样，他的工作效率有了很明显的提高，两个部门的工作都处理得很好。

刘明轩的出色表现赢得了公司老总和同事的欣赏和认可，两个月后，公司决定把两个部门合并为一个部门，全部由刘明轩负责，并且给他大幅度提高了薪水。

你有多强的责任感，你就能获得多大的成功。责任感可以激发我们的潜能，让我们创造出超乎想象的业绩。责任感可以激励我们战胜困难，取得成功。一个对自己前途负责的人应该经常自问："我还能承担什么责任？"而不是因循守旧地重复着毫无挑战性的工作。在责任面前，放弃责任就是放弃了成功。

美国前总统肯尼迪曾在他的就职演说中说："不要问美国给了你们什么，要问你们为美国做了什么。"这句话曾激励了一代又一代美国青年积极主动地为自己的行为和现在所处的糟糕情况负责。负责精神是改变一切的力量。如果你的职业陷入困境，事业步入低谷，那么不要抱怨和不满，要先问问自己是不是在承担责任之前就已经放弃了本应承担的责任。

一个人承担更多更大的责任，他获得的成功也就越大，几乎所有的经验已经证明了这一点。所以，青少年朋友们，当责任来临时，我们不应有所畏惧，而是应该勇敢地去承担责任：拥抱责任，也就是拥抱成功！

创新，一个民族进步的灵魂

创新是一个民族进步的灵魂，一个国家兴旺发达的不竭动力。创新能力决定着一个国家和民族的综合实力。北大学子时刻以国家发展的目标为己任，不断推陈出新，打破固有思维，在科技和思维领域想别人所未想，做别人所未做。特立独行和大胆创新一直是北大学子的标志，他们以自己的非凡想法和气质引领着时代发展的潮流。

一、叶郎：追求创造的人生

人，诚如波斯诗人莪谟伽耶玛所说，来不知从何处来，去不知向何处去，来时并非本愿，去时亦未征得同意，糊里糊涂地在世间逗留一段时间。在此期间内，我们是以心为形役呢？还是立德立功立言以求不朽呢？还是参究生死直超三界呢？这大主意需要自己拿。

——梁实秋（曾任北京大学教授，著名散文家、学者、文学批评家、翻译家）

叶郎，北京大学哲学系资深教授、博士生导师。他在课堂上经常对学生们说的一段话是："人生最高的境界是审美的人生。而追求审美的人生就是追求诗意的人生，追求创造的人生，追求爱的人生。"

在叶郎教授的心目中，一个优秀的人应该是一个勇于创造的人。在优秀者的眼中，创意的价值是无穷的，具有创新意识与创新能力的人是社会最需要的人。他们永远都保持着高涨的创造热情，并极力将这种热情转化为创新行为，为社会的发展做出自己的贡献。

创造精神是青少年最重要的素质之一，它能对其他素质的提高起到有力的促进作用。从社会背景来看，创造精神是当今社会的迫切需要，青少年只有富有创造精神，才能在激烈的竞争中立于不败之地。

辽宁省沈阳市某中学的高中生王宇辉就是一个喜欢发明、热爱创造的人。他发明的视力保护器于2000年获国家专利，并荣获全国中小学生劳技教育创新作品邀请赛二等奖。

人在写字、看书时，眼睛与书本之间应保持30cm的距离，这样不但有助于视力的保护，而且有助于人体脊椎的正常发育。然而在现实生活中，很多人并不能做到这一点。他们的眼睛与书本之间的距离一般很难长时间保持30cm的距离。为了解决这个难题，王宇辉经过多次实验，发明了一种学生视力保护器。它主要由矫正板、接触板、夹紧座、笔座、电源、警示灯、音乐报警喇叭组成。通过夹紧座上的固定螺钉把视力保护器安装在桌子上。根据使用者的自身状况，调整好水平距离和垂直高度，然后用调节螺钉锁紧。当使用者看书、写字身体前倾时，胸部就会触到接触板上。接触板往前移动，移动至电路板上的常开开关被压闭合，这时电路被接通，同时警示灯亮，音乐报警喇叭放出美妙动听的音乐，以警告使用者矫正姿势，从而实现了保护视力的目的。

王宇辉真是一个有心人，他的这项发明不仅有助于青少年保护视力，还有助于青少年脊椎的正常发育，为社会做出了很大的贡献。这样的人，怎么会得不到周围人的认可和欣赏呢？

社会发展、经济建设都要依赖于科学技术的进步，科学技术的每一步前进，又都离不开创新。青少年是祖国的未来，所以要提高自己的创造意识，为国家的繁荣昌盛贡献自己的一份力量。

2014 年 3 月，某市开展了青少年科技创新市长奖。在获奖者中，有一位男孩子已经是第二次角逐这个奖项了，他就是某中学学生胡博文。

15 岁的胡博文虽然年纪不大，却已经是科技发明方面的"老将"了，他拥有省、市科技创新方面的奖项十余个，并且还拥有五项发明专利，另外还有两项正在申报。

记者向胡博文问及他与科技创新的初次结缘经过时，他说，他读小学四年级时，学校组织了一次养蚕活动。

"每天不厌其烦地喂桑叶、清蚕舍，给它们拍照，记录生长笔记。终于蚕宝宝要结茧了，我发现有两条蚕在一个大茧中扭动，这是老师在指导中从没有提到过的。"胡博文滔滔不绝地谈起了那次的养蚕经历。带着疑问，胡博文查阅了大量的文献资料，才得知那种蚕茧叫作"双宫茧"。他结合饲养过程的详细观察笔记和大量照片深入研究，撰写了论文《蚕宝宝一茧双蛹现象初探》，获得了"江苏省青少年科技创新大赛一等奖"，并得到中国农业科学院蚕业研究所科学家的关注和鼓励。从此以后，年幼的胡博文开始走向了科技创新之路。

谈及自己的科技创新经历，胡博文说，从小学到初中，他的各种发明和创新都得到了老师和父母的支持。在本次比赛中，他的参赛项目是"防下水管堵塞装置"。灵感源于厨房下水管经常淤塞的现象。胡博文经过一番研究后，开发了这个项目，他通过可拆卸式去污格栅收集凝结油污，利用虹吸原理快速排污。凭借这个项目，他荣获了"市长奖"，得到了众评委的高度评价。

创造精神是我们人类求生存、求发展所必备的心理素质，是人类改造自然、改造社会所要求的意志品质。它是我们民族进步的灵魂，是国家兴旺发达的不竭动力，是时代精神的核心，体现了我们与时俱进、积极进取的精神状态。社会的发展需要多一些热爱发明、追求创造的人。

然而，青少年在进行积极创造的同时，要有耐心和毅力。因为所谓创造，并非简单的重复和模仿，而要勇于探索。探索就难免遇到困难和曲折，甚至出现失误。"路漫漫其修远兮，吾将上下而求索。"如果青少年在追求创造的路上，遇到一些困难和曲折，就失去信心，打退堂鼓，则很难取得成功。

追求创造的人生，是一种需要付出努力、思索和坚持的人生。

二、胡作非为的创新天才

北大是常为新的。

> ——鲁迅（曾在北京大学任教，著名文学家、思想家、革命家，中国现代文学的奠基人之一）

生活中，有很多这样的父母，他们非常关爱自己的孩子，对孩子呵护有加，不从孩子的真正天赋和爱好出发，总希望孩子按照自己的意愿去做事情，却忘记了孩子自己的想法其实最重要。这其中被抹杀的最可惜的就是孩子的想象力。

异想天开是孩子独有的一种宝贵的精神财富，一切伟大的发明与创新都是从异想天开开始的。为人父母，千万不要随意扼杀孩子的创造天性，不要轻率地否认孩子想要试一试自己能力的举动，说些"你做还早呢""那可不行啊！太危险""太吓人了，可不能做啊"的话，把自己的判断强加给孩子，就会挫伤他们的自信心，这等于是给孩子的成长泼冷水。

一位儿童文学家说："人应该有探索，有追求。而这些都要从从小培养独立性和主动性做起。"孩子本来是无所畏惧的，他们喜欢冒险和创造，积极探索的精神和自信心就是从这里产生的。

北大女孩谢敏舒的父亲在与大家分享教育经验时，曾讲到这样的一个故事：

一天，一位父亲下班回家，刚进家门就闻到了一股刺鼻的味道，感到非常奇怪。儿子看到父亲回来后，赶紧往后躲，想用自己的身子挡住后面的一个大钵头，那种刺鼻的味道就是从它上面发出来的。原来，淘气的儿子竟然把搁架上的酱油、醋、料酒、麻油、辣汁，还有虾油卤、番茄酱等，凡是瓶装的汁液，统统倒在一起，搅成黑乎乎的一钵！

这个淘气鬼！父亲看到这种情形，非常恼火，大声地朝儿子叫喊："你什么不能玩非得玩这么危险的东西！"

儿子看着火冒三丈的父亲，小心地低垂着头，怯怯地说："我……我就是想配一种药水，让蚊虫一叮就自己死掉！"看着儿子那副可怜的样子，父亲的怒火渐渐地平息了。尽管这顿晚饭使得他和妻子前所未有的手忙脚乱，但他却没有打儿子，甚至再没说一句。他冷静地想了想：儿子虽然做了一件让家长视为傻事的事情，但其中蕴含的一种创造欲是极可贵的，我这当父母的没有权利扼杀它。于是，晚饭过后，那位父亲特地从书架上翻出《十万个为什么》，给儿子讲蚊虫为什么要叮人，叮咬后为什么会起红肿块、发痒……儿子心满意足地进入了梦乡。

上面故事中的父亲这种不干涉孩子大胆想象的做法，是值得赞扬的。

北京大学哲学系的李婷在回顾父母对自己的培养历程时说："我最感激父母给了我一个爱问'为什么'的好习惯，我在上幼儿园的时候，和别的孩子一样，也总喜欢问些傻问题，诸如'天为什么是蓝色的？妈妈为什么没有胡子'等等，最为难得的是我的父母从来没有忽视我的这些幼稚的问题，每次都会很耐心地给我讲解。我长大以后也就自然而然地养成了'凡事多问为什么'的习惯，随着'为什么'的增多，父母引导我看《十万个为什么》，还告诉我不懂的问题要多请教老师、同学，这对我的学习是非常有帮助的。"

几乎每个孩子都喜欢问"为什么"，这是他们的天性。对于这种天性，父母不应该扼杀，而应该正确引导。而实际生活中，如何引导这种天性，使其成为孩子学习的原动力，却令很多父母挠头不已。李婷优异的学习成绩很大程度上就是得益于父母对她这种习惯的鼓励与正确引导。

在这个世界上，孩子是最有创造性、最富有想象力的。令人遗憾的是，现实生活中，很多孩子的创造性和想象力都被扼杀在摇篮里，父母和老师总是试图让孩子按着固有的习惯行动，无须开动脑筋，这样，孩子的行动也变得完全是机械性的了。久而久之，习惯一经形成，并固定下来，潜在的能力便失去了发挥的机会。

三、张竞生：但开风气不为先

我受了十年的骂，从来不怨恨骂我的人。有时他们骂的不中肯，我反替他们着急。有时他们骂得太过火，反而损害骂者自己的人格，我更替他们不安。如果骂我而使骂者有益，便是我间接于他有恩了，我自然很愿挨骂。

——胡适（曾任北京大学校长，著名学者、诗人、历史学家、文学家）

万事"但开风气不为先"，这是真正的大气魄。作为时代的先行者，需要具备破旧立新的智慧和胆识，纵有千斤重量在身，依然大刀阔斧勇往直前。做学问尤其是这样，很多人之所以在学问方面没有什么建树，很大程度上是因为他们不敢创新，倒在了权威面前。"但开风气不为先"，勇者的锋芒永远展露在压力与逆境中。

张竞生是我国著名的哲学家、美学家、性学家，是当时思想文化界的风云人物，在20世纪二三十年代，他的名字"名满天下"。他曾经被孙中山委任为南方议和团首席秘书，协助伍廷芳、汪精卫与袁世凯、唐绍仪谈判，促成清帝退位；同时，他是民国时期第一批留洋博士，也是民国"三大博士"之一。他的有些观点非常超前，比如，他是我国第一次爱情大讨论的发起人，关于他的观点，鲁迅评价说："25世纪或能通行"；他是我国首位提出计划生育概念的人，比马寅初还早37年；他是第一位在课堂上讲授"逻辑学"的大学教授；他是我国第一位提出"美治"思想的人；他是我国提出和确立风俗学的第一人；他最先翻译了卢梭的《忏悔录》；他是第一位发表人体裸体研究论文的学者……可是，任谁都想不到的是，获得卓越成就的他，竟然因为一本《性史》而声名狼藉，引来无数人谩骂，一直到去世，他都没能摆脱"色情博士"这个称号。

张竞生一辈子都在追求一种浪漫，令人遗憾的是，他追求的那种浪漫，不易被世人接纳。可是，他是个屡败屡战的浪漫斗士，倔强倨傲，特立独行。在北大的历史上，张竞生做出的最大贡献就是开校园风气之先，将性学教育引入了大学课堂——这种做法在当时的社会无异于投下了一颗炸弹，很多人都鄙视他的这一做法。

1920年冬至1921年夏，张竞生担任金山中学的代理校长。他一上任，就立即向广东督军陈炯明递上了一份条陈，内容主要是表述我国人口过多的种种不利之处，主张在全国范围内推行"节制生育"，并建议把广东当作试点，先尝试一下，继而向全国推行。可是，陈炯明自己就子女众多，据说有十几个，他当然不会接受张竞生的建议，反而向张竞生发难："此人大概有精神病。"结果张竞生没有得到重用，就连金山中学的校长之位都没有转正。这是张竞生提倡节育避孕初次受挫，也是他在国内坎坷生涯的开始。从此，他的学术生涯充满了各种批驳。

1921年10月，北大校长蔡元培邀请张竞生担任哲学系教授，专门开展与性心理和爱情问题相关的讲座。他比较欣赏蔡元培提出的关于学习法国民主、科学思想以改造中国旧教育、旧文化的主张，于是结合自己所研究的法国著名哲学家笛卡儿的唯理论进行教学，使我国古老的哲学扩大了反对封建宗教信条的学术视野，对当时的进步青年起了重要的启蒙作用。在北大，张竞生最主要的课程是进行性心理的讲座。其实，早在京师大学求学期间，他就曾经读到过德国人施特拉茨的学术著作《世界各民族女性人体》，这使他对性学研究产生了浓厚兴趣。他认为，"性犹如水"。人怕沉溺，就应该了解水的原理并学会游泳，而不应畏水如虎，不敢接触。性的问题也是同样的道理。因为性知识以及性生活的实行，不仅关系到我们每个人的生活，还关系到我们整个社会的生存与发展。他希望改变国内存在的对于性的问题"不敢言之于口，笔之于书"的状况，将性教育作为一种"必要的教育"切实加以推行。为了更好地讲解性教育，他还特意将美学引入性心理学的教学中。张竞生的教学对我国性教育的发展产生了巨大的推动作用。

在北大教学的那段时间，对张竞生来说，是他一生中学术研究的关键时期，也是他自身独特的性科学学术体系的形成时期。有人说，该时期他的主要学术活动，可用"两部书""三件事"来概括。这"两部书"，即《美的人生观》和《美的社会组织法》。在《美的人生观》这本书中，张竞生提出了"美的人生观"概念。这个概念并非一个虚泛的概念，而是一个实在的系统，其中包括衣食住、体育、职业、科学、艺术、性育、娱乐等七项。他的美的人生观是"这七项共同奔赴的独一无二的目的"。在《美的社会组织法》这本书中，张竞生提出："我国若要图存，非先讲求组织的方法不可。第一步当学美国的经济组织法，使我国先臻于富裕之境。第二步当学日本军国民的组织法，使我国再进为强盛之邦。更进一步，则要运用'美的、艺术的、情感的组织法'，使我国的社会比那些单纯的经济大国和军事大国好上万倍。"从这段言论可以看出，张竞生提倡"性格刚毅、志愿宏大、智慧灵敏、心境愉快的人生观"，反对"靡靡然的艺术，禽兽式的性育"……张竞生的哲学学术理论给北大学子带来了深远的影响，不仅如此，他的思想还影响了一代代人，给全社会增添了一种崇尚自然、回归自由的新风尚。

著名作家、北大教授林语堂非常欣赏张竞生先生，他曾经专门撰文描述他，文章题目为《张竞生开风气之先》。在该文章中，有这么一段话："张博士根本是一位具有坚强意志、丰富现象力的自由主义学者、思想家，毫不忌惮地击破了旧礼教的最后藩篱。"张竞生的学术成果非常大，他不仅精通哲学、美学、文学，在教育方面也取得了卓越成就，更难能可贵的是，他敢于冲破我国几千年来封建思想对性的禁忌，广开言路畅谈性，是一位名副其实的性学家。他的有关性的狂放恣肆的言论，在当时的旧中国，可谓惊世骇俗。但是，他的这种"但开风气不为先"的精神值得我们每位青少年学习。

四、换位思考发现症结所在

每一个问题至少有两个相反的答案。

——周国平（毕业于北京大学哲学系，著名学者、散文家、哲学家、作家）

青少年朋友，在日常生活中，你曾经被人误解过吗？尤其是当你的好心被别人"当成驴肝肺"时，你是否心灰意冷、深感沮丧？你知道造成这种局面的原因是什么吗？

原因或许不在于别人，而在于你的思维的出发点不正确。你总是站在自我的角度去观察、分析，并想当然地去理解他人。

　　正确洞悉他人的思维方式在于换位思考。所谓换位思考，就是站在对方的立场，从对方的切身利益、切身感受出发来考虑问题。比如他的真实想法是什么？他的需求是什么？他喜欢什么？他厌恶什么？他希望你为他做什么？他的真实意图到底是什么？换个角度，往往就能拨开重重迷雾，抓住问题的关键。从这点出发，你的境遇或许会变好很多。

　　刘成芬（化名）从北大毕业后，求职路并不顺畅。最初，她得到了一家国际知名外企的面试机会。对于这次面试，她当时想，无非就是用英文瞎聊，看看口语水平和交流能力而已，对此她对自己有很大的信心，所以没怎么做准备工作。结果，在面试那天，她迟到了整整10分钟，而且慌乱至极，狼狈不堪，所以淘汰出局在所难免。

　　这让她非常难过。回到住处后，她深刻地反省了自己，告诫自己不可以再麻痹大意，不可以再发生类似的情况。

　　另一次面试机会来了。面试当天，她提前半个小时就到达了面试地点，精神振奋，踌躇满志。轮到她的时候，她便用短短4分钟的时间极力表现自己，英文说得飞快，尽量使自己表现得有激情、对这份工作有着与众不同的狂热。她以为自己这次表现很出色，被录用的可能性特别大。然而，她又一次失望了。当晚，她没有等到进一步通知。几天后，她收到了一封拒绝信。

　　两次面试失败，促使刘成芬冷静下来审视自己。她静静地躺在床上，在脑海中回顾第二次面试的全过程。她把自己设想成那个有着温和微笑的面试官，去看待坐在他对面的那个不知天高地厚的毕业生，去试着找出那些幼稚的错误。

　　她突然有了重大发现，一切症结都变得如此明朗："如果我是一个咨询师，我也不太可能选择一个用快得几乎听不清内容的英文来急切地表达自己的学生，因为，作为一个咨询顾问，他首先应该是善于倾听的，所以他不急着表达自己。而是在仔细聆听之后，用尽量精辟的语言平和地传递尽可能丰富的内涵。"

　　后来的事实证明，她对自己之前面试失败原因的剖析是十分正确的。在后来的面试中，她尽量放慢语速，用和人聊天这种最自然的方式来展现自己最真实的一面。最终，她成功应聘为一家大企业的咨询师。

　　故事中的刘成芬正是采用了换位思考的方法，找到了自己面试失败的症结所在。在现实生活中，我们青少年在遭遇难题时，也不妨采用这种方法。

　　静下来想一想，我们有谁站在父母或者老师的角度考虑过问题？我们大多数只会埋怨父母管我们管得严格，埋怨老师不近人情。事实上，绝大多数情况，他们是为了我们好。青少年朋友，你不妨将以前发生的不愉快事情回忆一下，看看你是不是误解了他们。如果有误解，记得向他们道歉哦！

五、不要给思维设限

小草能从石缝里长出来，依靠的是思想的力量。

　　——鲁迅（曾在北京大学任教，著名文学家、思想家、革命家，中国现代文学的奠基人之一）

日常生活中，很多人在经历几次失败之后，便开始怀疑自己的能力，为自身设了限：成功是不可能的，这是没有办法做到的。

很多人抱怨思维受阻、灵感枯竭，拿不出好的创意，其实，思维没有界限，界限都是人在心里给自己设的。一个人若想有所作为，就要首先突破心理的瓶颈，不能因为过去的一些失败而降低自己的标准，为自己的梦想过早地盖上一个"盖子"。

有这么一个故事：

在很多年前，有一家酒店的生意特别好，客流量很大，以致电梯根本不够用。于是该酒店负责人决定增加一部电梯。

为此，酒店请来了建筑师和工程师研究如何增设新的电梯。经过一番研究，专家们得出结论说，最高效的方法是在每层楼都打个大洞，直接安装新电梯。方案确定后，专家们便坐在酒店大堂面谈工程的细节。正巧，有一位清洁工在旁边干活，听到了他们的谈话内容。清洁工对他们说："你们说在每层楼都打个大洞，我觉得有一个不好的方面是，肯定会带来很多尘土，将楼层弄得乱七八糟的。"一位专家瞥了清洁工一眼说道："这是不可避免的。"清洁工接着说："我看你们动工的时候最好还是将酒店关门吧！"那位专家回答道："这怎么可以！将酒店关一段时间，客人还以为酒店倒闭了呢！再说，这会严重影响酒店的生意啊！"

"我如果是你们的话，为了不影响酒店营业，我就将电梯装在大楼外面。"清洁工不经意地说。谁知，清洁工的这句话竟然让工程师和建筑师灵感大发。他们相视片刻，不约而同地为清洁工的这一想法叫绝。

于是，不久后，便有了近代建筑史上的伟大变革——把电梯装在楼外。

经验和常识，可以帮助人们缩短探索的过程，让人少走很多弯路，但有时候也会把人们带进"习惯"的盲区。故事里的专家和工程师，就是因为有着过于丰富的经验，于是掉进了"电梯只能装在楼内"的陷阱。打开思路后，他们发现，原来换个思维，事情便有了很好的解决之策。

作为百年学府的北大是广博的，她包容着师生们鲜明的个性，更允许学术上的

"百家争鸣",从不给师生设限。在北大,无论资历深的老师,还是刚入校园的老师,他们都特别喜欢和鼓动学生"反对"自己的观点。他们经常在课上或课下对同学们说:"你们在学习的过程中一定要多动脑筋,要善于从不同的领域和角度去分析问题,要学会发现新的材料、新的问题,要勇于发表自己的见解,善于提出新的观点或看法。"

北大毕业生邹衡深感北大给了他自由的成长空间。在北大读书时,他第一次参加学术讨论会,看到老师们针对马克思主义体系的问题各抒己见,甚至针锋相对,争得面红耳赤。对于看惯了千篇一律、万事一致的他来说,这无疑点燃了他脑海中久被禁锢的思想火花。他深深地记得,不止一位老师说过:"考试的时候,你们把我讲的内容全部复述出来,最多也只能得'良',我要的是你们自己的思想。"这种学术上的创新不仅开拓了他的思维,影响了他的学生时代,而且对他今天的工作思路和方法都是一个启迪、一份宝贵的思想财富。

不止邹衡一人感觉到了北大的包容,很多从北大毕业的学子都深感母校的"兼容并包"。他们认为,北大这种鼓励创新和独立思考的教学方法开拓了学生的思维,培养了他们的创新精神,这对于他们日后的工作和事业有着巨大的帮助。

生活中,很多青少年总是喜欢自己给自己设限,做事循规蹈矩、缺乏创新精神。这不但让他们活得累,还难以取得突破。正所谓"思维一转天地宽",当青少年思路受阻时,不妨丢弃经验,像那位清洁工一样,用一个门外汉的眼光重新看问题。电梯装在楼内与楼外的区别,正是思维方式在"圈内"与在"圈外"的区别。你会发现原来一切都这么简单,简单到只需做一个动作,那就是"跳"出来。

六、五层数学系宿舍的秘密

我很赞赏北大博士生的一句话:"'在大学、研究生期间,不要致力于满口袋,而要致力于满脑袋。'满脑袋的人最终也会满口袋,我是相信这点的。"

——王选(曾任北京大学教授,著名科学家)

我们每个人都渴望成功,那么,成功有没有"秘诀"?其实,成功的一个很重要的秘诀就是寻找解决问题的方法。任何成功者都不是天生的,只要你积极地开动脑筋,寻找方法,终会"守得云开见月明"。

正所谓世间没有死胡同,就看你如何寻找方法,寻找出路。且看下文故事中的五层数学系宿舍是如何解决难题的。

　　郝大爷曾经是北大某宿舍的楼层管理员，他所管理的是一个男生宿舍楼的五层。这个楼层的每个宿舍都住着 4 个人，每个人有一把钥匙。

　　平时这些男孩子都很粗心，经常将自己的宿舍钥匙落在宿舍里，有时候甚至发生同一宿舍的四个人都忘记带钥匙的情况，于是他们就去找郝大爷拿备用钥匙开门。这样的情况发生次数多了，郝大爷就觉得很麻烦。因此他给五层宿舍这群男孩子们定了一条新规矩：每个宿舍每学期来找他要钥匙的次数不得超过三次，超过三次者，自己找工具把锁撬开，然后再买把新的。在这条新规矩的威慑下，男孩子们找他要钥匙的次数果然少了，但是有时候还是会发生。

　　新学期开始了，郝大爷管理的五层住进了新的一群数学系的男孩。一段时间后，郝大爷觉得很奇怪：这一批学生怎么一次都没有来找过他要备用钥匙呢？于是，某一天，他特地观察了一下，这才发现了他们的秘密。原来五层一共六个宿舍，每个宿舍都另外配了一把新钥匙，存放到下一个宿舍中。这么说吧，他们的办法是：把 501 的钥匙存放到 502 宿舍，把 502 的存放到 503 宿舍……以此类推，最后把 506 宿舍的存放到 501。这么一来，24 个人中只要有一个人带了钥匙，那所有人都不会被堵在宿舍外，因为只要有一把钥匙，就能先打开一道门，然后取得第二把钥匙打开第二道门，就这样，一直到打开所有的门。

　　这个方法不错！这群孩子还真是聪明啊！郝大爷由衷地感叹道。我们假设每个学生忘记带钥匙的概率是 50%（实际上应该小于这个数字），那么会不会出现 24 个学生都不带钥匙的情况呢？理论上是可能的，由概率论可以算出，这个概率应该是 1/16777216——几近于零！

　　日常生活中，我们会遇到各种各样的难题，但是你只要肯动脑，就会发现很多困难都会迎刃而解，因为当你动脑的时候，你手里就多了一把钥匙，一把能克服困难、打开成功之门的钥匙。

　　法国思想家罗曼·罗兰的一句名言针对此情此景也许再合适不过了："让自己被人牵着鼻子走要比独立思考容易得多。"我们很难想到在如此细微的生活细节上也能浸透着如此精妙的生活智慧。这个故事告诉我们：只要肯开动脑筋，生活中处处都会有奇思妙想。

　　在北京的某商业闹市区，有一家美容店，这家美容店开业将近两年，生意非常好，吸引了附近一大批稳定的客户，每天店内人流如织。

　　美容店老板为了满足更多客户的需求，决定将事业做大。但由于经营场所的限制，始终无法扩大经营。这位老板很想再开一家分店，但手头资金有限，这可怎么办呢？我如何才能快速地筹措到一笔资金呢？老板为此颇为苦恼。

　　经过一番调研和苦思冥想，老板突然想到：平时不是有不少熟客都要求美容店打折、优惠吗？自己都是很爽快地打了九折优惠。何不从打折上采取措施呢？于是他灵机一动，推出 10 次卡和 20 次卡：一次性预收客户 10 次美容的钱，对购买 10 次卡的客户给予 8 折优惠；一次性预收客户 20 次的钱，给予 7 折优惠。对于客户来讲，如果不购美容卡，一次美容要 40 元，如果购买 10 次卡（一次性支付 320 元，即 10 次×40 元/次×0.8＝320 元），平均每次只要 32 元，10 次美容可以省下 80 元；如果购买 20 次卡（一次性支付 560 元，即 20 次×40 元/次×0.7＝560 元），平均每次美容只要 28 元，20 次美容可以省下 240 元。

通过这个优惠让利活动，该美容店吸引了很多新、老客户前来购买美容卡。两个月后，美容店就收到美容预付款达 7 万元，解决了开分店的资金问题，同时也稳定了一批固定的客源。

后来，采取同样的方法，店老板先后开办了 8 家美容分店，事业蒸蒸日上。

正所谓"世上无难事，只怕有心人"。面对新产生的难题，如果你只是失落地待在屋子里，便会有禁锢的感觉，自然很难找到解决问题的好方法。反之，如果将你的思维打开，开动脑筋，走出自己固定思维的枷锁，或许很快就能找到解决难题的方法。

青少年朋友，为什么有的人能够取得事业的成功，而有的人容易失败呢？他们之间的区别在哪里？其实，两者之间的区别之一，就在于他们能否在遇到困难时理智对待、开放思维，主动寻找解决问题的新方法。成功者就是善于在困难面前寻找方法的人。

如果你也想成为一名成功者，在遭遇困难时，也要积极主动寻求方法去解决，这样，你才能领略到心灵释放和智慧碰撞所带来的成就感。

七、独辟蹊径天地宽

世上本没有路，走的人多了，也便成了路。

——鲁迅（曾在北京大学任教，著名文学家、思想家、革命家，中国现代文学的奠基人之一）

进行创新，需要独辟蹊径。所谓独辟蹊径，是一种勇于突破的思维习惯，它要求我们在解决问题时进行独立思考，杜绝经验的束缚。它有两个好处，其一是让人为你的创意叫绝，其二是避免盲从。

一个人，最可怕的事情便是紧跟在别人后面走，无法找到属于自己的路。有一句广告词叫"不走寻常路"，启发我们，偶尔来个新颖独特的花样，给自己惊喜，也给别人惊喜。

毕业于北大的大型礼品连锁店 CRAFT DEPOT 创办人朱天和善于思考、喜欢独辟蹊径的性格让他在成功路上少走了很多弯路。

文化大革命期间，朱天和被下放到黑龙江农村。来到农村后，生活条件虽然艰苦，但朱天和没有放松学习。后来，经过刻苦学习，他考上了北京大学化学系。从北大化学系毕业后，他在中国科学院找到了一份环境化学的研究工作。1984 年年底，已经过了而立之年的朱天和以一个普通自费留学生的身份到了美国，进入路易斯的密苏里州立大学，继续攻读化学硕士研究生学位。

那个时候，中国留学生在美国的生活条件非常艰苦，因此绝大多数的中国留学生都想方设法争取在一个有地位、有身份的美国人家庭寄宿。这不仅可以免去许多人分摊租金挤在一起受公寓群居之苦，还可以提前分享美国现代化的生活水准。朱天和也非常渴望找到一个美国家庭过寄宿生活。

当然，他的目的并非过上舒适的生活，他认为：在一个合适的美国人家庭寄宿，是了解和进入美国社会的最佳途径。

大家都很优秀，自己如何从众多的留学生中脱颖而出、引人注意呢？

朱天和下了一番功夫。他巧妙地设计了一个广告，登载在当地的一家报纸上。广告称：我，一个中国留学生，愿意以相当水准的中国烹调技术，来换取在您家中寄宿的机会。这个广告一出，当即就有七八家美国富豪家庭打电话来邀请他入住。就这样，朱天和凭借自己的智慧，轻松地敲开了美国社会的大门，为以后的求学路奠定了良好的基础。

此路不通，就要学会另辟蹊径。朱天和成功的重要原因就是他所走的路是跟别人不同的路。

其实，并非前人已经走过的路才叫路，如果自己可以开辟出一条路，那么又何必因循守旧地继续再走漫长的老路呢？新路或许给你的成功机会更大。

台湾金融家蔡万春就是凭借独辟蹊径开辟出新的事业之路的典型代表。

1957 年，蔡万春荣升为台北市第十信用社董事会主席。但是，对自己要求严格的他并没有为此高兴多久，令他十分忧虑的是，在台北的金融同行中，"十信"太渺小了，小到根本无人去理睬它。台北有的是信誉良好、资金雄厚的大银行，稍有点名气的商家企业都把钱存放到它们那里去了。如何让"十信"从众多大银行中脱颖而出呢？蔡万春深知自己的实力不可与资金雄厚的大银行较量，但他又坚信，大银行虽然财大气粗，也不可能没有"薄弱"或"疏漏"之处，而那些"薄弱"或"疏漏"之处，就是"十信"的生存之地。

为了寻找到这块"生存之地"，蔡万春每天都在街头巷尾徜徉，和市民交谈，跟友人商榷。终于，他发现了各大银行不屑一顾的一个潜在大市场——向小型零散客户发展业务。

没多久，蔡万春就大张旗鼓地推出了1元钱开户的"幸福存款"。一连几天，街头、车站、酒楼前、商厦门口，到处都是手拿喇叭、殷殷切切、满腔热忱地向人们宣传"1元钱开户"种种好处的"十信"员工，而令人眼花缭乱的各种宣传品更是满城飞。"十信"的宣传活动令金融同行们大笑不止，人人都在嘲讽蔡万春瞎胡闹——"1元钱开户"？连手续费还不够呢！真是幼稚！

然而，没多久，那些嘲笑蔡万春的人再也笑不起来了！奇迹出现了：家庭主妇们、小商小贩们、学生们争先到"十信"来办理"幸福存款"，"十信"的门口竟然排起了存款的长队。没过多久，"十信"即名扬台北市，存款额与日俱增。

这种情况的发生，让蔡万春信心倍增。他想："我决不能跟在别人后面走，一定要独辟蹊径，走出一条创新路！"

经过一番仔细地观察分析，蔡万春又发现了一个众多大银行没有涉足的市场——夜市。随着市场的繁荣，灯火辉煌的夜市不比"白市"逊色多少，而银行是不在夜晚营业的。蔡万春大胆推出夜间营业，台北市的各个阶层一致拍手叫好，许多商家专门为夜市在"十信"开户，"十信"一时誉满台北。

就这样，"十信"以涓涓细流汇成大海，很快发展成为一个拥有17家分社、10万社员、存款额达170亿新台币的大社，列台湾信用合作社之首。

虽然事业已经发展得非常好了，但蔡万春没有停下自己创新的脚步，他又有了新打算。1962年，蔡万春访问日本。日本闹市区的一座又一座金融业的高楼大厦给他留下了深刻的印象，他觉得这些雄伟壮观的大厦不仅令人难忘，更给人一种坚实感、信任感。

回到台北，蔡万春就不惜重金在繁华地段建起一幢幢高楼大厦。之前讥笑过蔡万春的金融界同行又笑了。但是，他们还来不及将唇边的笑容收敛起来，就瞪大了眼睛："十信"的营业额呈直线上升，原先属于他们的那些客户，也一个个地跑到"十信"去了……

通往成功的道路有很多，当我们在一条路上受阻时，不妨像蔡万春那样开动脑筋、独辟蹊径，走出一条创新的路来。

石油大王洛克菲勒有句名言："如果你想成功，你应辟出新路，而不要沿着过去成功的老路走……即使你们把我身上的衣服剥得精光，一个子儿也不剩，然后把我扔在撒哈拉沙漠的中心地带，但只要有两个条件——给我一点儿时间，并且让一支商队从我身边经过，那要不了多久，我还会成为一个新的亿万富翁。"寻常的路往往是人最多、最挤的路，你不一定能挤得进去，只有利用创新独辟蹊径才是捷径。

八、解放思维，打破常规

想不通时，不妨跳出自己，换个角度，换个思维。

——胡适（曾任北京大学校长，著名学者、诗人、历史学家、文学家）

有一句谚语："打开成功之门，必须勇敢地推或者拉。"成功就好比一扇虚掩着的门，需要我们鼓起勇气，勇敢地打破思维定式，这样才可能打开它。

生活中，有很多青少年认为，一个人的命运是注定的，有的人能取得成功就是因为他有成功的命。这种想法是多么幼稚可笑。成功不是命，而是创造性思维的结果。

我们每个人都渴望取得成功，但成功之门并非人人都能打开，只有那些乐于解放自己的思维，善于打破常规，遇到问题进行积极思考的人，才更容易得到成功的青睐。

有这样的一个故事：

在20世纪初期，当时的美国妇女认为，平胸才是一种美，那些乳房高耸的女孩子都被认为是没有教养的下等人。所以，为了彰显自己的高贵，当时流行束胸。

伊·黛也饱受束胸之苦。她曾无数次地告诉自己一定要想办法减轻女人的痛苦。当时，她与人合伙开了一家小服装店。她决定将这种想法体现在服装设计中。

如何将女人的痛苦减轻呢？经过一段时间的调研和苦心揣摩后，伊·黛想出了一个折中的方案：用一副小型胸兜来代替捆扎的束带，然后在上衣胸前缝制两个口袋来掩饰乳房的高度。

经过认真地设计，伊·黛终于完成了新服装的样品，并很快做出了大量的成衣，将它们推向市场。没想到，这种新服装一时间供不应求，成了难得一见的畅销货。

伊·黛从这种新服装中尝到了甜头，她的信心也增加了很多。不久，她决定研究出一种比胸兜更方便、更符合女人自然天性的服装。没过多久，她就设计出了一种具有历史意义的产品——胸罩。凭借女人的直觉，伊·黛觉得这种胸罩一定会广受女性的欢迎。但还存在一个问题，就是它会不会受到来自男性世界的反对和阻挠呢？这不是没有可能！因为男人们是那么自私，而他们的审美观又是那么可笑。

经过一番思考后，伊·黛决定尝试一下，跟传统观念较量一番。不久，她成立了"少女股份有限公司"，批量生产胸罩。

没想到，胸罩这种在当时属于反传统的产品在纽约上市后，宛如平地一声惊雷，引起妇女界、服装界的轰动。这批胸罩很快被抢购一空。当然也有一些反对者，但呼应这些反对者的人寥寥无几，很快，反对者的声音就被淹没了。女孩子们看到反对之声渐渐平息，自己的胆子也就大了。没多久，胸罩便逐渐成为一种新的时尚。

伊·黛的少女公司也随之迅速壮大，几年后，员工由最初的十几人增加到上千人，销售额增加到几百万美元。

任何一种服务都有改进的余地，这也是商人们展示经营才华的一个重要阵地。谁能率先推出一种市场接受的新产品，谁就有可能从同行中脱颖而出，成为市场的领先者。聪明的伊·黛凭借着自己敢于打破常规的精神取得了事业的成功。

在日常生活中，很多人都喜欢运用常规的思维方式，因为这种思维方式比较便捷，让我们在思考同类或相似问题时，节省很多摸索和试探的步骤，少走甚至不走弯路，由此可以将思考的时间缩短，而且不浪费精力，最重要的是可以提高思考的质量和成功率。可是，这种思维定式有个缺点，就是它会起一种妨碍和束缚作用，会使人陷在旧的思维模式的无形框框中，难以进行新的探索和尝试。所以，青少年朋友如果想有大的突破，不能局限于常规思维，应有打破常规的精神，摆脱束缚思维的固有模式。某位心理学家曾经说过："只会使用锤子的人，总是把一切问题都看成是钉子。"这句话说得非常有道理。著名演员卓别林就曾经饰演过一位类似的角色，在《摩登时代》里，主人公的工作是一天到晚拧螺丝帽，这就造成了一个结果，即一切和螺丝帽相像的东西，他都会不由自主地用扳手去拧。这很可笑，却引人沉思。错误的习惯往往会使人习惯错误，带来不好的结果，更严重的是，会使人故步自封，妨碍未来的发展。

成功就是打破思维框框，绝不自我设限。青少年朋友如果也想成功，那么在日后的学习和生活中也要善于打破常规、不断推陈出新。

九、想别人所未想，做别人所未做

思想是人的翅膀，带着人飞向想去的地方。

——俞敏洪（毕业于北京大学，新东方学校创始人，现任新东方教育科技集团董事长兼总裁）

很多人都喜欢吃螃蟹，觉得螃蟹美味可口。可是，当你品味螃蟹的美味时，有没有想过这个问题：第一个吃螃蟹的人是谁呢？这位无名英雄值得我们学习。因为他非常勇敢，敢于第一个品尝螃蟹，想别人所未想，做别人所未做。

在做事时，要敢想敢做，勇于尝试，才会拥有更多成功的机会。成功者之所以会取得成功，是因为当周围的人都还在犹豫不定、左右徘徊的时候，他就已经开始行动了。

现实世界中很多事实也证明，若想获得别人无法获得的成功，做到别人不能做成的事情，首先应该做到的就是想别人所未想，做别人所未做，抢占先机。如此，抓住成功的机会的可能性才会大很多。

从北大毕业后，孙晓峰（化名）一直想着自己创业。为了寻找思路，他每天在大街上"闲逛"。一天，他走到一个居民区，看到一位大妈把一盆花扔进了垃圾桶里。于是，他走上前问："阿姨，多好的一盆花啊，您为什么要把它扔掉呢？"那位大妈无奈地说："养久了，花盆中的泥土越来越少，只能扔啊！""那您为什么不放点泥土进去呢？""在城市里我们去哪儿找合适的泥土哇！那得跑到郊区去才行，太折腾了！"孙晓峰说："这真是太可惜了。正好我住的地方有泥土，明天我给您送点泥土来。"大妈听了别提多高兴了。

第二天一大早，那位大妈就来到原处等孙晓峰。见他真带来了泥土，连声道谢，并且付给了他 15 块钱。

在城市泥土竟然这么值钱啊！这让孙晓峰看到了一线商机。于是，每天一大早他就装上一大袋泥土，到市区的大街小巷叫卖。但几天后，他就失望了：没有一个买主。他想了好几天，终于明白了：只有养花的人才会买泥土，而他们一般都把花放在阳台上，如果先在楼下观察谁家的阳台上摆了花，再向这户人家推销泥土，不就省劲了吗？有了这个主意，他又背起泥土出发了。

果然不出孙晓峰的所料，通过这次推销他真挣了 30 元钱。这次成功，一方面让他为自己的创意欣喜，另一方面也让他感慨万千，毕竟 30 元钱实在太少了。

孙晓峰不禁思考：为什么买泥土的人那么少呢？问题到底出在了哪里？为了找到答案，他特意询问了一个以前买过自己泥土的老人。老人说："小伙子，你卖给我们的泥土里没有什么养分，时间一长，花就又枯了。你说大家还会买吗？"他这才明白泥土里还有学问呢。

于是，孙晓峰就去书店买了一些相关的书籍学习。他这才知道，原来花盆里的土要加一定比例的肥料。看了好几天，他慢慢摸索出用肥的门道了。之后，他特地买了一些包装纸将泥土包装好，注上"高肥花盆土"的字样，然后再去兜售。这样一来，他所卖泥土的价格相对于以前提高了几倍，买泥土的人也比以前多了很多。到了月底，除了肥料、生活费等一切开支，他净挣了 3000 多块钱。

为了进一步扩大业务和稳住顾客，他就租了一间民房作为自己卖泥土的基地，并在泥土的配方上下功夫。他先后推出了甲类、甲类 A 级花盆土等多种品种，分别标明富含钾、磷、氮等元素，适用于种植月季、菊花等不同的花卉。他还聘请了一位农科院的技师做顾问，为养花人解决实际问题。后来，他一个人忙不过来，就雇了一名员工，表哥也过来帮他的忙。

一天，孙晓峰的朋友告诉他，他所在的酒店要在大门口和大厅里摆很多花，可能需要一大批花盆土。孙晓峰眼睛一亮：自己以前只知道把花盆土卖给居民，从来就没有想过卖给一些单位。如果能把泥土推销给单位的话，一次卖出的花盆土就是一大批，这样不是更赚钱吗？于是，他立即和那位朋友一起去洽谈这项业务。由于有朋友做介绍，生意一谈即成。事后一算，仅这一项业务就赚了1万元。

这件事对孙晓峰的触动很大，他决定把大部分的精力转向一些大单位，把普通居民这一块交给朋友操作。这样一来，他的营业额比以前增长了许多倍。有一次，一家大型国有企业一次性在他那里买了5万多元的泥土，他除掉成本开支足足挣了2万元。

泥土里竟然刨出了黄金！推销泥土这种人所未闻的生意竟让孙晓峰赚得盆满钵满，他的这种想别人所未想、做别人所未做的精神值得我们每个青少年去学习。

成功者往往都是主动思考者。他们不是等到问题来了或矛盾出现了，才去思考，而是时刻都处于思考的状态中。因为他们的思维非常活跃，可以随时随地捕捉和储存最新鲜的思维素材，并进行最快速的思维加工，抢在别人前面产生创意。由此，最先抢到"先机"的往往是他们。

所以，青少年朋友，在以后的生活中，要打破常规，勤于思考，随即付诸行动，这样你也会像孙晓峰那样走出一条独特的成功之路的。

十、出奇制胜才能独占鳌头

思路决定出路，时代变了，观念必须要跟着变，思路必须要跟着变，如果继续抱着老观念必然被时代所淘汰。

——孙陶然（毕业于北京大学，拉卡拉公司董事长兼总裁）

有句话说："第一个做的是天才，第二个做的是庸才，第三个以后做的便是蠢才。"生活中，一些人之所以较之其他人更容易取得成功，原因就在于他们能独具匠心、出奇制胜地开辟出一条别人没有走过的路。

"出奇制胜"原是兵家之道，在《孙子兵法·势》中有这样的一段文字："三军之众，可使必受敌而无败者，奇正是也。""凡战者，以正合，以奇胜。"这段话的意思是说，与人相争时，要善于利用独特的方法和手段，以"出其不意"的斗争谋略和方法获得胜利。

现实生活中，青少年朋友在遇到难题时，不要退缩，别总想着这件事自己肯定做不成，而应该积极地去思考解决的方法。一旦常规的办法解决不了，就利用一些奇特的方法来解决。

20世纪70年代，石油危机爆发，对整个世界经济的发展产生了很大的负面影响。

然而就在这种时刻，美国的西部却传来了一个令石油界为之振奋的消息——在得克萨斯州发现了一块储量丰富的油田。更加令人欣喜的是，不久联邦政府就宣布要拍卖这块油田的开采权。

听到这个消息后，世界各大石油公司都闻风而动，纷纷筹措资金，准备拿下这块油田的开采权。因为大家都知道，谁能得到这块油田的开采权，在今后的几十年，丰厚的利润将会源源不断地流入他的腰包。

谟克石油公司也非常渴望得到石油的开采权，可是仅凭自己上百万元的资产，怎么和那些石油大亨竞争呢？这让谟克公司的董事长道格拉斯非常苦恼。

经过一番思考后，道格拉斯突然有了主意，他们公司是花旗银行的老客户，所有的资金都存在该银行，能不能请银行的总裁琼斯出面，将这块肥肉拿下呢？

在美国，琼斯是无人不知、无人不晓的银行大王。道格拉斯主动和琼斯通了电话，琼斯答应帮助他。琼斯问他最多能出多少钱，道格拉斯表示自己最多只能出 100 万美元，再多的资金自己实在拿不出来了。琼斯告诉自己会帮助他，但是能否成功，就只能看天意了。

拍卖的日子到了。那天，几乎所有知名石油公司的老板都到了拍卖会场，每个人都觉得自己志在必得。在众多的石油公司中，谟克石油公司是最小的一家。

拍卖会即将开始的时候，琼斯才来。众石油公司的老板们看到琼斯也来到了现场，都非常惊讶，心想难道银行巨头也要投资石油？琼斯的到来让这些石油大亨们都乱了阵脚，因为如果琼斯想买这块油田，恐怕大家都不是他的竞争对手。

看到这一幕，道格拉斯心里非常高兴。他坐在一个角落里，悠闲地看着眼前的一切。拍卖会开始了，经纪人报出底价：50 万美元，每个拍卖档的价格是 5 万美元。也就是说，谁想报价，只需举一下牌子，就会在原价格的基础上增加 5 万美元。经纪人刚报出价，琼斯就举起牌子："我出 100 万美元。"琼斯的举动让所有在场的人都深感震惊：银行巨头如此财大气粗，直接就将价格喊到 100 万美元。这下子，其他人都不敢出价了。"100 万美元，7 号报价 100 万美元，还有没有报价的？"经纪人连喊三遍之后，郑重宣布，油田的开采权归谟克石油公司所有，整个拍卖会只进行了 5 分钟，这也是有史以来时间最短的拍卖会。

道格拉斯凭借智慧得到了油田的开采权。试想一下，假如道格拉斯按照原有的思维来处理这件事，那么他获得油田开采权的机会简直微乎其微。但是，聪明的他采取了一种奇特的方法，借助银行总裁的权势最终得到了这块油田的开采权。

道格拉斯的故事告诉我们青少年，金钱是不能帮助我们解决所有问题的。谟克石油公司虽然没有钱，但是道格拉斯凭借自己出奇制胜的智慧将有丰厚利润的油田开采权拿到了手。帮他获得油田开采权的不是金钱，而是智慧的头脑。

说到因出奇制胜而成功，还有一个故事不得不提。

提起英国小说家、戏剧家毛姆，很多人都十分熟悉，他的长篇小说《月亮和六便士》非常有名。

其实，在未成名之前，毛姆的小说是无人问津的。为了改善这种状况，毛姆便想方设法来提高自己小说的知名度。一天，他突发奇想，用剩下的一点钱，在大报上登了一个醒目的征婚启事："本人是一个年轻有为的百万富翁，喜好音乐和运动，现征求和毛姆小说中女主角完全一样的女性共结连理。"这个广告一登出来，毛姆的小说很快便销售一空。看到这个征婚启事的未婚女性，不论是不是真有意和富翁结婚，都好奇地想了解毛姆小说中的女主角是什么模样；许多年轻的男子也想了解一下，到底是什么样的女子能让一个富翁这么着迷。从此以后，毛姆的小说销售总是一帆风顺。

正是通过这个出奇制胜的广告，毛姆很快便成为社会知名度非常高的小说家。善于运用广告为自己蓄势，然后出奇制胜，此例可谓典范。

"出奇制胜"的法则在一切有竞争的场所，都可以加以运用。"出奇制胜"不但是一个可以广泛运用的法则，而且是一个永恒的法则。很多青少年朋友可能会疑惑：出奇制胜为何作用如此大呢？原来，它的主要内涵就是打破常规，用对手意想不到的新奇手段来作战。它的核心在于"变化"二字，而"变化"正是宇宙间一切事物运行的普遍规律。辩证唯物法认为，宇宙间的万事万物都是发展变化的，唯有发展变化的这个规律是不变的。出奇制胜正是运用了唯物辩证法的这一原理。

出奇制胜，是一种智慧，告诉我们青少年要敢想常人之不敢想；出奇制胜，是一种勇气，告诉我们青少年要敢做常人之不敢做。

十一、颠覆常识，不要受惯性束缚

没有知识上的门户开放，不可能有真正的心灵扩展，而没有真正的心灵扩展，也就不可能有进步。

——辜鸿铭（曾在北京大学任教，学者、翻译家）

很多青少年都知道田忌赛马的故事，其实最终田忌能够由三战皆败转为三战两胜，不是马之力，而是谋之效。这是典型的颠覆常识、不受惯性思维约束的案例。这个故事告诉我们，纵观全局、扬长避短、颠覆常识，才能以奇取胜。

当今的商业社会，消费市场低迷的现象困扰着很多商家，令他们头疼不已。原本，他们会采取一些降价的策略来吸引顾客，渐渐地，这一方法也失去了效用。怎么办呢？他们苦思不得其解。的确，面对需求日益多样化的顾客，要吃准消费者的喜好是一件十分困难的事。被逼入绝境后，一些企业便别出心裁，不拘泥于传统法则，采取各种偏离常识的销售策略，反倒出奇制胜，取得令人羡慕的业绩。在这些企业中，日本著名风景区热海市一家名为新赤尾的旅馆就是其中的一个。

在 1979 年，该旅馆接待的观光游客为 15 万人，营业额为 29 亿日元，利润超过 3 亿日元。这个业绩在日本同类型旅馆中是无法与其相提并论的。

新赤尾旅馆的老板赤尾藏之助是一位"和常识唱反调的经营者"。他在经营策略上采取"退"的形式，却在效益上得到了"进"的突破。

赤尾藏之助所采取的营销策略突出表现有如下几个方面：

第一，尽力将游客每天的住宿时间延长。大部分商家认为，将每天每位游客的住房时间缩短，可以充分提高客房的使用率，从而提升收益。可是，赤尾藏之助却采取了相反的做法，他宣布——凡是住进新赤尾旅馆的游客，每天进房时间为上午 8 点钟，退房时间为第二天上午 10 点钟。如此，游客花 24 个小时的住宿费可享受 26 个小时的服务。该做法虽然表面上增大了旅馆的工作量，增加了开支，实际上呢，却吸引来了大批游客，使该旅馆不管是在淡季还是在旺季，生意都很火爆。

第二，科学地控制人数，全家旅行的游客会得到优先服务。大部分商家认为，旅馆客房最好的景象是全部满员。所以绝大多数观光旅馆，喜欢接待人数较多的团体游客，而将人数较少的全家外出旅游的游客看得很轻。为此，很多旅馆经常不惜折价来招揽团体游客，以保证客房尽量满员。对于这种做法，赤尾藏之助却并不认同。他认为，游客们之所以要到风景区观光旅游，主要是为了尽情享受优美的自然景色和旅馆的安逸舒适的生活。若旅馆内因游客满员而时时人声嘈杂，必然会破坏那种宁静、安逸的气氛，影响游客的兴致。这些人不但最容易破坏旅馆的气氛，而且为了接待他们，旅馆还必须折价。所以，新赤尾旅馆反其道而行之，他不像其他旅馆负责人一样想方设法吸引团体游客，而是有选择地接待，还尽量控制人数。相反，对于那些全家旅行的游客，尤其是新婚旅行的游客，新赤尾旅馆则极为欢迎，不论是客房安排，还是餐厅进食，都会优先安排，服务非常周到。这种做法不但使新赤尾旅馆能始终保持一种优雅、静谧的气氛，还为旅馆吸引了更多的游客，提高了经济效益。

第三，为顾客提供一些免费服务。大多数商家认为，游客既然外出观光游览，一定是不怎么在乎那几个小钱的。因而游客住进店，每样服务都收费。而赤尾藏之助却不这么做。在新赤尾旅馆，游客们可以享受到很多免费服务，如他们可以免费享受到诸如早餐、咖啡、温泉浴后享用的橘子水、打乒乓球及玩麻将等服务。这些免费提供的服务项目，虽然微不足道，却给游客们带来了舒心感，从而吸引了不少游客前来。

正是由于赤尾藏之助能打破常规，颠覆常识，在经营上采用了奇特的招数，采取了"退一步"的策略，才使得新赤尾旅馆不仅能同任何对手竞争，而且一直充满生机，取得了进一步的结果。

在成长的过程中，我们青少年也会遇到一些新问题、新情况。这个时候，也要善于颠覆常识，打破常规，运用新思维。

十二、不妨做一条"反向游泳的鱼"

我们最熟悉的事物，往往是我们最不了解的。

——老舍（曾任北京大学教授，著名小说家、文学家、戏剧家）

艺术家说："学我者生，似我者死。"

文学家说："抄袭是埋葬一切才华的坟墓，创新是精品产生的源泉。"

经济学家说："逃离竞争残酷的红海，奔向空间无限的蓝海。"

做一条反向游泳的鱼，不走寻常路，才能看到别样风景。

日本索尼公司曾经发出这样的疑问：我们所看的书，为何必须用纸做呢？用其他的方式不行吗？他们下定决心，努力研制发明出了便携式激光光盘。该光盘是本无纸书，它的记录密度非常大，一张9厘米直径的光盘，往往可以记录5本大辞典的内容。

在以前，大家都习惯在家里做面条，现做现吃，比较麻烦。于是，有人这样发问：面条为何不能做出一种可以出售的成品呢？而后，挂面问世了。后来，有人根据老百姓生活节奏加快、食品快捷化的特点，又提出了新挑战：面条为何不能煮熟再卖呢？于是，方便面问世了，占据了面条市场的大头。

美国加利福尼亚大学的研究人员曾经发出这样的疑问：生病打针为何必须用针头呢？后来，他们用超声波代替常规的注射针头，使涂在人体表皮上的凝胶状药物，从细胞的缝隙间渗入血管，实现了"无痛注射"，而且皮肤细胞不会遭到破坏。

美国柯达公司曾经发出这样的疑问：我们照相为何必须用胶卷呢？后来，他们研发出了一种数码相机，以与计算机储存数据相同的方式储存影像，可直接把影像输入网络，也可用计算机把影像放出来或者冲洗出来。

在这个光怪陆离的世界中，几乎每天都发生着新奇的故事。因为世界如此之大，任谁都无法穷尽其真理，这就注定了探索对人类来说是一个永恒的过程。而唯有不拘于常理、不事事顺应潮流、敢于打破常规者，获得成功的机会才更多。

青少年朋友，当你面对一道难题，按照常规思路无法得到答案时，不妨调整思维方向，从不同角度展开思路，甚至将事情整个反过来进行思考，这样有可能反中求胜，得到答案。

据一本书记载，宋神宗熙宁年间，越州（今浙江绍兴）地带蝗灾泛滥。当时的老百姓几乎每天都能看到这样的现象：蝗虫如乌云般飞来飞去，用"遮天蔽日"这个词形容一点儿都不过分。蝗虫所到之处，田地的庄稼几乎禾苗全无，道边的树木几乎无叶，到处呈现一种萧条的景象。蝗灾给老百姓带来的是颗粒无收。

朝廷得知这一情况后，任命素以多智、爱民著称的清官赵汴为越州知州。赵汴初上任面临的第一个难题就是解决蝗灾。

在越州有很多大户人家，他们有很多积年存粮。而老百姓呢，由于颗粒无收，大都过着半饥半饱的日子。正所谓灾荒之年，粮食比金银还贵重。一时间，越州米价直线上升，以致老百姓开始承受不了了。

在这种情况下，僚属们都沉不住气了，纷纷来找赵汴拿主意。借此机会，赵汴便召集僚属们来商量救灾之策。

众僚属意见不一，但有一点大家是一致的，那就是依照惯例，由官府出告示，压制米价，以此来解决老百姓的粮食问题。僚属们七言八语，说附近某州某县已经出告示压米价了，我们倘若还不行动，米价天天上涨，老百姓将不堪其苦，会起事造反的。到时候，便天下大乱了。

听了僚属们的发言后，赵汴沉思片刻后，不紧不慢地说："这次救灾行动，我觉得最好的办法是反其道而行之，也就是说，不出告示压米价，而出告示宣布米价可自由上涨。"众僚属听了都惊呆了，先是怀疑知州大人在开玩笑，而后看他一副认真的样子，又怀疑这位大人是否吃错了药，在胡言乱语。看到僚属们惊愕的表情，赵汴笑了笑，胸有成竹地说："就按照这个方法办吧！现在就起草告示吧！"

既然上司发话了，僚属们也不好说什么，就按照赵汴说的办。但大家心里都直犯嘀咕：唉！这次救灾行动八成要失败了，未来一段时间，越州将出现尸横遍野的景象，真是令人担忧啊！

当时，附近的各个州县都纷纷贴出告示，内容是严禁私自提高米价，一旦违反，则严惩不贷。而对于揭发检举私增米价的人，则会获得相应的奖励。越州呢？却与之相反，贴出了不限米价的告示。看到这个告示后，四面八方的米商蜂拥而至。开始的那几天，米价确实提高了很多，但买米者看到米上市的太多，都观望不买。几天过去了，米价开始下跌，并且一天比一天跌得快。米商们想不卖再运回去，一则运费太贵，增加成本，二则别处又限米价，于是只好忍痛降价出售。如此下去，越州的米价虽然比别的州县略微高一些，但百姓有钱可买到米。而别的州县呢，米价虽然没有提高，但百姓排半天队，却很难买到米。所以，这次蝗灾的结果是：与其他州县相比，越州反而是饿死人最少的州，并受到了朝廷的嘉奖。

僚属们看到这个结果，都不禁称赞赵汴，争相向他请教。赵汴说："市场之常性，物多则贱，物少则贵。我们这样一反常态，告示米商们可随意加价，米商们都蜂拥而来。吃米的还是那么多人，米价怎能涨上去呢？"僚属们这才幡然醒悟。

逆向思维体现的是一种叛逆精神，它要求我们要敢于摈弃固有的传统观念和所谓的经典信条，不迷恋权威，敢于进行批判性思考。在大部分人看来，这种思维不合情理甚至荒谬，但正是因为逆向思维的存在，我们才有机会摆脱传统观念和习惯力量的束缚，创造出新的观念和理论来。反其道而行是人生的一种大智慧，当别人都在努力向前时，你不妨倒回去，做一条反向游泳的鱼，去寻找属于你的捷径。

所以，青少年朋友，生活或者工作中遇到困难时，不妨进行反向思考，或许能找到解决的办法。

十三、用"心"才能创"新"

愈艰难，就愈要做。改革，是向来没有一帆风顺的。

——鲁迅（曾在北京大学任教，著名文学家、思想家、革命家，中国现代文学的奠基人之一）

生活中，很多人总爱抱怨自己时运不济，找不到任何创新的先机。当看到别人有所成就时又会悔恨不已，殊不知别人的"新"是用"心"换来的。凡事只有用心去做，才会激发出更多的智慧和想法；只要用心去做，就不会存在难以逾越的困难，创新就不是一件难事了。

正所谓"处处留心皆学问"。在创新领域中，能否做到处处留心，其结果是大不相同的。

北大某教授在上课时，曾经讲过这样的两个故事。

第一个故事：

法国著名化学家、尿素的发现者维勒就有过一个很痛心的经历。在一次化学试验中，维勒曾发现一种特殊的沉淀物，但他对此并没有留意，只是主观地认为这种沉淀物可能是铬的化合物。然而，他的同学瑟夫斯特木在瑞典做同样的试验，对这种新现象采取了与维勒完全不同的态度：细细深究，紧追不放。通过多次实验，终于越过维勒发现了新的化学元素"钒"，名垂化学史。

第二个故事：

这个故事的主人公是美国科学家卡罗瑟斯。卡罗瑟斯原本是研究人造橡胶的。一次，他的助手告诉他，试验中橡胶容器里的残渣极难清理，用热玻璃棒掏挖这些残渣，残渣竟黏在棒端上，拉得很长很细都去不掉。这一现象引起了卡罗瑟斯的注意，他想，能不能把这"很长很细"的东西做成人造纤维呢？就这样，风靡全球的尼龙诞生了。

法国科学家巴斯德曾说："机遇只垂青有准备的头脑。"这应该是创新活动中的一条真理。科研人人搞，各种现象常常出，关键是看你对这些现象持何种态度。而社会现实也一再警醒我们，在进行创新的过程中，做个有心人非常有必要。举些例子：就拿固体体积换算法则来说，它是阿基米德在洗澡的时候无意中发现的；而万有引力呢？它是牛顿从苹果下落这个现象想到的；雄性不育野生稻，是袁隆平过铁路时偶然发现的……这样的例子古往今来有很多。很多伟大的创新成果，都是在大家看来很平常的生活现象中发现的。只不过，于平常的生活中发现创新点，需要我们做个有心人，用"心"才能创"新"。

在服装公司众多的日本，独立公司是一颗格外耀眼的新星。但这颗新星不生产高档时装和名牌服装，而是独树一帜，专门为伤残人士设计和生产各种服装，正是凭此，它才在日本服装界占据了一席之地。要说起独立公司，不得不提它的老板木下纪子。木下纪子是一位残疾妇女，曾经营过室内装修公司，而且在该行业颇有名气。然而就在事业一帆风顺的时候，她得了一场意外的疾病——中风，这给她的生活带来了致命性的打击。她的左半身瘫痪了。

对于这种惨痛的经历，木下纪子痛苦过、颓废过，甚至绝望过，一度还想过自杀。但是当她从极度痛苦中摆脱出来、冷静思考时，理智和意志终于占了上风："必须振作起来，不能让这辈子就这样了结！"

对于一个瘫痪的人来说，要成就一番事业简直太难了。就拿穿衣服来说吧，这是每天必做的极小的一件事，而木下纪子却要非常吃力地花上十多分钟或更长时间。"难道就不能设计出一种让伤残人容易穿脱的服装吗？"一个全新的念头突然产生。一种要为和自己有着同样遭遇的人解除不便的渴望重新燃起了木下纪子的事业心。

就这样，木下纪子根据设想和以往的经营管理经验，创办了世界上第一家专为伤残人士设计和生产服装的公司——独立公司，专门产销"独立牌"服装。特意取"独立"这个名字，不仅向人们宣告伤残人的志愿和理想，同时也道出了木下纪子的心声——要走一条独立自主的生活道路，这是一个强者的选择。

木下纪子的独立公司刚一开张就吸引了众多的顾客，因为它确实抓住了一部分特殊人群的需要，找准了市场空当，更因为木下纪子是用一颗心来做这个事业的，每一点都可以体现出她的用心之处。木下纪子亲手设计服装，她设计的服装看上去很普通，甚至不像伤残人穿的服装，而有点像时装。对此，木下纪子是这样解释的：伤残人士很容易失去信心和勇气，服装的款式、面料及色彩讲究一些，不但能使伤残人士穿着方便，也能增强他们的信心。更为重要的是，爱美之心人皆有之，伤残人士何尝不想穿得漂亮一点呢？作为一名设计者，自己一定要满足他们的这点心愿。

木下纪子不仅意志刚强，还具有长远的发展眼光，她决定要把自己的"独立牌"服装打进国际市场。她的这个想法不仅得到了日本政府的支持，同时还得到了国外友人的帮助。经过一番洽谈，木下纪子和美国一家同行组成一个合资公司，在美国生产和销售"独立牌"服装。就连艾威琳·肯尼迪这位名门望族的后裔也远道而来，与木下纪子协商业务合作事宜。为了扩大出口，日本政府还以政府的名义出面帮助木下纪子在美国、加拿大和澳大利亚等国举办独立公司的大型展览会。通过这种展览、展销，独立公司在国外迅速名噪一时，木下纪子的事业走向了辉煌。

从这个故事中我们可以看到，木下纪子不仅是个有心人，更是个用心人。她拥有"残疾人"的身份，这个身份促使她更能设身处地地为客户着想。由于她的用心，才看到了事情的细微处；因为她的用心，事业才会做得越来越大。她的故事告诉我们青少年，我们的生活中并不缺乏创新的机遇，而是缺乏用心之举。如果在日常生活中，你能够经常用心地去观察、去思考，或许在不经意间就能够抓住创新的机会。

十四、在细节中发现创新的良机

既然像螃蟹这样的东西，人们都很爱吃，那么蜘蛛也一定有人吃过，只不过后来知道不好吃才不吃了，但是第一个吃螃蟹的人一定是个勇士。

——鲁迅（曾在北京大学任教，著名文学家、思想家、革命家、中国现代文学的奠基人之一）

谈及创新这件事，很多人都觉得离自己很遥远，认为那只是科学家应该做的事情。其实，创新的点往往隐藏在一些细节中，生活中的很多小发明小创造同样可以带来巨大效益。

提起苹果公司的"教父"乔布斯，很多人曾经这样评价："近乎变态地注重细节，是乔布斯的成功秘诀。"

据说，乔布斯对自己的要求非常高。他为了重新设计系统的界面，几乎将自己的鼻子贴到了电脑屏幕上，对每一个像素进行认真、细致地比对。乔布斯不仅对自己要求严格，还将这种近乎苛刻的管理方式运用到了企业管理中。在他的带领下，苹果公司的员工几乎都是像疯子般关注细节的人。在这样一种关注细节的氛围中，为用户提供最完美的产品成为每位员工进行创新的目标。而正是凭借注重细节的工作理念，苹果公司最终成为一代传奇。

苹果公司的成功告诉我们，创新要从细节开始。创新就在我们身边，就是生活中的每一个细节，把每一个细节做到极致就是创新。

生活中，很多人总抱怨自己找不到创新的机会。为什么呢？主要是因为他们轻视细节和小事，他们喜欢抬头望"天"，却不愿意低头走好脚下的路；他们喜欢紧盯能够轰动一时的大事情，而不喜欢从细小处着手，在细节中寻找到创新的种子。这样，又怎么能容易发现创新机会呢？

海尔集团的老总张瑞敏经常说："创新不等于高新，创新存在于企业的每一个细节之中。"

海尔冰箱，世界知名。在北美的一所大学校园里，有一种只有 60 升的海尔小冰箱非常受师生们的欢迎，这是怎么回事呢？包括张瑞敏在内的海尔人自己都不明白原因。

为了解开这个谜团，张瑞敏专门派数人到这所校园里调查，结果发现，是因为海尔冰箱的顶部最平整——在美国的学校宿舍里，空间狭小，这种小冰箱的顶部可以当桌子使用。

在这件事情的启发下，海尔在冰箱顶部加了折叠板，令桌面更大，后来又采纳建议，在桌面下加了一个抽拉板放键盘，这样这个小冰箱又变成了一个电脑桌。

除此之外，海尔在细节上的创新案例还有很多，仅公司内单以员工命名的小发明和小创造每年就有几十项之多，如"云燕镜子""晓玲扳手""启明焊枪""秀凤冲头"等，而且这些创新已在企业的生产、技术等方面发挥出越来越明显的作用。

我们只有重视细节，并从细节入手，才能取得有效的创新。

国际知名的管理大师彼得·杜拉克曾经说："行之有效的创新在一开始可能并不起眼。"而正是这不起眼的细节，往往就会造就创新的灵感，从而能让一件简单的事物有一次超常规的突破。

有这样一个案例：

日本的常磐百货公司在众多百货公司中原本是不起眼的一家，然而，自新任老板长川上任以后，该公司的营业额竟然飞速上涨，达到了每年翻一番的程度，其经营物品几乎包揽了全县所有人的日常生活用品和食品。很多同行业者不禁纳闷：长川是怎么做到的呢？

长川刚到常磐百货公司上任时，该公司只是一个很普通的生活用品商场，与它具备同样规模的百货公司在全县还有五家。如何才能在竞争中尽快地脱颖而出呢？长川为此苦苦思索。当时的百姓购买东西常集中采购，为防止丢三落四，先写一个购物清单。一次，长川在商场调研的时候，看见一位女顾客买完一件东西要走时，把一个纸条扔到商场门口的纸篓里，他马上跑过去捡起来，发现上面写了顾客需要的另两种东西，他们商场里也有，只是质量不如顾客点名要的品牌好。根据这个信息，长川马上更换了该商品的品牌，这一招果然取得了很好的效果。

接下来，长川开始做一件令很多人不解的事情，那就是他坚持每天将废纸篓里的纸条全部捡回去，从中发现客户的真正需要。在这种方法的作用下，他很快就总结出了顾客对哪几类商品感兴趣，尤其青睐哪几种牌子，对某类商品的需要集中在什么季节，在挑选商品时是如何进行合理搭配的，等等。后来，在长川的带动下，常磐百货公司总是以最快的反应速度适应顾客，并且合理地引领顾客超前消费，一下子将大部分顾客拉进了他们的店里，由此也带来了巨大的利润。

这个故事告诉我们：创新的机会往往隐藏在一些微不足道的细节中。生活中，有谁会注意到废纸篓里的那些废纸条呢？可令我们想不到的是，这些废纸条有时候也预示着某些创意。故事中的长川就是通过发现细节，在创新思维的指导下化平凡为神奇，掌握了更多的营销机会，解决了公司的营销问题。

青少年朋友如果想在生活中有所创新，也应该树立"注重细节"的思想，重视生活中的既不相同却又相互关联的每一个细节。

十五、创新不受个人资历的限制

素质就是快速适应社会的能力。学历不等于能力，知识不代表素质。

——汪中求（北京大学职业经理人训练班的特聘培训师、著名经济管理咨询师）

在一些人的眼中，创新是一件很神秘的事情。他们总认为创新是专家、技术人员的事儿，自己所处的位置非常普通，缺少技术含量，天天都是按部就班地干活儿，沾不上"创新"的边。在这种思维模式的限制下，他们在生活和工作中的创新成了一种"空中楼阁"，可望而不可即。

其实，创新并非专家、学者，甚至发明家的专利，它不受个人资历的限制。不需要你有高学历，也不会受你的年龄、人生阅历的约束。在当今社会中，我们人类的生活和各种各样的机器联系紧密。而机器上的每一个零部件，都是靠车床做出来的。也就是说，车床的发明对改变我们今天的生活，有着十分重要的作用。做出车床这个伟大发明的人是谁呢？他就是被誉为"车床之父"的英国发明家莫兹利。

在一般人的眼里，能有如此重大发明的人，要么学历非常高，要么专门攻读过相关的专业院校。然而，莫兹利却根本没有受过正规教育。

莫兹利生于英国沃尔里奇的一个军人家庭。小时候，没有受过正规教育。由于家境贫寒，他12岁时便成为一名机械厂的学徒工。因为他对机械很感兴趣，所以即使当时的生活很苦很累，但他却认为是一种乐趣。

后来，随着经济的发展，人们的生活水平得到大幅提高，对钟表、锁之类的东西的需求量也不断增加，渐渐地，工厂接到的该类订单越来越多，莫兹利的工作也越来越繁忙。虽然业务多是一件好事，但在传统的手工作业下，生产速度十分缓慢，根本满足不了社会的需求。莫兹利想，不能再这么慢下去了，必须借助机械的力量来改变现状，提高生产量。

在那个年代，虽然有车床，但那种车床只能进行木制品的加工，还不能用于金属制品的加工。于是，莫兹利决定对车床进行创新和改进。功夫不负有心人，凭着对机械的热爱，莫兹利成功地创造出了可以加工金属的车床。如此一来，不仅大大提升了生产效率，还提高了零部件加工的精度。莫兹利的发明具有划时代的意义，它标志着一个崭新的机器制造业时代的到来。

莫兹利的经历告诉了我们一个事实：即使没有学历也可以创新，只要你肯学习，向着自己的目标不断地努力，坚持在实践中开拓，就可以像莫兹利一样成为创新高手。

生活中，有人认为自己年龄太小或者年龄太大，创业无异于痴人说梦。他们或许不知道，牛顿发明微积分的时候才22岁，而他发明万有引力定律的时候也才23岁；达尔文进行环球航行时年仅23岁；伽利略在18岁就发明了钟摆原理；爱因斯坦26岁就提出了相对论；爱迪生在29岁发明了留声机；黄道婆革新纺织技术的时候已经年近半百；富兰克林开始致力于科学研究时已经40多岁了……所以说，所谓的个人资历根本不能成为你不去创新的借口。同样地，创新也不会受一个人人生阅历的影响，无论你经历的生活多么困苦，只要有开拓精神，就会有成功的创举。

请看下面这个真实的故事：

在很多人的眼中，他的大半生都过得非常凄惨。

5岁时，父亲去世，给他的家庭带来了灭顶之灾。

14岁时，他无奈辍学，开始了流浪生涯。这期间，他在农场干过杂活，当过电车售票员，但这样的工作他都不喜欢。

16岁时，他谎报年龄参了军，但军旅生活并没有让他感到满意。服役期满后，他开了个铁匠铺，但没多久就因经营不善而关门了。后来，他成为一名南方铁路公司的机车司炉工。他很满意这份工作，认为自己终于找到了自己的合适岗位。

18岁时，他步入了婚姻的殿堂。然而，就在他得知妻子怀孕的好消息的那天，他却接到了被辞退的通知书。

于是，他开始了四处找工作的日子。然而，在此期间，妻子却变卖了所有家产，带着女儿离家出走了。

一波未平一波又起。经济大萧条开始了，他找到工作的可能性更小了。然而他却没有气馁，一直在努力寻找出头的机会。

后来，他通过函授学习法律。但苦于生活的压力，最终放弃。

他卖过保险，也卖过轮胎，还经营过一条渡船，开过一家加油站……但这些都没有使他走向成功之路。

他对自己的人生失望透顶，便想破罐子破摔了。

一天，他一个人躲在郊外的草丛中，谋划着一次绑架行动。可是，当他等待着目标进入他的攻击范围时，却开始痛恨这样卑劣的自己。最终，他放弃了绑架行动，他不想自己这样堕落下去。

后来，他进入一家餐馆，成为一名主厨。不巧的是，当地新修的一条马路正好要穿过那家餐馆。于是，他又一次失业了。

时光就这样渐渐地流逝了。转眼，他到了退休的年龄。眼看一辈子都过去了，而他仍一无所有。

他一直安分守己——除了那次未实施的绑架计划，但他只是想从离家出走的妻子那里夺回自己的女儿。不过，母女俩后来还是回到了他的身边。

直到后来，他的人生开始了新篇章。源于有一天邮递员送来的那份属于他的第一份社会保险支票。这张支票让他意识到自己已经老了。这张保险支票让他充满了耻辱感，也让他再一次觉醒了。他说："呸！"但他还是收下了那张105美元的支票，并用它开创了自己崭新的事业……

如今，他的事业蒸蒸日上。而他，也终于在88岁高龄时大获成功。

这个在临近生命的终点开始走向辉煌的人就是哈伦德·桑德斯——肯德基的创始人。他用自己的那一笔社会保险金创办的崭新事业正是闻名于世的肯德基。

哈伦德·桑德斯的故事告诉我们青少年，不要因你的幸运而故步自封，也不要因你的厄运而一蹶不振。一个真正的优秀者总是善于从黑暗中找到光亮，在逆境中找到力量，并发现创新的契机。

无论你的人生经历是平坦还是坎坷，只要你愿意，随时都可以成为创新的主人。

十六、别抱怨"无路可走"，只怪自己"不去找路"

其实哪一个人在人生的坎坷的路途上不有过颠簸？哪一个不再憧憬那神圣的自由的快乐的境界？不过人生的路途就是这个样子，抱怨没有用，逃避不可能，想飞也只是一个梦想。

——梁实秋（曾任北京大学教授，著名散文家、学者、文学批评家、翻译家）

有位心理学家做过的一项研究表明，在面对困难时，如果我们积极想办法，则困难越大，越容易激发我们的潜在智慧。因为，我们大多数人的智力在平常都处于半开发的状态，只有在兴奋和激动的时刻，潜能才会被全面激发。

美国历史上最伟大的三位总统之一罗斯福第二次参加总统竞选时，竞选办公室为他制作了一本宣传册，发放给记者和选民，为竞选造势。在这本册子里有罗斯福的相片和一些竞选信息。很快，这本宣传册就被大量印刷，只等着分发了。

然而就在即将分发的时候，竞选办公室的一名工作人员在做最后的核对时，突然发现了一个问题：在这份宣传册中，有一张照片的版权不属于他们，而为某家照相馆所有，他们无权使用。

这个问题让竞选办公室的所有工作人员陷入了恐慌。手册分发在即，他们已经没有时间再重新印刷了，这可怎么办呢？如果就这样分发出去，装作没发现这个问题，那家照相馆很可能会因此索要一笔数额巨大的版权费，也会对罗斯福的总统竞选造成负面影响。有人提议，派一个代表去和照相馆谈判，尽快争取以一个较低的价格购买到这张照片的版权——想必这是大多数人遇到此问题时最可能会采取的处理方式。

然而，竞选办公室的工作人员却没有这么做，经过一番周密的计划后，他们选择了另一种方式。他们通知了这家照相馆：竞选办公室将在他们制作的宣传册中放上一张罗斯福的照片，贵照相馆的一张照片也在备选的照片之列。由于有好几家照相馆都在候选名单中，竞选办公室决定将这次宣传机会进行拍卖，出价最高的照相馆将会得到这次机会。

结果，竞选办公室在两天内就接到了该照相馆的投标书和支票。在最后，竞选办公室不但摆脱了可能侵权的不利地位，甚至还因此获得了一笔收入。

在问题面前，竞选办公室采取的方式是多么特别啊！他们另辟蹊径，不但将主动权握在自己手中，让照相馆反过来有求于己，还因此获得了一笔可观的竞选收入。如此解决之策，比同照相馆就照片使用权问题进行谈判这一策略高明多了。

因此，一些成功的企业在遇到困难的时候，非常注意营造一种动脑筋、想办法的精神氛围，他们相信天无绝人之路，无路可走的人总是那些不下功夫找路的人，而成功永远属于积极去寻找解决办法的人。

一位商人在谈到卖豆子时充满了一种了不起的激情和智慧。他说：如果豆子卖得动，能直接赚钱就太好了。如果豆子滞销，可分三种办法处理：

第一个办法：让豆子沤成豆瓣，卖豆瓣；如果豆瓣卖不动，腌了，卖豆豉；如果豆豉还卖不动，加水发酵，改卖酱油。

第二个办法：将豆子做成豆腐，卖豆腐；如果豆腐不小心做硬了，卖豆腐干；如果豆腐不小心做稀了，卖豆腐花；如果实在太稀了，卖豆浆；如果豆腐卖不动，放几天，卖臭豆腐；如果还卖不动，让它长毛彻底腐烂后，卖腐乳。

第三个办法：让豆子发芽，卖豆芽；如果豆芽还滞销，再让它长大点，卖豆苗；如果豆苗还卖不动，再让它长大点，干脆当盆栽卖，命名为"豆蔻年华"，到城市里的各间大中小学门口摆摊和到白领公寓区开产品发布会，记住这次卖的是文化而非食品；如果还卖不动，建议拿到适当的闹市区进行一次行为艺术创作，题目是"豆蔻年华的枯萎"，记住以旁观者身份给各个报社写个报道。如成功可用豆子的代价迅速成为行为艺术家，并完成另一种意义上的资本回收，同时还可以拿点报道稿费。如果行为艺术没人看，报道稿费也拿不到，赶紧找块地，把豆苗种下去，灌溉施肥，3个月后，收成豆子，再拿去卖。

如上所述，循环一次。经过若干次循环，即使我没赚到钱，豆子的囤积相信不成问题，那时候，我想卖豆子就卖豆子，想做豆腐就做豆腐。

这是一种怎样的坚忍和智慧。他总能在看似"无路可走"的时候找出"另一条路"。他的经历启示我们青少年：人生没有绝境，只要用心去找方法，任何困难都不会成为前进的障碍，只会成为激发创意的元素。

美国前总统罗斯福曾说："克服困难的办法就是找办法，而且，只要去找，就一定有办法。"是的，在我们的生活和工作中，随时都有可能遇到一些被视为畏途的困难和障碍，这个时候，我们最好的选择就是坚强地面对它们，积极地寻找办法，努力地克服这些困难和障碍，开辟出一条新路。

诚信，诚者天下之道

康德曾经说过："这世界上只有两样东西能够引起人心深深的震动，一是头上灿烂的星空，一是我们心中崇高的道德。"诚信是中华民族的传统美德，在中国长达五千年的璀璨文明中，诚信教育具有悠长的历史，已经打下深厚根基。北大是中国教育学府之首，始终坚持传统的诚信教育，诚信做人，诚信做学问，一直是北大学子默记于心的黄金法则。

一、北大弃录一个状元，社会挽回了一分诚信

诚信为人之本。

——鲁迅（曾在北京大学任教，著名文学家、思想家、革命家，中国现代文学的奠基人之一）

2009年夏天，北大利用一个明智的决定，捍卫了一个大学的尊严和精神，让整个社会因诚信精神的弘扬而感到欣慰。

2009年，重庆文科状元何川洋报考了北大。但在核实考生资料的阶段，何川洋被北大查出其少数民族的身份系伪造。

北大招生办经过慎重研究决定，放弃录取何川洋。面对报社记者的问询，北大招生办主任刘明利是这样回复的：

"按照教育部的有关规定，北大诚信就是诚实守信，用更通俗的话说诚信就是实在，不虚假。诚信是一个人的美德，有了诚信二字，一个人就会表现出坦荡从容的气度，焕发出人格的光彩。自古以来，诚实守信就是一种永恒的人性之美。可以说，诚信的品格是要获得成功人生的第一要素。招生办在核实全部事实之后，决定：放弃录取何川洋并报学校批准，另有类似情况的考生已经查实，也均取消其被北大录取的资格。希望所有考生以此为戒，做诚信之人，行正义之事。并鼓励何川洋同学积极面对现实，从自身找原因，改过自新，努力在今后的道路上不再犯原则错误，做一个真诚正直的人。未来的道路上，北大依然欢迎他！"

北大放弃录取何川洋，意味着今年的重庆文科状元不仅上不了北大，而且将很有可能今年高考与大学无缘。因为在填报志愿时，北大光华管理学院经济管理专业是何川洋唯一的志愿。辛辛苦苦读书数年，好不容易考了个状元的高分，竟然落了个无书可读的结果，何川洋的遭遇着实让人惋惜。对此，坊间有很多人为他"抱不平"。说什么"分数是实际考出来的，身份造假错在家长，和孩子无关"，呼吁北大"胸怀宽大一些吧，应该给孩子一个机会"，"不要毁掉一个本来大有前途的小孩子"，甚至指责北大"毁其一生太过残忍，对他本人未必公平"……

放过一个成绩优异的考生不录取，对北大来说，是一件十分可惜的事情。但是，我

们也应该看到另一面，北大如果不弃录何川洋，就无法维护国家高考制度的严肃性、公正性。在国家制度面前，只有考生，没有状元。不能因为造假的人是高考状元，就可以对其网开一面，法外开恩。有人说何川洋民族身份造假事件的责任人是其父母，父母之错不能让孩子担责。但是，谁敢说何川洋之前对民族身份造假一点也不知晓？高考前他还郑重其事地签下了《考生诚信考试承诺书》，他难道不懂得要为自己编造谎言、违背诚信的行为承担责任吗？

北大弃录何川洋这个高考状元固然令人可惜，但是，如果北大录取了他，则危害性更大。这将会给所有考生、整个社会造成恶劣的影响。如果北大为录取何川洋而放弃"诚信"，那么将违背中华民族做人做事的原则，将无法捍卫北大作为一个大学应该秉持的"严谨、求实"的精神。所谓大学精神的核心，当以育人为第一要旨。正如北大招生办负责人所言："希望所有考生以此为戒，做诚信之人，行正义之事。"因此，北大弃录何川洋的行为，既是对大学精神的坚守与传承之举，也是对社会诚信精神的一份挽回之举，给整个社会做了好榜样。

可以说，诚信的品格是获得成功人生的第一要素。缺失了诚信便缺失了做人做事之本。

有一个成语叫作"瓜代有期"，讲的就是诚信的重要性。

春秋时期，齐襄公为了帮助卫侯朔回国复位，便和宋、鲁、陈、蔡四国相约共同出兵攻打卫国。

在攻打的过程中，周王派兵救助卫国，也被打败了。齐襄公怕周公报复自己，赶紧派大夫连称为将军，管至父当副将，带兵去守卫葵丘，以防备周兵打来。

接到命令后，两位将军在临行前小心谨慎地问齐襄公："守卫边疆的任务很艰苦，我们不敢推辞，但什么时候可以期满调回呢？"这时齐襄公正在吃瓜，便指着西瓜随口说："如今是瓜果成熟的时节，等到明年的这个季节，我就会派人去顶替你们。"

一年很快过去了，又到了瓜果成熟的时节，两位将军在边疆吃到了新瓜，想起了齐襄公的许诺，就打发人回京城探听消息。探听的人回报说齐襄王已出去一个月了，还没有回京，当然调他们回京的事也就没有影了。连称将军心知齐襄公根本没有把他们二人的事情放在心上，非常生气，就想去刺杀他。于是将这个想法和管至父说了。管至父提议："咱们不如先向齐襄公献上新瓜，提醒他应该派人来接咱们了，而后再见机行事。"连称答应了。于是，他们二人向齐襄公献上了一车新瓜。不料齐襄公听说他们请求调回，反而大发雷霆："派人去代替你们，要由我说了算，你们有什么资格暗示我呢！那就再等瓜熟一次好了。"听到这个回复后，两位将军再也忍无可忍了，于是满腔怒气地带领守边将士杀回了京城，杀了齐襄公，另立了一位新国君。

瓜代无期命有期，齐襄公失信于臣下，最终付出了生命的代价。这个故事告诉我们青少年，为人处世要讲究诚信，万万不可失信。

清朝人王永彬在著名作品《围炉夜话》里说："世风之狡诈多端，到底忠厚之人颠扑不破。末俗以繁华相尚，终觉冷淡处趣味弥长。"这段话是说，虽然整个社会上弥漫了尔虞我诈的气息，但说到底还是忠厚实在之人能永远立于不败之地。腐朽的社会习俗争相以奢靡浮华为时尚，但毕竟还是在清净平淡之中体会到的淡泊趣味更为持久耐长。这句话虽然描写古代的状况，但同样适用于现代。

当今时代，虽然社会上"假"风盛行，但我们青少年决不能因此而丢弃诚信这一做人的美德。因为诚信不但于整个社会的良性发展有利，也对完善我们自己的品行、完善我们的人际关系大有裨益。

二、诚信使内心坦然

对待一切善良的人，不管是家属，还是朋友，都应该有一个两字箴言：一曰真，二曰忍。真者，以真情实意相待，不允许弄虚作假；对待坏人，则另当别论。忍者，相互容忍也。

——季羡林（曾任北京大学副校长，著名文学家、国学家、教育家和社会活动家）

2009 年 7 月，著名学者、国学大师、北京大学资深教授季羡林先生在北京辞世，享年 98 岁。季老虽然走了，但在北大校园里，季老其人其事却至今仍为人津津乐道。其中有这么一件，令无数北大学子感慨万千，难以忘怀。

季羡林先生穿着极为朴素，经常会被人当成学校里的老工人。

20 世纪 70 年代的一个新生报到的日子，北大校园里新生云集，一位刚刚考取北大的年轻人兴高采烈地到北大报到。这位年轻人一个人肩扛手荷，好不容易找到设在大饭厅的新生报到处，又要忙着去注册、分宿舍、领钥匙、买饭票……忙得手忙脚乱。在忙乱中，他的行李无人看管。就在他感到无助的时候，见路边站着一位面容慈祥的老人，于是便委托这位"老大爷"代为照看行李。半天下来，年轻人东奔西走，忙得不亦乐乎。待忙过一切，发现已时过正午，这才想起扔在路边托人照看的行李，当即一路狂奔着找回去，只见烈日下那位"老大爷"仍呆立路旁，手捧书本，悉心照看地上懒洋洋的行李。年轻人对老大爷千恩万谢，庆幸自己吉人天相，头一次出远门就碰上了好人——就这样，在烈日的照耀下，老大爷认真地帮着年轻人看了将近两个小时的行李，一点儿怨言都没有。

第二天的开学典礼上，年轻人往主席台上观望，竟然发现昨天帮自己看管行李的

"老大爷"竟然赫然端坐在主席台正中，找人一打听，才知道原来他就是大名鼎鼎的北大副校长季羡林。

我们在感叹季老先生朴实、善良的同时，也深深地为其诚实守信的品格所折服。在这两个小时的等待中，任谁都会深感焦急。作为堂堂的副校长，他完全可以委托校内同事或者学生帮忙看管，自己去忙自己的事情。但他没有，在烈日下，他一直等到年轻人的到来，亲手将行李还给他。这样的前辈、这样的品质，怎能不令我们深深感动并折服呢！

诚信是一种美德，它可以让人们的生活变得更美好；诚信是一种语言，它可以让人们彼此信任；诚信是人与人之间的纽带，它可以让人们之间变得更加亲近。季老先生凭借自己的诚信美德，获得了众多学子的尊敬和爱戴。

青少年朋友，我们做人为什么要讲诚信呢？因为诚信会使我们内心坦然，而说谎、虚假、欺瞒，则会折磨我们的良心，让我们的心境处在一种灰暗、忐忑不安、时刻紧张的状态中。这种自我折磨正是不诚实的必然结果。

在很长一段时间里，美国作家马克·吐温的死都是一个悬念，很多人都非常不理解，那年冬天，年迈的马克·吐温为什么要独自在严寒大雪中站立 3 个小时，结果得了严重的肺炎，不幸去世。后来，我们终于从马克·吐温留下的文字中找到了答案。原来在这位著名作家的身上曾发生过一件令他深感痛苦的事情。

一次，马克·吐温的夫人外出办事，临出家门时一再嘱咐他好好照看他们还不到 4 个月大的孩子。马克·吐温连声答应了。夫人走后，他将安置孩子的摇篮推到了走廊里，自己则坐在一张摇椅上看书，以便就近照料。

当时正值寒冬，室外气温低到零下 19℃。由于沉溺于阅读中，马克·吐温竟然忘记了周围的一切，甚至连孩子的哭声都没有听到。过了很久，当他放下书时，才猛然想起自己将孩子放到了走廊里。赶紧过去一看，发现摇篮中的孩子早将被子踢在一边，已经冻得奄奄一息了。夫人回来后，马克·吐温没敢对她说出真相，怕夫人责怪自己。他的夫人只当这孩子受了风寒。后来，孩子死了。夫妻两人为此悲痛欲绝。马克·吐温更是深感愧疚，他不断埋怨自己没有尽到做父亲的责任。然而，他一直都没有勇气将真相说出来，以免使夫人更加痛苦。

多少年来，马克·吐温一直对夫人隐瞒着此事，直到夫人去世之后，他才在自传中陈述了这件使他抱憾终身的往事，并且以在寒冷的大雪中受冻的方式来惩罚自己的过错。

马克·吐温隐瞒真相给他带来了巨大的良心谴责。妻子去世后，马克·吐温公开了事实。风烛残年的他既不求得到世人的宽恕，也不逃避这样做可能给自己带来的谴责或指控，他唯一的渴望是自己得到心灵的宽恕。

三、"关于诚实"的最后一课

良心是每一个人最公正的审判官，你骗得了别人，却永远骗不了你自己的良心。

——海子（毕业于北京大学，著名诗人）

孔子说："言而无信，不知其可也。"诚实守信是我们做人做事的最基本的道德要求。遵守承诺为君子，诚信待人才显人品。一个信守承诺的人，是一个有人格魅力的人；而一个视承诺为儿戏的人，自然不会得到别人的信赖和尊重。

一位北大毕业生在回忆自己北大读博的岁月时，说自己曾有幸认识了来自美国的帕垂特教授，并从他的课堂上认识到"诚信"二字之于一个人的重要性。

帕垂特教授是这位北大毕业生的英语老师，每次进教室都带着他亲自编写的教材，同学们称其为"黄皮书"。

毕业的日子到了，对博士生来说，若公共英语考试不及格，就将失去获得博士学位的资格，所以在上这门课的最后一次课前，大家都在心里暗暗祈祷：尊敬的帕垂特教授，可别太较真！放过我们这些可怜的学生吧！上最后一课那天，和往常一样，帕垂特教授笑嘻嘻地来到教室。和平时不一样的是，这次他只带了个信封。大家看到这个信封便开玩笑问帕垂特教授是不是把试题的答案带来了。结果帕垂特笑眯眯地从信封里掏出一沓照片，那是五一节时全班同学和美国老师郊游的合影，他给大家每人发了一张。发完照片，教授竟然问："这是什么？"

大家都不明白教授这么做有什么目的，一边回答说是照片，一边又盼着他再来点"实惠的"。可是他却眨着绿眼睛说："这是爱！我们很快就要分手了，也许再也没有机会见面。但是，请记住，我是爱你们的！"教授的这些暖心的话，令在场的学生们都伤感不已。

正当大家沉浸在伤感的氛围中时，一个叫皮特的学生突然大声地说："帕垂特先生，我们也爱您，但还是请快点给我们说说关于考试的事！"在这句话的鼓动下，大家又都活跃起来。教授的表情却严肃了起来，他意味深长地说："你们现在要做的就是，相信自己并且认真学习我们编写的教材的最后一课。"大家迫不及待地翻开了"黄皮书"，在课文的后面还有一篇名为《关于诚实》的真正的最后一课。内容翻译出来竟然是这样的——

为什么要考试？

1. 测试你对某门课的掌握程度。

2. 测试你的学习技巧和记忆力。

3. 评估老师的教学质量，了解哪些教得不错，哪些需要加强。

4. 最重要的是：测试你是否诚实。

什么是"诚实"？

人类社会正常的和必要的道德原则，正直、诚信、实在。与诚实有关的故事和谚语：

1. "狼来了"。

2. 人无诚信，好景不长。

3. 来路不明的财宝一文不值。

4. 诚实最明智，老实人不吃亏。

5. 如果我要花招了，人们便不会信任我，我再也享受不到诚实的快乐。

在这次考试中，你可以用以下方式来表现你的正直，证明你的诚实：

1. 即使没有老师监考，你也知道怎么做才合适。

2. 会多少答多少。

3. 不要作弊。

听说作弊在中国是一种普遍现象，每个学生都作弊。打死我也不相信！我认为没人作弊，或者说大多数不作弊，因为，一个作弊的民族怎么可能进步和强大呢？

考试作弊的行为包括：

1. 偷看别人的试卷。

2. 问别人怎么答题。

3. 看事先写好的小纸条。

假如你作弊了：

1. 你伤害了老师，给师生关系蒙上了阴影。

2. 你的良心就有罪了。

3. 你改变了你在人们心目中的形象。

作弊的后果：

1. 没收并撕毁试卷，打零分。

2. 你丢脸，我们丢脸。大家都无地自容。

不过——即使你真的作弊了，我们也不会那么做，我们会装作没看见。因为，生活本身的惩罚要严厉得多。

孩子，你的信誉价值连城，你怎么舍得用一点点考分就把它出卖了？作弊的代价实在是太高了，实在划不来！

第二天，考试开始了。帕垂特教授又出现在考场，他还是一副笑眯眯的样子。然而，令人遗憾的是，在考场上还是有同学作弊了，只见帕垂特教授真的像他说的那样，将头转向了另一边……

青少年朋友，如果你从来没有作弊过，那么恭喜你，你是值得尊敬的，生活将会因为你辛勤的付出而加倍地回报你。如果你真的作弊过，请记住：人生中，最重要的不是考试，当你长大后，你就会知道，最重要的是能赢得别人的信任。

对我们每个人来说，诚实守信永远都是人际交往的关键要素，如果你的信用严重透支的话，只会产生一个结果，那就是从此再没有人会相信你。人生不相信作弊，生活是公平的。青少年朋友一定要谨记这一事实。

四、人以机变，我以诚信

人以机变，我以诚信。

——季羡林（曾任北京大学副校长，著名文学家、国学家、教育家和社会活动家）

诚信是人类立足于社会的根本。在我国著名的语言学家季羡林先生看来，诚信乃安身立命不可或缺的德行。所以他经常说的一句话是"人以机变，我以诚信"，以此警醒世人和自己。

在漫长的一生中，我们做人做事若想取得成功，都离不开"诚信"二字。"政无信不威，人无信不立，商无信不富。"政府如果不讲信用，则在人民心中没有威信；做人如果不讲信用，则难以立足于社会；生意场上如果不讲信用，则不可能获得效益、积累财富。其实各行各业、方方面面都有着各自的诚信规则，虽然有时候讲诚信会让人"吃点亏"，但最终却会令人走向成功。那些言而无信、华而不实的人，有时可能会通过花言巧语和坑蒙拐骗的手段得到一时的好处，可"纸终归包不住火"，真的假不了，假的真不了，一旦真相大白，终将失去人们的信任，又何谈获得别人的帮助呢！

诚信是一种优秀的品格，同时也是行走于"江湖"的重要资本。讲究诚信者，任何时刻都值得人们信赖，而他们高尚的情操和纯洁的品质使得他们注定会得到别人的尊重与爱戴。

提起"周大福珠宝"这个品牌，很多人都会想到郑裕彤这个名字。在香港超级富豪中，郑裕彤排行第三，个人身价达300亿港元，是名副其实的珠宝大王。

15岁的时候，郑裕彤就被父亲送往澳门的"周大福珠宝"金铺做学徒，不满三年，他就荣升为金铺掌管。1946年，21岁的郑裕彤到香港设立了"周大福分行"。到20世纪70年代，郑裕彤已成为香港最大的钻石进口商。

其实，除了"周大福珠宝"，郑裕彤旗下还有一个集酒店、房地产、黄金珠宝业等多元化全方位发展的跨国集团——香港新世界集团。

郑裕彤不善言谈，为人低调。很多人以为，他的事业能取得如此成就，是得益于他背后那些数不清的运气。然而，他说："一个人的一生，碰上一两次幸运是可能的，但不可能永远幸运。"每当被问及成功的秘诀时，郑裕彤都会说："一个人要成功，一定要付出永恒的'勤'和'诚'，对人要诚恳，对别人要讲信用，只有如此幸运才会常伴你左右。"

郑裕彤凭借他的"勤"和"诚"创出了自己的一片商业天地。"仁、义、礼、智、信"，是圣贤孟子概括出的人与人之间的基本道德规范。在孟子的心目中，诚信是做人的根本，是一种人品修养。有了诚信，我们才能做事顺顺当当，做人大大方方，做官坦坦荡荡。

在与人相处的过程中，坦诚相待也是最重要的砝码，大多数矛盾都能用诚信来解决。很多成功的企业家秉持的原则就是：只要你能以诚待人，就能赢得良好的声誉，将潜在的矛盾化解在无形之中，从而获得他人的信任，获得立足于社会的资本。

当今社会，很多知名企业都视诚信为立足商界的根本。

惠普公司所大力倡导的"惠普之道"包括：信任员工、提供最高质量的产品和服务、对客户的需求富有激情、彼此信任和遵守职业道德、重视团队合作、创建丰富而融洽的组织。

微软集团的核心价值观是：诚实和守信；公开交流，尊重他人，与他人共同进步；勇于面对重大挑战；对客户、合作伙伴和技术充满激情；信守对客户、投资人、合作伙伴和雇员的承诺，对结果负责；善于自我批评和自我改进、永不自满，等等。

谷歌公司的核心价值观是：坚决不做邪恶的事情，无论有多大的商机；专注解决用户的问题，赚钱和其他问题以后再说；坚决以网络群体利益为首，无论自身利益如何；坚持"最好还不足够好"的标准，永远提升自己，寻找更好的解决方案。

……　……

只有诚信才能走得更加长远，发展得更加壮大。而对个人来说，信守承诺，才能赢得人心，才能迈上新台阶。

2000年的某天，对中国一家刚创办的网络公司来说，是一个好日子。这一天，它迎来了一个非常难得的大客户。为了"拿下"这个客户，公司经理亲自接待了这个重量级的客户。来者拿着策划书，问那位刚刚创业的年轻经理："请问这个项目要多久可以完成？"

"6个月。"经理回答说。

听了经理的话，客户的脸上顿时露出了为难的表情，他接着问道："你看4个月可以吗？如果你们4个月就完成的话，我们给你加50%的报酬。"

原以为经理面对如此高的付费标准会不假思索地答应下来。然而，经理却摇了摇头，毫不犹豫地拒绝了："真的非常对不起，这么短的时间我们实在做不到。"经理的话没错。按照当时的技术水平，4个月对他们公司来说，是很难完美地完成这个任务的，所以这位经理忍痛舍弃了唾手可得的巨大利益，诚实地拒绝了这份报酬。

然而，客户听了拒绝的话语后不但没有不高兴，反而开怀大笑，很爽快地在合同书上签了字。他对经理说："对您诚实的拒绝，我感到非常满意，因为这反映出您是一个很诚实和稳重的人，而在您领导下的产品的质量一定是有保证的。在今天这个商业社会里，我们看重的不是单纯的速度，而是让人有足够安全感的诚实。"6个月后，该公司如约向这家大客户履行了交单的义务。

短短两年的时间，这家小网络公司的这位诚实的经理一跃成为"中国十大创业新锐"。仅隔了一年，他又荣获了首届"IT大风云人物"称号。而他的公司在这短短的三年时间内，从一个小网络公司一跃发展为全球最大的中文搜索引擎公司。

一直到今天，这个经理始终不改诚信的品质，他叫李彦宏，毕业于北大信息管理系。而他的公司名字早已为世人熟知，它叫百度。

诚信不仅仅是一种品德，更是一种做事的姿态，这种姿态能够给人以安全感和信任感。一家刚刚创业的新公司能够为重量级的客户提供安全感，单是这份诚恳和务实就显示出了它的不俗之处。这样的企业，能够取得辉煌的成就，也是理所当然的。

生活中，很多人都认为欺骗、不诚实是一种有利可图的行为。他们以为欺骗的手段是很值得使用的，却不知欺骗的后面尾随着高昂的代价。

与人交往、合作的过程，本是一个心灵互换的过程，在此过程中，如果缺失了诚信这个环节，那么换来的结果不会是双赢，也不会单赢，只会是心灵结盟的彻底溃散。久而久之，这样的人会被众人"抛弃"。

五、以诚待人，以信立身

与朋友相处的几点：第一，保持足够的尊重和对他本人价值的认可。第二，说过的事一定要有下文，不可不了了之。第三，当朋友处在难处时尽可能地帮助，哪怕给一个倾听时间也是好的。第四，不要随便开口跟人家借钱或者让人帮忙，尽量自己克服。第五，给朋友提供有价值的观点或机会。第六，真诚坦诚。

——王利芬（毕业于北京大学，优米网创始人）

关于"诚"，宋代著名的理学家周敦颐把"诚"说成是"五常之本，百行之源"。《礼记·大学》中说："所谓诚其意者，不自欺也。"朱熹也说："诚者何？不自欺不妄之谓也。"所以，所谓"诚"，主要是指要真心实意地加强个人的道德修养，存善去恶，言行一致，表里如一，对他人不存诈伪之心，不说假话，不办假事，开诚布公，以诚相待。一个人唯有具备不自欺、不欺人的诚信品质，人生之路才会走得顺畅、长远。

关于"信"，中国古代伟大的思想家孔子在《论语·为政》中说："人而无信，不知其可也。大车无輗，小车无軏，其何以行之哉？"这段话的意思是：人不讲信用，真不知道怎么可以呢！就好比大车上没有輗，小车上没有軏，它靠什么行走呢？信，是儒家传统伦理准则之一。在孔子看来，信是一个人立身处世的人生基石。一个人如果失去了信用，无异于失去了做人的支撑。孔子把"信"列为对学生进行教育的"四大科目"（言、行、忠、信）和"五大规范"（恭、宽、信、敏、惠）之一，强调要"言而有信"，认为只有"信"，才能得到他人的"信任"（"信则人任焉"）。大车无輗（大车辕端与衡相接处的关键），小车无軏（小车辕端与衡相接处的关键），一个人，如果失去"信"，就像车子没有轮中的关键一样，是一步也不能行走的。由此可见，"信"之于一个人的重要性。

从上面的分析中我们可以看出，"诚"和"信"这两个字的含义在本质上是相通的。许慎在《说文解字》中说："诚，信也。"又说："信，诚也。"二者互训。诚信的主要内容是既不自欺，也不欺人，它包含了两个方面的含义，其一是忠诚于自己的心灵，其二是诚实地对待他人。

以诚待人，是古往今来成大事者的基本做人准则。所以青少年朋友一定要明白，无论是做人还是做事，都时刻不能忘记"诚信"这两个字，从小培养诚实守信的习惯，会让我们终身受益。

在唐朝元和年间，有一位名叫吕元应的东都留守。这个人非常喜欢下棋，在他家生活着一些专门陪他下棋的食客。

吕元应家有一条规矩：在和食客下棋的时候，谁如果赢了吕元应一盘，出入可配备车马；如果赢他两盘，可携儿带女来门下投宿就食。

一天，吕元应在家里的石桌旁和食客下棋。正下得入迷的时候，他的手下给他送来了一摞公文，要他马上就处理。吕元应于是拿起笔准备批复。陪他下棋的那位食客见他低头批文，以为他不会留意到棋局，便偷偷地快速换了一子。食客哪里知道，他这个小小的动作，被吕元应尽收眼底。吕元应批复完公文后，不动声色地继续与食客下棋，食客最后胜了这盘棋。食客回房后，心里非常高兴，渴盼着吕元应提高自己的待遇。

令食客没有想到的是，第二天一大早，吕元应就带着一些礼品，请这位食客另投门第。其他食客不明白个中原因，觉得非常奇怪。

十几年过去了，吕元应处于弥留之际时，将儿子、侄子叫到身边，和他们谈起了那次下棋的事，说："他偷换了一个棋子，我倒不介意，但由此可见他心迹卑下，不是个诚实的人，断不可深交。你们一定要记住这些，交朋友要慎重，待朋友要真诚。"

凭借自己多年的人生经验，吕元应深觉棋品人品不分家，棋品即人品。这个故事告诉我们青少年，我们在日常生活中一些不守信用的行为，看似小事，却会为我们的品格印上很大的污点，成为我们人生发展过程中的绊脚石。

香港首富李嘉诚就是一个将诚信置于第一位的商人。

1950 年，李嘉诚创立了长江塑胶厂，主要经营玩具和家庭用品。在工厂开办的初期，工厂的条件不完善，工人们的生活和工作条件都很艰苦。可是，跟随李嘉诚的工人却几乎无一人跳槽、另谋高就。这主要是因为，在李嘉诚的做事原则中，将诚信摆在了第一位。他经常说的一句话是："只有你以诚待人，别人才会以诚相报。"

长江塑胶厂创立后不久，为了发展壮大，聪明的李嘉诚看准了塑胶花市场的巨大潜力。于是，他果断集中所有的人力、物力，全部投入到了塑胶花的生产中。当时，有位外国商人非常钦佩李嘉诚的经营方式，觉得他的产品价廉物美，就找到他，希望大量订货。但是，为了供货有保障，这位外商提出，长江塑胶厂必须寻找有实力的厂家做担保。这对创业初期的李嘉诚来说，可是一笔不小的订单啊。

李嘉诚一方面非常开心，另一方面又非常苦恼：找谁做担保呢？李嘉诚一连跑了几天，都没有找到合适的担保者。最后，他只得如此对外商说："先生，我非常想长期和您合作，但是很遗憾，我实在无法找到厂家为我做担保。如果您因此而重新做出决定，我将尊重您的决定。"

那位外商听了李嘉诚的话，思考了一会儿，说："从你刚才的话中可以看出，你是一位诚实的人。我想，相互间的诚实才是合作的基础。我已经决定了，你不必再找人做担保了，我们现在就签合同。"

但是，李嘉诚还面临着一个困难，那就是资金有限，一下子完不成那么多订单。讲究诚信的李嘉诚又将这一情况如实告诉了外商。李嘉诚以为，只要自己说出了实话，对方就会取消和自己的合作，可事情却恰恰相反，那位外商听了李嘉诚的话后，不但没有要取消订单的意思，反而非常开心地说："李先生，现在我更能肯定你是一位值得信赖的人了。我愿意提前付款，为你解决资金难题！"——就这样，李嘉诚顺利拿下了这笔大订单，从中得到了一笔可观的收益。

从这件事中，李嘉诚领悟到，只有"信誉第一，以诚待人"这八个字，才是今后经营中应当遵守的金科玉律。

从此以后，李嘉诚的公司如同他的名字一样，都挂上了一块"诚"字招牌。而恰恰是这看似简单的"诚实"二字，为李嘉诚日后闯荡商界打下了深厚的根基，促使他登上了香港首富的宝座。

我们不得不承认，李嘉诚之所以能够取得事业的成功，得益于很多因素，比如聪明、勤奋，但是，"诚信"这个因素一直伴随其左右。对诚信精神的坚守，使他赢得了众多的商业合作伙伴。他的故事告诉我们青少年，诚信犹如一个人的名片，无论走到哪里，都会为其赢得信赖。

诚信是一种品德，对每个人来说，都需要以诚待人，以信立身。诚信是我们重要的财富之一，一个诚信不欺、一诺千金的人往往易于得到认可，获得帮助。从某种意义上说，诚信就是一个人的生存资本，正如哲学家康德所说："诚实比一切智谋更好，而且它是智谋的基本条件。"

六、对人讲信用，幸运才能常伴左右

伟大人格的素质，重要的是一个诚字。

　　——鲁迅（曾在北京大学任教，著名文学家、思想家、革命家，中国现代文学的奠基人之一）

一个人如果想取得成功，一定不能少了诚信的品质。时刻讲究诚信，你才会获得真正的幸福，得到更多的发展机会。

我国古代圣贤孔子曾说"事君能致其身"，他教导我们，不论同学还是朋友有求于你，如果你已经答应帮忙，就要尽心尽力、言而有信，否则不要轻易答应。受人之托，忠人之事，不能是表面上愿意帮忙，表现出恭敬的样子，背地里却丝毫不放在心上。不讲究诚信的人，会被同学和朋友疏远的。

曾有一个小男孩，他从小居住在小城镇，父亲在小城镇上开了一家饭店。

一天，某建筑公司经理出差经过此地时，所乘坐的小汽车发生了故障，抛锚在父亲开的饭店门前。

当时正是中午时分，父亲赶紧热情招呼这位经理进饭店进餐。经理一边吃饭一边和小男孩的父亲商量怎么找人修车。可找遍附近所有维修点，都说这位经理的车是原装进口车，缺少配件，修不了。

无奈之下，经理只好把车托付给小男孩的父亲照看，租车回去购买配件。

小男孩很喜欢车，但他父亲却不允许他靠近经理的车，并对他说："这位经理既然将自己的车托付给我们照看，我们就应该将车照看好，做人应该信守承诺。"他将父亲的话深深地记在心里，不但自己不靠近车，还守在车旁，不让那些淘气的小孩子靠近车。

也许那位经理不放心将这么贵重的车放在这家饭店，第二天一大早就风尘仆仆地赶过来了。当那个经理看到这个守在车边的小孩子护卫着车，不让别的孩子靠近时，非常感动，就要给他看车费。

小男孩的父亲连连摆手："咱这又不是摆摊看车的，收什么看车费！谁出门不会遇上个难事，你在我这里吃饭，是我的顾客，我帮你看车是应该的。再说了，我已经允诺替你看车，我就会将车保护好，否则我就是失信，你再给我看车费不是小看我了吗？"那个经理感动极了。后来，那个经理就决定帮助小男孩的父亲扩大饭店的经营，投资了 50 万元，小男孩父亲的饭店在这笔资金的帮助下，生意红红火火。

故事中的小男孩和他的父亲，用自己的实际行动践行了"守信"二字的可贵。他们也凭借自己的"守信"品质获得了那位建筑公司经理的投资，扩大了自己饭店的经营。可谓好心有了好报。

生活中，我们随处可以见到这样的人：他们到处许诺，却又兑现不了自己的诺言，落得一身"人情债"。有人说许诺就是负债，因为你是要还的，否则和一个言而无信的小人有何区别呢？

对人讲信用，是一个人的做事之本。一个人，应该将诚信品质贯穿于自己的所有行为中，用诚信要求自己，让诚信成为自己的习惯。

人无信不立，良好的信誉能给我们的生活和事业带来意想不到的好处。青少年朋友，无论是在生活还是工作中，我们都要做到"言必行，行必果"。答应别人的事情一定要尽心尽力，言而有信，这样，你才会受到更多人的欣赏和信赖。

七、对别人诚实就是善待自己

诚，是从内心外发的，是内心的真实无妄，也是主观性原则。

——牟宗三（毕业于北京大学，著名学者、哲学家、哲学史家）

经济学告诉我们：物以稀为贵，最稀缺的东西最值钱。人的道德虽然不能用金钱来衡量，但是难能可贵的品德却同样是生活中不可或缺的。诚实是一切美德的基础，是人生不可多得的财富。生活往往就是这样，你诚实地面对它，它也会诚实地对待你，对别人诚实，就是善待自己。

正所谓"人无信不立"。诚信是做人之本，与狡诈、欺骗、虚伪是天生的冤家，人最根本的修养便在于"以诚为本，以信为用"。对别人诚实的人，无论处于什么样的环境中，都会以真实的一面待人，也更加容易获得别人的信任。

然而，如果一个人不诚实待人，做了不正当的事情，那他一定会遭受良心的谴责。良心的谴责、内心的羞惭，让人非常痛苦，它能减损人的力量，淹没人的品格，葬送人的自尊心与自信心。

我国著名作家巴金先生曾说："良心的责备比什么都痛苦。"背负着良心债过生活，个中滋味可想而知。做一个仰不愧于天、俯不怍于地、诚实待人的人，才会让人活得更加洒脱、快乐。

在古希腊，一位名叫皮西厄斯的年轻人因冒犯了国王而被投进了监狱，等待他的是即将被处死的命运。

在行刑前，皮西厄斯向国王请求："亲爱的国王，我只有一个请求，请您允许我回家乡一趟，向我最爱的人告别。"

国王听了皮西厄斯的话，大笑起来："我又不傻，我怎么知道你是否会遵守诺言呢？你只是想逃命而已吧！"

就在这时，有一位名叫达芒的年轻人走向前对国王说："尊敬的国王，请您将我关进监狱代替我的朋友皮西厄斯吧！让他回家乡看看，料理一下事情，向朋友们告别。根据我的了解，他一定会回来的，因为他是一个从不失信的人。如果他不能如期回来，我情愿代替他被处死。"

听了达芒的话，国王非常吃惊，竟然有人这样自告奋勇！最后，国王同意让皮西厄斯回家，并命令把达芒关进监牢。

不久，皮西厄斯的归期就要到了，但他却没有丝毫要回来的迹象。国王命令狱吏严加看管达芒，别让他逃掉了。

但是，达芒并没有打算逃跑，他始终相信他的朋友是诚实而守信用的。他说："如果皮西厄斯不准时回来，那也不是他的错。那一定是因为他身不由己，受了阻碍不能回来。"

终于，皮西厄斯的归期到了。

达芒做好了赴死的准备。但他对朋友皮西厄斯的信赖依然坚定不移。他说，为自己最好的朋友去死，他一点儿都不觉得难过。

就在达芒被押解到刑场准备受死时，皮西厄斯出现了，原来是暴风雨使他耽搁了一些时间。他显得非常着急，生怕自己来不及赶回来。他亲热地向达芒致意，达芒也非常高兴，因为他的朋友准时回来了。

这件事深深感动了国王，他认为，像达芒和皮西厄斯这样互相友爱、互相信赖的人不应该受到不公正的惩罚。

于是，国王把他们俩都释放了。

最后，国王对他们二人说："我愿意用我的全部财产，换取这样的朋友。"

这个故事告诉我们：诚实是守信的基础，守信则是诚实的外现。只有诚实守信才能有善良、正直、勇敢和谦逊的心，才能信守诺言、履行约定，才能赢得别人的信任。

著名翻译家傅雷曾说:"一个人只要真诚,总能打动人,即使人家一时不了解,日后便会了解的。我一生做事,总是第一坦白,第二坦白,第三还是坦白,绕圈子,躲躲闪闪,反易叫人疑心。你要手段,倒不如光明正大、实话实说,只要态度诚恳、谦卑恭敬,无论如何人家不会对你怎么样的。"

青少年朋友,在人际交往中,你一定要诚实待人。诚实待人是赢得人心、产生吸引力的必要前提,它能使你的人际交往更加顺畅。因为,如果你待人以诚,别人同样会以诚待你。

八、视信誉如生命

社会上的浮躁风气和商业上的投机心理侵蚀着学术,一些学者忘记了学术的目的,或急功近利,粗制滥造;或媚于世俗,热衷炒作;有的人甚至丧失学术道德,以抄袭剽窃的手段换取一时的名利。这简直就是学术自杀的行为。

——袁行霈(北京大学中文系教授,著名古典文学专家)

优秀的品格是引导我们采取行动的航标,具备优秀的品格,能使我们在人性的丛林中顺利行走。对此,邓肯说:"有德行的人之所以有德行,只不过受到的诱惑不足而已;这不是因为他们生活单调刻板,而是因为他们专心致志奔向一个目标而无暇旁顾。"是的,一个人如果执着于追求诚信品质,那么他便鲜有机会受到不良心性的影响,去做出于人于己都不利的事情。诚信的品质能够让一个人的行为经得起岁月的考验,并随着时光的流逝而恒久生香。

在武汉市鄱阳街有一座叫"景明大楼"的高楼,它有六层,建于1917年。这座楼的设计者是英国的一家建筑设计事务所。

20世纪末,景明大楼已经矗立了80个春秋。突然有一天,它的设计者却远隔万里给该楼的业主寄来了一封信函。

信中写道:景明大楼为本事务所在1917年所设计,设计年限为80年,现已超期服役,敬请业主注意。

80年前盖的楼房,不要说设计者,就连当年盖楼的施工工人,恐怕也都不会在人世了吧!没想到80年后,却依然有人为它的安危操心!操这份心的,竟然是它最初的设计者,一个异国的建筑设计事务所!是什么样的情怀,促使一个人、一群人、一个在时空中更新换代了数茬人的机构,历经近一个世纪的变迁,却仍然坚守一份诚意、一份承诺?这让人震撼不已。

贝多芬曾说："把'德行'教给你们的孩子：使人幸福的是德行而非金钱。这是我的经验之谈。在患难中支持我的是道德，使我不曾自杀的，除了艺术以外也是道德。"这番充满哲理的话，从另外一个角度向我们阐述了坚守声誉与诚信对我们人生的重要意义。

从北大毕业后，苏小民（化名）和几个朋友合伙开了一家电脑耗材公司。经过几年的辛苦经营，如今的他已经成为一个拥有千万资产的小老板。

然而，就在苏小民的事业蒸蒸日上的时候，一个皮包公司利用一份假合同骗走了公司很大一笔钱。由于资金周转困难，他的公司在坚持了不到半年之后，便被迫宣布破产了。

当苏小民和其他几个合伙人商量日后的出路时，几个合伙人纷纷表示要离开这个伤心地，去外地发展。但是，苏小民没有这么做，他选择留下来，并承担起公司近百万的对外债务。

万幸的是，在如此艰难的时刻，苏小民公司的那些债权人并没有找上门来逼债。一周后，那些债权人都惊讶地接到了苏小民的电话。在电话中，苏小民诚恳地表示：自己在半月之内，一定会把所有的债务都偿还清。

而后，苏小民将自己一处位于黄金地段，且极具升值潜力的房产低价卖了出去。果然在不到半个月的时间里，偿清了那百万的债务。

苏小民讲究信用、一言九鼎的行为，深深打动了那些债权人，他们都把他视为真诚的、可信赖的朋友。

在那一段艰难的日子里，苏小民几乎每天都能接到那些债权人给他打来的电话，有找他吃饭散心的，也有人给他介绍一些朋友，并为他以后的创业出谋划策。

不久，国内一家有名的企业管理软件公司的一位主管听到他卖房还债的事情后，非常感动，找到他，要求他代理自己的产品，但前提是需要 60 万元的启动资金。而在当时，他的全部财产加起来还不到 8 万元。当那些债权人得知此消息之后，在不到 2 天的时间里，竟凑齐了 100 万元，全力支援他。

没多久，苏小民的事业开始有了转机，并一步步获得了成功。归根结底，是他始终坚持诚信的原则，为公司带来了更大的收益。

在《对一个年轻商人的忠告》一信中，富兰克林提及了两句至理名言，其一："时间就是金钱。"其二："信誉也是金钱。"在青少年朋友中，对前一句话认可的人肯定不少，但对后一句话认同的人就少之又少了。其实，在人际交往中，社会规则的坚守离不开信誉。

信誉是我们人生的重要支撑。要知道，糟蹋自己的信誉无异于在拿自己的人格做典当。如果一个人凭着自己良好的品性，能让人在心里默认你、认可你、信任你，那么，你就有了一项成功者的重要资本。令人遗憾的是，真正懂得获得他人信任的方法的人非常少。大多数人都无意中在自己前进的大道上设置了一些障碍，比如有的人态度虚伪，有的人缺乏机智，有的人不善于待人接物……这些常常使那些有意与之深交的人感到失望，进而对他敬而远之，更不用谈什么深交了。所以，青少年朋友一定要努力培植自己良好的名誉，使大家都愿意与你深交。

一个成功者曾经这样概括自己的成功秘诀："坚守信誉是我成功的最关键要素。"是的，一个人如果想获得众人的认可和信任，对信誉的守护是万万不可放松的一件事。然而，现实生活中，我们如何才能获得他人的信任呢？

第一，你要记得随时随地去加强并维护自己的信誉。很多人能获得成功靠的就是获得他人的信任。你应该随时随地去加强你的信誉。

第二，要获得众人的信任，需要我们付出实际行动。

第三，待人要展现出正直诚实的品格。青少年在刚刚跨入社会时，绝不会无缘无故就马上得到他人的信任。他必须凭借自己的优秀品行、美好人格来吸引他人的注意，获得对方的信任。人际交往中，大家最注意的往往是那个人是否还在不断进步，其品格是否端正，其习惯是否良好，以及他的个人历史是否有信誉污点。

第四，要持之以恒。任何事情要想做好，必须拥有持之以恒的品质，同样，要获得他人的信任也是如此。良好的态度要一以贯之，千万不要今天扮了一天笑脸，明天难以自制而显出粗俗急躁的本性。一个志向高远、决心坚定的人，做任何事情都要有始有终，而不要半途而废，否则，很难获得人们的信任。

九、守时，就是守住信誉

时间就是生命，无端的空耗别人的时间，其实无异于谋财害命。

——鲁迅（曾在北京大学任教，著名文学家、思想家、革命家、中国现代文学的奠基人之一）

青少年如果想成为优秀者，就要具备很多素养，其中之一便是守时。正如大家常说的："时间就是金钱，时间就是生命。"

既然时间如此珍贵，那么做事守时就显得至关重要。

诚实守信者都是掌握并运用时间的高手，他们深深懂得守时的重要性。在他们的眼中，时间是世上所有物品中最有价值的一种：它往往是各种问题、各种场合的致命核心，在社会交往中尤其如此。和同学约好去一个地方时，你是否能按时到达约会地点；

进入职场后，每一个工作日你能否准时坐在办公桌前；工作中与人谈判时，你能否在约定时间坐到谈判桌前……假如你在这些时候、这些场合错过了时间老人的提示，那么你的信誉很可能会在别人眼中降低。由此可见，如果你想成为别人眼中的守信者，"守时"的好习惯是一定要具备的。

当今时代，生活节奏快，更需要我们具备守时意识。守时，理应是现代人所必备的素质之一。然而令人遗憾的是，不守时的情况在我们身边时有发生：上课时间到了，总有那么几个人爱迟到；约会时间到了，有的人就是不见踪影；要求什么时间要办完哪件事，到时总有人不能按时完成……这样的事情在生活中太多了，实在让人烦恼。如果只是偶尔一次不守时，似乎也情有可原，然而你仔细观察一下，就会发现，在某些人身上不守时的事是经常发生的。这样的人怎么可能会得到别人的认可，更别谈别人对其的信任了！别人怎么能放心地将事情交给一个不守时的人呢？

在一家软件公司上班的李文静是一个时间观念很差的人。有一次，在她的再三努力下，她的客户——一家高科技公司的经理终于给了她回音，让她在星期三上午9点到经理办公室去，与她面谈公司软件的项目。

但李文静在那天去见该经理的时候，比约定的时间迟到了15分钟。等她到时，经理已经离开了办公室，去出席一个会议了。过了几天，李文静便再去见该经理。经理问她那天为什么迟到，害得自己白等了半个小时。

李文静回答道："洋森先生，那天我在9点15分来了啊！"

"但是约定的时间是9点钟！"该经理提醒她。

李文静还是不服气，以狡辩的语气回答道："我知道。但我以为迟到了15分钟是无关紧要的，你就等不及了吗？"

该经理很严肃地说："无关紧要？你要知道，准时赴约是件极重要的事。在这件事上，你已经失去了你所向往的那笔业务，因为已在当天下午，公司又接洽好了另一个人。我要告诉你，你不能认为我的时间不值得，以为等一二十分钟是不要紧的。老实告诉你，在那一二十分钟的时间里，我还预约了两件重要的谈判项目！"

故事中的李文静的做法实在太不应该了。当然她也受到了应有的惩罚，本已经到手的机会，因为不守时而泡汤了。她的教训告诉我们青少年朋友，一个人守时，是言而有信、尊重他人的表现。反之，不守时，则是对别人的不尊重，结果受害的只能是自己。

在当今职场中，存在这样一个不可忽视的现实：有的人由于工作忙碌、时间紧张，接待客人的时间受到限制，最多谈话不超过三分钟，对于这样的人来说时间就是生命。面对这样的人，你如果不守时，想让人家等待，那么无异于白白将到手的机会拱手让人，更可怕的是，你可能永远失去了和这个人交际的机会。

不守时的人没有这样的意识：你没到，别人却在等你，这种等待是不公平的，是浪费别人的时间，甚至是生命。如果你确实因为急事或意外事故而不能按预约的时间到达，那么你应该及时打电话告知对方。总的来说，在与人交往中，守时是一个人品格是否良好的表现。一个人如果不守时，即便他再优秀、能力再强，也不会获得别人的信赖，更不要谈和他人深交了。

守时，也就是守住信誉。一个遵守约定时间、能准时到达的人，必定是个言而有信的人。由此，也会赢得更多的信任与尊重。

著名作家鲁迅曾经说过："时间就是生命，无端的空耗别人的时间，其实无异于谋财害命。"是的，守时是对别人生命的尊重，也是对自己信誉的提升。

亲爱的青少年朋友，你今天"守时"了吗？

十、不是你的功劳，就别碰它

核武器事业，是成千上万人的努力，才能取得成功的！我只不过做了一小部分应该做的工作，只能作为一个代表而已。

——邓稼先（曾在北京大学任教，著名科学家）

当今时代竞争激烈，职场犹如没有硝烟的战场，确实存在很多好吃懒做，但又想在事业上有所成就的人，他们自以为十分聪明，采取投机取巧的手段将别人的功劳据为己有。这种行为虽然在无人发现的情况下暂时会奏效，但时间久了，迟早会露馅的。待真相大白后，受伤的最终只能是自己。

从北大毕业后，王小宁（化名）和宋晓飞（化名）进入了同一家广告公司。由于两人曾经是校友，所以平时相处得还不错。

年底公司开年会的时候，进行了一次推广策划评比活动。活动的规则是：每个人都可以提交方案，优胜者有奖。王小宁觉得这是一个展现自己能力的好机会。经过半个月的深入调研，加上平时对市场工作的观察思考，她很快做出了一个非常出色的策划方案。

方案征集截止日期的最后一天，宋晓飞在和王小宁聊天时，突然叹了一口气说："哎，小宁，我还真有点紧张，心里没底啊！你帮我看看方案，提提意见。"王小宁想都没想就答应了。说真的，宋晓飞的方案真的是非常一般，没什么创意。王小宁看完没好意思说什么。

宋晓飞用探究的目光盯着王小宁说："哎，咱俩换换，也让我看看你的方案吧！"王小宁有点不愿意，但自己刚才看了人家的，现在没有理由不让人家看。好在明天就要开大会了，她想改也来不及了。于是，王小宁将自己的方案拿给宋晓飞看了。

第二天的方案评比会上，宋晓飞被排在前面发言。令王小宁没有想到的是，宋晓飞讲述的方案竟然跟自己的方案一模一样！在讲解的时候，宋晓飞竟然还对老板说："很遗憾，我现在只能讲述自己的口头方案，电脑染了病毒，文件被毁了，我会尽快整理出书面材料。"这一切让王小宁目瞪口呆。她实在没想到宋晓飞会抢自己的功劳。

王小宁没敢将自己的方案交上去，也不敢申诉，她怕老板不相信自己，只好默默的伤心。她和宋晓飞两个人的友好关系也瞬间瓦解了。后来，宋晓飞的方案获得了老板的认可，但因为方案不是她自己创作的，有些细节不清楚，在执行方案时出了很大的漏洞，又无法及时修正，结果失败。最终，老板得知这是宋晓飞抢的别人的方案，就无情地炒了她的鱿鱼。

宋晓飞的教训告诉我们青少年：不是你的功劳，就不要去抢。别人的功劳是属于别人的，你抢来总归不是光荣的，甚至会让你身败名裂。因为一旦这种争功透过的行为被上司发现，就会使他不再信任你，再也不敢把重大任务委托给你；而且同事们也会为此憎恶、排斥你。这时，你做人的信用便会荡然无存，别人又怎么会尊重并认可你呢？

正所谓"真金不怕火炼"。青少年朋友，你如果想得到真正的认可，就要凭自己的真本事去创造，投机取巧的做法终究会害人害己。因此，切忌去做那些夺取他人的功劳又自毁前程的傻事。

十一、"嘴巴紧"是获得别人信任的前提

想清楚了再去做，是一种明智之举。

——朱光潜（曾任北京大学教授，著名美学家、文艺理论家、教育家、翻译家）

在手表界，谈及"精工"手表，恐怕没有几个人不知道。本田精工几乎独占了日本手表零配件的供应市场，但是本田精工的总经理本田秀即便在今天接受媒体采访时，仍是一副小心翼翼的姿态，他最喜欢讲的一句话是："千万别这么讲，干我们这一行，嘴巴守紧一点儿，比什么都重要。"

二战后，日本整体的手表经营受到了恶性影响，其中以下游手工业者集中地的长野县一带，遭受的打击最大、最狠。

可是，令人不解的是，如今诹访一带的企业，却出乎意料地发展良好。分析原因时，有人说这与诹访人的"嘴巴紧"有关。诹访一地素有"东洋瑞士"之称，当地人具

备从不轻易透露口风的性格特点。当地技术最进步、收益也最丰硕的"本田精工",就是最具备这种诹访气质的企业团体。

"嘴巴紧""不轻露口风"的特点不仅在商界非常重要,在当今的人际交往中也十分重要,它是我们获得他人信任的前提。

王中勤是个非常活泼开朗的女孩,她喜欢说笑,刚进公司的时候,深得同事们的喜欢。同事们有事没事都爱和她聊天。

然而,这样的日子没过多久,同事们就一个个开始疏远她了,对她不仅不像以前那么热心,反而爱搭不理了。

王中勤虽然大大咧咧,但她还是有自知之明的,她知道是同事们嫌她嘴巴不紧,造成大家慢慢对自己不信任了。可她觉得自己天生爱说话,想控制也难,因为她喜欢与人共享快乐,对一些办公室里的新鲜事,如公司即将争取到一位重要的客户、老板暗地里给谁发了奖金,她知道后就喜欢拿出来向别人炫耀,她也知道这种习惯不好,但又不知道该怎么办……

青少年踏入社会成为职场人士时,一定要养成嘴巴紧的习惯。"嘴巴紧"往往是职场新人在单位建立自己信用、被同事从心理上接纳的前提。试想一下,如果你在上司和同事中被看成是"口风不紧"的人,那你在该单位还有什么发展前途呢!到时候,单位有什么重要的任务,不仅不会交给你办,很有可能会故意回避你。如果不幸地赶上单位裁员,上司可能第一个想到的就是你。

青少年初入职场,除了嘴巴要紧外,还要注意这些细节,如书面文件的保管,在离开办公桌时要收拾好。如果想丢弃,不能简单地揉成团扔到垃圾桶了事。正确的做法是,用碎纸机碎掉。在公开场合,切忌和同事或者朋友聊单位的机密,毕竟隔墙有耳。无论何时何地,都可能有人在收集信息。

当然,职场中难免会碰到爱搬弄是非之人。面对这些人,你要坚定自己的立场,具体可以采取以下的策略:

1. 不同他们同流合污。自己在无意中听见他人散布的员工秘密,应不再做进一步的扩散,也不要做进一步的打听,应理智地面对,当作没听见。

2. 和他们保持一定距离。对于他们扎堆式的聊天,尽量不要参与其中。要控制自己的好奇心,做好本职工作。

3. 冷淡回应他们。生活中,有些人就是喜欢搬弄是非,对这样的人,你最好冷淡回应。不要认为那些把是非告诉你的人是信任你的表现,他们很可能是希望从中得到更多的谈话材料,从你的反应中再编造故事。所以,聪明者不会和这种人推心置腹,建立真正的友谊关系。对于这种人,最好的方法就是冷淡回应或者置之不理。

深圳一家酒店的员工田某说:"在我的寝室墙上挂着一副对联,上联:闲谈莫论人非；下联：静坐常思己过。在和同事相处的过程中，我始终以此为准则。多年来，我和同事的关系相处得非常融洽。"正所谓"病从口入，祸从口出"，青少年一定要学会管好自己的嘴巴，做一个"嘴巴紧"的可信之人。

十二、按规矩办事

中国决不缺少雄韬伟略的战略家，缺少的是精益求精的执行者；决不缺少各类管理制度，缺少的是对规章条款不折不扣的执行。

——汪中求（北京大学职业经理人训练班的特聘培训师、著名经济管理咨询师）

每一件事的运作都有其自身的规则，正所谓"没有规矩，不成方圆"。所谓规矩，就是指法则，是规范秩序、端正风气的重要基础和必要条件。规矩是人们做人行事的准则。古人说："规者，所以规圆器械，令得其类；矩者，所以矩方器械，令不失其形。"用规矩约束行为、规范管理，是现代社会的基本特征。

社会越发展、越进步，就越需要规矩。规矩之于社会，就像阳光、空气之于人，须臾不可或缺。假如没有规矩，大到国家，小到公司、家庭，都会陷入混乱。人不以规矩则废，家不以规矩则殆，国不以规矩则乱。对每个人来说，懂规矩是一项自足于社会的重要法则。不懂规矩、不用规矩、不守规矩，迟早会在社会上吃大亏。

守规矩的意义重大。规矩是由人制定的，更要由人遵守。规矩的意义和价值体现于被执行和被遵守中。社会中，如果每个人都守规矩，都按规矩办事，那么我们的社会该多么和谐呀！人际关系该多么融洽啊！

令人遗憾的是，生活中，总有一些人无视规矩的存在，在他们眼里，规矩只是个摆设和儿戏，他们想做什么就做什么，想怎么做就怎么做，无所顾忌，不该要的敢要，不该拿的敢拿，不该去的敢去，不该玩的敢玩，不该吃的敢吃，不该办的敢办……有时为了个人或局部利益，挖空心思搞"上有政策，下有对策"，肆意闯"红灯"，大打"擦边球"。更有甚者，自己不按规矩办事，还讥讽按规矩办事的人"死板、迂腐、不开窍、不会办事"，为了显示自己胆子大、本事大，在用人、用钱等敏感问题上，他们不讲原则讲关系，不看制度看来头。这些人的行为严重污染了整体社会风气。最终，这些不按规矩办事的人，往往都付出了代价。按照规矩办事，是使事情得到顺利进展的重要保证，也是我们赢得众人信任的前提。青少年朋友要努力按照规矩办事，守本分、不逾越。

清代红顶商人胡雪岩就是一个讲究按照规矩办事的人，他也因此获得了众人的信赖，事业发展得红红火火。

每做一桩生意，每进行一次合作，胡雪岩都非常遵守特定的商业规则。有这么两件事：

一次，绿营兵军官罗尚德在上战场之前，将一笔银子存在了胡雪岩开办的阜康钱庄里，当胡雪岩给他开存折时，他坚决不要，因为一来他相信胡雪岩的信誉，二来怕自己上战场后，凶多吉少，要不要存折无所谓。然而，胡雪岩坚持为他开出了存折，并说无论如何这道手续都不能省略，因为客户存入款项钱庄必须开出存折，这是行界规矩，必须按照规矩办事。

还有一次，胡雪岩和古应春等人合伙卖蚕丝，除去必要的开支外，赚来的银子所剩无几。既然是合伙，胡雪岩仍然坚持分出红利，他说即使自己没有赚到一文钱，红利该分的还是要分。与合作伙伴均分红利，这也是照规矩办事。

正是因为胡雪岩照规矩办事，天下与他打交道的人无不信任他，所以，胡雪岩的生意也越做越大。

无论是与人交往，还是经商，都应该按照规矩办事。严守规矩，按照法律、纪律和道德规范去做，才能保证一切正常有序地运转，确保取得好的效果，确保社会稳定、和谐。故事中的胡雪岩之所以将事业做得红红火火，与他凡事按规矩办事有很大的关系。

一个人讲不讲诚信，和他能否坚持按规矩办事有很大关系。只有规规矩矩地按照大家都遵守的规矩做事，才容易让人相信，继而建立起自己的信誉。不按照规矩办事者，无法取得别人的信任和认可。久而久之，其人生之路也必定不会多么顺畅。

十三、别人虚假，但你不能随波逐流

我有两种看待人生的方法。在第一种方法里，我把我自己摆在前台，和世界一切人和物在一块玩把戏；在第二种方法里，我把我自己摆在后台，袖手看旁人在那儿装腔作势。

——朱光潜（曾任北京大学教授，著名美学家、文艺理论家、教育家、翻译家）

提到"诚信"二字，有的青少年认为，既然社会上有许多不诚信的事情，那么，自己就可以随波逐流，不在乎诚信。甚至有些青少年认为，读书时就应该开始练习如何拍马屁，这样才能为以后更好地融入社会打下基础。

我们不否认，这个世界并非完美，在任何时代、任何社会都难免存在不诚信的人和事，但是我们要对无所不有的社会现象有一个独立的判断，把这些不诚信的人和事看作是例外，而不能把它们当作正确的存在。毕竟诚信才是整个社会的主流，绝大多数人的身上都闪耀着诚信的光芒。

青少年在和人交往的时候，要知人而交，对不了解的人，应有所戒备，对基本了解、可以信赖的朋友，应该多一点信任，少一些猜疑，多一点真诚，少一些戒备。这就是用真诚换来真诚。时间久了，你会发现，如果我们在发展人际关系时，用诚信取代防备和猜疑，会收获更多的朋友。

英国作家哈尔顿在编写《英国科学家的性格和修养》一书时，需要采访达尔文。一天，达尔文接受了哈尔顿的采访。

哈尔顿知道达尔文这个人非常坦率，于是他的访问方式非常直接，他不客气地直接问达尔文："您的主要缺点是什么？"

"不懂数学和新的语言，缺乏观察力，不善于逻辑思维。"达尔文回答道。

"那么，您的治学态度是什么呢？"哈尔顿问。

"很用功，但没有掌握学习方法。"达尔文回答道。

……　……

达尔文的回答真是既坦率又真诚，值得我们每个人为之鼓掌。按理说，像达尔文这样享誉全球的大科学家，在回答哈尔顿提出的问题时，说几句不痛不痒的话，甚至为自己的声望再添几圈光环，又有谁能说什么呢！但达尔文没有这么做，他认为"一就是一"，甚至把自己的缺点都毫不掩饰地袒露在众人面前，如此高的境界，换来的必是真挚的信赖和尊敬。

青少年朋友在与人交往中也要学习达尔文这种不虚假、诚信待人的精神。你敢于说真话、说实话，朋友们也会为你的诚实所感动，便会从心底喜欢你。而后，他回报给你的，必将也是说真话、做实事。

有一首诗说得好："行经万里身犹健，历尽千艰胆未寒。可有尘瑕须拂拭，敞开心扉给人看。"我们青少年在为人处世中，要懂得以诚待人，大胆敞开自己的胸怀，做到坦荡无私、光明正大，即便发现对方的缺点或错误，也不要说一些虚伪逢迎的话，应及时指正他，或许他会更感激你。

然而，在如今这个物欲横流的社会里，真诚却渐渐成为一些人追求事业成功、人生价值的牺牲品。我们青少年朋友千万不要成为这样的人。另外，也要注意一点，当你准备捧出赤诚之心时，要先看看站在面前的是何许人，不应该对不可信赖的人敞开心扉。否则，可能会取得适得其反的效果。

中国古代的先贤们十分相信诚信的力量。他们认为"遇欺诈之人，以诚心感动之；遇暴戾之人，以和气熏蒸之；遇倾斜私曲之人，以名义气节激励之"，如此，"天下无不入我陶熔中矣"。"诚"是我们人类的固有天性，而"欺诈"不过是人类后天养成的恶习。在上下五千年、纵横十万里间，纵然欺诈之徒比比皆是，他们为争霸窃权相互争斗，但从来没有出现能够以作奸欺世之术掌控大权、统治人心的人。相反，唯有"诚"，能够感天动地、包容万物。

以诚待人，可以使人与人相互信赖，相互关爱，携手并进。做个诚实待人的人，你会发现，自己真诚实在，敞开心扉，对方会感到你信任他，从而消除对你的猜疑、戒备心理，视你为知心朋友。

以诚为本、不虚假，是我们每位青少年都应该拥有的品格之一。"诚"是这个世界上最为宝贵、最为稀缺的东西，甚至可达到无坚不摧的地步。它是一颗自由的心灵对于自己内心真正渴求和需要的东西的全面开放和兼容，是对于他人、宇宙万物的一种关怀和博爱。我们每位青少年朋友都应该心怀这种"诚"。

十四、适时地"说谎"并非不诚信

人啊，你要有善良的心，丰富的心灵，高贵的灵魂，这样你才无愧于人的称号，你才是作为真正的人在世间生活。

——周国平（毕业于北京大学哲学系，著名学者、散文家、哲学家、作家）

诚信处事是我们青少年必须遵守的一项原则。但是我们这里提倡的诚信，并非是不分场合的诚实。不分场合的诚实，有时候不仅达不到自己想要的效果，还会产生不利的后果。有时候，为了将事情做好，适时地"说谎"反而是必要的。

适时地说谎并非什么不讲究诚信的做法，而是一种贴心之举。人与人之间的相处，偶尔还是需要一些善意的谎言来点缀的。善意的谎言不是以利己为目的，这种在适当时候说出的谎言，饱含真诚，散发出温暖的光辉，能让说谎者与被"骗"者双方都很愉快。既不害人也不害己，何乐而不为呢！

有这样两个盲人，他们靠说书弹三弦过日子，其中的老者是师父，年纪是70来岁；那位幼者是徒弟，年纪不到20岁。

弹了那么多年，师父已经弹断了999根弦。这个时候，师父回忆其师父当年临死之际交代给自己的话："我这里有一张复明的药方，我将它封进你的琴槽中，当你弹断了第1000根弦的时候，你才可以取出药方。记住，你弹断每一根弦时都必须是尽心尽力的。否则，再灵的药方也会失去效用。"

那时，他还是20岁的小青年，可如今他已皓发银须。50年来，他一直奔着那复明的梦想，他知道，那是一张祖传的秘方。

眼看就要弹到第1000根弦了。师父非常高兴。只等着这第1000根弦被他弹断。

一声脆响，师父终于弹断了那第 1000 根弦。他高兴地向城中的药铺赶去。

当他虔诚、满怀期待地取草药时，掌柜的告诉他："那是一张白纸。"

他的头嗡地响了一下，平静下来以后，他明白了一切：原来师父欺骗他说弹断 1000 根琴弦就能得到那复明的药方，只是真诚、善意的谎言，自己就是靠着这善意的谎言才有了生存的勇气。

从药店回来后，师父郑重地对小徒弟说："我这里有一个复明的药方，我将它封入你的琴槽，当你弹断第 1200 根琴弦的时候，你才能去打开它。记住，必须用心去弹，师父将这个数错记为 1000 根了……"

小徒弟虔诚地允诺着，他也跟师父那些年一样，活在这个善意的谎言里。这个谎言给了他希望的动力，引发他去追求生命中最美丽的时刻。如果师父不向他说这个谎，小徒弟的人生或许过得没有那么充实、快乐、有希望。

有人说，"撇开道德的标准，谎言就是一种智慧"。美丽的谎言出于善良和真诚，它无悖于道德。说实话有时比说谎言更伤人，所以，我们青少年要学会在适当的时候说些谎言。很多时候，真诚的谎言比真话更动听，更暖人心。

当然，"说谎"是要讲究分寸的，不能肆意而为。需要注意的是，我们的谎言必须是以成人之美、避人之嫌、宽人之心、利人之事为目的。谎言的设计应该是自然可信的，不要含有矫揉造作和夸大其词的成分，否则可能会引起别人的反感和不适。

如果你的本意是真诚的，编造他人更容易接受而不产生伤害的谎言，则完全没有必要固执地遵守"绝对诚实"的原则。相反，如果你的本意是虚伪的，即便你说了真话，你的"真诚"也会遭人唾弃。

具体来说，我们在"说谎"时，要注意什么呢？

1. 善意的谎言

有时候，我们出于对别人利益的考虑，从善良的愿望出发，会编织一些善意的谎话。例如，对重症患者，我们可以撒谎说他的病不严重，以免对方接受不了而使病情恶化；对因病要吃药的孩子，我们可以撒谎说药不苦，以免他拒绝吃药而贻误病情；对老人们，我们说他们年轻，是为了满足他们的心理需要，哄他们开心；对父母做的饭菜，即便你觉得不怎么好吃，也要说味道好极了，是珍惜他们的劳动，感谢他们的付出……

2. 调侃的谎言

在与人交谈中，为了调节氛围，我们故意把未曾发生过的事情编入事实，以增强谈话的气氛。对此，英国著名作家、戏剧家萧伯纳说过："我开玩笑的方法，就是编造真实。编造真实乃是这个世界最有情趣的玩笑。"

3. 社交的谎言

在与人交往时，我们十分有必要说一些谎言，以起到润滑剂的作用。比如，客人家的小孩将你家的碗不小心打碎了，你可以说："没关系，正好我想换新的了！这下可有理由了！"事实并非如此，你不过是为了减轻来客的心理压力而已。这种谎言是以牺牲自己的利益顾全别人。

4. 应急的谎言

有时候，在情况紧急的情况下，我们会适时地撒些谎。例如，你必须要做一件事情，但又不想让别人知晓，而这个时候有朋友约你出去玩，你就可以找个借口婉拒对方的邀约，这就是在不破坏朋友情绪的原则上，以谎言作为拒绝的手段。

细节，做人不贪大，做事不计小

能够把每一件简单的事情做好就是不简单，能把每一件平凡的事情做好就是不平凡。成功与失败往往就在于那一点点的差距，做好每一个细节就能改变你一生的命运。谚语有云"丢失了一颗钉子，坏了一只铁蹄子"，整个世界是相互联系、相互影响的统一体，每一个小环节都能决定事件发展的最终结果。扁鹊能够望、闻、问、切，于不起眼的细微处了解病人的病情；庖丁解牛，也是从微小的纹理之中解剖开整头牛的框架。可见，细节是多么重要。

一、蔡元培：鞠躬的故事

巨大的建筑总是由一木一石叠起来的，我们何妨做做这一木一石？我时常做些零碎事，就是为此。

——鲁迅（曾在北京大学任教，著名文学家、思想家、革命家，中国现代文学的奠基人之一）

某国外记者曾经写过这样的文字来赞美原北大校长蔡元培先生："世界上大学校长很多，但没有一个校长能对一个国家产生如此大的影响。"是的，在蔡元培先生的身上，的确存在着一股化腐朽为神奇的力量，散发着一股神圣的人格魅力，为北大的历史增了光添了彩。

在北大，关于蔡元培先生，有一个故事特别有名，它让我们从中学到了"尊重别人应该从身边的小事做起"这个为人之道。蔡元培提倡"劳工神圣"，并以自己的言行来诠释这种思想。

1917 年 1 月 4 日，当时的北京正处于隆冬时节，下着鹅毛大雪。在大雪纷飞中，一辆四轮马车驶进了北大的校门。那辆四轮马车上载着的人是蔡元培，他于这天就任北京大学校长。

当蔡元培的马车驶进北大校门时，早有两排工友恭恭敬敬地站在两侧，向这位新上任的校长鞠躬致敬。只见蔡元培缓缓地走下马车，摘下礼帽，向这些工友们鞠躬回礼。

蔡元培的这一举动令在场的人都惊呆了：这在北大是前所未有的事情。北大是一所等级森严的官办大学，校长是内阁大臣的待遇，从来就不把工友放在眼里。今天的新校长怎么了？

像蔡元培这样地位崇高的人向身份卑微的工友行礼，在当时的北大乃至中国都是罕见的。要知道清朝的京师大学堂馆学大臣可是三品大员，蔡元培当过的教育总长相当二品红顶子高官。然而，对蔡元培来说，这不是一件小事，北大的第二次生命便由此细微处开始。蔡元培希望通过这一行为开风气之先，使得这所古板的国立大学焕发生机。以后，他每天进学校时，都要向站在大门旁边的工友们鞠躬致敬。时间长了，他就形成了这个习惯。此举，是他对北大官气不满的一种表现，更是一种挑战。他以自己的实际行动向北大人展示了应该如何做人做事。

随后，蔡元培又宣布，对校内扫地、打杂的差役要一律称"工友"。他的这一举动促进了民主平等思想在北大的传播。此举马上给北大校园带来了新风。学生中那些打麻将、吃花酒等恶习马上禁止了。各种思想的学术研究会如雨后春笋般冒出来。

思想开放的蔡元培还使北大成为吸收女生的国内第一校。

当时，北大无论师生员工，都亲切地称呼蔡元培为"蔡先生"，几十年来一直如此，从不称他的名号和职称，这反映了北大人对蔡先生的景仰和热爱。我国伟大的作家林语堂先生1967年在《想念蔡元培先生》一文中这样写道："蔡先生就是蔡先生。这是北大同仁的同感。"文中包含了对蔡先生的尊敬和爱戴，也隐隐含有"天下没有第二个蔡先生"之意。

蔡元培先生极为推崇"极高明而道中庸"的做人做事原则，他用实际行动也践行了这一原则。在当时那个年代，他通过"鞠躬"这样的一件小事，赢得了北大所有工友的尊重和爱戴。对下属的尊重也为他自己赢得了更加广泛的声誉。

生活中，总有一些人，不重视细节的作用，殊不知，正是一些名不见经传的小细节已如实反映了一个人的品格、学识。蔡元培先生的故事告诉我们青少年：做大事之前，应该先将小事、小细节处理好。

没有一个人的成功是偶然性的，也没有一个人的成功是必然性的。很多不起眼的小事情，谁都知道该怎样做，问题在于谁能坚持做下去。坚持下去，成功才会离你近一些。所以，青少年朋友，如果你想做成一件大事，就不要忽视小事的作用，要从一件件平平常常、实实在在的小事做起，正所谓"千里之行，始于足下"。

现实生活中的那种视善小而不为，认为做小善之事属"表面化"与"低层次"的眼高手低的人，那种长明灯前懒伸手、老弱病残不愿帮的人，想要做成大事，简直比登天还要难。

二、尊重细节才能扭转人生

实际上很多企业的成功最后都是在细节上做成的。我觉得对于中国企业国际化来说也是一样，刚开始有各种各样的创新，不同企业各自有领先的时间段，但是这种领先很难长期持续下去。而只有在细节上把握，在运营上集中精力去把自己擅长的事情做好，才是真正的核心竞争力。我们看到所有令人尊敬的国际型的企业都非常专注在管理的细节方面，我也希望百度会这样。

——李彦宏（毕业于北京大学，百度公司创始人、董事长兼首席执行官）

细节是决定我们做人做事成败的关键因素，正所谓"成也细节，败也细节"。

生活中，很多人之所以经常遭遇失败，多是因为他们做事马虎大意、鲁莽轻率，轻视细节：有的泥瓦工和木匠可能靠半生不熟的技术建造房屋，砖块和木料拼凑成的建筑有些在尚未售出之前，就已经在暴风雨中坍塌了；有的医学院学生因为没有花时间和精力好好为未来做准备，做起手术来捉襟见肘，把病人的生命当儿戏，结果因手术失败而被罚；有的律师只顾死记法律条文，不注意在实践中培养自己的能力，真正处理起案件来也难以应对自如，白白浪费当事人的金钱，被当事人责骂……

卡耐基认为，成功人士和平庸之辈的差别，就在于前者注重积累，注意利用身边的每一件点滴细节锻炼自己，将生活中一个个平凡的目标当成自己实现卓越的阶梯；而平庸之辈只会好高骛远，轻率冒进，不注重细节的把握，成功也就在这种忽视细节的过程中离他们越来越远。

著名的管理学专家汪中求先生在北大演讲的时候，曾强调细节对一个人成功的影响。他认为很多人的成功，就是源于对细节的把握。有时候，尊重细节，有助于我们开创如意人生。

在注重细节方面，日本历史上的名将石田三成可谓个中高手。在还没有成名前，石田三成在观音寺谋生。一天，幕府将军丰臣秀吉因口渴到观音寺中找水喝，石田三成非常热情地接待了他。

在给丰臣秀吉倒茶的时候，石田三成奉上的第一杯茶是大碗的温茶；第二杯是一中碗稍热的茶；当丰臣秀吉要第三杯时，他却奉上一小碗热茶。

对此，丰臣秀吉非常不解。石田三成解释说：这第一杯大碗温茶是为解渴的，所以温度要适当，量也要大；第二杯用中碗的热茶，是因为已经喝了一大碗，不会太渴了，稍带有品茗之意，所以温度要稍热，量也要小些；第三杯，则不为解渴，纯粹是为了品茗，所以要奉上小碗的热茶。

石田三成这种做事细致入微的精神深深地打动了丰臣秀吉，他将其选在自己幕下，使得石田三成最终成为一代名将。

石田三成之所以能够得到丰臣秀吉的重用，得益于他在细节上的用心。

古今很多在相关领域获得一定成就的人都善于在细节上下功夫，在细节中抓住了成功的机遇。

青少年朋友，如果你也想有一番作为，也要养成注重细节的好习惯，把生活中的每一个小细节都变成自己实现成功的机遇，利用对细节的把握，打造成功的人生。

获取成功的机会人人都有，只不过这些机会的出现时机并非都是显而易见的，通常情况下，那都是一些非常细小的苗头，不容易被人发现。而那些成功者能够抓住那些小小的苗头，发展出宏伟的事业。福特的成功就得益于对细节的重视。

提起福特，很多人都不陌生。大名鼎鼎的美国著名的汽车制造公司——福特汽车公司，就是以福特的名字命名的。

大学毕业后，福特到一家汽车公司应聘，和他同时去应聘的三四个人的学历都比他高。面对如此强的竞争对手，福特觉得被聘请的可能性特别小。但自己既然来了也不能不去试一试就打退堂鼓啊！

于是，怀着一颗忐忑之心，福特敲门走进汽车公司的董事长办公室，就在刚进门的时候，他发现地上有一张废纸，于是弯腰把它捡了起来，顺手把它丢进了废纸篓里，然后走到董事长的办公桌前，说："我是来应聘的福特。"

董事长对福特非常热情地说："非常好，福特先生，你已经被我们录用了。"听了董事长的话，福特深感意外。看到他不解的神情，董事长说："前面三位的确学历比你高，而且仪表堂堂。但是他们的眼睛里只能看见大事，而看不见小事。只能看见大事、忽略小事的人是不会成功的，所以我才录用你。"就这样，福特凭借自己对细节的关注，走进了这家汽车公司。果然，董事长的眼光非常不错，后来福特干得相当出色，最终接替那位董事长，坐到了公司第一把交椅上。

留心细节，就是留心机会，抓住细节，便也抓住了机会。

无论是在工作中，还是在我们的生活中，没有任何一件事情，小到可以被抛弃；没有任何一个细节，细到应该被忽略。处于同样位置或者拥有同样条件的两个人，能够关注细节将决定他们拥有不同的人生命运。不屑于做小事、不关注细节的人做起事来十分消极，只会糊弄了事，怎么能将事情做好，取得别人的信任呢！青少年朋友，俗语说得好：罗马不是一天建成的。既然一天建不成辉煌的罗马，那我们就专注于建造罗马的每一天吧！这样，把每一天连起来，我们终将能够建成一个美丽辉煌的罗马。

三、差距往往在那些不起眼的地方

每个细节上都比别人做得好，综合起来你做的就是一个卓尔不群，比别人好很多的东西。

——李彦宏（毕业于北京大学，百度公司创始人、董事长兼首席执行官）

机遇往往藏在细节之中，而这些小小的细节往往是最不起眼的地方，但正是这些不起眼的细节决定了很多人的一生。

漫漫人生征程中，成功的机遇会在我们身边涌现很多，主要在于我们是否拥有捕捉机遇的能力。机遇往往悄然而降，稍纵即逝，我们稍不留心它就会翩然而去，不管日后我们如何扼腕叹息，它都不会回头。由此可见，把握机遇的能力无比重要。

在我们周围，总有一些人抱怨说，他们没有成功，是因为机遇之神从来没有接近过他们。其实，他们不知道，他们的不成功是来自他们的大意。因为他们的大意，来到他们面前的机遇一次又一次地从他们的眼前溜走。这是多么令人遗憾的事情啊！

从北大毕业后，孙海峰（化名）和陈明柏（化名）应聘进了一家中外合资公司。这家公司发展态势十分好，给的待遇也非常丰厚，对他们二人来说，在这个公司有很大的发展空间。所以他们都非常珍惜这份工作，拼命努力以确保试用期后还能留在这里，因为公司规定的淘汰比例是2∶1，也就是说，他们俩必然有一个会在试用期后被淘汰出局。

为了能让自己留在这家公司，孙海峰和陈明柏两人在工作上都非常卖力，上班从来不迟到，下班后还要经常加班，有时候还帮后勤人员打扫卫生、分发报纸……

两人所在部门的经理是个和蔼可亲的人，经常去两人的单身宿舍交流、沟通，这使他们受宠若惊。所以两人特别注意个人卫生，都把各自的宿舍打扫得一尘不染，把专业书都摆在桌面上，以示上进。

试用期过去了。孙海峰被留了下来，陈明柏悄无声息地离开了公司。

半年过后，孙海峰被提拔为部门主管，和经理的关系也近了，就问经理当初为什么留下了他而不是陈明柏。经理说："当时从你们中选拔一个还真难，工作上不分高低，同事关系也很融洽，所以我就常去你们宿舍串门，想更多地了解你们。我发现了一个现象，凡是你们不在的时候，陈明柏的宿舍仍亮着灯，开着电脑。而你的宿舍则熄了灯，关了电脑。从是否具备节约这一品质上，我最终确定留下了你。"

在同样的条件面前，孙海峰凭借自己一个习惯——勤俭节约，赢得了继续留在公司的机会。这个故事告诉我们，千万不要忽视任何一个不起眼的地方，因为成功的机遇往往藏在其中。

一张白纸上的一个小黑点就足以将其抹黑、玷污，一件事情，即使再小，也足以使我们招人厌恶。在竞争激烈的现代社会中，细节常会显出奇特的魔力，它可以在一夕之间使我们身败名裂，也可以帮助我们提升自己，获得更好的机会，甚至改变我们一生的走向。

在周围人的心目中，马晶鑫一直是个非常幸运的人。她的能力不突出，专业也不太好，外貌也非常一般，但她进入公司后短短的两年时间里，在每一个部门都做得有声有色，每一次调动都令人刮目相看。

大家一提起她来，最爱说的话就是好运气全都眷顾了她，否则在短短的两年内，她凭什么从行政部文员一路晋升到营销部经理，职场之路走得如此顺畅呢？

然而，恐怕只有马晶鑫自己知道，她晋升的机会都是怎么来的。

初进公司时，专业没什么优势的马晶鑫被安排到了行政部，成为一名不起眼的文员。在行政部，能言善道、八面玲珑的女孩和深谙权术、势利平庸的男人层出不穷。马晶鑫不惹是非，只是恪尽职守。不过偶尔会"搞一些小动作"，比如，发现别人将数据输错了，她就悄悄地替人家修正；领导让她做什么，她就尽其所能，在第一时间做到让人无可挑剔。别人扎堆抱怨工作百无聊赖，老板苛刻，地铁太挤时，她在悄悄熟悉公司的部门、产品以及主要客户的情况。

一次，营销部经理偶尔经过她的办公室，看到她处理一件小事情时表现出的得体和分寸时，就打报告要求她去顶他们部门的一个空缺。

来到了营销部后，马晶鑫觉得自己的世界骤然广阔起来。但她的工作态度一如从前，还是默默地努力。半年后，她的几份扎实的调查分析报告为她赢得了一片喝彩。一年后，她已经是营销部公认的举足轻重的人物了，看到她在会议上气定神闲、无懈可击的发言，原来行政部的同事都对她刮目相看。

马晶鑫很快便荣升为营销部经理。不久，老板请她喝茶，问她愿不愿意接受挑战，去情况并不乐观的北方公司时，马晶鑫同意了。并且选择了库存积压最厉害的第一销售处，开始了她的第一步工作。

寒冷的冬季，马晶鑫一个人借了一辆自行车，找代理公司产品的代理商，了解产品滞销的原因。在她的努力下，几个月后，第一销售处的工作终于有了新进展。不知情的人当然以为她这两年走红运，哪里知道她一天下来腰酸背痛的艰辛。

对于成功的机会，马晶鑫是这么理解的：机会来的时候，并不会同你打招呼，告诉你，我来了，千万不要错过我。不疏忽平时的每一个点滴，做好每一件不起眼的小事，就是在为自己创造最佳的机会。

不起眼的小细节往往就潜藏着对我们有利的机会，就看你能不能把握住。如果你能敏锐地发现别人没有注意到的空白领域或薄弱环节，以小事为突破口，改变思维定式，你或许就能从中把握良机。

青少年朋友，在成长的过程中，如果你也想达成自己的目标，做出一些成就来，别总想着从那些所谓的大事中寻找机遇，开始关注你身边的小事吧，只有这样，你获得的成功机遇或许会更多。

四、大事留给上帝，我们只注意细节

任何一个企业发生事件以后，危机有放大的功能，往往是一个小事情引发的。如果不加以控制，它就有可能变成第二个、第三个，甚至更多的危机，甚至更多的危机出来。

——艾学蛟（北大光华管理学院教授，著名危机管理专家）

有一部名为《细节》的小说，其题记为："大事留给上帝去抓吧！我们只能注意细节。"作者借小说主人公的话做了脚注："在这世界上，所有伟大的壮举都不如生活在一个真实的细节里来得有意义。"

在很多看似平凡、琐碎的地方，往往都含着一些酵质，如果酵质膨胀了，就会发生剧烈的化学反应，从而影响一个人的生活。

张银是个非常普通的女孩子，她相貌平平，就读于一个普通的中专院校，成绩也很一般。

在得知母亲患上重症后，为了减轻家里的负担，她决定利用两个月的暑假来挣一点钱。

一天，她到一家公司去应聘，公司负责人看了她的简历后，没说一句话，直接将她的简历递给了她。张银收回自己的简历，用手掌撑了一下椅子站起来，这个时候，她猛然觉得自己的手被扎了一下，看了看手掌，上面沁出了一颗红红的小血珠——原来自己刚才坐的椅子上有一个钉子露出了头。张银看见桌子上有一条石镇纸，于是拿来用它将钉子敲平，然后转身离去。

几分钟后，就在张银走出公司大门时，经理派人将她追了回去。原来她被录用了。主要的原因，就是她刚才那个小小的敲平钉子的举动。

从敲钉子这样一个小小的细节，经理看出张银是一个细致、善良的人，这样的人，把事情交给她毕竟能够放心。张银凭借自己对细节的关注，得到了一份工作。

我们都知道"以小见大"这个成语。这个成语的主要意思是从小的方面就可以窥视大的方面。从一个小事、一点细节上我们就能看出一个人的水平、能力或者素养的高低。因此，千万不能忽视对细节的关注。

重视细节的人往往能获得更多的发展机遇。美国玩具开发商布·希耐就是凭借自己对细节的关注，在事业上取得了重大的发展良机。

一天，布·希耐去郊外散步。在一个公园的小径上，他偶然看到草坪上的几个孩子正在玩一种又丑又脏的昆虫，而且玩得津津有味、爱不释手。这让他立刻联想到了儿童玩具的设计和开发。当时的儿童玩具市场上，充斥的全都是一些造型优美、色彩鲜艳的玩具。既然孩子们这么喜欢昆虫，为什么不给孩子们设计一些丑陋的玩具来满足孩子们的好奇心呢？

想到这里，他立即安排研制生产。几个月后，他将新玩具推向市场后，果然反响强烈，供不应求。这次营销让他收益颇丰。

从此，丑陋玩具在市场上的销售经久不衰。

想人之所不想，才能为人之所不能为，关注细节和小事对一个人的发展是非常必要的。多多关注细节，说不定就能从中找到很多创新之源，从而为成功奠定基础。这就是细节的魅力，是水到渠成后的惊喜。

青少年朋友，如果你也想拥有这种水到渠成后的惊喜，也请多注意细节吧，事情再小都不掉以轻心，而是认真去做，这样，有朝一日，你也会成为大人物，享受细节给你带来的魅力。

五、疏忽细节，定会付出代价

只顾耕耘别问收获，细节决定面试成败。

——俞敏洪（毕业于北京大学，新东方学校创始人，现任新东方教育科技集团董事长兼总裁）

说起细节的重要性，不得不提发生在古代的一个故事：

临近黄河岸边有一个村庄，为了防止黄河水患，村民们建起了坚固的长堤。一天，一位村民出去办事，偶然发现大堤上竟然一下子多出来很多蚂蚁窝。这位村民心想，这些蚂蚁窝会不会影响长堤的安全呢？

他准备赶紧回村去报告，结果路上碰见了自己的儿子。儿子听了父亲的话后，不以为然地说："长堤那么坚固，还怕几只小小的蚂蚁不成？"说完，拉父亲去干农活了。

当天晚上，就刮起了大风，下起了雷阵雨。黄河里的水猛涨起来，咆哮的河水从蚂蚁窝开始渗透，继而喷射，终于将长堤冲决，淹没了沿岸的大片村庄和农田。

这个故事就是"千里之堤，溃于蚁穴"这句成语的由来。

蚂蚁可以溃决千里之堤，这是一个由量变到质变的过程，"量"就是一个个细小环节。这个故事警告我们：凡事必须进行细微的观察和分析，才能防患于未然，任何麻痹和对细节的忽视都将带来难以想象的后果。

细想一下，生活中很多意外，都是由疏忽细节引起的，而习惯性的自信，就是造成这些疏忽的最大原因。谁又能估计世间因为"不小心"而造成生命的损失、人体的伤害和财产的损失呢？往往由于某些人的小疏忽，车辆倾覆、房屋焚毁，丧失许多宝贵的生命。车轮上的一些毛病，会遭覆车之祸，伤及生命；不小心扔一个烟头，结果竟然使得一排的房屋遭到焚毁……生活中，大部分人喜欢关注大事而忽视细节，他们万万没想到的是，正是这些琐碎的细节闯了大祸。

一个不容忽视的事实是，仅仅因为一件小事、一个细节，就会出现盛衰之间的转变。

1961年，在剃须刀的制造工艺领域中，出现了一场划时代意义的革命。在这一年里，英国的威克逊公司第一次用不锈钢制造剃须刀获得成功。这种不锈钢刀片极富弹性，不易折断，重量很轻，最重要的一点是它成本极低，而且又可以连续使用多次。这些细微之处的差别，给剃须刀生产厂家带来了前所未有的巨大震动。

威克逊公司所推出的不锈钢刀片，在英国引起了巨大反响，销量剧增，及至1962年，该产品完全占领了英国市场。

几乎与威克逊公司的行动同步，吉列刀片公司的老对手——美国精锐公司和安全剃刀公司，也极其敏锐地察觉到，细节所带来的影响力。他们于1963年年初，研发出了自己的不锈钢刀片，并将之推向市场。很快，不锈钢刀片在美国风行起来，许多吉列的忠实消费者也开始抛弃吉列转而投向不锈钢刀片。

不锈钢刀片市场份额的不断扩大，严重影响了吉列的市场地位。面对这种情况，吉列有两种道路可以选择：

第一条路是，无视不锈钢刀片的风行，想方设法加强对"超级蓝光"刀片的促销，以保住甚至扩大自己的市场份额。这条路对吉列来说的优势是，做起来轻车熟路，不用花费太大的力气。但劣势是可能导致吉列在不锈钢刀片市场上陷入被动局面。

第二条路是，尽快推出自己的不锈钢刀片，这样做可以挽回曾经失去的大部分市场，而且不会花费太多的营销费用。但这么做的劣势在于，将会对"超级蓝光"刀片的市场造成强烈冲击。

经过深思熟虑后，吉列公司的经营者认为，"超级蓝光"碳钢刀片与不锈钢刀片相比，存在两方面的突出优势：第一个优势是，质量好，并且功能稳定，而不锈钢刀片刚刚面世，质量水平不够稳定。第二个优势是，不锈钢刀片的目标消费者是中低水平收入者，而"超级蓝光"碳钢刀片的目标消费者是高收入人群。

经过仔细的分析后，吉列公司的经营者认为："超级蓝光"的市场地位不会动摇，因此，犯不着"杞人忧天"。于是，他们最终采取了第一种决策，先不理睬不锈钢刀片，全力巩固自己"超级蓝光"的市场地位。

后来的发展结果证明，这个决策是错误的。

吉列公司做出上述决策后没多久，事情便发展到了几乎不可扭转的态势：不锈钢刀片在市场上的势头空前凶猛，安全剃刀公司和精锐公司充分利用吉列无动于衷的大好机会，增加促销费用，大力宣传不锈钢刀片的经久耐用、物美价廉，使不锈钢刀片的销售不断升温。在这种强大的促销攻势下，吉列的新老顾客纷纷背弃了吉列，转而投向不锈钢刀片的"怀抱"。最直接的后果是，吉列的碳钢刀片销量急速下降，市场份额降至吉列有史以来的最低点。

究其当时造成巨大损失的原因，其中很大一个因素是由于吉列忽略了消费者对剃须刀使用次数——这个细微之处的高要求。如果不锈钢刀片能连续使用8次，而刀口不钝，一般消费者就会选择不锈钢刀片。而一般不锈钢刀片的使用次数均在15次以上——吉列公司却没有注意到该细节。

吉列公司盲目从大处作比较，从而坐失良机，造成惨重的损失。

一个细微之处往往有可能决定一个企业的兴衰成败。企业如此，个人也是如此。有时，决定我们能否将事情做好的因素，就取决于一些小事或细节。

如今我们所处的时代，物质文明发达，社会生活安定，人们不需要为最基本的生存问题而日日战战兢兢了。然而，谁也保证不了在风和日丽的春天不会响起晴空霹雳。因而，我们时时要有忧患意识，做到"居安思危，有备无患"。

千万别以为生活或者工作中的某些不良习惯只是小事一桩，也不要以为别人眼中的危险事对你而言没有什么大不了的。总持有这样的想法，总有一天，厄运会找上你。因忽视细节而造成大灾祸案例，可谓数不胜数。千万不能忽视细节，哪怕它再小，都有可能是我们的致命克星。

生活中，如果我们每个人都能谨慎小心地生活、工作，注意小事，关注细节，那么生命的丧失、身体的损伤、物质和金钱的损失可以比现在大大地减少，我们的生活也会更加幸福。

六、做人不计小，做事不贪大

我宁愿是一个最渺小的人，心怀梦想以及实现梦想的愿望，也不愿意去做一个失去梦想和愿望的最伟大之人。

——沈从文（曾在北京大学任教，作家、历史文物研究家、京派小说代表人物）

一位智者曾经说过："不会做小事的人，很难相信他会做成什么大事。做大事的成就感和自信心是由做小事的成就感积累起来的。可惜的是，我们平时往往忽视了它，让那些小事擦肩而过。"

对我们来说，"小"也非常重要，正所谓，泰山不拒细壤，故能成其高；江海不择细流，才能就其深。

在我们身边，想做大事的人很多，但愿意把大事做细的人却很少；拥有雄韬伟略的战略家不少，但精益求精、踏踏实实从小事做起的执行者却寥寥无几；各类管理规章制度俯拾即得，规章条款不折不扣地执行却是难如上青天。一心只想做大事的浮躁心态让我们对小事草草了了，殊不知，在你将这种态度搬上生活的台面的同时，就已渐渐失却优良的品格和成功的至要因素了。

20世纪的第一个亿万富翁、石油大王洛克菲勒在开创自己的事业江山前就职于休伊特—塔特尔公司，主要的工作是付账单。洛克菲勒以毫不掩饰的热忱和超前的精湛技巧接过了这项工作，对它比花自己的钱还尽心。他仔细核查各种账单，确定每笔费用是否合理有效，并且认真地验算总数。

一天，在隔壁办公的老板交给了洛克菲勒一份长长的、未经核对的管道铺设费账单，并十分随意地说了一句："请把这份账单付一下。"

洛克菲勒从老板手中接过账单扫了一眼后，马上从中发现了一些差错。虽然这些差错仅仅涉及几分钱，但也让他觉得十分吃惊，老板的这种忽视细节、满不在乎的态度和做法让他无法赞同。

说起来，一个涉及几分钱的差错，虽然并非什么大问题，常人看来无可厚非，但洛克菲勒并不这么认为，他见微知著，明白：日复一日、年复一年之后，没有补过的小洞终究也会质变成大洞，那时再补，为时晚矣！所以，在以后的工作中，他更加注重对细节和小事的关注。想必这也是促使他取得事业成功的一个重要因素吧！

洛克菲勒的故事告诉我们青少年，别小看做小事，也别讨厌做小事。如果人人都从小事做起，那么事业大厦才会坚固无比。用小事堆砌起来的事业长城才是最牢靠无比的。

三年前，李某就职于一家营销策划公司。当时，他的一位朋友宋某找到他，说自己公司想做一个小规模的市场调查，这个市场调查很简单，他自己再找两个人就完全能做，希望李某出面把业务接下来，他去运作，最后的市场调查报告由李某把关，当然了，他会给李某一笔钱作为好处费。

这个业务的确不大，没什么大的问题。市场调查报告出来以后，李某很明显地看出了其中的水分，但他没有在意，只是做了些文字加工和修改，就把它交上去了。

几个月后，几位朋友邀请李某组成一个项目小组，一块儿去完成一家大型娱乐场所的整体营销方案。没想到，对方业务主管明确提出对李某的印象不好，原来此位先生正是当年那个市场调查项目的委托人，他所接到的由李某把关的市场调查报告漏洞百出，因此蒙受损失。

听到这个消息后，李某大吃一惊，但是为时已晚。

事已至此，再回过头来想想，当时李某得到的那点钱根本就不值一提，但当初的敷衍塞责却造成了如此之大的负面影响！李某的经历告诉我们青少年：没有可以随意打发糊弄的小人物、小事情，如果随意地忽视这些细节，必然无法达到对方的目标和要求，更有甚者，会对自己日后的发展造成影响。

面对一件事，如果你能一心一意去干，大多能干好。这里所讲的事，有大事，也有小事。所谓大事、小事，是相对而言的。很多时候，小事不一定就真的小，大事不一定就真的大，关键在做事者的认知能力。那些一心想做大事的人，常常对小事嗤之以鼻、不屑一顾。其实连小事都做不好的人，又有什么能力谈及做好大事情呢！

当今职场中存在的一个现实是：一个普通的员工，即使有很好的见解，被重用之前，通常也要受一段时间的煎熬，最重要的是要努力做出能让别人倾听自己意见的成绩，这样，你才能举足轻重，不易被人忽视。因此，一项工作，即便内容很琐碎，也要努力做好。日子久了，是金子总会发光的，你总会有出人头地的一天。

小事，很多人都不喜欢去做。但是，很多人不知道，成功者与碌碌无为者最大的区别，就是他愿意做别人不愿意做的小事。很多人都不愿意付出这样的努力，可是成功者愿意，因此他获得了成功。别人不愿意端茶倒水，你要端出水平；别人不愿意操练，你要加强自我操练；别人不愿意做准备，你要多做准备；别人不愿意付出，你要多付出……多做一些别人看不上的小事，不计小，不贪大，你会发现，成功原来很简单。

七、"不值得"心态的背后是巨大代价

细节的不等式意味着 1% **的错误会导致** 100% **的错误。**

——汪中求（北京大学职业经理人训练班的特聘培训师、著名经济管理咨询师）

在潜意识中，很多人习惯于对要做的每一件事情都做 个值得或不值得的评价，认为不值得做的事情也就不值得做好。但是，恰恰是这种我们认为"不值得"的事情，让我们付出了血的代价。有这样一个故事：

一天，巴西海顺远洋运输公司收到了一个求救的信号，便马上派出了一支救援队赶往出事地点。待救援人员到达出事地点时，出事的"环大西洋号"海轮已经完全消失不见了。船上的 21 名船员踪影全无。唯一可见的是漂浮在海面上的一个救生电台，还在有规律地发着求救的信号。

望着平静的、一望无际的大海，救援人员惊呆了，他们谁也不知道在这个海况极好的地方曾经发生了什么，从而导致这条最先进的船沉没了。后来，有人发现在电台的下面绑着一个密封的瓶子。瓶子里有一张纸条。纸条上有 21 种笔迹，写着这样一些文字：

一水汤姆：3 月 21 日，我在奥克兰港私自买了一个台灯，想给妻子写信时照明用。

二副瑟曼：我看见汤姆拿着台灯回船，说了句这小台灯底座轻，船晃时别让它倒下来，但没有干涉。

三副帕蒂：3 月 21 日下午船离港，我发现救生筏施放器有问题，就将救生筏绑在架子上。

二水戴维斯：离岗检查时，我发现水手区的闭门器损坏，便用铁丝将门绑牢了。

二管轮安特尔：我检查消防设施时，发现水手区的消火栓锈蚀，心想还有几天就到码头了，到时候再换。

船长麦特：起航时，工作繁忙，没有看甲板部和轮机部的安全检查报告。

机匠丹尼尔：3月23日上午理查德和苏勒的房间消防探头连续报警。我和瓦尔特进去后，未发现火苗，判定探头误报警，拆掉交给惠特曼，要求换新的。

机匠瓦尔特：我就是瓦尔特。

大管轮惠特曼：我说正忙着，等一会儿拿给你们。

服务生斯科尼：3月23日13点到理查德房间找他，他不在，坐了一会儿，随手开了他的台灯。

大副克姆普：3月23日13点半，带苏勒和罗伯特进行安全巡视，没有进理查德和苏勒的房间，说了句"你们的房间自己进去看看"。

一水苏勒：我笑了笑，也没有进房间，跟在克姆普后面。

一水罗伯特：我也没有进房间，跟在苏勒后面。

机电长科恩：3月23日14点，我发现跳闸了，因为这是以前也出现过的现象，没多想，就将闸合上，没有查明原因。

三管轮马辛：感到空气不好，先打电话到厨房，证明没有问题后，又让机舱打开通风阀。

大厨史若：我接到马辛的电话时，开玩笑说，我们在这里有什么问题？你还不来帮我们做饭？然后问乌苏拉："我们这里都安全吗？"

二厨乌苏拉：我也感觉空气不好，但觉得我们这里很安全，就继续做饭。

机匠努波：我接到马辛的电话后，打开通风阀。

管事戴思蒙：14点半，我召集所有不在岗位的人到厨房帮忙做饭，晚上会餐。

医生英里斯：我没有巡诊。

电工荷尔因：晚上我值班时跑进了餐厅。

船长麦特：19点半发现火灾时，汤姆和苏勒房间已经烧穿，一切糟糕透了，我们没有办法控制火情，而且火越烧越大，直到整条船上都是火。我们每个人都犯了一点错误，酿成了人毁船亡的大错。

看完这张绝笔纸条，救援人员谁也没说话，海面上死一样的寂静，大家仿佛清晰地看到了整个事故的过程。

任何一个环节出了差错，都会事关大局。正所谓牵一发而动全身，每一件细小的事情所产生的后果都会被不断扩大，这个时候，它们早已不再是微不足道的小事情，而成了巨大的危害发生源。

八、没有所谓的小角色

像我们这种制造企业，员工多，环节也多，每个细节都得注意到，少有闲暇。

——钱金波（毕业于北京大学，红蜻蜓集团董事长）

在我们的身边，总会发生这样的事：深处同样的工作环境、拥有相同背景的人，却走出了截然不同的职场轨迹。有的人深受上司的器重，身居高位手拿高薪；有的人却一直碌碌无为，甚至老板都不知道他的名字。是什么造成如此大的差别呢？有人认为是人本身的差异造成的，其实，人与人之间的天分相差无几，最大的差别就在于对待小事态度的不同。

对我们大多数人来说，我们每天所面对的都是一些琐碎小事。由此，决定我们成败的关键点也大都是这些小事。如果不关注它们，成功只能成为可望而不可即的事情。

我们身边有很多人，不屑于做具体的小事，总盲目地相信"天将降大任于斯人也"。殊不知，能把自己所在岗位的每一件小事做成功、做到位就很不简单了。无论做什么样的工作，重要的是做好眼前的每一件小事。

如果你总觉得自己的手头工作无关紧要，抱着无所谓的做事态度，那么什么事情都做不好。相反，如果你能够将手头上的每份工作都看作是一次成长和发展的机会，积极地寻找解决问题的办法，相信能够从中获得极大的收获。

有这样一个故事：

在国外，某小学为了吸引更多的人参加本校举行的为贫困儿童募捐活动，决定在募捐活动上表演一部名叫《快乐的圣诞节》的短话剧。

为了选到合适的演员，该小学在校宣传栏上贴出了相关告示。告示一贴出，几乎所有的孩子都热情万丈。一个名叫安妮的女孩也很高兴地前去报名。定角色那天，安妮虽然听到了自己被录用的名字，但导演分配给她的角色却令她非常失望——《快乐的圣诞节》只有四个人物：父亲、母亲、女儿和儿子。但安妮不能演他们之中的一个，她被要求饰演一只名叫"危险"的宠物狗。

回到家后，安妮一头钻进自己房间里不出来了。父亲得知她不开心的原因后，把她叫到书房，与她进行了一场详谈。谈话后，安妮的情绪明显高涨起来。

排练的日子到了，安妮不但没有退出，反而积极地参加每次排练。每天排练结束回到家里，母亲都能从安妮的眼中看到兴奋的光芒。家人都为安妮的热情和坦然的态度而高兴。

演出的日子到了。这天，学校附近的所有居民都被邀请观看演出，安妮的父母也不例外。尽管安妮平时的排练都很积极，而且丝毫没有失望和消极的情绪出现，但排练得到底怎么样，安妮从未对父母提起。所以，安妮的父母心里仍不免有些担忧。

演出开始后，剧中的四位主角依次出场，最后出场的是安妮。只见她穿着黄色的、毛茸茸的狗道具，手脚并用地爬进场——但这不是简单地爬，而是像真的小狗一样，摇头摆尾、蹦蹦跳跳地跑进客厅。她先在小地毯上伸了个懒腰，然后在壁炉前安顿下来，开始呼呼大睡。一连串的动作，惟妙惟肖。观众的注意力都被"危险"吸引了，有些人甚至都忘了听主角们的台词。

接下来，由剧中的父亲开始给全家讲圣诞节的故事。他刚说到"圣诞前夜，万籁俱静，就连老鼠……"，"危险"突然从睡梦中惊醒，机警地四下张望，仿佛在说："老鼠？哪有老鼠？"神情自然，和真的小狗一模一样。剧中的父亲接着讲："突然，轻微的响声从屋顶传来……""危险"又一次惊醒，好像真的感觉到异样，仰视屋顶，喉咙里发出呜呜的低吼。台下的观众都被安妮逼真的表演所折服，情不自禁地鼓起掌来……在接下来的演出中，主角们的对话没有结束，安妮的表演也没有间断，台下的笑声和掌声更是此起彼伏。

在整场演出中，安妮没有一句台词，却抢了整场戏。演出结束后，母亲热情地拥抱安妮，祝贺她演出成功时，安妮说改变自己态度的是爸爸的一句话："如果你用演主角的态度去演一只狗，狗也会成为主角。"

没有小角色，只有不重视自身位置的人。即便你身处的位置不那么重要，但你如果依然能认真地做事，而非敷衍了事，你仍然能够发挥出较大的价值来。重视细节的聪明人，不仅能认真地对待工作，将小事做细，并且注重在做事的细节中找到机会，从而使自己走上成功之路。

九、不放弃万分之一的机会

为了不让生活留下遗憾和后悔，我们应该尽可能地抓住一切改变生活的机会。

——俞敏洪（毕业于北京大学，新东方学校创始人，现任新东方教育科技集团董事长兼总裁）

有这样的一句话："绝不放弃万分之一的机会，终归有收获；轻易放弃一分希望，得到的将是失败。"细读之下，你有什么感想呢？

当今时代，人人渴望通过创新来实现自我、证明自我。然而，创新的路上充满了无数的失败，所以，如果我们想创新成功，就要做好面对失败的准备。要知道，失败并不可怕，由于恐惧失败而畏缩不前才是真正可怕的。而要战胜失败，就不要放弃尝试各种的可能性。以精益求精的态度，不放弃尝试种种的可能，你会发现，成功没有你想象得那么难。

20年前的能缇董事长魏文珍还很年轻，他向父亲借了60万台币进行创业，创建了小小的能缇。如今20年过去了，当时的年轻人已经步入中年，能缇更是摇身一变，成为全球最大的笔记本型计算机散热片厂，从一个小小的麻雀成长为一只美丽的凤凰。每当谈及能缇"麻雀变凤凰"的关键，魏文珍都十分坚定地说，秘诀只有一个："不放弃任何可能的机会。"

1990年，从木栅高工模具科毕业后，年轻的魏文珍进入了一家模具厂工作。当年，全球性石油危机爆发，在此冲击下，很多设备商的滞销设备机具待售，魏文珍从中看到了商机，决定买下一套设备，上班一个月后便离职创业。当时，他身上没有一分钱。为了凑够资金，他朝开理发店的父亲开了口："我父亲开理发店，剪一个头收50台币。"拿着父亲辛辛苦苦挣来的60万台币，魏文珍买了模具周边设备，并贷款买了一套600万台币的CNC模具加工设备。谈到这儿，魏文珍强调："当年的600万台币，对上班族来说可是10多年的薪水。"

看到儿子的贷款金额，魏文珍的父亲吓得目瞪口呆，但也没有说什么。因为是向父亲借的款，魏文珍没有退路，只能选择拼命向前冲。

创业初期，魏文珍的整个公司只有三个人，其中一个人还是他自己。魏文珍可谓身兼数职，既当老板，又当会计、业务，还当产线工人。白天，他跑业务；晚上，他顾产线，每天只睡不到3个小时。对此他笑说："当年几乎是一天喝六罐提神饮料。"

当时的台湾，家庭小型加工厂林立，主要集中在三重、新庄与芦洲一带，为了跑客户，魏文珍每天都骑机车到这三个地方逛。魏文珍说："有个客户，一年内我拜访上百次，每次都不愿意给我订单；但是一年后，他愿意让我试试看。"

魏文珍在努力下撑过生死关头，半年后稳住脚步，不再亏损，并跟着台湾经济持续成长、壮大。

不放弃万分之一的机会，也就抓住了成功的机会。或许，我们的人生旅途上沼泽遍布、荆棘丛生；或许，我们追求的风景总是山重水复，不见柳暗花明；或许，我们前行的步履总是沉重、蹒跚；或许，我们需要在黑暗中摸索很长时间，才能找寻到光明；或许，我们虔诚的信念会被世俗的尘雾缠绕，而不能自由翱翔；或许，我们高贵的灵魂暂时在现实中找不到寄放的净土……那么，我们为什么不能以勇敢者的气魄，坚定而自信地要求自己永不放弃万分之一的机会呢？不放弃机会，才有可能成功。

一位电台主持人在自己的职业生涯中遭遇了 18 次辞退，她的主持风格被人贬得一文不值。

最早的时候，她想到美国大陆无线电台工作。但是，电台负责人认为她是一个女性，不能吸引听众，所以拒绝了她。

她来到波多黎各，希望自己有个好运气。但是她不懂西班牙语，为了熟练地掌握这门语言，她花了三年的时间。但是，在波多黎各的日子里，她最重要的一次采访，只是有一家通讯社委托她到多米尼加共和国去采访暴乱，连差旅费都是自己出的。

在以后的几年里，她频繁地更换工作，不断地被辞退，有些电台负责人甚至指责她根本不懂什么叫主持。

1981 年，她应聘到纽约的一家电台，但工作没多久她就被告知：她远远落后于这个时代。离开这家电台后，她失业了将近一年。

有一次，她把握住了一个好机会。她曾经向一位国家广播公司的负责人推销她的访谈节目策划，得到了对方的肯定。但是没多久那位负责人便离开了广播公司。当她向该公司的另一名负责人谈及此策划时，对方根本没有丝毫兴趣。后来，她努力说服这位负责人雇用了她。该负责人虽然同意雇用她，却不同意她主持访谈节目，而是让她主持一个政治节目。虽然对政治一窍不通，但是她很想把握住这个机会，于是拼命地学习政治知识……

后来，她的政治节目开播。该节目的与众不同之处在于节目期间听众可以打进电话来讨论国家的政治活动，包括总统大选——这在美国的电台史上是无先例的。凭借这个节目，她一夜成名，该节目也成为全美最受欢迎的政治节目。

这个女人名字叫莎莉·拉斐尔，如今是美国一家自办电视台的节目主持人，曾经两度获全美主持人大奖，每天有 800 万观众收看她主持的节目。

如今的她在美国的传媒界犹如一座金矿，无论走到哪家电视台、电台，都会为他们带来巨额回报。莎莉·拉斐尔说："之前，我平均每一年半，就被人辞退一次，有些时候，我认为这辈子完了。但我相信，上帝只掌握了我的一半，我越努力，越是坚持，我手中掌握的那一半就越庞大，有一天，我终于赢了上帝。"

"我赢了上帝"这句话曾经作为标题，出现在美国的许多媒体上，包括国家电台对她的一个访谈录。

绝不放弃万分之一的机会，你就有可能达到成功的彼岸！青少年朋友，在以后的人生路上，不要再惧怕失败了，如果你将每一次失败都看作是一种财富，这样你和成功之间的距离将会缩短。那些失败了而不放弃的人，我们不但不应该看不起他们，而应去讴歌他们，向他们致敬，因为他们是"失败的英雄"。

十、用心才能见微知著

关注细节是拉卡拉的创新优势。

——孙陶然（毕业于北京大学，拉卡拉公司董事长兼总裁）

在卢浮宫保存着著名画家莫奈的一幅画，该画描绘的是一家女修道院厨房里的情景：画面的主角不是普通人，而是天使。只见其中一位正在架水壶烧水，一位正提水桶，另外一位身着厨衣，正伸手去拿盘子——她们的深情是那么专注、认真。这幅画告诉我们一个道理：即便一件最平凡不过的日常小事，也值得天使们全神贯注地去做。

有人说，行为本身并不能说明自身的性质，而是取决于我们行动时的精神状态。一件事做起来是否让人感觉单调、乏味，往往取决于我们做它时的心境。

其实，每一件事都值得我们去做，而且应该用心地去做。

在某高校医学院的课堂上，一位教授在开学的第一天就对他的学生们说："做医生，最关键的品质是胆大心细！"说完，他将一根手指伸进桌子上一个盛满尿液的杯子里，接着再把手指放进嘴中，随后将那个杯子递给学生们，让这些学生学着他的样子做。

学生们照做了。教授看着他的学生们个个都把自己的手指探入杯中，然后再塞进嘴里，忍着呕吐的狼狈样子，竟然大笑起来。他说："不错，不错，你们每个人都够胆大的。"紧接着他又难过起来："只可惜你们看得不够仔细，没有注意到我探入尿杯的是食指，放进嘴里的却是中指啊！"

教授这样做的本意，是教育学生在科研与工作中都要用心。相信尝过尿液的学生能够终生记住这次"教训"的。

青少年朋友也应该培养用心做事的习惯。用心做事的价值在于，它是创造性的、独一无二的、无法重复的。

青少年朋友做一件事情时，一定不要忽视任何一个细节，因为许多小事反映的，往往是一些有关大局的信息。一家知名汽车生产公司的总工程师高桥，他的经历应该能给我们带来一些启示。

高桥所在的汽车公司与日本一家生产高档轿车的公司素有生意往来。随着汽车业的日臻成熟，高桥所在公司扩大了与该日本公司的合作。为了顺利和日方合作，高桥专程去日本与日方谈判。如果双方洽谈成功，高桥所在公司将获得巨额利润。

高桥虽然仅四十余岁，却是业界知名的汽车专家。对他的来访，日方显得很慎重，派出年轻有为、处事谨慎的副总裁兼技术部课长百惠专门乘豪华迎宾车前去机场迎接。

高桥办完通关手续后，走出大厅，来到举着欢迎他的小牌子的人面前，与百惠一行见面。宾主寒暄几句后，百惠亲自为高桥打开车门，示意他入座。

高桥刚一上车落座，便随手"砰"地关上车门，声音非常大。百惠甚至看见整个车身都颤了一下。看到此情景，百惠不禁愣了一下："是旅途的劳累使高先生情绪不佳，还是繁复的通关手续让他心烦？他可是株式会社的贵客，得更加小心周到地接待才行。"一路上，百惠一行都显得非常热情。

豪华迎宾车行至株式会社大厦前时，百惠赶紧下车，小跑着绕过车后，要为高桥开车门。但高桥却似乎不领情，只见他已经打开车门下车，又随手"砰"地关上了车门。这一次发出的声响比在机场时发出的声响大很多，似乎更用力了。

百惠听了，不禁又愣了一下。

日方安排的洽谈行程非常紧张，其董事长兼总裁铃木先生还亲自接见，这令高桥非常满意。会谈安排在第三天。在接下来的两天里，百惠非常谨慎地招待高桥，全程陪同他游览东京的名胜古迹和繁华街景，并参观了公司的生产基地。这期间高桥的兴致非常高涨，显得很愉悦，但当他乘车抵达酒店时，下车关门的声音还是重重的一声"砰"响。

百惠听了，不禁纳闷。他沉吟了片刻，打算询问原因。只见他一边向高桥鞠躬，一边小心翼翼地问道："高先生，敝社的安排没什么不妥吧？敝人的接待没什么不周吧？如果有，还望先生海涵。"高桥显然没什么不满意的："百惠先生把什么都考虑得非常周到细致，谢谢。"说话时高桥显得极为真诚。这让百惠觉得中间一定有什么问题……

洽谈的日子到了。百惠接高桥的车停在株式会社大厦前。高桥下车后，又是重重地关了一下车门。百惠暗暗地咬了咬牙，暗中向下属吩咐几句后，丢下高桥，径直向董事长办公室走去。高桥正感到有些莫名其妙，百惠的手下客气地将他领到了休息室，说："百惠课长说是有紧急事要与董事长谈，请高先生稍等片刻。"

百惠找到董事长后，极为严肃地对铃木说："董事长先生，我建议取消与这家公司的合作谈判！至少应该推迟。"

铃木非常不解，问道："这是为什么？洽谈的时间马上到了，我们就这么取消，太不讲诚信了吧？再说，我们也没有推迟或取消谈判的理由啊。"

百惠态度十分坚决，说道："我对这家公司缺乏信心，看来我们株式会社前不久对该公司的考察走了过场。"

铃木一向非常尊重和赏识百惠，听他这么说，便问其原因。

百惠说："这几天我一直陪着这个高总工程师，我发现他多次重重地关上车门，开始我还以为他是在发什么脾气呢，后来才发现，这是他的习惯，这说明他关车门一直如此。他是这家知名汽车公司的高层人员，平时坐的肯定是他们公司生产的好车。他重重关上车门习惯的养成，是因为他们生产的轿车车门用上一段时间后就易出现质量问题，不容易关牢。好车尚且如此，一般的车辆就可想而知了……我们把轿车和附件给他们生产，成本也许会降低很多，但这不等于在砸我们自己的牌子吗？请董事长三思……"

生活中，关车门的动作是多么微不足道啊！几乎每个开车的人每天都会有，相信无论是在生活中还是工作中都不会有人注意它，但恰恰是这种别人眼里的微不足道，被百惠抓到了，并通过进一步的细致分析，揭出了这一习惯性动作背后可能隐藏的深层问题。

现实生活中，青少年朋友要用心做事。所谓用心做事，就是用负责、务实的精神去做好每一件事；用心做事，就是不放过生活中的每一个细节，并能主动地看透细节背后可能潜在的问题；用心做事，就是要让自己比过去做得更好，比别人做得更好。

十一、能力往往从细微处彰显出来

评定一个人是否称职或是否应该被提拔的最佳方法只有一个，那就是先给他一个平台、一份责任，看他是否能拿出实实在在的工作成果来证明自己。

——李彦宏（毕业于北京大学，百度公司创始人、董事长兼首席执行官）

青少年朋友，在做事的过程中，我们要追求一丝不苟的精神。因为，只有考虑到每一个细微之处，把每一件小事做好，才能够把大事做得有板有眼。在注重细节的过程中，你的能力也会得到很好的锻炼，这会为你进一步的成长奠定基础。

有一个女孩，她从小就立志长大后成为一名出色的新闻记者。为此，她学习非常努力，终于考入了北大新闻系。四年后，她毕业了，应聘进了一家知名的新闻单位。

但是，由于暂时没有记者的空缺，单位负责人便吩咐她暂时做一些为同事泡茶的工作。女孩对负责人的这个安排非常失望，不过想到将来有做记者的机会，她也不好说什么了，只好静下心来，每天为同事泡茶倒水。

日子就这么一天天过去了。一转眼，半年过去了。女孩依然做着为同事泡茶的工作。渐渐地，女孩开始沉不住气了，心里总是抱怨自己这份不喜欢的工作，她泡出来的茶，味道也一天不如一天。但她丝毫没有察觉，因为，她的心已经不在泡茶上了。

一天，她将茶泡好端给负责人喝，负责人喝了一口，就向女孩吼道："你这茶是怎么泡的，这么难喝！亏你还是大学毕业呢，连泡杯茶都不会！"女孩听了责骂，非常生气，跑回自己的座位上就哭了起来。

女孩想到了辞职。正当她要向负责人递交辞职报告的时候，单位里突然来了一位重要访客，必须好好招待。女孩心想，反正自己要离开了，那就好聚好散，就好好地泡一壶茶吧！

于是，女孩将心里的不满暂时抛开，认真地泡好茶，把茶端给了重要访客。正当女孩转身要离开时，突然听到客人由衷地赞叹道："哇！这茶泡得真好！"那位骂她的负责人也喝了一口，情不自禁地夸赞道："这壶茶特别好喝！"

女孩呆住了！她突然发现，只是小小的一杯茶而已，竟然造成那么大的差异，或挨骂，或被赞美，截然不同。这茶里显然有很深奥的学问，值得好好研究。从此以后，她不但对水温、茶叶、茶量都悉心琢磨，就连同事的喜好、心情也细心地体会，甚至连自己泡茶时的心情、状态会带来的结果，也了如指掌。很快，她成为单位里不可缺少的一员。后来，单位里有了记者的空缺，她也如愿实现了自己的记者梦——可想而知，一位能将泡茶工作做得如此完美的人，在记者这个自己热爱的岗位上，也一定能取得良好的成绩。

青少年朋友可能听说过这样的话，茶道是人道，同时也是做事之道。悟透了茶道，就一定能悟透做事之道。因为茶道中对每一个细节的关注和严格要求，实际上已融入了茶文化的精神，在这一点上，和做好小事所彰显出来的精神，达到了高度的一致。泡茶这件看似简单不过的事情，却需要对水温、茶叶、茶量，甚至饮茶者的心情、喜好都要悉心琢磨，细心体会，就连自己泡茶时的心情和状态这样的因素也极有讲究，实在值得我们青少年朋友去思考、去感悟。茶道追求一丝不苟的精神，我们做事情的时候更应如此，应考虑每一个细微之处，把每一件小事做好。

能力往往从细微处体现出来。几乎所有的成功者，他们与我们都做着同样简单的小事，唯一的区别就是，他们从不认为他们所做的事是简单的小事。

十二、把每一件简单的事做好就是不简单

把每一件简单的事做好就是不简单，把每一件平凡的事做好就是不平凡。

——汪中求（北京大学职业经理人训练班的特聘培训师、著名经济管理咨询师）

生活中，我们所做的很多事情都是一些琐碎的、繁杂的、细小事务的重复。这些事做成了、做好了，并不一定能见到什么成就；但一旦做不好、做坏了，就可能会连累其他的人和事。

王某在一家制丝厂工作，制丝是流水线作业，任何一个链条出了问题就会影响到整个工艺。一个岗位一个人，每天面对的都是相同的工作，单调而又枯燥，平凡而又简

单，但是王某却对每一个细节都非常重视，不敢有丝毫疏忽，因为他始终记得刚参加工作时工厂老板对他说的一句话：把平凡的事一千遍、一万遍地做好就是不平凡。

一件事情，即便再小，再微不足道，哪怕再不需要什么技巧与能力，也要持之以恒、日复一日地做好，如离开房间的时候随手关灯、开会时将手机调成震动、与人约会时提前几分钟到达等。时间长了，你会从这些小细节中收获很多东西。

对一个人来说，尤其是身在职场中的人来说，最重要的是将重复的、简单的日常工作做精细、做专业，并恒久地坚持下去，做到位、做扎实。

有这样一个故事：

从前有个工匠，做了一辈子的建筑活。就在他将近七十岁的时候，他准备退休。一天，他将这个想法告诉了老板，说要离开建筑行业，回家和儿女享受天伦之乐。老板舍不得这位老工匠，再三挽留他，但他已经下定决心要离开。老板只得答应了他的要求，并问他是否可以帮忙再建一座房子，老工匠不得已只好答应了。

在建造房子的过程中，很多人都看出来了，老工匠的心已经不在工作上了，用料也没有以前那么严格，做出的活也失去了昔日的标准。对此，老板并没有说什么，只是在房子建好后，把钥匙交给了老工匠，说："这以后就是你的房子了，是我送给你的退休礼物！"

听了老板的话，老工匠顿时愣住了。他这一生盖了无数好房子，最后却为自己建了这样一座粗制滥造的房子，就是因为他没有把认真负责的工作精神贯彻到底。

当今时代，讲究细节制胜。细节是我们制胜的根本，因为任何细微的小事都可能成为"成大事"或者"乱大谋"的决定性因素。这一点，是不可含糊的。所以，日常生活中，无论做什么事情，我们青少年朋友都应该努力做好，将简单的小事做好就是不简单。

十三、为人处世重在细节

一些不经意的小事和细节往往能够反映出一个人深层次的素质。

—— 汪中求（北京大学职业经理人训练班的特聘培训师、著名经济管理咨询师）

在为人处世中，更要注意对细节的关注。

生活中，有很多人总不屑于关注小事和细节。其实，凡事无小事，简单并不容易。人缘好的人，常常可以因为重视为人处世的细节而旗开得胜，而人缘不好的人，则常因忽略细节而兵败垂成。

社交界的名人戴尔夫人，讲述过这样一件事："最近，我请了几个朋友吃午饭，这种场合对我来说很重要。当然，我希望宾主尽欢。总招待艾米一向是我的得力助手，但这一次却让我失望。午宴很失败，看不到艾米，他只派了个侍者来招待我们。这位侍者对一流的服务一点儿概念也没有。每次上菜，他都是最后才端给我的主客。有一次，他竟在很大的盘子里上了一道极小的芹菜，肉没有炖烂，马铃薯油腻腻的，糟透了。我简直气死了，我尽力从头到尾强颜欢笑，并不断对自己说：等我见到艾米再说吧，我一定要好好给他一点颜色看看。

"这顿午餐是在星期三。第二天晚上，听了为人处世的一课，我才发觉：即使我教训了艾米一顿也无济于事。他会变得不高兴，跟我作对，反而会使我失去他的帮助。"

戴尔夫人说："我开始试着从艾米的立场来看这件事：菜不是他买的，也不是他烧的，他的一些手下太笨，他也没有法子。也许我的要求太严厉，火气太大。所以我不但不准备苛责他，反而决定以一种友善的方式做开场白，以夸奖来开导他。第三天，我见到了艾米，他带着防卫的神色，严阵以待准备辩解。我说：'听我说，艾米，我要你知道，当我宴客的时候，你若能在场，那对我有多重要！你是纽约最好的招待。当然，我很谅解：菜不是你买的，也不是你烧的。星期三发生的事你也没有办法控制。'我说完这些，艾米的神情开始松弛了。

"艾米微笑着说：'的确，夫人，问题出在厨房，不是我的错。'

"我继续说道：'艾米，我又安排了其他的宴会，我需要你的建议。你是否认为我们再给厨房一次机会呢？'

"艾米说：'哦，当然，夫人，当然，上次的情形不会再发生了！'

"下一个星期，我再度邀人午宴。艾米和我一起计划菜单，他主动提出把服务费减收一半。

"当我和宾客到达的时候，餐桌上被两打美国玫瑰装扮得多彩多姿，艾米亲自在场照应。即使我款待玛莉皇后，服务也不能比那次更周到。食物精美滚热，服务完美无缺，饭菜由四位侍者端上来，而不是一位，最后，艾米亲自端上可口的甜美点心作为结束。散席的时候，我的主客问我：'你对招待施了什么法术？我从来没见过这么周到的服务。'

"她说对了，我对艾米施行了友善和诚意的法术。"

上面这个故事告诉我们青少年：如果你觉察出了别人的过错，并想要说服他，最好的方式是善意地、真诚地、婉转地指出，掌握批评和提醒的技巧，这样才能奏效。委婉地指出别人的过错，这是为人处世应该注意的细节，在对待细节、处理小事时，采取谨慎的态度，才会收到意想不到的效果。

十四、幸福和细节有关

使人疲惫不堪的不是远方的高山，而是鞋里的一粒沙子。

——汪中求（北京大学职业经理人训练班的特聘培训师、著名经济管理咨询师）

心理学专家的一项调查研究表明，人之所以感觉幸福并非偶然，生活中的许多细节或者个人的生活习惯很大程度上决定了人是否感觉幸福。据报道，在表示自己生活幸福的人群中，64％的人称自己喜欢和配偶、朋友、家人在一起，36％的人认为阳光和爱人的吻让生活"与众不同"；而很多感觉不幸福的人将自己的大部分时间花费在电脑游戏上，其中69％的人沉迷于上网，31％的人喜欢看电视。

很多时候，幸福往往体现在一些不经意的细节中。一朵小花、一封信、肩膀上的亲昵一拍、一句鼓励的话，这些看似简单的事情，有的时候却承载了满满的幸福。

第一个故事：

初夏的街头，一对恋人在闲逛，女孩突然停了下来，盯着男孩的肩膀，说："你别动，衬衫上有一根头发。"然后，女孩细长的手指在男孩的衬衫上轻轻地拾起了那根细细的头发。"这衣服昨天刚洗的，你看你。"女孩娇嗔地轻轻地叨唠着，而幸福早已在男孩的心里满溢。

第二个故事：

在公交站台上，一个五六岁的女孩匆匆跑向一位中年妇女，只见她手里举着一根快要融化的冰激凌，稚嫩的声音飘荡在空中："妈妈，给您吃一口。"中年妇女笑了，说："我全部吃了好吗？"小女孩低着头想了一会儿，说："妈妈，您吃两大口我只吃一小口好吗？"幸福早已在中年妇女的脸上开成花。

第三个故事：

春风和煦的三月，一个湖边公园里，一对老年夫妇在散步。他们走到一张长石椅前时，老太太对老头说："老头子，累了，在这个地方歇会儿吧！"老头没吭声，抢先一步走上前去，用衣袖轻轻地把本来很干净的一张石椅拂了几下，然后扶老太太坐了下来，两人静静地坐在那里，看着远处的花红柳绿。老太太摸着老头那满是青筋的手，轻轻地问："你还记得咱俩是啥时候认识的不？我记得就是这个季节呢！"老头的眼睛里满是阳春三月的暖意，幸福如杨柳拂过河面，拂过两位老人的心里。

一个个小细节，其中蕴含了满满的幸福。有的时候，幸福真的很简单，给恋人一句甜言蜜语，给家人一个电话，给周围的人一个微笑……幸福，就这么不期而至。

然而，很多人为了生活四处奔波，很容易忽视生活中的点滴幸福，这是多么令人遗憾。一位女作家在文章中讲过这样一个故事：

她出差两周后回到家，发现家里一切都乱糟糟的，她顾不上旅途的辛劳，挽起袖子就干起家务来。两个钟头之后，家里的一切都井井有条了。鱼缸里浑浊的水也换了。

儿子放学回到家，直奔鱼缸而去，看着新换的清水，急问妈妈："原来的水呢？"她说："倒水池了……"没想到儿子听后号啕大哭起来。

她慌了，说："你哭什么？七条鱼，一条也不少哇。"儿子继续大哭着说："有一条鱼，生了五条小鱼……很小很小的……你都给倒了！"

女作家一下子傻了眼。在她出差之前，有一条热带鱼的肚子明显地鼓了起来，她跟儿子说："这条鱼快要做妈妈了呢！"哪知道，那刚刚诞生的小生命竟被自己粗心地杀害了。

由于忙碌或者粗心大意，我们会忽视生活中的很多事物。有些通过我们的努力可以挽回，而有些则永远无法挽回。这就启发我们，千万要留心观察，注意细节，别让生活留下太多的遗憾。幸福，并非总是突如其来的重大事件，其实更多地存在于点滴之中，存在于构成我们日常生活的每个细节中。

苦难，人生修炼的最高学府

拿破仑曾经说过："人是从困难中滋长出来的。"人生的痛苦能够摧毁一个人的意志和精神，也能成就一个更优秀的人。有人说，通向人类真正伟大境界的道路只有一条，就是苦难的道路。人生匆匆数十年，没有人能够一帆风顺。在大多数人把"万事如意""幸福快乐"视为自己的幸运并为之追逐的时候，北大学子则将经历苦难视为自己的财富，只有经历过大喜大悲的人，才能宠辱不惊地面对人生的大起大落，而困境是他们修炼自己获得能量的最高学府。

一、郭晖：摇着轮椅上北大

每个人都争取一个完满的人生。然而，自古及今，海内海外，一个百分之百完满的人生是没有的。所以我说，不完满才是人生。

——季羡林（曾任北京大学副校长，著名文学家、国学家、教育家和社会活动家）

她，是一名再普通不过的女孩子，长相平凡，天资一般。如果不是那场人生变故的捉弄，她或许能考上大学，或许不能，或许已经结婚，或许已经就业，或许已经小有所成……但正是因为那一次变故，她的人生轨迹迸发出了异样的光彩，她的潜能得到了很好的激发。这个连小学都没有毕业的弱女子，完全依靠自学，竟成了北京大学百年历史上第一个残疾人女博士——她就是身残志坚、摇着轮椅上北大的河北女孩郭晖。

郭晖，1970年出生于河北邯郸一个普通的家庭，父母是高校的普通职工。11岁之前的郭晖，生活中充满了阳光。在邯郸市实验小学读书的时候，她喜欢跳舞、长跑，穿着漂亮的裙子，跑着，跳着，风的翅膀擦过耳翼和双腿，惬意极了。她还是班里的卫生委员，教室在高高的四楼，擦玻璃时，她的双腿像猴子一样缠住窗框，身体探出窗外，摇摇欲坠，老师吓得脸变色了，她却在嘻嘻地笑……这是一个多么活泼可爱的女孩子啊！小小的她，有着一个美好的梦想，那就是成为一名优秀的舞蹈演员。

然而，命运捉弄了这个可爱的女孩子。1981年5月9日，当时的她年仅11岁，正读小学五年级。那是一个阳光明媚的上午，春风徐徐，天气晴朗。郭晖在上体育课，当时的上课内容是练习跳远。在一次起跳中，她不小心崴了脚，脚踝处隐隐作痛，瞬间出现了一大片红。

郭晖的母亲赶紧将她送往医院。谁曾想，这一去，竟让她从此走上了一条不归路。医院的误诊，导致郭晖高位截瘫。从此，郭晖的世界只有两平方米。她只能仰躺在床上，不能侧身，不能翻身，更不能坐起来……这是多么残酷的事实啊！11岁的女孩子，本该有一个无忧无虑、快乐而甜蜜的金色童年。但对郭晖来说，她的生活却充满了黑暗的色彩。

由于家里经济紧张，郭晖无法得到全方位的照顾。平时，她的家人上班的上班，上学的上学，上午九点过后，家里就只剩下她一个人。陪伴她的只有一台破旧的收音机。

一天中的绝大部分时间里，她都在盯着天花板看，因为她只能躺着……一天又一天，郭晖就只能这样挨日子。

1983 年，报纸上开始广泛报道身残志坚的张海迪的事迹，郭晖也从收音机里听到了张海迪的故事。张海迪的不幸和坚强，给了她深深的触动。楼下的同学还给郭晖买了一本《张海迪的故事》。张海迪的事迹，让郭晖开始重新思考自己的人生。她的心里也隐隐觉得自己有了方向，却又模棱两可不知道可以做点什么。"就这样躺一辈子吗？那时候我常问自己，问完了也很迷茫，不这样又能干吗去？"在郭晖的印象中，老房子的窗外有一个大烟囱，她能看到麻雀飞进来飞出去。当时的她，是多么美慕那只小麻雀啊，因为它有翅膀，可以自由自在地飞翔！后来，她父母认识的一位针灸大夫每天下午都来给她扎针，见她在翻看《十月》、《小说月报》之类的杂志，就问她："干吗不学自己的课本呢？"

听了针灸大夫的话，郭晖一时感到浑身充满了力量。是啊！我何不自学呢！于是，她走向了自学之路。当时，我国对残疾人还没有融入式教育方式。郭晖没有轮椅，也没有钱请家教，那时也没有家教一说。母亲把她未完成的小学课本和词典、纸笔一起放在她的枕边。郭晖就拿起手边的书本和纸笔一页页看，一页页学，一页页写。"我不知道未来的世界是什么，也不知道这个社会中的人们会不会接受我这样一个远离社会的'怪物'，就这样学了下去。"由于她只能躺在床上，不方便看书，有时候换换姿势就趴着看，时间长了，她的胳膊肘都磨出了很多茧子。但是，她依然坚持着。这是她前行的巨大动力。

在父母的支持和帮助下，郭晖用三年时间自学了全部初中、高中课程。最让人觉得不可思议的是，物理、化学等需要做实验才能弄通的原理和公式，她竟然也全部都自己揣摩通了。这是多么了不起的事啊！

自学让郭晖的人生充满了能量。她感觉自己的世界在一点点地扩大，充满了阳光和欢笑。

1988 年底，郭晖有了参加高考的想法。可是，当时她的身体情况并不好。仍旧坐不稳，而且，坐的时间长了，腿会抽筋，抽筋的力量很大，甚至会把整个上身甩出去。更重要的一点是，当时高考需要预选，郭晖并非在校生，没有预选资格。仅这一关，对郭晖来说都很难跨越。

但郭晖没有因此胆怯。为了能上学参加考试，她用了一年的时间锻炼身体，练习长时间地保持坐姿。就为了能有一天坐在高考教室里。

1990 年的某天，郭晖坐着手摇车在河北工程学院的学校里"溜达"时，巧遇了父亲的同事张明老师。张老师问她最近的情况。她便将自己想参加高考的事告诉了张老师。张老师说，最近学校办了一个英语自学考试大专班，像她这种情况可以报名。张老师的话，让她眼前一亮，她决定报读大专班。她离高考的路又进了一大截！

然而，过程总是困难的。大专班的教室在五楼，每次上课的时候，父母轮换着把郭晖背上去。到教室后，她坐不稳，父母就用四个课桌把她紧紧地挤在中间。但仍是不稳，身体在课桌间直摇晃，她的双手只得抠住桌沿。为了避免上厕所，她不吃饭，不喝水。别的同学都是正规高中毕业，系统学过英语，只有她是小学程度。由此可见难度是多么大。

刚开始时，由于听不懂课程，跟不上班里的进度，郭晖气得哭了很多次。可是，她并不气馁。上课时，健全人大都嘻嘻哈哈，心不在焉，因为来自窗外的诱惑实在太多了。唯有她一个人认认真真地读书学习。

后来的毕业考试成绩公布了，在全班 30 多名同学中，唯有郭晖一次性全部过关。可见郭晖是多么努力！

1993 年 6 月，通过自己的努力，上进的郭晖终于获得了人生中第一个文凭——自考英语专业大专毕业证书。

好强的郭晖不想一直依靠父母生活。刚有一点自立基础的她，就开始靠给当地职工的孩子做家教谋生。后来，她还在家开设了小班，招收学生补习英语，一个学生收费 25元。第一笔培训费，让她觉得生活更加精彩起来。她想：我不是废人了，我能挣钱了！可是，时间长了，教着教着，问题就来了。有学生提出的问题，郭晖解答不了了。"不能误人子弟，还得学，还得念书。"郭晖学习的动力更加足了。慢慢地，她自学了本科课程，并在 1998 年 6 月取得本科毕业证和学士学位证。她的人生之路又迈上了一个新台阶。

但是，郭晖的前行之路没有就此停住。本科并非她的最终目标，她还希望继续搏击长空，取得更高成就。获得本科证书后，她接着参加了山东大学外国语学院以同等学历申请硕士学位的考试。在硕士论文答辩现场，李玉陈教授紧紧握住郭晖母亲的手说："感谢你培养了一个好女儿，这是我们十年来听到的最好的论文答辩……"2002 年 12 月7 日，郭晖顺利拿到了山东大学外国语学院硕士学位。此时的郭晖已经 32 岁。

由于年龄大，再加上找工作不顺利，郭晖一气之下，决定考博士，"总不能让父母养我一辈子，我想参加社会生活，我不想学的东西用不上，我要给自己找路走。我要拿到更高的学历，要进全国最好的学府，我要证明我自己。"郭晖这样对周围人说，也对自己说。众所周知，考取北大英语系的博士，对于正常人来说都是一件很难的事，更何况对一个高位截瘫的瘦小女子。

在一次回忆自己的考博之路时，郭晖这样说道："我考一次的成本，等于别人考三次，因为每次我们家都是 3 个人上考场的。"由于行动不方便，她每次考试，都要请哥哥帮忙将她背进考场，而由母亲负责照顾她上卫生间。"为了减轻他们的负担，我尽量少吃饭，少喝水，实在渴得不行了就咽点儿唾沫，这样可以减轻点儿体重，避免上厕所。"郭晖的付出，终于有了回报。2003 年，郭晖拿到了北京大学英语系的录取通知书，开始了博士课程的学习。

在北大的几年，郭晖学习得"一塌糊涂"。她整日徜徉在中外学者的圈子里，在图书馆内汲取知识的精华，并聆听全国最顶尖学者的教诲……其间，她掌握了英语、法语、日语、德语、拉丁语5门外语，多次获得国家级奖学金，被评为"全国优秀大学生"，并获得"五四青年论文竞赛奖"……除此之外，她还翻译了大量的文学名著，谱写了很多诗歌。可以说，在北大的几年，郭晖的人生之光更加耀眼！

博士研究生毕业后，郭晖被分配到河北工程大学教书。她终于凭借自己的努力，实现了找一份体面工作、自食其力的人生理想。为了实现这个理想，郭晖付出了常人都无法承受的努力。

2012年3月，郭晖从学校网站看到河北教育厅全额资助优秀高校教师赴海外留学的合作项目。要强的郭晖填写了申请留学表，她是1998年河北开展国家公派留学项目以来，第一位申请的残疾人。一个月后郭晖拿到了来自哈佛大学为期一年的访学邀请……郭晖的成功，令很多人可望而不可即。

虽然人生充满了厄运和苦难，但是郭晖却从来没有被打倒过。对于她来说，人生路上还会有很多磨难，但她不再惧怕，因为她坚信——翅膀断了，梦想仍在飞！瘫痪、轮椅，这些现实困难，她一刻都没有忘记，但她面对自身的境遇，并没有害怕，更没有退缩，她的脑海里只有这么一段话："我的手还能动，我的脑子也能动，还有这么多好心人帮我，认真地过每一分钟，我认真了，什么都不怕了。谁的未来也不是梦，感谢每一个人，我可以做得更好。"是的，坚强的郭晖已经做得很好了，相信她在未来的日子里会做得更好。

郭晖的奋斗历程昭示我们青少年：人生，没有一个坎，足以让人停止前进的脚步。所以，我们不要因为眼前的挫折而迷失了奋斗的方向。要时刻告诉自己：跌倒了并不等于失败。站起来，你才能搏击长空，铸就成功。

二、苦难是磨炼人格的最高学府

人生的路途，多少年来就这样地践踏出来了，人人都循着这路途走，你说它是蔷薇之路也好，你说它是荆棘之路也好，反正你得乖乖地把它走完。

——梁实秋（曾任北京大学教授，著名散文家、学者、文学批评家、翻译家）

"天将降大任于斯人也，必先苦其心志，劳其筋骨，饿其体肤，空乏其身，行拂乱其所为，所以动心忍性，曾益其所不能。"孟子《生于忧患，死于安乐》中传达了"挫折和苦难是磨炼一个人的意志，使人走向成熟和成功"的主旨。世界级大文豪巴尔扎克也曾说："世界上的事情永远不是绝对的，结果完全因人而异。苦难对于天才是一块垫脚石，对于能干的人是一笔财富，对于弱者是一个万丈深渊。"也表达了苦难之于一个人形成成熟、坚强品格的重要性。

虽然苦难可以给我们带来打击和坎坷，使我们前行的脚步暂停，但它也有一个好处不容忽视，那就是，它能使我们受到磨炼和考验，变得坚强起来。所以，很多人总结说，苦难是磨炼人格的最高学府。在漫长的人生路上，有顺境，也有逆境，顺境不张扬，逆境不舍弃，才能做成大事，成就理想人生。最重要的是，处于困境时我们不退缩，更不埋怨困境带来的无休止的磨难，而是用心灵打磨挫折，用热情去迎接困境，用坚忍不拔的意志去战胜苦难。如此，在与苦难对抗的过程中，我们会变得更加成熟，更加坚强，拥有更加坚强的品格。

每一个人从出生以后就开始面对各种考验，并开始收获——各种考验所带来的宝贵的人生特质。如果拒绝来自现实的新一轮考验，时时幻想温煦的常态，那么他从一开始就输给了生活。青少年朋友，你明白这段话的含义吗？正所谓"吃得苦中苦，方为人上人"。我们如果想有一番成就，就要付出比常人更多的辛苦。只有经过风霜苦寒，才能知道温暖的可贵；只有深切认识到人生苦短，才会懂得精进勤学。所以说，苦难对生命来说，是磨炼我们人格的最高学校，只有顽强拼搏，才有苦尽甘来的那一天。

正所谓"自古英雄多磨难"。世界上很多伟人都是从苦难中走过来的。伟人之所以伟大，是因为他们拥有强者的心态，战胜了苦难。

在小提琴的历史上，最具传奇色彩的人物，莫过于帕格尼尼。帕格尼尼是世界知名的意大利小提琴演奏家、作曲家。他的技巧影响了后来的小提琴作品，也影响了钢琴的技巧和作品。帕格尼尼的人生并不是一帆风顺的。他一生遭遇了很多苦难，但这并没有妨碍他成为一个音乐界的巨人。在4岁的时候，他患上了麻疹和可怕的昏厥症，险些丧命；在7岁的时候，他患上了严重的肺炎；在46岁的时候，他患上了严重的口腔疾病，口舌糜烂，满口疮痍，拔掉了所有牙齿，紧接着又染上了可怕的眼疾，走路都无法看清；在50岁的时候，关节炎、肠道炎、喉结核等多种疾病吞噬着他的身体。后来声带也坏了，靠儿子按口型翻译他的思想。他仅仅活了57岁，就口吐鲜血而亡，走完了多灾多难的一生。

回顾帕格尼尼的一生，几乎都是在苦难中度过的，但是他12岁就举办首次音乐会，并一举成功，轰动舆论界。之后他的琴声遍及法、意、奥、德、英等国。他的演奏使帕尔玛首席提琴家罗拉惊异得从病榻上跳下来，木然而立，无颜收他为徒。他用独特的指法、弓法和充满魔力的旋律征服了整个世界，几乎欧洲所有文学艺术大师，如大仲马、巴尔扎克、司汤达等都听过他演奏并为之激动不已。音乐评论家勃拉兹称他为"操琴弓的魔术师"，歌德评价他"在琴弦上展现了火一样的灵魂"，李斯特大喊："天啊，在这四根琴弦中包含着多少苦难、痛苦和受到残害的生灵啊！"世人再美好的赞誉之词，都诠释不了帕格尼尼苦难的一生。

不可否认的一点是，苦难使帕格尼尼收获良多。回望历史，试想一下，有多少人能如帕格尼尼一般，经历诸多苦难，而又有多少人能够取得如此辉煌的成就？对于帕格尼尼来说，也许正是因为这些苦难，才让他的人生更加精彩，充满了挑战的乐趣。也正是这些磨砺，才让他的意志开始变得坚强，内心变得勇敢，从而战胜了厄运，走向了成功。我国儿童作家冰心曾说："成功的花儿，人们只惊羡它现时的美丽。当初它的芽儿浸透了奋斗的泪水，洒遍了牺牲的细雨。"苦难的洗礼，会让我们的人生更加厚重。通过一次又一次与苦难的握手，历经反反复复的较量，人生的底蕴就在不知不觉中得到升华。每一个成功者的路上，无不充满苦难。

平淡的生活不会自动赋予我们坚强的品格，只有经历苦难的洗礼，你才会发现，苦难是磨砺人格的最佳途径。可是有一点不容忽视，那就是，苦难既可能是人生奋进的号角，也可能是人生前进的绊脚石。青少年一旦遭遇了苦难的折磨，不要被其打倒，要坚强地应对，积极地应对，才会取得成功。

三、苦难是岁月最珍贵的馈赠

未经失意，不懂人生。

——周国平（毕业于北京大学哲学系，著名学者、散文家、哲学家、作家）

正如一位智者所说："没有苦难的人生不是真正的人生。"一个人，只有经历苦难的"折磨"，才会散发出更加成熟的光彩。而我们一生中经历的任何学习，都不如在苦难中学到的深刻、持久。在强者眼里，苦难是一颗光彩夺目的珍珠，会让我们变得更加坚强，让我们始终保持清醒的头脑，让我们知道自己拥有的一切都是来之不易的，让我们学会了对生活的感恩和珍惜。可以说，苦难是岁月送给我们的最美好的礼物。

强者需要苦难的磨砺。那些一遇到逆境就消沉的人，一有不顺心的事就惶惶不可终日的人，是脆弱的，是难以成功的，也往往难当重任。而勇者呢，在苦难面前，永远也不会低头。

成名之前的卢梭从事过很多工作，他做过学徒、杂役，也做过教师，还做过仆人。在一次主人举办的宴会上，众宾客们因为一幅画所表现的内容而争执不下，眼看场面越来越尴尬，主人便找来卢梭来解释这幅画。众宾客们都非常惊讶于主人的这一举动，他们都不相信一个仆人能说出什么令人信服的话。但卢梭关于那幅画的解释是那么清晰明了，那么具有说服力，他的表现镇住了在场的所有人。

其中一位宾客很尊敬地问卢梭："先生，您是从什么学校毕业的？"

"我在很多学校学习过，先生。但是，我学的时间最长、收益最大的学校是苦难。"卢梭认真地给予了回答。

当然，卢梭在苦难中付出的代价是值得的，虽然在当时他还是一个贫穷卑微的仆人，但不久之后，他就以超群的智慧震撼了整个欧洲，成为享誉世界的伟大启蒙思想家。

现实中，人们往往只会看到成功者站在成功之巅时的风光，却不了解他们在风光背后付出了怎样的努力。其实，任何一种成功都并非唾手可得的，不能吃苦、不肯吃苦的人永远不会成功。

困难是强者人生的必修课。强者往往将苦难视为宝贵的人生财富，视为垫脚石，所以强者恒强；而弱者，往往视苦难为绊脚石、万丈深渊，被它压垮，所以弱者恒弱。苦难是人生的沃土，是磨炼意志的试金石。不经三九苦寒，哪来傲雪梅香？苦难从古至今都是人生的一笔宝贵财富。

在美丽的宾夕法尼亚州匹兹堡，生活着这样的一位女子，她35岁，有一个幸福美满的家庭。35年的岁月里，生活赋予她的只有平静和舒适。

然而，这美好的一切在她35岁那年，通通结束了。这一年，她突然连遭四重厄运的打击。丈夫在一次事故中丧生，留下两个年幼的孩子。丈夫死后没多久，她的一个女儿被烤面包的油脂烫伤了脸，医生告诉她孩子脸上的伤疤终生难消，她为此伤透了心。后来，为了维持家庭生活，她不得已在一家商铺找了份工作，可没过多久，这家商铺就倒闭了。丈夫虽然为她留下了一份小额保险，但是她耽误了最后一次保费的续交期，因此保险公司拒绝支付保费——这一连串的不幸，让她感到崩溃，几近到了绝望的边缘。

我的命运就是这样了吗？在这一系列苦难面前，我的人生真就要如此结束吗？她左思右想，决定要自己救自己，再做一些努力，尽力拿到保险补偿。

之前在和保险公司联系时，和她沟通相关事宜的是保险公司的一位普通员工。而这次，她想直接和经理谈谈。于是她直接来到了这家保险公司，一位多管闲事的接待员告诉她经理出去了。她站在办公室门口无所适从，就在这时，接待员离开了办公桌。机会来了。她毫不犹豫地走进里面的办公室，结果，看见经理独自一人在那里。经理很有礼貌地问候了她。经理的礼貌行为使她受到了鼓励，她沉着镇静地向经理讲述了自己索赔时碰到的难题。经理派人取来她的档案，经过再三思索，决定应当以德为先，给予赔偿，虽然从法律上讲公司没有承担赔偿的义务。后来保险公司的工作人员按照经理的决定为她办了赔偿手续。

保险事宜的顺利解决给了她很大的信心，她觉得生活重新又充满了希望。令她更加欣喜的是，她的好运并没有到此中止。经理尚未结婚，对这位年轻寡妇一见倾心。他给她打了电话，几星期后，他为她推荐了一位医生，医生将她女儿脸上的伤疤给治好了；经理通过在一家大百货公司工作的朋友给她安排了一份工作，这份工作比以前那份工作好多了。不久，经理向她求婚。几个月后，他们结为夫妻，而且婚姻生活相当美满。年轻女子的人生又掀开了新的一页。

上面的故事告诉我们，当苦难来临时，千万不要自怨自艾，由此消沉下去。而要重拾信心，一点点地再努力，不抱怨不气馁更不放弃，把吃苦当作磨炼意志的磨刀石，终会收到苦难岁月的美好馈赠。

有人说，火石不经摩擦就不会迸发出火花，讲的就是苦难的重要性。对人类来说同样如此，如果不经历苦难的洗礼，生命之火就不会散发灿烂的火焰。

苦难并不可怕，它可以培养人的意志，给人信心、毅力和勇气。不经历风雨，怎么见彩虹！不曾跌倒的人怎么会知道跌倒的滋味呢，更不知道跌倒了该如何爬起来。对于一个人来说，苦难确实是残酷的，但如果你能充分利用苦难这个机会来磨炼自己，那么，苦难会馈赠给你很多。青少年朋友必须知道，勇气和毅力正是在这一次次的跌倒、爬起的过程中增长起来的。由此看来，经历苦难绝不是什么坏事，相反它是我们成功人生必经的阶段。可以说，苦难是一种财富，是未来人生的本钱，是岁月给予我们的最珍贵的馈赠。

四、痛苦是人清醒活着的最好证明

于不公和惨淡的处境中自我享受，才能在不久的以后收获人生大境界。

——林语堂（曾在北京大学任教，著名学者、文学家、语言学家）

正所谓"人生不如意事十之八九"。对一个世人看来十分幸运的人来说，在他的一生中也总有一个或几个时期处于十分艰难的情况下，总能一帆风顺的时刻几乎没有。艰难的生活往往会给人带来一种痛苦的感觉。既然人生充满了艰辛，那么想完全避免这种人生中的痛苦是很难的。

针对痛苦这种情绪，我们与其逃避，不如正视它、感受它，用正确的心态接受它，凭借自己的努力把它转化为我们人生中的积极力量。

北大毕业生孙明云（化名）童年生活过得非常凄苦。在她10岁的时候，母亲就因病去世了。父亲是一位长途汽车司机，常年在外奔波，无法照顾年幼的孙明云。所以，自母亲去世后，孙明云就必须自己洗衣做饭，自己照顾自己。

孙明云的情况已经够凄惨了，然而，老天并没有因她已经承受了痛苦而特别关照她，厄运在她17岁那年再一次降临。这一年，孙明云的父亲因疲劳驾驶在车祸中丧生。从此，孙明云成了无人照顾的孤儿。

然而，孙明云的噩梦还没有结束，就在她渐渐走出悲伤，开始独立养活自己之时，却在车祸中失去了左腿。

这一连串的不幸，对一些人来说，估计已经超出了可承受的范围。很多人可能因此而沉沦，丧失对生活的信心。然而，孙明云却没有因此而对生活失去希望，这一连串的灾难反而让她养成了坚强的性格。从此，年轻的她开始独自谋生，在周围朋友的帮助下，她在城镇的街道边开了一个小杂货铺。

当了"老板"的孙明云，把杂货铺当成自己生活的全部。她拼命地工作，几年下来，杂货铺被她经营得有声有色。她也因此而积攒了一些积蓄。

可是，这种状态还远远没有让她满足，她想上学！现在自己有经济实力了，于是她白天经营杂货铺，晚上便自学。

8年过去了。坚强的孙明云成功考入了北京大学人力资源专业本科自考班。从此，孙明云的人生迈入了另一个境界。

如今的孙明云已经成为一家世界500强公司的人力资源师，回忆自己曾经经历的一切，她说："老天夺走了属于我的幸福，让我尝尽了人生百苦，但我还应该感谢他，因为他同时给予了我一份坦然面对苦难的坚强的心。"

正是悲惨的生活成就了孙明云的坚强，也正是这份坚强，帮助孙明云实现了自己的人生愿望，成为自己想成为的人。所以生活的悲哀并不仅仅如同表象展示出来的那样，只是带给我们伤痛，对坚强的人来说，它正是在用另一种方式来完善我们的精神，让我们活得更清醒。

俄国作家列夫·托尔斯泰曾说："人生不是一种享乐，而是一桩十分沉重的工作。"人生不可能永远一帆风顺，人生旅程中，如同穿越崇山峻岭，时而风吹雨打，困顿难行，时而雨过天晴，鸟语花香。当苦难来临时，有的人自怨自艾，一蹶不振，被痛苦的情绪包围；而有的人则不屈不挠，与苦难作斗争，成为生活的强者。

青少年朋友在这短暂的人生经历中，一定要明白一个道理，即陷在痛苦泥潭里不能自拔，只会与快乐无缘。而坦然面对痛苦，用双手创造的新生活来替代痛苦，你会发现，你的人生会更加多彩、更加丰富。

五、畏惧失败就是毁灭进步

顺境是我们的愿望，而逆境则可能是生活中应有之理，应有之义。不然的话，我们又何必讲"迎接挑战"或"参与竞争"之类的话？

——谢冕（北京大学教授，诗人、作家、文艺评论家）

有这样一句话："畏惧失败就是毁灭进步。"这句话蕴含着丰富的哲理，它给人们——尤其是热心改革、勇于创新的人们以深刻的启示。

人们从事各项活动，总是希望获得成功，避免失败。然而，失败是不可避免的。每一条成功之路都会有挫折和失败，没有谁能够真正的一帆风顺。关键是我们对待失败的态度。

优秀的人在对待失败时，往往秉持平和的心态，视失败为成功之母，是自己不断取得进步的阶梯。克雷吉夫人曾说过："美国人成功的秘诀，就是不怕失败。他们在事业上竭尽全力，毫不顾及失败，即使失败也会卷土重来，并立下比以前更坚忍的决心，努力奋斗直至成功。"

回望在自身领域取得成功的先贤，我们会发现，他们的成功无不踩着失败的肩膀而来：

福特汽车公司的创始人、美国汽车工程师与企业家亨利·福特在成功前曾多次失败，破产过 5 次。

美国著名动画大师、企业家、举世闻名的迪士尼公司创始人沃特·迪斯尼当年被报社主编以缺乏创意的理由开除，建立迪斯尼乐园前也曾破产好几次。

英国政治家丘吉尔小学六年级曾遭留级，而他的前半生也充满了失败与挫折，直到他 62 岁当上英国首相后，才以"老人"的姿态开始了一番作为。

著名科学家爱迪生小时候反应非常慢，老师都认为他没有学习能力。他试验失败了超过 2000 次才发明出了灯泡。

1952 年，艾德蒙·希拉里想要攀登世界最高峰——珠穆朗玛峰。在他失败后数周，他被邀请到英国进行演讲。希拉里走到讲台边，握拳指着山峰照片大声说："珠穆朗玛峰！你第一次打败我，但是我将在下一次打败你，因为你不可能再变高了，而我却仍在成长中！"仅仅一年以后的 5 月 29 日，艾德蒙·希拉里成为第一位成功地攀登珠穆朗玛峰的人。

…… ……

现实中，有很多这样的人，他们一旦遭遇一次失败，便从此失去勇气，一蹶不振。相反，在强者的眼里，不存在所谓的滑铁卢。他们一心要得胜、立志要成功，即便遭遇失败，也不会视一时失败为最后的结局，还会继续奋斗，重新站起，比以前更有决心地向前努力，不达目的决不罢休。因为他们深深地明白一个道理：畏惧失败就是毁灭进步。

青少年朋友，在我们短暂的生命旅程中，失败、内疚和悲哀有时会把我们引向绝望。但那个时候你一定不要退缩，要想方设法站起来，重新开始，你会发现"柳暗花明又一村"不是无稽之谈。

生活中，有的青少年在遭遇失败和挫折时，不寻找解决之策，而选择了逃避。这样不但丝毫不能减轻你的痛苦，反而会使失败的阴影越来越大，直至将你吞噬。为此，我们必须努力站起来再次迈开前行的脚步，走出失败的阴影，重新开始生活。面对失败，我们如何才能顽强地重新站立起来？如何才能战胜那些因失败而带来的悲伤、内疚、疲惫的情绪，重新迎来新生活？想必很多青少年都想知道这个问题的答案。

北大某心理学教授在自己的心理学著作中就这一问题曾经向读者提过这样的建议：

1. 原谅自己，也原谅别人

不管造成麻烦的原因是什么，我们总能在自己身上发现一些事实上和想象出来的错误。我们要做的是首先正视它，诚心诚意决不做第二次。如果可以弥补，就弥补起来；然后，把自己的过失和错误抛在脑后，用新的计划和新的热情，重新注满生活的水池。

同样，不要责备别人对你做的事。别人对你的伤害，如果是你"应得"的，就从中学一些东西；如果是委屈的，就忘掉它。

2. 恢复自尊

要从放弃防御面具开始，我们中的许多人正是戴着它生活的。相信自己的价值；对自己说话要好言好语，响亮而刚强；努力做到对自己像对别人一样宽宏大量。

然后停止"会失败"的考虑。多想你拥有的，少想你缺少的。在失败的深渊中，这是尤为重要的，相信自己能给生活增添一些美好的东西。

3. 回到众人的世界

我们害怕别人的关心会刺痛我们的伤疤，我们确实需要孤独的时光。但我们不能在那孤岛上待太长的时间，因为重新生活的路最终要通过我们与别人的亲密关系和共同努力才能获得。没有什么东西比爱更能唤醒那跟随灾难而来的痛苦。

4. 伸出手去帮助别人

花时间去帮助别人，借此治疗自己的创伤。

5. 相信奇迹

许多人曾陷于极度迷惘的困境中，可一旦摆脱了它，却能得到意想不到的欢乐和力量。欢迎奇迹的来临吧！准备新生不是一次，而是很多次。

6. 一次迈一步

如果你身上没有出现奇迹，静下心来做接着到来的事情，因为一次只能迈一步。

7. 学会感谢

每天，特别是心情不好时，要寻找感谢的理由："谢谢四季，让世界绚丽多姿；谢谢书本、音乐和促使我们成长的生活之力。"你会发现：人生是多么美好啊！

其实，走出失败的阴影并不难，重新开始新生活并不难，关键在于你有没有这样的决心。

六、挫折是存折，不是骨折

碰到低谷的时候，其实很重要的是考验自己的信念。

——王志东（毕业于北京大学，新浪网创始人）

没有人一生都是完美的，人的一生总是会遇到各种各样的挫折。其实，遇到挫折并不可怕，可怕的是我们不能以正确的心态来看待它。清代金兰生在《格言联璧》中写道："经一番挫折，长一番见识；容一番横逆，增一番气度。"对于坚强的人来说，挫折是一把打向坯料的锤子，打掉的应该是脆弱的铁屑，锻成的则是锋利的钢刀。由此可见，那些挫折不但不是消极的，还是一种促进你成长的积极因素。唯有经历各种各样挫折的折磨，才能拓展生命的厚度。因此，有人说："挫折是存折，不是骨折。"

北大客座教授、知名作家余秋雨先生，曾在他的《千年一叹》一书中在描写约旦的章节时有这样的一段话：余秋雨先生在约旦曾经拜访过一位智慧的老人，她叫杜美如，是大名鼎鼎、有"上海皇帝"之称的杜月笙的长女。杜美如是杜月笙第四房太太的长女，她早年接受了母亲严格的教育，在她的心目中，除了她姓杜以外，她从来没有幻想着要沾杜月笙的名气，尽管时光流转，她经历了50多年颠沛流离的生活，但她始终能克服重重磨难。她长年随夫婿蒯松茂旅居于约旦安曼，并在那里开了全约旦第一家中式餐馆"中华餐厅"，一开就是37年。

在谈及自己的生活经历时，杜美如对余秋雨先生讲过这样一个故事。杜美如说，在年轻的时候，她曾经遭遇过一次严重的车祸，这次车祸导致她骨头断裂，多处流血，脸上还留了一个很明显的伤痕。她的丈夫蒯松茂怕她因伤痕而痛苦，非常担心她会因此而陷入焦虑。然而，杜美如并没有像她丈夫想象的那样脆弱，她自我调侃："脸上受伤的地方成了一个大酒窝！"听了这个故事后，余秋雨先生在文中这样写道："我看着这对突然严肃起来的老夫妻，心想，他们其实有很多烦恼事，只不过长期奉行了一条原则：把一切伤痕都当成酒窝。"

在描述挫折的文字中，恐怕这是最完美的一个解读和阐释吧！杜美如对待"挫折"的态度，是一种"三军过后尽开颜"式的洒脱，而不是"不经一番寒彻骨"式的拘谨。这种豁达的处世心态，是把生活中的一切挫折看成了"诗意的存折"，而非"失意的骨折"！这是一种多么令人钦佩的人生态度！

只有泥泞的道路，方能留下深深的脚印。通过一次又一次与各种挫折握手，历经反反复复的较量，人生的阅历会在这个过程中日积月累、不断丰富。坦途固然很好，可是这样一路走来会平淡无奇，只有通过坎坷之路取得的成功，才能让人回味无穷。面对充满挫折的人生，我们不要怨天尤人，只有踏踏实实地在坎坷的道路上前行，留下一个个坚实的脚印，才能证明我们生命的价值。

古今中外有许多人都在充满挫折的泥泞路上，留下了自己的脚印。这些立大志、成大事者，都备受挫折，备尝艰辛而最终建得丰功伟业。而他们通往成功的路上，无一不布满了挫折之坑。

2001年10月14日，在繁华的香港举办了一次热闹的典礼。这个典礼的举办不仅是为了庆祝中国申奥成功，同时也是亚太之星勋爵册封大典。当时，东罗马帝国拜占庭王室现任领袖亨利王子伉俪亲自光临现场，以隆重的古罗马礼仪册封香港蒙妮坦集团董事长郑明明等人为亚太之星勋爵。

在新任亚太之星中，郑明明是唯一的企业家、唯一的女性。她能获得这份荣耀是理所应当的。她之所以获得这个奖项，主要是因为她为美容事业的发展和爱美理念的传播做出了突出的贡献。

从300美元发展到今天的美容业巨头，郑明明变了许多，不变的是，她还是那么年轻、靓丽，正如她旗下的化妆品一样。可是，没有人知道，她成功背后所经历的困难和辛酸……

在谈及自己的成功史时，郑明明说这要得益于父亲的"不倒翁理论"："我父亲很爱玩不倒翁，他说，奋斗的过程，会不断碰到一大堆困难，只要像不倒翁一样不断站起，理想就会实现。"正是这种理论，支撑着郑明明一直走到今天，即便遇到再大的困难，她也从不退缩。

1973年对郑明明来说是黑暗的一年。在这一年中，郑明明经历了事业上的重大挫折。当时，郑明明排除万难将她的"贵夫人"化妆品在印尼打开了市场，使自己的事业迈上了新台阶。但是，就在雅加达分支机构即将开业时，一场大火烧毁了她的全部产品。刹那间，她变得两手空空。多年的积蓄没有了，还欠了银行一大笔贷款，这对创业初期的郑明明打击太大了，几乎让她无力支撑。她在床上躺了两天，不吃也不喝，只想抱怨。就在她极度悲观的时候，她想起了父亲的"不倒翁理论"。瞬间，郑明明明白了父亲的一番苦心，从床上爬起来化了妆，重新走到人群中。后来郑明明说，父亲这种不怕挫折、乐观向上的品格是她一生享用不尽的精神财富，也成为她对女儿教育的榜样。事后整整一年，郑明明在香港的店里，又开始了没日没夜的忙碌和操劳。白天她在美容店里忙，晚上教学生美容美发课；她谢绝一切应酬，每天只留半小时给自己处理私事，其余时间除了睡觉，都用在了事业上。整整一年的辛苦后，她终于还清了所有的贷款，手上还积攒了一点积蓄，这时，她才稍微松了一口气。

今日的郑明明，业务已经做得非常大，她的业务已拓展到东南亚、美国、英国、法国、德国、意大利等地，并在中国内地创办了20多所蒙妮坦美发美容职业技术学校，培养了很多美容界新人。郑明明亲自指导培训了首批荣获国际博士文凭的中国专业美容师，填补了中国美容史上的空白。

为了奖励郑明明对美容业所做的贡献，1993年，权威的国际斯佳美容协会授予她美容界的"诺贝尔奖"——"国际美容教母"的称号，这个奖项每4年才评一个，郑明明是获此殊荣的第一个中国人，也是第一个亚洲人；1996年，美国政府授予郑明明"个人终身成就奖"；1998年，菲律宾前总统拉莫斯夫人也授予郑明明"终生成就奖"……郑明明用自己的努力，攀登着一座又一座人生高峰。

《易经》曰："天行健，君子以自强不息。"郑明明用她的实际行动向我们证明了这句话。在这个世界上，我们会遇到各种各样的挫折，比如遭遇赏罚不公、遭遇就业压力、遭遇恶性竞争、遭遇病魔侵袭……但是，如果我们选择了坚强，并试着运用自己手中坚强的画笔，为自己在逆境中描绘一片属于自己的蓝天，那么，你会发现，那些挫折只不过是你成功路上的点缀。

七、不怕万人阻挡，就怕自己投降

平凡中的伟大，居于幽暗而自己努力像自然界的贵白草一样"不辜负一个名称"，像往山上凿路的老人、化缘在孤岛上建造灯塔的人一样做有益的事业，体现平凡中的伟大。

——冯至（曾在北京大学任教，著名诗人、翻译家）

生活中，有很多东西我们无从选择，也无从逃避，只能去面对：你没有身份、地位显赫的父母，他们无法给你强有力的靠山；你没有漂亮、迷人的脸蛋和身材，走在人群中，你始终觉得自己是只丑小鸭，并为此而自卑；你没有过人的才华，不懂得为人处世的技巧，在办公室里，你要小心翼翼地做人，唯恐一时失言得罪人……你始终抬不起头来，因为你没有那些耀眼的光环。

你以为，这是你的悲哀之处。其实，这都不是你的悲哀，你的最大悲哀在于，你不懂得这样一个道理：很多时候，打败自己的不是外部环境，而是你自己。其实，逆风的方向，更适合飞翔。"不怕万人阻挡，只怕自己投降。"一个人无论面对再大的困难，无论拥有多么差的外部条件，都不能放弃自己的信念，放弃对生活的热爱。

一位退伍老兵在一次新兵入伍座谈会上，讲了一件鲜为人知的自己的亲身经历。

故事发生在中华人民共和国成立之前，当时战争还没有结束。在一次剿匪行动中，战争进行得非常激烈，但没有持续多久就结束了。这位老兵端着步枪搜索着残余的敌人。他刚绕过一块大岩石，迎面就撞上了一个同样端着步枪的土匪。两个人几乎在同一时间将枪口对准了对方的胸膛。在这种情况下，如果想要保全自己的性命，似乎就只有一方投降了。

而两个人谁都不想投降，就这样对峙着，枪口对着枪口，目光对着目光，意志对着意志。老兵回忆说，他的大脑当时一片空白，征战沙场多年，却还从来没遇到过这种情况。但当时有一个信念一直在支撑着他："必须有一方投降，但投降的绝不能是我！"双方就这样僵持了很长时间，老兵眼睁睁地看着那个土匪精神垮掉，最后扔掉了步枪，扑通一声跪了下去，连喊饶命。而老兵呢？他凭借毅力努力控制自己不倒下去。当他押着土匪见到自己人时，就再也坚持不住了，一下子倒在了地上。

新兵们听完老兵的故事后，没有一个人说话，他们被老兵的故事震撼了，也将这个场景永远地刻在了自己的脑海里。在接下来的岁月里，无论遇到多大的困难和坎坷，他们的脑海中总会想起老兵的那句话："必须有一方投降，但投降的绝不能是我！"

老兵的故事告诉我们青少年：一个人的成功往往来自于自己内心的那一份坚持。不怕万人阻挡，就怕自己投降。人，最可怕的事情，就是自己先将自己打败了。

生活中，虽然每个成功者的境遇不同，但是他们有一个共同点，那就是从没有放弃过自己内心的追求！这一点点坚持使他们在竞争中成为真正的赢家！

提起世界拳王阿里，很多人都不陌生。他的拳法多变，步法灵活，出拳快速有力，体力充沛，动作协调。在职业拳击生涯中，共进行了 60 场比赛，胜 56 场。2012 年 12 月 4 日，在墨西哥坎昆进行的世界拳击理事会成立 50 周年庆典上，阿里获颁"拳王"称号，并佩戴王冠。还曾被授予美国"总统自由勋章"。

阿里获得的荣誉众多，然而在 20 世纪 70 年代，却曾因体重超过正常体重 20 多磅，速度和耐力大不如前，面临着告别拳坛的局面。他是如何应对这一局面的呢？

1975 年 9 月，当时的阿里已经 33 岁，连续 4 年都没有登拳台的他要与另一拳坛猛将弗雷泽进行第三次较量。当比赛进行到第十四回合时，阿里已经精疲力竭，处于崩溃的边缘。他觉得自己随时都有可能倒下，几乎再也没有力气迎战第十五回合了。在关键的时刻，身疲力竭的阿里没有选择放弃，而是拼命坚持着。因为他心里知道，对方和自己一样，也筋疲力尽了。到这个时候，与其说在比气力，不如说在比毅力，最后的胜利就看谁能比对方多坚持一会儿了。他知道此时如果在精神上压倒对方，就有胜出的可能，于是尽量保持着坚毅的表情和势不可挡的气势：他双目如电。而弗雷泽看到阿里的样子，心里胆战不已，以为阿里的体力仍然非常大。阿里从弗雷泽的眼神中发现了这一微妙的变化，精神为之一振，更加顽强地坚持着。后来，弗雷泽表示愿意认输。裁判当即高举阿里的手臂，宣布阿里获胜。然而，就在这时，阿里还没有走到台中央就眼前一片漆黑，双腿无力地跪在了地上。看到了这个场景，弗雷泽后悔莫及。

阿里的胜利胜在他的坚持不懈，而弗雷泽的失败败在他关键时刻的放弃。德国伟大诗人歌德在《浮士德》中说："始终坚持不懈的人，最终必然能够成功。"如果阿里不能坚持下去，那也许失败者就是他了。人生的较量就是意志与智慧的较量，轻言放弃的人注定不会成功。

生命的历程中，其实阻挡你走向成功的，并非外在环境，而是你自己。曾担任过联合国秘书长的瑞典政治家哈马舍尔德说："我们无从选择命运的框架，但我们放进去的东西却是我们自己的。"人不能选择命运，却可以选择自己的道路。

所以，人生之中，无论我们处于何种在他人看来卑微的境地，我们都不必自暴自弃，只要渴望崛起的信念尚存，只要我们能坚定不移地笑对生活，那么，我们一定能为自己开创一个辉煌美好的未来！

八、冬天会有绿意，绝境必有生机

生活中其实没有绝境。绝境在于你自己的心没有打开。你把自己的心封闭起来，使它陷于一片黑暗，你的生活怎么可能有光明！

——俞敏洪（毕业于北京大学，新东方学校创始人，现任新东方教育科技集团董事长兼总裁）

有这样一个故事：

在日本，有一位行将毕业的大学生，在校成绩十分优异。一天，他去应聘一家大企业，结果没能如愿。

得知消息后，他非常失望，觉得这是人生的致命打击，于是便想自杀，后来被人救起。不久又有新的消息传来，告知他应聘成绩名列榜首，是统计考分时电脑出了差错，他被公司录用了。但很快又传来消息，说他又被公司解聘了，理由很简单：一个连如此小的打击都承受不起的人，今后怎么能在工作中做出大贡献呢！

生活中，很多人之所以没有成功，并不是因为他们缺少智慧，而是因为他们面对困难的事情时没有做下去的勇气，他们自认为已陷入绝境，只知道悲观失望，不知道绝境之后必有转机。

在漫长的一生中，既有成功的喜悦，也有扰人的烦恼；既会经历坦途，更会经历坎坷与险阻，甚至有时会陷入绝境。在绝境面前，有的人自以为已经"穷途末路"，再无成功的余地，所以含泪撤退。而勇敢的人则不这么认为，他们始终觉得"天无绝人之路"，事情的发展往往具有两面性，犹如每一枚硬币总有正反面一样，失败的背后可能是成功，危机的背后也有转机。所以，他们努力坚持，最终守得云开见月明。

生活在这个世界上，我们每个人都希望一帆风顺。但事情难以尽遂人愿，当绝境意外来临时，我们挡也挡不住。此时，与其怨天尤人，不如奋力一搏。如此，才有绝处逢生的机会。

正如这句话所说的："瀑布之所以能在绝处创造奇观，是因为它有绝处求生的勇气和智慧。"青少年朋友，我们每个人都像瀑布一样，在平静的溪谷中流淌时，波澜不惊，看不出蕴涵着多大的力量，但往往当我们身处绝境时，才能将这种力量发掘出来。从这个角度来说，绝境有时是生机所在。

下面是一个在绝境里求生存的真实故事：

故事发生于二战期间。当时有位苏联士兵驾驶着一辆苏H正式重型坦克勇猛地闯入了德军的腹地。虽然将德军打得落花流水，但也将自己置于危险境地，因为自己渐渐地脱离了大部队。

就在这时，只听一阵轰响，他驾驶的坦克陷入了德军阵地中的一条防坦克深沟之中，顿时熄了火，动弹不了了。刚刚还在战场上咆哮的重型坦克，一下子变成了敌人的瓮中之物。

看到这一幕，德军瞬间包围了他，并大喊："俄国佬，投降吧！"

但这位勇猛的苏联士兵宁愿死也不肯投降。然而现实是如此残酷，他正处于束手待毙的绝境中。

突然，苏军的坦克里传出了"砰砰砰"的几声枪响，接着就是死一般的沉寂。看来苏联士兵在坦克中自杀了。

德军非常兴奋，就去弄了辆坦克来拉苏军的坦克，想把它拖回自己的堡垒。可是德军这辆坦克吨位太轻，拉不动苏军的庞然大物，于是德军又弄了一辆坦克来拉。德军在两辆坦克的帮助下终于将苏军坦克拉出了壕沟。

突然间，苏军坦克发动起来，它没有被德军坦克拉走，反而拉走了德军的坦克。

面对这一幕，德军顿时惊慌失措，纷纷开枪射向苏军坦克，但子弹打在钢板上，只打出一个个浅浅的坑洼，奈何它不得。那两辆被拖走的德军坦克，因为目标近在咫尺，无法发挥火力，就好像被驯服的羔羊一样，乖乖地被拖到了苏军阵地。

原来，那位苏联士兵并没有像德军所想象的那样自杀，而是在绝境中，被逼得想出了一个绝妙的办法：以静制动，后发制人。他先让德军坦克将他的坦克拖出深沟，然后凭着自身强劲的马力，反而俘虏了两辆德军坦克，让事情有了大转机。

每个人的一生都不可能是一帆风顺的，总会经历一些风吹雨打，每当此时，我们往往会产生爆发力，而正是这种爆发力将我们的力量激发了出来。所以，面临绝境的时候，青少年朋友不要灰心、不要气馁，更不要坐以待毙，应勇往直前，无所畏惧，你会发现，"杀出一条血路"并没有想象的那么困难。

九、磨砺到了，幸福也就到了

有时，我们挣扎着喝完一杯苦味的咖啡，直到最后一口才尝到杯底甜蜜的糖味。这就是生活，加了糖，只是未被搅动激活起来。

——徐志摩（曾任北京大学教授，著名诗人、散文家）

有一句名言："宝剑锋从磨砺出。"从字面意义上讲，是指宝剑的锐利刀锋是从不断地磨砺中得到的。喻义是，要想拥有珍贵品质或美好才华都是需要不断地努力、修炼、克服一定的困难才能达到的。

关于这句名言，有一个故事非常契合：

从前，有一位铁匠，经过辛苦劳作，他打出了两把宝剑。刚出炉的时候，这两把宝剑一模一样，都是又笨又钝。铁匠便想把它们磨得又快又光滑。

其中一把宝剑看到从自己身上掉下的钢屑，想到这曾是自己身体的一部分，掉了可惜，便苦求铁匠不要磨了。铁匠答应了它。

铁匠去磨另一把剑，另一把没有拒绝。经过长时间的磨砺后，一把寒光闪闪的宝剑磨成了。

之后，铁匠便将这两把剑挂在店铺里售卖。

不久就有顾客上门了。这位顾客一眼就相中了经过长时间打磨的那把剑，直夸它锋利、轻巧、合用。而对钝的那一把，顾客说："这把剑虽然钢铁多一些、重量大一些，但是无法当宝剑用，充其量只是一块剑形的铁而已！"于是，他果断出手将被磨砺过的剑给买走了。而那把没被磨砺的剑则一直挂在铁匠铺里，没有一个顾客看上它。

两把宝剑出自同一个铁匠之手，花费了铁匠同样的气力和功夫，结果却有了截然不同的命运！锋利的那把又薄又轻，是削铁如泥的利器，而另一把则又厚又重，只是一个中看不中用的摆设，原因就在于它经受不住一点痛苦的磨砺。

古人云："鱼和熊掌不可兼得。"你选择了过安逸的生活，也许一生就注定要碌碌无为。而经历过苦难的磨砺，人生才会熠熠生辉。有位著名作家说过："怕苦，苦一辈子；不怕苦，苦半辈子。"同锋利的宝剑一样，我们的生命之花同样需要经过风雨的洗礼才能结出丰硕的果实。

松下幸之助是日本著名跨国公司"松下电器"的创始人，被人称为"经营之神"，他成功的人生之路就是被种种挫折"磨砺"出的。

松下幸之助出生于一个贫困的家庭，在他9岁的时候，就被送去大阪做小伙计。在他15岁的时候，父亲过世，使得年轻的他不得不挑起生活的重担。为了使家人过上好日子，松下幸之助工作得非常卖力。22岁那年，他晋升为一家电灯公司的检查员。

然而，好运刚来不久，厄运又盯上了他。就在他刚刚晋升为检查员的时候，他不幸地发现自己得了家族病。之前已经有9位家人在30岁前因为家族病离开了人世。他没了退路，反而对可能发生的事情有了充分的思想准备，这也使他形成了一套与疾病作斗争的办法：不断调整自己的心态，以平常心面对疾病，调动机体自身的免疫力、抵抗力与病魔斗争，使自己保持旺盛的精力。这样的过程持续了一年，他的身体变得结实起来，内心也越来越坚强，这种心态也影响了他的一生。

患病一年来，他一边承受着病痛的折磨和心灵上的压力，一边苦苦思索着如何改良插座。后来，这个改良的愿望最终没有如愿。这使他决心辞去公司的工作，开始独立经营插座生意。

在他创业的年代，正逢第一次世界大战。当时物价飞涨，而松下幸之助手里的所有资金还不到100日元。公司成立后，最初的产品是插座和灯头，却因销量不佳使得工厂到了难以维持的地步，员工相继离去，松下幸之助的境况变得很糟糕。但他坦然面对这一切，将这一切都看成是创业的必然经历，他对自己说："再下点功夫，总会成功的！已有更接近成功的把握了。"他相信：坚持下去取得成功，就是对自己最好的报答。功夫不负有心人，生意逐渐有了转机，直到6年后拿出第一个像样的产品——自行车前灯时，公司才慢慢走出了困境。

然而好景不长，正当松下幸之助的公司发展得一切顺利时，1929年全球爆发了经济危机，日本也未能幸免，大量产品销量锐减，库存激增。后来，还没有从经济危机中恢复过来，松下幸之助的公司又遭遇了1945年日本战败的打击，这次战败使得松下幸之助变得几乎一无所有，剩下的是到1949年时达10亿日元的巨额债务。

为了抗议将自己的公司定为财阀，松下幸之助去美军司令部进行了至少50次的交涉，最终改变了公司的命运。

各种各样的打击并没有击垮松下幸之助。如今的松下已经成为誉满全球的知名品牌，而这个品牌也是在各种苦难的磨砺之下逐渐成长起来的。

试想一下，松下幸之助如果在得知自己患上家族病的那一刻，开始沉沦，不再奋斗，那么，或许今天我们就不会看到松下这个品牌了。他的故事告诉我们青少年，生活中会发生各种各样我们想不到的事情，其实这些事情本身并不可怕，可怕的是我们无法从这些事情所造成的影响中抽身出来，尽早地以最新、最好的状态投入接下来的事。青少年朋友一定要明白，磨砺到了，幸福也就到了。

十、坦然应对人生中的"冬天"

人生的旅途，前途很远，也很暗。然而不要怕，不怕的人的面前才有路。

——鲁迅（曾在北京大学任教，著名文学家、思想家、革命家，中国现代文学的奠基人之一）

人的一生，就好像四个季节的更替，有寒、暑、冷、热的区分。学习成绩不理想、工作不得志、和家人沟通不畅、不被领导认同、亲人病重……这些都是我们人生的冬季。这个时候，我们难免会陷入情绪的低潮，并经常在低潮与清醒中来回摇摆。但是，等我们真正清醒过来再反省的时候，偶尔会觉得自己当时的行为实在幼稚，或是自责曾经是那么莽撞、轻率乃至于无知。其实，当一个人处于人生的冬季时，正是好好反省、重新认识自己的时候。

人生是一次长途旅行，如果没有短暂的休息，也就没有精力去继续未完的旅程。生命有高潮也有低谷，低谷的短暂停留是为了整顿自我，向更高峰攀登。英国诗人桑德伯格曾说："生活就像洋葱，你一层一层地剥开，总有一层会让你流泪。"人生的冬季和低谷是每个人必经的一场场风雨，是每个人必走的一段段路程。冬季和低谷就像良药，虽然苦口，但是可以治愈伤痛，让我们重新焕发活力。低谷的风景忧郁而美丽，低谷可以使我们变得对生活更执着，更沉着，更热烈。置身于人生的低谷有时会让我们严肃地思考、品味人生。

试想一下，如果你在正值壮年的时候，因意外事故被烧得不成人形，四年后又在一次坠机事故中使腰部以下全部瘫痪，你会怎么做？你的人生将会走向何方？

而有一个人，他经历了上述凄惨的遭遇，却最终变成了一位百万富翁，一位受人爱戴的公共演说家、春风得意的新郎官及成功的企业家。这一切，你能想象出来吗？你能想象他会去泛舟、玩跳伞、在政坛争得一席之地吗？这一切，有一个人却做到了。他的名字叫米歇尔。

在经历了上述两次可怕的事故后，米歇尔的脸因植皮而变成一块彩色板，手指没有了，双腿细小，无法行动，他只能瘫痪在轮椅上。第一次意外事故把他身上65％的皮肤都烧坏了，为此他动了16次手术。手术后，他无法拿起叉子，无法拨电话，也无法一个人上厕所。

但是，曾是美国海军陆战队员的米歇尔是无比地坚强，他从不认输！他说："我完全可以掌控自己的人生之船，那是我的浮沉，我可以选择把目前的状况看成倒退或是一个新起点。"仅仅六个月之后，他又能开飞机了！

米歇尔为自己在科罗拉多州买了一幢维多利亚式的房子，另外也买了房地产、一架飞机及一家酒吧，他还和两个朋友合资开了一家公司，专门生产以木材为燃料的炉子，这家公司后来变成佛蒙特州第二大私人公司。第一次意外发生后4年，米歇尔所开的飞机在起飞时又摔回跑道，把他胸部的12块脊椎骨全压得粉碎，他永远瘫痪了。

面对这种厄运，也许很多人会悲观、失望。但米歇尔却没有，他仍然不屈不挠，努力使自己达到最大限度的自主。后来，他被选为科罗拉多州孤峰顶镇的镇长，保护小镇的环境，使之不因矿产的开采而遭受破坏。再后来，他还竞选国会议员，他用一句"不只是另一张小白脸"作为口号，将自己难看的脸转化成一项有利的资产。

米歇尔行动不便，但他的生活没有受到这方面的影响。后来，他开始泛舟，并坠入爱河，完成终身大事。不但如此，他还拿到了公共行政硕士学位，并持续他的飞行活动、环保运动及公共演说。

米歇尔这种坦然面对人生困境的态度赢得了世人的尊敬和爱戴。

米歇尔说："我瘫痪之前可以做1万件事，现在我只能做9000件，我可以把注意力放在我无法再做的1000件事上，或是把目光放在我还能做的9000件事上。告诉大家，我的人生曾遭受过两次重大的挫折，而我不能把挫折当成放弃努力的借口。或许你们可以用一个新的角度，看待一些一直让你们裹足不前的经历。你们可以退一步，想开一点，然后，你们就有机会说：'或许那也没什么大不了的！'"

"人有悲欢离合，月有阴晴圆缺。"面对人生的低谷，我们不妨平和对待，利用这段时间好好休整一下，为而后的奔波积攒力量。

在复杂的人生征程中，既有寒雾笼罩的抑郁窘迫，也有丽日蓝天的欢欣舒畅；既有风雪交加的漫漫长夜，也有月朗星稀的锦绣黎明；既有喜悦，也有哭泣；既有鲜花，也有荆棘，有坦荡也有坎坷，有春天也有冬天。待寒冷的冬天来临时，让我们坦然面对吧，通过自己一点一点地努力，慢慢地走出冬天，走向阳光明媚的春天，让宝贵的生命有个新开始、新方向。

十一、用另一种眼光看待不幸

每个人在他生活中都经历过不幸和痛苦。有些人在苦难中只想到自己，他就悲观、消极，发出绝望的哀号；有些人在苦难中还想到别人，想到集体，想到祖先和子孙，想到祖国和全人类，他就得到乐观和自信。

——冼星海（曾在北京大学音乐传习所学习，著名音乐家、音乐教育家）

人这一辈子，总免不了磕磕碰碰，遇到不顺心的事就生气，遇到灾祸就痛不欲生、一蹶不振，是不正确的做法。此时，我们应该怎么做呢？我们要做的不是被动地承受，而是要寻求解决的方法。

有一位哲人曾说："我们的痛苦不是问题的本身带来的，而是我们对这些问题的看法而产生的。"这句话非常有道理，它教导我们要学会解脱和抽离，学会换一种眼光来看待痛苦与不幸。

有这样的一个故事：

有两只漂亮的鸟儿在天空中飞翔。突然，其中一只小鸟的翅膀折断了。没办法，它只好停下来休息疗伤，让另一只小鸟独自前行。另一只小鸟呢，它看着小伙伴受了伤，觉得它特别可怜，十分不幸，于是接着飞翔。谁知道，本以为很幸运的它，没飞多远就被猎人打中，失去了生命。

上面的故事中，那只翅膀折断的小鸟，在另一只鸟看来是不幸的，但是，自以为很幸运的另一只鸟，无论如何也想不到，它才是不幸的那一只。从这个意义上来讲，断翅膀的小鸟不幸中饱含着万幸。

其实，很多幸运其实被包裹在不幸里。

战国时期，有一位老者非常喜欢马，他家就饲养了很多马。

一天，他最心爱的那匹马走失了。邻居们听说后，纷纷跑来安慰他。可老者却笑道："这对我来说损失不算大，没准会带来什么福气呢！"邻居们觉得老者的想法很可笑。自己最心爱的马丢了，却说是好事情，真是让人难以理解！

没想到，仅仅过了四天，老者丢失的那匹马不仅自己返家，还带回一匹匈奴的骏马。邻居们听说后，都夸老人有远见，纷纷前来向他道贺："还是您有远见，马不仅没有丢，还带回一匹好马，真是福气呀！"

然而，老者听了反而忧虑地说："白白得了一匹好马，不一定是什么福气，也许会惹出什么麻烦来。"邻居们都觉得是老者故作姿态，白得一匹马，心里明明很高兴，却偏要说反话。

几天过去了。一天，邻居们听说老者的儿子从那匹匈奴骏马的马背上跌了下来，摔断了腿，又纷纷前去安慰老者，老者说："没什么，腿摔断了却保住了性命，或许是福气呢！"这次，邻居们又觉得他又在胡言乱语，摔断腿会带来什么福气？

没多久，匈奴大举入侵，村里所有的年轻人都被应征入伍，只有老者的儿子因为摔断了腿不能入伍。后来，入伍的年轻人都战死了，唯有老者的儿子保全了性命。

这个故事就是"塞翁失马"。它告诉我们青少年朋友，幸与不幸都不是绝对的，在一定条件下，不幸可以引出好的结果，幸也可能引出坏的结果。

我们的人生就像一次旅行，不必在乎目的地，应该在乎的是旅途中的风景，以及看风景的心情。有位哲人说："转一个角度看世界，世界便无限宽大；换一种立场看人生，人生便无所牵绊。"用另一种眼光看待不幸，你会发现，不幸有时候就是大幸。

积累，读书万卷也行路万里

任何事情都不是一蹴而就的，没有一定的知识和经验积累，普通人是很难轻易地办到一件事情的。因为"不积跬步，无以至千里，不积小流，无以成江海。"人们常讲，厚德载物，厚积薄发，北大人就深谙此理，因为只有破万卷书，行万里路，去掉书呆子情结，自己才会有成功的可能。在他们学习和工作的过程中，始终都坚持着学习的态度，并且能够不受外界的影响而始终坚持自己认定的道理，一步一个脚印，最终是能实现理想，达到自己的目的。

一、成功离不开点滴的积累

为学有如金字塔，要能广大要能高。

——胡适（曾任北京大学校长，著名学者、诗人、历史学家、文学家）

西方人有句话非常有名："罗马不是一天建起来的。"中国有句话也同样有名："冰冻三尺，非一日之寒。"这两句话有一个共同的意思，那就是：成功需要积累。

成功并非全是大起大落的潮涌，它有时候也蕴藏在花影细流之中。一些零碎的时间、一个常被疏忽的细节、一点不起眼的小钱、一种看似无用的坚持……这些点滴的积累就构成了成功的意义。

现实生活中，很多人之所以一事无成，往往不是因为没有能力，而是缺乏耐心，看不上每次进步的一点点，而急于求成，结果放弃了每次的一点点进步，也就放弃了希望，放弃了成功。

在古印度有这样的一个故事：

一天，皇帝和一位有名的棋手下棋，问这位棋手要什么赏赐。棋手说，他只要在棋盘上第一个格子里放一粒米，然后第二个格子里放两粒米，第三个格子放四粒米，依此类推，放满64个格子就行了。皇帝听了棋手的话，非常高兴，便毫不犹豫地答应了。

可是，当后来兑现赏赐时，皇帝傻眼了，因为他将全印度一年收获的全部粮食加起来也不够赏赐的。

有谁能够想到，棋盘上这一格到下一格的微不足道的积累，到后来竟然成了天文数字。

在这个故事里，棋手之所以得到了那么多的赏赐，正是运用了"积少成多"的积累的力量。

正所谓天道酬勤、水滴石穿。诸多事实都证明了一个道理，那就是成功需要积累，需要积累经验，积累能力，积累人脉，积累成绩等。而这一切都离不开恒心和坚持，我们只要能坚持不懈地朝着一个方向努力，任何微小的量变，最终便将产生质的改变。正如古人所说的："千里之行，始于足下，九层之台，始于垒土；合抱之木，生于毫末。"

我们每一天若都能进步一点点，持之以恒，定能积小胜为大胜，变平庸为神奇，找到成功的钥匙，实现人生的价值，创造辉煌的成绩。

生活中，很多青少年朋友都有自己的梦想，都渴望获得人生的成功。但是，智大才疏往往阻碍着我们前行。很多人看到的只是成功人士功成名就时的辉煌，却忽略了他们在此之前所进行的艰苦卓绝的努力。事实上，人世间绝对不存在不劳而获的成功。任何人的成功都来自于辛勤的劳动和点滴的积累。

成功需要积累，这是一条最原始也是最简单的真理。伍迪·艾伦说："生活中90％的时间只是在混日子。大多数人的生活层次只停留在为吃饭而吃、为搭公车而搭、为工作而工作、为了回家而回家。他们从一个地方逛到另一个地方，事情做完一件又一件，好像做了很多事，但却很少有时间从事自己真正想完成的目标。就这样，一直到老死。我猜想很多人临到退休时，才发现自己虚度了大半生，剩余的日子又在病痛中一点一点地流逝。"卓越者与平庸者之间的距离，并不像大多数人想象的是一道巨大的鸿沟。二者的差别只是体现在一些小小的动作上：每天花5分钟阅读、多打一个电话、多努力一点、在适当时机的一个表示、表演上多费一点心思、多做一些研究，或在实验室中多试验一次——如此点滴的积累，才让卓越者与平庸者之间的距离一点点拉长。

某项调查结果显示，美国41万个百万富翁中，78％的人年龄超过50岁，他们的财富都是通过连续二三十年每周7天做相对枯燥的工作获得的。由此可见积累的重要性。

有一个十三岁的男孩，他来自美国佛罗里达州，名字叫萨和特。萨和特曾经靠帮人照顾婴儿赚取零用钱。后来，他留意到家务繁重的婴儿母亲经常要紧急上街购买纸尿片。于是他灵机一动，决定创办打电话送尿片的公司，只收取15％的服务费，便会送上纸尿片、婴儿药物或小件的玩具等东西。

萨和特最初只向附近的家庭提供服务，受到了大家的欢迎。很快，他的名气大起来，四面八方的家庭都打电话订购。为了拓展自己的业务，他印了一些卡片四处分送，这使他的业务迅速发展，生意奇佳，而他又只能在课余用单车送货，于是他用每小时6美元的薪金雇用了一些大学生帮助他。

现如今，他已经拥有了多家规模庞大的公司。

读成功人士的传记我们会发现，他们无不从小事做起，从小买卖做起，从小钱赚起。他们的经历生动且真实，并告诉我们青少年：人生，需要点滴的积累，青春也能在积累中走向成功，青少年一定要注意在生活中的积累，不仅要积累经验，还要积累教训。

二、财富在于一点一滴的积累

财富不在远方，财富就在我们自己的脚下。

——曹文轩（北京大学教授，著名作家）

金钱的积累，从"每一个硬币"开始。在富裕人士的财富积累过程中，不会因为钱小而弃之，他们深知积小成大的道理。他们认为，没有积少成多的意识，就无法创造大财富。

北大毕业生袁天放（化名）是个典型的 80 后，早在读高中的时候，在就职于一家银行的姐姐的影响下，他就有了一定的储蓄意识。当时，虽然只是简单地将压岁钱存成定期，但也算是比较不错的，因为同龄人大多还处在懵懂的花钱时期，他就将压岁钱分别存了三年和五年的定期。

高中毕业后，袁天放顺利考入了北京大学。来到北京的他，为了节省开支，每个月都将生活费做简单的规划，所有的支出都在自己的掌握之中，合理地计划自己的花销，所以他每个月基本都有结余。于是，他将省下来的那部分生活费定期存入银行。

大学毕业后，袁天放就职于一家私营企业。他的薪水不算很高，不过，他每年都会制订储蓄计划。就这样，他的钱慢慢累积起来了，有了一定的资本。

后来，在一次和同学聊天时，他听说国债和基金也是一种不错的理财方式，正巧同学在做这方面的兼职，于是他就拜托同学讲解了一下如何投资。听了同学的讲解后，袁天放心动了，于是他开始了理财的第一步。从储蓄习惯上来看，袁天放是比较保守的，所以同学向他推荐的是风险系数小的国债，袁天放拿出储蓄金的一半买了三年期的国债。

再后来，兴起了一股人民币理财产品的热潮，不大了解的袁天放尝试着投入了 2 万元，收益在 4％左右，比定期储蓄利润要高一些。

让袁天放真正下了苦功夫研究的是基金。基金定投方式比较简单，也比较适合上班族长线购买。他先在各网站了解信息，查看基金购买要点；又查看各个基金公司的综合实力，结识基金经理；还从经济类的电视节目中了解到一些推荐基金，了解了基金发行的基本情况。经过反复比较和慎重选择，他选择了几只自己比较看好的新基金，后来，这几只基金的回报率都超过了 6％，可以算是一笔不小的收益了……

通过这种不断的积累，大学毕业三年后，袁天放就在北京拥有了自己的房产，过上了幸福的生活。

从袁天放的例子我们可以看出，财富的积累不在于你每个月能赚多少钱，而在于你能够将你的钱"照看"到什么程度，避免它们不知不觉地从指缝间溜走。任何庞大的数字永远都是从小小的"1"开始的，财富在于创造，更在于积累。

现实中，绝大部分成功者，他们的起点都并不高，并非一开始就想着要做大生意，赚大钱。于他们来说，成功的要诀在于，凡事从细小的地方入手，一步一步积累财富，如此，财富的雪球才会越滚越大。

三、平时的积累，日后会给你带来巨大的帮助

人都需要进步，不断地学习会使我的生活更精彩、丰富。

——李宁（毕业于北京大学，奥运冠军，李宁体育用品集团公司董事长兼总经理）

谈到积累，相关的词语有很多，例如"厚积而薄发""积土成山、积水成渊""集腋成裘，聚沙成塔"……这些都强调了积累的重要性。从古到今，但凡有所成就者，都离不开积累，对于一个人来说，积累意义重大。它是我们立业的基础。但凡事业上有所成者，无不善于积累。

积累是份细致的活儿，需要细心和耐心；它又是份长期的活儿，需要细水长流、潺潺不断，"三天打鱼，两天晒网"的人是做不到的。积累的意义极大，它不但有助于我们丰富知识、扩展视野，而且不同形式的积累，长年累月的积累，可以由内而外地改变一个人，塑造一个人，丰富他的人生。

世界文化名人、前苏联作家肖洛姆·阿莱姆就非常注意搜集语词。在他小时候，他的后母对他非常不好。后母泼辣、刻薄，责骂起他来咬牙切齿，对每一个字都要带一句咒骂，例如："吃——让蛆虫把你吃掉！""叫——让你牙疼得叫起来！""缝——给你缝寿衣！""写——给你写张药方！"……每天晚上，阿莱姆都悄悄地躲在角落里，流着眼泪把他白天从后母臭嘴里听到的大量刻薄的咒骂记下来。日积月累，居然记了一大本。长大后，他把这一堆骂人的词汇按照俄文字母顺序编了一个小词典，命名为《后母娘的词汇》。他说这是他的第一部作品。后来，他写的作品中，不少咒骂和尖薄的话，鲜活生动，令人拍案叫绝，而这都是从他《后母娘的词汇》那里"借"来的。

人生需要积累，伟大的发明家爱迪生曾经说过："天才是百分之一的灵感加百分之九十九的汗水。"因此，我们要确立自己的目标，通过一点一点的积累走向成功。在生活中，我们也许有过这样的境遇，当确立好一个目标后，目标是辉煌夺目的，而通往目标的路却是那么的漫长、崎岖，我们不由得感叹道："为什么成功总是那么难？"是

的，成功的过程总是艰难的。有人说，世上没有不费吹灰之力就可得到的成功，是的，成功是需要我们付出时间，付出精力，需要我们去拼搏，去一点一滴地积累。或许，我们无法立刻从积累中得到收益，但是平时的积累，必然会对我们日后的生活带来好处。

杜邦公司是一家以科研为基础的全球性企业，提供能提高人类在食物与营养、保健、服装、家居、建筑、电子和交通等生活领域的品质的科学解决之道。杜邦公司的创始人是伊雷尔。伊雷尔却是个认真、谨慎的人。他其貌不扬，但在学习和工作中有股近乎痴迷的专注劲儿。

小时候在法国，家境还很宽裕的时候，伊雷尔受拉瓦锡的影响，对化学着了迷。那时候父亲皮埃尔是路易十六王朝的商业总监，兼有贵族身份，谁也想不到这个家庭在未来的法国大革命中会险遭灭顶之灾。拉瓦锡和皮埃尔谈论化学知识的时候，小伊雷尔稳稳当当地坐在旁边聆听。他对"肥料爆炸"的事尤其感兴趣。拉瓦锡喜欢这个安安静静的孩子，把他带到自己主管的皇家火药厂玩，教他配制当时世界上质量最好的火药。

若干年后，他们全家人为了逃脱法国大革命的血雨腥风，漂洋过海来到了美国。他的父亲在新大陆上尝试过七种商业计划——倒卖土地、货运、走私黄金……然而全部以失败而告终。

就在全家人生活没有着落的时候，年轻的伊雷尔开始苦苦思索振兴家业的良策。他认识到，目前战火不断，盗匪猖獗，从事商品流通有很大的风险，与其这样倒不如创办自己的事业。但是创办什么事业呢？他一直苦苦思索。

一天，他与美国陆军上校路易斯·特萨德到郊外打猎，他的枪哑了三次，而上校的枪一扣扳机就响。

上校说："你应该用英国的火药粉，美国的太差劲。"上校的一句话让伊雷尔茅塞顿开。

他想：在战乱期间，世界上最需要的不就是火药吗？在这方面，我是有优势的，向拉瓦锡学到的知识会让我成为美国最好的火药商。

后来，他就靠着这股专注劲，克服了许多困难，把火药厂办了起来，并办成了举世闻名的杜邦公司。

汇涓涓细流方成浩瀚大海，积累点滴而成大业。"点滴"的积累看起来很不明显，但这些汇聚起来却大有用处。伊雷尔的故事告诉我们青少年：做事切忌急功近利，要有耐心。有些积累乍一看对我们的人生没什么太大的帮助，但时间长了你会发现，它们在关键时刻很可能让你思如泉涌，给你带来巨大帮助。

四、最终的胜利是此前成功的累积

怕什么真理无穷，进一寸有一寸的欢喜。

——胡适（曾任北京大学校长，著名学者、诗人、历史学家、文学家）

在《失落的致富经典》这本书中有一句话非常有意思，即："请记住，每次行动的结果都将累加在一起，共同作用于你的梦想。"

的确，如果没有那一步步的积累，怎会有千里之行，如果没有那一条条小溪的积累，怎会有波澜壮阔？如果没有那一本本书里的积累又怎么会有渊博的学识？所以，人生需要积累。作为日本最成功的企业家之一，松下幸之助的成功就来自于积累。他的经营哲学是：日积月累，用心做好每一天的事。

不论是多么艰巨或者多么琐碎的工作，只要用心去做，都会有回报。用心走好每一步，就能更接近成功，也更靠近财富。松下幸之助常说自己之所以成功，是因为不厌其烦地用心做好每一天的事。他说："我并没有那么长远的规划。珍视每一个日日夜夜，做好每一项工作，这就是我今日能取得辉煌的秘诀。"

在最开始创业的时候，松下幸之助并没有什么要建一座大工厂的远大规划。那个时候，他一天的营业额可能只有几日元，他最大的愿望就是有一天能够稍微多一些。达到几十日元后，他会期待达到一百日元，达到一百日元后，他会期待达到五百日元……如此而已，他只不过是在努力地做好每一天的工作。

在一次演讲中，松下幸之助说道："迄今每遇到难题的时候，我都扪心自问，自己是否以生命为赌注全力对待这项工作？当我感到非常烦恼苦闷时，往往是没有全身心地投入工作。由此我便会重新振作，全力向困难挑战。有了勇气，困难便不成为困难了。

"让青年胸怀大志的确是件好事，然而，为达到这个目的，需要日积月累，应珍视每一天的每一件工作，由此而循序渐进地有所进步，长此下来，最终将成就伟大的事业。"

松下幸之助就是这样去实践，才取得了事业的成功。

松下幸之助的经验告诉我们青少年：世上不存在什么立竿见影的事，不论是求取知识还是求取财富，都需要经历一个循序渐进的过程，没有一个人可以"一步登天"。最终的胜利无不在于此前成功的累积。

也许，很多人认为财富只属于少数人。创造财富的事是那些富翁、明星或者幸运儿们的事情，而自己不过是一个为了生存而工作的人，自己辛勤劳动、付出时间以及提供相应的能力，只是为了换取一份薪水而已。事实上，当你将工作视为谋生手段时，你就已经走入了误区，那就是你的心已经被斤斤计较的思想所占据，从而变得目光短浅——做任何事情时都在考虑是否获得了等价的报酬，你会过于在意目前的各种保障而忽视了对自己能力的提高，从而无法积累经验与收获，也错过了更多的创造财富的机会。

在成功的路上，循序渐进、日积月累是非常重要的。我们做人做事应该像大海一样包容，积累每一滴雨水，欢迎每一道细流，如此，终有一天才会汇流成海。财富目标的实现也是如此，不可能一蹴而就，必须一步一个脚印。伟大的成功，都不是一次就取得的，无不依靠一个个小小目标的累积。

五、不急于展示自己，厚积才能薄发

做一件事，无论大小，倘无恒心，是很不好的。

——鲁迅（曾在北京大学任教，著名文学家、思想家、革命家，中国现代文学的奠基人之一）

宋朝伟大的文学家苏轼的作品中有这么两句："博观而约取，厚积而薄发。"意思是说，生命在日积月累中前行，积累知识，积累经验，积累成功成为永恒不变的生命主题。积累让生活更加多彩。

左思是我国西晋时著名的辞赋大家，他的旷世名篇《三都赋》就是通过日积月累的写作而完成的。这部书他整整写了十年才写成。为了把《三都赋》写好，他无论是吃饭还是睡觉，时时刻刻都在构思这篇赋的语言文字、思想内容和艺术境界。为了能够及时地把自己突发的灵感记录下来，他无论何时何地都不忘带着纸笔，一想到有什么好的句子，就迅速记下来。

功夫不负有心人。十年过去了，左思终于完成了他名动天下、流传千古的《三都赋》。《三都赋》语言华美、文笔流畅，无论在内容还是形式上，都取得了较高的艺术成就。文章一经问世，整个洛阳城为之轰动，大家竞相传抄，由于这篇文章较长，毛笔写字也费纸张，当然，最主要还是抄的人太多了，顿时洛阳城的纸张变得供不应求，纸价暴涨，有名的"洛阳纸贵"这个成语就是由此而来。这件事也成为我国古代文坛上一件趣事。

青少年朋友，储存的能量够深厚，释放出来的能量才够强大。正所谓厚积才能薄发。成功绝不是一蹴而就的，只有静下心来，日积月累的积蓄力量，才能够"绳锯木断，滴水穿石"。

西晋开国功臣王湛性格内向，平时寡言少语，总表现出一副呆头呆脑的样子。

父亲去世后，哥哥王浑便不再顾忌父亲的面子，一家人更觉得王浑的弟弟王湛是个累赘，最后把王湛赶到父亲坟墓旁的一间小茅草房里居住。

家人中，数王浑的儿子王济最为厌恶叔叔王湛。王济是当时的名士，他为人高傲，从不把王湛视为长辈，因而从未去探望过。

王济有一次上坟，忽然心血来潮，便去看望叔叔。两个人聊天的时候，王济猛然发现，叔叔王湛不仅对答如流，而且"语词华美"。这让他非常惊讶，便和他纵论天下大事，没想到叔叔语出惊人，分析事情一针见血。

王济小时候便从周围人口中听说叔叔痴愚，如今听他高谈阔论，大为惊骇，当夜便住在叔叔的茅屋里，和叔叔把酒长谈。两个人越谈越顺畅。王济竟然在叔叔那里一连住了好几天。

临行前，他不禁感叹道："家有名士三十年却没人知道。"

王济临走时，王湛送他到门口。王济带来的马中有一匹烈马，很难驾驭，王济随口问道："叔叔也懂得骑马吗？"

王湛说："还算懂一些吧！"说着接过烈马的缰绳，跃身上马，驾驭自如，骑术比那些有名的骑士技艺还要高超。这让王济觉得叔叔的才能简直深不可测。

回到家后，王浑感到很奇怪，便问儿子："你怎么耽搁了这么多日子？"

王济回答说："儿子今天才得到一个叔叔。"

王浑更是奇怪，便问他原因，王济便从头到尾细说了一遍，极口夸赞王湛是名士。

王浑不服气地问："比得上我吗？"

王济委婉地说："比我强多了。"

晋武帝司马炎也知道王湛的痴名，并且总喜欢拿此事与王济开玩笑，之前每次见到王济，总是打趣说："你那位痴叔死了没有？"王济总是无言以对。

又有一次，王济进宫，司马炎又打趣他："你家那位痴叔死了没有？"

王济听了微微一笑，昂然说道："臣叔不痴，其实是位名士。"便将自己和王湛的交谈简略地说了一遍。

司马炎听了，觉得十分意外，便忙问道："你觉得你叔叔比得上谁呢？"

王济朗声回答："山涛之下，魏舒以上。"

从此以后，王湛的名气大了起来，成为名闻天下的名士。后来被聘为汝南内史。

有时候，"被"发现比"主动"示人效果更好。发现者会有身为"伯乐"的成就感和惊喜之情，如此一来，被发现者的境遇自然会很好。这告诉我们一个道理，潜心积淀，等到才华能够自然"溢出"的时候，所散出的光才会更亮、更夺目。这启发我们青少年：人生需要沉潜，只有在无人关注的时刻潜心积累，待到有人关注时，生命才会绽放得更加绚烂多彩！

六、耐心放长线，稳坐钓大鱼

古今中外有学问的人，有成绩的人，总是十分留意积累的。知识就是积累起来的。我们对什么事都不应当像过眼烟云。

——邓拓（曾任北京大学法学院兼职教授，新闻工作者、政论家、历史学家、诗人和杂文家）

人生在世，有不少人贪图名利，爱慕虚荣。而真正能够名利双收的，却又百中无一。追求名利好比垂钓，只有懂得放长线者，才能钓到名利场中的"大鱼"。懂得放长线者，待看到大鱼上钩之后，总是不急着收线扬竿，不把鱼甩到岸上。而是按捺下心头的喜悦，不急不慌地收几下线，慢慢地将鱼拉近岸边。一旦大鱼挣扎，便又放松钓线，让鱼游窜几下，再又慢慢收钓。如此一收一放，等到大鱼累得筋疲力尽，再没有力气挣扎时，才将它拉近岸边，用提网兜拽上岸。这就告诉我们青少年：做事切不可急躁冒进，不要幻想立竿见影。

不急于求成，耐心放长线才能钓到大鱼，人生何尝不是如此？只有不急功近利，才会赢得更好的机会、最佳的结果。

一次，武则天将一件宝物赏赐给了女儿太平公主。可是没多久，这件宝物就不翼而飞了。武则天知道后，觉得这件事有损颜面，便马上将洛州长史召到宫里，诏令他在九天之内必须破案。

洛州长史接到武则天的诏令后，非常着急，他也束手无策，于是派人找来神探苏无名来出主意。苏无名听了洛州长史的话后，便请求面见武则天，称他自会破案，但有个要求：不能做时间上的限制。武则天答应了苏无名的要求。

奉旨接办御案之后，苏无名并没有做出什么大动作。很快一个月过去了。转眼到了一年一度的寒食节。

寒食节当天，苏无名吩咐所有破案人员全部改装为寻常百姓，分头前往洛州的东、北二门附近查案。无论哪一组，凡是遇见胡人身穿孝服，出门往北邙山哭丧的队伍，必须立即派人跟踪，不得打草惊蛇，只需派人回衙报告即可。

很快一个游徼赶了回来。他告诉苏无名，自己已经侦得一伙胡人，此刻已在北邙山。苏无名听后，赶紧和来人赶去北邙山坟场。到那儿之后，苏无名询问盯梢的吏卒：

"胡人进了坟场之后都有什么表现？"吏卒说："一切都如大人所料，这伙胡人身着孝服，来到一座新坟前奠祭，但他们的哭声没有哀恸之情，烧些纸钱之后，即环绕着新坟察看，看后似乎又相互对视而笑。"听到这里，苏无名便大声说道："案情已破！"他马上下令拘捕那批致哀的胡人，同时打开新坟，揭棺验看。检点对勘之后，证实这些正是太平公主一个月前所失的宝物。

苏无名一举侦破太平公主的失窃大案，整个洛阳都惊动了。武则天下旨再次召见苏无名，询问他办案经过。

苏无名应召进殿，答道："臣下并没有什么特殊的神谋妙计，来神都汇报工作的途中，曾在城郊邂逅了这批胡人。凭借臣下多年办案的经验，即断定他们是窃贼，只是一时还不知他们下葬埋藏的地点，只得放长线钓大鱼，耐心等待。寒食节一到，依民俗，人们要到墓地祭扫的。我料定这批借下葬之名而掩埋赃物的胡盗，必定会趁这个机会出城取赃，然后借机席卷宝物逃走，因此臣下遣人便装跟踪，摸清他们埋下宝物的地点。他们奠祭时不见悲切之情，说明地下所葬不是死人；他们巡视新坟相视而笑，说明他们看到新坟未被人发觉，为宝物仍在坟中而高兴。"

苏无名继续说道："假如此案依陛下九天之限，因风声太紧，窃贼们狗急跳墙，轻则取宝逃亡，重则毁宝藏身。官府不急于缉盗，欲擒故纵，盗贼认为事态平缓，就会暂时将棺中宝物放在那里。只要宝物依然还在神都近郊，我破案捕盗就易如囊中取物！"

其实，解决事情如此，揣摩人心也是同样。

唐朝时期，京城长安生活着一位窦公。这个人聪明伶俐，非常爱理财，却财力绵薄，难以挣到大钱，于是便想法子挣钱。

一天，窦公在长安四处游荡时来到了郊外，见那里青山绿水，风景极美，远处有一座大宅院，房屋严整。他向周围的人一打听才知道那里是一显要官宦的外宅。他来到宅院后花园墙外，只见一水塘，塘水清澈，直通小河，但因无人管理，显得有点零乱肮脏。窦公便向宅主请求买下那块水塘，宅主觉得那是块不中用的闲池，就低价卖给了他。

买到水塘后，窦公马上请人将其砌成石岸，疏通了进出水道，种上莲藕，放养上金鱼，围上篱笆，种上玫瑰。

来年春天，那位显要官宦休假在家，逛后花园时闻到花香，到后花园一看，很是眼馋。窦公知道鱼儿上钩了，立即将此地奉送。

官宦非常感激，这样一来，两人成了朋友。一天，窦公装作无意地谈起想到江南走走，官宦忙说："我给您写上几封信，让地方官吏多加照应。"窦公带了这几封信，往来于江南几个州县，因为有官府撑腰，没几年便赚得盆满钵满。

急于求成，反而难成，既慧眼识"鱼"，又有耐心，有节奏地反复松线、紧线，把功夫给做足了，不愁"鱼"不上钩。此法妙处在于：网已做好，绝不打草惊蛇，只是静等"鱼"上钩，再一网打尽。

眼光长远者，往往有放长线钓大鱼的智慧。他们胸怀远见，通常不会为微薄的利益而着急做决定，也不会为眼前的好处而放弃更多长远的机会，更加不会钻牛角尖，将自己置于一棵树上。他们为了实现利益最大化，成就最终的人生梦想，可以忍辱负重，懂得审时度势，甘愿做一些别人看起来吃亏的傻事。他们不张扬，不炫耀，不为一点成就而沾沾自喜、四处宣扬，他们明白，笑到最后的人才是胜利者。也只有这样，充满智慧的人才能成为佼佼者。

七、与恒心为伴，岁月且长

写作主要是做到每天坚持，哪怕一天写一千字、几百字。一年下来几十万字，也就很可观了。

——朱光潜（曾任北京大学教授，著名美学家、文艺理论家、教育家、翻译家）

青少年朋友要懂得一个道理：若想取得成功，最忌讳的便是"一日曝之，十日寒之"。遇事浅尝辄止，不坚持去做，必然碌碌终生而一事无成。在这个世界上，越是珍贵的东西，则费时愈长，费力愈大，得之愈难。即便是燕子垒巢，工蜂筑窝也都非一朝一夕的工夫，人们又怎能企望轻而易举便获得成功呢？

正所谓"天上没有掉下来的馅饼"。作家姚雪垠为了写成长篇历史小说《李自成》，竟耗费了四十年的心血；数学家陈景润为了求证"哥德巴赫猜想"，他用过的稿纸几乎可以装满一个小房间。大量的事实告诉我们：点石成金须恒心。

"木成林，可蔽天日；水成海，可孕万物。"物贵在有恒，人更是如此，故而做人做事要有恒心。恒心是成功之母，恒心，是一个人想在自己的一生中有所作为的必不可少的一部分。恒心，是一种水滴石穿的坦然，是一种卧薪尝胆的欣然。有恒心，才会取得辉煌的成绩。正所谓"与恒心为伴，岁月且长"。

北大化学系的刘穗然（化名）正是凭借着恒心跨进了北大的校门。

关于成功，刘穗然的一个核心理念是，一名成功者必须要具备"三心"，即信心、恒心和决心。"一个优秀的人，要自信地面对社会；做事时必须持之以恒，同时还要有坚持到底的决心。"

刘穗然正是在高中三年持之以恒的奋进中取得了优异的成绩。对此，他回忆道："我刚进高中的时候，在班级只排第 17 名，总觉得最后考个复旦之类的大学就心满意足了。然而，在新生见面会上，我听老师讲了一个'17 名男生'的故事，他说那名男生入学时在班级排第 17 名，最后在高考时却考入了北京大学，老师说那是那个男生持之以恒、坚持努力的结果。我真的感觉这个故事就是讲给我听的。"

从此之后，刘穗然开始了自己的北大探索之路。他先是给自己制订了各种学习计划，然而严苛遵守这些计划，凡是遇到自己想偷懒的时候，就给自己重述那个'17 名男生'的故事。是的，成功贵在坚持，我一定要有恒心，坚持不懈地努力下去。在这种自我激励中，刘穗然凭借 705 的成绩复制了那个'第 17 名男生'的辉煌——他也顺利地迈进了北京大学的大门。

俗话说：滚石不生苔，坚持不懈的乌龟能快过灵巧敏捷的野兔。人生就如一场马拉松，最后的胜利都是属于坚持到最后的人，持之以恒是我们在遇到困难时仍然继续努力的能力。大多数成功者的秘诀都有两个——第一个是坚持到底，永不放弃；第二个就是当你想放弃的时候，回过头来看看第一个秘诀。持之以恒，是开启胜利之门的金钥匙。一个人有了坚强的毅力和决心，就能轻而易举战胜一切困难；反之，一曝十寒，终将一事无成。

人类迄今为止，还不曾有一项重大的成就不是凭借坚持不懈的精神而实现的。大发明家爱迪生如是说："我从来不做投机取巧的事情。我的发明除了照相术，也没有一项是由于幸运之神的光顾。一旦我下定决心，知道我应该往哪个方向努力，我就会勇往直前，一遍一遍地试验，直到产生最终的结果。"在通往成功的道路上，我们会遇到很多的困难和挫折，面对这些困难和挫折，有的人会却步，有的人会另寻途径，有的人会坚持，而胜利往往都是属于最后的坚持者。

在漫长的人生道路上，我们可能会遭遇各种挫折，解决的办法有很多，其中最重要的是持之以恒。正所谓"人有恒心，万事可成"，青少年若想取得成功，必须要有永不放弃的恒心。要相信，阳光总在风雨后，坚持到底就会迎来胜利的曙光。

八、超级时间管理术：每天多出一小时

时间就像海绵里的水，只要愿挤，总还是有的。

——鲁迅（曾在北京大学任教，著名文学家、思想家、革命家、中国现代文学的奠基人之一）

很多青少年总嚷嚷自己"没时间"，其实，对于每个人来说，时间都是公平的，我们之所以会感觉没时间是因为很多时间被我们忽略掉了。如果我们学会管理时间，把琐碎的"时间碎片"找到并整理起来，就会发现其实我们并不缺少时间。

2012 年，英国作家迈克尔·赫佩尔在其编著的《超级时间整理术——每天多出一小时》一书中提出了一个概念：每天多出一小时。

读者可能会不相信，时间明明是固定不变的，怎么会无缘无故多出一小时呢？其实，这里所提及的多出一小时，并非真的将24小时的时间延长一小时，而是说，让我们科学地管理自己的时间，不浪费一分一秒。

能够科学管理自己时间的人，往往更容易在相关领域取得成功。

北大毕业生王名荷（化名）目前在一家外企上班，她平均每年要负责处理100多宗案件，而且她的大部分时间都是在飞机上度过的。王名荷认为和客户保持良好的关系非常重要，所以，在飞机上她就给客户们写邮件。

她说："我已经习惯如此了，这有什么坏处呢？"

一位等候提行李的旅客对她说："在近三个小时里，我注意到你一直在写邮件，你一定会得到老板的重用的。"

王名荷则笑着说："我早已是公司的副总了。"

懂得利用时间、善于利用时间的人，都是惜时的人。积少成多，零星时间累加起来，可以产生很大的效益。不轻易放过空当时间，不知不觉，工作的效率与成绩就会增加。以下是有效管理时间，每天多出一小时的技巧。希望青少年朋友能够从中收益。

1. 重视"效能"而非"效率"

如今，"重视效率"已经成为老生常谈，"效率专家"的时代早已经过去，当今的时间管理专家多从"效能"入手。管理大师彼得·德鲁克曾指出："效率是'以正确的方式做事'，而效能则是'做正确的事'。效率和效能不应偏废，但这并不意味着效率和效能具有同样的重要性。我们当然希望同时提高效率和效能，但在效率与效能无法兼得时，我们首先应着眼于效能，然后再设法提高效率。"

2. 少说废话

成功人士之所以成功，他们有一个共同点，那就是：他们都能很好地运用自己的时间，他们都懂得一切从现在做起的道理。在时间的运用上，成功人士非常认真地对待每一分每一秒，尤其是对当前时间的利用，而不是将时间用在说许多的大话、空话或者是无期望达到的计划上。

一位年轻人向爱因斯坦询问道："先生，您认为成功人士是如何成功的，有无秘诀？"爱因斯坦非常认真地告诉他："成功等于少说废话，加上多干实事。"

爱因斯坦的意思很简单，细想一下，就不难明白，爱因斯坦其实是想告诉这位年轻人，不要把时间浪费在一些无聊的闲扯之中，而要抓住每分每秒，做一些确实有用的事情，坚持下去，成功就不远了。

3. 给自己的时间确定一个下限

由于人本身比较容易处于放纵、散漫的状态，具体表现就是对目标的坚持、时间的控制等做得不到位，无法按时完成任务。

今日不清，必然积累，积累就拖延，拖延就容易导致堕落、颓废。为了按时完成自己的计划，我们要善于为自己的事情设定"最后期限"，比如在一个小时内完成数学作业、在半个小时内攻克一道难题。

时间对每个人都是公平的，只要你方法得当，就完全可以放开地去挖掘，每天多出一小时，用挤出来的时间来实现梦想。

九、学什么都不会白学

只看一个人的著作，结果是不大好的：你就得不到多方面的优点。必须如蜜蜂一样，采过许多花，这才能酿出蜜来。倘若叮在一处，所得就非常有限，枯燥了。

　　——鲁迅（曾在北京大学任教，著名文学家、思想家、革命家，中国现代文学的奠基人之一）

当今时代是知识经济时代。知识快速更替、发展日新月异，青少年朋友如果想更好地融入社会，必须不断积累、更新，不断从实践中发现问题、分析问题，进行归纳和总结，从而思考出解决问题的办法，不断取得新的进步。唯有如此，才不至于被快节奏的社会所淘汰。

我国著名教育家陶行知曾经写过一首题目为《八位顾问》的小诗，诗中有这样的语句："我有八位好朋友，肯把万事指导我。你若想问真名姓，名字不同都姓何：何事、何故、何人、何如、何时、何地、何去，好像弟弟与哥哥。还有一个西洋派，姓名颠倒几何。若向八贤常请教，虽是笨人不会错。"陶行知的这首诗为我们如何获得学问、如何积累学问，开了一副"良方"。青少年朋友按照"此方"行事，对周围发生的事多留心、多观察、多发现、勤释疑、善分析，学问便能长。

"学什么都不会白学"是北大经济学博士栗亚朴实的一句话，但是它却蕴涵着深厚的道理，它要求我们要不断学习，要热爱学习，要广泛学习。这也许就是栗亚对自己学习经历的一种感悟。知道栗亚教育经历的人，一定会对他有这样的印象，栗亚是一个喜欢学习、擅长学习的人。

栗亚对读书学习情有独钟，在谈到读书学习时，他最喜欢说的话是"学什么都不会白学"，他认为，无论我们学什么，将来都有可能有用处。

栗亚的求学之路十分曲折。1969年，在当时社会的大形势下，栗亚和家人被下放到了农村。当时，无论是经济方面还是文化方面，农村都处于落后的状态。尤其是医疗卫生条件，更是十分落后，很多村民患病都得不到治疗。当时，年幼的栗亚决心要当一名医生，为村民看病。于是，他开始看一些医学方面的书籍，并且学习了针灸。最开始的时候，他只是在自己身上实验，后来渐渐地就开始帮周围生病的村民医治了。这段经历让他对医学产生了浓厚的兴趣。

1981年，栗亚以优异的成绩考入了北大经济系，他当时的身份是吉林省文科状元。1985年，大学毕业后，他去国外留学，先后就读于美国鲍尔州立大学和亚利桑那大学，师从诺贝尔经济学奖获得者弗农·史密斯，并于1992年取得了经济学博士学位。而后，他留在美国，成为宾州州立大学的一位助理教授。可是仅仅就在一年后，他果断辞去了该职位，开始着手创立自己的公司。

虽然由于各种各样的原因，栗亚一直没能实现学医的梦想，但是，他从来没有放下对医学的爱。

1993年10月，喜欢医学的栗亚参加了一个医疗产品展销会。在展销会上，他发现很多医用喂食器都存在缺陷。于是，他决定自己动手画图，亲手设计一款医用喂食器。没多久，他设计的医用喂食器进入市场，得到了市场的认可。栗亚第一次尝到了医学带给自己的成功滋味。10年后，他的公司发展为从事一次性医学器械的设计、生产、销售和服务，并通过ISO认证和美国联邦医药总局（FDA）注册的医学产品生产厂家，公司拥有15万英尺的十万级无菌净化车间和洁净厂房，产品包括11大项、50多种类别和200多种规格，客户遍布世界各地。在医学的道路上，栗亚终于获得了成功。

回顾栗亚的成功史，我们可以发现，栗亚在医学界的成功，与他的博学多才不无关系。在北大的四年，他虽然没有攻读医学，但扎实的数学基础成为他以后在美国师从名师、研习实验经济学的良好前提条件；9年经济理论的学习赋予了他严谨理性的思路和高屋建瓴地解决问题的能力和方法；小时候下放到农村时积累的医学知识让他最终一举成功。他用自己的实际行动验证了他的话，"学什么都不会白学"，我们所学的各种知识都可能会在未来的人生征程中发挥作用。

是的，学什么都不会白学。今天我们所获得的知识，或许无法马上让它们发挥作用，但是，在未来的日子里说不定就能帮助你成功。

广泛涉猎知识、不断充实自己的过程，也是成功的准备过程。这也就是为什么我们青少年要多读课外书的原因，眼界开阔了，思路自然就会开阔。

学会经营，先斟满自己的杯子

我们的人生到底该如何度过，是人云亦云，随大流，还是独立自主，追随自己的内心？我们应该毫不犹豫地选择后者。如何才能坚持走自己的道路，而不是走弯路，走邪路？我们要好好地经营自己，管理好自己。从认识自我开始，明确自己的目标，设定自己的发展方向，从学业到事业，完成人生的完美蜕变。管理好自己，谁都可以创造出奇迹。

一、管理好自己，提高自己的成功率

社会不需要无知的模仿者，不需要机器人。社会需要的是有血有肉的人，需要无数个"自己"。

——林语堂（曾在北京大学任教，著名学者、文学家、语言学家）

所谓自我管理，就是指我们对自己本身，对自己的目标、思想、心理和行为等表现进行的管理，自己管理自己，自己约束自己，自己激励自己，自己管理自己的事务，最终达成自己的人生目标。

对一个人，尤其是青少年朋友来说，能否进行良好的自我管理至关重要。伦敦商学院、欧洲工商管理学院等多所商学院的访问教授帕瑞克博士曾经说过："除非你能管理'自我'，否则你不能管理任何人或任何东西。"

自我管理是一门科学和艺术，也是我们对自己人生和实践的一种自我调节，是促使我们走向成功的巨大动力。2005 年，香港富豪李嘉诚在谈到自己的成功时，曾着重强调了自我管理的重要性。

"掐指一算，我的公司已成立 55 年，由 1950 年几个人的小公司发展到今天在全球52 个国家拥有超过 20 万员工的企业……

"人生不同的阶段中，要经常反思自问，我有什么心愿？我有宏伟的梦想，但我懂不懂什么是有节制的热情？我有与命运拼搏的决心，但我有没有面对恐惧的勇气？我有信心、有机会，但有没有智慧？我自信能力过人，但有没有面对顺境、逆境都可以恰如其分行事的心力？

"14 岁，当我还是个穷小子的时候，我对自己的管理方法很简单：我必须赚取足够一家人存活的费用。我知道没有知识就改变不了命运，没有本钱更不能好高骛远，我还经常会记起祖母的感叹：'阿诚，我们什么时候能像潮州城中某某人那么富有？'

"我可不想像希腊神话中伊卡罗斯一样，凭借蜡做的翅膀翱翔，最终悲惨地坠下。于是我一方面紧守角色，虽然当时只是小工，但我坚持把每样交托给我的事做得妥当、出色；一方面绝不浪费时间，把剩下来的每一分钱都用来购买实用的旧书籍。

"22岁成立公司以后，我知道光凭耐忍、任劳任怨已经不够，成功也许没有既定的方程式，失败的因子却显而易见，建立减低失败概率的架构，才是步向成功的快捷方式……"

正是凭借着良好的自我管理，李嘉诚一步一步迈入了人生辉煌的殿堂。

良好的自我管理，可以使我们逐步走向自我完善，最大限度地激发自身潜能，实现人生的最大价值。

"我欣赏的是那些能够自我管理、自我激励的人，他们不管老板是不是在办公室，都是一如既往地勤奋工作，从而永远都不可能被解雇，也永远都没有必要为了加工资而罢工。"这是哈伯德在《致加西亚的信》这本书中所强调的观点，他认为自我管理具有十分重大的意义。

在社会生活中，有这么一个现象：那些在相关领域颇有成就的人都是对自己要求非常严格，而不用别人来强迫或督促的人。良好的自我管理，将他们推向了事业的高峰。

青少年朋友如果也想达成自己的目标，也应该提升自己的自我管理意识，不管你的学业是多么紧张，不管你的生活是多么枯燥，都要将自我管理放在重要的位置。长此以往，你会发现，你的生活会有很大的改善。

二、自我更新让你越来越出色

过去与将来，都是那无始无终永远流转的大自然在人生命上比较出来的程序，其中间都有一个连续不断的生命力。一线相贯，不可分拆，不可断灭。

——李大钊（曾任北京大学教授，伟大的马克思主义者、杰出的无产阶级革命家）

孔子曰："吾日三省吾身：为人谋而不忠乎？与朋友交而不信乎？传而不习乎？"意思是："我每天都要反省：为人做事是不是忠实？与朋友交往是不是讲信用？老师传授我的学业是不是复习了？"孔子将自省看得非常重要，每天都要做到。

其实，孔子这里所提及的"自省"，颇有点"自我更新"的意思。所谓"自我更新"，不仅是指一种对新知识的学习，还包括了对各种新的经验、新的观念的接受，这是避免失败的前提。

乐于自省、善于自我更新的人是工作、生活中深思熟虑的人。自我更新是一个人自觉性的表现，能这样做，其进步必然快。古人云："反己者，触事皆成药石。"一个人只要多进行自我更新，多反省自己，就可以不断总结经验教训，提高自己。对青少年来说，自我更新同样重要。通过自我更新，我们能够及时检查并发现自己的每一个细小过失，进一步有目的地严格要求和提高自己，防微杜渐，使自己不走或者少走弯路。

新加坡著名人士周颖南最喜欢说的一句话就是："与其被淘汰，不如自我更新。"他的话道出了在适应社会的过程中自我更新的重要性。

生活中有这样的一些人，他们的共同特点是不喜欢改变，安于现状，缺少野心，没有创新动力，对当前生活无比地满足，通常不会主动改变自己，更不会为自己制造和寻找改变的机会，情愿接受所谓的"命运"或"运气"的主宰。安逸的生活对他们来说，是终生所追求的最高目标。他们从来不会主动为自己充电，也不会抓住一切能够磨炼自我的机会。所以，他们中的绝大部分人都是平庸者。

当今时代的更新换代非常快，如果不积极学习、充电，进行自我更新，很快就会被不断发展的社会所淘汰。所以说，无论在何时何地，青少年都不要忘记随时进行自我更新，给自己充电，这样才能在竞争日益激烈的社会环境中更好地生存下去。如果能够认识到自我更新、自我磨炼的重要性，并将之付诸行动，即使是一粒普通的沙子，也能成为美丽的珍珠。

曾经有一个养蚌人，他最大的愿望是培育出一颗世界上最大最美的珍珠。闲暇时刻，他经常去海边的沙滩上，一颗一颗地问那些沙粒是否愿意变成珍珠。虽然沙粒们很渴望变成光辉璀璨的珍珠，但一想到蜕变过程中要承受的痛苦，再对比现实生活的安稳，都果断拒绝了。

很多年过去了，养蚌人没有得到一颗沙粒的肯定答复。

就在他快要绝望的时候，有一颗沙粒回答说"愿意"。旁边的沙粒听了，都纷纷嘲笑它，说它太傻，去蚌壳里住，远离亲人朋友，见不到阳光、雨露、明月、清风，甚至缺少空气，只能与黑暗、潮湿、寒冷、孤寂为伍，不值得。

然而，那颗沙粒还是随养蚌人去了。

几年过去了。当初的那颗沙粒已然成长为一颗晶莹剔透、价值连城的珍珠，而曾经嘲笑它傻的那些伙伴们，却依然只是普通的沙粒。

不经过痛苦蜕变过程的磨砺，沙粒又如何能够变成珍珠呢？同样的道理，青少年朋友如果不为自己的将来打拼，磨砺自己，又如何能够成长为栋梁之材呢！在我们人生的道路上，每一次辉煌的背后都有一个凤凰涅槃的故事。磨砺本身就是生命旅途中一道不可缺少的风景。所以，我们青少年朋友应该珍惜并感谢生活所赐予我们的每一次自我磨砺、自我成长的机会，通过及时地自我更新，让自己的人生变得更加出色、精彩。

三、"丈量"自己的内心，时时审视自己

用心聆听内心的声音，才不至于做出违心的决定。

——林语堂（曾在北京大学任教，著名学者、文学家、语言学家）

有位哲学家曾讲述了这样的一个故事：上帝在我们每个人的肩膀上都挂上了两个袋子，一个袋子挂在我们胸前，另一个袋子挂在了我们背后。挂在胸前的袋子里装着优点，而背后的袋子里则装着缺点。

这引发的结果是：我们每个人只要一睁开眼睛，看见的就是自己的优点和别人的缺点。所以每个人都认为自己最优秀，而别人最愚蠢，因而对别人总是求全责备，对自己总是肯定赞扬——其实，这是一种认识的偏见。没有以公平、公正的态度审视自己和他人，从而高估了自己，看低了他人，由此影响了对人对事的态度，进而影响到自己为人处世的方式方法。

在这种情况下，我们要学会"丈量"自己的内心，经常回过头审视自己。一个东西，用秤称过，才知道它的轻重，用尺量过，才知道它的长短。世间万物，都要经过某些标准的衡量，才知道究竟。而一个人也应该如此，经常反观自省、审视自我，才能正确地认识自己，进而指导自己的行为。

有这样一位年轻人，一天，他到公用电话亭打电话。只见他在打电话前，先拿出一条手帕盖上电话筒，然后才拿起话筒，拨通了电话，说："请问是王公馆吗？我是打电话来应征做园丁工作的，我有很丰富的经验，相信一定可以胜任。"

那边接电话的人回答说："先生，恐怕你弄错了，我家主人对现在聘用的园丁非常满意，主人说园丁是一位尽责、热心和勤奋的人，所以我们这儿并没有园丁的空缺。"

这位年轻人听了对方的话后，便非常有礼貌地说："哦，真是对不起，可能是我弄错了。"说着便挂了电话。

公用电话亭的老板听了年轻人的话，便说："年轻人，你想找园丁工作吗？真巧，我有一个朋友他家正要请园丁，你有没有兴趣去？"

年轻人听了老板的话，满怀歉意地笑了笑说："谢谢您的好意！其实我就是王公馆的园丁。我刚才打的电话是用以自我检查，确定自己的表现是否合乎主人的标准，如果有令主人不满意的地方，我就要加以改进了！"

故事中的那位年轻人，他懂得时时审视自己，这样自身有什么缺点，也能够及实地

415

加以改正。这个故事告诉我们青少年：一个人之所以能够不断地进步，在于他能够不断地自我反省，找到自己的缺点或者做得不好的地方，然后不断改正，以追求完美的态度去做事，促进自己一点一滴地成长。

人生最大的敌人是自己。那些认真审视自己、时刻反省自己的人，才可能真正觉悟。正所谓"知人者智，自知者明"。真正的聪明人必须具备自知之明。何谓自知之明？孔子说："知之为知之，不知为不知，是知也。"圣人都有自知之明，是因为他们时刻审视着自己，这样的人，一般都很少犯错，因为他们会时时考虑：我的缺点有哪些？为什么失败了或成功了，等等。这样做就能轻而易举地找出自己的优点和缺点，为以后的行动打下基础。

反省是一棵智慧树，只有深植在思维里，它才能与你的神经互联，为你提供源源不断的智慧，让人生这条路变得简单、精彩起来。可见，在以后的生活中，我们青少年若想取得进步，也要时时审视自己，做到不断自我反省。

四、先处理心情，再处理事情

享受悠闲生活当然比享受奢侈生活便宜得多。要享受悠闲的生活只要一种艺术家的性情，在一种全然悠闲的情绪中，去消遣一个闲暇无事的下午。

——林语堂（曾在北京大学任教，著名学者、文学家、语言学家）

拿破仑是法国著名的将军，他曾经统帅精兵数百万，所到之处战无不胜、攻无不克。能量如此强大的一个人，竟然经常这样说："我就是胜不过我的脾气！"是的，人最大的敌人就是自己的脾气。

现实生活中，有些青少年朋友，一旦遇到感情挫折、情绪困扰，就容易想不开、钻牛角尖，有的甚至怒火中烧，走向极端，引发惨剧。这是多么可怕的事情！

在情商管理中，最重要的一项内容就是提升自己的"情绪忍受力"，要懂得"脾气来了，福气就没了"这个道理。不能让自己处于气愤不已的状态，要懂得"让情绪换跑道"，绝不能使"情绪的癌细胞扩散"！如此，我们才不会轻易地使小错演变成大错。

青少年必须知道的是，因与人发生冲突和矛盾而生气时，一定要先处理心情，再处理事情。"凡事多思维，切勿轻易发怒"，而且，"不要急着说，不要抢着说，而是要想着说"。毕竟，人活着，不是要"斗气"，而是要"斗志"！人活着，不是要比"气盛"，而是要比"气长"！人活着，不是要"争一时"，而是要"争千秋"！青少年朋友，请你想一想，"我"这个字是哪两个字的组合呢？答案很简单，是"手"和"戈"！老祖先造字是有着充分的根据的，这个"我"是什么来头呢？"手"和"戈"的意思就是，"手拿着刀剑、干戈和武器"，由此组合成"我"这个字。这种组合告诫我们，人，常常是很自私、很防卫的，谁冒犯我、惹我、欺负我，我就拿"武器"和他斗争。可是，青少年朋友，你有没有想过，这值得吗？

青少年朋友，千万要控制自己的情绪，学习"转念""少点怨、多点包容""多洒香水、少吐苦水"，远离负面情绪。

有人说，心情的颜色会影响世界的颜色。如果一个人对生活抱一种达观的态度，就不会稍有不如意，就自怨自艾。大部分终日苦恼的人，实际上并不是遭受了多大的不幸，而是自己的内心素质存在着缺陷，对生活的认识存在偏差。

曾经有一个女孩，她在18岁那年被强暴了。这件事让她无比痛苦。她经常到庙里去烧香求签，希望自己以后的人生能够顺畅。

看到她一脸悲伤的样子，一位老和尚便好心地问她发生了什么事。

女孩泣不成声地说："我的命运非常凄惨，非常不幸，我这一辈子都无法忘记这件让人感到耻辱的事情了……"

听完女孩的陈述，老和尚对她说："你被强暴是你自愿的。"

女孩听了老和尚的这句话，惊讶地说："您说什么？我怎么可能自愿被强暴？"

老和尚回答说："你被他强暴一次，但在你的心里天天心甘情愿地被他强暴一次，那你一年下来，就被他强暴365次。"

"您这么说是什么意思？"女孩非常不解。

老和尚说："你经历了一件非常不幸的事情，就好像你看了一场不好的电影一样，天天回忆，天天为此而费心思，这不是很愚蠢的行为吗？这与重蹈覆辙有什么区别呢？你虽然无法改变已经发生的事情，但你可以改变你自己；你改变不了你的处境，但你可以改变你的态度；你改变不了过去，但你可以改变现在；你不能控制他人，但你可以掌握自己；你不能预知明天，但你可以把握今天；你不可以样样顺利，但你可以事事尽心；你不能延伸生命的长度，但你可以决定生命的宽度；你不能左右天气，但你可以改变心情……不管你曾经经历了多么不幸的事情，在以后的日子里都应该整理好心情，以欢悦的态度微笑着面对。这样，你以后的人生才会变得顺畅。"

人生在世，难免会遭受一些意外的打击，当事情已经发生并且无法挽回时，最好的办法就是学会遗忘，改变心情，不要沉浸在没完没了的痛苦中。因为有些痛苦是外力强加的，但更多的痛苦是自己选择的，比如，强迫自己去反复回忆痛苦的往事，这就是给自己强加的另一种痛苦。

其实，除了不能改变过去，你可以改变的事情很多，包括你的现在和未来。所以，当面对不好的事情时，不要一味地沉溺于其中，试着去换个角度，换种思维，换份心情，走向新生活吧！

詹姆斯是美国某家餐厅的服务生。一天，轮到詹姆斯值夜班，粗心的他忘记关上餐厅的后门。结果第二天早上，有三个武装歹徒偷偷潜入了餐厅，进行抢劫。歹徒要挟詹姆斯将保险箱打开。

詹姆斯十分害怕，由于过度紧张，他将保险箱密码的一个号码弄错了，这让歹徒们惊慌失措，于是他们开枪射击他，并逃走了。

幸运的是，遭受枪击的詹姆斯很快便被邻居发现，被紧急送往医院抢救。经过18小时的外科手术以及长时间的悉心照顾后，他终于出院了。然而不幸的是，在他的身上还残留着一颗子弹。

枪击事件发生六个月后，有记者采访了詹姆斯，问起当抢匪闯入时，他的心路历程。

詹姆斯这样回答："当他们击中我之后，我躺在地板上，还记得我有两个选择：我可以选择生，或选择死。我的选择是，我要活下去。"

记者问道："遭受枪击后，你不害怕吗？"

詹姆斯继续说："医护人员真的太伟大了，他们一直对我说没事，放心。但是，在他们将我推入紧急手术间的路上，他们脸上忧虑的神情还是让我吓到了，他们的脸上好像写着他已经是个死人了！我不甘心落得个死亡的结果，我要救我自己！"

记者接着问："当时你是怎么做到的？"

詹姆斯说："当时有个护士用吼叫的音量问我一个问题，她问我是否会对什么东西过敏。我回答：'有。'听到我的回答，医护人员都停下动作等待我的回答。我深深地吸了一口气喊着：'子弹！'他们听后哄然大笑。我告诉他们：'必须要活下来，请把我当作一个活生生的人来开刀，不是一个活死人。'"

詹姆斯能够从枪击中活下来，主要归功于医护人员的精湛医术，但不可否认的是，也归功于他求生的态度。

上天给予我们的生存状态没有什么大的不同，但这种生存状态一经各人"心态"诠释后，就具备了不同的意义，继而形成不同的事实、环境和世界。如果改变我们的心态，事实也会发生改变，正所谓"心中是什么，世界就是什么"。如果我们的心里装满了哀愁，那么，我们眼睛里所看到的，就尽是黑暗。所以青少年朋友，在做事情前，先处理好你的心情吧，让你的心情多一些阳光，你会发现，你的世界会明亮很多！

五、经营自己，发现自己的潜在优势

每个人的自我都是独一无二、不可重复的，每个人都理应在唯一的一次人生中实现这个自我的价值。

——周国平（毕业于北京大学哲学系，著名学者、散文家、哲学家、作家）

勤奋有才华却未有所成、依然贫穷是可悲的，但人生最大的悲剧与不幸却并不在此，而在于我们不知道自己有什么样的能力，应该如何经营自己的能力。

现实生活中，很多人辛劳一生，见识无数，但却未能认识自我，不知道能够做什么，找不到自己的优势，结果所做的一切都变成了"瞎忙"，庸庸碌碌一生。

人生的诀窍就是学会经营自己，发现自己的优势，经营自己的长处。富兰克林曾说的"宝贝放错了地方便是废物"，就是这个意思。在人生的坐标系里，一个人如果站错了位置，用他的短处而不是长处来谋生的话，那会异常艰难甚至可怕，他可能会在永久的卑微和失意中沉沦。

奥托·瓦拉赫是诺贝尔化学奖获得者。然而中学时代的他，并不是一个成绩优异的孩子。当时，他的父母希望他闯出一条文学之路，但是他的老师把父母的这一想法否定了，老师给出的评语是："瓦拉赫很用功，但过分拘泥，这样的人即使有着完美的品德，也绝不可能在文学上发挥出来。"无奈的父母只好放弃了让儿子成为文学家的想法，听取了儿子的意见，让他学习油画创作。可是，令父母失望的是，他的成绩在班上是倒数第一，老师的评语更加令人难以接受："你是绘画艺术方面的不可造就之才。"

瓦拉赫的"笨拙"让绝大多数老师倍感失望。只有他的化学老师给予了他充分的肯定，认为他做事一丝不苟，是做化学实验的好苗子，于是建议他试学化学。

瓦拉赫的父母接受了这位化学老师的建议，让孩子改学化学。这次，瓦拉赫的智慧火花一下被点着了，他的化学成绩十分优异。后来，有关瓦拉赫的这种现象被称为"瓦拉赫效应"。

"瓦拉赫效应"告诉世人：我们每个人的智能发展都是不均衡的，都有智能的强点和弱点。瓦拉赫找到了自己智能的最佳点，才使自己的智能潜力得到充分的发挥，取得了优异的成就。这就启发我们青少年，要善于寻找自己智能的强点，发现自己潜在的优势。而幸运之神也往往喜欢那些找到自己强项的人。

马克·吐温是很多青少年都知道的世界级大文豪，殊不知他的成才之路走得也并非一帆风顺。

年轻时代的马克·吐温曾经是一名商人，但并没有取得什么成就，结果是，不仅自己多年用心血换来的经费赔了个精光，还欠了一屁股债。他的妻子奥莉姬是个智者，他明白丈夫没有经商的本事，但是在文学上确有很深的造诣，于是帮助他鼓起勇气，振作精神，开创文学之路。

后来，在妻子的鼓励和支持下，马克·吐温最终摆脱了经商所带来的失败的痛苦，在文学创作上取得了卓越的成就。

成功学大师安东尼·罗宾曾经在《唤醒心中的巨人》一书中非常诚恳地说道："每个人身上都蕴藏着一份特殊的才能。那份才能犹如一位熟睡的巨人，等待着我们去唤醒他……上天不会亏待任何一个人，他给我们每个人以无穷的机会去充分发挥所长……我们每个人身上都藏着可以'立即'支取的能力，借这个能力我们完全可以改变自己的人生，只要下决心改变，那么，长久以来的美梦便可以实现。"是的，我们要想成才，首先就要了解自己。了解自己，找到自己的优势，然后好好地经营它，久而久之，我们定能在该领域开花结果。

所以，青少年朋友，如果你是一个不甘平庸、想成就一番事业的人，那么就在认识自己优势的这个前提下，扬长避短，认真地做下去吧！

六、打开束缚你的心灵枷锁

你有才没有才，现在还不晓得，到时自能表现出来，所谓"自有仙才自不知"，或许你大器晚成呢！

——冯友兰（毕业于北京大学，著名思想家、哲学家）

在我们成长的环境中，有许多肉眼看不见的链条在系着我们，而我们也就自然将这些铁条当成习惯，视为理所当然。

有这样的一个故事：

有一个小男孩和父亲一起去观看马戏团的表演。在看完表演后，他和父亲一起到动物休息区拿干草喂养表演完的动物。这时，他注意到大象群，便问父亲："爸爸，大象那么高大，肯定力气也很大，那为什么它们的脚上只系着一条细小的铁链，难道驯兽师不怕他们挣脱铁链逃走吗？"

听了儿子的话，父亲笑了笑，耐心为他解释："孩子，驯兽师是不怕的，因为他们相信大象是挣不开那条细小的铁链的。因为在大象还小的时候，驯兽师就是用同样的铁链来系住小象，那时候的小象力气还不够大，小象起初也想挣开铁链的束缚，可是试过几次之后，知道自己的力气不足以挣开铁链，也就放弃了挣脱的念头。等小象长成大象后，它就甘心受那条铁链的限制，而不再想逃脱了。"

父亲的话刚讲完，父子俩就听见有人呼喊说马戏团里失火了。只见大火随着草料、帐篷等物，燃烧得十分迅速，蔓延到了动物的休息区。动物们受火势所逼，都非常焦躁不安，而大象更是频频踩脚。但它们仍然无法挣开脚上的铁链。随着火势的蔓延，大火终于逼近大象。只见一只大象已被火烧着，灼痛之余，猛然一抬脚，竟轻易地将脚上铁链挣断，迅速奔逃至安全的地带。

其余的大象，有一两只见同伴挣断铁链逃脱，立刻也模仿它的动作，用力挣断铁链逃脱了。可是其他的大象却不肯去尝试，只顾不断地焦急转圈踩脚，竟而遭大火席卷，无一幸存。

拥有巨大力气的大象竟死于自己本可以轻易挣脱的细小的铁链下。主要是由于在大象成长的过程中，人类聪明地利用一条铁链限制了它，并让它们以为自己永远都无法挣脱它，虽然那样的铁链根本系不住有力的大象。

同故事中的大象一样，很多青少年都挣不开束缚自己的枷锁，以为命运本该如此。时间久了，其独特的创意便渐渐被抹杀，认为自己无法成功，觉得自己难以成为父母心目中理想的孩子、同学心目中优秀的同龄人。然后，开始向环境低头，甚至于开始认命、怨天尤人。其实，这一切都是因为我们心中被锁链缠绕着。因为这条锁链，凡事我们都考虑别人的想法，考虑别人怎么看我们，就这样束缚住了自己的手脚，不敢做这，不敢做那。仔细想想，很多时候，在人生的海洋中，我们就如一只游动的鱼，本来可以自由自在地游动，寻找食物，欣赏海底世界的景致，享受生命的丰富多彩。但是，就因为别人一个不屑的眼神，就又忧郁起来：我是不是令人讨厌？我的做法是不是不妥？我是不是应该收敛点……在别人的视线中，我们渐渐地失去了真正的自我。

北大心理学教授在课堂上曾对学生们讲过这样的一个故事：

曾经，在美国纽约的一条大街上，有一个商贩专门卖气球。这个商贩有一个特点，就是每当他生意不好的时候，便向空中放飞几只气球。这样便会吸引很多小孩子围观，他的生意也会好起来。这个方法屡试不爽。

一天，商贩的生意又不好了，便向空中放飞了几只气球。不出他所料，吸引来了很多小孩子。他突然从一大群围观的白人小孩中发现了一个黑人小孩，只见他表情充满困惑地仰望着天空。他在看什么呢？商贩顺着黑人小孩的目光望去，发现天空中漂浮着一只黑色的气球。当时社会上很多人认为，黑色代表着肮脏、怯弱、卑劣和下贱。精明的商贩想要安抚这个小孩子。于是，他走上前去，用手轻轻地触摸着黑人小孩的头，微笑着说："小伙子，黑色气球能不能飞上天，在于它心中有没有想飞的那一口气，如果这口气够足，那它一定能飞上天空！"黑人小孩听了商贩的话，脸上由阴转晴，羞怯地微笑起来。

是的，商贩说得对，气球能不能飞上天空，关键在于它里边有没有那口气，而不在于它的颜色。如果你心中也有想飞的那口气，你同样也能够飞起来！如果你心中没有那口气，你无论如何也飞不起来——将心灵的枷锁打开，你会发现，能够决定你自己命运的，是你自己。

人生道路充满坎坷、愧疚、迷惘、无奈，稍不留神，我们就会被自己营造的心灵枷锁所禁锢。而心灵枷锁，是残害我们心灵的极大杀手，它在使我们的心灵凋零的同时又严重地威胁着我们的身体健康，可谓有害无利。

但是，既然心灵的枷锁是由自己设置的，那么我们就有冲破的可能性。所以，青少年朋友，勇敢地行动起来，将束缚自己的心灵枷锁拿掉吧，给自己的心灵注入一点活力、一点亮丽，你会发现，周围的一切都非常美好！

七、试着每天送给自己一个希望

希望是附着于存在的，有存在，便有希望，有希望，便是光明。

——鲁迅（曾在北京大学任教，著名文学家、思想家、革命家，中国现代文学的奠基人之一）

希望是我们生存下去的动力。每天给自己一个希望，我们将活得生机勃勃，激昂澎湃。每天活在希望中，我们的人生将五彩斑斓、趣味无穷。

著名的成功学大师拿破仑·希尔曾说过："没有任何东西能够换取希望对于人的价值。当我们面对失败的时候，当我们面对重大灾难的时候，我们都应该将人生寄托于希望，希望能够使我们淡忘自己的痛苦，为我们汲取继续走向成功的力量。"当我们身处逆境时，当我们面临失败时，只要我们仍然拥有继续前行的希望，那么，我们的生命之花永远枝繁茂盛。

北大毕业生刘恒才（化名）是家乡省城医院的一位著名的医生。他素以医术高明享誉当地医务界。然而，正当他的事业发展得如火如荼的时候，他不幸地被诊断为癌症。这个残酷的事实对他来说无异于灭顶之灾。他一度情绪非常低落，对生活失去了希望。

经过一段时间的调整后，他最终不但接受了这个事实，而且也转变了心态，变得更宽容、更谦和、更懂得珍惜所拥有的一切。在带病坚持工作之余，他从没有放弃与病魔搏斗。就这样，他已平安度过了十个年头。

周围的朋友惊讶于他的事迹，就问他是以什么神奇的力量支撑的。他总是笑盈盈地回答道："是希望支撑着我走到了今天。几乎每天早晨，我都给自己一个希望，希望我能多救治一个病人，希望我的笑容能温暖每个人。"

生活中很多事情我们都难以预料，身边总会有一些意外发生。但是，只要我们拥有生命，就有希望，而每天都能给自己一个希望，那么人生就永远不会黯然失色。

众所周知，美国的犯罪率非常高。然而，有这样一所小学，据统计，该校毕业生在当地警察局的犯罪记录最低，这是为什么呢？一位研究者对此非常感兴趣，他通过对该校毕业生的问卷调查，得到了一个奇怪的答案——因为该校的学生都知道铅笔有多少种用途。这到底是怎么一回事呢？

原来，在这所学校，有一个传统，那就是新生入学后要上的第一堂课的主题是：了解一支铅笔有多少种用途。在这堂课上，老师的主要任务是让孩子们明白，铅笔不仅有写字这种最普通的用途，必要时还能用来做尺子画线；作为礼品送人表示友爱；当作商品出售获得利润；笔芯磨成粉后可做润滑粉；演出时也可临时用于化妆；削下的木屑可以做成装饰画；一支铅笔按相等的比例锯成若干份，可以做成一副象棋，可以当作玩具车的轮子；在野外探险时，铅笔抽掉芯还能被当成吸管喝石缝中的泉水；在遇到坏人时，削尖的铅笔还能当作自卫的武器……由此及彼，通过这堂课，孩子们还懂得了：拥有眼睛、鼻子、耳朵、大脑和手脚的人更是有无数种用途，并且任何一种用途都足以使一个人生存下去。这种教育带来的成果是，毕业于该校的学生，无论身处何种环境中，都能够感知到幸福和欢乐。

铅笔虽然小，但是用途却很多。同样，我们身体的每一个部位也有很多用途，任何一种用途都足以让我们生存下去。青少年朋友明白了这个道理，无论身处什么样的环境中，都可以以积极乐观的态度生活下去。

希望，它是引爆我们生命潜能的导火索，赋予我们生命的激情。每天给自己一个希望，激情澎湃的我们，哪会有时间去唉声叹气、垂头抹泪呢？又怎么会将生命浪费在一些无聊的小事上呢！生命有限但希望无限，每天给自己一个希望，我们将活出一个精彩的人生。

青少年朋友，你要知道的是，我们的生活就是一方沃土，你播种下什么就会收获什么：如果你播种下一种心态，就会收获一种思想；如果你播种下一种思想，就会收获一种行动；如果你播种下一种行动，就会收获一种习惯；如果你播种下一种习惯，就会收获一种命运。我们人生的旅程充满了各种荆棘坎坷，面对这些，如果我们逃，只能说明我们懦弱；如果我们避，只能说明我们消极；如果我们退，只能说明我们无能……而只有竖起不灭的希望，我们才能在收获成功的鲜花大道上昂然前行。

八、建一座心灵休憩的小房子

走运时，要想到倒霉，不要得意得过了头；倒霉时，要想到走运，不必垂头丧气。心态始终保持平衡，情绪始终保持稳定。

——季羡林（曾任北京大学副校长，著名文学家、国学家、教育家和社会活动家）

健康是幸福的主要因素，休息是健康的重要保证。

哲学家马卡斯·奥里欧斯说："人们为自己寻找退避之所：乡间、海边、山上的房子，你们也一定非常希望得到这些房子。殊不知这是一种平凡人的做法，因为无论何时你想退避独处时，其力量是在你自己手里。一个人想退到更安静、更能免于困扰的地方，莫过于退入自己的灵魂里面，特别是沉潜在平静无比的思绪里。我敢肯定地说，除了宁静是心里的最好状态外，别无他物。那么，马上退避，重整你自己吧！"

世界级大文豪莎士比亚曾说："人生如舞台，有前台，也有后台。前台粉墨登场，后台才是心灵的休息地。"我们要学会让自己拥有一种"闲适"的精神状态，让心灵有一块栖息地，分散来自生活的压力，调整好自己的身心。

一个整天埋头于各种事务而不懂得让心灵休息的人，往往会在学习、工作中因疲惫不堪而效率低下，因为他缺乏各种不同的精神刺激和养料。生活中，我们经常会听到很多青少年说压力大、事情多、生活没乐趣、一切都枯燥乏味，就是因为他们不懂得让心灵适时地休息。细心观察你或许会发现，凡是在某方面表现很突出的人，往往不是那些整日整年埋头苦干、总是忙忙碌碌的人。而是懂得适时休息、调整后再作战的人。

不懂得让自己适时休息的人，他做事的效率会大打折扣。因为，一刻不停地忙碌只会透支我们的身体，降低我们做事的效率。如果想要减少生活、学习、工作给我们带来的压力，我们就要学会在适当的时刻休息，以便储备更多的体力和精力来应对接下来的事情。

当今时代，生活节奏快，很多人整日沉浸于强大的压力之下，身体渐渐呈亚健康的状态。这些人普遍有一种错误的观念，就是认为等有了病再去医院治疗。其实很多疾病在早期很难被发现，一旦发病则为时已晚，如脑血栓、肾脏疾病、肝脏疾病、糖尿病、肿瘤、癌症等。有些人透支自己的健康来换取金钱、权位，前半生利用健康来赚钱，后半生则利用金钱来换健康。

在快节奏的社会中，我们每个人都需要在适当的时刻让自己休息一下，消除我们的烦恼、忧虑、压力、疲乏，使我们重新焕发活力，以更加抖擞的姿态应对接下来的挑战。

请看下面有关美国前总统杜鲁门的故事：

在二战结束的前几天，有人说杜鲁门总统比以前任何一位总统更能负荷总统职务的压力与紧张感，认为职务带来的很多难题并没有使他"衰老"或吞食他的活力——这并非容易做到的事情。

对此，杜鲁门总统是这么回答的："我的心里有个掩蔽的散兵坑。"他解释说，正如一位战士退进散兵坑以求掩蔽、休息、静养一样，他也定时地退入自己心里的散兵坑，避免任何事情的打扰。

我们每一个人的心里都需要有一间恬静的房子，就像是海洋深处不受侵扰的安静地带，无视海面兴起的汹涛骇浪，安然地享受自己宁静的天地。我们应定期地退到里面去休息、静养、重整活力。

九、留下自己最需要的东西

生命的容器，盛不了太多无用的东西。

——林语堂（曾在北京大学任教，著名学者、文学家、语言学家）

想必每位青少年都有过年前大扫除、大整理的经历吧。当你一箱又一箱地将你的东西打包时，一定会很惊讶自己在短短一年内，竟然累积了这么多的东西。然后懊悔自己为何平时不淘汰那些不需要的东西，否则，今天就不会累得自己连背都直不起来。大扫除的懊恼经验，让很多人懂得一个道理：人一定要随时清扫、淘汰不必要的东西，只留下自己最有用的，日后才不会变成沉重的负担。

人生又何尝不是如此呢！在人生路上，我们每个人不都是在不断地累积东西吗？这些东西包括名誉、地位、财富、亲情、人际关系、健康、知识等，当然，也包括烦恼、苦闷、挫折、沮丧、压力等。这些东西，有的早该丢弃而未丢弃，有的则是早该储存而未储存。为了使自己不因负载过多而劳累，我们需要找到并留下自己最需要的东西，而对那些没有用处、纯粹是累赘的东西，就适时地扔掉吧！

北大毕业生王铭铭（化名）曾经有过这样的一次经历。王铭铭平时非常喜欢探险，有一年，他和一群好友到东非赛伦盖蒂平原去探险。在旅途中，王铭铭随身携带了一个厚重的背包，里面塞满了各种食具、切割工具、挖掘工具、衣服、指南针、观星仪、护理药品等。王铭铭为自己准备得如此充分而心满意足。

一天，王铭铭一伙人来到了东非一个平原地带，当晚住进了一位土著家里。该土著对他们非常热情，并帮助王铭铭整理他的背包。一打开王铭铭的背包，这位土著就惊呆了，他不解地问王铭铭："这些东西你都有用吗?"王铭铭愣住了，他可从来没有想过这个问题。这让他开始问自己，结果发现，有些东西的确不值得他背着它们走那么远的路。

于是，王铭铭决定取出一些不必要的东西送给当地村民。接下来，因为背包变轻了，他感到自己不再有束缚，旅行变得更愉快了。

我们生命的行进就如同进行一次旅行，背负的东西越少，越能发挥自己的潜能。你可以列出清单，决定背包里该装些什么才能帮助你到达目的地。但是，记住，在每一次停泊的时候都要规整自己的背包，该丢什么该留什么心里要有个数，腾出位置来放置那些必须留存的东西。

在伦敦知名医院汤普森急救中心的接待大厅的最显眼处，铭刻着这样一句话："你的身躯很庞大，但你的生命需要的仅仅是一颗心。"这句话的原作者是美国好莱坞影星利奥·罗斯顿。

在美国众多的好莱坞影星中，利奥·罗斯顿是其中最胖的那个。他的体重是385磅，腰围是6.2英尺。如此庞大的身躯使他哪怕走上几步路都会气喘吁吁。他的家庭医生曾经几次建议他注意节食，减少演出，如果再为金钱所累的话，他的生命将受到威胁。但是罗斯顿将医生的话当成了耳边风，他不以为然地说："人到世界只有短暂的几十年，我虽然有很多钱，但我还要拼命地继续挣下去。因为，我太喜欢钱了。"喜欢钱的罗斯顿不但没有停下来休息，反而接了更多的工作。

1936年，罗斯顿在英国演出时，因心肌衰竭被送进了汤普森急救中心。当时，急救中心用了当时世界上最好的抢救手段和药物，但还是没能挽救罗斯顿的生命。罗斯顿临终前一直喃喃自语："你的身躯很庞大，但你的生命需要的仅仅是一颗心!"罗斯顿的喃喃自语深深触动了在场的哈登院长。身为知名胸外科专家的哈登院长流下了眼泪。为了表达对罗斯顿的敬意，同时也为了提醒体重超常的人，他让人把罗斯顿的遗言刻在了急救中心的大楼上。

几十年过去了。1983年，也有一个人因心肌衰竭住进了这家急救中心。这个人名叫默尔，是一位石油大亨。在两伊战争中，他在美洲的十家公司陷入了严重危机。为了从危机中走出来，他马不停蹄地奔波于欧、亚、美之间，由于劳累，使得旧病复发，不得已被送往医院。当时，财大气粗的默尔在汤普森急救中心包了一层楼，为了方便工作，他还派人增设了五部电话和两部传真机。当时的《泰晤士报》称这里为美洲的石油中心。最后，默尔的心脏手术取得了成功。可是令人惊讶的是，出院后的他并没有回到美国，也没有继续他的石油生意，而是在苏格兰乡下的一栋别墅中长住了下来。

并且，他卖掉了自己的公司。很多人都对他的行为非常不解。原来，他是被医院楼上刻着的罗斯顿的话深深地打动了。后来，在自传中，他这样写道："富裕和肥胖没什么两样，都不过是获得了超过自己需要的东西罢了。"罗斯顿的话语深深地改变了默尔的命运。

罗斯顿的故事告诉我们青少年朋友：多余的脂肪会压迫人的心脏，多余的金钱会拖累人的心灵，多余的追逐和幻想只会增加一个人生命的负担。如果你想活得轻松、惬意一点，就要果断地舍弃那些"多余"之物。而默尔是聪明的，他及时醒悟了，领悟到了生命的真谛。可是，现实生活中，仍然有很多人依然执迷不悟，陷入对物质和金钱的无休止的追求中，以致因压力巨大而使健康受损。

在漫长的人生征程中，我们几乎随时随地都应该进行"清扫"工作，每经历一件事情，都要回头思索自己的得失，看看自己真正需要的是什么。可是，有时候某些因素会阻碍我们放手进行清扫工作，如太忙、太累、没时间、没心情，可是，心灵清扫工作原本就是一种挣扎与奋斗的过程。每当这个时候，我们应该这样告诉自己：每一次的清扫，并不代表这是最后一次清扫。因为，我们无法一次全部扫干净。我们可以每次扫一点，但至少应该丢弃那些会拖累我们的东西。如此，我们的生命才会更加充实、圆满、快乐。

十、为自己打造一个良好的形象

从一定意义上讲，美好的容貌是一张通行证，不过这张通行证，可以使人上天堂，也可以使人下地狱。

——汪国真（北京大学客座教授，著名诗人）

关于形象，西方有句俗语是这样说的："你就是你所穿的！"是的，注重形象是我们人类无法改变的天性。自古以来，服装有一个最基本的功能，即防御严寒。而发展到当今时代，服装的另一个功能几乎要盖过了御寒的功能，成为我们自我展示的工具。这也是很多成功人士不惜花费大量时间和金钱选择那些能让他们展现出最好风姿和成就的服饰的原因。可以说，服饰一直在悄无声息地帮助我们交流、沟通、传递信息，告诉世人我们的社会地位、个性、职业、收入、教养、品位等个体特征。

某形象专家曾经做过一次与形象设计有关的调查，结果显示，高达76%的人根据外表判断人，60%的人认为外表和服装反映了一个人的社会地位。这个调查结果告诉我们，形象在视觉上传递我们所属的社会阶层的信息，它也能够帮助我们建立自己的社会地位。例如，你如果想在某个社交场合，让大家看起来你属于某个社会阶层的人，那你首先就应该穿得像该阶层的人。青少年朋友可以试着想一想自己身边的人，是不是觉得，那些形象出众的人，会让我们另眼相看呢！而对于那些形象不佳者，我们是否会低估他们的能力和品位呢！

对一个人来说，形象至关重要。尤其是在职场中。一名职场人士就这样说："在招聘中，我们更倾向于选择那些形象出色的应聘者，我们认为，一个拥有良好形象的人必定是个细心、对自己要求高的人。"一般来说，形象好，更容易获得他人的好印象。

从北大法学院毕业后，杨可心（化名）进入了北京一家著名的律师事务所。经过五年的打拼后，他成长为一名杰出的律师。

杨可心有一个特点，就是对自己的形象要求非常考究，他的着装风格大气而无炫耀之嫌，最吸引人的是他腕上那块瑞士名表，虽然只是偶尔显现，却将他的地位、实力彰显无遗。杨可心这种重视外在形象的特点并非从一开始就有的，他在这方面吃过亏。

一次，在面见客户时，杨可心佩戴上了自己非常喜欢的一块电子表。在面谈的时候，那位财大气粗、位高权重的客户全程皱紧眉头。这让杨可心非常不解，他花费了很长时间才弄清楚原因。这看似不起眼的电子表已经严重影响了他留给客户的印象，寒酸、潦倒、窘迫就是客户对他的评价，这样的律师怎能令人信服。发现了问题所在，杨可心马上购置了几款优质名牌手表，这些昂贵的行头顿时让他的身价倍增，为他增添了几分成功人士的影响力。在以后的工作中，杨可心显得更加得心应手。

在日常生活中，我们青少年经常听到这样的教导：不要以貌取人。然而，经验告诉我们，人们很难不以貌取人。正所谓"爱美之心人皆有之"，大家对美的认识，很多时候是从第一印象中得来的，而人的外在形象恰好承载了这一"特殊"任务。你不妨试想一下，一个衣冠不整、邋邋遢遢的人和一个装束典雅、整洁利落的人在条件相同的情形下，去处理相同的事情，恐怕前者很可能受冷落，而后者恐怕更容易得到善待吧！

古人常说"人靠衣装马靠鞍"，这句话不无道理。一个人若有一套好服饰配着，其身份都可能会提高很多档次，在心理上和气势上也会增强这个人的信心。聪明的人切莫怪世人"以貌取人"，人皆有眼，人皆有貌，穿戴出众者，谁不另眼相看呢？形象好会给人留下好印象，同时还直接反映出这个人的内涵修养、气质情操，它往往使人在能力未显露之前，就已经向别人传递出了他是何等人物的信息。青少年朋友如果平时在形象方面注意一下，定能收到事半功倍的效果。

比尔·盖茨曾经总喜欢以邋遢的形象示人。后来，他越来越注重自己的形象，还请专家对自己的形象进行设计、包装与宣传。

一次，比尔·盖茨要在拉斯维加斯发表一个演讲。演讲并非他的长处。为了使自己给听众留下一个更好的形象，使自己的演讲更富感染力和影响力，他专门请来了演讲博士杰里·韦斯曼为自己的演讲作指导。

在演讲方面，韦斯曼可谓一个专家，他在演讲辅导方面的经验非常丰富，曾经帮助几个电子公司的高层经理克服对演讲的恐惧感。他从比尔·盖茨的演讲词到手势、表情，都做了重新设计，他们在一起排练了12个小时。

到了比尔·盖茨演讲的时刻。平时对比尔·盖茨非常熟悉的人都感到非常吃惊。只见他一改往日懒散随意的形象，穿了一套昂贵的西服，他那尖锐的嗓音虽然无法改变，但丝毫没有影响到他的演讲。结果这场主题为"信息在你的指尖上"的演讲传遍美国，获得了巨大的成功。而比尔·盖茨的形象魅力值也迅速得到提升。

我们不能下"形象决定成功"的定论，但是，不能否认的是，成功与形象之间起着相互促进的作用：你如果越成功，那么你的形象便越有影响力；反之，如果你的形象越魅力十足，那么你也就越容易成为成功者。

英国著名法学家弗朗西斯·培根有句名言："相貌的美高于色泽的美。"外在形象是我们展示自身才华和修养的重要方式。青少年朋友，你如果想拥有一个好形象，就应该注意自己的穿着打扮、行为举止及自身素质的提高，努力提高你的外在形象，使你在与人交往中更加光彩夺人。

那么，青少年朋友如何打造一个良好的形象呢？

1. 第一印象要好好打造。如何打造好第一印象呢？其一，要注意保持服装的清洁，饰品要精致、有品位，穿着要得体，如此才会给人一种清新、健康的印象。其二，要有一副好的精神面貌。即便你心情不好，也不要表现出愁眉苦脸的样子，让自己显得萎靡不振。

2. 注重个性的体现。要想有个好形象，还要充分体现自己的个性。在服饰的选择上，要注重独特性，表现出与众不同的气质。社会上很多成功者，不论他们来自何方，对服饰的要求几乎惊人的一致，那就是服饰除了要舒适之外，还要有个性。

3. 注重一言一行。言谈举止是展现形象的重要一面。青少年在与人交往的时候要注重自己的言谈举止，要经常展现自己开朗、热情的一面，让对方感觉到你的真诚、随和。既保持自己的既有特点，又不显得矫揉造作。与人交谈时，要有幽默感，因为幽默的语言能帮助你快速打开交际局面，使气氛轻松、活跃、融洽。

4. 修养要好。修养的好坏，可以表现出一个人智慧的大小、气度的深浅。特别是在别人急躁、慌乱的时候，我们如果还能用个人修养圆融化解，则最能提升个人形象。

5. 充分展现性别美。真正的男子汉应该有性格、有棱角、有力度，有阳刚之气。对于女孩子呢，普遍被人认可的形象是娴静的、温柔的、甜美的。

十一、选择适合自己的职业

想想这十几年以来，我自己生命当中，经常说的就是认准了就去做，不跟风，不动摇，同时对自己要有清晰的判断，一个人应该做自己最擅长的事情，同时也做自己最喜欢的事情，这样的话，做成的概率会很大。

——李彦宏（毕业于北京大学，百度公司创始人、董事长兼首席执行官）

对于很多青少年来说，都面临着择业的问题。择业至关重要，因为它将在相当程度上决定一个人的未来生活。

然而，很多青少年在择业上却很迷茫，不知道自己真正想从事什么工作。对此，美国知名的咨询公司——德成公司的负责人爱莉娜女士曾感慨地说："我所知道的最大悲剧之一，就是有很多青年男女不知道自己想做什么，世上最可怜的人，莫过于那些只为糊得一口饭吃的人。"

不知道自己想干什么，对年轻人来说是一件多么悲哀的事情啊！他们竟然不知道自己适合从事什么工作，或者自己想做什么。

约翰·辛普金斯医学院的雷蒙德·帕鲁博士曾跟一家保险公司共同研究长寿的因素，结果发现"适合的职业"是其中的先决条件。卡纳德曾说："人类的最大幸福是求得一份自己所喜欢的工作。"每个人都有自己的天性，都有适合自己的生活方式。一个懂得生活的人应当根据自己的个性，选择适合自己的生活方式，做自己爱做的工作，他才能够从中体会到乐趣。

现实中，很多青少年在选择职业时，往往屈从于父母的期望和安排，即便自己不喜欢，但为了不让父母失望，也勉强维持。我们不否认，在择业上，父母的经验更多，所以我们要听取父母的建议，但做最后决定的依然是我们自己。因为是我们自己要承受工作中的喜怒哀乐。一份工作，自己喜欢是最重要的。

里奇是一所中学的高中生。一天，学校聘请了一位心理学家对同学们进行心理指导。这位心理学家将16岁的里奇叫到办公室对他说："里奇，对于你的各个方面的问题我都已经有所研究。"

"我一向都非常努力啊！"里奇着急地替自己辩解。

"你的问题恰恰就在这里，"心理学家说，"你一向都很努力，然而却始终没有多大的进步。对你来说，高中的课程非常费劲，如果你再念下去，恐怕只能是浪费时间了。"

里奇听了心理学家的话，非常伤心，说："我如果不读的话，我父母会非常难过的。

他们最大的希望就是我能考上大学。"

心理学家拍了拍里奇的肩膀说："人们的才能各种各样，工程师不识简谱，或者画家背不全九九乘法表，这都是可能的。但每个人都有自己的特长，你也是如此。总有一天你会发现自己的特长所在。到那个时候，你的父母该为你骄傲了！"

在和心理学家进行一番交谈后，里奇考虑再三，终于做出了退学的决定。他决定找份工作。那个时候，工作特别难找，他就先替人整建园圃，修剪花草。因为做事勤恳，没多久，他的顾主们就开始注意到这个小伙子的手艺了，并称其为"绿拇指"——因为凡经他修剪的花草无不出奇的繁茂美丽。他常常替人出主意，帮助人们把门前那点有限的空间因地制宜地精心装点。他对颜色的搭配更是行家，经他布设的花圃无不令人赏心悦目。

一天，他进城办事，来到市政厅后面，凑巧的是一位市政参议员就在他眼前不远处。里奇注意到有一块污泥浊水、满是垃圾的场地，便上前向参议员鲁莽地问道："先生，你能否答应我将这个垃圾场改为花园呢？"

"我们市政厅可没有这份闲钱。"参议员拒绝了他的提议。

"我不会让市政厅花一分钱，只要您允许我这么做就行。"里奇回答道。

听了里奇的话，参议员非常惊讶，自他从政以来，还不曾碰到过哪个人办事不要钱呢！他将里奇带到了自己的办公室……里奇步出市政厅大门时，满面春风，他有权清理这块被长期搁置的垃圾场地了。

说干就干。当天下午，里奇就拿了几样工具，带上种子、肥料来到这个地方。一些热心的朋友给他送来了一些树苗；一些老顾主请他到自己的花圃剪玫瑰插枝；有的则提供篱笆用料。里奇要修建垃圾场地的事情很快传到本城一家最大的家具厂，家具厂厂主听说后立刻表示要免费承做公园里的条椅。

经过几个月的辛苦工作后，里奇终于将这块泥泞的垃圾场地改造成了一个美丽的公园，绿茸茸的草坪，曲幽幽的小径，人们在条椅上坐下来能听到鸟儿在唱歌——因为里奇也没有忘记给它们安家。

当时，几乎全城的人都在谈论这件事，说一个年轻人做了一件非常难得的大事。这个小小的公园成为一个生动的展览橱窗，大家透过它看到了里奇的才华和能力，都称赞他是一位风景园艺天才。

里奇至今都没有学会说法国话，他也不懂拉丁文，更加不明白微积分，但是他有一个珍贵的特长，那就是色彩和园艺，这对他来说，是力所能及并且可以干好的事情，是他赖以生存的好工作，他的父母也从此以他为傲。

现实生活中，很多青少年看到别人做生意赚了大钱，便也想着自己做生意，殊不知，经商并非一件人人适合做的事情。不要抵制不住外界的诱惑而从事不适合自己的职业。每个人的职场人生都有自己的轨迹，要做好适合自己的选择。

对一个人来说，职业是安身立命的基础。我们想创造适合自己的生活，先要拥有一份适合自己的职业，而要找到适合自己的职业，先就要找出自己的兴趣所在。所谓兴趣，是指一个人力求认识某种事情或爱好某种活动的心理倾向，这种心理倾向是和一定的情感联系着的。例如，"我喜欢做什么？""我最擅长什么？"下文中的刘洪斌的故事或许能够给青少年一些启发。

毕业于北大的刘洪斌（化名）是一位服装行业的高级培训师，他原来曾在一所中学任教，后来发现自己并不适合从事教师行业，便离开学校，应聘到国内一家大型上市服装集团主管企业做培训工作，帮助该集团撰写培训教材，开始担任起企业的高级培训师。

几年后，刘洪斌积累了丰富的工作经验。于是，他自己创立了一家公司，主要业务是帮助服装行业的企业做文化设计、主管培训和培训课程设计。他将事业经营得有声有色。对此，他说他很高兴能做自己感兴趣的事情，并且对自己现在的工作很有激情。他经常向人一直热血沸腾地讲述他的职业经历……一谈起工作，他就开始眉飞色舞起来。

刘洪斌的故事启发我们：如果我们能够根据自己的兴趣爱好去选择职业，那么，我们工作的积极性和主动性就会大幅提高。即便这份职业让我们干起来十分辛苦，我们也会干劲十足、心情愉快的。大发明家爱迪生就是个很好的例子。他几乎每天都在实验室里辛苦工作十几个小时，在那里吃饭、睡觉，但他丝毫不以为苦，"我一生中从未做过一天工作"，他宣称，"我每天其乐无穷"。

青少年朋友一定要明白：如果你从事的是自己感兴趣的职业，就足够了。因为兴趣会推动我们大踏步地朝前走，助燃我们的职场人生，让我们的生活更加充实。

十二、不要活在别人的观念里

一个人内心生活的隐秘性是在任何情况下都应该受到尊重的，因为隐秘性是内心生活的真实性的保障，从而也是它的存在的保障，内心生活一旦不真实就不复是内心生活了。

——周国平（毕业于北京大学哲学系，著名学者、散文家、哲学家、作家）

大文豪莎士比亚曾经说过："你是独一无二的。"一个人只懂得模仿他人，追随他人，最终的结果只有一个——失去自己独一无二的个性。而个性是人之所以为人的最基本因素，没有个性便没有独立的人格，更没有创造力。

现实生活中，很多青少年在某些时刻总会陷入别人对自己的评论中，别人的语气、眼神、手势……总是会在不经意中搅乱自己的心，消灭自己往前迈步的勇气，甚至使自己整天沉迷在愁烦中不得解脱。

其实，每个人都应该有适合自己的生活方式，决定你成为什么样的人的，永远只有自己。

有一位富翁，他的年纪非常大了，他最担心的事情是，自己留给儿子的巨额财产不但不能给儿子带来幸福，反而会害了他。

为了让儿子更好地继承自己的财产，一天富翁将儿子叫到跟前，向他详细讲述了自己如何白手起家的故事，目的是希望儿子也能奋发图强，靠自己的努力打拼出一片天。

听了父亲的经历后，儿子非常感动，决定独自一个人去寻找宝物。

他经历了一番跋山涉水的艰辛旅程，最后在热带雨林找到了一种树木，这种树木看起来非常珍贵，它能散发出一种浓郁的香气，放在水里不像别的树一样浮在水面而是沉到水底。他非常高兴，想着自己找到了一种价值连城的宝物！

于是，他满怀信心地将香木运到市场去卖，可是却无人问津，他为此苦恼万分。当看到隔壁摊位上的木炭总是很快就能卖完时，他一开始还能坚持自己的判断，但时间最终让他改变了自己的初衷，他决定将这种香木烧成炭来卖。结果很快被一抢而空。他别提多高兴了，迫不及待地跑回家告诉父亲。

听了儿子的话，富翁却难过地流下了泪水。原来，儿子烧成木炭的香木——沉香切下一块磨成香粉，价值就超过了一车的木炭。

做人最怕的是没有主见，经不住外界的诱惑而随风摇摆，最终随波逐流，放弃了自己最宝贵的东西。

一位大师曾经说过："玫瑰就是玫瑰，莲花就是莲花，只能去看，不能比较。"我们每一个人，都有一些属于自己的"沉香"。但可惜的是，很多人往往不懂得它的珍贵，反而对别人手中的木炭羡慕不已，最终只能让世俗的尘埃蒙蔽了自己的双眼。

乔布斯，这位亲手打造苹果帝国的男人，创造了IT历史上最辉煌的商业奇迹。今天的苹果公司在全世界已放射出夺目的光彩。说起乔布斯的成功秘诀，很多人都想知道。在《听从自己内心的声音：乔布斯的人生忠告》中，乔布斯是这样说的："你的时间有限，所以不要为别人而活。不要被教条所限，不要活在别人的观念里。不要让别人的意见左右自己内心的声音。最重要的是，勇敢地去追随自己的心灵和直觉，只有自己的心灵和直觉才知道你自己的真实想法，其他一切都是次要。"每个人所过的生活都是自己的生活，自己拥有绝对的主动权来决定如何生活，千万不要被其他人的所为和观念所束缚。而应该培养自己的自信心，做自己生活的老板。

索菲娅·罗兰是意大利著名的女演员，以性感偶像崛起，到后来获得尊重和好评，并凭借自己的演技，成为二战后最成功的国际影人，并于1961年获得奥斯卡最佳女演员奖。

17岁时，索菲娅来到罗马，来圆自己的演员梦。制片商卡洛看中了她，带她去试了许多次镜头。但摄影师们都抱怨无法把她拍得美丽动人，因为她的鼻子太长，臀部太

"发达"。于是，卡洛对她说："如果你想干这一行，就得把鼻子和臀部动一动手术。"然而，索菲娅坚决拒绝了卡洛的这一提议，说："我就是我，我为什么非要长得和别人一样呢？我知道，鼻子是脸庞的中心，它赋予脸庞以性格。我就喜欢我的鼻子和脸保持它的原状。至于我的臀部，那是我的一部分，我只想保持我现在的这个样子。"

索菲娅下定决心不依靠外貌而是凭借自己的内在气质和精湛演技来获得成功。此后的她，没有因为别人的议论而停下自己奋斗的脚步，反而因为坚持自己的想法，前行的路一帆风顺，最终获得了成功。后来，她在自传中写下了这样的一段话："自我开始从影起，我就按照自己的想法行事，我谁也不模仿，也从不去奴隶似的跟着时尚走。我有自己的想法，也有自己的判断，我只要求我就像我自己。"

青少年朋友，如果你想拥有一个充实的人生，也应该像索菲娅一样，努力将自己的才干发挥出来，而不是亦步亦趋地跟在别人身后，做别人的影子，活不出自我。聪明者往往都明白，努力走自己的路，表现出自己的与众不同，才会在第一时间抓住别人的眼球，活出精彩的人生。

十三、总得有一张可以拿出手的好牌

所有的人都是凡人，但所有的人都不甘于平庸。我知道很多人是在绝望中来到了这里，但你们一定要相信自己，只要艰苦努力，奋发进取，在绝望中也能寻找到希望，平凡的人生终将会发出耀眼的光芒。

——俞敏洪（毕业于北京大学，新东方学校创始人，现任新东方教育科技集团董事长兼总裁）

很多青少年常常不明白自己身上最突出的是什么，存在于自己身上的财富是什么，所以迷茫不堪。

面对同样平淡无比的工作，为何有的人能够取得非凡成绩，而有的人则一事无成呢？原因不在于前者的天赋有多高，而在于后者经常难以认清自己所拥有的，不论是他的外貌、才能、身高，还是人脉等，都是他的资本和王牌，不能很好地利用这些资源，以致很多机会悄然溜走。

罗琳太太在一家服装企业从事清洁工的工作。她的性格非常开朗，虽然手脚不怎么麻利，但是能说会道，经常主动和人搭讪，身上的手机也是响个不停，好像比公司的老总还要忙碌。

一次服装公司聚会，员工们饭后聊天，汤姆突然感叹道："唉！我们连罗琳太太都比不上啊！"看到别人投来诧异的目光，他又说："你们猜她一个月能赚多少钱？"

一个再普通不过的清洁工，薪水再高能高到哪去！有人说 500 美元，有人说 800 美元，有人说最高也就 1000 美元吧！汤姆摇了摇头，伸出了四个指头，于是有人就"大胆"地预测："不会是 4000 美元吧，真厉害！"

"什么 4000 美元？是 4 万美元！她每个月至少可以赚 4 万！"

汤姆的话把大家惊呆了。

"是罗琳太太自己亲口和我说的。"汤姆笑着说，"她还说，做清洁工只是一个平台，我觉得她完全可以做一个 CEO 了！"

原来，罗琳太太借着到公司做清洁工，打听公司里谁需要找钟点工，谁需要租房子，然后就当起了中介，收取中介费。罗琳太太还买了一套房子，并以 1 万美元的月租把这套房子租给了一个大公司的总裁。另外，她借清洁工这个平台还开拓出了另一项业务，那就是卖保险。公司里面有不少员工都已经向罗琳太太买了几万元的保险。

罗琳太太手中的王牌就是利用善于和人打交道的特长寻找适当的客户，选择合理的沟通方法以及适时地转变经营项目。这张王牌让她将事业经营得如此兴旺。

其实不论一个人在外界看来是优秀还是普通，他身上都有别人无法超越的长处。如果好好地加以利用，也能出奇不胜地胜出。

一个人的身上总有闪光的地方，如果我们能够将自身拥有的、最突出的、不同于别人的优秀品质发掘出来，那么，我们也能成为成功者。所以，青少年朋友，无论你身处什么样的环境中，都要始终相信在自己身上，总有一张拿得出手的牌，在关键时刻，我们可以凭借这张王牌获胜。

十四、少一分书生意气，多一分入世心态

人要有出世的精神才可以做入世的事业。现世只是一个密密无缝的利害网，一般人不能跳脱这个圈套，所以转来转去，仍是被利害两个大字系住。在利害关系方面，人己最不容易调协，人人都把自己放在首位，欺诈、凌虐、劫夺种种罪孽都种根于此。

——朱光潜（曾任北京大学教授，著名美学家、文艺理论家、教育家、翻译家）

对青少年来说，学习书本知识固然重要，但也不能死学，死守教条，否则容易变成十足的"书呆子"，与社会现实脱节，甚至变得格格不入。这样的话，就不容易在社会上立下脚，更谈不上开创一番事业了。

在赵国，有个人叫成阳堪。一天，他的家里突然失火，火苗很快便蹿上了房顶，但

他家里没有梯子，全家人别提多着急了！

成阳堪赶紧派儿子成阳朒到奔水氏家里去借梯子。成阳朒从小就读了很多书，可谓满腹经纶，是个知书达理之人。对于读书人的那套穷酸礼节，他学得尤其到家。接到父亲的指派后，他先是换上了一身出门做客的礼服，然后才出门。

一路上，成阳朒一摇三摆，故作姿态。到了奔水氏家里，一见面他就连作三揖，然后登堂入室，毕恭毕敬地坐在了客厅上。奔水氏误以为他只是来串串门，赶紧叫家人拿酒拿菜款待他。这个成阳朒也不紧不慢，非常斯文地向主人敬酒还礼。

等酒足饭饱之后，奔水氏探询着问："您今天有空光临寒舍，想必有什么吩咐吧？"

成阳朒这才说明了来意："不瞒您说，我们家飞来横祸，被天火烧着了房子，熊熊烈火，直蹿房顶。想要登高泼水，可惜两肩没有长上翅膀，全家人只能跳脚痛哭。听说您家里有一架梯子，老父亲特地指派我来取。不知道您能否借我一用呢？"说完，他赶紧向奔水氏接连作揖。

奔水氏听了，顿时急得跺脚，呵斥道："你真是个书呆子！简直太迂腐了！迂腐透了！如果在山里吃饭碰上老虎，一定会急得吐掉食物逃命；如果在河里洗脚看见鳄鱼，一定会急得扔掉鞋子跑掉。家中烈火早已上房，现在是你打躬作揖的时候吗？"说完，赶紧扛上梯子，飞快地往成阳朒的家里跑。

可是为时已晚，成阳朒家的房子早就被燃烧殆尽了。

这真是一个可怜可悲又可笑的书呆子！可是在我们周围同样存在不少这样的人。他们空有满腹经纶，不知变通，不善于理论联系实际，书生意气十足，小事不愿干，大事又干不好，在一个团队里有他不多，缺了他不少，实际上成了"多余"的人。这类书呆子学的书本知识不算少，但他们最缺乏的、最需要补课的，就是生存竞争的社会知识。我们青少年朋友可不要成为这样的人。

提起伯乐，很多人都知道，他是我国著名的相马专家，在鉴别马匹方面具备丰富的经验和阅历。伯乐有本书也非常有名，即《相马经》。

伯乐的儿子也喜欢马，他想像父亲一样成为一名相马专家。于是，他从早到晚捧着《相马经》念，把它背得滚瓜烂熟。终于有一天，儿子非常得意地对父亲说："父亲，我已经全部学会了您的相马本事！"

听了儿子的话，伯乐微微一笑，说："那好吧！现在你去找一匹千里马来，让我看看你的本事。"

儿子一口答应了父亲的要求，带着那本《相马经》兴奋地跑出了家门。他一边走一遍还在背诵："千里马额头隆起，双眼突出，四蹄就像垒起的酒药饼子。"

在找马的路上，他遇到了大大小小的动物。每看到一样动物，都要拿来跟《相马经》上所说的标准对照。可是，这些动物中，有的只符合其中一条，而有的连一条也不符合。这让他非常失落。

最后，他在池塘边遇到了一只癞蛤蟆，只见它鼓着双眼，在那里"咕、咕、咕"地叫个不停。他对照着《相马经》端详了很久，然后用纸将癞蛤蟆包裹起来，兴冲冲地跑回家向父亲报告："千里马可真不好找，您定的条件太高了！我好不容易在池塘边找到了一匹，额头和双眼跟您书上所说的一模一样，就是蹄子差一点儿，不是很像酒药饼子。至于是不是，还请您给看看。"

看到儿子手中的癞蛤蟆，伯乐忍不住笑了起来，他无奈地对儿子说："儿子啊！你找到的这匹千里马，不会跑，光会跳，恐怕驾驭不了啊！"

"尽信书不如无书"，死背教样，生搬硬套书本知识，以致闹出了"认癞蛤蟆为马"的笑话。这个故事告诉我们青少年一个道理，即仅靠书本知识是没有用的。

生活中，有些人总喜欢拿书本知识做向导，动不动就搬来"书上是如何如何说的"。殊不知，书是死的，人是活的，社会现实更是活生生、丰富多彩、复杂多变的，一味地拿书本上的"死知识"来简单套用于现实生活，到处碰壁是正常的。青少年朋友若想在社会上生存，并且如鱼得水，就应该让自己少一分书生意气，多一分入世心态，经常求教于社会。

十五、青春不留白，行动起来吧

一个人有生就有死，但只要你活着，就要以最好的方式活下去。

——海子（毕业于北京大学，著名诗人）

某著名主持人曾经说："我对自己最满意的就是一直在追求改变，就算承受失败的风险，也要做自己认为值得的事情。"

做自己认为值得的事情，对青少年来说尤为重要。青春转瞬即逝，为了不给人生留下太多遗憾，不给青春留下太多空白，我们应当勇敢一些，全力以赴去实现自己心中的向往。

现实生活中，很多青少年虽然也有满腔的抱负，会在脑海中勾勒出一幅幅幸福的远景，但他们往往欠缺最重要的一个因素——行动。在想到和得到的中间，还有"做到"这两个字。一个计划，无论多完美，如果不采取按部就班的行动步骤，就像只有设计图纸而没有盖起来的房子一样。"做"是一件事情成功的关键所在，也就是说行动是化目标为现实的关键。尤其是在 21 世纪这个信息时代，"不进则退，慢进也是退"，只有快速行动起来，我们才能在激烈的竞争中更好地把握成功的机遇。

在我们身边，总有这样一些人，他们有很多新奇的想法，有的想法已经很成熟，但就是缺乏行动。我们经常会听到某个人说："如果我当时就开始做那笔生意，早就发财了！"或者是："我早就料到了，我好后悔当时没有做！"计划再好，如果没有行动，就永远也实现不了。也许我们总有很多事需要完成，不妨就从碰见的任何一件事着手，这是件什么事并不重要，重要的是，你突破了拖延的恶习。当你养成"现在就动手做"的习惯，那么你就将掌握"行动决定成败"的精义。关于行动的要点有三：

1. 克服"害怕"心理，直面挑战

当人决心用行动去实现梦想时，就将面临各种艰难的挑战，"不害怕"是心灵的起点，是为自己设下最坚韧的防护。在现实生活中，也许你被碰得头破血流，或拼打得体无完肤，但只要你不害怕碰壁、不害怕失败、不害怕孤独、不害怕被人误解，并勇敢去闯，就一定能得到生活的回报。

2. 心动更要行动

有些人之所以不能成就大事，是因为他们没有把行动的力量发挥出来。这就像过桥，当向前走的时候，我们很容易保持平衡，一旦停下来，要想保持平衡就十分困难。成功与失败的分别在于：前者动手，后者动口，却又抱怨别人不肯动手。

3. 别为拖延的行为找借口

把拖延当作生活方式，乃是我们逃避做事的一贯伎俩。不做的人通常是爱评论的人，也就是自己坐着不动，看别人做，并且还对别人的行为评头论足的人。评论容易，力行则需要努力、坚持与改变自己。如果你梦想成为一名作家，那么从今天开始练习写作；如果你梦想成为一名学者，那么每天抽出时间来阅读和思考，并筹集资金。要知道，实现梦想的秘诀就在于行动，只有行动才能为梦想创造可能。

只要你从早上睁开眼睛那一刻开始，你就立刻行动起来，一直行动下去，对每一件事都要告诉自己立刻去做。你会发现，你整天都会充满行动带来的充实的快感，只要这样持续两个星期，你就能养成立刻行动的好习惯了。

会交际，命运之神将眷顾你

在成功的道路上，人脉比知识更重要。这是北大人都深知的一个道理，他们很清楚，就个体而言，一个人的力量是非常渺小的，但是通过借力，通过团结合作，你就能获得更多更大的能量，以此来帮助自己实现理想。当然，为了获得人脉，你就要懂得交际，从平时说话办事的细节中来积累人脉资源，只有这样，命运才会眷顾你，成功也会悄然而至。

一、保持微笑，拓展人际

使这个世界灿烂的不是阳光，而是女生的微笑。

——俞敏洪（毕业于北京大学，新东方学校创始人，现任新东方教育科技集团董事长兼总裁）

生活中，微笑对我们的身心都非常有益。当感到失落、郁闷、难过时，对着镜子，咧嘴提起嘴角，眯起眼睛，尽量做出一个微笑的动作，我们会感受到笑容所带来的放松与宽心。而在人际交往中，"微笑"更是一件制胜法宝，它是我们拓展人际关系的必备利器。微笑可以在瞬间缩短人与人之间的心理距离。生活中，没有什么东西能比一个微笑更能提升我们的人格魅力，更能打动对方的心灵了。

一位北大教授在课堂上曾向他的学生讲过这样的一个故事：

王林（化名）和宋嘉（化名）同是北大的应届毕业生。一天，他俩去同一家公司应聘。王林到公司后，看到公司内部设施简陋，深感失望，脸上便愁容满面，提不起精神。公司老板一看他的表情，便失去了和他继续交谈的兴趣。他的面试没有通过。而宋嘉呢，从进公司到离开，一直面带微笑。他对老板说："我如果能够来到这里工作，心里会非常高兴，我一定会努力工作。"老板对他非常有好感，他的面试顺利过关。当然，宋嘉的面试成功，主要取决于他能力符合公司的要求，但也不可忽视微笑的力量。

拿破仑·希尔这样总结微笑的力量："真诚的微笑，其效用如同神奇的按钮，能立即接通他人友善的感情，因为它在告诉对方：我喜欢你，我愿意做你的朋友。同时也在说：我认为你也会喜欢我的。"正所谓容颜易老，一个人的容颜即便再美，也会有老去的那一天，但人美好的微笑却永远不会老。微笑在我们的社会交往中发挥着极大的作用，无论在家里、在学校、在单位，只要你不吝惜微笑，立刻就会收到意想不到的良好效果。难怪有许多专业推销员，每天清早洗漱时，总要花两三分钟时间，面对镜子训练微笑，甚至将之视为每天的例行工作。原来他们也发觉到了微笑的巨大力量。

法国作家阿诺·葛拉索讲过："笑是没有副作用的镇静剂。"的确，没有人能轻易拒绝一个笑脸。一个人每天几乎都会笑上几次，真正要一个人整天不苟言笑那才是件令人受罪的事。由于人类具有这样的本能，因此微笑就成了两个人之间最短的距离的表示，微笑具有神奇的魔力。真诚的微笑是人际交往中的无价之宝，是社交的最高艺术表现形式，是获得好人缘的法宝。

北大毕业生宋文豪（化名）在事业上取得了骄人的成绩，并且还拥有一个和谐、幸福的家庭。要知道，在很多年以前，他可是一个讨人嫌的家伙，脸上整天没有笑容，朋友、同事，甚至家人都不怎么喜欢他。

一天，他痛下决心要改变自己——决心要在脸上展现开朗的、快乐的微笑。于是，在第二天清晨梳洗时，他对着镜子中满面愁容的自己下令说："从此以后你要经常微笑，别再一脸愁容了！马上开始，微笑！"于是，他转过身去，微笑着向他的妻子打招呼："嗨，亲爱的，早安！"妻子怔住了，感到非常惊讶。他对妻子说："从此以后你不用感到惊奇了，我会经常向你微笑的。"

宋文豪是这么说也是这么做的。在接下来的日子里，他每天都对妻子笑脸相迎。结果呢？微笑改变了他的生活，他的家中因此而洋溢着欢声笑语。

宋文豪后来对单位保卫科的工作人员微笑；对同事微笑；对地铁的售票小姐微笑……渐渐地，他发现很多人也开始对他报以微笑。宋文豪带着一种轻松愉悦的心情去同一些满腹牢骚的人交谈，一面微笑，一面恭听。过去很讨人烦的家伙，变成了一个受欢迎的人；过去很棘手的问题，现在变得容易解决了。微笑给宋文豪的人际关系带来了很大的好处，使他的事业和家庭都顺风顺水。

从上文的故事中可以看到，微笑给宋文豪带来了很多好处。曾经，他觉得同别人相处很难，现在则完全相反，他学会赞美、赏识他人，努力使自己用别人的观点看事物。从此他不但获得了友谊，还拥有了幸福和快乐。

生活中，很多青少年认为，微笑着面对每一个人是件很困难的事，实际并非如此。只要你平时多对自己说："我想做一个快乐的人，我喜欢微笑。"每天睡觉前，你不妨问问自己："你今天微笑了吗？"长此以往，你会发现，你的人际关系会因微笑而发生巨大的变化。

人类是感性动物，很容易被感动。而感动一个人，所依靠的未必都是慷慨的施舍、巨大的投入。很多时候，一个温暖的微笑，就能够打开一个封闭的心灵，在其间洒下阳光。所以，青少年朋友，千万别低估微笑的作用，它很可能使一个不相识的人走进你，甚至喜欢你，成为开启你幸福之门的一把钥匙。因为真诚的、会心的微笑，它所传递的感情是："我很高兴看到你，你带给我快乐，我喜欢你。"以后的日子里，无论我们在什么地方，无论我们在做什么，都要保持微笑。久而久之，你会发现，微笑带给你的收获大得惊人！

二、落落大方，克服社交恐惧症

给自己一个落落大方的新形象，从形象入手，无论你多大的年纪，都要拥有自信心，让大方做人成为一种习惯。

——金马（毕业于北京大学）

很多青少年都有人前易脸红、胆怯的毛病，并深受其困扰。他们也经常告诉自己，别人没有那么可怕，他应该自如地与其交往，可就是做不到。有时同不太熟悉的人交谈，本来还好好的，突然心里"咯噔"一下，心跳加快，一股热血直往脸上冲，自己难堪不说，还令别人莫名其妙，因此常常被别人取笑。但他又十分渴望与人交往。因此，在他的身体里经常经历着这样两个因素的斗争：一个害羞、懦弱、缺乏自信，一个则强迫自己去改变自己。由于这种纠结，他感到活得非常累。

很多青少年将这种纠结完全归结于性格的原因，认为是自己性格所致。其实，这是一种病症，即"社交恐惧症"。产生这种症状的原因，主要在于缺乏自信、性格懦弱。因为人往往非常在意自己的缺点，一旦发现自身不足，就会变得颓丧、萎靡。而人类的惰性和懦弱，又使他不敢正视自己的弱点，反而采取逃避的态度，用"我不行"来堵塞一切进取之路——这种心理长此以往对人的发展是十分有害的，既不利于个人的健康成长，也会妨碍学习和事业的发展。

王小凡（化名）是北大中文系的一名高才生，来自陕西农村，性格内向。父母对他期望很高。考入北大后，王小凡的成绩一直不错，每次快要期末考试时，都通宵达旦地复习。大二时，他参加了学校某社团团长的竞聘，结果以失败而告终，这严重影响了他的自信心。使他由此产生很强的自责感，觉得自己没出息。随着时间的推移，这种感觉越来越强烈，以致发展到与别人交流就浑身感到不自在，不敢用眼睛正视对方，甚至会出现脸红、神情慌张、浑身冒汗等情形。从此，王小凡的生活愈加灰暗起来。

后来，不堪受折磨的王小凡终于鼓起勇气，去医院看精神心理专科。医生对他采取了药物和心理疗法，经过一段时间的治疗，王小凡的恐惧症状渐渐消失，最终回归了正常生活。

美国著名记者怀特曼曾说："世界上没有陌生人，只有还未认识的朋友。"假如运气好的话，和陌生人的偶遇还会发展成为终生不渝的友谊。因此，我们必须克服"社交恐惧症"，它是与陌生人交往的最大障碍。

那么，青少年一旦患上社交恐惧症，应该如何克服呢？

要克服"社交恐惧症"，首先要克服的就是自卑感。如果带着消极的心理，常常会使自己不愿多说话、不愿多活动。俗话说"尺有所短，寸有所长"，在社交上不如别人，并不是什么都不如别人，要多想一想自己的长处。不习惯社交的人，尤其要去掉自卑感，树立自强、自信、自立的品质，只有这样，在心理上才能战胜消极，在待人接物中，才能变得主动、落落大方。克服自卑感的方法有很多，最有效的就是对自己进行"心理暗示"。比如，在与人交往中产生恐惧感时，不妨想一想：我的社交能力虽然还不够好，但别人开始时也是这样的；不管做什么事，开始时都不见得能做好，多做几次就会更好了，其实大家都是这样的。这样时间久了，次数多了，恐惧感自然而然会减轻很多。

要克服"社交恐惧症"，其次要对脸红采取顺其自然的态度，允许它的出现和存在，不去抗拒、抑制或掩饰，不因为脸红而焦虑和苦恼，从而消除对脸红的紧张和担心，打断由此而造成的恶性循环。实践中，心理医生经常采用森田疗法来缓解这些症状，其原则是：顺其自然，为所当为。就是说，对于紧张不安的情绪要疏导，让它过去，顺其自然，不要拼命控制。因为情绪犹如潮水，越堵越高，越控制越严重。不必太在意，让一切顺其自然，你会发现，你的内心会轻松很多。

要克服"社交恐惧症"，还要注意社交的形式，如社交前可带着明确的社交内容参加社交。心理上有了具体的社交内容，就可以把注意力从自身转移到事物上，不至于过分紧张。初次社交可以在社交活动比较老练的人的陪伴下，由陪伴者唱"主角"，自己唱"配角"，这样既可以学到别人的社交方式，又可以借以训练自己的社交能力。

三、信任，人际交往的黄金法则

在这个尘世上，虽然有不少寒冷，不少黑暗，但只要人与人之间多些信任，多些关爱，那么，就会增加许多阳光。

——海子（毕业于北京大学，著名诗人）

在人际交往的过程中，信任是至关重要的一项内容。在日常生活中，我们经常会提及"信任"这两个字。信任涉及的范围很广，如亲人之间需要信任，同学、朋友、同事之间也需要信任，信任是人与人交往的最基本的条件，是沟通人心的纽带，是我们拓展人际关系、获得好人缘的关键要素。可以说，在与人交往中，相互信任是必不可少的情感之一。无端的猜疑是对友谊的伤害，是友谊的大敌。

所谓猜疑，是一种狭隘的、片面的、缺乏根据的盲目想象。青少年朋友，如果与人发生什么不愉快的事情，一定要保持清醒的头脑，不要胡乱猜疑。因为失去一个朋友比得到一个朋友更容易。平时很要好的朋友，由于不信任而相互猜疑，往往会因为一些很小的事情，失去难能可贵的友谊。正所谓覆水难收，到时候，想挽回都很难做到了。

在北大的心理学课堂上，关于"信任"，有一个反例经常被教授提及：

从前，有两个关系非常好的朋友结伴横过沙漠。在沙漠走了几天后，两个人带的水都喝光了，他们饥渴难耐，其中一人还因中暑动弹不得。

另一位健康的人便对同伴说："你在这里等着，我去找水。"他把手枪塞在同伴的手里，说："枪里有五颗子弹，记住，三小时后，每小时对天空鸣枪一次，枪声会告诉我你所在的位置，我就能顺利找到你。"

健康的人走后，因中暑而无法行动的人便躺在那里满腹疑虑地等待，他一次次看着手表，并按时鸣枪。但随着时间的流逝，他的猜疑心越来越重，他一直相信只有自己才能听到枪声。慢慢地，这种猜疑心加重，他一会儿猜测同伴找水失败，中途渴死，一会儿又猜测同伴找到了水，却弃自己而去。看来，他还是靠不住啊！

到开第五枪的时间了。因中暑而留着原地的人悲愤地想："这是最后一颗子弹了，同伴早已听不到我的枪声了，等到这颗子弹用过之后，我还有什么依靠呢？只有等死了，而在临死前，秃鹰会啄瞎我的眼睛，那时该多么痛苦，还不如……"于是，他把枪口对准自己的太阳穴，扣动了扳机。

可就在他扣动扳机没多久，他那个提着满壶清水的同伴领着一对骆驼商旅回来了。当然，同伴看到的只是一具尸体。

因中暑而无法行动的人由于自己的想当然、猜忌和不信任，使自己最终命丧沙漠，不能不说是一种悲哀。

多疑的人总是喜欢戴有色眼镜看人，他们心胸狭窄，固执己见，动不动就捕风捉影地胡乱猜疑别人，怀疑了许多本不该怀疑的人和事，也相信了许多本不该相信的人和事，把怀疑一切和相信一切都绝对化，为自己绑上沉重的负担，结果受伤的往往是自己。

一位著名的企业管理专家说："要是没有信赖感，人与人之间或是团队与团队、部门与部门之间就没有合作的基石。""没有信赖的基础，每个人都会试图保护自己眼前的利益；但是这么做却会对长期的利益造成损害，并且会对整个体系造成伤害。"其实，不仅仅是经商与合作，日常生活中，信任同样重要，它就像是人生的一抹阳光，有了它，我们的心情才会阳光明媚。

下面是北大学子孙明（化名）的一次亲身经历：

一个周末，孙明出外办事，发现自己的手机忘带了，便用公用电话联系朋友，打完电话准备付钱时，却发现忘了带钱包。"这可怎么办啊？"向来不欠人钱的孙明这下着急了。

电话亭的老板是个中年妇女。没办法，孙明只能硬着头皮向老板解释："大姐，对不起，我忘了带钱，能不能先把身份证押在您这里，明天我给您送钱来？"

老板听了孙明的话，摇摇手说："不用，只要你记得以后经过这里时给我就可以了。"

孙明满怀感激地离开了。第二天，他一早就把钱给电话亭老板送了去。电话亭老板一看见他就笑了："你这个小伙子挺讲信用的啊！"孙明说："是老板您信任我，让我更加不好意思了！真是感谢！"

回学校的路上，孙明的心情别提多舒畅了，他第一次发现人与人之间的信任如此令人快乐。

信任无价。为人处世时如果失去最基本的信用，人与人之间就会失去信任，猜疑心理就会在心灵深处滋生，人间的爱与温情也会随之瓦解，最后受伤的只能是彼此的心灵。

四、学会倾听，会说的不如会听的

少说一句，比多说一句好。

——林语堂（曾在北京大学任教，著名学者、文学家、语言学家）

在西方有一句话非常流行："上帝给我们两只耳朵，却只给了一张嘴巴，其用意是要我们少说多听。"倾听是通向对方心灵的捷径，是另一种动听的语言。善于倾听的人往往会因此而拥有非凡的人脉，从而使自己在事业上有意想不到的收获。

人际交往中，倾听是非常重要的一项内容。令人遗憾的是，现实生活中，很多青少年朋友却不注意倾听，他们是人群中的活跃者，喜欢以自我为中心，在喋喋不休之中让自己占尽"风头"，而忽视了别人也有说话的欲望，别人也渴望交流，最终，在有意无意间，令人感到压抑和被忽视。最终，他们不但伤害了别人，也伤害了自己。所以说，"会听"的耳朵比"会说"的嘴巴还重要，与人交往时，与其滔滔不绝地谈论自己，不如静下心来，默默地听人说。次数多了，你就会发现，善于倾听，经常会给你带来意外的收获。

北大毕业生田小可（化名）就是一个善于倾听的人。正是因为善于倾听，她的人缘非常好，拥有很多好朋友，每一个都将她视为难得的知己，有什么开心事都会与她分享，遇到困难也会向她倾诉。

一天，朋友甲来到田小可家，一坐下便长吁短叹，还流下了眼泪。田小可看到朋友的样子，什么都没有说，只是默默地递上了一杯热茶，坐在甲的对面，耐心地聆听她的倾诉……

原来，甲在公司被人陷害，遭遇了严重的工作失误，差点被公司开除。令她更加无法接受的是，她的男友也在这时提出分手。这些遭遇让甲顿时觉得生活变得无比灰暗……

甲不停地讲着，把心里的苦闷一股脑儿全给倾倒了出来，而田小可只是静静地听着，用一种理解、同情的目光凝视着甲的脸，不时地点点头表示赞同……

渐渐地，甲脸上痛苦的表情消散了，眼泪也停止了。田小可看到甲的样子，微笑了一下，拍拍她的肩膀，给了她一个拥抱，柔声地问："你现在觉得好一些了吗？"

甲擦擦眼泪，同样回了田小可一个微笑："我现在感觉好多了。很奇怪，我在来你家的路上都快活不下去了，可现在却觉得也没什么大不了的。"

田小可握住甲的手，温和地说："记住，以后不管发生什么事情，都要记得你还有我这个朋友。"

然后，她们一起讨论怎么挽回工作上的失误，向老板说明一切，让那些小人得到应有的惩罚；至于感情的事，就顺其自然，如果无法补救，就让它平静的结束，也许并不是多么严重的问题……

很多年过去了，甲的生活恢复了平静，不仅事业得意，还有了一个温馨的家。她永远没忘记是田小可这个好朋友的倾听，让她堵塞的心田涌入了一股清爽的风……

倾听是世界上最好的交往方式之一，它带给世界的是一种心灵的交汇。纵然它无法为悲伤的人撑起一片蓝天，也不能让懊恼迅速离去，但是却可以为朋友撑起一柄雨伞，使对方渐渐地从不如意的心情中走出来，驱走他（她）心灵上的寒冷。

有人专门针对倾听做过一项研究，发现导致人际关系网破败的原因之一，不在于说错了什么，或是应该说什么，而是因为倾听的太少，或是不重视倾听。比如，别人的话还没有说完，你就抢口强说，讲出些不得要领、不着边际的话；别人说的话你还没有听清，你就迫不及待地发表自己的见解和意见；对方兴致勃勃地与你说话，你却心荡魂游、目光斜视，手上还在玩弄别的东西……试想一下，有谁会喜欢同这样的人交谈呢！有谁想与这样的人发展友谊呢！

在与人交谈时，静静地、专心地倾听，是我们所能给予对方的最好的支持和赞美。因为倾听是世界上最动听的语言。善于倾听者，能给满腹牢骚的同学带去一缕温暖；能给倾诉的人一丝理解和尊重。听听同学的建议，听听朋友的心声，可以让彼此的心更加靠近。

青少年朋友，如果你想拥有一个好人缘，那就适时地多倾听吧！渐渐地你会发现，当你走出自己的小天地，试着站在别人的立场上，做一个好的听众时，你的朋友更多了，你的人缘更好了。

五、学会分享：分享越多，收获越多

以"己"为中心，像石子一般投入水中，和别人所联系成的社会关系，不像团体中的分子一般大家立在一个平面上的，而是像水的波纹一般，一圈圈推出去，愈推愈远，也愈推愈薄。

——费孝通（毕业于北京大学，著名社会学家、人类学家）

很多青少年朋友都曾经听到或者读到过英国大作家萧伯纳的这么一段话："倘若你有一个苹果，我也有一个苹果，而我们彼此交换苹果，那么我们仍然各有一个苹果。但是，倘若你有一种思想，我也有一种思想，而我们彼此交流这些思想，那么我们每人将各有两种思想。"这段话告诉我们青少年，与人分享得越多，我们也会从中收获越多。学会分享可以给我们带来很多收获，一方面，它可以使我们学会关心、欣赏他人和自己；另一方面可以帮助我们拓展人脉关系、加固人际网络。

某教育机构研究认为，"学会分享""学会交往""学会合作"已然是新世纪学习的显著特征。分享自己的感受、内心的想法，分享学习和生活中的失败与成功的体验，把个人独立思考的成果转化为大家共有的成果，而且分享中可以同时以群体智慧来解决个别的问题、以群体智慧来探讨学习上遇到的困难和问题，这样又培养了人与人之间相互协作的精神，促进了大家共同的学习和进步。所以说，学会分享是人生一笔永远的财富，青少年朋友要学会分享，这是一项特别的能力。

有句名言说："人活着应该让别人因为你活着而得到益处。"学会分享、给予和付出，你会感受到舍己为人，不求任何回报的快乐和满足。幸福犹如香水，你不可能泼向别人自己却不沾几滴。在生活中，超越狭隘、帮助他人、撒播美丽、善意地看待这个世界时，快乐、幸福和丰收会时时与我们相伴。

提起分享，北大中文系的刘晓飞（化名）印象最深的是这样的一件事：

刘晓飞是一个山东姑娘，她的母亲非常喜欢种植鲜花。在刘晓飞还很小的时候，母亲就在院子里种一些在当时看来属于稀有品种的菊花。一年过去了，菊花长满了她家小小的花园，金黄的花朵簇拥着次第开放，整个村子都散发着浓浓的芳香。

刘晓飞的母亲非常喜欢这些花，每天最重要的事情就是敞着院门，守在门旁边看见过往的乡邻就热情地招呼或邀请他们进来坐坐，以便让满院的菊花唤来更多的目光。于是，小小的村子仿佛也在秋天美丽起来，母亲的脸上闪烁着金色的微笑。

后来，有邻居开口向母亲要几株花种在自家院子里，母亲答应了。刘晓飞记得，当时她母亲亲手挑拣开得最鲜、枝叶最粗的几株，挖出根须送到了那位邻居家里。消息很快传开了，前来要花的人接连不断。在母亲眼里，这些人一个比一个知心，一个比一个亲近。不多日，院里的菊花就被送得一干二净。

菊花都给送没了，刘晓飞家的花园就如同没有了阳光一样落寞。一天，刘晓飞和母亲在院子里散步。刘晓飞看着落寞的花园，顿时怀念起那满院的菊香来，瞬间就不高兴了。母亲看到女儿的样子，轻轻地拉过她的手，安慰道："这样多好，一年后，咱们整个村子里都充满了菊香！"

满村子都充满了菊香！刘晓飞听了母亲的话，不由心头一热，重新打量起母亲来，她的白发增添了许多，而脸上的皱纹宛若一瓣瓣菊花生动感人。

拥有美好的东西，要记得与人分享，这样你也会得到快乐——这是刘晓飞对童年记忆的感慨。把珍贵的东西分享出去，尽管表面上自己看上去变得一无所有，其实，你的内心已经充满了分享的快乐，这种快乐才是任何形式上的拥有无法比拟的，这种拥有才是真正的拥有！

分享可以帮助我们彼此之间相互交流和学习，可以使我们更快、更茁壮地成长。青少年时期正值学习知识的黄金阶段，我们在独立钻研的同时，更要学会和大家分享新发现、新成果，相互交流、沟通，彼此分享，打造一种和谐的、相互依赖的朋友圈。这样，我们学习的效果才会达到最佳状态。

青少年朋友，当面对生活中的得失时，我们的目光不要太短浅，心胸不要太狭窄，而要懂得学会分享。学会分享是一项大智若愚的"长远投资"，有利于提升我们的形象，改善我们的人际氛围，有利于我们在这个人情味十足的社会中闯出自己的一片天地。

六、学会从对方的角度考虑问题

我想说的是，你要懂得尊重人，对别人好一点，别那么刻薄，别人遇到挫折，你不要看不起人家，而是要鼓励人家。

——周其凤（曾任北京大学校长，著名化学家、教育家）

美国"汽车大王"福特曾说过："如果说成功有秘诀的话，那就是站在对方的立场上认识和思考问题。"所以在与他人交往的过程中，多站在对方的立场上思考和说话，设身处地地为别人着想，更能让人感动，更能让人接受你的思想，你的人际关系网才能拓展得更宽。

生活中，很多青少年由于心气高，说话、做事以自我为中心，常给人造成很难相处的印象，影响了人际关系的拓展。这个时候如果能够学会站在对方立场上说话、做事，给他人留下一个良好的印象，那么其人际关系自然会得到改善。

"从对方的角度考虑问题"就是我们通常所说的"换位思考"，它是建立良好人际关系的一个重要原则，因为如果我们不了解对方的立场、感受及想法，我们便无法正确地思考与回应。所谓换位思考，就是要把自己设想成别人，站在别人的角度考虑问题。很多时候甚至需要暂时抛开自己的切身利益，去满足别人。提倡换位思考，主要是由于在人际交往时，很多人习惯于从自己的特定角色出发来看待自己和他人的态度与行为，而且还习惯于自我中心式的思维方式，从而引发出一连串的冲突和矛盾。这个时候如果大家都能换位思考，从对方的角度去思考一下，那么，许多冲突、矛盾就可以迎刃而解。

据媒体报道，某市交警支队为了改善和本市的哥的关系，专门搞了一次"交警扮的哥"的活动。在这次活动中，数十名交警穿上便装，"秘密行动"开起了出租车。在为期一天的活动中，他们经历了各种各样的难处，有的受了乘客的气，有的由于着急赶路违了章，还有的因为道路不熟而被乘客辱骂……几十位交警可谓实实在在地体验了一把"的哥们"谋生的艰难与不易。另外，通过换位，他们也看到了自己执法过程中的确还存在许多问题。在以后的工作中，该交警大队积极采取和改进了各项措施，改善了和的哥的关系。

生活中，经常有人抱怨自己不被他人理解，抱怨与人相处难，其实，换个角度，从别人的角度思考问题，想别人之所想，或许很多问题便可迎刃而解。

所以，聪明的人都在遭遇人际危机时，会试着自己主动站在对方的角度思考。而这种换位思考往往也会给他们带来意想不到的收获。

在前几年的经济危机中，国内的很多小企业因经营困难而濒临破产，北大毕业生王玉芬（化名）开的加工厂的订单也是一落千丈。

王玉芬平时为人宽厚善良，慷慨体贴，人缘非常好，并与客户都保持着良好的关系。在这企业为难的时刻，她想找那些朋友、老客户出出主意、帮帮忙，改善一下自己的经营困境。于是，王玉芬就向这些老朋友和老客户写了很多信。可是，等信写好后她才发现：自己连买邮票的钱都没有了！这种情况也提醒了王玉芬，她心想，如今是经济危机时刻，自己都没钱买邮票，别人的日子也好不到哪里去，怎么会舍得花钱买邮票给自己回信呢？可如果没有回信，谁又能帮助自己呢？

于是，王玉芬开始变卖家里的财产，用一部分钱买了一大堆邮票，开始向外寄信，她还细心地在每封信里附上了5元钱，作为回信的邮票钱，希望大家给予指导。她的朋友和客户收到信后，都大吃一惊，因为5元钱远远超过了一张邮票的价钱。他们每个人都被感动了，纷纷回想起了王玉芬昔日的各种好处和善举，也纷纷拿起了笔，给王玉芬回了信。

没多久，王玉芬就接到了新的订单，甚至还有朋友来信说想要给她投资，一起做点什么。很快，王玉芬的加工厂重新点燃了生计。在这次经济危机中，她是为数不多站住脚而且有所成的企业家。

营造和谐的人际交往圈，首先需要具备的一个因素就是"善解人意"地换位思考。如果你不能站在对方的立场为别人着想，就永远不能交到真正的朋友，即使勉强自己去亲近别人，也只是表面上的敷衍、应酬。久而久之，别人就会发现你的客气和笑容是虚伪的，如此一来，你刻意维系的社交关系也不会长久。青少年朋友都应该学习王玉芬的善良、细心、体贴，多从别人的角度想问题，这样，别人也会给予你同样的回报。

也许，很多青少年朋友可能会产生这样的疑问："站在对方的立场，说得容易，实际要做的时候有那么容易吗？"是的，从别人的角度思考问题确实并非一件容易的事情，但也并没有你想象得那么难。真正口才好、会说话的人，最乐于并善于从他人的角度来考虑问题。他们也并非一开始就能做得很好，而是从一次次的说服过程中吸收经验、汲取教训，不断培养这种习惯，最后才达到这种境界的。所以，青少年朋友，只要你想这么做，从对方角度考虑问题对你来说并非难事。

七、会赞美的人走到哪里都受欢迎

一个永远不欣赏别人的人，也就是一个永远也不被别人欣赏的人。

——汪国真（北京大学客座教授，著名诗人）

著名的作家马克·吐温曾经夸张地说："只凭一句赞美的话，我就可以多活两个月。"从马克·吐温的这句话里，我们可以认识到赞美的意义。所谓赞美，是我们对对方优良品质、能力和行为的一种语言肯定，从实质上来讲，它是我们对待世界的一种健康心态，是我们在拓展人脉关系上所应该秉持的一种积极态度。对于每个人来说，赞美都是令人向往的。基于这一点，如果青少年朋友想有一个好人缘，绝对离不开对他人的赞美。

西方学者马斯洛在研究人的需要的五个层次时，把人的尊严和成就感放到了较高的层次，而恰恰赞美便是满足别人成就感和自我价值的一种体现。多赞美别人，一来能满足一下别人天生的虚荣心，二来不花费你一分钱，你又何乐而不为呢？

北大毕业生田文志（化名）从北大心理系毕业后，成了一名心理医生。一天，他在银行排队取款时，看到自己前面站着一位老先生。只见那位老先生愁容满面，一副很不开心的样子。田文志心想，我作为一名心理医生，要通过一定的技巧让这位老先生高兴起来。他一边排队一边寻找老先生的优点，终于他看到，老先生虽驼背哈腰，却长着一头漂亮的头发。于是，当这位老先生办完事路过他面前时候，他由衷地赞道："大爷，您的头发真漂亮！"这位老先生一向以一头漂亮的头发而自豪，听到田文志的赞美非常高兴，顿时高兴起来，下意识地挺了挺腰，道谢后哼着小曲儿离开了。

真诚地赞美别人，就能得到别人的欢心。赞美是人与人之间一座友谊的桥梁，灵活运用，一定会给自己带来意想不到的收获。

法国前总统戴高乐将军就是一个喜欢赞美的人，他也因此获得了很多人的好感和尊重。

1960 年，戴高乐访问美国。当时的美国总统尼克松专门为迎接他而设宴。为了体现对戴高乐的重视，尼克松夫人费了很大的劲布置了一个美观的鲜花展台：在一张马蹄形的桌子中央，鲜艳夺目的热带鲜花衬托着一个精致的喷泉。戴高乐将军非常聪明，他一眼就看出这是女主人为了欢迎他而精心设计制作的，不禁脱口称赞道："真是非常感谢女主人的精心安排，为举行这么一次宴会，将此布置得如此漂亮、雅致，要花费她多少时间啊！"尼克松夫人听了，十分高兴。事后，她说："在我的经历中，大多数来访的大人物对我的布置要么不加注意，要么不屑为此向女主人道谢，而戴高乐将军却总能注意到这些。"并且，在以后的岁月中，不论两国之间发生什么事，尼克松夫人始终对戴高乐将军保持着非常好的印象。

可见，一句简单的赞美他人的话，会带来多么好的反响。赞美，是一种修养和智慧的体现，赞美也是人际拓展中最实惠的投资方式。赞美老师，可以让老师更加喜欢你；赞美同学，能够联络彼此之间的感情，使彼此相处得更加愉快；赞美家人，能够温暖对方的心，使家庭更加和睦；赞美朋友，能够深化你和他（她）之间的友谊……因为每个人都喜欢听到赞美。所以，青少年朋友，在开拓人际关系的过程中，绝对不要吝啬我们的赞美，不要以为只有大的成就才值得称赞，对于对方那些小小的优势，也应该及时且真诚地予以赞美。如此，你也会因此得到更多的尊敬和爱戴。赞美别人会使对方愉悦，被赞美者的良性回报也会使我们自己感到高兴，如此，便在人与人之间形成人脉圈的良性循环。

当然，赞美别人不是不讲究分寸的，绝对不可以毫无顾忌，要掌握好以下三个原则：

其一是赞美时要真诚。赞美别人要出于真心，所赞美的内容是对方确实具有或即将具有的优良品质和特点，不要让别人感到你言不由衷，另有所图。

其二是赞美的内容应被对方所在意。赞美中年妇女身材苗条，赞美老年人身体硬朗便很容易引起良好反应，而赞美儿童年轻、青年人牙齿坚硬等却很难有积极的效果。

其三是要赞美别人在意的地方。人性中有一个共同的特点，那就是喜欢别人赞美自己最得意、最看重的方面。

人和人是不同的，注重的东西自然也不同，这一特征需要我们在赞美他人之前，必须做到"知彼"，摸清对方的兴趣、爱好、性格、职业、经历等背景状况，对症下药，抓住对方最重视、最引以为傲的事情，如此赞美，才能获得好效果。

八、给别人面子也就等于给自己面子

人生在世，应该这样，在芬芳别人的同时美丽自己。

——海子（毕业于北京大学，著名诗人）

有这样一句话："人要脸，树要皮。"这句话可谓道出了人性的一大特点：爱面子。

每个人都有一道最后的心理防线，如果我们不给他人退路，激怒了他，他就很可能采用过激的手段来回应我们。因此，青少年在与人交往中，应谨记一条原则：别让人下不了台阶。你给别人面子，也就等于给自己面子。然而，现实生活中，很多人都不懂给别人留面子。他们喜欢摆架子、我行我素、挑剔、恫吓，在众人面前指责孩子或下属，而没有多考虑几分钟，讲几句关心的话，为他人设身处地地想一下，所以才造成了许多不愉快局面的发生，影响了自己的人际交往。

北大毕业生刘明君（化名）在一次同学聚会中，谈到了发生在他们单位的一段小插曲："有一次我们单位开会，老板气势汹汹地提出了一个非常尖锐的问题，矛头直接指向生产部总监，用词非常难听。为了不愿在同事中出丑，生产部总监对这个问题采取了避而不答的态度。这使老板更加恼火了，他在会议上当着众人的面直骂生产总监是个骗子。

"再好的工作关系，都会因这样的火爆场面而毁掉。凭良心说，那位生产部总监是个能力很强的人，为人也不错。但从那天开始，他再也不能留在公司里了。几个月后，他转到了另一家公司，据说表现非常好。我们单位也就因此而失去了一个人才。"

每个人都有失误的时候，给他提出错误所在，本无可厚非，但是要讲究方式方法，首要的前提是不能让人丢了面子。上文中刘明君的老板就是个对"面子"无所谓的人，结果呢，其恶劣的行为不但在员工中留下了不好的印象，而且还伤害了下属的面子，以致单位流失了一个宝贵的人才。很多人都有一个特点，就是可以吃闷亏，也可以吃明亏，但就是不能吃"没有面子"的亏。青少年要想获得良好的人际关系，必须了解到这一点。这也是很多人缘好的人不轻易在公开场合说一句批评别人的话的原因，他们宁可高帽子一顶一顶地送，保住别人的面子，也不会因口无遮拦而伤害了别人的面子，让自己的人际关系网受损。

我们每个人都有自己的知识欠缺，犯错误出洋相的时刻也难以避免，这时候给别人一个台阶下，巧妙地让别人从尴尬中走出来，别人会对你感激不尽，也会自然而然地喜欢你、帮助你。所以，青少年朋友在以后的人际交往中，应该多一点和气，多一些宽容，"面子"问题不是小问题，它彰显着一个人的"尊严"，给人留面子，就是尊重和重视对方的表现，就是在给自己博好感。

给人留些面子，要注意很多细节，尤其是在失败者或弱势群体面前，切忌显示自己的优越感。即便你真的很出色，也应该在尊重别人的前提下来展现这份出色。可是，很多青少年却不懂得给别人留面子。很多人容易犯的一个毛病是，自以为有见解，自以为有口才，逮到机会就大发宏论，把别人批评得脸一阵红一阵白，自己还大呼痛快。其实，这是不尊重别人的表现。

良好的人际关系是青少年立足于社会的重要资本，更是其取得成功不可或缺的重要因素，而这需要尊重他人、包容他人，给他人留足面子，这样的话，你才更容易得到别人的尊重、包容，实现和别人的良性合作，进而拓展自己的人际关系网。

九、主动赢得好人缘

不忙的时候，主动帮助别人。

——余世维（北京大学职业经理人训练班的特聘培训师、最受欢迎的华人管理教育专家）

生活中，我们可能会看到这样一种现象：在朋友的聚会上，有的人能三五成群，欢天喜地地玩玩闹闹，而有的人则只会坐在角落，一声不吭地吃着东西，没有人与之交流互动。这样的人实际上是白白放弃了扩大自己交际圈的好机会。如果他（她）能更加主动一些，或许会玩得更畅快，人际关系也会更好一些。

在人际交往中，"主动"不仅是一种行为风格，更是一种交际谋略。你越主动，认识的人越多，人际关系越好，你就越容易成功。

当今社会，人与人的交流更加频繁，很多事情的解决，都离不开人与人之间的合作。可以说，很多活动、交易、成就，都要从与他人的接触中产生。所以，在这个注重人际关系的社会，你认识的人越多，人际关系网越大，你获得的机会也就越多。而要获得良好的人际关系网，就需要我们打破被动，主动付出。

北大文学系的宋明佳（化名）的人缘非常好，不仅和同宿舍的五个人相处得如同亲姐妹，还和宿舍整个楼道的同学、校友关系都非常近乎。说起她的交友秘诀，宋明佳通常会非常谦虚地说："我也没做什么特别的事情，就是比别人更主动一些，与人见面主动打招呼，别人有困难，主动给予帮助……时间久了，大家都知道我是什么人了，也都乐意与我交往。"

其实，宋明佳就是依靠主动赢得了好人缘。

在我们成长的过程中，我们可以自由选择营造自己的人脉网，结交什么样的朋友，构造什么样的人际关系网——在这些方面，我们有充分的自由。如果你被动，你的朋友就会很少；如果你很主动，你的朋友就会更多。

实践中，我们如何主动拓展人脉呢？有这样一句话："对方的态度是自己的镜子。"在日常的人际交往中，有时候我们会感觉"他好像很讨厌我"，其实这时正是自己讨厌对方的征兆。因此，对方也会察觉到你好像不喜欢他。在出现这种情况时，要主动与对方交流，主动敞开心扉。这样，这种相互讨厌的尴尬才会化解，你才不会因此而失去一个朋友。生活中，很多青少年都有这样的想法，比如"对方愿意接近我，我也愿意和他交谈""对方如果喜欢我，我也喜欢他"，其实，这是一种非常被动的态度，如果你一味地用这种被动的姿态与人交往，那你永远也不会建立起和谐友好的人际关系。

主动一些，你的人际圈才会更宽广。然而，很多青少年虽然明白主动在人际交往中的重要性，但就是难以抹去这样的想法——例如，有的青少年会认为"先同别人打招呼，显得自己没有身份""我这样麻烦别人，人家肯定反感我""我又没有和他打过交道，怎么会帮我的忙呢"，等等。其实，这些都是错误的想法。但是，这些观念实实在在地阻碍着人们，阻碍了人们在交往中采取主动的方式，从而失去了很多结识别人、发展友谊的机会。

当你因为某种担心而不敢主动同别人交往时，最好去实践一下，用事实去证明你的担心是多余的。不断地尝试，会积累你成功的经验，增强你的自信心，使你的人际关系状况越来越佳。

每个青少年都渴望拥有良好的人际关系，拥有很多朋友，然而，事实总是无法让他们如愿。因此，他们总是慨叹世界上缺少真情，缺少帮助，缺少爱，那种强烈的孤独感困扰着他们，使他们困惑不已。其实，很多青少年之所以缺少朋友，缺少友谊，仅仅是因为他们在人际交往中总是采取消极的、被动的退缩方式，总是期待友谊从天而降。这样，虽然他们周围可结交的人特别多，但却仍然无法摆脱心灵上的寂寞。这些人，只是人际交往中的响应者，不是人际交往中的主动者。

青少年朋友，如果想赢得别人的友情，与别人建立良好的人际关系，就应采取主动的态度，勇敢而大方地与别人交往，这样你才会获得好人缘。

创业，取得成功绝不是偶然

不可否认，很多人也在非常年轻的时候挖到自己人生的第一桶金。从此跻身于亿万富翁的行列，获得了人生的成功。但更多的人，却是在创业的道路上艰辛跋涉，黯然谢幕。不论是成功者，还是失败者，都值得我们敬佩，是他们的勇气令他们敢于选择自己的创业道路，无数事实恰好证明，只有敢于创业的人才会真正拥有自己的事业，没有人能随随便便轻易成功。

一、创业者最大的学校就是社会

专读书也有弊病，所以必须和现实社会接触，使所读的书活起来。

——鲁迅（曾在北京大学任教，著名文学家、思想家、革命家，中国现代文学的奠基人之一）

阿里巴巴集团创始人马云曾经说："创业者最大的快乐就在于创业过程中去学习、去提升，所以创业者书读得不多没关系，就怕不在社会上读书。社会大学是一所残酷而又现实的大学。"

是的，成功不在于我们做成了多少，而在于我们做了什么，在社会上历练了什么。

《赢在中国》是中央电视台的一档全国性商战真人秀节目，大型励志创业电视活动。在这个节目的 36 晋级 12 的第七场比赛现场，选手叶杰辉介绍了自己的比赛项目。叶杰辉的简历非常"有意思"。从 1990 年到 2007 年的 17 年间，他曾经涉足过很多行业，有自行车行业、攀岩行业、旅游行业、运动器材行业等。但是，他在每一个行业待的时间都不长。在外人看来，叶杰辉并不算成功，因为他几乎没有可以代表自己的事业。但是叶杰辉本人不这么看，他认为他的每个项目都做得非常成功，都可以称得上是成功的企业。比如，他之前创办了一家户外俱乐部，2004 年的时候这家俱乐部已经规模很大，还被中国登山协会评为中国十大户外俱乐部。后来，有户外品牌看中了他的俱乐部，便将俱乐部收购了。凭借这个俱乐部，叶杰辉将两百万收入囊中。

17 年来，叶杰辉虽然涉足了很多行业，但这些行业大都与运动项目相关。他参加这个节目所选择的项目也是要打造一个运动休闲网络服务平台，让消费者更高效便捷地从中获得信息和服务……

面对这样一个选手，马云是这样点评的："我觉得你人很实在，我觉得你经历了 17 年的痛苦，刚才史玉柱讲的我非常同意，这是一个很大的财富，不去想清楚就变成一个包袱，一定要花时间去想。其实很多时候成功的原因有千千万万，很难学习，但失败的原因都差不多，17 年走下来都是这个项目，一定对自己没有想清楚、没有想透。这个项目我的感觉不是很吸引人，但是我很欣赏你的学习能力，其实我自己的书读得不是很多，创业者最好的大学就是社会大学。我发现学位越高、学校名气越大，好像都不是很灵。所以我给你这个建议，初中生也挺好，初中生的关键是我们在社会创业大学学的东西比别人更多，但是学习一定要总结，不总结也不行。"

在点评中，马云认为，对一个创业者来说，最好的大学就是社会大学。他认为，一个人的学识与能力，在学校中学习到的只占其中的很小一部分。当一个人走向社会之后，还有很多需要学习的，社会可以让一个幼稚的人变得成熟，可以让一个单纯的人变得复杂。每个人抱着太多的梦想来到社会大学，不得不面对残酷的社会现实，但只要经常这样慢慢地磨炼，一个人做事的态度才会成熟，处理事情的能力才会加强。社会大学非常特殊，既现实又残酷，每个人刚一走进它都会感到不适应，因为它似乎和我们想象得有些远。可是，摔倒并不可怕，多摔几次，会让我们记得痛，也会变得更加坚强有力。

我们每个青少年都想在这个竞争激烈的社会中有所发展，开创出属于自己的一片天地。但在创业前，必须掌握一个前提，就是具备适应社会的能力。在中国，很多青少年在这方面都亟待加强。

无论是在电视还是在报纸上，我们经常会看到：某个青少年从小衣来伸手、饭来张口，等进入学校却没有起码的生活自理能力；某某学生高考中闯过千军万马拥挤的独木桥，考上梦寐以求的大学，举家欢呼。但孩子进入大学后却不会与人相处，生活、学习中屡屡受挫。有一个孩子的大学成绩非常优异，但从大学毕业后，却屡次碰壁，怎么都找不回那种自我成就感——这种高分低能在我们青少年群体中并不少见。由此可见，青少年如果想提升自己的创业能力，成为一名成功的创业者，首要的前提是培养自己的独立精神和适应社会的能力。我们每个人的所有成长和进步都是通过"适应"而获得的。即便你有超越别人、引导社会发展的想法，你也必须先低下身来，适应社会。兰多尔说："没有那个年龄该有的智慧，就有那个年龄该有的一切痛苦。"这句话也同样告诉我们青少年，当我们步入社会后，如果不让自己尽快适应社会，会生活得很痛苦，缺乏快乐。

二、袁旭：一个从北大退学的千万富翁

你要做你热爱的事情，当你热爱一件事情的时候，所有的这些困难，都被一块儿去热爱了，也就是说要变成热爱这些困难，热爱这些痛苦了。你进行创业也好，在整个过程里面也好，永远不要讲说，我只能得到而不能失去，这个过程是得失要有一种平衡，你要喜欢它你就要把它一起拿下来。

——丁健（毕业于北京大学，亚信科技董事长）

2010 年，这样一个事实震惊了无数的北大学子们：一个 26 岁的年轻人创办的公司，一年的盈利就有数千万元！他帮玩家提高网游速度，让 2000 万人成为他的付费用户！这家名不见经传的公司已获得国内四家投资机构的联合注资，总额将达 1 亿元！这并非

天方夜谭，而是发生在成都高新区孵化园内的真实故事。这个 26 岁的年轻人，就是该公司的创始人之一、总裁袁旭。

袁旭，四川雅安人，曾是北大计算机专业的学生，却于 2004 年退学创业，颇有当年比尔·盖茨退学办微软的风范。

"我不是什么富二代。"对于网络传言，袁旭不屑地一笑，"父亲是个普通的银行职员，母亲是教师。"

袁旭从小就很喜欢摆弄计算机。在他读小学三年级的时候，父亲单位的库房里就有一台其他公司抵账用的 386，由于那时候的计算机非常贵，中国也很少有人会用。单位没有人会用它做账，因此这台计算机被搁置在了库房。年仅十岁的袁旭对这台计算机产生了浓烈的兴趣。在某个暑假，他背着父亲把 386 搬回了家，整整一个暑假，他都沉迷在 dos 人机对话之中不能自拔。此后，袁旭最大的愿望就是能拥有一台电脑。为此，他经常缠着父亲，而父亲开出的条件是"考上四川雅安最好的中学"。

为了拥有一台电脑，同时也为了用行动说服父母同意自己把所有业余时间放在游戏上，袁旭在学校里表现得非常勤奋、努力，是一名成绩优异的尖子生。当年，他几乎所有课余时间都泡在网吧，替网吧老板做技术员，以换取免费的网络时间。1998 年，那时候还没有网游，流行的 mud 能通过文字描述场景来进行互动游戏。高级玩家可以通过简单编程来体验竞争的乐趣。迫于上网的经济压力，袁旭和他通过网络结识的朋友开设了"江湖聊天室"，为了提高互动性，袁旭把文字 mud 的部分功能移植到了"江湖聊天室"，聊天室里的人物可以有自己的属性，可以互相虚拟攻击，这大大提升了玩家们的兴趣。后来，袁旭尝试出售聊天室中的虚拟道具，凭借这个小小的创意，当时还是一名初中生的袁旭和搭档赚得了人生的"第一桶金"，这桶金约合人民币 20 万元。

高中时代的袁旭上课认真学习，课余时间也没有闲着，他依旧将自己所有的课余时间安排在了电脑上。当时流行的一款游戏是《暗黑破坏神》，只能局域网对战。袁旭就和耍 mud 的一个程序员提出，不如做一个多人战网游服务器，后来两人在雅安开了服务器。"最高时做到 5000 人同时在线。这个项目持续了 2 年。后来玩家数量减少了，就把这个服务器关掉了。"

高三暑假那年，在袁旭的身上发生了两件他人生中的大事。第一件大事是他凭借自己优异的成绩考入了北大计算机系，成了人人称美的"北大生"；第二件大事是他发现了当时互联网网通和互联的矛盾非常严重，因此他开设了四川雅安第一个双线 IDC 机房。凭借这一项，袁旭赚到了人生的第二桶金——约 40 万人民币。

暑假结束后，袁旭来到北京大学，然而，他的心却一直没有平静。他总觉得自己的事业在四川，在北京毫无自己的用武之地。在经过一番深思熟虑后，通过和老师、家长的深度沟通后，袁旭终于做了个大胆的决定——"退学"。为了让家长能理解，袁旭向学校申请了"休学"。

北大，这个让无数中国学子梦寐以求的地方，袁旭却选择了离开。回到四川之后的袁旭几乎将所有的精力都倾注在了自己的双线 IDC 机房上，由于他的机房比北京同类机房收费便宜近一半，因此生意十分火爆。在袁旭的努力下，他的机房规模从一个民居的两居室，逐渐发展成一个地上三层、地下两层的小楼。然而新的问题接踵而至。2005年，做机房的人逐渐开始多了，带宽有了限制，加上当时游戏私服兴起，一些私服业主找 IDC 托管时也不说明服务器上跑的东西是否合法，给 IDC 经营方带来不小的风险。由此遭遇了一次纠纷后，袁旭深感处于产业下游的 IDC 已经没有发展前景，决定洗手不干，进行转型。

在经营机房的几年里，袁旭结识了业内不少电脑高手，几个人商量后决定，自主研发了"迅游游戏加速器"，奇虎董事长周鸿祎成了他的天使投资人。该技术把网游数据从互联网中剥离出来，解决了从服务端到客户端的游戏提速问题。

目前国际上能够提供网络加速的公司非常少见，国际上比较知名的是美国 Akamai 公司，一个致力于网络交通提速的"内容发布"公司，也是市值超过百亿美元的上市公司。

目前几家国内致力于互联网行业的知名风投公司，都对四川迅游网络科技颇有兴趣。

2013 年 3 月 11 日，《福布斯》中文版推出"中国 30 位 30 岁以下创业者"名单。作为唯一一个把公司总部设在成都的 80 后川籍创业者，袁旭已是第二次上《福布斯》，他自主研发的网游加速器在行业内市场占有率排名第一。

在网游研发路上，袁旭这个年轻人，他的路还有很长。

如今，袁旭在其他同龄人还在为了生计四处奔波的时候，他已经成为四川迅游网络科技有限公司的年轻总裁，管理员工超过 50 人。袁旭创业的成功，除了他的天分在起作用外，还有一个因素在起着重要作用，那就是他的用心，以及对这份工作的热爱。从袁旭的创业史中，青少年朋友你能够受到什么启发呢？

三、创业，不要太在乎所谓的面子

放下身段，死缠烂打。

————孙陶然（毕业于北京大学，拉卡拉公司董事长兼总裁）

古代的中国，崇尚的是"重农轻商"。我国古代的四大行业，所谓"士农工商，四民有业"，商业被排在了最后一位。文学家司马迁创作的史学巨著《史记》中，将为商贾立传的《货殖列传》排在了全书的最后，足见，在司马迁的思想里，商贾的地位，连从事看相、算卦的都比不上。及至新中国成立后，在行业排位中，也是提倡"工农兵学商"，"商"仍然被排在了最后一位。

所以，在这种思想的影响下，很多人开始创业的时候，因为耻于与"商人"联系在一起，就掩饰地说自己做生意是为了创一番事业。但真正的商人毫不掩饰自己的目的，他们通常会理直气壮地说是为了赚钱！威力打火机有限公司老板徐勇水就是一个例子，他面对"你创业成功的动力是什么"的提问时，他的回答是："就是为了赚钱，过上好日子。"话虽然说得直白，但真实。徐勇水这类商人正是由于脸皮"厚"，才赚到了别人几辈子都赚不到的金钱。在他们的眼中，职业没有高低贵贱之分，再加上他们敢为天下先的胆识，这些因素促使他们敢四处闯荡，占据了别人不屑一顾的那些领域，悄无声息中将钱赚进了自己的腰包。

当年在街上摆摊，依靠擦鞋度日的小擦鞋匠，如今已成为台湾制鞋业的领导品牌之一"阿瘦皮鞋"的创始人兼董事长，他就是罗水木。古稀之年的他笑着回忆："年轻时我长得瘦小，体重不到50千克，街坊都叫我'阿瘦'，既亲切又贴切。"

20世纪50年代，大多数人都穿不起皮鞋。在当时，擦鞋这项业务可谓"金字塔顶端的五星级服务"。

然而，也正是在那个时候，台北市延平北路二段"东云阁"大酒家楼下经常形成一条"人龙"，那是在"金融一条街"工作的上班族，正排队等候名声响亮的"阿瘦仔"擦鞋，尽管"阿瘦仔"擦一双鞋的价格比吃一顿正餐还贵。

只见在"人龙"的最前端，那个身手利索的"阿瘦仔"拿着猪毛刷和擦布，飞快地给客人的皮鞋上油，擦亮、磨光，同样的程序毫不马虎地坚持3轮，才算大功告成。

在"阿瘦仔"的擦鞋摊周围，有很多擦鞋摊、擦鞋店。但要想找"擦3遍，亮3天"的擦鞋师傅，还非得找"阿瘦仔"不可。很快，"擦鞋找阿瘦"的口号不胫而走。

罗水木经常骄傲地说："我绝对不会因为客人多，为了抢时间而减少一道工序。客人的眼睛是雪亮的，即使能骗得了一时，客人终究会发现。"年仅10岁就辍学的他，心中一直有一种模糊的"品牌观念"——在他心目中，"阿瘦仔"的招牌，决不能有一丝污点。

创业路上不乏艰难险阻，即使是擦皮鞋，罗水木也全心投入，终于获得了顾客的信任，从台湾街头一个不起眼的小擦鞋摊，到年营业额超过30亿元新台币（约合6.8亿元人民币）的"龙头企业"。

在成功的创业者心中，面子根本不值什么钱，能赚大钱才算有面子——这是他们独特的"面子观"。他们认为，如果你想在社会上闯出自己的一片天来，就要放下身份和面子，让自己回归到"普通人"中间。同时，也别在乎他人的眼光和批评，做自己认为值得做的事，走自己认为值得走的路。如此，成功的路才越走越广阔。

在创业的路上，面子是最大的绊脚石。如果你带着面子上路，恐怕只会活受罪，最终因面子而死。成功的创业者告诉我们，只有放下面子才能得到面子。北大才子卖猪肉、清华精英修车卖蔬菜这样的事情，在很多创业者看来，仅他们能突破面子这一心理关就非常值得称赞。青少年朋友，在创业的时候，如果你能够放下自己的面子，相信，你的创业之路会通畅许多。

2014 年 3 月份，很多人都被报纸上的这个题为"放下球星面子托起明天盘子，女足姐妹花创业进行时"的报道所吸引。报道中的"球星"指的是季婷、黄璐娜、孙凌、丁贝丽四位上海女足队员，四人中三人是国脚。也巧，她们在球场上司职前锋、中场、后卫和守门员，凑在一起正好是一条全攻全守的线路。

2013 年，在结束辽宁全运会的征程后，上海女足大部分老队员都准备离队。离队后，向左走还是向右走，她们的人生来到了一个关键的十字路口。

创业！这个说起来很简单做起来却并不容易的词汇，开始出现在四位女孩的人生字典里。

创业？她们要做什么呢？这时候，她们中有人提出了开火锅店的想法。面对这个想法，其他的女孩有些犹豫不决。从体面的球星到给人端盘子的"餐饮服务员"，一开始还真有点适应不了这种身份的转变。

然而，经过一番徘徊和挣扎后，女孩们终于放下了面子。毕竟，如果连生存都成问题，一个人还有什么面子可谈呢？

踢球的女孩麻利爽快，说干就干。只用了 3 个月的时间，她们的"七婆串串香火锅店"就筹备就绪。"2014 年 2 月 28 日试运营，朋友们来吃第一顿。没那么多钱请服务员，我们几个端盘子、刷碗，从服务生做起。"守门员黄璐娜在开店这件事上更像前锋，她先开了口……

球星？端盘子？开火锅店？很少人会将这几个词汇联系在一起，但季婷、黄璐娜、孙凌、丁贝丽四位女孩却用实际行动将它们联系在了一起。在创业面前，所谓的球星面子对她们来说已经云淡风轻，她们要做的是，对自己未来的人生有一个长远的规划。

球星为什么就不能端盘子？端盘子也是一种事业，有什么好丢面子的！因为所谓的面子，多少人放弃了自己成功创业的机会。四位球星姑娘最后领悟到，生存比所谓的面子更重要，她们的事业也迎来了新的曙光。

创业时，放下面子才更容易取得成功。因为舍弃面子的人，他的思考会更加富有弹性，他的观念会逐渐远离刻板，他能汲取到更多的商业资讯——这将是他创业的重要本钱；放下面子，会让我们比别人早一步抓到好机会，没有面子的顾虑，创业的重担会轻松一些。

四、想创业，就赶紧行动

一件事情你如果觉得它有 60% 的成功的可能的时候，你就应该去干。因为当你等到这件事情有 90% 的成功可能的时候，那肯定不归你干了。

——孙陶然（毕业于北京大学，拉卡拉公司董事长兼总裁）

在一篇新闻报道中，ListHere 公司的联合创始人、一位拥有数十年管理大型在线营销经验的在线营销者史蒂文结合自己的创业经验以及工作经验阐述了他的创业观：

在过去的十多年中，对于企业的认知可谓是难以历数，有些事情是在其他公司工作时学习到的，而有的教训是在自己创建企业的过程中总结出来的。在自己创建的公司里，我依然是一份全职工作，这也让我从不同角度了解了周围人的不同想法。

特别是，我发现在这些选择创业的人们与那些选择朝九晚五上班的人们有着很大的区别。当然，当你与这些为别人工作的人们交谈时，你会听到许多关于他们自己的一些创意——谈论根据他们自己的创意创建公司，最终可以脱离目前的公司。但为什么还有这么多的人会选择在职业这条路上耗时 10 年、20 年甚至 30 年？在我看来，真正的创业者与那些"做梦"创业的人们之间有一个重大的区别，那就是有想法了是否能马上行动！

在我们的身边，不管是年轻创业者还是年老创业者，几乎都有这样一个想法，即他们都会觉得他们应该更早开创自己的公司，如果自己起步能再早点儿，那肯定做得比现在还要好。

成功的创业者都是行动家，因为行动能说明一切，行动能证明一切。生活中，很多人也有创业的冲动，却不能付诸行动，他们认为要把一切都算计好了，保证万无一失才能行动。的确，做任何事都会有风险，然而等待的话还有机会风险。保证万无一失其实是给懒惰找借口。还有很多人，认为创业需要等条件成熟了再去做，可是什么时候算是条件成熟呢？等有足够的资本，还是有足够的经验？市场竞争如此激烈，只要有好的想法你就应该尽快执行，一再思索可能会错失最好的商机，让其他的后来者居上。创业者要用自己的激情点燃事业，条件不成熟就创造条件促其成熟。没有行动的创业就只是白日做梦。

孙某如今已经四十多岁了，在化妆品企业和保健品公司都做过高管。十几年前，他就拥有了创业的想法，他甚至对自己的创业项目进行了充分的规划，并写出了内容丰富的计划书。但不知是周围环境变化太快，还是他的心理承受能力抑或是害怕失败的担忧以及准备不充分的原因使然，他一直有想法却没有行动，以至于十多年过去了，目前的工作对他而言，已经成为鸡肋，没有什么新鲜感和趣味，他为此经常心怀不安，睡也睡不好，吃也吃不好，玩也玩不好。

故事中孙某的一个缺点就是有想法而无实际行动。行动才能发现机遇，才能发现自己的构想与实践的距离，没有行动就无法检验你的想法，就无法寻找到发展的契机。要想创业成功，就应该立即采取行动。没有行动，空有想法，即便想法再完美，又有什么用呢！所以，青少年朋友，如果你有一个很不错的创业想法，那就赶紧行动起来吧，千万别让竞争对手抢先一步占领高地。

那些创业大师们都是典型的冒险家，他们知道行动会带你发现"神秘的宝藏"，或找到解决问题的办法；他们也是坚定的叛逆者，他们毫不犹豫地选择过另一种生活，并努力用行动去证明。维珍公司的创始人理查德·勃朗森就是这样的一个人。

享誉世界的维珍公司拥有众多的商品和服务，涉及音乐、航空、服装、饮料、电脑游戏和金融服务等领域。维珍公司是一个商业神话奇迹，创始人理查德·勃朗森是一个伟大的行动者和冒险家，被誉为"全球品牌塑造大师"。

1950年，理查德·勃朗森出生于英国的一个偏僻小镇。他从小就接受传统的英国教育，然而天生活泼、叛逆的他根本适应不了学校的各种条条框框，于是在他16岁那年就选择了辍学。

从小，勃朗森就梦想能成为一名成功的商人，他满脑子里充斥的都是各种经商计划。离开学校后，勃朗森高兴坏了，他说干就干，立即投入到商海中。不久，年仅16岁的他就创办了一份名为《学生》的杂志，但这份杂志的营销成果并不理想。后来，他突发奇想，要办一家邮购唱片公司。然而，当时的勃朗森对流行音乐一知半解，对唱片市场更是一窍不通。他凭着自己的感觉和年少的无畏，勇敢地行动，借助《学生》杂志的广告一举成功。勃朗森一夜间声名鹊起，订单如雪片般飞进他的口袋。

随着事业的逐步发展，勃朗森善于行动的能力发挥了重要作用。他每找一条创建新品牌的独特模式和商业运作，都是一次冒险行为，使得20多年后，人们都知道他这样一位特殊的行动家。除了商场上，生活中的勃朗森也热爱冒险，他曾经横渡大西洋并打破世界纪录，还乘坐热气球向死神挑战获得成功。

勃朗森相信行动而不相信任何商业教科书，甚至向教科书发起挑战。例如，哈佛商学院的必修课程将航空业、可乐市场和英国的金融服务市场划入竞争最为激烈、最不容易涉入的市场。但勃朗森却能轻而易举地进入这些市场，而且搞得天翻地覆。

他在航空业是呼风唤雨的人物，也曾经将可乐巨人打得一败涂地，所有这些都可称得上是成功的范例。但他的这些成功，却是以敢想敢做为基础的。

通过这些行动，理查德·勃朗森将自己推进了《福布斯》杂志全球首富排行榜，使自己成为英国民众的崇拜偶像。如今，理查德·勃朗森拥有 200 家公司组成的商业网，他是一系列国际顶尖品牌的创始者和经营者。他个人的财富已超过 30 亿美元，而维珍集团的财富更是无法统计。

勃朗森把他的成功归结为"抓住了机会"，然而有几个人像他一样，能抓住那么多机会呢？当他有一个个天才的构想时，他都能毫不犹豫地实施，并不以自己是某个行业的门外汉而望而却步，而是坚定地朝着自己认定目标前进。我们难道缺少想法吗？不！我们周围有很多人很有想法，但很少人能真正去实现自己的想法，我们缺少冒险的勇气和实现目标的动力。

创业者要提高自己的行动力，不要害怕行动会带来失败，失败了重新再来，失败只是证明某一种想法不合时宜，但还有无数个想法等待我们去努力，为什么我们还要沉浸在失败的阴影中呢！

我们总是佩服创业者的勇敢，却很少注意到他们善于抓住机会并迅速行动的能力。很多事，做与不做，存在着质的差别，仅仅有想法，那绝不是一个真正的创业者。青少年朋友们，如果你也想创业，如果你也拥有好的创意，那就别再等了，现在就动手做吧！你可以用各种方式告诉全世界，你的想法有多么超前，但你必须通过行动，让别人知道你的想法。

五、"资金不够"只是你的借口

我认为创业其实也很简单，我们开始先做个小买卖，然后做中买卖，最后做成大买卖。

——孙陶然（毕业于北京大学，拉卡拉公司董事长兼总裁）

很多人谈及创业时，总是满怀激情，说自己的创意多么多么好，肯定能创业成功。但如果你问他，为什么不付诸实施呢？他的回答永远是"资金不够"，说完后嘴边还挂着一声长长的叹息。

其实，成功的创业者们都知道，因"资金不够"而不去创业的人，都是在为自己的懒惰找借口。创业时，千万不要说自己的本钱还不够，事实上，财富是可以从小本钱投资经营而累积起来的。拥有小本钱的创业者，一样可以在未来的某一天成为坐拥百万财富的大赢家，只要你努力，只要你坚持。

说起小本经营的起家者，不得不提股票投资之神、1996 年被美国《财富》杂志评定为美国第二大富豪的巴菲特。

巴菲特年仅11岁的时候，就开始了自己投资股票的旅程。那时，他身上没有多少钱，就将自己和姐姐的一点小钱都投入了股市。刚开始的时候，他一直赔钱，但他却坚持认为持有三四年才会赚钱。结果，姐姐把股票卖掉了，而他则继续持有，最后，事实证明了他的看法。从投资中，他获得了人生中的第一桶金。

20岁时，巴菲特就读于哥伦比亚大学。在大学读书的日子里，他身边的同龄人都只会游玩，或是阅读一些休闲的书籍，而他却并非如此。他大啃金融学的书籍，并跑去翻阅各种保险业的统计资料。当时他的本钱不够，又不愿意借钱，但是他的钱还是越赚越多。

1954年，巴菲特到葛莱姆教授的顾问公司任职。积累了一定的经验后，资金不够的他向亲戚朋友集资了10万美元，成立了自己的顾问公司。聪明的巴菲特经营有方，公司的效益非常可观。待公司的资产增值30倍以后，1969年巴菲特解散了公司，退还了合伙人的钱，将主要的精力集中在自己的投资上。

巴菲特从11岁就开始投资股市，历经几十年坚持不懈。因此，他认为，他今天之所以能靠投资理财创造出巨大财富，完全是靠近60年的岁月慢慢地创造、积累出来的。

股神巴菲特的经历告诉我们：财富的扩张是一个不断积累的过程。创业时不一定非得等到资金全部到位才动手，这不但会错失良机，也会使创业的计划搁浅。有时，只要善于把握机会，再小的钱也会起到很大的作用：个人财富排名世界第一的比尔·盖茨当初开始创业时，仅投入1000美元的资本；跻身世界500强的戴尔刚开始创业时，也只有1000美元的资本。所以说，创业不在于本钱的多少，只要你做得好，每一个小买卖里都蕴藏着无限的商机，任何小事都包含着做成大事的种子。四川打工族用卤鸡蛋在全国许多城市启动新市场，就是一个最好的例证。

2002年春节以后，在全国许多城市的大街小巷，出现了一些四川人的身影，他们在使用一种移动销售的方式销售卤鸡蛋：每人推一个自制的小推车，小车非常简单，四个小轮子上放一块木板子，板子上面放一口大铝锅，锅里放着不断冒烟的热鸡蛋，走街串巷，喊着带四川口音的"正宗卤鸡蛋，一块钱三个，味道好得很"。就是这么一个不起眼的模式，却让这种特色逐渐变得像新疆羊肉串那样，小有名气，而且在全国迅速扩张。如今遍布全国各地从事四川正宗卤鸡蛋的人已有数千人。

只要有心，只要去做，小本经营也能创造出奇迹。故事中的四川人中，很多人的创业启动成本只有200元左右，但他们一天能销售几百个鸡蛋，靠近旅游区的甚至能销售1000个以上，虽说每个卤鸡蛋只有几分钱的利润，但每天都能够获得30~100元收入，而且风险很小。

所以说，青少年朋友，如果你渴望创业但又缺乏资金，不妨从小本经营做起，通过慢慢积累的方式，实现资金的扩张。不要以为非得有大量的资金才能创业，资金固然重要，但对你来说更重要的是你要有一个创业的头脑和创业的精神。

六、想创业，就要做好吃苦的准备

创业者要过非人的生活。

————孙陶然（毕业于北京大学，拉卡拉公司董事长兼总裁）

在很多创业成功者的观念里，有一句话始终不会忘记，那就是"吃苦才能发大财"。"能做别人不愿做的事，能吃别人不能吃的苦，就能挣到别人挣不到的钱"，这是很多成功创业者的经验之谈。

当今社会，很多青少年都缺少吃苦精神，心理承受能力差，生活中稍有不顺就哀叹命运不济。阿里巴巴集团创始人马云认为这样的年轻人难成大器，因为他们虽有锋芒，却缺乏磨砺，他认为："生存考验只是一种手段，年轻人更应自觉加强吃苦锻炼。"

创业的过程是一个艰辛的过程，不做好吃苦的准备，怕吃苦，肯定是坚持不下去的。世事难预测，创业的结果，创业者是无法预料的，但是创业遇到的各种困难，却是必须要承受的。马云在创业的过程中，便吃尽了各种苦头。

1991年，马云进行了第一次创业，当时他成立了一家名叫海博的翻译社。该翻译社第一个月的收入是700元，而当时的房租是2400元，没赚反而亏了很多的马云一时遭到了周围人的嘲笑。为了维持翻译社的正常运转，马云一个人背着个大麻袋到义乌、广州去进货，翻译社开始卖礼品、鲜花，以最原始的资本积累方式来维持运转。渐渐地，翻译社的发展走向了正轨。

1995年4月，马云垫付7000元，联合家人亲朋凑了2万元，创建了中国最早的互联网公司之一"海博网络"。这次创业，他吃的苦更多。当时，他只租了一间房间当办公室，房间里只有一台电脑，资金有限，钱是一块钱一块钱地数着花。当时注册这家公司的时候，全国还没有一家互联网公司。因此，这家名为海博网络的公司是中国第一家商业运作的互联网公司。当时，马云把中国企业的资料集中起来，快递到美国，由设计者做好网页向全世界发布，利润则来自向企业收取的费用。

1999年3月，马云在杭州创办了阿里巴巴公司，当时马云面临的环境依然没有改善。为了节约费用，公司就安在了他的家里。他和创业伙伴们没日没夜地工作，地上有一个睡袋，谁累了就钻进去睡一会儿……

没有昔日的苦，就没有今日的甜。无论有多困难，马云从来没有放弃过，所以才有了后来的成功。

谈及创业，北大纵横管理咨询集团总裁王璞说："创业要做好吃苦和掉层皮的准备。如果你作为一个创业者，原来没创过业，你想着一步登天，不切实际，好高骛远也不切实际，所以还是要做好吃苦的准备。如今大部分企业家，包括我本人在内，谁没掉过一层皮呢？谁没熬过艰苦的岁月呢！你看我的好朋友俞敏洪，他最早提着糨糊刷墙，刷小广告。我前两天跟娃哈哈的总裁宗庆后在北京做一个电视节目，他说他最早在北京骑三轮送冰棍。你说现在创业的一代会这样吗？会拿着糨糊去刷小广告吗？会骑着三轮送冰棍去吗？我觉得要有这种精神，精神不能变。"是的，创业的过程即吃苦的过程，并且这种苦是大苦，而非小苦。很多创业成功者在创业路上吃了多少苦，只有他们自己知道。

说起创业的典范，不得不提温州人。有人说，小老板靠勤奋吃苦赚钱，中老板靠经营管理赚钱，大老板靠投资决策赚钱。"白天当老板，晚上睡地板"，就是温商早期创业的真实写照。正是靠这种精神，他们才能在缺乏资源、没有政策支持的情况下迅速将企业的规模做强做大。

在《温州的生意经》一书中，作者曾介绍过：早在《隋书·地理志》中就有这样的记载："永嘉县，妇人勤于纺织，有夜浣纱而旦成布者，俗谓之'鸡鸣布'。"清朝陆进在《东瓯掌录》中记载得更加具体形象："东瓯一带，妇女勤纺织，寒暑昼夜之间，虽高门巨室，始龀之女，垂白之妪皆然。"她们夏织苎，冬纺棉，昼夜之间，不仅自己织布做衣，还把织成的布拿到市场上出售。这种勤劳刻苦的精神，同样也反映在农业、渔业、手工业等其他社会领域。宋代温州知事真德秀，曾记温州农民"勤于耕作，土熟如酥；勤于耘籽，草根尽死；勤于修胜，蓄水必盈；勤于粪壤，苗稼倍长"。明万历《温州府志》有这样的一段记载："温壤多泥涂，土性浇薄，民以勤力胜之。"如今的温州已经成为经济强者，备受世人瞩目。这无不得益于温州商人肯吃苦的勤劳美德。

在西班牙的华侨中，西班牙三 E 公司总裁王绍基先生算是闯荡商海的佼佼者之一。当年踏入商海时，他曾经历了种种艰难、困惑、迷茫、无奈和挣扎。

王绍基出生于浙江温州，曾经在杭州音乐学院和上海音乐学院先后专攻指挥和管弦乐器。

1985 年，王绍基在朋友的帮助下去马德里谋生。刚到西班牙的他，生活得非常窘迫，身上只有20美元的他做过很多杂工，先是在中餐馆洗碗、跑堂，后来还去邻国葡萄牙跑小买卖，再后来，他在一家小小的成衣加工厂里做熨衣工。这一时期可以说是他人生中最困难的一段时期。拥挤的车间非常简陋，他白天在这里做工，晚上也在这里睡觉。没有床，就睡在从马路边捡来的破床垫上。

夏季，马德里天气非常炎热，通风不良的车间气温有时高达40℃以上。熨衣工手握滚烫的熨斗，更是热得难以忍受。王绍基负责熨烫裤子，半分钟必须熨烫好一条裤子，这在常人看来，的确是个又苦又累又紧张的工作。

但肯吃苦的王绍基坚持了下来，而且还经常利用闲暇时间到当地中国人办的西班牙语学校学习。在西班牙，语言不通几乎是所有华侨都遇到过的一个难题。不通当地语言，就等于是个睁眼瞎，更谈不上有什么发展。西班牙语用途很广，但却非常难学，尤其是听和说方面。西班牙人语速极快，不经过多年的苦学是听不懂也说不出的。然而，认真、刻苦的王绍基愣是学会了西班牙语，这为他以后的发展打下了根基。

经过多年的打拼，王绍基创办了三E公司。

20世纪90年代初，吃苦耐劳的王绍基创办的三E公司已经成为西班牙进口中国商品的主要合作伙伴，而且从2003年起，他又将经商的触角伸展到新闻媒体方面，创办了一家中文报纸《欧华报》。凭借能吃苦的精神，王绍基的事业发展得如火如荼，人生之路也越走越辉煌灿烂。

回望自己所走过的路，所吃过的苦，王绍基最喜欢说这样的话："我最信奉的就是孟子说的'天将降大任于斯人也，必先苦其心智，劳其筋骨……'"

是的，不懂受苦就无法创业成功。学会吃苦耐劳是创业成功的保证。任何一位成功的创业者都清楚，能吃苦只能算是入门的"必修课"，没有吃苦的精神，最终无法创业成功。

七、从人生的阴影中抽离出来，以积极心态投入创业

一个人能否成才取决于许多因素，但归结起来不外乎四点，第一，自己的目标设定。第二，努力和程度。第三，努力的方法。第四，对各种艰难困苦的承受能力。无论你的起点有多么低，你要在这四点上下功夫，人生总会不一样。

——王利芬（毕业于北京大学，优米网创始人）

生活中，很多事情都是让人难以预料的，比如亲人的离去、车祸的发生、生意的失败、失业、失恋等。这些事情的发生会将我们原本平静的生活打乱。以后的路究竟应该怎么走？我们应当从哪里起步？这些灰暗的影子一直笼罩在我们的头上，让我们裹足不前。

很多人本来对未来充满了希望，但在这些灰暗阴影的影响下，他们渐渐地开始萎靡不振。有的本想积极创业，实现自己的人生梦想。但是，在这种坏心情的影响下，创业的事情也搁置不前。

日子这么苦，还创什么业！

千万不要这么想。在这个世界上，为何有的人活得轻松，而有的人却活得沉重？活得轻松的人，不是因为他们没有遭遇什么祸事，而是因为他们拿得起，放得下。很多人在受到伤害之后，一蹶不振，在伤痛的海洋里沉沦。他们不明白，只得到不失去是不可能的。正确的做法是，在失去之后重拾希望和信心，重新开创幸福的生活。

妻子看着丈夫满面愁容，温柔地问："亲爱的，你怎么了？"

"完了！完了！我被法院宣告破产了，家里所有的财产明天就要被法院查封了。"丈夫说完便伤心地低头饮泣。

妻子好像如释重负地松了一口气，她柔声问丈夫："你的身体也被查封了吗？"

"没有！"丈夫不解地抬起头来。

"那么，我这个做妻子的也被查封了吗？"妻子又问道。

"没有！"丈夫不解地拭去了眼角的泪，无助地望着妻子。

"那咱们的孩子们呢？"妻子又问。

"他们还小，跟这些事根本无关呀！"丈夫说。

"既然如此，那么怎能说家里所有的财产都要被查封呢？你还有一个支持你的妻子以及一群有希望的孩子；而且你有丰富的经验，还拥有上天赐予的健康的身体和灵活的头脑。至于丢掉的财富，就当是过去白忙一场。以后还可以再赚回来的，不是吗？"

听了妻子的话，身为企业家的丈夫站起身来，重新振作了精神。在他们夫妻的共同努力下，两年后，他的公司又恢复了往日的辉煌。

生活在这个变化多端的社会，我们每个人的一生都不可能总是一帆风顺、事事顺遂的，谁都难免遭受挫折与不幸，甚至失败。比如，你总是被同学误解，你的想法总是遭到父母的打击；你的建议总会被领导无情驳回……其实这些都是很多人在奋斗中经历过的挫折，是很难避免的。但是如果你就此把眼光拘泥于挫折的痛感之上，就很难抬头向前看。失败并不可怕，它在一定意义上说是一个新的起点，是通向成功道路中的一道绚丽风景，是失败者东山再起的一块基石。它更是一个棒槌，能激发我们沉睡的激情，锤炼我们的意志，让我们追求更高的境界。有位哲学家说过："失败，是步入更高的开始。"检验一个人，最好在他面对失败的时候：看看失败能否唤起他更多的勇气；看看失败能否让他更加努力；看看失败能否使他发现自身的新力量，挖掘自身潜力；看看他在失败以后，是更加坚定信念还是就此心灰意冷、畏缩不前。

失败算什么？挫折又算什么？最糟，也不过从头再来。

人生遭遇困难和挫折并非可怕的事情，可怕的是我们不能从这些困难和挫折的阴影中走出来，尽早地以最新、最好的状态投入到对事业的追求中。哪怕我们身无分文，哪怕我们负债累累，哪怕我们失去了亲人温暖的臂膀，哪怕我们不得不在茫茫的尘世中孤军奋战，只要拥有积极乐观的心态，勇敢地去面对生活中的种种磨砺，在创业的险途中奋勇向前，通过一点一滴的积累，一点一滴的打拼，终将取得事业的成功。

八、设法获得第一桶金

让我们全心全意地收获生活的每一天，在平凡的日子里感受生命的美好，在耕耘里感受劳动的快乐和收获的期待。

——俞敏洪（毕业于北京大学，新东方学校创始人，现任新东方教育科技集团董事长兼总裁）

所谓第一桶金，是一个创业概念，是创业过程中赚的第一笔钱。创业者如果与第一桶金无缘，创业很可能是一个失败的结局。

关于第一桶金，在美国有这样一个家喻户晓的故事：

在19世纪中期，美国加利福尼亚州发现了金矿，在当地掀起了一股淘金热。普通农夫亚默尔也加入了淘金者的行列中。

在金矿上挖了几天几夜，亚默尔都毫无收获。正当他为此惆怅不已的时候，无意中注意到一个现象：矿场气候干燥，水源缺乏，淘金者很难喝到水。甚至有饥渴难熬的掘金者声称："我愿用一块金子来换一杯清水。"这给了亚默尔很大启发，于是他将淘金的目光转向了"卖水"——只要把水运到矿场，便可赚大钱。说干就干。当别人都全力为挖黄金而挖井的时候，只有他用挖金矿的铁锹挖了一口水井。从此，亚默尔走上了发迹之路，后来成了美国著名的企业家。

这就是在美国兴起的淘金热中广为流传的"第一桶金"的故事。但这桶金并非来自金矿，而是来自清水。

财富是一点一滴积累起来的，创业者也是从赚到第一笔钱而走上成功之路的。有了第一桶金，第二桶、第三桶就会源源不断地来了，并不是因为有了资本，而是因为找到了赚钱的方法。所以，要想创业之路通顺，获得第一桶金非常重要。

有这样的一则故事：

一天，吕洞宾在街上闲逛。突然他看到路边站着一个乞丐，这个乞丐看起来非常可怜。吕洞宾心一软，就在路边捡了块石头，用手指一点，那块石头就变成了金砖。他将这块金砖递给了乞丐，没想到对方却断然拒绝了。这让吕洞宾感到非常惊讶，他问乞丐："你为什么不要金砖？"乞丐却昂然回答道："我不要金砖，我想要你那根点石成金的手指。"

赚取第一桶金的过程，实际上就是将普通手指变为点石成金的金手指的过程。

第一桶金是一个人将来迈向辉煌人生的奠基石，只有先掘得人生的第一桶金，才能施展你更大的抱负，才能走向人生更大的成功。

在成功的创业者中，多数是胸怀壮志、身无分文，凭着知识、智慧、毅力和信心去获得"第一桶金"的。创业是一个长期的艰苦过程，不可能在很短的时间内就创造一个亿万富翁。但是，挖掘"第一桶金"越是艰难，后来创业便越容易成功。

年轻人有的是热情、书本知识，缺少的是经验、金钱。有了这第一桶金，加之掘金过程中积累的经验，你的创业之路便开始步入正轨了。

那么，如何得到这宝贵的第一桶金呢？

杨振华的经历或许能给我们青少年很好的启示。

杨振华是一名遗传学老师，任教于福建农学院。她经过多年的摸索，在实验室里采用生物工程技术对普通的黄豆进行了独特的深加工，开发出含有 20 种人体必需的生命氨基酸的营养液——这一实验耗费了她数年的心血，终于有了喜人的成果。为了纪念这一难忘时刻，她将该营养液命名为"851"。

1987 年，杨振华离开教师岗位，下海经商，准备自己开发 851 营养液。可是她毕竟是一介女子，而且没有相关的经商经验，所以，很久都没有打开销路。后来，在她的百般努力下，她逐渐闯出了一点销路，却又经历了产品质量的挫折，进出法庭，饱受官司之苦。

杨振华的经商生涯可谓多灾多难，在那段困苦的日子里，她每天夜里不知流过多少辛酸的泪水。可她也知道，生意场是强人的世界，市场不相信眼泪。所以，她总是一边流泪，一边默默地祈祷：明天会更好，面包会有的，一切都会有的……第二天一大早，她又肿着眼睛爬起来出去拼、出去闯。

功夫不负有心人。杨振华的努力终于有了收获，她获得了一次难得的机遇。1989年，"851"卖到了东南亚，泰国正大集团财务长偶然吃到了，久治不愈的肝病竟然因之神奇地痊愈了。这位财务长喜出望外，迅速找到杨振华，要求与她联合开发、经营。杨振华觉得这是一次绝佳的机会。

1990 年 10 月，正大振华 851 生物工程有限公司宣告成立了，气派的公司大楼在福州温泉路上拔地而起。

1992 年，851 已经跨洋过海出口到欧洲、南美、南非、东南亚等全世界 10 多个国家和地区，当年创汇 600 万美元。

杨振华终于成功了。

杨振华的成功向我们表明了，在创业的过程中，要坚持三个原则：

1. 不怕吃苦，坚持到底

"艰苦"和"创业"是连在一起的，刚开始创业的时候，无论是资金、规模，还是知名度，都是有限的，可能还要受到其他企业的排挤和敌对。只有怀着不怕吃苦、坚持到底的决心，才有战胜困难的力量。杨振华在创办企业之后，经受了那么多的挫折和打击，可她最终还是挺过来了。所以，她取得了成功。

2. 投入自己最熟悉的行业

获得第一桶金，要设法从自己最熟悉的领域开始。因为，投入熟知行业，就避免了承受去接触新事物所带来的负累。没有雄厚财务支撑的买卖更是经不起外行的折腾。这是一笔交不起的学费。杨振华在决定创业时，就选择了自己非常熟悉的行业，"851 营养液"正是她的研究成果，可谓驾轻就熟。

3. 善于抓住机会

一个成功的人必然是一个善于抓住机会的人，创业者也不例外。当我们为创业做好一切准备时，就要等待机会，甚至创造机会，以推动创业走向成功。杨振华在经历种种磨难之后，敏锐地抓住了一个难得的机会，从而得以跃上事业的巅峰。

从杨振华的创业故事中，青少年朋友你能收获到什么心得呢?

九、创业起步，要先想好自己的退路

此地不容人，自有容人处，你应该再接再厉，自有更好的机会等着你。

——林语堂（曾在北京大学任教，著名学者、文学家、语言学家）

投资创业几乎是每一位有志者的奋斗目标。刚起步时，我们很容易太过冲动，总是思考如何让事业持续到永远。然而，相关的调查数据告诉我们：让事业永远沿着一个方向持续下去是个不折不扣的幻想。那么，如果能够预测经济衰退或危机什么时候到来，我们就能及时地撤退，从而避免多米诺效应的发生。

在美国，一家名叫麦金利的咨询公司曾经专门做过一个调查，调查结果显示，从 20 世纪 20 年代至 30 年代，全球 500 强企业的平均寿命是 65 年，到了 1960 年变成了 30 年，而到了 1990 年平均寿命缩短至 15 年，估计到了 2010 年，企业的平均寿命为 10 年。所以，没有做好撤退的准备就开始创业是一件非常冒险的事情。

虽然很多人都知道，在遭遇险境时如果能够顺利地撤退对于确保整体的利润是非常重要的，但实践中，却很少有人会提及这个话题。大概是因为现实中，人们更加关注成功，而避讳失败吧！以往经核算证实赢利的企业，经过总清算后反而有大笔的赤字，账簿上登记的资产根本值不了什么钱。比如，办公家具和办公用具被算作资产，到了清算时，这些东西根本卖不出几个钱，有的根本没人买。到这个时候，它们就不再是资产了，反而成了垃圾。其实，不仅要损失办公家具等资产，在关闭公司的时候，还需要支付昂贵的费用。首先，要向员工支付高额的离职补偿，如果请了会计师、律师，还要付给他们高额的酬劳。除此之外，需要用钱的地方还有很多。

当今时代是个竞争的时代，社会更新换代快，任何企业都无法保证能长久地发展。所以，明智的创业者，从创业起步时刻，就会先预测好自己所面临的风险，然后据此设计好自己的退路。做了充分的准备工作后，再轻装上阵。如何轻装上阵呢？这里大体介绍一下细则：要尽可能地做到零库存，坚持预先付款、现金回收的原则，不要有拖欠的货款；别雇用正式员工，尽可能地雇用兼职人员；必须严格坚守不签长期租约、不借钱的原则。在创业的过程中，客户可能希望你能有库存，也可能提出延长付款期等各种要求。如果答应了客户的这些要求，会让你的创业之路背负重大风险。有的创业者会认为，没有风险就没有利益，认为增加库存非常有必要，可是他们没想到的是，如果所得利润不足以维持库存，会严重影响整个企业的正常运转，创业之路会走弯路，甚至走上绝路。

所以，在刚开始创业的时候，青少年朋友一定要想好自己的退路。多条退路，就等于多条出路。

十、失业了不怕，创业助你开启新的人生

我从小到现在就是我从来不绝望，这么说吧，我就讲个最简单的例子，最俗的话"人生没有过不去的坎，只要你走"。这是我从小的性格……狼一样的性格。你们年轻可能不知道那个年代，但是这个性格就是那我从来也不屈服。所以你看我表面温文尔雅其实有很大的狼性在里面，这代人是这么走过来的，从来没有绝望过。

——黄怒波（毕业于北京大学，北京中坤投资集团董事长）

即便失业，也别失去生活的希望和方向。阿里巴巴集团创始人马云说："形势好的时候，轮不到我们创业，形势不好的时候才是机会。"即便失业，也要相信危机中定然有机会，风暴中必然有黄金！

2008年的金融危机，让很多打工者失业了。江西省瑞昌市南阳乡护岭村的何深红便是其中一位。

2009年1月25日傍晚，中国农历年的最后一天，何深红的家中早摆满了香气扑鼻的饭菜，一家人在说笑中吃年夜饭，丝毫未见失业所带来的忧愁或焦虑。和很多外出打

工的老百姓一样，何深红已经在外打工多年。受金融危机影响，很多企业都停业，于是他在 2008 年的 10 月提前返乡。

回到老家后，他没有让自己闲在家。而是借钱买了辆三轮车，跑起了运输。每天天一亮他就出门，晚上 10 点多才回家。虽然比较辛苦，但收入还不错。

后来，有想法的何深红又开动脑筋，想到了另一条创业之路——开一家小吃店。他打算忙的时候跑运输，不忙的时候就和妻子一起经营小吃店。这样，收入可能比以前打工时还要多，同时还可以照顾一家老小。

窗外燃起了烟花，想起了锣鼓声，何深红高兴地说："明年一定比今年好。"说这句话时，何深红对未来充满了渴望，也充满了自信。

自金融危机爆发以来，像何深红一样中途失业的人大有人在。而他的故事向我们传递了这样的信息：失业并不可怕，并不意味着走投无路，有时候反而会让我们的路更加宽阔。这个时候，你可以通过创业，开创新人生、创造新辉煌。

近几年，就业形势非常严峻，迫使很多大学生和工作不如意的在职者纷纷选择了走创业之路。据媒体报道，有位北大毕业生辞职种菜卖猪肉，后来开了百家土猪连锁店；有位企业白领在失业后开了网店，赚了人生的第一桶金，约合 30 多万元，比失业前的工资多了 3 倍……这告诉我们一个道理，即人生中的机遇很多，有些需要靠运气，而有些却需要我们去争取。在失去了一份不那么感兴趣、发展前景并不广阔的工作之后，不妨走上创业之路，开辟新路子。

失业只是人生的一次小波折，只要树立积极的生活态度，敢于挑战自我，就能创造新的更美好的生活。

十一、寻找合适的创业伙伴

挑选什么样的人做创业伙伴、做股东，这是十分重要的问题。

——孙陶然（毕业于北京大学，拉卡拉公司董事长兼总裁）

"有相对较高的学历，懂得利用国际合作伙伴的力量……对积累财富的过程更有个性。"这是《福布斯》对大陆富豪排行榜第 70 位、东星集团掌门人兰世立的评价。

谈起自己的创业经，兰世立也如是说："对一个创业者而言，想要取得成功，必须经过许多年的努力奋斗。这其中左右成功与否的因素有很多，在我看来最重要的是合作伙伴的选择。"

在当今的商业社会，一些容易出效益的行业早已人满为患，竞争对手众多。正所谓

"一个篱笆三个桩，一个好汉三个帮"。这种情况下，单靠一个人去单枪匹马闯天下，其难度可想而知。即使你深谙经营之道，也需要有人在关键的时候来帮你一把。因此，你需要一个合适的创业伙伴与你一起打天下。

当今社会，要想创业成功，也需要与他人之间进行合作。无论是怎样的创业者都会有自己的优势和劣势，而创业需要你具有各方面的素质与能力，如果你有一个创业伙伴的话就可以弥补你们彼此的不足。微软公司的盖茨和艾伦就是一个很好的例子。他们两个就在创业的过程中起到了优势互补的作用，使两个人的优点都发挥到了极致。

说到拥有创业伙伴的好处，可谓众多。这里略举一二：

一方面，可以解决资金匮乏的问题。如今，创业做生意、办公司，所需要的资金越来越多，即便是成立一个规模很小的公司，没有十几万元，甚至几十万元也是不行的。这还只是起步资金，如果公司进入到运营阶段，所需要的资金会更多。尽管我们创业有时候的确需要一种破釜沉舟，甚至是置之死地而后生的精神，但是，你如果将你的全部家当都押上去，万一失败，你和你的家人连基本的生活都会成问题。在这种状况下，你的心态也会受到某种程度的影响，因为你的公司关系着你及家人的幸福，所以，你的压力自然非常大，这可能会影响你的经营效果。如果你拥有一个合作伙伴，起码你们可以共担风险。

另一方面，在你与创业伙伴合作的过程中，你可以多积累一些与人交往的经验，这也是创业给你带来的一份财富。创业做生意、办公司，说起来是与钱打交道，实际上是在与人打交道。在市场风云变幻的今天，如果你只是想着自己赚钱发财，而不想与人合作，一个人独来独往，往往会失去很多赚钱的机会。从这两个方面看，如果你想创业，而对自己的资金、能力、技术等方面有所担心的话，找一个创业伙伴是一件非常好的事情，它将有助于你成功创业。

但是，现实中，一个合适的创业伙伴并非轻易就能找到的。因为，一旦选择了一个不合适的合作伙伴，不仅不会有利于创业，可能会在日后阻碍公司的发展，甚至会导致公司破产。

那么，我们如何挑选合适的创业伙伴呢？创业阶段挑选合伙人有一个原则必须遵守，那就是谨慎从事。千万别仅凭感觉行事，也不能随便抱着试试看的态度，态度一定要端正，考虑一定要周全，从自己的真正需要出发，更重要的一点是，要结合自身的创业环境及切身利益进行考虑。

选择创业伙伴，你必须考虑以下这几个方面：

第一，对方的人品是否过关。首先，你要考察对方是否重信守约，重信守约是最宝贵的商业道德，也是合伙经营中的基本要求。如果在合伙企业中混入了不具备基本商业道德的人，很可能会断送企业的前途。其次，你要考察对方是否德才兼备，合伙人的"德"与企业的稳定和发展密切相关，包括团结合作、相互尊重等；"才"则涉及合伙人具备的专业知识、技术和能力。

第二，对方的性格是否与你相投。独立创业尽管需要一个人来承担各种风险，但是却是一个人当老板，就是你一个人说了算。而在与人合伙时，你是老板，对方也是老板，你们之间的地位彼此平等，不能一个人说了算。而且，你们的关系也和老板同雇员之间的关系不同，这就需要你们彼此尊重、互相谅解。所以，对于那些性格上存在这样那样的问题的人，尤其是不善于跟别人合作的人，缺少团队精神的人，最好不要和对方合作。

第三，你们的经验和能力是否互补。你必须考虑你能够从合伙人那里得到些什么，你又能为你的合伙人提供些什么，你们彼此之间是不是能够形成一种互补关系？如果你的技术过硬，就可以找一个有营销能力的人来合作；如果你的执行力强，就可以找一个善于出点子、策划能力强的人来合作；如果你对创业项目不太了解，就可以找一个了解创业项目、有相关行业背景的人来合作……总之，你们彼此之间的经验和能力应该互补，这样，可以更好地使公司的运营关键环节正常运作，使得公司的运作更顺利。

总之，你一定要注意，在选择创业伙伴时，一定要提高警惕，把它当作一项重要的工作来做，因为它关系到创业的成败。

十二、从决心创业时起，让自己成为一个全才

创业对一个人的综合素质要求是全方位的。

——孙陶然（毕业于北京大学，拉卡拉公司董事长兼总裁）

工作需要专才，创业需要全才。也许你特别会开车，可是你只能是一个优秀的司机而已；你的老板虽然没有你车开得好，但是他会投资、能管理、懂用人，所以他可以成为老板，雇用擅长开车的人做他的司机。这就告诉我们青少年一个道理，即便你是凭着自己的专业创业的人，在创业的过程中也可能会接触到很多非本专业的问题，所以，当你决心要创业时，要有成为一名全才的思想准备。

成为全才是优秀创业者必须具备的素养之一。对此，青少年朋友可能会问："世间没有人能够成为全才啊！"其实，我们这里所说的全才，并非让你对什么事情都精通，而是对多方面都有一定的了解，所掌握的知识越全面，越有利于创业成功。对一名创业者来说，身上肩负着的责任很大，可能要承担多重角色，只有将每个角色都把握好，才能综合成一个成功的创业者。

创业者应是企业的代表者。就企业而言，创业者是企业与客户、社会有关部门的公共关系的体现者；就员工而言，创业者是员工利益的代表者，是员工需要的代言人。不论手下有多少员工，也不论这些员工表现的如何，企业整体的经营绩效及形象都必须由创业者负起全责。所以，创业者对项目或者企业的运营必须了如指掌，才能在实际工作中做好安排与管理，发挥最大效用。

创业者应是目标的执行者。创业如同船行海上，一切以船长的目标为目标。创业者的角色就像一名船长，如果船长说："我们的船在三天之内将到达目的港，大家目前主要的任务是全力以赴，努力地使船向东行驶。"这样一来，船员们都有了明确的目标，清楚自己目前应该做的工作，因而能全神贯注地遵循船长的指示来完成多项工作，而不必担心其他的事情。这样，船才能正常地行驶，更早地到达目的港。与船长的工作类似，创业者也必须清楚地知道目标，并将目标准确地传达给自己的员工，万众一心，共同努力，实现目标。在向目标迈进的过程中，创业者应该具备一定的领导、管理和沟通能力。

创业者应是工作成果的分析者。创业者应具有计算与理解企业所统计的数值的能力，以便及时掌握业绩，进行合理的目标管理。同时，创业者还应始终保持理性思维，要善于观察、收集和运营管理相关的资讯，并对这些资讯进行有效分析，对可能要发生的状况及时作出预见。

创业者应是员工的培训者。对一个企业来说，员工整体的业务水平高低是至关重要的因素。由此，创业者不仅要经常充实自己的实务经验及相关技能，更要有效地对员工进行技能培训。同时，创业者一般工作事务众多，且经常会参加一些社会活动，当他不在企业时，各部门的主管及全体员工就应及时独立处理企业内的事务，以免影响工作的开展。所以，创业者还应当是一个善于授权者，培养下属的独立工作能力。只有全体员工的综合素质提高了，企业运营与管理才会越来越好。

创业者应是各种问题的协调者。创业者不可忽视的另一个能力是协调能力，具备处理各种矛盾和问题的耐心与技巧。如果创业者对下属的指令传达都毫无瑕疵，但是对与员工沟通、与供货商沟通等方面却做得不够好，无形中就会影响人际关系，继而影响工作进展。因此，创业者应该提升解决问题的能力。

创业者应是运营与管理业务的控制者。为了保证项目的顺利运行、企业的正常运转，创业者必须对日常运营与管理业务进行有力的、实质性的控制。其控制的重点是：人员控制、商品控制、现金控制、信息控制以及地域环境控制等。

当然，身为创业者，所扮演的角色、所承担的责任并不仅仅是这些而已，这里只是略举一下。创业者想要真正有所成就，必须做个样样都能兼顾的全才。即使现在尚不是全才，也要树立成为全才的志向才行。

十三、创业贵在坚持，不要轻言放弃

创业，贵在坚持，对于你看好的事情，一定不要轻易放弃，因为，失败与成功之间只有一步之遥。

——俞敏洪（毕业于北京大学，新东方学校创始人，现任新东方教育科技集团董事长兼总裁）

中国著名企业家马云说："对所有创业者来说，永远告诉自己一句话：从创业的第一天起，你每天要面对的是困难和失败，而不是成功。困难不是不能躲避，不能让别人替你去扛，任何困难都必须你自己去面对。创业者任何时候都要勇往直前，而且要不断创新和突破，直到找到一个方向为止。跌倒了爬起来，又跌倒再爬起来。如果说有成功的希望，就是我们始终没有放弃。"马云的话非常有道理，创业成功贵在坚持，不轻言放弃。在创业的过程中，遇到困难是最正常不过的事情，如果稍遇挫折就轻言放弃，那么，任谁都不会创业成功。但凡成功的创业者几乎都经过困难和挫折的历练，正是这些困难和挫折指引着他们走向了成功。

鲁冠球是中国知名企业万向集团的总裁，在商界取得了可观的成绩，成为一代富豪。然而，鲁冠球却是一个苦命的孩子。幼年时家境非常贫寒，他的父亲在上海一家药厂上班，收入很少。他和母亲在贫苦的农村生活，母子两人相依为命，生活十分艰难。

鲁冠球学历不高，仅是初中学历，这是困难的家境造成的。为了减轻家庭重担，初中毕业后，鲁冠球没有继续读书，而是回家种地，过起了普通农民的生活。对十四五岁的孩子来说，本应该在学校里读书求知识，但鲁冠球却不得不告别学校，这让他内心很痛苦，他暗暗地下定决心，一定要做出一番成绩来。

聪明的鲁冠球明白，仅仅靠种庄稼是永远都无法摆脱贫困境地的，也不可能实现自己的远大抱负。经过一番深思熟虑，他决定离开浙江农村去上海闯荡，请父亲帮忙找些事做。可是，父亲不但没有帮他找工作，自己还很快退休回了老家。这让鲁冠球感到非常失落。这可怎么办呢？既然来了，怎么也要在这儿待下去，不能走回头路啊！鲁冠球决心要告别面朝黄土背朝天的沉重生活。

后来，在熟人的帮助下，鲁冠球谋到了一份工作，去萧山县铁业社当了个打铁的小学徒。此后，鲁冠球成了一名铁匠。铁匠这份工可不好打！打铁是份辛苦活，年仅十五岁的鲁冠球每天起早贪黑地跟着大师傅抡铁锤，一天到晚大汗淋漓、苦不堪言，而且还拿不到多少工钱。可是，对此鲁冠球已经非常满足了，他暗自庆幸自己告别了修理地球的生活，谋得了一份好工作。

可是，人生路往往不是一帆风顺的。命运最爱捉弄人，就在鲁冠球刚刚学成师满，有望晋升工人时，国家遭遇了三年困难时期。当时，企业、机关精减人员，鲁冠球家在农村，自然而然被"遣"回家了。这对鲁冠球来说，是一次严重的打击，他觉得人生充满了失意。但是，好强的他没有绝望，他知道，他必须寻找新的突破点。

三年的铁业社学徒生活对鲁冠球产生了重大影响，使他对机械设备产生了一种特殊的情感。当时鲁冠球老家的农民要走上七八里地到集上磨米、磨面，鲁冠球也是如此。时间长了，他竟然不知不觉地对轧面机、碾米机产生了浓厚的兴趣。而且他发现，乡亲们要走的路太远了，很不方便，如果在本村办一个米面加工厂，一定很受欢迎，还可以赚钱贴补家用。这样不但省了磨面的钱，还替乡亲们省了不少时间。鲁冠球想自己买机器做米面加工生意。他将这一想法告诉亲友后，得到了他们的支持和信任，他们纷纷想尽办法，最终凑了三千元，帮助鲁冠球买了一台磨面机、一台碾米机。鲁冠球的米面加工厂就这样办起来了，只不过当时没有挂牌子。而那个年代是禁止私人经营的。

后来，鲁冠球搞米面加工的事情被广而告之，被上级政府领导得知后，就给扣了个"不务正业，办地下黑工厂"的罪名，还查封了加工厂。鲁冠球和乡亲们一面到处托人求情，一面"打一枪换一个地方"。一连换了三个地方，最后还是在劫难逃。鲁冠球这条"资本主义尾巴"被揪住了，并且被狠狠地砍了一刀——加工厂被迫关闭，机器按原价三分之一的价钱拍卖。这种结果导致鲁冠球背负了"巨额"债务，他没有办法，只好将刚过世的祖父的三间房变卖了。一夜之间，鲁冠球倾家荡产，变得一无所有。

因为这件事情，鲁冠球寝食难安，心情低落到极点，整天将自己关在家里。让他感到特别痛苦的不仅是这次商业试验本身的失败，还有失败给家里带来的巨大压力，父母亲友用血汗换来的钱就这样化为乌有。可是，好强的他并没有因此而消沉，他没有抱怨，而是坚强地重新挑起了生活的重担，继续前行。

米面加工厂倒闭没多久，他又设法干起了维修工作，成立了农机修配组，修理铁锹、镰刀、自行车等。后来，他的农机修配组的生意越做越红火。正所谓机遇永远垂青于有准备的人。1969 年，宁围公社的领导主动找到他，要他接管"宁围公社农机修配厂"。

在当时，这个农机修配厂其实非常简单，工厂只是一个仅有 84 平方米的破厂房，生意还非常不好。很多人替鲁冠球担心，担心他会陷进一个"深渊"里。但观察力敏锐的鲁冠球有自己独特的想法，他觉得这是自己创业的好时机。于是，他变卖了全部家当，将所有资金都投到了这个厂里。虽然不知道这个工厂以后会怎么样，但他却将自己的命运完全押在了上面。

鲁冠球的创业成功，离不开一样东西，那就是万向节。所谓万向节，是汽车传动轴与驱动轴之间的连接器，因其可以在旋转的同时任意调转角度而得名。鲁冠球最开始接触万向节这个东西时，全国已经有 50 多家生产厂商生产它了，市场已经达到了饱和，唯一有空间的市场是生产进口汽车万向节。当时，鲁冠球的农机修配厂已经发展成为当地知名的乡镇企业，但是规模还是非常小。这样一个小乡镇企业想生产工艺复杂的进口汽车万向节，在很多人看来，无异于痴人说梦。最让人难以理解的一点是，鲁冠球不惜丢掉 70 多万元产值的产品，将所有资源都集中在了万向节上。

如今，我们重新审视鲁冠球的这一决定时，会发现，他是多么英明！我们不能不为鲁冠球过人的判断力和选择小厂走专业化的道路而拍案叫绝。当然，万向节的成功之路也非常坎坷。当时，万向节虽然生产出来了，但是 1979 年当鲁冠球为刚刚问世不久的产品寻找销路时，却遇到了极大的困难。那个年代，计划经济体制一统天下，在这种情况下，一个出自乡镇企业的产品很难取得计划经济体制的帮助。万向节必须依靠自己闯出一片天。怎么闯呢？鲁冠球租了两辆汽车，满载万向节参加山东胶南全国汽车配件订货会，3 万名客商，沿街的展销点，却没有鲁冠球的一席之地。经过整整三天的摸底调研，鲁冠球搞清楚了各路厂家的价格，毅然决定大降价进行销售。他的这一举措，使市场顷刻间发生了大变化，鲁冠球顺其自然地走在了市场的最前方。就这样，鲁冠球一步步迎来了事业的高峰。

创业的路上总会有一些障碍存在，只有像鲁冠球一样能够克服困难走过去的创业者，才有资格品尝胜利的自豪和快乐。

创业者要有坚强的意志和持久的毅力，把创业路上的坎坷视为当然。一个人能否成为百万甚至千万富翁，可以依靠几年的好运和努力，或者一两次机遇就足够了。但一个人能否成为"大生意人""大企业家"，成就足以使他人和后人钦佩的事业，则需要持之以恒的努力和付出。一家优秀企业、一份长久事业，甚至一个优秀产品的形成，往往都不是短期时间内能够达成的，它有时候需要创业者付出十几年、几十年，甚至一生的时间。所以，青少年朋友一定要铭记：创业路上要保持一颗平常心，具备坚韧的毅力，不要轻言放弃。

爱情，是潘多拉的盒子还是被偷吃的果子

北大有很多经典的爱情故事，徐志摩和林徽因的旷世奇恋、沈从文和张兆和的世纪佳缘，还有冰心和吴文藻的恩恩爱爱，这些人和故事一直被北大人所津津乐道，也被世人作为优秀的榜样。但是不论学生还是出身社会的青年，却总是饱受爱情的各种折磨。爱情，给予我们的是幸福还是考验，是甜蜜还是历练，看看这些北大人，或许能让你懂得一点爱情的经营之道，或者拿到受伤时的一剂自我安慰的良方。

一、专一的巴金：弱水三千，只取一瓢饮

爱你是一种感觉，一种幸福的、甜蜜的感觉。让你快乐，也让自己快乐。

——徐志摩（曾任北京大学教授，著名诗人、散文家）

在巴金的爱情故事中，女主人公只有一个，她的名字叫萧珊。

巴金曾这样形容妻子萧珊，足见他对她的爱之深："她是一个普通的文艺爱好者，一个成绩不大的翻译工作者，一个心地善良的人。她是我的一个读者。1936 年我在上海第一次同她见面。1938 年和 1941 年我们两次在桂林像朋友似的住在一起。1944 年我们在贵阳结婚。我认识她的时候，她还不到 20，对她的成长我应当负很大的责任。"

1936 年的巴金，已经是大上海比较知名的作家，当时，他的那部被誉为"20 世纪的《红楼梦》"的小说《家》已经出版 5 年，《雾·雨·电》、《新生》等作品也在青年中掀起了巨大波澜。当时的他才 32 岁，正处于风华正茂的年纪。追求他的女孩子很多，但巴金都没有对她们产生感情。直到他遇到了一位名叫陈蕴珍的女中学生。

陈蕴珍是巴金的书迷，她几乎通读了他所有的作品，深为感动，于是给他写信。她的笔迹娟秀，言辞不多，落款总是"一个十多岁的女孩"。陈蕴珍就是日后的萧珊。她是第一个走进他内心世界的女人，也是最后一个。这年，她 19 岁，他 32 岁。

通信半年后，两个人决定见面。当时的他们，作为笔友对彼此也有些了解，但见面却还是第一次。两个人不免都十分激动和紧张。见面的那一天，他比约会时间早到了一会儿，穿戴整齐坐在新雅饭店里等，过了一会儿，一个留着学生头、身穿中学校服的女孩子出现了。这个姑娘落落大方，见他站起来忙热情地和他打招呼，犹如一位老友。他对她产生了非常好的印象。

巴金不善言辞，但是对她却滔滔不绝起来，好像遇到了知己一般。这是两个人的第一次见面。而后，他们开始了长达 8 年的恋爱。

8 年的恋爱史中，两个人历经分分合合，在战乱的烽火中几度离散，几度相聚。但是，分离没有减损他们之间的感情，反而增添了很多。患难与共的岁月，将他们的命运紧紧连在了一起。在这聚少离多的 8 年时间里，巴金完成了很多作品，写作速度惊人，对此他常说："我有的是激情，有的是爱憎。"

1944 年 5 月 1 日，时年 40 岁的巴金和 27 岁的萧珊在贵阳举行了婚礼。婚房是巴金向朋友借的，地点位于桂林漓江东岸。婚房内没有新添一丝一棉、一桌一凳。两人给朋友们送去了旅行结婚的通知，去郊外度了三天蜜月，就算完成了终身大事，还美其名曰"战争年代一切从简"。

幸福的家庭生活，给巴金带来了澎湃的创作激情和全新的人生体验。尤其是女儿李小林和儿子李小棠出生后，巴金觉得自己处在了幸福的顶端。从前的他最爱东奔西跑，四处旅行，可是，有了家庭后，他却很长一段时间都不愿离家远行，他曾多次说："我虽然到处跑来跑去，其实我最不愿离开家。"

战争结束后，由于事务繁忙，巴金一年中有好几个月的时间都不在家，萧珊便将家中的所有家事给揽了下来，从来不让丈夫为家事分心，让他一回到家就感受到浓浓的暖意。出门在外的巴金，心里也总惦记着妻儿，无论走多远都记着给家里写信，时刻感激妻子对他的理解与体贴。

结婚 28 年，巴金和萧珊始终相亲相爱，从来没有吵过一次架、红过一次脸，堪称模范夫妻。

1960 年，我国发生自然灾害，全国陷于饥荒危机，巴金独自一人回到了四川老家，受到了时任成都市市长李宗林的热情安排，住进了学道街省委招待所，修改《寒夜》等小说，这一住就是四个月的时间。在成都的巴金，伙食相对来说好很多，每当他享用"丰盛"的一日三餐时，都会想到家中瞪大眼睛的儿子和不胜美慕的妻女，他们快要"三月不知肉味"了。在给萧珊的信中，他经常这样写道："我每顿饭都想到你们，我要是能分一半给你们就好了……关于你来不来的事，我有时也矛盾，特别是在吃饭的时候希望你来分享'盛馔'；在黄昏时分，希望与你对坐谈谈……"可是，他又怕妻儿来了之后，影响自己的小说修改情况。于是，他开始积攒可以带回家的食品。有时候，晚餐会有一小碟花生，他舍不得吃，给妻儿留着。最后，他为家人积攒了一些花生、花生糖和两瓶罐头。萧珊非常感动丈夫的贴心。

后来，萧珊不幸患了肠癌，由于没能得到及时的检查和治疗，身体一天比一天消瘦。为了不让丈夫为自己担心，她对疾病给自己带来的痛苦只字不提。

1972 年 7 月中旬，萧珊的身体状况严重恶化，她的癌细胞已经扩散到肝部。不得已，她住进了中山医院，巴金这才被获准回家照顾妻子。每天，他都去医院陪伴妻子，多争取哪怕一点点的相处时间。8 月 8 日，萧珊要做手术。临进手术室的时候，她对巴金说："看来，我们要分别了！"这是他们结婚 28 年来她第一次说出离别的话。巴金听了，赶紧用手轻轻地捂住了她的嘴巴，默默地低下了头。两个人的眼睛里都流出了伤心的泪水，心情忧伤到了极点。

巴金默默地陪着妻子。萧珊眼含热泪，望着憔悴不已的丈夫说："我不愿丢下你。没有我，谁来照顾你啊？"巴金痛苦万分，他最大的希望就是妻子能尽快恢复健康。可是，事与愿违，在她弥留人世的最后5天里，巴金不停地重读《马克思传》。因为在这本书里，有对燕妮辞世时的描绘。马克思说："此时，燕妮的眼睛比任何时候都更大、更美、更亮。"巴金依赖这句话，度过了人生中最艰难的5天。

手术后的第五天中午，巴金匆匆赶回家吃饭。可就在这时候，他接到了医院打来的电话，说萧珊去世了！他犹如五雷轰顶，赶紧赶到医院，看到妻子的尸体停在太平间的担架上，他弯下身子，隔着白布拍着妻子的遗体，失声哭喊着爱妻的小名，"蕴珍，我在这里，我在这里……"孤单的背影显得那么凄凉。

萧珊离开人世后，巴金很长时间都没有回过神来。每天，他都坐在桌前，却无法再写出一个字。他不舍得与妻子永别，他将妻子的骨灰放在他们的卧室里，床头放着妻子的遗像，还有她曾经写过的作品，他也放在手边随时翻阅，以此凭吊过往。

巴金对妻子感情很深，后来他专门为萧珊写了《怀念萧珊》《再忆萧珊》《一双美丽的眼睛》等文章。字里行间充满了对妻子无限的爱。

二、爱情，攥得越紧越容易失去

成长的时候，和父母保持点距离，免得实现了他们的目标，忘了自己的理想。成名之后，和那个名人自己保持点距离，免得忘了自己几斤几两。成家之后，和另一半保持点距离，免得丢了自己再丢了爱情。

——张泉灵（毕业于北京大学，著名主持人）

爱情小说作家张小娴说："越是紧握，越容易失去。我们努力了，珍惜了，问心无愧。其他的，那就交给命运。"所以，青少年朋友，爱情无须刻意去把握，越是想抓牢自己的爱情，反而越容易失去自我，失去彼此之间应该保持的宽容和谅解，爱情也因此会失去原有的美丽，成为一种负累。正如一位爱情大师所说的："爱情如手中的一捧流沙，你握得越紧，流失得越多。"爱情不能完全靠理性去把握，需要我们用心去体会和呵护。它犹如一朵无比娇嫩的花，如果我们将它密封，不给它自由呼吸的空间，它一定会因"缺氧"而窒息，甚至走向死亡；它犹如蓬松的沙子，我们只需轻轻一握便能将它捧在手心，如果用力握紧，它会悄悄地从我们之间溜走。

有这样一个经典的故事：

还有几天女孩就要出嫁了！

一天，女孩和母亲在沙滩散步时，女孩向母亲提了一个一直萦绕在自己心里的问题："妈妈，我一直非常困惑，想向您请教：结婚后，我应该如何把握好爱情呢？"

听了女儿的话，母亲感到非常诧异："傻孩子，爱情怎么能把握呢？"

"那爱情为什么不能把握呢？"女孩疑惑地追问。

母亲听后笑了笑，没有说话，只是慢慢地蹲下，从沙滩上捧起了一捧沙子，递到女儿面前。

只见母亲手中的那捧沙子圆圆满满的，没有一点儿流失，没有一点儿洒落。

接着，母亲用力地将手握紧，只见沙子立刻从母亲的指缝间泻落下来。当母亲再把手张开时，原来那捧沙子已所剩无几，其团团圆圆的形状，也早已被压得扁扁的，毫无美感可言。

母亲问女孩："你知道答案了吗？"

看着母亲手中的沙子，女孩内心明白了一些道理：原来爱情需要空间，握得越紧，失去得反而越多。

爱情是生活中美好的东西，却往往因为我们对它提出过分的要求而被破坏了。爱情是不能靠蛮力来获得的，不能一味地抓着不放，很多时候，获得它需要技巧，需要经营。爱情如沙，有时很刻意地使劲抓着，就会用力不当，抓得越紧就会流失得越多。当全身力气用尽的时候，我们会发现，手心已经没剩下多少沙子了。

某种东西越美好，我们就越想拥有它。可是，造物主却最喜欢和我们开玩笑：你越是想得到他的爱，越要他时时刻刻不与你分离，他越会远离你，背弃爱情。你多大幅度地想拉他向左，他则多大幅度地向右荡去。爱情就是这么不可捉摸。

从前，有一位美丽的天使，她非常羡慕人世间的爱情，一直渴望拥有一份属于自己的情感。

一天，她路过山涧时，和一位英俊的男子相遇，两人一见钟情，很快便相爱了。

后来的某天，男子对天使说："如果有一天，你不再爱我了，我会离开你。因为没有爱的日子，我活不下去。"天使看着男子，坚定地说："放心吧，我会永远爱你的！"

天使和男子二人的生活过得非常幸福，但是，男子总认为天使有一天会离开他。于是，某天夜里，他趁着天使熟睡的时候，将她的翅膀给藏了起来。

天亮了，天使发现了这事，十分生气地说："赶紧将我的翅膀还给我！你不爱我了……"

"我没有，我还是爱你的！"男子争辩道。

"你说谎，我不相信你！"当天使从柜子里找出翅膀后，就头也不回地飞走了。

男子后悔不已，他默默地忏悔："我不应该限制她的自由，妨碍她飞翔。"

真正的爱情，是无私的，是无约束的，不是占有，而是给予对方自由呼吸的空间。如果你由于害怕失去爱情而紧紧地握住它，不给它任何自由，反而会给你带来伤害。只有让爱自由地呼吸，爱情之树才能长得越来越旺盛。可是，令人遗憾的是，很多青少年并不懂这个道理。他们不懂得，爱情中的两个人，即便最亲密无间，也要保持距离。并不是因为你中有我我中有你，就没有距离。常言道："距离产生美。"当你的爱，让对方无法呼吸的时候，他（她）就会想逃走，不是他（她）不爱了，而是他（她）爱不起了。爱情就像放风筝，如果你把线拽得过紧，风筝就不会飞得很高；如果你放掉手中的线，结果可能是风筝不知去向或是坠落；但如果你只是把线拿好，任风筝自由地飞，但又不放任它，适时放一点线，如此，风筝才会飞得更高，但不至于逃脱你的手。如此，爱情才会更加牢固。

爱情中最好的状态，应该是彼此的共赢。两个人的结合，是要为彼此带来更为丰富精彩的人生经历和幸福，绝不能因为两个人在一起，却使每个人的生活空间变得狭窄和压抑，互相妨碍各自的生活追求。因此，在爱情中，我们要想着给对方留空间，这样，对方会感到自在，你也会感到轻松。正如一位哲人所说："留下你自己独特的性格，不要与我如影随形；留下你自己内心的隐私，不要让我感到你是曝光后苍白的底片；留下你一份意味深长与朦胧的神秘……不要试图挽留我离去的脚步。不要幻想我的目光永远专注于你，一切都应是自然形成，在你我之间留下一段距离，让彼此能够自由呼吸。"我们应当相信，真爱可以超越时间、空间。因此，恋爱中的青少年朋友，爱对方，就请给对方留些空间，留点距离吧！因为，珍惜爱情的最好方式，就是让它可以自由地呼吸。

三、等待不一定是最好的选择

想要有所成就，就不能一味地等下去。

——沈从文（曾在北京大学任教，作家、历史文物研究家、京派小说代表人物）

在这个世界上，有很多美好的东西，如果我们没有抓牢，一旦丢掉，就永远也找不回来了。就如爱情。因此有人说，爱情经不起等待。令人遗憾的是，在现实生活中，很多恋爱中人却沉溺于等待中，不知道他们享受的究竟是恋爱本身，还是等待过程的复杂滋味？

青少年朋友，千万不要小觑了时间的作用，时间的变更可以改变很多的事情，尤其是爱情。别再说什么地久天长，也不要无聊到用时间去验证爱情的长久性与持久性，要知道有很多的事情不是牢不可破的，有很多的事物是会随着时间而霉烂变质的。所以，爱就说出来，爱就快点行动。别因为自己选择缄默不语而错过了好机会，而错失了美好的姻缘，到头来你不但品尝不到爱情的甜美，还会独饮一杯杯的苦水。擦肩而过的爱情最让人称憾。

下面就有一个活生生的例子：

亮一直暗恋着丹，丹也非常喜欢亮。但亮一直缺乏表白的勇气，而丹呢，出于女孩的羞涩，也一直有情难诉。

就这样一天、两天、一年、两年过去了。

在周围人的眼中，亮和丹俨然是一对恋人。他们二人的心里更清楚：他们是被冥冥中早已注定的缘分连在一起的，他们原本就是恋人，只不过都在静心等待对方的爱情表白。

丹闭口不提爱亮，因为她觉得自己是女孩，应该矜持。而亮迟早会说爱自己的，因为他是男孩，应该主动一些。

在丹生日那天，亮专门定做了一个精美的音乐盒送给她。看到礼物，丹美丽的脸上泛起一片绯红。她接过盒子，逃回屋子里急切地打开，里面飘出了优美的音乐。

不一会儿，丹失落了，因为她没有从中找到亮的爱情表白。当音乐第二次奏响时，丹伤心地关掉了音乐盒，哭了整整一夜。她心想：原来亮并不爱自己，因为盒子里没有他的爱情表白。

从此以后，丹开始躲避亮，而亮呢，也由于丹的疏远，而开始躲避丹。

后来，亮跟随父母举家迁到了北方的一座城市。丹仍然留在南方的这座城市。

后来，他们断了联系，再没见过面。

再后来，亮娶了另一个女孩，丹嫁给了另一个男孩。

有那么一天，已为人妻的丹在收拾房间时，不经意间翻出了那个音乐盒。看到盒子，便触动了她的心事。再一次打开，里面又响起那段熟悉的音乐。

望着盒子，她摇摇头：他怎么会不爱我呢？

当音乐第二次结束，盒子里突然传出了亮的声音：I love you! 如果你也爱我，请告诉我……

丹愕然了。大颗的泪珠绝望地落到地板上。她知道，此时的爱情表白已经迟了许久……

从此，丹经常会告诫身边的弟弟妹妹们：如果你送给心爱之人的礼物与音乐有关，请一定要将爱情表白放在音乐前面。有时候，你的爱情能够成功，也许只差一段音乐的时间。

爱情是需要说出来的，过分含蓄有可能让我们错失良机。虽然勇敢的表白不一定换来理想的结果，但是犹豫不决一定会使我们后悔莫及。

在一些青少年的心中，等待是浪漫爱情的代名词。其实，等到爱情失去了，你会发现，等待是一件很残忍的事情，不管是等还是被等，很多时候，等待并没有多少意义，毕竟岁月恒久，而爱情终究会苍老，并且迅速朽去。当下的现实是，爱情易得，等待太难。谁能为谁等待多久，谁都没有足够的信心和底气。事实上，没有多少爱情经得起长久的等待，也没有多少人愿意去等。所以说，等待不一定是最好的选择。

有时候，爱情是追求来的，等待反而会错失爱情。当缘分来临时，被动地等待会使你不敢接受或不能确定它就是你要的爱。只有大胆的表白与激情的迸发才能寻找到爱的出口，死守阵地会把我们拘囿于自己的胡思乱想中而错失真爱。别再轻易相信丘比特的箭会主动射向你，爱情害怕等待。遇到心爱的人，就勇敢地追求吧！

四、失恋并非一件坏事，它会让人成长

幸福和快乐是一种相对的感受。如果为失去一件事物而懊悔苦恼，那么失去的就不仅是那件事物，还有心情、时间和健康。

——徐光宪（现任北京大学化学系教授、博士生导师，著名物理化学家、无机化学家、教育家）

有的恋爱，两个人会最终修成正果，步入婚姻的殿堂。但有的恋爱，却由于各种各样的原因，中途夭折，无法走到尽头，这就是我们经常所说的失恋。

对恋爱中人来说，失恋让人揪心，让人心痛，尤其是对初尝爱情的青少年来说，更是觉得痛不欲生。但这份让人心痛难耐的情愫却可以成为我们真正成熟的契机。经历过失恋，并且最终摆脱它带来的痛苦，才能让我们以更加成熟和从容的态度对待感情。虽然无法保证我们今后的感情生活能够一帆风顺，但却能让我们成长。所以说，从这个角度来说，失恋并非一件坏事。

曾经有人这样形容爱情的滋味：初恋是轻音乐，热恋是狂想曲，失恋呢？是令人难忘也难眠的小夜曲。虽然我们每个人都不愿意经历失恋的痛，但对大多数人来说，失恋之痛是无法避免的。我们可以选择的是，面对失恋的态度。在失恋之痛面前，有的青少年能做出理智的选择，有的则陷入了情感冲动的泥潭，严重地影响了自己的正常生活。

蒙蒙和男友分手后，非常伤心。从男友告诉她不再见面的那一刻起，蒙蒙就觉得自己的天塌了。她吃不下睡不着，工作时注意力无法集中，人一下消瘦了许多。大家都说蒙蒙像变了一个人。失恋的第八天，蒙蒙来到当初两人曾约会的公园里，看到周围熟悉的场景，想到物是人非的无奈，便痛苦起来，她哭得很悲戚。她不明白为什么男友不再爱她了。渐渐地，她由伤心变成了不甘心，又由不甘心变成了怨恨，她不甘心自己的爱为什么不能换来同样的回报，她怨恨他太狠心、太无情。她越哭越悲伤，难以遏止，陷于强烈的失落、自卑和悔怨中不能自拔。一个老大爷看到了痛苦不已的蒙蒙，便询问她原因。在得知蒙蒙的情况后，并没有安慰她，而是笑着说道："你不过是损失了一个不爱你的人，而他损失的是一个爱他的人。他的损失比你大，你恨他做什么？不甘心的人应该是他呀。再说，他已经不爱你了，你还要伤心、怨恨，来让这份失败的感情阻碍你今后的生活吗？"听了老大爷的话，蒙蒙忽然一愣，转而恍然大悟。她慢慢擦干泪，决定重新振作，开始新的生活。

不久后，重新"活"过来的蒙蒙又遇到了新的爱情。

的确，当我们遭遇失恋时，我们可以尽力去挽留；但当我们无法挽留的时候，放下才是最好的方式。放下了，我们才能得到真正的解脱，才会重新踏上爱情之路。

有人说，失恋能让人成熟，是一个人成长的必经过程。经历了失恋的痛苦和折磨后，我们会明白很多道理。明白爱情并不是生活的全部，人生更重要的是对理想、对事业的追求。所以说，失恋并非完全是坏事，它可以促进我们心理的发展和成熟。不论结果如何，只要我们真心付出过，坦诚地对待过，也就无憾了。

青少年朋友，不要害怕失恋，更不要因失恋而消沉萎靡。经过爱情的折磨，一个人会焕发别样的光彩，灵魂得到升华，走向更远大的成功。

也许，目前生活中的你不幸地正经受恋人离去后的煎熬。失恋的折磨是残酷的，但同时也是充满生机的，如果你能够理智对待，不被折磨打垮，经过这次折磨后，相信你的灵魂会得到一次升华，你的心灵会得到一次难得的成长机会。

大音乐家贝多芬就曾经差点因失恋而自杀。贝多芬 31 岁的时候，由于家境贫困，无法娶心爱的人。两年后，对方嫁给了别人。这让贝多芬痛苦万分，他想一死百了，于是写下遗嘱想自杀，后被人救起。后来，他将全部的精力投入到音乐创作中，最终依靠音乐重新找回了自我，不久便创作出了"第二交响曲"。

在他 36 岁的时候，他迎来了第二份爱情。可是，由于某种原因，他和丹兰士的爱情又无疾而终了。这次无情的打击，让他身心俱疲。从此，他下定决心，要为事业而奋斗，接连创作出了"第七交响曲""第八交响曲""第九交响曲"，成了伟大的"音乐主帅"。

无独有偶。青年时代的居里夫人和杰克·伦敦，也曾遭受过失恋的打击。但他们也同样化悲痛为力量，取得了卓越成就。

情窦初开的居里夫人，爱上了自己当家庭教师的那家主人的大儿子卡西密尔。但他们的爱情遭到了对方父母的强烈反对，最后，卡西密尔向她宣布断交。这次爱情深深地刺痛了居里夫人。但是，在她身上，失恋的痛苦像反作用力一样，推着她以发狂般的勇气去奋斗。生活和科学在召唤她，使她终于跳出了失恋的深渊，踏上了科学大道，并最终遇到了合适的爱情。

20 世纪初，美国作家杰克·伦敦向心爱的情人玛贝尔求婚，但当即遭到了对方父母的反对，两人的爱情因此无疾而终。杰克·伦敦怀着失恋的痛苦回到了家，大声喊着："我要与新世纪一起出发！"从此，杰克·伦敦埋头于书堆中，抓紧学习和写作，于1990年2月发表了轰动美国文学界的小说《狼的儿子》。

以上故事启发我们青少年朋友，失恋并不可怕，它会促进人成长。失恋是我们发掘内心潜能的好时机，如果你对它持一种积极态度，会使"自我"得到更新和升华。全身心地投入到工作中去，许多失恋者因此而创造出了辉煌的成就。像歌德、罗曼·罗兰、诺贝尔、牛顿等历史名人，都曾饱受过失恋的痛苦。失恋给他们带来了痛苦，更带来了成长的动力。他们都是用奋进的方式摆脱失恋痛苦的楷模。所以，青少年朋友，失恋并不是一件坏事，失恋的折磨可以激发我们的斗志，增添我们的力量，推动我们勇敢前行。

五、好"马"也吃"回头草"

"你愿意再给我一次机会吗?"我们可以重新开始。就当作你不认识我，我没见过你，由此时此刻开始，我们彼此一见钟情。

——徐志摩（曾任北京大学教授，著名诗人、散文家）

生活中，很多人常说一句话：好马不吃回头草。从第一次见面到步入婚姻殿堂，我们的爱情会经历很多波折，由于各种各样的原因，你和心爱的他（她）分手了。但是随着时光的流逝，你回头才发现，那个他（她）其实更适合你。这个时候，你是回头选择他（她），还是挥挥手，开始新的恋情。这种爱情回头草，你会吃吗？在回答这个问题前，我们先看一个故事：

在一片土地肥沃的草原上，生活着一群马。

草地的这头碧波万顷，那头是茫茫沙漠。这群马每日忘乎所以地吃着鲜嫩的青草，觉得这是上天对它们的恩赐，从这头吃到那头，到了那头，它们发现是一片一望无际的沙漠。

这时，绝大部分马儿都发出惋惜的声音，纷纷感叹说从此以后再也吃不到这样好的草了。后来，有的马继续前行，去寻找新的草地，但终究没有走出沙漠；有的马立在原地，誓死不回头；有的马忍不住回头望了望它们吃剩下的青草，但始终没有往回走，它们都是好马，好马不吃回头草啊！

在这群马中，唯独有一匹马，它也想成为一匹别人眼中的好马，但是它更想保留自己生存的机会。于是，它往回走，坦然地吃着回头草。结果呢？其他的好马都死了，只有它轻松地活了下来。

在现实世界中，存在这样的人，他们总喜欢以好马自居，认为错过了就错过了，失去了就失去了，一副满不在乎的样子，其实心底却直呼后悔。实际情况是，不是他们不想吃回头草，而是他们不好意思吃。这所有的问题都归结于一点，那就是面子问题。可是，聪明的他们难道不明白吗？自己的前途和幸福，其实比面子更重要。

于千千万万人之中，两个人之所以看对眼成为恋人，说明两个人是十分合适的。爱情中，由于这样或那样的原因，两个人分手了，有时候并不代表这个人并不适合你，而是你们恋爱的时机不对。分手后，当你一个人在爱情的道路上不断前进时，这才发现最适合自己的他（她）已经在中途下车了。这个时候，你是继续前行还是返路而寻呢？很多人会选择继续前行，认为"好马不吃回头草"。即便自己后悔得想去撞墙，因为面子也不愿买张回程票。

这么做，其实是伤害了自己。有句话说得好："鞋合不合适，只有脚知道；心里苦不苦，也只有自己知了。"心是最强大也是最脆弱的，契合的心生命力会更强盛，反之则会日渐衰微。每个人的感情都会受到外力的诱惑而脱离轨道，但也正因为它的脱离，才会意识到原来的轨道是多么的正确与契合，才会倍加珍惜，否则他（她）是永远不会觉察到自己有多幸福，到底哪一个才是自己想要的。我们一定要看清楚自己的真心，把握自己的幸福是最要紧的事情。所以，青少年朋友，该回头的时候要勇于回头，免得空留一生遗憾。

经过 5 年的爱情长跑后，云和男友清步入了婚姻的殿堂。

结婚不到 3 年，外向的云便有了外遇，一心想和丈夫清离婚。

清极力反对，云便整天吵吵闹闹。万般无奈之下，清只好答应了云的离婚要求。不过在二人离婚前，他想见见云的男朋友。云满口答应了。

第二天一大早，云便领回家一个高大帅气的中年男人。

云本以为清一看到自己的男朋友会很愤怒。可清没有，他很淡定、很有风度地和她的男朋友握了握手。然后，他说他很想和她男朋友谈一下，希望云回避一下。

云听从了清的提议。她站在门外，心里七上八下，生怕两个男人在屋里打起来。然而她的担心完全是多余的。几分钟后，两个男人相安无事地走了出来。

在送男朋友回家的路上，云忍不住问他："你们到底谈了些什么？他对你是不是说了我的坏话？"男朋友一听，停下了脚步，惋惜地摇摇头说："你实在是太不了解你丈夫了，就像我不了解你一样！"听了男朋友的话，云赶紧申辩道："我怎么不了解他，他木讷、缺少情趣，家庭保姆似的简直不像个男人。"

"你既然这么了解他，就应该知道他跟我说了些什么。"

"说了些什么？"云非常想知道丈夫说的话。

"他说你心脏不好，但易暴易怒，结婚后，叫我凡事顺着你；他说你胃不好，但又喜欢吃辣椒，叮嘱我今后劝你少吃一点辣椒。"

"就这些？"云非常吃惊。

"就这些，没别的。"

听完男朋友的话，云渐渐地低下了头。男朋友走上前，抚摸着她的头发，语重心长地说："你丈夫比我宽容，心胸开阔，他是个好男人，你应该珍惜他。回去吧，他才是真正值得你依恋的人，他比我和其他男人更懂得怎样爱你。"说完话，男朋友便转身离开了。

这件事情过后，云再也没向清提过"离婚"二字，因为她已经明白，她拥有的这份爱，就是世界上最好的那份。没有别的男人可以提供更好的给她。

生活中，总有一些事情，由于我们不了解或者误解而选择放弃。可是待我们明白了事情的原委后，就应该鼓足勇气去追回自己曾经失去的东西。在爱情中更应该如此。曾经爱你的人也是你爱的人，由于误会和你分开，当你们有机会可以再次走到一起的时候，何不尽心尽力地去解开彼此的心结再续前缘呢！当然，如果你们当初分手是因为不合适，那你完全可以义无反顾地继续前行，因为未来你肯定会遇到适合你的那一个。但是，如果曾经属于我们的那片草地依然旺盛，我们也仍然是"好马"，这最佳的匹配就应该去追回，草地永远不会拒绝好马，只是看好马敢不敢吃。青少年朋友，如果你也遭遇了这种情况，如果你真的是一匹好马，又有肥沃的草地等着你，与其去寻找那片遥不可及的新绿洲，不如吃一次回头草。这样，你说不定会收获理想的爱情。

六、不要将对方的付出当作理所当然

一个能从别人的观念来看事情，能了解别人心灵活动的人，永远不必为自己的前途担心。

——曹文轩（北京大学教授，著名作家）

在一些青少年的眼里，爱是一种崇高且无私的存在，它就像春天花草的芳香、夏天灼日般的热度、秋天累累硕果的甘甜、冬天白雪的纯净，不掺杂丝毫的杂质。他们认为，爱情是需要绝对的奉献和牺牲的，是一种彻底的情感交流，是双方彼此交融在一起不分彼此的共同体。其实，这是一种错误的想法。爱并非一个共同体，而是一个独立的个体，它是对等的，是需要双方共同经营的。虽然我们彼此间应该努力付出，但是要明

琴曾失声痛哭，说："我最害怕的事情终于发生了。"她的婚姻结局到底怪谁呢？怪她自己！

导致爱情生活不美满的因素有很多，但无疑猜疑是最大的敌人。莎士比亚著名的三大悲剧之一《奥赛罗》所描述的黑人将军奥赛罗就是因为猜疑而亲手杀死了自己心爱的女人。最后，奥赛罗后悔不已，也刎颈自杀。这个爱情悲剧流传了三百多年，至今让人唏嘘不已。

我们每一个人，都是一个独立个体，虽然他（她）有可能通过这样或那样的关系和你产生联系，但是你不能因为你是他（她）的什么人而限制了他（她）的行动，禁锢了他（她）的自由。时时猜疑、处处猜疑，任谁都无法忍受。

爱情中，信任是保证感情持续的重要因素。两个人在一起，如果每天都在猜疑对方在做什么，是不是做了对不起自己的事情，久而久之，终会变成爱情的包袱，使爱情失去原有的乐趣。

青少年朋友，在爱情中，我们一定要摈除猜疑心理，做到开朗、豁达，多给对方一些空间，信任对方，理解对方，这样你们的爱情才会拥有更宽阔的世界。

九、爱情，要理智对待

只有知道如何停止的人才知道如何加快速度。

——俞敏洪（毕业于北京大学，新东方学校创始人，现任新东方教育科技集团董事长兼总裁）

谈及爱情，很多青少年都觉得非常神奇。其神奇之处在何处呢？对此，有人解释说，爱情的神奇之处在于，它能使我们充满欢乐，使我们拥有一种归属感，这种奇妙的感觉，世上其他任何事物都不能与之相比。

然而，爱情并非总能带给我们好的一面。谈恋爱的时候，我们不要只跟着感性的脚步走，要用理智擦亮双眼。太感性的人，容易在遭遇爱情挫折时走向极端。

2014年3月2日，对某大学来说，是一个黑暗无比的日子。这一天，一辆宝马汽车缓缓地开入了学校。从车上走下来一位身形健壮的年轻男子，他直奔女生宿舍而去……没多久，该大学一名女生便倒在了血泊中，身中17刀当场身亡。行凶者正是这位年轻男子。

一位花季少女，竟然遭遇如此惨剧，这让无数人都非常心痛。

为何会发生如此惨剧呢？后来警方调查表明，原来是因为感情纠纷。这个案件突出地反映了青少年缺乏正确的恋爱认识，缺乏正确的处理问题的手段，在失去理性的时候容易采取极端的恶劣行为伤人伤己，对两个家庭造成了巨大的痛苦和伤害，也给我们留下了深刻的反思。

处于热恋中的青少年们，千万不要冲动行事，要理智地对待自己的感情，在遇到问题时，应该多思考，多沟通交流。一旦冲动行事，走向了错误的道路，后悔也来不及了。

很多年轻人都听说过这么一句话，并深以为然：爱一个人是不需要理由的。是的，爱情的力量是人本性中最盲目的力量。有些人一旦陷入了爱情的漩涡中，便成了瞎子和聋子，明明知道等在自己面前的是火海，还义无反顾地往里跳。面对能够明确猜出的结局，他们总觉得自己能够避免，自己会是例外，于是一条道走到黑。

青少年时代是我们最为轻松也是最具浪漫天真的时期，也就是在这个时期，我们才开始放松地谈恋爱。但是我们这个时候心智还是不够成熟，假如不能树立正确的恋爱观，不能理智地对待爱情，很可能会误入歧途，走向一条不归路。

那么，在实践中，我们青少年应该如何理智地对待感情呢？

一方面，要树立正确的恋爱观。首先，爱情的基础在于相互信任和相互理解，爱情的前提是要学会奉献和承担责任。其次，要将学业、事业和爱情三者之间的关系摆正。对青少年来说，学业、事业处于首位的位置，切忌将宝贵的时间都用于谈情说爱而放松了学习、工作。

另一方面，要发展健康的恋爱行为。在爱情中，双方要做到平等对待。切忌拿自己的优点和对方的缺点比，并据此抬高自己贬低对方。否则容易挫伤对方的自尊心，影响感情；在爱情中，双方之间的言谈要文雅，应讲究语言美。二人交谈的时候，要做到诚恳、坦率、自然，切忌矫揉造作，尤其是为了凸显自我而装腔作势。另外，也不能出言不逊、举止粗鲁。否则，容易影响自己在对方心中的地位，使对方讨厌自己。在爱情中，要做到大方、得体。一般来说，男女双方初次恋爱，在开始时可能会感到羞涩、紧张，随着交往的增加会逐渐自然、大方。这个时期要注意行为举止的检点。有的人感情冲动，过早地做出亲昵行为，会使对方反感，从而影响感情的正常、健康发展。

青少年朋友，你一定要明白，爱情不是我们生命的所有，我们的生命因爱情变得精彩，但不能因此而成为爱情的奴隶。如果你感觉自己已经陷入进去而无法自拔，那么赶紧采取行动吧！有可能的话，让自己出去旅游一次，看看外面的阳光，感受一下别样的风光，也许你的心境会豁然开朗。切记，在感情面前不要钻牛角尖！是的，我们每个人都有追求幸福的权利，但是，是你的就是你的，不是你的不要去强求，追求幸福不代表强求幸福，坚强一些，自立一些，也许下一站的幸福正在向你招手！

十、经营关系胜过找对恋人

两性相爱是人生最重要的部分，应该保持他的自由、神圣、纯洁、崇高，不要强制他，侮辱他，污蔑他，屈抑他，使他在人间社会丧失了优美的价值。

——李大钊（曾任北京大学教授，伟大的马克思主义者、杰出的无产阶级革命家）

有这样一句话："婚姻是需要经营的。"为何这么说呢？婚姻生活是由柴、米、油、盐、酱、醋、茶组成的，在整个过程中，要经历无数的风风雨雨，单靠最初的激情是很难维持的。所以，要想获得和谐的婚姻，一定要用心经营。其实，不但是婚姻需要经营，爱情更需要经营，有的时候，经营一段爱情胜过找对恋人。

有人说，有时，爱人就像我们的客户。一切发生在客户之间的合作、妥协、忠诚与背叛等关系都有可能发生在爱人的身上。因此，如果想拥有美好的爱情，要像对待客户一样花些心思来经营，这样成功的概率才大。

有这样的一个故事：

有一个女孩，经历了恋爱的挫折后，便去请教大作家莎士比亚："伟大的莎士比亚先生，您曾经创作了很多凄美动人的爱情故事，如今，我的爱情也遭遇了挫折，希望您能为我指点迷津。"

莎士比亚回答道："我可怜的孩子，请问你有什么疑惑，希望我能帮到你。"

女孩非常伤心地说："我非常爱一个男孩，然而，我却快要失去他了！"说着说着，女孩竟伤心地落了泪。

"孩子，你别着急，慢慢地告诉我。"莎士比亚非常慈祥地对女孩说。

"我们两个人非常相爱。他这个人非常热情，每天都送我鲜花，并唱歌给我听，以此表达对我的爱。"

"这不是很好吗？"莎士比亚说。

"然而，将近有一个月之久了，他竟然几天才送一束鲜花给我，有时候根本就不为我唱歌了，将鲜花递给我就急忙走了。"

"哦？你觉得你们的问题出在哪里呢？你对他的爱有回应吗？"

"我非常非常爱他，然而，我从来没有表露过我对他的爱，我一直都以冰冷的态度掩饰内心的热情。如今，他对我的爱渐渐消逝了，这让我非常着急，我真害怕哪一天会失去他。先生，请您一定要帮帮我！"

莎士比亚听完女孩的诉说，转身从屋里取出了一盏油灯，蘸了一点儿油，点燃了它。

面对莎士比亚的举止，女孩充满了疑问："先生，这是什么？"

"油灯。"

"您拿油灯做什么呢？"

"你先别出声，就让我们看着它燃烧吧！"莎士比亚示意女孩安静下来。

只见油灯的灯芯嘶嘶地燃烧着，冒出的火苗欢快而明亮，它的光亮几乎将整个屋子给照亮了。

然而随着时间的流逝，油灯里的灯油越来越少，随之灯芯的火焰也越来越小，屋子里的光线也渐渐变弱了。

"呀！先生，您该为油灯添加油了！"女孩叫道。然而，莎士比亚继续示意女孩不要动，任凭灯芯把灯油烧干，最后，连灯芯也烧焦了，火焰终于熄灭了，只留下一缕青烟在屋中飘绕。

女孩看着这一缕青烟，深思不解。

"爱情就像这盏油灯，当灯芯烧焦之后，火焰自然就会熄灭了。看过这一切，想必你应该知道，接下来你该怎么做了。"莎士比亚说。

女孩的脸上露出了笑容，她明白了："先生，我知道了。我要马上去向他表白，告诉他我很爱他，不能失去他。再见！我要为我的爱情之灯加油去了。"

女孩谢过莎士比亚，急忙离开了。

女孩的故事告诉我们青少年朋友：要想守护好一份爱情，不要一味地享受它，还要学会经营它。

很多青少年朋友有这样的疑惑：爱情要如何经营？

有两点需要注意。首先要做到有备无患。爱情并非一劳永逸的，在两个人相处的过程中，必然会受到来自各个方面的侵袭或破坏，对此，青少年朋友要有充分的思想准备，这样在遭遇爱情困境时，才不至于手忙脚乱。只有做到有备无患的人，才能在爱情生活中做到游刃有余。另外一点是，经营爱情要讲究科学。现实生活中，爱情已经逐渐成为一门"高科技"的经营内容，这不仅是爱的科学，更是有情的科学。因此对经营爱情这样一门高深的学问，不仅要靠高情商，更要依赖高智商，同时必须活到老，学到老。还有一点，经营爱情也要谋划妥当，构思合理，加强沟通，增添情趣，如此，我们的爱情才会胜券在握。

青少年朋友若想拥有长久的爱情，就要懂得付出，真诚地呵护爱情之花。对爱情之花来说，恋人彼此之间的呵护就像阳光和水分一样重要。反之，如果不懂得呵护，任其自行发展，很可能会因为自己的散漫而丢掉这份情感，到时候后悔都来不及。

感恩，让生命之舟轻扬

鸦有反哺之义，羊知跪乳之恩。物犹如此，人何以堪。不论你有多大的成就，有多高的地位，都要懂得感恩。不仅对父母，更要对人生、社会以及自己感恩。北大学子都深知，感恩是一种修行，也是对人生的一种投资。懂得感恩，常怀感恩之心的人，是知足的人，内心富裕的人，也一定是幸运之人。

一、感恩是一种美好的生活态度

感谢命运，感谢人民，感谢思想，感谢一切我要感谢的人。

——鲁迅（曾在北京大学任教，著名文学家、思想家、革命家，中国现代文学的奠基人之一）

科学巨匠霍金说："我的手还能活动，我的大脑还能思维，我有终生追求的理想，我有爱我和我爱着的亲人与朋友，对了，我还有一颗感恩的心……"谁会想到，能够写出这样美妙而豁达文字的人竟然在轮椅上生活30多年了。霍金的故事告诉我们青少年，感恩与外部条件无关，它是一个人内心深处的切实领悟。是一种对生命的珍惜和热爱之情，一个人怀有感恩之心，决不会任意糟蹋自己和他人的生命。

禅意作家雪小禅说，感恩是一种生活态度。她写道：

那日，去北京访一位大书画家，之前早就听说过他的名字，简直是如雷贯耳，他的画可以卖到几百万元。

去之前，朋友介绍他苦难的历史，说："文革"中差点死掉，但终于隐忍着活了下来。那时，他养菊花，妻子死了，儿女下放了，他每天对着菊花说话，于是，人就活了下来。

我觉得这种人一定寡言，或者，喜欢独处。但恰恰相反。开了门，先看到他和蔼可亲的笑，然后说，早泡好了铁观音等着呢。

屋里有很多猫和狗和兰花的清香，他笑着说，全是我闺女和儿子，一点儿也不乖，天天围着我。那些书法和绘画作品上，有的还有猫爪子印。那可是几百万元的东西。他叫着他们的名字：东东、娇娇，爸爸有客人，去那边玩。

我的名字中有个"莲"字。他说，"莲"字好啊，出淤泥而不染，来，我送你一个莲字。他的字价值连城，我岂敢要？他却说，别嫌不好，算我们初次见面的礼物。

阳台上，有各式各样盛开的花，全是他种的，还有几只并不名贵的鸟，屋里，播放着张火丁的《春闺梦》。他说，下个月火丁在长安上演《春闺梦》，喜欢吗？喜欢我就等你们一起去看。

问他怎么会有这样的心情？他只有两个字回答我：感恩。一切已经很好了，他说，"文革"中没有死，而且生活越来越好，活着是多么有意思的事情。

中午朋友请他去外面吃饭，他说，不去。转过头问我，姑娘，会做手擀面吗？

当然会，我说。那好，咱吃面条！

你相信吗？在老画家的家里，我亲自操刀上阵，一个小时之后吃上了热乎乎的面条！

外面春光正好，屋里鸟语花香，猫和狗在屋里来回溜达着，老人时不时哼一段京剧。那是多么美妙的下午，我好像听到了禅意，看到了芬芳。……

老人告诉我，不懂得感恩的人不知幸福的滋味。……

雪小禅说得多好：感恩是一种生活态度。怀一颗感恩的心，会让我们看到生活细微处的美妙动人，会让我们听到风在空气里流动的音乐，会让我们心情愉悦地期盼一个约会，会让我们欣赏到春夏秋冬四季的美好……拥有感恩之心，我们会发现，生活是那么美好。

卢梭曾经说过："没有感恩，就没有真正的美德。"感恩是一种美好的生活态度，一种聪明的处世哲学，一种优质的智慧品德。它是一份美好感情，是一种健康心态，是一种良知，是一种动力。英国作家萨克雷说："生活就是一面镜子，你笑，它也笑；你哭，它也哭。"正所谓送人玫瑰，手有余香。无论是对生活还是对生命，都需要我们身怀感恩之情。懂得了感恩之情，我们的生活才更加充实，我们的生命才会更加滋润。

生活中，或许因为我们太忙了，事情太琐碎了，使得我们没有时间去看朝霞渲染出的金色光芒，没有时间去观察小鸟的亲昵举动，没有时间与亲人在温馨的光中享受亲情，没有时间与朋友在熟悉得不能再熟悉下插科打诨，也没有时间与爱人在忙碌之余静享彼此间悄然注视的柔情……或许是因为我们为生活所累，我们为学习所逼，我们为生计所困，渐渐地我们忘记了本来所期望的生活的样子。我们常常抱怨，我们很少微笑，我们常常不满足，在微蹙的眉头与眼角间我们悄然远离了正常的生活轨道……

生活，本该是这样的状态吗？

当然不是。生活应该是充满活力的，应该是多彩的，应该是满怀激情的。那么，如何才能拥有充满活力的、满怀激情的、多彩的生活呢？需要我们保持一颗感恩的心。

拥有感恩的心，能让我们放慢脚步，学会去捕捉花的香味，去发现幸福在表皮成熟的细节；能让我们平和地与人相处，学会去收获别人的信赖与关怀；能让我们关注内心，学着去寻找能让我们感到真正幸福的东西……

感恩，如一个天使降临，给我们带来自己所不敢期待的成熟的智慧。

青少年朋友，当我们秉持一颗感恩的心去生活，我们便会不自觉地将心底那些阴暗自私的欲望给摈弃，使我们的心灵更加透明、清净。当我们秉持一颗感恩的心去生活，面对坎坷我们会自觉微笑，因为我们明白，是它们教会了我们独立处理问题的能力，给予我们智慧和能力。所以，拥有感恩的心态吧，感谢生活的种种赐予，感谢父母的关怀，感谢师长的教导，感谢朋友的关心，感谢爱人的鼓励……时刻以一颗宽容、美丽的心在生活中行走，我们必将处处收获善意、分享和睦。

二、感恩，让我们的生活充满正能量

越懂得感恩的人，就会越快乐。

——林语堂（曾在北京大学任教，著名学者、文学家、语言学家）

生活中，很多青少年经常会因为一些小事而变得消极、情绪低落，比如生活不如意、成绩不理想、考试不过关等。其实，如果我们拥有一颗感恩的心，对自己没有那么高的要求，对周围的一切都看开看淡，我们会发现，那些所谓的"挫折"不过是生活对我们的一种磨砺，是上天赋予我们的一种体悟生活真谛的途径罢了。

如果我们拥有一颗感恩的心，我们便会发现小事也有小事的乐趣和价值。生活不如意，太顺畅的生活也没有什么意思；成绩不理想，也没关系，我们尽力了便也无悔；考试不过关，下次我们就更加努力……与那些遭遇天灾人祸、处于水深火热中的人相比，我们的生活已经很开心、很幸福、很完美了。拥有这样的感恩心态，能够让我们浮躁的心沉静下来，让我们能拥有一种善于发现美与价值并欣赏它们的智慧。

邓稼先是我国"两弹一星元勋"，是我国核武器理论研究工作的奠基者和开拓者、研制和发射原子弹、氢弹的主要技术领导人之一。新中国刚成立的时候，和实力雄厚的美国相比，无论是生活水平还是科研水平，我国都非常落后。在祖国还很落后的情况下，一心只想报效祖国的邓稼先果断放弃了国外优裕的生活条件和个人学术上的发展前景，在1950年回到了祖国，成为我国第一批回国的旅美留学生之一。当时，国家正处于困难和危险的时期，邓稼先和数千名科技人员一起挑起了历史重担，义无反顾地投入到"两弹一星"的研制工作中。最终，成功创造了使中华民族扬眉吐气的第一颗原子弹、第一颗氢弹的成功爆炸，以及第一颗人造卫星的成功发射的伟大成就。

如果没有一颗对祖国的感恩之心，如邓稼先一般的科技先辈在回国面前，又怎能有如此坚决呢！"滴水之恩当涌泉相报"，这句话以形象的比喻来说明感恩，以量化的形式来形容感恩。告诉我们，施恩无大小，滴水之恩是恩，倾力相助是恩，金钱资助、牺牲性命的恩情也是恩，养育之恩、知遇之恩、启蒙之恩、授业之恩、一饭之恩、雨泽之恩、救命之恩……这些恩情都是弥足珍贵的，都同样值得我们感谢，值得赞扬。

一个人，如果拥有感恩之心，那么他的身上会于无形中散发出一种正能量，他会拥有积极向上的思考方式；当一个人怀着感恩之心生活时，他会将感恩化作一种淡定的神态、清晰的思考力、果断的判断力，以及充满力量的行动力。而这种积极与努力，同样会换来生活的适时回报。正如一个人所说的，感恩本身便是一种积极的良性循环。《幸福史》的作者达林·麦克马洪博士说："问你自己幸福不幸福，你会觉得不幸福。"为什么？因为你没有一颗感恩的心。罗伯特·埃蒙斯博士表示，有一些简单方法能帮助人们克服消极情绪、增强幸福感。感恩便是其中的一个。罗伯特·埃蒙斯博士在他的著作《感恩是如何让你更幸福的》中说，经常有感恩表现的人，决胜分会高出 25％。他在研究中发现，经常记感恩日记的人对自己的生活感觉更好，感恩表现越多，人越是乐观。

这是发生在北大的一个真实的故事，故事的主人公是来自贫困山区的一个普通女孩。

学习刻苦、成绩优异的她，终于考入了自己心仪的北京大学，成为那个贫穷山沟里飞出的第一个凤凰。然而，就在她入学没多久，不幸的事情降临到了她的家。

父亲在她进校不久，就遭遇了严重的车祸，最后医治无效死亡。家中无力供她上学，她十分伤心失望。

当她准备退学回家时，学校和社会给她送来了关怀和温暖，她的老师、同学们纷纷为她捐款捐物。面对这一份份真情，她的消极一扫而空。她心想，即便为了师生们的这份恩情，她也要努力学习。

之后的日子里，她将大部分的募捐款都珍藏在箱子里，靠勤工俭学度过了整个大学时代。她说，促使她每天前进的力量就是那个箱子里的募捐款。每天，她都会打开箱子看看这些募捐款，想到自己周围有那么多的关怀、爱心，浑身就充满了力量。

在这种感恩之心的正能量的促使下，她顺利读完了大学，而后以优异的成绩留学美国。

如果没有了阳光，植物都将枯萎；如果没有了爱心，人类将生活在一片孤寂和黑暗中；如果一个人没有感恩之心，那他就不会在挫折面前获取足够的正能量，等待他的或许是消极度日、一事无成。

拥有一颗感恩的心，会让我们的生活更加美好。

三、感恩，人生中最美的补偿

我们需要记住别人的帮助，并用一颗感恩的心去帮助更多困苦之人。

——沈从文（曾在北京大学任教，作家、历史文物研究家、京派小说代表人物）

面对别人的帮助和施与的恩惠，最好的补偿方式是感恩。拥有感恩之心的人，会认真铭记每一个给过自己关心、帮助、掌声的人，并在对方需要帮助的时候也会助他人一臂之力。并且，他们不仅对那些善良的人时刻报以感激之情，对那些曾经伤害过他们、给过他们疼痛的人，他们也会施以感激之情。在这种感恩心理的影响下，他们的生活比常人更加快乐、富足。

毕业于北京大学的田方舟（化名），曾就职于一家知名设计公司。和她相处过的同事都对她的微笑、善良和勤劳印象深刻，几乎每一个和她相处过的人都成了她的朋友。有人向她讨教处世的成功之道，她微笑着说："这一切都应该归功于我的父亲。在我很小的时候他就教导我，对周围任何人的给予，都应该抱有感恩的心态，而且要永远铭记，要使自己尽快忘记那些不快。我幸运地获得了这份工作，有很多友善的同事，虽然上司对我的要求很严格，但在生活方面对我很照顾。所有的这一切，我都铭记在心，对他们心存感激。我一直带着这种感激的态度去工作，很快我就发现，一切都美好起来，一些微不足道的不快也会很快过去。我总是工作得很开心，大家也都很乐意帮助我。"

每个人都喜欢懂得知恩图报的人。因为他们更容易相处，能带给周围的人一些正能量。和他们在一起，会让人觉得生活是灿烂的、多彩的。

感恩的人，对于别人的帮助，从来不会忘记，哪怕别人一个小小的善良的举动，他们都铭刻于心，必要的时候，他们会及时地进行报答。在他们的心目中，对于别人的帮助，最美好的补偿方式，是怀有一颗感恩之心。

在一本杂志上，曾经刊登了这么一篇感人的故事：

故事的主人公有两位，一位是美国人乔治，另一位是中国人赵晓宁。

乔治原本有个幸福的家庭，但是后来妻子患上了一种怪病。为了给妻子治好病，乔治跑遍了全世界，却始终找不到治疗的办法。

后来，他听说中国的中医专治各种疑难杂症，便带着妻子来到中国看病。为妻子看病的几年，家中的积蓄几乎都花光了。来到中国后，乔治虽然带的钱不多，但由于语言不通，他不得已需要请一个翻译。当时正值暑假，乔治通过关系在北京外国语学院请到了学生赵晓宁。

赵晓宁来自偏远山区，家庭非常贫困，母亲常年生病，他巴不得找个差事挣点钱。有外国人找他，真是幸运。谁想，乔治却因为没有钱，把雇用赵晓宁的费用压得很低。赵晓宁为了母亲，只好接受了这份有些委屈的差事。

做乔治的翻译并不是一件简单的事情。乔治带着病中的妻子在北京四处奔波，每天都很辛苦。赵晓宁不但要为他们做翻译，还要替他们挂号、拿药、排队、跑路，做一切琐碎的事。可以说，乔治不仅是雇了一个廉价的翻译，同时还雇了一个勤杂工，真是一举两得。

很多人都觉得美国人有钱，但同样是美国人的乔治却没有给赵晓宁这个印象。乔治非常节约，能节省的钱绝对不花，出门如果不是特别的需要，他通常都是挤公共汽车。

几天接触下来，赵晓宁就看出，这个美国人其实没有钱。对此，乔治也觉得十分不好意思。

就在赵晓宁为乔治做了几天翻译后，谁想，一个挣钱的好机会来了。当时，赵晓宁的一个同学带着一个外国人风风火火地来找他。原来这个外国人是加拿大一家公司的代表，来北京谈生意，由于谈判项目增多，急需找两名翻译，给的报酬还非常丰厚，同学让赵晓宁赶紧辞掉乔治的活。

通过那位加拿大公司的代表和赵晓宁的对话，乔治知道了事情的大意。他没有挽留赵晓宁，只希望他在离开之前能尽快再给自己找一名中国翻译，哪怕对方只会最简单的交谈。

看着乔治和他病重的妻子，赵晓宁很久都没有说话。他在考虑。最后，赵晓宁回绝了同学和加拿大人的请求，他说他现在已经熟悉了乔治妻子的病情，如果换个生人，在与大夫的交流中，会对乔治妻子的病不利。

就这样，急需用钱的赵晓宁谢绝了同学的邀请，继续给乔治做翻译。

乔治强忍住眼里的泪花，什么也没有说。

暑假很快过去了。

开学后，赵晓宁回到了学校，乔治和妻子也离开了中国。回到美国后的第二年，乔治的妻子便离开了人世。乔治重新去照料他几乎倒闭的企业。

三年过去了，赵晓宁大学毕业，为了找工作而四处奔波。然而两个月过去了，班上的同学只有1/3的工作有了着落。赵晓宁与没有去处的同学终日惶惶，两眼茫然。

就在这时候，赵晓宁收到了一封来自美国的信，信是乔治寄来的。在信中，乔治说，赵晓宁的善良与为人深深打动了他，三年来他念念不忘。如今他的公司很快就要到中国办厂，需要一名中国方面的代理人，问赵晓宁愿不愿意与他合作，报酬是每月8万美金。

赵晓宁万万没有想到，在他最为困难、走投无路的时候，会从大洋彼岸的美国飞来如此幸运的邀请，这真是雪中送炭！而这一切，仅仅是因为几年前，他做了一点与人为善的事。仅仅是他当时付出了一点小小的牺牲，却为他带来了莫大的福音。

赵晓宁的故事告诉我们青少年：一个与人为善、一心做好事的人，也许暂时会吃一些亏、遭遇一些磨难，也可能被称为傻子，但胜利最终是属于他的。

是的，我们的衣食住行和一切消费都是自己辛辛苦苦挣来的，但是当我们在享受这一切的同时，难道不应该感谢为我们提供这一切的人吗？的确，一个人的成功是自己拼搏所获，但是，我们难道不应该感激在自己成长的道路上，那些磨炼过我们心智的困境和磨难吗？也许，你现在的工作并不是自己最喜欢的，但是，难道你不应该感激，就是这份被称为"鸡肋"的工作给了你从未有过的体验和锻炼吗……

想明白这些后，你就会为你周围的一山一水、一草一木而感恩，对那些曾经维系我们生命的一餐一饭，对那些曾经给予我们关怀和帮助的一人一事抱有感恩的心态。感恩不是简单的报恩，它更是一种责任，一种追求阳光人生的精神境界！一个人会因感恩而感到无比的开心和快乐。青少年朋友，对生活感恩吧！这样你会发现，生活比你想象得还要美好，世界比你想象得还要美丽！

四、父母是我们最应该感谢的人

飞得再高，我们仍然在你的视线里。

——汪中求（北京大学职业经理人训练班的特聘培训师、著名经济管理咨询师）

我们都说世上最伟大、最无私的爱是母爱，在颂扬母爱的诗句中，唐朝诗人孟郊的《游子吟》非常有名。其中的原因可能不仅是因为这首诗用非常朴素的语言把母爱表达得生动传神，淋漓尽致，而且它提出了一个非常耐人寻味的问题，"谁言寸草心，报得三春晖"。最近，对这个已经被问了千百年的问题，一个儿子用行动做出了自己的回答。

2004 年，一个"捐肾救母"的故事感动了无数中国人。这个故事的主人公叫田世国。田世国，这位当代中国的孝子，让天下多少父母流着眼泪得到慰藉，而又让多少儿女看到他的事迹后不扪心自问？一次捐肾，不仅治好了母亲的病，还在全国范围内掀起了一股感恩潮。

2005 年 2 月 17 日晚，田世国登上了中央电视台的领奖台。这个舞台，是中央电视台举办的 2004 "感动中国"年度人物颁奖晚会。田世国因为"捐肾救母"的事迹成为 2004 "感动中国"十大人物之一；2005 年 9 月，他又被评为山东省首届十大孝星之一；2007 年春，以他为原型的电视剧《温暖》在中央电视台播放，感动了无数观众。

田世国，出生于山东省枣庄市，是广州市某律师事务所的一名律师。2004 年 3 月，他的母亲因身体不适去医院检查时，被查出得了晚期尿毒症，当时母亲两个肾的功能只剩下了 5％，随时都会有生命危险。得知母亲生重病的消息后，田世国非常难过。同年 9 月，为了将患尿毒症晚期的母亲治好，时年 38 岁的他在瞒着母亲的情况下毅然决然地偷偷为母亲捐肾。

9 月 30 日晚 7 点，田世国躺在了医院的病床上，而后被推上了上海中山医院肾脏移植手术的手术台……4 个小时后，田世国 67 岁的老母亲刘玉环躺在同样的病床上，被推进了同一医院、同一楼层、只有一个通道之隔的另一间手术室。仅仅几分钟后，田世国的一个肾在母亲的体内开始工作……田世国母亲的病终于得以救治。

田世国的孝顺感动了无数中国人，这个七尺男儿的壮举重新点燃了所有中国人对母亲的眷恋，对母亲的感恩。谈及这件事，田世国说道："我妈为我们兄妹操劳了一辈子，我换给她一个肾值得，就是能换她多活一天也值得。"这句话虽然朴实，却字字真情。一个肾即使换一天的生命也值得，这份亲情蕴含着田世国对母亲无限深切的感恩之情，他用自己的身体解读了人与人之间的美好情感，向我们展示了"感恩"这两个字应该怎样书写。

《圣经》中说："上帝无法降临在每一个人身边，所以造就了母亲。"母亲是最爱我们的人。母爱是世界上最伟大的爱。

据说，上帝在造人的时候，所用的时间都差不多，唯独在创造"母亲"时花费了很多时间，及至"母亲"出世那天，上帝的仆人问道："为什么您独独在造她的时候花费了如此多的时间啊？"上帝回答道："人世间的母亲，她具有站立起来就不会弯曲的膝部关节，她靠残羹剩饭就能生活，她拥有能够迅速医治创伤和疾病的亲吻，从挫折到失恋，都能治愈。她有 6 双手，3 双眼睛，她的眼睛可以透过紧闭的房门洞察一切，当孩子们有了过失或麻烦，她眼睛都能够看着他们而不必开口就能表达这样的意思：我理解你们，并爱你们。"母亲，就是这样一个伟大的角色，她是上帝派到人间的守护孩子的天使，为了子女，她甘愿付出自己的所有。

想一想，在母亲那柔弱的肩下，有着怎样的奉献力？我们因此而感染，在继续前行的人生里，燃烧着如母亲般的爱。于是，天下有了繁衍不息，有了爱与幸福的永远。有人说，母亲的名字叫"牺牲"。其实，无论生命的形式如何，母亲的爱永不褪色。感恩母爱，我们便能收获母亲臂弯的安全，感恩母爱，我们便能享受母爱带给我们的每一次。

母爱似水，父爱如山。在感恩母爱的同时，我们也无法不感恩自己的父亲。伟大的文学家高尔基曾经说过："父爱是一部震撼心灵的巨著，读懂了它你就读懂了整个人生！"这句话不是虚妄。在感恩父爱的过程中，能够让我们读懂人生。

父亲，和母亲一样，是对我们影响最深远的人物，父爱是一座山，如山般屹立；父爱是榜样，永远给我们困境时迸发坚毅的力量；父亲是信念，父爱就是那座耸立在孩子心中的大山；父亲是依靠，父爱就是给人温暖，归宿和安全的港湾；山是无言的，父爱也是无言而深沉的。然而，正是这深沉，让父爱稳重厚实而威严，给我们以永远难忘的回味和影响。让我们懂得，生命，是要用真正的爱与行动来诠释的。

曾任教于燕京大学、当代著名女作家冰心，便对父亲无限感恩。

冰心，原名谢婉莹，是家中长女，也是父母唯一的女儿，从小就被父母视为掌上明珠。

冰心的父亲谢葆璋是一位参加过甲午战争的爱国海军军官，具有强烈的民族意识和爱国心，同时也是一位舐犊情深的父亲。

谢葆璋非常疼爱自己的女儿，他任职烟台海军学校校长时，就经常带女儿去海边散步，教小冰心打枪、骑马、划船。晚上的时候，就指点她如何看星星，如何辨认星座的位置和名字。有时候，他还带着冰心上军舰，把军舰上的设备、生活方式讲给女儿听。

一天，谢葆璋和往常一样带女儿在海滩散步。冰心非常喜欢海滩的风景，便对父亲说："烟台海滨就是美啊！"父亲却感叹地说："中国北方海岸好看的港湾多的是，何止一个烟台，比如威海卫、大连湾、青岛，都是很美很美的。"冰心听到这里，要求父亲带她去看一看。父亲捡起一块石子，狠狠地向海里扔去："现在我不愿意去！你知道，那些港口现在都不是我们中国人的，威海卫是英国人的，大连是日本人的，青岛是德国人的。只有烟台才是我们的，我们中国人自己的不冻港。为什么我们把海军学校建设在这海边偏僻的山窝里！我们是被挤到这里来的啊。将来我们要夺回威海、大连、青岛，非有强大的海军不可。"

听了父亲的话，冰心激动不已，一方面她为祖国大好河山被外强侵占而愤懑，一方面又为父亲的爱国情怀所感动。

从小到大，冰心都以勇敢、爱国的慈父为骄傲，并且一直默默督促自己向着父亲鼓励的方向努力，爱国，爱生活，把爱洒满每一个角落。

冰心曾将父亲比喻成清晨即出、雍容灿烂的太阳，她说："早晨勇敢的灿烂的太阳，自然是父亲了。他从对山的树梢，雍容尔雅地上来，他温和又严肃地对我说：'又是一天了！'我就欢欢喜喜地坐起来，披衣从廊上走到屋里去，开始一天新的生活。"

冰心曾满怀深情地说："父亲啊！我怎样地爱你，也怎样爱你的海！"父爱，一直是冰心创作的动力源泉之一，她始终铭记着父亲的教诲，创造出了属于自己的宝贵价值。

直至晚年，冰心还深深地怀念着她的父亲。

如果说母爱如涓涓细流，充满柔情，是在生活中无微不至的点点滴滴的关怀，那么，父爱则如滔滔江河，充满力量，是精神上的鼓励和支持。父爱是含蓄的，是深沉的，是厚重的，像山一样敦实。父爱比山高，比海深，犹如一壶老酒，日久愈纯，需要我们慢慢地用心体会，并且为着这深沉的爱而努力，不让父亲失望，不让自己的生命充满遗憾；父爱犹如日月，给我们一方天地，教我们一世责任，让我们感恩不尽。如果你读懂了父爱，便也读懂了厚重的人生。

父母之爱是世界上最伟大的爱，最无私的爱，它将我们紧紧包围，给了我们生命，给了我们一个美丽的世界。父母之爱是伟大的、威严的、无私的，也是慈祥的。在这个世界上，最疼爱我们的人就是我们的父母，而我们最应该感谢的也是他们。

五、感恩，让爱情永葆青春活力

如果一个人没有能力帮助他所爱的人，最好不要随便谈什么爱与不爱。当然，帮助不等于爱情，但爱情不能不包括帮助。

——鲁迅（曾任教于北京大学，著名文学家、思想家、革命家，中国现代文学的奠基人之一）

爱情是人世间最美丽的情感，伟大的哲学家罗素就曾这样赞美爱情：对爱情的渴望……支配着我的一生。我寻求爱情，因为爱情给我带来狂喜；我寻求爱情，因为爱情解除孤寂——那是一颗震颤的心，在世界的边缘，俯瞰那冰冷死寂、深不可测的深渊。我寻求爱情，最后是因为在爱情的结合中，我看到圣徒和诗人们所想象的天堂景象的神秘缩影。

是啊，爱情是那么美好，那么激动人心，给人青春活力，解除人的孤寂。它是我们一生中最为珍贵的情谊。没有爱，就如同生活中没有阳光，土壤中没有水分。

对于带给我们正能量的爱情，我们也要怀有一种感恩之情。感恩对方，是他（她）让我们学会了什么是真正的爱，爱是全身心的奉献；是他（她）在我们无助的时候，用热切的期待唤起我们对生活的无限热恋，催生我们对事业的无比热情，激活我们对前途的极力渴望；感恩对方，是他（她）勾起了我们生命中的所有热情和活着的美好意义。有他（她）在身边，我们的一生都是幸福的。

芬和强是一对十分相爱的夫妻。在离强的生日还有20多天的时候，芬就十分积极地满大街转地为他物色礼物了。她希望能买到一件让他感到惊喜的礼物。

回想两人的感情之旅，芬经常心生感激。他二人均毕业于某名牌大学。记得刚结婚不久，那时家庭条件很差，强因病住院，芬下班后总会买两个新鲜的水果送给他，那些水果一直感动着他去努力拼搏，建设自己美好的家。因为二人十分相爱，生活虽然清贫，但却十分幸福。

后来，在二人的共同努力下，他们终于闯出了一片天。然而，随着工作的忙碌，二人的感情却越来越淡，家也开始变得让人觉得压抑起来。

然而，面对周围的如云美女，强却无法对她们中的任何一个动心。芬的周围也不乏优秀的男人，她却一直认为他是她一生最爱的男人。

虽然结婚后，生活使他们改变了许多，但在骨子里，他们都是那种纯粹的人。于是，终于在一个夜晚，他们二人坐在一起，平静地交谈起来。经过这一番沟通后，他二人的感情又重新回温了。不过，两个人都已经习惯了平淡，脸上什么表情也不露出。可是心里，却是那么温暖。

面对我们身边的爱人，我们可曾记得常怀一颗感恩的心？是太亲近的距离让我们忘记了表达我们心中的恩惠？还是因为熟悉的感觉已经让我们感到疲惫？

其实，爱情本身就是一种最大的赐予，有爱的天空不会因为利益而越走越窄；有爱的空间，不会因房子大小而填不满温馨的幸福。爱情需要用心去栽培，用心去灌溉，用心去呵护。爱自己爱的人，本身就是一种幸福。

在北大的 BBS 上，有这样一篇文章：

我最好的朋友是个火爆脾气，可是面对自己的女朋友却会异常温柔，让人不能不赞叹爱情的磨砺。然而最近的很多时候，他常常跟我诉苦说，他对他的女朋友，实在是好得不能再好了，不但嘘寒问暖，而且经常会给她惊喜，给她买零食。陪着逛街的时候，还总是给她买衣服，但是，好像女朋友怎么都不领情，也从来不感动，他感到很痛苦。

于是，我只能安慰他说，爱情里，总会有付出比较多的一方，其实另一方也在这其中领会到很多，并且可能会因此感到负担和害怕不能给同样的回报，于是他们常常假装冷漠。这种情况长此下去就会让爱情变得糟糕，甚至会导致爱情的终结。

我们应知道，爱是需要传递循环才能再生的，当她回报给你哪怕一个微笑，一句认同，一个拥吻或者一份惊喜，我们也能从中获得一份新生。同样，这种感恩也会因为表达而唤醒对方心中那根最隐秘的弦，让爱终于达到平衡。

所以，就感恩那一份纯真的爱吧，那一点一滴的关怀、体贴与理解无一不让我们有片刻的温暖，这种温暖永不变老。感恩，可以让爱情更增亲密，让爱情生命永远美好，更增壮阔！

六、感恩，让我们拥有真正的朋友

我早年从北师大刚毕业，经冯友兰先生和金岳霖先生推荐，到清华当助教。这是很幸运的事，这也是我一生学术生涯的开始。所以我很感谢冯先生和金先生。

——张岱年（原北京大学教授，哲学家、哲学史家）

青少年朋友，在我们的一生中，会遇到很多很多的人。有的人，擦肩而过后，我们瞬间就会忘记；而有的人，我们则一生都不会忘记，时常想起时，还倍觉温暖。这，便是我们生命中的好朋友。

一个人要想成为成功者，自身努力拼搏当然起着重要作用，但是也离不开亲朋好友的帮助，在你困难的时候，如果没人在旁边为你助威、加油；在你摔倒的时候，如果没人伸手将你扶起，你一定很孤单，很寂寞，很无助。人生在世，我们每个人都离不开朋友。有朋友的日子是幸福的。所以，我们应当对朋友关怀、信任、宽容、善待、心怀感激。感恩朋友，因为朋友总在我们最困难的时候来到身边，伸出无私援助的手，鼓励我们渡过难关，给我们自信和温暖。当代著名作家刘白羽先生就是一个懂得感恩朋友的人。

1962年，刘白羽患病，从北京出发去上海看病。当时，刘白羽的大儿子滨滨身患风湿性心脏病。放心不下滨滨的刘白羽便也让儿子跟随自己到上海看病。

令人遗憾的是，滨滨的病情由于治疗效果不佳，始终不见好转的迹象，需要返回北京继续治疗。万般无奈下，刘白羽只得让妻子汪琦带着病危的滨滨回家。

汪琦母子俩返回北京的当天下午，刘白羽一直放心不下，为此烦躁不安。就在刘白羽心神不定的时刻，巴金、萧珊夫妇来到了他的病房。两人进门后，谁都没有说一句话，只是默默地坐在沙发上。其实他们对滨滨的病情也非常了解，也在为滨滨担忧，生怕母子俩回京的路上发生什么意外。病房里静悄悄的，巴金伸手握住刘白羽微微发颤而又汗津津的手，轻轻地抚摸。萧珊则一边留意刘白羽的神情，一边望着桌子上的电话。

电话突然响了，萧珊忙抢在刘白羽之前拿起话筒。当电话中传来汪琦母子已平安抵达北京的消息后，三个人都长长地舒了口气，脸上才露出了笑容。

原来，心思细腻的巴金估计汪琦母子俩返回北京的那天会来电话，怕有噩耗传来，担心刘白羽承受不了，于是携夫人萧珊专门前来陪伴他。

听到汪琦母子俩平安抵达北京的消息后，巴金夫妇起身告辞，刘白羽执意要送他们两位到医院门口。临别前，他紧紧地握住巴金的手，一再表示感谢。巴金却摆了摆手，淡淡地说，没什么，正好有空，只想陪你坐一坐。

在最沮丧、最无助的时候，那个愿意陪你坐一坐的人，就是你真正的朋友。真正的朋友，是真诚的、大方的，在波澜起伏的人生里与我们一起，携手渡过一个个难关，分享一份份快乐。真正的朋友之间的情意是真挚的，没有权利与利益在其中作祟，也没有计较多少在其中作祟，无须大肆渲染，无须虚情假意。一个动作，一条信息，一句话就能让我们深深地感受到一种力量与信心。真正的朋友，不是随便对我们打个招呼就走人的人，他是我们内心脆弱时刻的依靠，是我们号啕大哭时可以依靠的肩膀，是能敞开心扉接纳我们的痛苦与烦闷的人，是可以毫无保留地为我们献上最贴心的关爱的人。他们总是尽可能地满足我们的需求，一直和我们并肩前行。

真正的朋友对待彼此永远是最好的，是没有心结的。他们犹如一本本好书，让我们在岁月里咀嚼，领悟到生命中原来不仅有毫无保留的亲情之爱、相濡以沫的爱情之爱，也同样有伟大的毫无保留的友谊之爱。

有一篇文章，其中有一段这样的文字，感人至深：

一个普通的朋友从未看过你哭泣。一个真正的朋友有双肩让你的泪水湿尽；一个普通的朋友会带瓶葡萄酒参加你的派对。一个真正的朋友会早点来帮你准备，为了帮你打扫而晚点走。一个普通的朋友讨厌你在他睡了后打来电话。一个真正的朋友会问为什么现在才打来电话。一个普通的朋友找你谈论你的困扰；一个真正的朋友找你解决你的困扰；一个普通的朋友在吵架后就认为友谊已经结束。一个真正的朋友明白当你们还没打过架就不叫真正的友谊。

真正的友谊犹如一杯香醇的美酒，让人回味无穷；真正的友谊犹如一束和煦的阳光，让人心生温暖。有人说："不管时光怎样流逝，千变万化，唯一不变的是我们之间的友谊。"真正的友谊，是多么伟大的感情啊，这种爱没有自私，这种爱带给我们幸福。

青少年，感恩我们的真朋友吧！感恩他们像大地一样赋予我们博大的胸怀，驱逐了我们的孤独与寂寞。感恩他们无私的关爱和体贴，让我们一生都享用不尽。也许，他们在我们人生道路上的关键之处起不到推动作用，但他们的言行也是我们的一面镜子，可以暴露我们的缺点，让我们认识自己的才能，反省自己的言行。

感恩真正的朋友，善待他们，便是自己给自己架设一座通往未来的桥梁，同时也是自己为自己构筑一个幸福的平台。

七、感谢折磨你的人，感谢折磨你的事

我这人一生值得批判的地方太多，学术上的观点也常引起争论和批判，有些批判确实给了我帮助，我觉得应该感激。

——朱光潜（曾任北京大学教授，著名美学家、文艺理论家、教育家、翻译家）

人生在世，我们每个人总会经历各种各样的折磨，承受各种各样的苦难。很多人会因这些折磨和苦难而感到沉重不已。

其实，如果我们能够换个角度来看待，就会发现，这些折磨对人生所起的作用并不都是消极的，还可能成为一种促进我们成长的积极因素。因为，生命是一次次的蜕变过程，唯有经历各种各样的折磨，才能得到升华。一个优秀的成功者，待他回望人生过往时，往往会有这样的发现，真正促使他进步、成功的，不单是他的能力，不单是朋友和

亲人的鼓励，更多的时候，是生命中那些折磨过他的人激发了他的潜能，促使他不断进步。因此，他最应感谢的是那些折磨他的人，最应感谢的是那些折磨他的事，不管他们是善意的还是恶意的。也就是说，这些人和事在折磨我们的同时，也在成全我们，促进我们成长，促使我们成熟，帮助我们成功。

在生命的历程中，每一天我们都在努力前行，没有人希望自己留在原地不动。对折磨你的人心存感谢，你会得到更迅捷的发展；对折磨你的事心存感谢，你将得到更多的锻炼。所以青少年朋友，对于生活中的各种折磨，我们应时时心存感激，只有这样，我们才会常常有一种幸福的感觉，纷繁芜杂的世界才会变得鲜活、温馨和动人。

对各种人和事心存感激，将折磨放在背后，会让我们更容易发现生活的美好，会在世间发现有更多的温情存在。

从13岁开始，美国独立企业联盟主席杰克·弗雷斯就开始在父母的加油站工作。后来，弗雷斯告诉父亲自己想学修车，但父亲没有马上答应他，而是让他在前台接待顾客。当有汽车开进来时，弗雷斯必须在车子停稳前就站到司机门前，然后去检查油量、蓄电池、传动带、胶皮管和水箱。

工作一段时间后，细心的弗雷斯注意到，如果他表现得非常好，顾客大多还会再来。于是弗雷斯总是多干一些，帮助顾客擦去车身、挡风玻璃和车灯上的污渍。

有一段时间，有一位老太太每周都会开着她的车来清洗和打蜡。这个车的车内踏板凹陷得很深，很难打扫，而且这位老太太极难打交道。每次当弗雷斯给她把车清洗好后，她都要再仔细检查一遍，让弗雷斯重新打扫，直到清除掉每一缕棉绒和灰尘，她才会满意。

后来，弗雷斯再也忍不下去了，不愿意再招待她。他的父亲告诫他说："孩子，记住，这就是你的工作！不管顾客说什么或做什么，你都要做好你的工作，并以应有的礼貌去对待顾客。"听了父亲的话，弗雷斯沉思良久。他觉得父亲说得对，并将父亲的话牢记心底。弗雷斯说："正是在加油站的工作使我学到了严格的职业道德和应该如何对待顾客，这些东西在我以后的职业生涯中起到了非常重要的作用。"

其实，弗雷德的成功与他懂得感谢那些折磨自己的人有着莫大的关系。

正所谓不经历风雨哪能见彩虹。当我们羡慕别人的成功，听到对方得到的掌声时，也要看到他光荣的背后所凝聚的汗水与泪水。只有历经折磨，才能够历练出成熟与美丽。抹平岁月给予我们的皱纹，让心保持年轻和平静，让我们得到成长和成功。每一个勇于追求幸福的青少年，每一个有眼光和思想的青少年，都应当试着去感谢折磨自己的人，感谢折磨自己的事，唯有以这种态度面对人生，生活才会洋溢着更多的欢笑和阳光。

罗曼·罗兰曾说："只有把抱怨别人和环境的心情化为上进的力量，才是成功的保证。"是的，懂得感谢曾经折磨过我们的人或事，我们才能体会出那实际上短暂而有风险的生命意义；只有懂得宽容自己不可能宽容的人，我们才能看见自己心中的辽阔，才能重新认识自己。在这种感谢中，我们的人格也会得到一步步的升华。

蝴蝶的蜕变过程充满了艰辛。它的幼虫是在一个洞口极其狭小的茧中度过的。当它的生命要发生质的飞跃时，这个天定的狭小的通道对它来说无疑成了鬼门关，那娇嫩的身躯必须竭尽全力才可以破茧而出。为了成功冲杀出去，很多幼虫力竭身亡，成了飞翔的悲壮祭品。由此可见，幼虫蜕变为蝴蝶是一件多么不容易的事情啊！

在幼虫蜕变过程中，有人怀了悲悯之心，为了帮助幼虫更快地冲杀出去，他们帮助幼虫将生命通道修得宽阔一些，于是用剪刀把茧的洞口剪大。可是，令他们想不到的事情发生了。因为如此一来，所有受到帮助而见到天日的蝴蝶都不是真正的精灵——它们无论如何也飞不起来，只能拖着丧失了飞翔功能的双翅在地上笨拙地爬行！原来，那"鬼门关"般的狭小茧洞正是帮助幼虫两翼成长的关键所在。当它们往外冲杀的时候，通过用力挤压，血液才能被顺利输送到蝶翼的组织中去；唯有两翼充血，幼虫才能振翅飞翔，成功蜕变为蝴蝶。而一旦人为地将茧洞剪大，那么幼虫的翼翅就没有了充血的机会，爬出来的幼虫便永远也无法飞翔，无法蜕变为真正的蝴蝶。

蝴蝶蜕变的过程同我们青少年的成长过程非常相似。若想成长为优秀的人才，都必须经历各种折磨，在这种痛苦的挣扎中，可使我们的意志得到磨炼，力量得到加强，心智得到提高。而如果没有经受过折磨的历练，或许日后就会像那些受到"帮助"的幼虫一样，萎缩了双翼，平庸度过一生。

八、感恩对手，激发我们的潜能

斗争的生活使你干练，苦闷的煎熬使你醇化；这是时代要造成青年为能担负历史使命的两件法宝。

——茅盾（毕业于北京大学，现代作家、社会活动家）

在与人交往和合作中，我们都期望能达到双赢。但在很多人的心目中，双赢的局面只会发生在自己与合作伙伴之间，而与对手，"不是你死，就是我亡"，这才是最终的结局。事实真是如此吗？

当然不是。如果我们正确地看待对手，一样可以和对手走进双赢的境地。所以，我们欢迎合作伙伴的同时，也不要排斥对手。

对手，有时候是我们的老师。只要有竞争，就无法避免输赢。而高下无定式，输赢有轮回。昔日败在冠军手下的人，最有希望成为下一场赛事的冠军。主要的原因是，失败者将冠军当作自己的老师，学习其优势，规避其劣势，得到了成长机会。更有一些智者，一番相争之后，便能知己知彼，比得赢就比，比不赢就转。

我国伟大的先贤孟子曾说："出无敌国外患者，国恒亡。"奥地利作家卡夫卡也说："真正的对手会灌输给你大量的勇气。"学会感谢我们的对手，能够彰显出我们的做人智慧。

众所周知，大自然的法则是"物竞天择，适者生存"。没有竞争，就没有发展；没有对手，自己也不会强大；没有敌人，就没有胜利。所以，青少年朋友，不要再诅咒我们的对手与敌人了，而应该感谢他们，因为是他们促成了我们的成长，激发了我们无限的潜能。

某作家曾经写过一篇名叫《对手》的小说，将有一个对手的好处阐释得淋漓尽致：

志和文成为对手，是因为一个女同学。那是在读大学二年级的时候，他俩同时爱上了一个叫颖的女同学。颖是中共党员。她对他俩的条件要求非常明朗：谁成为一名中共党员，她就嫁给谁。

于是，志和文同时向党组织交了入党申请书。一年后，志成为一名党员。当文第二次向党组织递交申请时，志在讨论会上说文动机不纯，他是为了爱情。也许是命运注定，毕业后，他俩被分配在同一部门工作。他俩的争斗让颖生厌，结果谁也没有得到颖的爱情，得到的，只是彼此的怨恨。这怨恨使他俩总是盯着对方，一旦发现对方有什么纰漏，就会毫不留情地捅出去。

志当上股长的时候，文无可挑剔地加入了中国共产党。

志无可挑剔地当上科长的时候，文则当上了股长。

他俩就这么相互盯着，相互攀升。

当志当上了处长时，文当上了科长。

志当处长，有许多人送钱送礼物给他，他不敢要，他觉得文的一双眼睛盯着他。一回，他实在忍不住，心动了，收了人家送来的3000元。夜里，他做了个梦，梦见文高兴地哈哈大笑，说："这回你完了，3000元已经够处罚条件了，你完了。"他吓出一身冷汗，第二天就把钱送到纪检部门去了。

文的机会也同样多。

…… ……

就这样，他们以无可争议的清廉和才干，上了更高的职位，且得到了人们的尊敬。眼下，他俩都到了要退休的年龄。

一天，两人相见，互望着对方，便禁不住紧紧拥抱，且激动得热泪盈眶。是的，没有这样的对手，不知途中会怎样。

一生平安，得益于对手的"呵护"。他们都深深地感激对方。

人这一辈子，无论走得顺还是走得坎坷，注定要扮演"战士"角色，与各种各样的对手相遇。有些人习惯将对手看作心腹大患，认为他们是眼中钉、肉中刺，恨不得马上除之而后快。有些人则认为，能有一个强劲的对手，会让我们时刻有危机感，会激发我们的斗志，有助于发掘我们的潜能，让我们找到更优秀的自己。正因为在与对手的周旋中，我们才愈来愈经得起考验，愈来愈坚强。所以，聪明的人，应该感谢对手。青少年朋友，面对那些令你跑得累的人，别再一味地怨恨了，因为正是他们才会使你跑得更快。感谢他们，你会获得更多快乐。

在古老的印度王国，生活着一位王子，他十分英勇。在某次征战之后，王子率兵得胜回朝。

国王为王子举行了盛大的庆功宴。在宴席上，王子非常谦逊地举起金杯，向前辈、大臣、在座的将士以及黎民百姓一一表示感谢，甚至连为他牵马的仆人也没忘记。王子的这份虔诚使大家非常感动。

就在这时候，坐在王子旁边的老国王提醒道："我的孩子，有一个最重要的人，你还没向他致谢呢！"王子怔住了，想了一会儿都没有想出来还要感谢谁，只好向父王请教。

只听老国王一字一句地回答道："你的敌人！"

说起来似乎很可笑，但实际上的确如此：在很多时候，敌人和对手打败我们时，绝对不会留情面；嘲笑我们时，那份冷酷足以让我们刻骨铭心。生活中，你是不是也发现了这个现象：是对手的优秀，促使我们更加努力；是对手的成功，促使我们坚持不懈地寻找成功的方法；是对手的狡诈，促使我们时刻保持警觉之心；是对手的强大，促使我们卧薪尝胆、韬光养晦。

在第27届奥运会上，我国乒乓球代表队队员之一孔令辉在男子乒乓球单打决赛中，十分艰难地以3∶2的成绩战胜了瓦尔德内尔，拿到了冠军。当时，全国人民都在为孔令辉的好成绩而欢呼雀跃，纷纷称赞他为国争了光。而这个时候，主持人却说了一句让我们难忘的话："我们感谢瓦尔德内尔。"

是的，正如主持人所说的，正是有了瓦尔德内尔这样一个强大的对手，以及多年来瓦尔德内尔竞技水平的不断提高，才让垄断世界乒坛的中国队找到了真正意义上的对手。正是存在这样强大的对手，我国乒乓球运动员的潜能才得到不断激发，才变得不断强大，才取得了如此佳绩。

所以，青少年朋友们，转变观念吧！从此以后，善待我们的对手，感谢我们的对手，因为没有对手的刺激，你或许不会那么优秀，你的生命或许也没有那么精彩。

九、感谢当下已经拥有的

并非每个人的每一天都要过得荡气回肠，并非每个人的每件事都会如人所愿，在经历了人生的坎坷之后，你还能够平凡地活着，这也未尝不是一种幸福。

——周一良（曾任北京大学教授，历史学家）

生活中，很多人都有一个特点，就是总是习惯于追求一些得不到的东西，而忽略身边已经拥有的东西。

试想一下，你是否总是期望结识新朋友而忽略了深交的老朋友呢？你是否总是忙于永远也忙不完的工作而不顾父母那忧伤而期盼的眼神呢？你是否为了追求一份不属于自己的感情而无视身边三千年的守望呢……

只放眼观望那些我们无法拥有的，而忽视了那些我们已然拥有的。这是很多人的通病。

有一个蜘蛛，它常年住在一家香火很旺的寺院的屋顶上，顺带着受到了很多善男信女的膜拜，久而久之，也沾染上了一丝灵气。

一天，佛祖问这个蜘蛛："你知道世界上最珍贵的是什么？"

"得不到的和已失去的。"蜘蛛想都没想就说了出来。

佛祖没有说对也没有说否，只是说："你好好想想吧，想通了我来找你。"

一千年过去了，蜘蛛因为长期的修炼也变得深沉了许多。佛祖又来了，又问蜘蛛同样的问题："你知道世上最珍贵的是什么？"

"得不到的和已失去的。"蜘蛛依然这样回答。

佛祖这次也没有说对也没有说否，只是说："你好好想想吧，想通了我来找你。"

又一个一千年过去了。蜘蛛一边想那个问题，一边结网。就在这时候，一滴甘露从天而降。蜘蛛顿生爱慕之心，一步一步向甘露爬去。正要爬到甘露身边的时候，甘露突然被一阵风吹走了。蜘蛛看了看屋檐下那棵芝草，无奈地叹了口气。这时，佛祖又来了。继续问蜘蛛那个问题，蜘蛛的回答依然没有变。佛祖深感无奈，说："好吧，那你去人间走一趟吧！"

就这样，蜘蛛投胎到了人间一个大户人家，做了那家的女儿，取名珠儿。

十几年过去了，珠儿出落得貌美如花，无人能及。

一天，珠儿家那一带有一个叫甘璐的人考上了状元。听说这个甘璐不仅长相俊美还才华横溢。各家小姐们都急着一睹他的风采。

可是珠儿一点不着急，因为她知道这是佛祖赐予她的一段姻缘。果然，没多久，珠儿和甘璐相见了——就在那座庙的屋檐下。珠儿急切地问："甘璐，还记得 17 年前我们在蜘蛛网上的事儿吗？"甘璐莫名地看了看她，说道："小姐，你的智力是不是有问题？"说罢，拂袖而去。虽然遭到了漠视，但是珠儿却并没有灰心，因为她知道这是佛祖赐予她的一段姻缘，最终两人会走到一起的。

几天过去了，皇帝颁布了圣旨，诏告天下，令甘璐和长风公主完婚，并把珠儿许配给了太子芝草。珠儿一听这个消息，万分着急，她想：这不是佛祖赐予我的一段姻缘吗？怎么结果是这样！

由于长期忧虑不安，珠儿一病不起。这时候，佛祖来到她的梦中对她说："甘露一闪而过，他被长风带走了，可在屋檐下面的那棵芝草仰慕了你三千年啊！"

这个故事告诉我们一个道理：世间最珍贵的不是你得不到的，更不是你已经失去的，而是你眼前所能把握住的。

所以，青少年朋友们，别再沉浸在昨天的回忆里，也别再沉迷于明天的幻想中，抓住今天吧！抓住本已属于你的一切，孝敬你的父母，重视你的朋友，爱恋你的爱人，疼爱你的子女，重视你的工作，珍惜你的生命，只有这样，你的人生才有意义，也只有这样，你才能日后无悔。

然而，在我们身边，或多或少地总是有那么一些人，对一切事物心怀不满。其实你虽没有别人所拥有的东西，但是你也拥有别人想要而得不到的东西。别人虽有钱，但是他或许没有你所拥有的健康身体或美满家庭。我们应该感恩当下已经拥有的，不要再为那些已经失去的或者还未得到的，而忧心忡忡了。因为如果你不好好把握，说不定连当下拥有的都会失去，到时候后悔都来不及。

有一条河，在这条河的两边分别住着一个和尚和一个凡夫。

看着凡夫每天过着日出而作日落而息的日子，和尚非常羡慕，也想过这样的生活；而凡夫呢？看着对面的和尚每天过着无忧无虑、诵经撞钟的日子，也十分向往。

时间久了，两人心中都产生了一个念头：到对岸去，到对岸去！

后来，他们两人达成了协议，各自试着过对方的生活。于是，凡夫变成了和尚，和尚变成了凡夫。

成了和尚的凡夫，没多久便发现和尚并不好做，以前羡慕和尚悠闲，做了和尚后，才明白正是这份悠闲，让他无所适从。从此，他又对凡夫的生活百般怀念起来。而做了凡夫的和尚呢？他更不能忍受尘世种种的烦忧、辛劳、困惑，于是，他又怀念做和尚的好处来。

时间久了，两个人心中又都产生了一个念头：到对岸去，到对岸去！

大多数时间，我们中的很多人都像故事中的和尚与凡夫一样，不懂得珍惜和感恩，只将眼睛紧盯着对岸，以为对岸有多么好。但当我们涉水而过后才猛然发现，我们已经失去的、属于自己的那一条生活的河岸，其实更美好。

对已拥有的心怀感恩，才能摈弃没有意义的怨天尤人。过去的，让它过去，未来的，等来了时再说。我们要抓住现在，做自己应该做的。这样，我们才能更容易体悟到幸福。

十、不知感恩是一种道德癌症

怀修身修德之心，砥砺成才；抱为国为民之情，感恩社会。

——周其凤（曾任北京大学校长，著名化学家、教育家）

2012 年，某媒体报道了这样一件事：

年仅 27 岁的娄底小伙因抢救落水人员不幸身亡，而落水者被救上岸后竟然连一声感谢都没有说，就漠然离去。该小伙生前所在单位老板晏某带头拿出 1 万元悬赏，希望市民能提供线索帮助寻找被救者，称"只希望被救者能现身，说一声'谢谢'，告慰死者在天之灵"。

读了上面的故事后，你有什么感觉？是不是感觉心寒，感觉可怕？

这样的例子并非偶然，在我们的社会中还有很多：

案例一：

深圳歌手丛飞，很多人听说过这个名字是因为他乐善好施的动人事迹。然而，而后关于他的报道却渐渐让人唏嘘不已，据被丛飞事迹感动而辞职照看丛飞的林某说，丛飞患病住院后，他资助过的个别大学生就在深圳工作，但没有来看过他；丛飞曾多次资助一位学音乐的女子，并帮她在深圳找工作。林某打电话给她，希望她来看看丛飞。但几个月过去了，却没看到她的影子。这位女子甚至对人说丛飞"另有所图"；在一所大学教书的受助者竟然十分反感媒体在报道中提到他的名字，认为这让自己很没面子；一位受助人的家长居然给丛飞打来催款电话："你不是说好要将我的孩子供到大学毕业吗？他现在正在读初中，你就不肯出钱了？你这不是坑人吗？"……

案例二：

在湖北襄樊，有五名接受私人捐助的大学生。他们接受资助者捐助一年多的时间，期间却从来没有给资助者主动打过一次电话，写过一封信，更没有说过一句感谢的话。这些行为让资助者感到非常不自在，他深思熟虑良久，做出了取消这五名受资助大学生的继续受助资格。

案例三：

"劝募路上独行侠"——湖南湘潭老人赵在和已经 70 多岁了，并没有什么财产。他利用退休后的十几年的时间，多方奔走，为当地贫困学生筹集慈善捐款，帮助了几百个家境贫寒的学生完成了学业。可是，令他感到孤单的是，这项慈善事业多年来参加者只有他一人。一人独自奋战的他，曾经无比渴望有人能帮帮他，和他一起作战，但终没有如愿；他也十分渴望能听到受资助者一句"谢谢"，可是，也未能如愿。他说，没人和他一起工作不是让他最伤心的事情，令他最伤心的是受捐助的学生那冷漠的态度。为了让受助的学生们都有一颗感恩的心，他亲自编写了《劝学篇》寄给受助的孩子们，希望他们能从中领悟到做人的道理。可是只有极少数学生给他回了信。他还制作了协议书，并附带他写的文章《学会感恩》给受助的孩子及家长签字，表示"学会了做人的道理"，但是这种方法也没有什么成效。他一共发出了 50 多份协议书，最终只收回了 1 份……

这些受资助者将他人的帮助视为理所当然，视为社会的"福利"，对资助者毫无感激之情。这些现象让我们痛切地感到社会道德的某种缺失。这样的事令人难以置信，但还是"令人信服"地发生了。看到这样的事情，很多人都觉得很难过。他们不解：为何源远流长的感恩情怀与传统，在今天的现实生活中得不到生动体现？为什么知恩、报恩的声音离我们越来越远？接受了别人的帮助，别人不一定要你给予多么丰厚的回报，但起码的一声"谢谢"总要说出口吧！连句最简单的"谢谢"都不说，不能不让人感到悲哀。

只有知恩，才会感恩。不知感恩的人，将永远受到自己心灵的谴责。知恩感恩，是一种积极的生活态度，也是对命运的一种美好的回应。青少年朋友，你要明白一个道理，只有拥有一颗感恩的心，我们才能真正享受快乐的人生。

十一、感恩，与幸运之神毗邻

免费名师课，免费名人讲座，北大为天下好学之人永远都敞开着知识殿堂之门。我为有这样的机会而深深感恩，就像一条自由游弋在河里的鱼儿一样，幸福感油然而生。

——甘相伟（曾任北京大学保安，毕业于北大中文系）

拥有感恩的心才能获得生活的回报。感恩是爱的根源，也是快乐的必要条件。如果我们对生命中所拥有的一切能心存感激，便能体会到人生的快乐和暖意。

学会用一颗感恩的心去面对生活，我们便能收获幸运的回报。因为，感恩的下一站就是幸运，二者紧密相连。

北大毕业生汪小敏（化名）在同学聚会时，讲了一个自己应聘所在公司时发生的有意思的事：

汪小敏所应聘的公司是一家外资公司，岗位是公关部的普通员工。前来应聘的人有很多，公司人事部负责人经过仔细甄选，最后只留下了五个。公司对这五个人说，聘用谁得由经理层会议讨论才能决定，结果会在三天内发到他的邮箱里。

三天后，其中一位的电子邮箱里收到一封信，信是公司人事部发来的，内容是："经过公司研究决定，很抱歉，你落聘了。我们虽然很欣赏你的学识、气质，但名额有限，这实是割爱之举。公司以后若有招聘名额，必会优先通知你。你所提交的材料在被复印后，不日将邮寄返还于你。另外，为感谢你对本公司的信任，还随信寄去本公司产品的优惠券一份。祝你好运！"

看完这封回绝的电子邮件后，她内心非常失落和难过。但又为该公司的诚意所感动，便顺手花了一分钟时间回复了一封简短的感谢信。

奇怪的是，仅仅两天后，她却接到了那家外资公司的电话，说经过经理层会议讨论，她已被正式录用为该公司员工。

她很不解，后来才明白邮件其实是公司最后的一道考题。她能胜出，只不过因为多花了一分钟时间去感谢。

如今，汪小敏已经成为该公司的公关部经理。

感恩，就是这样一种与幸运毗邻的大智慧。生活在这个世界上，我们虽是独立的个体，但是，离开他人的帮扶，我们无法独自生活下去。世界上总有一样东西成为我们的依赖：父母的养育、师长的教诲、配偶的关爱、他人的服务、大自然的慷慨赐予……从我们降临到这个世界上的那一天开始，我们便沉浸在了恩惠的海洋里。青少年朋友一定要明白这个道理，并努力去感恩一切，善待一切。

助人就是助己。热心帮助别人的人，很可能会为自己带来幸运。看看下面的故事，我们是不是会为这种感恩的回馈而热泪盈眶呢？

《信仰的力量》的作者路易斯·宾斯托克曾经引用过这样一个故事：

一天，一个贫穷的小男孩为了攒够学费正挨家挨户地推销商品，劳累了一整天的他此时感到十分饥饿，但摸遍全身，却只有一角钱。怎么办呢？他决定向下一户人家讨口饭吃。

当一位美丽的年轻女子打开房门的时候，这个小男孩却有点不知所措了，他没有要饭，只乞求给他一口水喝。这位女子看到他很饥饿的样子，就拿了一大杯牛奶给他。

男孩慢慢地喝完牛奶，问道："我应该付多少钱？"

年轻女子回答道："一分钱也不用付。妈妈教导我们，施以爱心，不图回报。"

男孩说："那么，就请接受我由衷的感谢吧！"

说完，男孩离开了这户人家。

此时，他不仅感到自己浑身是劲儿，而且还看到上帝正朝他点头微笑，那种男子汉的豪气像山洪一样迸发出来。其实，男孩本来是打算退学的。

数年之后，那位年轻女子得了一种罕见的重病，当地的医生对此束手无策。最后，她被转到大城市医治，由专家会诊治疗。

当年的那个小男孩如今已是大名鼎鼎的霍华德·凯利医生了，他也参与了医治方案的制订。当看到病历上所写的病人的来历时，一个奇怪的念头霎时间闪过他的脑际。他马上起身直奔病房。来到病房，凯利医生一眼就认出床上躺着的病人就是那位曾帮助过他的恩人。他回到自己的办公室，决心一定要竭尽所能来治好恩人的病。

从那天起，他就特别地关照这个病人。经过艰辛努力，手术成功了。凯利医生要求把医药费通知单送到他那里，在通知单的旁边，他签了字。当医药费通知单送到这位特殊的病人手中时，她不敢看，因为她确信，治病的费用将会花去她的全部家当。

最后，她还是鼓起勇气，翻开了医药费通知单，旁边的那行小字引起了她的注意，她不禁轻声读了出来：

"医药费——一满杯牛奶。霍华德·凯利医生"

宾斯托克指出，这个故事颇具传奇色彩，但是它告诉了我们一个生活中最朴素的道理：热心帮助别人，你才可能在需要的时候，得到别人的帮助。

帮助别人其实就等于帮助了自己。一个人在帮助别人时，无形之中就已经投资了感情，别人对于你的帮助会永记在心，只要一有机会，他们也会主动帮助你的。

青少年朋友，一个人的人生价值和真实幸福，不能仅仅囿于个人的一管之见、一私之利。要学会感谢别人、回馈社会。说不定，在你感谢、回馈的下一秒，你就能受到幸运之神的眷顾。

十二、感恩是一种能力

美好的生命应该充满期待、惊喜和感激。

——海子（毕业于北京大学，著名诗人）

当今时代，是个竞争激烈的时代，拥有一颗感恩的心是使我们成为优胜者的条件之一。因为，感恩不仅仅是一个人的品质问题，它更是一种能力。

史蒂文斯从事程序研发工作，他曾经在一家软件公司服务了8年。然而，正当他在公司发展得非常好的时候，这家公司却破产了。